"十三五"国家重点出版物出版规划项目

重大工程的动力灾变学术著作丛书

重大建筑与桥梁强/台风灾变

葛耀君　宋丽莉　朱乐东　陈政清　李　惠

顾　明　李正农　李秋胜　杨庆山　武　岳　编著

科学出版社

北　京

内 容 简 介

本书是国家自然科学基金重大研究计划"重大工程的动力灾变"集成项目"重大建筑与桥梁强/台风灾变的集成研究"的研究工作总结。全书共十章,内容主要包括强/台风风场时空特性数据库和模拟模型、台风气候结构抗风设计风速数值模拟、非平稳和非定常气动力模型与识别、三维气动力CFD数值识别与高雷诺数效应、结构风效应全过程精细化数值模拟、结构风致振动多尺度模拟与实测验证、结构风致灾变机理与控制措施等。

本书可供结构工程、桥梁工程和风工程的科研、设计和施工人员使用,也可作为高等院校相关专业高年级本科生和研究生教学参考资料。

审图号:GS(2018)4863 号

图书在版编目(CIP)数据

重大建筑与桥梁强/台风灾变/葛耀君等编著.—北京:科学出版社,2022.10

(重大工程的动力灾变学术著作丛书)

"十三五"国家重点出版物出版规划项目

ISBN 978-7-03-061239-7

Ⅰ.①重… Ⅱ.①葛… Ⅲ.①建筑-风振控制-研究 ②桥-风振控制-研究 Ⅳ.①TU②U448

中国版本图书馆 CIP 数据核字(2019)第 092733 号

责任编辑:牛宇锋 刘宝莉 / 责任校对:任苗苗
责任印制:师艳茹 / 封面设计:欣宇腾飞

科学出版社出版

北京东黄城根北街 16 号
邮政编码:100717
http://www.sciencep.com

中国科学院印刷厂 印刷
科学出版社发行 各地新华书店经销

*

2022 年 10 月第 一 版 开本:720×1000 1/16
2022 年 10 月第一次印刷 印张:36 1/2
字数:721 000
定价:268.00 元
(如有印装质量问题,我社负责调换)

前　言

2007 年国家自然科学基金委员会启动了一项 8 年的重大研究计划——"重大工程的动力灾变",并分两个阶段实施,第一阶段从 2008 年到 2012 年,第二阶段从 2013 年到 2015 年。第一阶段分 4 个项目群开展研究工作,包括"地震动场以及地下结构与大坝地震灾变"、"建筑与桥梁结构地震灾变"、"强/台风场以及建筑与桥梁结构风致灾变"和"重大工程动力灾变模拟系统的集成与验证",其中第三个抗风项目群共设立了 8 个重点支持项目和 10 个培育项目;第二阶段设立了 4 个集成项目开展研究工作,包括"高坝、地下结构及大型洞室群地震灾变集成研究"、"重大建筑与桥梁结构地震灾变集成研究"、"重大建筑与桥梁强/台风灾变的集成研究"和"重大工程动力灾变综合集成平台研究",其中第三个集成项目设立了 4 个课题,即"强/台风场与结构气动力模型"(宋丽莉和朱乐东负责)、"超大跨桥梁风致灾变过程及控制"(葛耀君、陈政清和李惠负责)、"超高层建筑风致灾变过程及控制"(顾明、李正农和李秋胜负责)和"超大空间结构风致灾变过程及控制"(杨庆山和武岳负责)。本书是第三个集成项目共 4 个课题的研究工作总结。

本书是在"重大建筑与桥梁强/台风灾变的集成研究"集成项目的申请书和结题报告基础上编著的,全书共十章。第 1 章概述,介绍重大建筑与桥梁、强/台风灾变研究、研究现状与展望、科学意义与作用;第 2 章集成研究,从关键科学问题、科学研究内容、科学研究目标和课题设置情况介绍集成项目情况;第 3 章强/台风风场时空特性数据库和模拟模型,包括强/台风风场三维时空特性分析、强/台风风场时空特性数据库、强/台风风场时空效应数值模拟;第 4 章台风气候结构抗风设计风速数值模拟,包括随机台风模型与数值模拟分析、中国沿海受台风影响地区风速分布、基于工程应用的强/台风风场精细化预测模型;第 5 章非平稳和非定常气动力模型与识别,包括典型桥梁断面抖振力和涡激力理论模型、超高层建筑风力、气动阻尼和风致响应及等效静力风荷载、大跨度屋盖结构风荷载雷诺数效应及其敏感性;第 6 章三维气动力 CFD 数值识别与高雷诺数效应,包括典型桥梁断面三维气动力模型参数的数值识别、边界层风场及超高层建筑风效应的数值模拟、薄膜结构流固耦合振动全过程数值模拟;第 7 章结构风效应全过程精细化数值模拟,包括超大跨桥梁风速全过程响应的数值模拟平台、考虑非定常风荷载和气弹效应的超高层建筑数值模拟平台、大跨度屋盖结构抗风的数值模拟平台;第 8 章结构风致振动多尺度模拟与实测验证,包括超大跨桥梁风致振动多尺度模拟与验证、超高层建筑风致行为多尺度模拟与验证、超大空间结构风致振动多尺度模拟与验证;第 9 章结构风致灾变机理与控制措施,包括桥梁结构风致灾变气动控制措施与原理、悬索桥多阶模态涡激共振与控制、桥梁吊索风致振动及其控制、悬索桥分离式双箱梁涡激振动细观机理、钝体结构风振的被动吹气流动控制、超高层建筑风载优化的风洞试验研究、张拉膜结构气弹失稳机理研究;第 10 章总结与展望,介绍研究成果和创新、研究进展与趋势、发展态势与展望、研究不足与需求。

　　本书由葛耀君负责确定各章节内容、制定全书大纲,并且根据集成项目的申请书和结题报告组织撰写书稿,宋丽莉、朱乐东、陈政清、李惠、顾明、李正农、李秋胜、杨庆山和武岳等修改和审核了相关内容。其中,第 1、2 章的内容来自于集成项目申请书;第 3、4 章的内容来自于课题 1 的研究成果;第 5 章的内容来自于 4 个课题的研究成果;第 6～9 章的内容来自于课题 2、课题 3 和课题 4 的研究成果;第 10 章的内容主要基于集成项目结题研究成果报告和战略研究报告。同济大学赵林教授以及博士生刘圣源、祝卫亮和方根深参与了书稿的整理、排版和校核工作。

　　本书作为国家自然科学基金重大研究计划——"重大工程的动力灾变"集成项目"重大建筑与桥梁强／台风灾变的集成研究"研究工作的总结,希望能对读者有所裨益。

　　由于历史原因,本书个别图片不够清晰、资料不够完整,强行舍弃会破坏内容的完整性,还请读者给予理解。

　　由于作者水平有限,书中难免存在不足之处,还望各位同仁批评指正。

葛耀君

于同济大学

2020 年 4 月

目　　录

第1章 概　　述

本章从重大建筑与桥梁需求、强/台风灾变研究、研究现状与展望、科学意义与作用等方面介绍国家自然科学基金重大研究计划"重大工程的动力灾变"集成项目"重大建筑与桥梁强/台风灾变的集成研究"的研究背景和立项依据。

1.1　重大建筑与桥梁

重大建筑与桥梁是指关系国计民生和国家经济命脉的超大跨度桥梁、超高层建筑和超大空间结构。国内外对"超大跨"和"超高层"的定义都是相对的,一般是指相同类型中跨度或高度超过已建或名列前茅的桥梁、建筑或空间结构,是国家重大基础设施。为了适应我国经济持续高速发展的需要,重大建筑与桥梁建设和运行已然成为国家重大战略需求。

1.1.1　超大跨桥梁需求

公路和铁路是关系国计民生的国家经济大动脉和公共交通承载体。我国人口众多、资源丰富、幅员辽阔,但是人口、资源、布局和地区经济发展又不平衡,使得公路和铁路承担着国民经济快速发展所带来的全世界规模最大、密度最高的客运和货运周转量。改革开放以来,公路和铁路交通基础设施建设长期成为国家重大战略需求,特别是近年来高速公路和高速铁路建设更是成为这一国家重大战略需求中的"重中之重"。到 2021 年底,我国建成的公路总里程已经达到 528.07 万公里,其中高速公路 11.70 万公里;铁路运营总里程达到 15 万公里,其中高速铁路 4 万公里。为了满足我国经济持续高速发展的重大需求,我国公路和铁路运营里程和建设规模已经名列前茅,并将继续保持持续增长的发展趋势。

桥梁是为了跨越天然或人工障碍所构筑的工程结构,是公路和铁路大动脉上的连接结点。我国地形复杂、河流众多、海岸线漫长,使得茫茫公路线和铁路线上分布着许许多多的桥梁和隧道,特别是高速公路和四座高速铁路沿线的桥梁密度更高、数量更多、跨度更大。早在 2011 年底,我国已经建成公路桥梁 69 万座、计 3370 万延米,超过美国成为世界上公路桥梁最多的国家;铁路桥梁 6.5 万座、计 240 万延米,也是世界上铁路桥梁最多的国家。为了适应我国社会对公路和铁路建设发展的重大需求,我国公路桥梁和铁路桥梁的数量已经成为世界之最,并将在数量上继续保持和扩大国际领先优势。

超大跨桥梁是国家经济大动脉上的关键结点和重大基础设施。我国西部地区深切峡谷遍布、中东部地区大江大河横贯、东南沿海地区海湾海峡宽阔,使得我国公路和铁路桥梁的跨度越来越大、大跨桥梁数越来越多。我国公路桥梁的跨径分别在 1985 年突破 200m、1991 年突破 400m、1993 年突破 600m、1997 年突破 800m、1999 年突破 1000m、2009 年突破 1600m;我国铁路桥梁的跨径分别在 1997 年突破 200m、2003 年突破 300m、2008 年突破 500m。表 1.1 列出了国内外已经建成的跨度最大的十座公路悬索桥以及跨度最大的五座高速公路和四座高速铁路斜拉桥。我国超大跨桥梁的数量超过世界总量的一半,已经成为名副其实的超大跨桥梁建设的大国,并在跨度上还有继续增长的建设需求和发展趋势。

表 1.1　国内外最大跨度悬索桥和斜拉桥

桥型	国家	桥名	主跨/m	建成年份
公路悬索桥	日本	明石海峡大桥	1990	1998
	中国	舟山西堠门大桥	1650	2009
	丹麦	大带东桥	1624	1998
	中国	润扬长江大桥	1490	2005
	英国	亨伯大桥	1410	2012
	中国	江阴长江大桥	1385	1999
	中国	香港青马大桥	1377	1997
	美国	韦拉扎诺大桥	1290	1964
	美国	金门大桥	1280	1937
	中国	阳逻长江大桥	1280	2007
公路斜拉桥	中国	苏通长江大桥	1088	2008
	中国	香港昂船洲大桥	1018	2009
	中国	鄂东长江大桥	936	2010
	日本	多多罗大桥	890	1999
	法国	诺曼底大桥	856	1995
铁路斜拉桥	中国	武汉天兴洲大桥	504	2009
	丹麦	厄勒海峡大桥	490	2000
	中国	上海闵浦二桥	251	2010
	中国	郑州黄河大桥	168	2012

1.1.2　超高层建筑需求

超高层建筑是城市化进程的必然产物。据统计,世界发达国家的城市化率在 70%～80%,全球城市化进程以每天 20 万人的速度增长。2017 年我国城市化率已突破 60%,预计到 2030 年,城市化率将达到 70%。从当前发展情况来看,由于欧洲大陆的人口发展长期处于稳定状态以及宗教因素的影响,超高层建筑发展趋于停滞;美国人口趋于稳定,城市化程度较高,其超高层建筑的发展已处于缓慢状态,但是作为世界上的唯一超级大国,在今后的超高层建筑发展中仍占有一席之地;非洲由于经济不够发达,而南美洲和大洋洲人均占地比较多,估计在今后一段时间不会出现大量的超高层建筑;在我国、东南亚以及中东地区等,近年来建筑科技进步很快、经济增长迅猛、人口数量剧增,具备了超高层建筑发展的三大因素,超高层建筑正以空前的速度和规模在这些地区发展。

表 1.2 给出了国内外已经建成的高度最大的十栋超高层建筑和十座超高耸结构。我国超高层建筑和超高耸结构的数量达到世界总量的一半,已经成为名副其实的超高层建筑建设的大国。随着中国经济的高速增长,城市化进程的加速推进,土地资源日益稀缺,超高层建筑的发展方兴未艾。我国的基本国情是人多地少、经济发展很不平衡,这些客观因素使得我国只有更高效地利用有限的土地资源,才能满足经济发展的要求以及全国人民的基本住房要求。为了满足我国经济持续高速发展、城市化进程、经济发达地区人口密集等现状,唯有大力发展超高层建筑以及"空中城市"才能满足我国城镇化的要求。因此,我国超高层建筑在高度和数量上还有继续增长的建设需求和发展趋势。

表 1.2 国内外最大高度超高层建筑和超高耸结构

楼	国家	建筑名称	高度/m	建成年份	塔	国家	建筑名称	高度/m	建成年份
超高层建筑	阿联酋	哈利法塔	828	2010	超高耸结构	日本	东京晴空塔	634	2012
	沙特阿拉伯	麦加皇家钟塔	601	2012		中国	广州塔	600	2009
	中国	台北 101 大厦	508	2004		加拿大	多伦多国家电视塔	553	1976
	中国	上海环球金融中心	492	2008		俄罗斯	莫斯科电视塔	540	1967
	中国	香港国际商业中心	484	2010		中国	上海东方明珠广播电视塔	468	1995
	马来西亚	吉隆坡石油大厦	452	1998		伊朗	德黑兰电视塔	435	2007
	中国	南京紫峰大厦	450	2010		马来西亚	吉隆坡电视塔	421	1995
	美国	威利斯大厦	442	1974		中国	天津广播电视塔	415	1991
	中国	深圳京基 100 大厦	442	2011		中国	北京中央广播电视塔	405	1994
	中国	广州国际金融中心	440	2011		乌克兰	基辅电视塔	385	1973

1.1.3 超大空间结构需求

大跨度空间结构是近三十年来发展最快的一种结构形式,被广泛用于体育场馆、会展中心和机场航站楼等大型公共建筑中。由于我国国力提升强劲,需要建造更多更大的体育、休闲、展览、空港、机库等大空间或超大空间建筑以满足经济发展和社会进步的需求,而且这种需求在一定程度上可能会超过许多发达国家。特别是随着 2008 年北京奥运会、2010 年上海世界博览会、2011 年广州亚运会等一系列国家重大社会经济活动的展开,近年来我国已经建成了一批高标准、高规格的大型公共设施,包括体育场、体育馆和交通枢纽等(表 1.3)。

表 1.3　国内已经建成的超大空间结构

建筑类型	名称	结构类型	跨度/轮廓尺寸	建成年份
体育场	国家体育场	格构式空间刚架	332.3m×296.4m	2008
	济南奥体中心体育场	悬臂空间桁架	283m×245m	2009
	深圳大运中心体育场	折板型空间网格结构	285m×270m	2010
	深圳宝安体育场	索膜结构	237m×230m	2010
	山西省体育中心体育场	悬臂空间桁架	293m×275m	2011
体育馆	国家游泳馆	异型空间网格结构	177m×177m	2008
	深圳大运中心体育馆	折板型网壳	直径 144m	2009
	济南奥体中心体育馆	弦支穹顶结构	直径 121.5m	2009
	伊金霍洛旗体育馆	索穹顶	直径 71m	2010
	上海东方体育中心综合馆	巨型管桁架结构	172m×166m	2010
	大连体育馆	弦支穹顶结构	145.4m×116m	2011
交通枢纽	首都机场 3 号航站楼	抽空三角锥钢网壳	长 950m	2008
	武汉新火车站	拱桁架结构	550m×325m	2009
	天津新西客站	索膜结构	381.6m×282m	2011
	新深圳北站	柱面网壳	379m×255m	2011
	大连机场新航站楼	钢框架结构	长 555m	2011
	郑州新东站	管桁架结构	502.7m×245.2m	2011
	陕西机场 T3 航站楼	空间管桁架结构	332m×142m	2012
	哈尔滨西客站	网壳结构	309m×192m	2012
	沈阳机场 T3 航站楼	空间管桁架结构	长 740m	2012
	西安火车站北站	预应力钢框架结构	550m×434m	2012

1.2　强/台风灾变研究

强/台风灾变研究是指超大跨桥梁、超高层建筑和超大空间结构在强/台风作用下的结构致灾机理、灾变控制及实测验证,集成重大建筑与桥梁风致灾变模拟系统,发展与国民经济和社会文明相适应的防灾减灾科学和技术,为保障重大建筑与桥梁的安全建设和正常运行提供科学支撑。

我国是世界上少数几个受自然灾害影响最严重的国家之一,据联合国统计,我国平均每年因自然灾害造成的经济损失仅次于美国和日本,居世界第三位,其中,风灾占有很高的比例。我国地处太平洋西北岸,全世界最严重的热带气旋(台风)大多数在太平洋上生成并沿着西北或偏西路径移动,频繁地在我国从南到北的漫长海岸线上登陆并袭击沿海地区。据统计,我国沿海地区平均每年有登陆台风 7 个、引起严重风暴潮灾害 6 次、最大风速可达 60m/s 以上,对沿海地区的生命财产安全以及重大工程构成严重威胁。目前我国沿海经济发达地区新建及待建的重大建筑与桥梁数量明显增加,强/台风引起的极值风荷载往往成为控制设计、施工和运行的关键因素,台风风场的涡旋结构和复杂下垫面共同作用而导致的近地层剧烈、复杂的湍流风是现代超大跨桥梁、超高层建筑、超大空间结构等致灾致损的重要因素。国内外现有抗风研究成果大都针对良态气象条件下的季风,其风场大体呈规则的"带状"分布,而台风风场则呈不规则的"环状"或"螺旋状"分布,两种不同环流结构天气系统的风场,尤其是近地边界层的脉动风特性差异很大。随着我国超大跨桥梁、超高层建筑、超大空间结构在东南沿海台风影响地区的大量兴建,强/台风作用下的风致灾变将成为 21 世纪土木工程界所面临的最严峻的挑战,具体表现为以下五个方面。

1.2.1　强/台风致灾模型

台风属中尺度天气系统,其中心强度和影响范围变化很大,移动路径和登陆特性随机性强,准确地捕获其眼壁强风数据的机会和难度很大,而适用于工程应用的近地边界层观测数据更加稀少,因此针对工程关注的台风中心强风特征的研究并不多见。目前获得的台风过程实测数据仍十分有限,并不足以代表各种类型下垫面的风特性,因此需要在继续积累台风实测数据的同时,对已有的实测数据进行更全面、深入的分析归纳,得到不同下垫面与台风影响的风工程参数的关联和规律,给出能够准确反映台风非线性、非定常、非稳态风速特性的物理模型或统计模型以及台风过程风况的三维时空分布特性,满足重大工程抗风应用的需要。超大跨桥梁、超高层建筑、超大空间结构柔性大、质量轻、阻尼小,风敏感性强,风致静力和动力稳定性、涡激共振和随机抖振等各种风致响应问题都将成为设计、施工和运行的控制因素,从而使得强/台风边界层风场时空特性及其效应模拟和预测的精度与可靠性随之显著提高。因此,强/台风边界层风场的高湍流、非平稳、非定常时空特性及其效应模拟和预测模型是风致灾变研究面临的主要挑战和迫切需要解决的关键问题。

1.2.2　登陆台风非平稳和非定常特性

强/台风登陆后将对重大建筑与桥梁施加特殊的结构气动力,这种气动力具有显著的非平稳、非定常和非线性等特性,而现有结构风工程研究理论框架下的结构气动力模型只能总体上反映线性的、定常的、平稳的气动力特性,在结构静气动力上能部分反映来流攻角的非线性效应,在结构与气流相互作用上能部分反映非定常的自激力,还没有一种公认的数学模型可以反映结构气动力的非平稳特性。强/台风登陆后的强变异流场除了导致传统的结构随机振动、限幅自激振动和耦合发散性振动之外,其气动力非线性、非定常、非平稳效应对超大跨桥梁、超高层建筑和超大空间结构的影响将会更加突出。其中,非线性效应除了表现在结构姿态的大变形之外,更主要的是涉及自激振动的问题,特别是涡激共振中的非线性涡激力,如丹麦大带桥引桥、日本东京湾大桥、巴西 Rio-Niteroi 大桥、俄罗斯伏尔加河大桥等钢箱连续梁桥以及加拿大狮门大桥、丹麦大带桥主桥、我国西堠门大桥等钢箱梁悬索桥中出现的涡激振动现象,都无法采用线性涡激力模型进行描述;非定常问题突出表现在结构随机振动或抖振上,基于传统分析理论中引入的气动导纳,其实质就是将非定常问题简化为定常问题,不仅无法反映非定常特性,而且直接导致理论计算抖振响应误差偏大;结构气动力非平稳特性的重要性集中体现在风敏感重大建筑与桥梁在全过程风速作用下的灾变特性,传统的结构风工程理论是将风速全过程结构风振响应分解为低风速下的涡振、高风速下的抖振、极端风速下的颤振,针对超大跨桥梁、超高层建筑和超大空间结构迫切需要解决按照风速全过程、考虑气动力非平稳性的理论分析和数值模拟方法;此外,基于计算流体力学(computational fluid dynamics,CFD)的数值模拟方法,非线性、非定常和非平稳气动力数值模拟及高雷诺数效应模拟更是亟待解决的核心技术问题。因此,登陆台风引起的非线性、非定常、非平稳结构气动力特性与模拟是风致灾变研究面临的主要挑战和迫切需要解决的关键问题。

1.2.3　重大建筑与桥梁灾变机理和控制

重大建筑与桥梁风致灾变主要表现为低风速下的涡激共振、高风速下的随机抖振和风载强度、极端风速下的颤振发散和静力失稳。尽管各种风致灾变的机理并不相同,但总体上可以概括为细观机理和宏观机理,细观机理可以从气流流过结构断面所产生的流态变化,特别是气流的分离、旋涡的脱落和再附等加以说明,而宏观机理则是存在于风致振动中所表现出来的结构姿态、振幅大小、阻尼变化等现象中。为了实现结构风致灾变控制的目的,首先必须揭示灾变的细观机理和宏观机理,然后尝试不同的控制措施,实现风致灾变控制的目标,并最终归纳出控制原理以便推广应用于其他结构的风致灾变控制。现有研究结果表明,重大建筑与桥梁的风致灾变控制可以区分为结构控制措施、流态控制措施或气动控制措施、耗能控制措施等。其中,结构控制措施是指增加结构刚度、阻尼或约束,根据风致灾变宏观机理达到减小风致响应的目标,一般需要付出很大的技术经济代价;气动控制措施是一种充分利用风致灾变细观机理实现控制目标的措施,主要通过被动或主动方法改变结构绕流流态实现减小气动力和降低风致响应的目标;耗能控制措施是指通过结构振动中能量的耗散来达到控制风致灾变的目标,耗能的主要手段是在结构内部安装主动或被动的阻尼器,也是一种基于风致灾变宏观机理的控制措施。结构控制措施、气动控制措施和耗能控制措施除了技术经济指标之外,最重要的是控制措施本身的适用性、可靠性和鲁棒性。因此,针对超大跨桥梁、超高层建筑和超大空间结构的风致灾变机理和控制措施的研究是目前面临的主要挑战和迫切需要解决的关键问题。

1.2.4　重大建筑与桥梁风效应全过程精细化模拟

数值模拟与可视化是伴随着电子计算机的出现而迅速发展并获得广泛应用的新兴交叉学科,是数学及计算机实现其在高技术领域应用的必不可少的纽带和工具,并且已经成为理论研究和物理实验之外的第三种科学研究手段。一方面,许多重大的科学技术问题无法求得理论解析解,也难以应用物理实验手段,但却可以进行数值计算;另一方面,在科学和工程的许多领域,数值模拟可被用来获得重大的研究成果或完成高度复杂的工程设计,为科学研究与技术创新提供了新的重要手段和理论基础。人类通过不断创新,挑战自我认识和科技极限,发展和完善工程结构设计理论、方法和技术,在这一持续进程中,理论研究和物理实验曾经极大地推动了结构分析和结构设计的进步。随着数值方法和超级计算机的问世,数值模拟作为第三种科学研究手段,一方面正在弥补理论研究和物理实验无法实践的"遗憾",另一方面还将部分或完全替代理论研究和物理实验方法,尤其是在结构风效应的三维实体效应和广义非线性影响的研究方面。

在重大建筑与桥梁抗风研究中,由于理论研究还不成熟,物理实验或者称为风洞试验是目前主要的研究手段,有时甚至成为唯一的抗风设计依据。缩尺模型风洞试验受风洞尺寸和试验风速的限制,其雷诺数一般要比实桥小 2~3 个数量级。基于计算流体动力学原理的大跨度桥梁风振数值分析始于 20 世纪 80 年代,主要围绕着用数值方法求解经典的 Navier-Stokes(N-S)方程,目前主要存在两大问题,首先是高雷诺数效应的模拟,尽管近年来有许多学者从事这方面的研究工作,也找到了一些适合于特殊计算条件的应对办法,但始终没有找到一种统一的方法;此外,被视为与宇宙星云运动模拟相类似的湍流流场数值模拟问题一直没有得到很好的解决,现有的湍流模拟都是基于经验模型的定常计算。因此,超大跨桥梁、超高层建筑和超大空间结构风效应全过程的数值模拟与可视化研究,特别是精细化

的理论模拟与软件研发是风致灾变研究面临的主要挑战和迫切需要解决的关键
问题。

1.2.5　重大建筑与桥梁风振多尺度模拟与验证

　　重大建筑与桥梁具有体积大、多因素耦合作用等特点,单因素、小模型试验
往往不能揭示在多因素耦合作用下足尺结构的真实行为,并且风洞试验手段和
设备存在许多限制条件,结构风致效应的理论分析也存在许多假设前提,因此结
构风致振动研究一直是在许多假设和理想化的模型框架内进行的,势必和实际
结构在自然风场下的风致行为存在或多或少的偏差。现有理论和试验条件下,
通过传统理论分析和风洞试验得到的结构风致振动性能并不能做到完全模拟真
实结构在真实场地条件下的性能。近年来,一些超大型结构,特别是超大跨梁结
构上安装了设备完整的结构健康监测系统,可以实时采集实桥位置风场特性和
风致振动信息,并对结构进行整体行为的实时监控和对结构性能状态进行智能
评估。由此提供了系统地进行二维和三维物理风洞试验、有限元数值模拟结果
与实桥结构风致响应综合对比评价的可能性,在此基础之上澄清各种理论体系
和试验方法准则给工程应用所带来的影响。因此,超大跨桥梁、超高层建筑和超
大空间结构风致振动多尺度物理模拟与验证是风致灾变研究面临的主要挑战和
迫切需要解决的关键问题。

1.3　研究现状与展望

　　人类能够定量估算平均风和脉动风静力荷载的历史可以分别追溯到 1759 年
和 1879 年。1940 年,美国华盛顿州建成才四个月的世界第二大跨度悬索桥——
塔科马海峡大桥(Tacoma Narrows Bridge)在 8 级大风作用下发生强烈的振动而
坍塌,才彻底结束了人类单纯考虑风荷载静力作用的历史。经过 70 多年的研究,
在风气候预测方面,实现了将灾害性风气候分成几种不同的形式,并分别采用最优
方法分类进行分析,风速分布的细观结构以及各种雷暴风和龙卷风强度的统计预
测是当前的研究热点。在近地风特性方面,现代风工程方法以及以此为基础的各
国规范仍然是有效的,基于理论分析和现场实测的风速剖面模型、湍流时频模型和
空间相干模型的探索是发展方向。在空气动力作用方面,主要进展在于发现了来
流湍流的空气动力效应并建立了线性准定常计算方法和相关气动参数的实验识别
方法,来流湍流的非线性效应、钝体尾流中的特征湍流效应以及来流湍流和特征湍
流耦合效应等越来越受到重视。在理论研究方法方面,基于流体控制方程的纯理
论研究进展非常缓慢,计算流体力学已经在均匀流动和钝体绕流等风工程应用方
面显示出巨大的发展潜力,人们期待着数值风洞方法能够在不久的将来在非定常

流动中取得突破。在物理实验技术方面,边界层风洞一直是风工程的主要工具,风洞试验的数据采集仪器和数据处理设备的速度及精度都有了很大的提高,未来应当更加注重于飓风和雷暴风的风洞试验模拟技术以及现场实测的高技术设备的研发。

1.3.1　强/台风边界层风场时空特性、效应模拟与预测模型

宋丽莉等从多个登陆台风的中心路径实测资料分析发现,台风眼壁附近强烈的上升气流可导致台风眼壁强风区产生 $5°\sim7°$ 的正攻角,台风中心和紧邻眼壁的风速廓线显著弯曲,伴随眼壁强风同时出现阵风系数、湍流度、积分尺度等增大现象,并且在更粗糙的下垫面上,这种增大效应有放大趋势(Song et al.,2012);肖仪清等利用这些台风实测资料对各国规范推荐的理论风谱的适用性进行了研究,发现尤其在台风眼壁强风区的风谱偏移较大(Li et al.,2012);风廓线雷达测得台风过程强风廓线显示,台风的梯度风高度高于良态气候(Song et al.,2012)。但目前获得的台风过程实测数据还十分有限,需要在继续积累台风实测数据的同时,对已有的实测数据进行更全面、深入的分析归纳,给出能够较客观刻画台风非线性、非定常、非稳态的过程风速的数学模型或经验模型以及台风过程风况的三维时空分布特性,逐步满足工程应用需要。

国内外越来越多的学者对台风个例进行高分辨率的模式预测试验研究,如采用 MM5 模式对台风 Nari 进行了水平分辨率 $1.33\sim2\mathrm{km}$ 的数值模拟试验(Tang et al.,2012);袁金南等建立了适合我国登陆台风风场的模拟计算系统,对在我国华南地区登陆的 6 个台风的近地面风场进行了精细化模拟,得到水平分辨率为 1000m 和 500m,垂直分辨率为 50m、500m 和 1500m,时间分辨率为 10min 的登陆台风精细化模拟(Yuan et al.,2011)。

我国现行风荷载规范没有考虑台风气候的非良态特性,所确定的设计风速偏离实际情况,迫切需要通过 Monte Carlo 随机数值模拟结合极值统计阈值方法(赵林,2003)进行修订。为显著降低随机数值模拟的计算量,必须忽略除空气动力学效应外的其他因素、引入经验参数和公式来简化其物理模型,同时还必须利用当地热带气旋风速的实测数据对简化模型进行优化或校正(赵林,2003)。朱乐东等通过对台风 Krosa 的随机数值模拟对比分析,指出了在简化模型参数校正过程中利用高空风速观测数据的必要性(Zhu et al.,2012)。在气象预报中得到广泛应用的基于复杂物理模型的热带气旋数值模拟(Liang et al.,2007)可以为简化模型的参数校正提供随时间演变的高分辨率和高精度三维空间结构数值模型。

1.3.2　登陆台风非平稳、非定常结构气动力特性与数学模型

1. 台风特异性流场条件下非定常抖振力和非线性涡激力

气动导纳及特征紊流效应是结构风工程领域具有挑战性的问题之一。气动导纳函数的识别虽有一些研究报道(项海帆等,2005),但一直没有取得实质性进展,抖振力的跨向相关性至今还没有成熟的数学模型。特征紊流效应问题由于难度较大,至今少有人涉足。因此,有必要对钝体桥梁断面的气动导纳识别理论、特征紊流效应和抖振力跨向相关性效应及其数学模型开展深入研究,提高对超大跨桥梁抖振响应的预测精度和可靠性。实测分析资料表明,台风具有明显高于良态气候季风的紊流度,以及较强风速风向的空间切变特性和时间非平稳特性(Song et al.,2012)。在高紊流度和非平稳条件下,准定常理论可能不再适用,桥梁气动静力会受此影响而可能具有较强的非线性和非平稳特性,值得进行深入研究。

涡激共振是一种具有强迫和自激双重特性的限幅风致振动现象,已在许多实际桥梁上发生,对桥梁的结构安全和行车舒适性造成了较大的危害。由于涡激力的产生和演变机理十分复杂,还没有一种完善的数学解析模型。虽然已有一些基于风洞试验研究的涡激力经验模型,但它们过于复杂或过于简单,在实际桥梁涡激共振研究方面的应用非常少见,而相应的非线性涡激力模型参数识别方法更是一个国际前沿课题。目前常用的都是基于缓变函数假定和振动位移或加速度响应的间接识别方法(Li and He,1995),这些方法尚缺乏实际检验。因此,迫切需要对桥梁涡激力模型及其识别理论和方法进行深入研究,为开展桥梁三维非线性涡激共振的理论分析和预测创造条件。

测量涡激力是分析各种涡振现象及其机理的重要手段。获取涡激力主要有测力试验、测压试验、系统辨识(Marra et al.,2011)和数值模拟四种方法。文献中关于圆柱涡激力的研究成果最为丰富。Ricciardelli(2010)采用节段模型测压试验研究了矩形断面和箱形桥梁断面涡激振动时的气动力和压强分布,结果表明,在涡振锁定时模型不同截面上风压的相关性明显增强。涡激力经验模型为推广应用涡振试验结果而建立,能够较准确地预测不同参数的涡激振动,Morse 和 Williamson(2010)给出了由强迫振动试验数据预测涡振的方法。尾流振子模型和单自由度经验模型在一定程度上能够反映涡振振动过程中的自激和自限幅特性,Barrero-Gil 和 Fernandez-Arroyo(2010)将涡激力假定为范德波尔振子的形式,分别通过增长到共振和衰减到共振的振动形式识别涡激力参数。

2. 典型桥梁断面气动力及气弹效应的物理与数值模拟

经过大量学者的不断努力,桥梁气动弹性问题的数值模拟取得了很大的发展,

对一些实际桥梁工程问题进行了成功的预测。曹丰产(1999)用有限元法(finite element method,FEM)计算了丹麦大带东桥、南京长江第二大桥等流线型闭口箱梁断面和湖北荆沙大桥钝体截面的气动导数和颤振临界风速。周志勇(2001)基于随机涡方法开发了一套软件系统,并应用于工程实际。Tamura(2008)采用大涡模拟方法研究了结构物的绕流问题。

强风-结构动力耦合问题具有强烈的非线性特征,不可能应用叠加原理,必须探讨全场求解方案。目前处理流固耦合计算的策略有两类:直接求解法和分区耦合法。直接求解法通过单元矩阵或荷载向量把耦合作用构造到控制方程中,计算量极大。分区耦合法分别求解流体控制方程和结构运动控制方程,并通过交界面的数据交换实现两个物理场的耦合,比较适合耦合场的数值计算。对浸没在空气来流中的实际结构进行流固耦合分析将是研究重大建筑与桥梁和强风耦合问题的有效手段。而建立能再现重大建筑与桥梁风效应全过程的三维数值模拟平台,揭示风桥动力耦合作用的机理,可以获得物理实验难以量测的相互作用机制。

常规比例模型风洞试验的雷诺数(10^5 级)与实桥结构雷诺数(10^7 级)相差约两个数量级。对于流动分离点明确的钝体桥梁断面,通常认为雷诺数效应影响可以忽略,风洞试验中雷诺数模拟能够放宽两个数量级左右(Scanlan,2002)。但是,超大跨桥梁的主梁断面相对流线型化,雷诺数效应将更加显著,尤其是对风致振动行为有很大的影响。

桥梁结构所受的静风荷载、涡激共振性能等随雷诺数均有明显的变化。Schewe 和 Larsen(1998)采用压力风洞对大带桥东引桥进行测试,发现雷诺数对涡脱频率、阻力系数以及尾流结构都有较大影响。Hui 等(2008)对香港昂船洲大桥的测力试验结果表明,不同雷诺数的阻力系数差别可达到一倍之多。上述研究说明,桥梁断面的升力系数可能存在明显的雷诺数效应,低雷诺数节段模型风洞试验可能得到偏于危险的试验结果。此外,气动措施检验试验往往要求进行高雷诺数下的节段模型风洞试验。

3. 典型大跨屋盖结构风荷载雷诺数效应及其试验修正方法

近年来,国内外研究学者已经证实,雷诺数效应可能会给结构设计带来安全隐患。Schewe 和 Larsen(1998)证实了丹麦大带东桥引桥风洞试验中得到的涡振风速与实桥涡振风速明显不同,这主要是由雷诺数效应引起的。Cheung 等(1997)对低矮房屋进行风洞试验与实测结果对比,发现由雷诺数效应引起的迎风屋面分离处的风压极值误差达到 20%,这说明尖角钝体也同样存在雷诺数效应。梁枢果等(2010)研究表明,在雷诺数为 $10^3 \sim 10^7$ 条件的风洞试验中,矩形建筑物表面风压存在明显的雷诺数效应。

风洞试验中的雷诺数与实际值相差 2~3 个数量级,这导致风洞试验得到的结构表面风压偏小,特别是曲面形状的钝体结构,其雷诺数效应更加明显。在球形、柱形、鞍形屋盖的风洞测压试验中,雷诺数效应引起的实测误差及其修正方法是一个值得研究的问题。

1.3.3　重大建筑与桥梁风致灾变机理、控制措施与原理

1. 超大跨桥梁风致灾变控制措施与原理

桥梁颤振和涡振等风致振动都是在结构动力和气动力共同作用下发生的。被动气动控制措施通过引导和改变结构断面周围流场的空气流态分布改善作用在结构上的气动力荷载(El-Gammal et al. ,2007)。目前用于桥梁主梁的被动气动控制措施有流线型风嘴、开槽、稳定板、导流板、翼板、可变挡风板等。各种气动控制措施的有效性对不同的主梁形式往往不同,其适用范围存在诸多不确定性。

主动气动控制措施是通过主动地改变气动措施的空间姿态来改善作用于结构上的风荷载。Ostenfeld 和 Larsen(1992)提出通过主动风嘴或主动控制面来进行桥梁颤振控制。随后很多学者就此展开研究(Nissen et al. ,2004;Omenzetter and Wilde,2002)。但主动气动控制理论模型和控制方法还很不完善,主要采用控制面与主梁流场间互不干扰及二维片条假定,需要进一步评估气动力干扰效应和三维效应的影响。

桥梁颤振中气动弹性效应导致参与颤振的扭转模态频率有很大的漂移,调谐质量阻尼器(tuned mass damper, TMD)用于颤振控制时面临严重的鲁棒性不足的问题(Li,2000),主动质量阻尼器虽然能改善系统鲁棒性,但高风速下桥址位置处的能源供给很难得到保障。调谐质量阻尼器的特点恰与涡振单一模态的特点相符,因而成为良好的涡振控制措施之一,日本东京湾航道桥是使用调谐质量阻尼器成功抑制涡振的典范。主动和半主动调谐质量阻尼器可以在兼顾控制效果的前提下,大幅度减小质量块的行程,但目前还没有工程应用,仅处在初步研究阶段。

预测和控制高阶模态涡振振幅时需要解决两个关键问题:一是建立更合理精确的涡激力数学模型和涡激振动全过程的模拟方法;二是改进现有的风洞试验技术。采用附加阻尼的控制方法是抑制涡振振幅的一种可行办法。涡激共振是一种等幅或者接近等幅的简谐振动形式,因此 TMD 是一种非常有效的涡振控制措施。Larsen 等(1995)考虑了涡激力的非线性来优化 TMD 的设计参数,结果表明,考虑涡激力的非线性项后,达到控制目标所需的 TMD 的活动质量将明显减小。Andersen 等(2001)以 Ehsan 和 Scanlan 提出的非线性涡激力模型为基础,进行了涡振控制的 TMD 参数优化研究。由于已发现的特大跨悬索桥的涡振均为高阶(4阶左右)振型,采用多个 TMD 按多重调谐质量阻尼器(multiple tuned mass damper,MTMD)优化理论布置是一种必然的选择。

斜拉桥拉索极易发生大幅的风振、风雨振和参数振动。黏滞阻尼器对拉索减振的优化设计与理论减振效果评估是一个关注已久的研究课题,现已涌现出大量的研究成果(Fujino and Hoang,2008)。陈政清曾率先采用磁流变(magneto rheological,MR)阻尼器成功解决了岳阳洞庭湖大桥的拉索风雨振,更开发了无须外界供电的永磁调节式 MR 阻尼器,并应用到长沙洪山庙大桥的拉索减振(Chen et al.,2004)。为了充分发挥 MR 阻尼器的优越性,在拉索振动的半主动控制研究方面也涌现出大量的研究成果。但是,拉索风雨振最有效的控制措施还是螺旋线和凹坑等气动控制措施。

悬索桥的吊索主要振动形式为风致涡激振动,如日本明石海峡大桥吊杆就发生过涡激共振。对于超大跨度悬索桥,其最长吊索可达 200~300m,由于其基频显著降低,存在多阶模态涡激共振问题。而现有阻尼措施的附加阻尼有限,有必要开展其他类型的吊索减振措施。

海上主航道桥梁风速比地面高出 2 级左右,因此往往要求沿全桥设置风障。然而在强/台风条件下,固定式风障有可能产生过大的桥梁风荷载,有可能降低颤振临界风速。为解决这一矛盾,西堠门大桥采用了可动风障(葛耀君,2011)。

2. 复杂超高层建筑气动效应及控制研究

目前,人们对顺风向风力特性的理解已很全面,相比顺风向问题,超高层建筑的横风向、扭转荷载及三维耦合效应问题和气动弹性效应问题要复杂得多(Gu and Quan,2011)。此外,超高层建筑的气动阻尼效应也非常重要。Quan 等(2005)基于气动弹性模型试验,给出了矩形超高层建筑气动阻尼的拟合公式。在高层建筑的顺风向响应和等效静力风荷载研究方面,目前有多种形式的阵风荷载响应因子(gust loading factor)法和惯性风荷载(inertial wind load,IWL)法。Zhou 和 Kareem(2001)提出实际等效风荷载可表示为平均风荷载和背景等效静力风荷载分量以及共振等效静力风荷载分量的合理组合。Chen 和 Kareem(2005)提出了一种新的方法,综合考虑了三个方向外加风荷载的相关性和振型耦合,但在计算共振等效荷载时仍忽略两个侧弯和扭转模态交叉项的耦合效应。这些方法各有优点,同时又各有不足,在理论上和实用方法方面均有待深入。

现阶段针对超高层建筑风荷载和效应控制的方法主要针对具体建筑开展,并没有开展系统性研究,获得具有普遍指导意义的理论和方法。Irwin(2008)对台北101 大厦(高度 508m)及迪拜哈利法塔(高度 828m)的外形进行了抗风优化。而在阻尼器控制研究方面,Gu 和 Peng(2002)初步考虑了气动弹性效应,提出了基于前馈自适应方法的高频参考策略。

3. 柔性屋盖风致耦合振动机理与灾变控制

膜结构风致灾害研究的首要任务是明确其流固耦合振动机理，可以借助气动弹性模型风洞试验进行研究。武岳等(2008)通过气动弹性模型风洞试验测定了多个模型的附加质量、气动阻尼等参数及其随来流风速、风向、结构刚度和结构振动模态的变化规律。Glück 等(2001)基于弱耦合算法实现对膜结构流固耦合的数值模拟，计算了张拉膜结构在高风速的湍流条件下产生稳态变形的风致流固耦合问题。武岳和沈世钊(2003)基于弱耦合分区算法，建立了适用于膜结构流固耦合风振分析的数值风洞方法。Michalski 等(2011)以 29m 伞形膜结构为例，将现场实测的风速数据与数值模拟相结合计算膜结构的风振响应，并与实测结果进行对比。

4. 典型大跨度屋盖及其围护结构风致灾变模拟与控制

屋盖表面的风压分布不但与来流的脉动特性有关，还会更多地受到锥形涡、柱状涡的影响；在涡作用范围内，拟定常假设不再适用，屋盖表面风压时程表现为明显的非高斯概率分布。Grigoriu(1984)提出了非高斯时程的平均超越率估计公式，建立了非高斯时程累积概率密度与高斯时程累积概率密度之间的变换关系。Winterstein(1987)提出将非高斯时程表示为高斯时程的 Hermite 多项式的函数，建立了非高斯时程峰值因子与高斯时程峰值因子的非线性变换关系。

大跨屋盖上部锥形涡、柱状涡范围内的极大风吸力是围护结构最先发生破坏的位置，此后，锥形涡、柱状涡的运动形式发生变化，邻近单元的内外风压均发生显著变化，导致围护结构的连续破坏。Vickery(1994)将孔口阻尼线性化，并首次实现了由外压脉动量来估算内压脉动量。余世策等(2007)根据伯努利方程导出突然开孔结构风致内压的动力微分方程，采用迭代算法得到风致内压脉动量。

在对屋盖上部锥形涡、柱状涡的形成原因和运动形式深刻认识的基础上，利用风洞测压试验、流动显示、CFD 数值模拟以及涡运动理论，研究大跨屋盖结构的气动抗风措施成为保障大跨屋盖抗风安全的重要研究内容。采用女儿墙或挑檐、屋檐形状修改、扰流器等方法均能够改变锥形涡/柱状涡的运动形式，减小屋盖表面的风吸力极大值。Blessing 等(2009)提出了气动边缘连接构件 AeroEdge，并申请了美国专利，这种边缘连接构件稍稍修改了屋盖边缘的形状，抑制或消除了锥形涡的作用。

针对大跨屋盖这种平面延展型结构，由于钝体绕流导致的屋盖风荷载分布的复杂性以及屋盖自振频率的密集性，风振响应计算需要选择主导振型，Ritz-POD方法比较完善地解决了这一问题。在风振响应计算的基础上，采用本征模态向量表示背景响应的等效静力风荷载，采用模态惯性力向量表示共振响应的等效静力风荷载(吴迪等，2011)，为工程抗风设计提供了有效方法。根据上述理论研究编制的计算程序已经应用于国家体育场等重大工程的抗风设计。由于屋盖风荷载的非定常特性,屋面风荷载不服从高斯分布,屋盖的风振响应也不再服从高斯分布,建立风振响应的概率分布,明确给出等效风荷载的发生概率是一个值得进一步研究的问题。

1.3.4　重大建筑与桥梁风效应全过程精细化数值模拟与可视化

1. 超大跨桥梁风速全过程响应的数值模拟平台

基于 Scanlan 自激力理论,国内外学者先后提出了单模态、多模态和全模态(Ge and Tanaka,2000)桥梁颤振分析方法,并采用风速-频率搜索法(Jain et al.,1996)和复特征值求解等方法对颤振临界风速进行求解。基于气动导纳的桥梁抖振分析一般在频域中进行,常用计算方法有分模态叠加法和多模态耦合法。由于频域分析的基本前提是叠加原理,传统的频域分析方法难以考虑大攻角导致的气动力和结构非线性的影响。

Lin 和 Li(1993)最早使用有理函数时域化方法对桥梁的颤振进行分析。Costa等(2007)使用基于阶跃函数的有理函数来模拟非定常抖振力,并进行了抖振力的时域分析。由于时域气动力模型可以用于非线性气动响应预测,该模型成为国内外抗风研究的热点。Costa 等指出,传统的有理函数形式在模拟桥梁等钝体结构时存在较大误差。此外,现有的阶跃函数或有理函数模型仍然难以解决气动力非线性问题。为了获得大攻角运动下主梁的气动力特性,Diana 等(2008)进行了大振幅和攻角下的气动力迟滞曲线风洞试验,并回归出能反映非线性迟滞气动力的数值模型,然而,该模型没有考虑气动力的记忆效应。

阶跃函数或有理函数形式的时域表达式能描述某一振幅下气动力随风速的演化特性。要描述气动力的振幅依赖性,必然要求引入多组不同的阶跃函数或有理函数。然而,数值识别的阶跃函数不能正确反映气动力的瞬态特性,它们反映的仅仅是稳态过程中正确的频谱特性(Zhang et al.,2011),而且不同阶跃函数的瞬态特性也不同。这一特点决定了不同阶跃函数之间的记忆特性无法正确继承,在随振幅插值的过程中气动力不能平稳过渡。因此,如何处理时域气动力的振幅演化是关键。

研究发现,静风力引起的竖向位移可能使悬索桥扭转刚度严重退化,使其面临静力扭转发散。鉴于此,在机理研究的积累基础上,继续进行数值模型建立以及静风扭转发散的抑制措施研究,对超大跨桥梁的建设更加具有工程实际意义。

2. 考虑非定常风荷载和气动弹性效应的超高层建筑数值模拟平台

土木结构风荷载和效应的数值模拟及数值风洞是结构风工程研究中具有战略

意义的发展方向。目前常用的数值计算方法主要包括有限差分法、有限元法、有限体积法和涡方法等。其中除涡方法尚在发展中外，其余三种方法目前已较为成熟。湍流模型是计算风工程研究的一个重要方面。常用的雷诺平均 Navier-Stokes (RANS)模型仅表达大尺度涡的运动，预测分离区压力分布不够准确，并过高估计钝体迎风面顶部的湍动能生成(Murakami，1993)；大涡模拟(large eddy simulation, LES)将 Navier-Stokes 方程进行空间过滤，可较好地模拟结构上脉动风压的分布，但计算量巨大；混合模型的基本思想是在流动发生分离的湍流核心区域采用大涡模拟，而在附着的边界层区域采用雷诺平均模型，计算量相对较小但精度较高。流固耦合数值模拟是数值计算科学中最具挑战性的问题之一。目前，流固耦合计算一般采用两类方法：强耦合法和分区强耦合或弱耦合法。前一类方法计算量太大；后一类方法通过计算流体动力学耦合计算结构动力学(computational structure dynamics，CSD)进行联合求解，通过中间数据交换平台实现两个物理场的耦合，计算量相对较小，适用于风工程数值模拟。

1.3.5　重大建筑与桥梁风致振动多尺度物理模拟与验证

1. 超大跨桥梁风致振动多尺度模拟与验证

超过 1500m 的斜拉桥和 3000m 的悬索桥建设已被提到议事日程上，包括颤振稳定、静风稳定及低风速下涡激共振的空气动力稳定性问题，都是制约缆索承重桥梁跨度增大的关键因素(项海帆和葛耀君，2011)。

大跨桥梁结构风致效应安全评价研究过程中，风洞试验是主导研究手段。快速发展的结构健康监测技术可以较准确地识别真实结构的模态参数等特性(Li F C et al.，2010)，是桥梁结构安全服役的重要保障。一些学者利用健康监测系统采集到的数据，对真实结构的风致振动特性进行了研究，Miyata 等(2002)对日本明石海峡大桥在静风和脉动风作用下的变形进行了研究，发现实际结构脉动风引起的变形远小于理论计算结果。

斜拉索和吊索是小阻尼和大柔性结构，极易发生涡激振动、风雨振、尾流驰振、参数自激共振等现象。Hikami 和 Shiraishi(1988)在日本明港西桥上观测到了拉索风雨激振现象，激振的模态在 1～4 阶，频率在 1～3Hz。Matsumoto 等(2003)提出风雨激振的形成可以分为两个因素：尾流区的轴向流和上水线的形成，并解释拉索的风雨激振可分为低折算风速涡激振动和高折算风速发散驰振。Li H 等(2010)基于超声波测厚技术对斜拉索模型表面的水线几何及动力特性进行了监测与分析，并采用物理实验与数值模拟混合子结构方法进一步研究了风雨激振发生时的水线振动特征以及水线位置与振动在风雨激振中所起到的关键作用。

国内外很多桥梁结构上都已经观察到了主梁的涡激振动，减小主梁涡激振动的方法可分为附加机械阻尼装置(如 TMD)和改变气动特性(设置导流板、风障等)两类方法。航空领域发展了较多的气动控制新技术,如动粗糙度板、角动量输入、行波壁、定常吸气等。Graeger 等(2011)采用动粗糙度板来控制机翼的失速,动粗糙度可以有效地阻止机翼前端分离泡的发生;采用定常吹吸气方法和主动吸气技术可以有效地对飞行器或机翼边界层进行控制,改善气动力性能。

2. 基于现场实测的强/台风条件超高层建筑风致行为多尺度验证

现场实测是结构抗风研究中非常重要的基础性和长期性的方向。Xu 和 Zhan(2001)对 384m 高的深圳地王大厦进行实测,得到了台风 York 的风速、紊流度、阵风因子等风特性。Kijewski-Correa 和 Kochly(2007)以芝加哥 4 栋超高层建筑为背景,开展了风致响应实测研究。Tamura 等(2005)通过对日本的高层建筑原型实测,分析了高层建筑的自振周期及阻尼的变化特性。Xu 和 Chen(2004)提出一个非平稳风速模型,采用经验模型分解(empirical mode decomposition,EMD)法,将风速分解为确定性时变平均风和零均值平稳脉动风两部分。Campbell 等(2005)对台风"伊布都"(Imbudo)和"杜鹃"作用下香港两栋钢筋混凝土剪力墙高层建筑(分别高 218m 和 206m)进行了实测,得到了"伊布都"和"杜鹃"的一些台风特性,发现两栋楼在两个台风作用下的加速度响应分布均与高斯分布较接近。李秋胜等(2010)、李正农等(2013)在多个超高层建筑进行强风实测,得到很多重要结果。

1.4　科学意义与作用

重大建筑与桥梁的强/台风灾变的集成研究立足于国民经济和社会发展对特大跨桥梁、超高层建筑和超大空间结构的重大战略需求,按照理论研究、技术支持、灾变模拟、集成平台工作思路,设定基于鲁棒性的重大工程结构抗风性能研究作为前瞻性的科学发展目标,以重大工程结构灾变模拟实现带动性的集中突破,结合项目群的全局性集成升华实现国家需求,以示范性的重大工程案例分析实现基础理论的验证。

1. 基于鲁棒性的前瞻性有限目标

现有的重大建筑与桥梁抗风分析一般采用单一的、线性的、平稳的简化方法,适用于跨度或高度较小的偏刚性结构(如 800m 以下跨度斜拉桥和 1500m 以下悬索桥)。本书将着重研究多场耦合、多点多维、非线性、非平稳的极端动力作用分析理论和精细化方法,适用于特大跨桥梁、超高层建筑和超大空间结构。因此,基于强/台风的重大建筑与桥梁抗灾鲁棒性设计理论和方法研究具有前瞻性,不仅对未来特大跨桥梁、超高层建筑和超大空间结构的建设和运行具有重要的理论指导意义,而且对风敏感性较强的其他结构具有借鉴和推广作用。

2. 基于灾变模拟的带动性集中突破

未来重大工程结构的发展,理论是基础、技术是关键、应用是体现。能否掌握核心技术将会成为各国抢占重大工程结构国际竞争高地成功与否的关键。本书将以研究强/台风动力灾变模拟为出发点,实现安全评定与控制(损伤识别、安全评定和性能控制)的深入研究。这对提升我国在重大工程结构的创新能力和核心竞争力方面有着重要的科学支撑意义,并对未来国内外重大工程结构及其他工程结构建设和运行起到关键的科技支撑作用。

3. 基于集成平台的全局性集成升华

集成化结构计算软件是本项重大研究计划科学研究的重要计算工具和研究成果载体,同时也是理论通向工程实践的桥梁。本研究的计算软件平台应具有良好的开放性和集成性,同时应具备大规模计算的能力。针对超大跨桥梁、超高层建筑和超大空间结构,重点突破空气动力和结构动力的非平稳、非线性和多介质效应模拟,重大建筑与桥梁强/台风灾变过程分析与损伤破坏机理,风致灾变全过程控制与失效模式优化等关键科学问题,研发并集成具有自主知识产权的科学计算、物理实验和现场实测系统,形成重大建筑与桥梁强/台风动力灾变模拟集成系统。通过上述研究和集成,最终实现重大工程动力灾变全过程分析的重点跨越和理论升华,提升我国重大工程防灾减灾基础研究的原始创新能力。

4. 基于重大工程的示范性重点跨越

我国目前已经开展了一些重大工程的科技支撑计划项目的研究工作,本书作者主持或参与了几乎所有已经立项的重大桥梁科技支撑计划项目,包括苏通长江大桥(1088m斜拉桥)、舟山西堠门大桥(1650m悬索桥)和泰州长江大桥(双主跨1080m悬索桥),无论从研究对象的桥梁跨度还是从研究项目的推广应用来看,都还无法适应我国重大工程建设和发展的战略需求,并且迫切需要对重大关键问题开展基础性研究。本书将选取最具代表性的已建或计划建设的特大跨桥梁项目,开展工程应用和实例验证工作。因此,重大建筑与桥梁强/台风灾变机理、控制及验证的集成研究具有带动性,可以为未来重大工程设计、建设和运营提供示范和引领作用,从而具有重要的引导示范意义。

参 考 文 献

曹丰产. 1999. 桥梁气动弹性问题的数值计算. 上海:同济大学博士学位论文.

葛耀君. 2011. 大跨度悬索桥抗风. 北京: 人民交通出版社.

李秋胜, 郅伦海, 段永定, 等. 2010. 台北 101 大楼风致响应实测及分析. 建筑结构学报, 31(3): 24-31.

李正农, 潘月月, 桑冲, 等. 2013. 厦门沿海某超高层建筑结构风致振动动力特性研究. 建筑结构学报, 34(6): 22-29.

梁枢果, 邹良浩, 熊铁华. 2010. 武汉大学结构风工程研究的回顾与展望//中国结构风工程研究 30 周年纪念大会, 上海: 86-88.

吴迪, 武岳, 张建胜. 2011. 大跨屋盖结构多目标等效静风荷载分析方法. 建筑结构学报, 32(4): 17-23.

武岳, 沈世钊. 2003. 膜结构风振分析的数值风洞方法. 空间结构, 9(2): 38-43.

武岳, 杨庆山, 沈世钊. 2008. 索膜结构风振气弹效应的风洞实验研究. 工程力学, 25(1): 8-15.

项海帆, 葛耀君. 2011. 大跨度桥梁抗风技术挑战与基础研究. 中国工程科学, 13(9): 9-14.

项海帆, 葛耀君, 朱乐东, 等. 2005. 现代桥梁抗风理论与实践. 北京: 人民交通出版社.

余世策, 楼文娟, 孙炳楠, 等. 2007. 开孔结构风致内压脉动的频域法分析. 工程力学, 24(5): 35-41.

赵林. 2003. 风场模式数值模拟与大跨度桥梁抖振概率评价. 上海: 同济大学博士学位论文.

周志勇. 2001. 离散涡方法用于桥梁截面气动弹性问题的数值计算. 上海: 同济大学博士学位论文.

Andersen A, Brich N W, Hansen A H, et al. 2001. Response analysis of tuned mass dampers to structures exposed to vortex loading of Simiu-Scanlan type. Journal of Sound and Vibration, 239(2): 217-231.

Barrero-Gil A, Fernandez-Arroyo P. 2010. Fluid excitation of an oscillating circular cylinder in cross-flow. European Journal of Mechanics-B: Fluids, 29(5): 364-368.

Blessing C, Chowdhury A G, Lin J, et al. 2009. Full-scale validation of vortex suppression techniques for mitigation of roof uplift. Engineering Structures, 31(12): 2936-2946.

Campbell S, Kwok K C S, Hitchcock P A. 2005. Dynamic characteristics and wind-induced response of two high-rise residential buildings during typhoons. Journal of Wind Engineering and Industrial Aerodynamics, 93(6): 461-482.

Chen X, Kareem A. 2005. Dynamic wind effects on buildings with 3D coupled modes: Application of high frequency force balance measurements. Journal of Engineering Mechanics, 131(11): 1115-1125.

Chen Z Q, Wang X Y, Ko J M, et al. 2004. MR damping system for mitigating wind-rain induced vibration on Dongting Lake Cable-Stayed Bridge. Wind and Structures, 7(5): 293-304.

Cheung J C K, Holmes J D, Melbourne W H. 1997. Pressure on a 1/10 scale model of the Texas Tech Building. Journal of Wind Engineering and Industrial Aerodynamics, 69-71: 529-538.

Costa C, Borri C, Flamand O, et al. 2007. Time-domain buffeting simulations for wind-bridge interaction. Journal of Wind Engineering and Industrial Aerodynamics, 95(9-11): 991-1006.

Diana G, Resta F, Rocchi D. 2008. A new numerical approach to reproduce bridge aerodynamic non-linearities in time domain. Journal of Wind Engineering and Industrial Aerodynamics,

96(10):1871-1884.

El-Gammal M, Hangan H, King P. 2007. Control of vortex shedding-induced effects in a sectional bridge model by spanwise perturbation method. Journal of Wind Engineering and Industrial Aerodynamics, 95(8):663-678.

Fujino Y, Hoang N. 2008. Design formulas for damping of a stay cable with a damper. Journal of Structural Engineering, 134(2):269-278.

Ge Y J, Tanaka H. 2000. Aerodynamic flutter analysis of cable-supported bridges by multi-mode and full-mode approaches. Journal of Wind Engineering and Industrial Aerodynamics, 86(2): 123-153.

Glück M, Breuer F, Durst A, et al. 2001. Computation of fluid-structure interaction on lightweight structures. Journal of Wind Engineering and Industrial Aerodynamics, 89(14-15):1351-1368.

Grager T, Rothmayer A, Hu H. 2011. Stall suppression of a low-Reynolds-number airfoil with a dynamic burst control plate//49th AIAA Aerospace Sciences Meeting including the New Horizons Forum and Aerospace Exposition, Orlando:388-404.

Grigoriu M. 1984. Crossings of non-Gaussian translation processes. Journal of Engineering Mechanics, 110(4):610-620.

Gu M, Peng F J. 2002. An experimental study of active control of wind-induced vibration of super-tall buildings. Journal of Wind Engineering and Industrial Aerodynamics, 90 (12-15): 1919-1931.

Gu M, Quan Y. 2011. Across-wind loads and effects of super-tall buildings and structures. Science China Technological Sciences, 54(10):2531-2541.

Hikami Y, Shiraishi N. 1988. Rain-wind induced vibrations of cables in cable stayed bridges. Journal of Wind Engineering and Industrial Aerodynamics, 29:409-418.

Hui M C H, Zhou Z Y, Chen A R, et al. 2008. The effect of Reynolds numbers on the steady state aerodynamic force coefficients of the Stonecutters Bridge deck section. Wind and Structures, 11 (3):179-192.

Irwin P A. 2008. Bluff body aerodynamics in wind engineering. Journal of Wind Engineering and Industrial Aerodynamics, 96:702-711.

Jain A, Jones N P, Scanlan R H. 1996. Coupled aeroelastic and aerodynamic response analysis of long-span bridges. Journal of Wind Engineering and Industrial Aerodynamics, 60(1-3):69-80.

Kijewski-Correa T L, Kochly M. 2007. Monitoring the wind-induced response of tall buildings: GPS performance and the issue of multipath effects. Journal of Wind Engineering and Industrial Aerodynamics, 95:1176-1198.

Larsen A, Svensson E, Andersen A. 1995. Design aspects of the tuned mass dampers for the Great Belt Suspension Bridge approach spans. Journal of Wind Engineering and Industrial Aerodynamics, 54-55:413-426.

Li C. 2000. Performance of multiple tuned mass dampers for attenuating undesirable oscillations of structures under the ground acceleration. Earthquake Engineering and Structural Dynamics, 29(9):1405-1421.

Li F C,Chen W L,Li H,et al. 2010. An ultrasonic transmission thickness measurement system for study of water rivulets characteristics of stay cables suffering from wind-rain-induced vibration. Sensors and Actuators A:Physical,159(1):12-23.

Li H,Li S,Ou J P. 2010. Modal identification of bridges under varying environmental conditions: Temperature and wind effects. Structural Control and Health Monitoring,17(5):495-512.

Li L X,Xiao Y Q,Kareem A,et al. 2012. Modeling typhoon wind spectra near sea surface based on measurements in the South China Sea. Journal of Wind Engineering and Industrial Aerodynamics,104-106:565-576.

Li M S, He D X. 1995. Parameter identification of vortex-induced forces on bluff bodies. Acta Aerodynamic Sinica,13(4):396-404.

Li Q S,Fu J Y,Xiao Y Q,et al. 2006. Wind tunnel and full-scale study of wind effects on China's tallest building. Engineering Structures,28:1745-1758.

Li Z N,Luo D F,Shi W H,et al. 2011. Field measurement of wind-induced stress on glass facade of a coastal high-rise building. Science China—Technological Sciences,54(10):2587-2596.

Liang X,Wang B,Ehan J C L,et al. 2007. Tropical cyclone forecasting with model-constrained 3D-Var. II: Improved cyclone track forecasting using AMSU-A, QuikSCAT and cloud-drift wind data. Quarterly Journal of the Royal Meteorological Society,133:155-165.

Lin Y K,Li Q C. 1993. New stochastic theory for bridge stability in turbulent flow. Journal of Engineering Mechanics,119(1):113-127.

Marra A M,Mannini C,Bartoli G. 2011. van der Pol-type equation for modeling vortex-induced oscillations of bridge decks. Journal of Wind Engineering and Industrial Aerodynamics,99:776-785.

Matsumoto M,Shirato H,Yagi T,et al. 2003. Field observation of the full-scale wind-induced cable vibration. Journal of Wind Engineering and Industrial Aerodynamics,91:13-26.

Michalski A,Kermel P D,Haug E,et al. 2011. Validation of the computational fluid-structure interaction simulation at real-scale tests of a flexible 29m umbrella in natural wind flow. Journal of Wind Engineering and Industrial Aerodynamics,99:400-413.

Miyata T,Yamada H,Katsuchi H,et al. 2002. Full-scale measurement of Akashi-Kaikyo Bridge during typhoon. Journal of Wind Engineering and Industrial Aerodynamics,90(12):1517-1527.

Morse T,Williamson C. 2010. Steady,unsteady and transient vortex-induced vibration predicted using controlled motion data. Journal of Fluid Mechanics,649:429-451.

Murakami S. 1993. Comparison of various turbulence models applied to a bluff body. Journal of Wind Engineering and Industrial Aerodynamics,46-47:21-36.

Nissen H D,Sørensen P H,Jannerup O. 2004. Active aerodynamic stabilization of long suspension bridges. Journal of Wind Engineering and Industrial Aerodynamics,92(10):829-847.

Omenzetter P,Wilde K. 2002. Study of passive deck-flaps flutter control system on full bridge model. I:Theory. Journal of Engineering Mechanics,128:264.

Ostenfeld K,Larsen A. 1992. Bridge Aerodynamics. Rotterdam:A. A. Balkema.

Quan Y,Gu M,Tamura Y. 2005. Experimental evaluation of aerodynamic damping of square super high-rise buildings. Wind and Structures,8(5):309-324.

Ricciardelli F. 2010. Effects of the vibration regime on the spanwise correlation of the aerodynamic forces on a 5 : 1 rectangular cylinder. Journal of Wind Engineering and Industrial Aerodynamics,98(4-5):215-225.

Scanlan R H. 2002. Observations on low-speed aeroelasticity. Journal of Engineering Mechanics,128(12):1254-1258.

Schewe G,Larsen A. 1998. Reynolds number effects in the flow around a bluff bridge deck cross section. Journal of Wind Engineering and Industrial Aerodynamics,74-76:829-838.

Song L L,Li Q S,Chen W C,et al. 2012. Wind characteristics of a strong typhoon in marine surface boundary layer. Wind and Structures,15(1):1-16.

Tamura T. 2008. Towards practical use of LES in wind engineering. Journal of Wind Engineering and Industrial Aerodynamics,96(10):1451-1471.

Tamura Y,Yoshida A,Zhang L. 2005. Damping in buildings and estimation techniques//Proceedings of the 6th Asia-Pacific Conference on Wind Engineering,Seoul:193-214.

Tang X D,Yang M J,Tan Z M. 2012. A modeling study of orographic convection and mountain waves in the landfalling Typhoon Nari(2001). Quarterly Journal of the Royal Meteorological Society,138:419-438.

Vickery B J. 1994. Internal pressures and interactions with the building envelope. Journal of Wind Engineering and Industrial Aerodynamics,53(1-2):125-144.

Winterstein S R. 1987. Moment-based Hermite models of random vibration. Report 219,Department of Structural Engineering,Technical University of Denmark.

Xu Y L,Chen J. 2004. Characterizing nonstationary wind speed using empirical mode decomposition. Journal of Structural Engineering,130(6):912-920.

Xu Y L,Zhan S. 2001. Field measurements of Di Wang Tower during Typhoon York. Journal of Wind Engineering and Industrial Aerodynamics,89:73-93.

Yuan J N,Song L L,Huang Y Y,et al. 2011. A method of initial vortex relocation and numerical simulation experiments on tropical cyclone track. Journal of Tropical Meteorology,17(1) : 76-82.

Zhang Z T,Chen Z Q,Cai Y Y,et al. 2011. Indicial functions for bridge aeroelastic forces and time-domain flutter analysis. Journal of Bridge Engineering,16(4):546-557.

Zhou Y,Kareem A. 2001. Gust loading factor:New model. Journal of Structural Engineering,127(2):168-175.

Zhu L D,Zhao L,Ge Y J,et al. 2012. Validation of numerical typhoon model using both near-ground and aerial elevation wind measurements. Disaster Advances,5(1):14-23.

第2章 集成研究

本章从关键科学问题、科学研究内容、科学研究目标和课题设置情况等方面介绍国家自然科学基金重大研究计划——"重大工程的动力灾变"集成项目"重大建筑与桥梁强/台风灾变的集成研究"的内容和预期目标。

2.1 关键科学问题

为了满足国家重大战略需求,建设和运行重大建筑与桥梁主要面临五大挑战。由强/台风边界层风场时空特性、效应模拟与预测模型以及登陆台风非平稳、非定常结构气动力特性与数学模型这两大挑战可以凝练出第一个关键科学问题——强/台风风场非平稳和非定常时空特性及其气动力理论模型;由重大建筑与桥梁风效应全过程精细化数值模拟与可视化、重大建筑与桥梁风致振动多尺度物理模拟与验证这两大挑战可以凝练出第二个关键科学问题——强/台风与重大建筑或桥梁耦合作用的非线性动力灾变演化规律与全过程数值模拟原理及其验证;由重大建筑与桥梁风致灾变机理、控制措施与原理这个挑战可以凝练出第三个关键科学问题——重大建筑与桥梁风致动力灾变的失效机理与控制原理。这三个关键科学问题与五个挑战之间的关系可以用图2.1来表示。

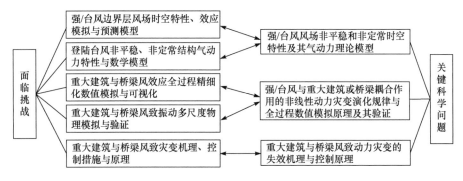

图 2.1　关键科学问题

1. 强/台风风场非平稳和非定常时空特性及其气动力理论模型

强/台风风场时空特性方面的关键科学问题可以细化为:热带气旋高分辨率和高精度数值模拟的初始三维结构构造理论与方法,云物理过程、积云对流参数化和边界层物理过程的模拟方法;复杂下垫面热带气旋高分辨率风场的数值模拟,空气动力效应风场 Monte-Carlo 随机数值模拟以及气压场模型和参数校正理论;强/台风的强度与路径预测模型与精细化数值预报,强/台风非线性、非定常、非平稳过程风速的数学表达方法;考虑特征紊流效应的钝体桥梁断面非定常抖振力数学模型,非平稳来流作用下钝体桥梁断面气动静力的数学模型。

气动力理论模型方面的关键科学问题可以细化为:三维非定常、非线性涡激力数学模型、雷诺数效应及随施特鲁哈尔数(St)变化规律;高湍流、高雷诺数条件下气动力理论模型及其参数的物理风洞和 CFD 数值识别方法;适合于结构风效应全过程数值模拟的三维气动力计算模型。

2. 强/台风与重大建筑或桥梁耦合作用的非线性动力灾变演化规律与全过程数值模拟原理及其验证

动力灾变演化规律与模拟原理方面的关键科学问题可以细化为:考虑非定常和非线性效应的确定性气动力方程及其在结构响应模拟中的应用;三维时域和频域分析中,统一气动力平稳、连续地演变及其输入;非线性有限单元库、易扩展程序架构、非线性静动力有限元求解器以及适用于风效应分析的前、后处理程序;结构风效应非线性时域分析中的大变形、大应变、大转动及其数值稳定性;基于高性能计算设备和三维虚拟现实系统的结构风效应全过程响应可视化。

动力灾变全过程数值模拟验证方面的关键科学问题可以细化为:原型结构及试验模型尺度效应的度量与界定;多尺度模型和原型模拟中的尺度效应问题,包括雷诺数效应、黏滞阻尼比效应、频率效应、紊流积分尺度效应等;基于原型结构实测结果的物理风洞试验和数值风洞模拟的可靠性验证。

3. 重大建筑与桥梁风致动力灾变的失效机理与控制原理

风致动力灾变失效机理方面的关键科学问题可以细化为:强/台风非平稳、高紊流、变剖面等特征在气动力模型中的真实体现;结构和构件涡激振动与风雨振复杂特性及其机理,以及非线性模型和高阶谐波效应影响;复杂结构绕流引起的特征紊流和尾流紊流效应,结构致灾机理、抗灾设计和灾变控制等;各种结构气动灾变、气弹灾变和损伤演化的失效过程及失效机理。

风致动力灾变控制原理方面的关键科学问题可以细化为:适合超大跨悬索桥多阶涡振控制的新型低频 MTMD 和 AMD 优化理论和设计方法;被动气动控制措施的内在控制原理及对其控制效果和适用范围的影响机制;考虑气动力干扰和三维效应的主梁-控制面系统理论分析模型及适合主动控制面运动参数鲁棒性分析的理论模型;超大跨桥梁施工阶段低频抖振控制的 TMD 有效方法;提高土木工程结构振动能量回收的效率,实现自供电 MR 阻尼器的系统集成。

2.2 科学研究内容

本书紧密围绕上述三个关键科学问题,着重开展超大跨桥梁、超高层建筑和超大空间结构强/台风作用下的结构致灾机理、灾变控制及实测验证,集成重大建筑与桥梁风致灾变模拟系统(图 2.2),包括强/台风风场模拟、气动力风洞试验、气动参数数值模拟、风效应动态显示、风速全过程模拟、现场实测验证、风效应检验标准和风振控制措施八大模块。除了风效应动态显示和风效应检验标准两个模块之外,本书主要针对其余六大模块开展六个方面的研究工作,即强/台风风场时空特性数据库和模拟模型,非平稳、非定常气动力模型与识别,三维气动力 CFD 数值识别与高雷诺数效应,结构风效应全过程精细化数值模拟,结构风致振动多尺度模拟与实测验证,结构风致灾变机理与控制措施。

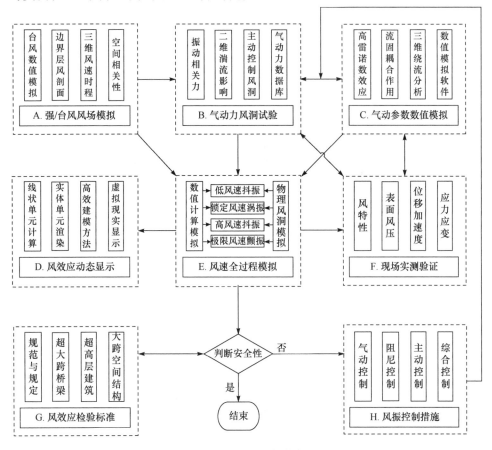

图 2.2 主要研究内容

2.2.1　强/台风风场时空特性数据库和模拟模型

1. 强/台风风场三维时空特性数据库

基于强/台风风场实测资料研究不同下垫面强/台风近地边界层风工程参数，着重于风廓线、攻角、湍流度、阵风系数、积分尺度、脉动风谱、梯度风高度和空间相关性等特征参数分析，建立强/台风过程考虑非线性、非定常、非稳态效应的瞬态风速数学模型。

2. 强/台风风场时空效应数值模拟

结合强/台风实测资料或气象分析模型模拟的高精度高分辨率数值结果，获取台风演变过程随机移动路径、最大风速半径、径向压力分布系数等多个关键参数统计相关的概率分布模型，利用 Monte-Carlo 台风随机模拟算法获取典型台风区域基于不同重现期的台风极值风环境预测结果，最终获取可用于指导工程实践或规范修订的台风风荷载条款。

3. 强/台风风场精细化预测模型

利用强/台风初值构造和观测资料同化技术方法，结合微物理过程、积云对流参数化和辐射方案选取、优化技术，建立适于工程应用的、可输出水平分辨率达到 500m（局部可达 200m）、近地层垂直分辨率 20m 台风风场的精细化预测模型。

2.2.2　非平稳、非定常气动力模型与识别

1. 典型桥梁断面抖振力和涡激力理论模型

开发基于多风扇主动控制风洞的非平稳来流和大积分尺度来流模拟技术，研究强/台风条件下强紊流、非稳态等多种特异性条件气动参数演变规律，研究内容涉及典型钝体桥梁断面非定常多分量气动导纳函数的统一识别理论和试验方法、抖振力的跨向相关性和考虑特征紊流效应的相干函数数学模型、抖振力非定常特性数学模型等内容。通过研究紊流积分尺度对大跨度桥梁气动参数及风振响应的作用效应，建立紊流积分尺度不相似时的风洞试验技术及修正方法。开发基于弹簧悬挂节段模型涡振试验的高精度涡激力测量技术，测量或识别具有高阶模态特点的涡激力，确定涡激力随振幅和折算频率的变化规律。研究典型钝体桥梁断面非定常涡激力形成机理和非线性自激特性，确定涡激力沿桥梁跨度方向的相关性，建立相应的涡激力数学模型和涡激共振振幅预测理论及试验方法，结合全桥气动弹性模型或现场实测结果进行验证。

2. 超高层建筑风力、气动阻尼、风致响应及等效静力风荷载

对典型单体和群体超高层建筑模型在不同风场条件下进行风洞试验,研究复杂超高层建筑的雷诺数效应、阻塞效应、风压分布特性、层风力(顺风向、横风向和扭转风力)分布特性;研究顺风向、横风向和扭转风力之间的相关性;研究两种激励(尾流激励、紊流激励)对顺风向、横风向和扭转风力的作用机制。对典型超高层建筑气动弹性模型在不同风场条件下进行试验,获得气动弹性模型动态响应;采用合适的系统识别方法识别三维气动阻尼,给出理论描述。结合以上超高层建筑三维风力和气动阻尼结果,研究复杂超高层建筑的三维耦合风致响应的理论和方法。

3. 大跨度屋盖结构风荷载雷诺数效应及其敏感性

针对几种典型形式屋盖,通过改变模型缩尺比、来流风速以改变雷诺数,考察不同几何参数和流场参数对结构表面风压分布及相关气动参数(包括升力系数、阻力系数和旋涡脱落频率等)的影响规律,获得不同雷诺数下的气动力特性及流场特点,探讨雷诺数效应的形成机理,预测实际风场中高雷诺数下的流场特点,并进行现场实测比较验证。对于围护结构,考察不同位置处极值风压的差异,形成不同屋盖分区的敏感性指标及其修正方法;对于主体结构设计,基于风致响应分析,获得不同雷诺数风荷载作用下的结构风振响应极值,综合各种因素评判结构的雷诺数敏感性程度及其修正方法。

2.2.3　三维气动力 CFD 数值识别与高雷诺数效应

1. 典型桥梁断面三维气动力模型参数的数值识别

针对典型桥梁断面绕流特征,建立并完善基于有限元方法、离散涡方法和 Lattice Boltzmann 方法的 CFD 数值计算软件(FEMFLOW、DVMFLOW 及 LBFLOW),提高桥梁断面气动参数的识别精度及流场分辨率,建立典型桥梁断面气动参数数据库,实现非典型桥梁断面全部气动参数的数值模拟。基于三种数值模拟方法和软件,借助增加壁面网格和高性能并行计算,对有效雷诺数为 $10^5 \sim 10^6$ 的绕流流动进行数值模拟。基于分区强耦合策略实现结构非线性结构动力模型与桥梁构件非线性气动力数值模型数据交换,建立能再现大跨桥梁风振全过程的准三维数值模拟平台,并尝试进行全三维数值模拟。实现典型桥梁全桥绕流准三维数值模拟,对其风致响应、失稳形态进行时域数值模拟及可视化处理,并与其全桥气动弹性模型风洞试验相验证。

2. 边界层风场及超高层建筑风效应的数值模拟

开展适合于超高层建筑特点的高雷诺数非定常风荷载大涡模拟方法及模型研究,主要集中在亚格子模型与非结构网格及数值方法的合理匹配,高雷诺数近壁区域的数值处理、复杂湍流边界条件的人工生成算法等方面。此外,还将结合离散涡方法,从基础的角度研究大尺寸高雷诺数湍流模拟的创新方法。开展适合高层建筑特点的高雷诺数气动弹性数值计算方法研究,主要集中在流固界面网格匹配与快速插值、流固信息的高效传递、流固计算程序的一体化集成等方面。基于现场实测和风洞试验结果,开展 CFD 数值模拟风场研究,研究山体地形下的风场特征,得到平均风剖线、湍流度剖线等相对于平坦地带情况下的修正因子。

3. 薄膜结构流固耦合振动全过程数值模拟

基于现有三维膜结构流固耦合数值模拟平台及初步研究成果,通过进一步改进大涡模拟技术提高湍流模拟的精度,将真实大气边界层湍流引入来流条件的模拟中,改进动网格技术和耦合交界面处的数据传递方法,建立更为精确的数值模拟方法,以形成软件成果。同时考虑到近地风场、特征湍流的复杂性和膜结构形式的多样性,在桥梁结构流固耦合问题研究方法的基础上,建立一套半解析半数值的膜结构流固耦合模拟方法。通过数值模拟方法再现耦合振动全过程,着重解决全过程风速变化数值实现的可能性、数值收敛和计算耗时等问题。

2.2.4 结构风效应全过程精细化数值模拟

1. 超大跨桥梁风速全过程响应的数值模拟平台

开发三维非线性结构有限元分析平台,该平台将提供空间结构的非线性大变形分析能力,计入结构不同振幅下自激气动力演化特性和结构在大振幅下抖振力与结构运动本身的非线性耦合效应,并可以进行线性频域分析和非线性静、动力时域分析。这个平台将能够容纳描述非定常气动力所需的附加气动力自由度,并能将非线性气动力模型和结构有限元模型整合在一起,实现各种风速过程下的桥梁静力和动力响应分析,并模拟桥梁在极限风速下的损毁过程。此外,这个平台还将作为桥梁风振控制措施的验证平台,通过风-桥梁-控制措施耦合的非线性时域分析来检验控制效果。

2. 考虑非定常风荷载和气动弹性效应的超高层建筑数值模拟平台

研究超高层建筑风荷载和 CFD 数值模拟方法,从湍流模型和计算方法等方面着手,重点研究适合高层建筑特点的三维结构数值模拟方法,特别关注高雷诺数模拟。研究结构气动弹性响应的 CFD 数值模拟方法。对于 500m 以上的超高层建筑,考虑风-结构的相互作用影响,构建超高层建筑气动弹性数值模拟平台。建立高效、方便、高精度的超高层建筑抗风数值模拟平台。结合人工智能和神经网络方法建立一个基于互联网的包括超高层建筑实测资料数据库、台风数值模拟、模型风洞试验数据库、超高层建筑抗风模拟及优化系统等的分析系统。

3. 大跨度屋盖结构抗风的数值模拟平台

针对大跨度屋盖风振响应特点,建立大跨度屋盖风振响应高效分析计算方法,提出大跨度屋盖多目标等效静力风荷载计算方法及实用设计取值。在大跨度屋盖风振响应实测验证方面,选取风效应敏感的大跨度空间结构,从风洞试验和现场实测两方面开展工作。在已建立大跨度屋盖风荷载数据库的基础上,不断积累风洞试验数据,完善风荷载数据库的预测功能,扩大数据库的适用范围,为大跨度屋盖风荷载特性研究及抗风设计提供辅助。利用已有有限元软件的二次开发功能,将Ritz-POD 风振响应计算理论和多目标等效静力风荷载理论集成为抗风设计软件。以典型体育场馆为工程背景,通过现场实测对比,验证编制软件的正确性。

2.2.5 结构风致振动多尺度模拟与实测验证

1. 超大跨桥梁风致振动多尺度模拟与验证

系统调研国内外现有的关于桥梁风洞试验、数值计算及现场实测之间的差异,构建典型桥梁样本模型试验与风致行为分析算法预测精度评价体系。结合原型现场实测资料、节段模型、全桥气动弹性模型等缩尺模型及 Benchmark 标准模型结果评价体系,利用全过程数值模拟算法及软件平台,系统地进行桥梁结构风致行为耐久性(低风速抖振)、适用性(锁定风速涡振)、安全性(高风速抖振和静风极限承载力)和稳定性(极限风速颤振)评价。强/台风复杂风环境特性及其结构风致行为耦联特征分析,利用超声波风速仪或超声多普勒测速仪获得强/台风条件工程场地特异风特性,结合现有桥梁健康监测历史资料和实时追踪式测量台风结果,采用统计、模拟和谱分析技术,分析多种地形地貌、天气类型的平均/脉动风速、风向和大跨桥梁结构风致响应等参数特征,采用联合概率评价与估计方法建立多变量输入与响应耦联分析的数学表达式,提取对特大型桥梁安全设计有价值的平均风速、风向、攻/偏角及结构动静态响应等特征参数。编制基于原型监测数据的桥梁结构风与风效应分析软件,建立典型桥梁结构风与风效应分析的范例,提供基于原型监测的典型桥梁结构风效应理论、试验和数值计算的验证案例。

2. 超高层建筑风致行为多尺度模拟与验证

在多个超高层建筑安装风速仪和响应测量仪器,进行现场模态测试,测量强/台风特性,同时测量超高层建筑在强风下的动力响应。对测量结果进行细致分析,获得强/台风特性和建筑响应特性。根据实测结果,研究台风的紊流特性(紊流度、脉动风速功率谱等),研究脉动风速的非平稳性和非高斯性并同时发展强/台风的数值模拟方法。在风洞中进行有关超高层建筑模型的风洞试验,获得该建筑的风致响应。根据实测、风洞试验获得的风致响应结果,研究现有理论模型的合理性(包括准定常假设、现有风力相关性公式等的合理性),研究超高层建筑模型风洞试验中的一些基础问题(包括模型阻塞效应、雷诺数效应等),研究超高层建筑在不同风向及受周边建筑不同干扰状态下的横风向、扭转和三维耦合风振理论模型。

3. 超大空间结构风致振动多尺度模拟与验证

以体育场馆作为超大空间结构的代表性结构,通过多尺度模型风洞试验和现场实测结果,验证柔性和刚性屋盖物理风洞试验方法的有效性和可靠性,同时对所编制的薄膜结构流固耦合振动数值模拟软件和大跨度屋盖结构抗风数值模拟平台进行有效性和精确性检验。

2.2.6　结构风致灾变机理与控制措施

1. 超大跨桥梁风致灾变机理及其控制

针对不同主梁形式和风环境,提出风障、导流板、稳定板等主、被动气动措施设计理论,建立考虑气动干扰效应的主梁-控制面系统理论模型,提出适合主动控制面运动参数鲁棒性分析的理论模型。研究针对多模态振型减振的分布式调谐质量阻尼器的优化设计理论;研究提高 TMD 有效质量与总质量之比的途径与实现方法,研究能使模态阻尼比最大的性能目标函数及其与 TMD 参数的关系,设计新型超低频竖向 TMD 器件。针对超长斜拉索多模态风雨振特性,研究超长斜拉索的自供电半主动控制方法和多阶涡振与减振措施技术,形成完整的基于自供电 MR 阻尼器的超长斜拉索减振新技术。研究基于自吸气自吹气的主梁涡激振动流场智能控制方法,探索基于该方法的流场-结构特性和能量转换关系,提出自吸气和自吹气装置的设计方法;研究基于行波壁的桥面涡激振动主动流场控制方法和基于流场分离区壁面动粗糙度的流场分离控制方法,揭示流场变化规律及其与控制参数之间的关系,提出行波壁和动粗糙度的设计方法。

2. 超高层建筑及其围护结构气动效应及控制

应用高频动态天平技术和脉动风压同步测量技术,对典型超高层建筑模型在不同风场条件下进行风洞试验,研究复杂超高层建筑的雷诺数效应、风压分布特性、层风力(顺风向、横风向和扭转风力)分布特性;研究顺风向、横风向和扭转风力之间的相关性;研究两种激励(尾流激励、紊流激励)对顺风向、横风向和扭转风力的作用机制。对典型超高层建筑气动弹性模型在不同风场条件下进行试验,获得气动弹性模型动态响应,采用合适的系统识别方法识别三维气动阻尼,总结规律,给出理论描述。结合以上超高层建筑三维风力和气弹效应的结果,研究复杂超高层建筑三维耦合风致响应的理论和方法。采用模型风洞试验和CFD数值模拟方法,研究典型超高层建筑总体和局部风荷载的气动控制措施,提出一般性原则和方法。根据复杂单体和群体超高层建筑模型的测压试验数据和实测数据,研究复杂单体超高层建筑风压的分布规律,研究风压的非高斯特性、概率特征、极值风压估算方法、面积折减方法,在此基础上,提出更合理的超高层建筑围护结构抗风设计方法。

3. 柔性屋盖风致耦合振动灾变机理及控制

通过风洞试验和CFD数值模拟方法,从膜结构振动特征、流场分离、旋涡脱落等宏观物理现象及气动阻尼变化等不同角度出发,研究膜结构流固耦合振动过程中的能量转换与耗散机理,确定自激振动的原因和自激振动失稳的临界风速。通过定义流固耦合影响因子,对膜结构的流固耦合效应进行定量描述,并进一步将该定义加以扩展,得到类似阵风荷载因子的等效风荷载表述,为具体的工程设计提供指导性建议。对膜结构风致振动过程中可能存在的气弹失稳情况采取必要的结构措施和气动措施,防止结构气弹失稳和减小结构振动。针对典型大跨度屋盖围护结构的风压极值非定常特性,将非高斯脉动风压时程表达为高斯时程的Hermite多项式,建立非高斯时程概率密度函数与高斯概率密度函数之间的关系,采用超阈值模型建立脉动风压极值的概率模型,预测具有任意回归期的围护结构设计风荷载,给出屋盖围护结构风荷载分区体形系数和极值折减系数。采用大涡模型模拟屋盖的绕流现象,揭示屋盖上部锥形涡、柱状涡运动形式的演化和屋盖内、外部风压的瞬时变化,确定破坏位置相邻单元的气动荷载,完整显示围护结构连续破坏的灾变过程,并利用屋面围护结构破坏试验验证数值模拟结果。研究屋盖边缘、角部形状修改对锥形涡位置、强度的影响规律以及对屋面风压的影响,探究大跨度屋盖气动抗风原理,研发屋盖边缘气动抗风装置。

2.3 科学研究目标

本书围绕三个关键科学问题开展的六项研究工作预期实现的研究目标主要包括:建立强/台风风场时空特性数据库和模拟模型,构建结构气动力数学模型并进行物理实验识别,开展三维气动力CFD数值识别与高雷诺数效应分析,探索结构风效应全过程精细化数值模拟方法并进行软件开发,进行结构风致振动多尺度物理模拟与实测验证,提出结构风致灾变机理与控制措施。

2.3.1　强/台风风场时空特性数据库和模拟模型

主要研究目标是建立强/台风风场三维时空特性数据库、效应模拟方法和预测模型。具体目标是:提高台风强度和路径预报精度,达到较准确地预测和再现台风精细化风场的目标,建立水平 500m、垂直 20m 的高时空分辨率平均风理论模型及其相应的脉动风理论模型;构建能够客观仿真出台风过程风速的非线性、非定常、非稳态数学模型,达到能够客观刻画台风风场在三维空间和时程分布特性的研究目标;掌握典型热带气旋的三维时空分布特性,建立相应的随时间演变的精细化三维空间分布数值模型,确定典型沿海地区台风气候工程结构设计风速。

2.3.2　结构气动力数学模型与识别

主要研究目标是建立典型结构三维气动力数学模型及其气动参数数据库,提出特殊结构三维气动力数学模型及其气动参数风洞识别方法。具体目标是:揭示强/台风作用下桥梁抖振力、涡激力的形成机理及其非定常、非线性和非稳态变化规律,建立一套可靠的高阶模态涡振振幅预测方法和合理的振幅限值;获得群体超高层建筑的强/台风风场的空间相关特性、受扰建筑表面的风压分布和风致响应状况以及顺风向、横风向和扭转响应特征及其之间的相关性;基于以往研究成果,通过系统的气弹模型风洞试验,揭示耦合振动中的能量转换与耗散机制,建立复杂多自由度体系的气弹简化模型。

2.3.3　三维气动力 CFD 数值识别与高雷诺数效应

主要研究目标是建立结构三维气动力 CFD 数值识别方法和软件及其高雷诺数效应影响规律。具体目标是:建立基于有限元方法、离散涡方法及 Lattice Boltz-mann 方法的三维气动力 CFD 数值识别方法软件,实现有效雷诺数 $10^5 \sim 10^6$、误差不超过 20% 的数值模拟;采用大涡模拟亚格子模型和数值风洞入口边界湍流产生的新方法,对群体超高层建筑及其周边区域进行全尺寸、高雷诺数(10^8)效应的数值模拟;采用解析方法与数值方法相结合的手段,建立薄膜结构流固耦合数值模拟平台,再现结构的风致灾变行为。

2.3.4　结构风效应全过程精细化数值模拟

主要研究目标是建立结构风效应全过程精细化数值模拟平台。具体目标是:非线性气动力模型和桥梁结构有限元模型相结合,形成统一的非线性桥梁风振响应分析平台,该平台能同时考虑多种类型的气动力作用,并在一次分析中考虑多种风速区间;建立超高层建筑抗风数值模拟开放式平台,该平台将以大涡模拟为核心,并实现 CFD/CSD 双向流固耦合的高效计算;通过流固耦合参数分析,建立考虑流固耦合效应的薄膜结构抗风设计方法,提出气弹失稳判别准则。

2.3.5　结构风致振动多尺度模拟与实测验证

主要研究目标是建立多尺度物理模拟和现场实测体系对风洞试验方法和数值计算方法进行验证。具体目标是:建立模型试验体系及结构风致响应分析算法误差精度评价体系,明确现有各类桥梁结构风致行为算法的适用条件和使用准则,澄清各类认识所带来的误差影响,验证集成软件平台的算法精度、效率;通过对风洞试验结果和现场实测结果的对比研究,评估风洞试验结果的可靠性和适用性,并基于和实测结果的对比,改善风洞试验技术;基于以往研究成果,通过系统的气动弹性模型风洞试验和现场实测,验证和评估已有风洞试验结果和数值模拟结果。

2.3.6　结构风致灾变机理与控制措施

主要研究目标是揭示各种结构风致灾变机理,建立结构风致灾变控制措施库。具体目标是:掌握超大跨桥梁被动气动措施的控制效果和关键参数,建立较完善的控制面颤振控制理论模型和方法,提出涡激力模型气动参数的高精度识别算法,建立考虑涡激力自激自限特性的质量阻尼器多目标控制理论模型;进一步认识超高层建筑局部风压的机制和规律,提出降低超高层建筑风荷载和效应的空气动力学措施的一般性方法;力争在该制约大型空间结构抗风设计理论发展的关键问题上实现突破,揭示结构风致灾变机理,实现结构风致灾变控制。

2.4　课题设置情况

本重大研究计划集成项目围绕三个关键科学问题,开展六项研究工作,并设置了四个课题,即强/台风风场与结构气动力模型、超大跨桥梁风致灾变过程及控制、超高层建筑风致灾变过程及控制、超大空间结构风致灾变过程及控制,如图 2.3 所示。

1. 强/台风风场与结构气动力模型

(1) 强/台风风场三维时空特性数据库。
(2) 强/台风风场时空效应数值模拟。
(3) 强/台风风场精细化预测模型。
(4) 典型桥梁断面抖振力和涡激力理论模型。
(5) 超高层建筑风力、气动阻尼、风致响应及等效静力风荷载。

2. 超大跨桥梁风致灾变过程及控制

(1) 典型桥梁断面抖振力和涡激力理论模型。

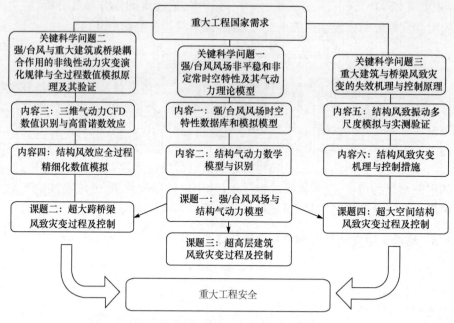

图 2.3　关键科学问题-研究内容-课题设置

（2）典型桥梁断面三维气动力模型参数的数值识别。

（3）超大跨桥梁风速全过程响应的数值模拟平台。

（4）超大跨桥梁风致振动多尺度模拟与验证。

（5）超大跨桥梁风致灾变机理及其控制。

3. 超高层建筑风致灾变过程及控制

（1）超高层建筑风力、气动阻尼、风致响应及等效静力风荷载。

（2）边界层风场及超高层建筑风效应的数值模拟。

（3）考虑非定常风荷载和气弹效应的超高层建筑数值模拟平台。

（4）超高层建筑风致行为多尺度模拟与验证。

（5）超高层建筑及其围护结构气动效应及控制。

4. 超大空间结构风致灾变过程及控制

（1）大跨度屋盖结构风荷载雷诺数效应及其敏感性。

（2）薄膜结构流固耦合振动全过程数值模拟。

（3）大跨度屋盖结构抗风的数值模拟平台。

（4）超大空间结构风致振动多尺度模拟与验证。

（5）柔性屋盖风致耦合振动灾变机理及控制。

第3章 强/台风风场时空特性数据库和模拟模型

强/台风风场时空特性数据库和模拟模型主要研究进展包括强/台风风场三维时空特性数据库、强/台风风场时空效应数值模拟两个方面。

（1）强/台风风场三维时空特性数据库。基于强/台风风场实测资料研究不同下垫面强/台风近地边界层风工程参数，着重于风廓线、攻角、湍流度、阵风系数、积分尺度、脉动风谱、梯度风高度和空间相关性等特征参数分析，建立强/台风过程考虑非线性、非定常、非稳态效应的瞬态风速数学模型。

（2）强/台风风场时空效应数值模拟。结合强/台风实测资料或气象分析模型模拟的高精度高分辨率数值结果，获取台风演变过程随机移动路径、最大风速半径、径向压力分布系数等多个关键参数统计相关的概率分布模型，利用 Monte-Carlo 台风随机模拟算法获取典型台风区域基于不同重现期的台风极值风环境预测结果，最终获取可用于指导工程实践或规范修订的台风风荷载条款。

3.1 强/台风风场三维时空特性分析

基于多个风廓线雷达、声达、激光雷达等遥感实测系统及逾 40 座测风塔对 2000m 高度内大气边界层强/台风风场长期的实测数据，建立了城市、郊区、山地和海岸地貌风速及湍流剖面模型（图 3.1 和图 3.2），揭示了台风不同登陆阶段的风场特征，提出了一套适用于不同地形情况风速修正的标准化方法（He et al.，2013a）。

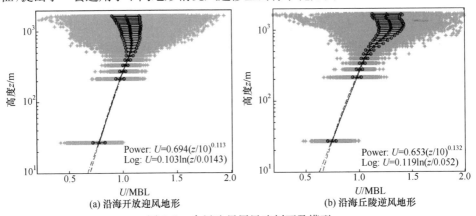

(a) 沿海开放迎风地形　　　　　　　(b) 沿海丘陵逆风地形

图 3.1　台风边界层风速剖面及模型

Power 为指数律公式，Log 为对数律公式，MBL 表示平均边界层（mean boundary layer）

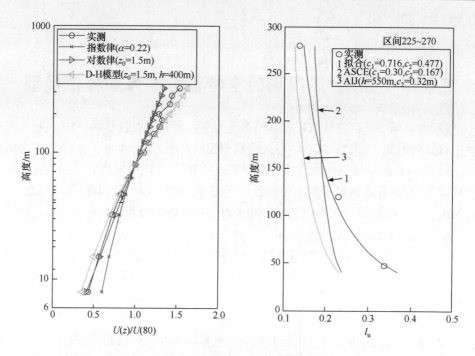

图 3.2　城市地区风速、湍流剖面模型

ASCE 即 American Society of Civil Engineers，美国土木工程师学会；

AIJ 即 Architectural Institute of Japan，日本建筑学会

　　基于梯度式或三维高频采样等方式获取的 48 个登陆台风实测数据，研究分析了不同下垫面登陆的台风近地边界层风况的三维时空特性（Shu et al.，2015；He et al.，2014a；He et al.，2013b），发现台风涡旋的不同位置（眼区、眼壁、外围）强风的风特性参数，包括风廓线、攻角、三维湍流强度、三维空间和时间尺度、三维风谱、湍动能、脉动风的空间相关和相干系数等存在显著差异，从而导致台风不同部位强风对工程结构的致灾机理、程度及方式等明显不同。首次从强台风的工程致灾角度提出了台风涡旋风及其分区的定义、判别方法和判别指标；经与常态强冷空气大风的比较，归纳解析了台风涡旋风的工程致灾特征（He et al.，2014b）；台风天气系统致灾最强区域来自台风眼壁强风区的强烈脉动、垂直气流以及有组织的水平旋转特征，台风外围强风的致灾特性与常态风相似，台风眼区小风一般不具有致灾性；编制的国家规范（2015 年立项）《台风涡旋测风数据判别规范》（GB/T 36745—2018）已于 2018 年颁布。

3.1.1　《台风涡旋测风数据判别规范》

　　《台风涡旋测风数据判别规范》首次从强台风的工程致灾角度提出了台风涡旋

风及其分区的定义、判别方法和判别指标,首次归纳勾画的台风涡旋风的工程致灾特征解析示意图(图3.3),形象地揭示了强台风的工程致灾机理。

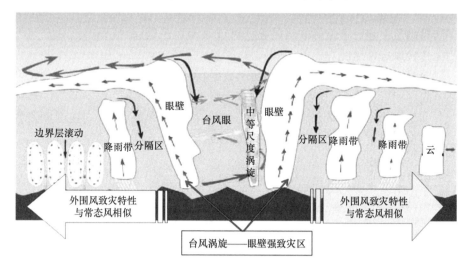

图 3.3　台风涡旋风的工程致灾特征解析示意图

《台风涡旋测风数据判别规范》(报批稿)的核心内容如下。

1. 台风涡旋风的分区指标

依据台风涡旋式环流结构特征,将台风过程划分为眼区、眼壁区和外围区风况,各区的风况特征指标如下。

台风眼区:是风暴中心的小风区域,10min 平均风速≤10.8m/s(5 级风),多出现明显下沉气流,因而风矢量呈负攻角。

台风眼壁强风区:围绕着眼区的狭窄环状强风带,是台风过程风速最大的区域,此区内湍动能显著增大,湍流度、风廓线指数可能出现不同程度增大,多出现明显上升气流,因而风矢量呈正攻角。

台风外围大风区:以台风眼壁向风暴边缘方向延伸的 10min 风速≥17.2m/s(8 级风)的区域,包括台风中心经过前的风速上升区和台风中心经过后的风速下降区。

2. 台风边界层测风数据分区代表性判别

采用如下三个指标综合判别实测站所获取的测风数据能够代表台风系统的哪个区域的风况。

(1) 10min 平均风速≥8 级(17.2m/s)或≥6 级(10.8m/s)风速的风向连续变化超过 120°方位角。

（2）台风过程风速的时程变化曲线呈 M 形双峰分布。

（3）双峰之间的底部风速一般小于 5 级（10min 平均风速一般小于 10.8m/s）。

1）测风数据的代表性判别

同时满足上述三项指标的测风数据可代表台风眼区、台风眼壁区和台风外围区的完整台风过程风况数据。

只同时满足（1）、（2）两项指标的测风数据,可以判为该实测资料只包含了台风的部分眼区附近、眼壁及其外围风况样本。

只满足指标（2）,或者台风过程的风速时程曲线呈单峰分布,则该测风资料一般为不完全的眼壁或只为台风外围风况样本。

2）台风眼壁强风速样本判别

台风眼壁区是围绕着眼区的一环状最大风速区,该区域的对流、降水和湍流最为强烈,应通过多参数进行判别,主要包括风速、实测点离台风中心距离、湍动能、湍流度、风廓线指数等。在此区域内,实测点获取的 8 级以上台风风速的风向连续转换的方位角应大于 120°;台风过程的风速时程曲线呈双峰或单峰型,峰顶附近的风况数据应符合以下特征:湍动能显著增大,风矢量正攻角显著增大,相同下垫面条件下湍流度和风廓线指数不同程度度增大。

3）台风眼区风样本判别

台风过程的风速时程曲线应呈 M 双峰型变化,风速时程曲线的双峰之间出现下沉气流、风矢量呈负攻角、10min 平均风速小于 10.8m/s（5 级风）时,可以判断为台风眼区风况。

4）台风外围大风样本判别

外围上升区和下降区是指台风眼壁以外向风暴边缘方向测得的 10min 平均风速达到 17.2m/s（8 级风）的风速样本区。实测点获取的 8 级以上台风风速的风向连续转换的方位角小于 90°,台风过程的风速时程曲线呈单峰型变化,风廓线与常态风相似。

3.1.2　台风风况三维时空特性分析

基于梯度式或三维高频采样等方式获取的 48 个登陆台风实测数据,依据《台风涡旋测风数据判别规范》,从所有台风实测个例中筛选出符合台风眼壁样本判别指标的 9 个台风过程的实测资料（表 3.1 和图 3.4）,研究分析不同下垫面登陆的台风近地边界层风况的三维时空特性,发现台风涡旋的不同位置（眼区、眼壁、外围）强风的风特性参数,包括风速和风向的时程变化、风廓线、攻角、三维湍流强度、三维空间和时间尺度、三维风谱、湍动能、脉动风的空间相关和相干系数等存在显著差异,从而导致台风不同部位强风对工程结构的致灾机理、程度及方式等明显不同。

表 3.1　符合台风涡旋风测风数据代表性判别指标的 9 个台风测风数据关键指标

台风名称	观测塔名称	过程风速时程曲线形状	伴随大风(10min平均风速≥17.2m/s)的风向连续变化角度/(°)	台风中心最小风速/(m/s)/实测层高度/m	台风中心离测风塔最近距离/km
鹦鹉	三角岛塔	双峰	152	13.5/10	32
黑格比	峙仔岛塔	双峰	211	11.9/20	8.5
黑格比	覃巴塔	双峰	270	3.0/12	12
黑格比	吴阳塔	双峰	150	6.4/10	18.3
莫拉菲	沙田塔	双峰	201	6.5/10	12
纳沙	秀英塔	双峰	270	0/10	8
纳沙	徐闻塔	双峰	213	1.9/10	18
启德	东海岛塔	(弱)双峰	183	18.3/30	5.7
温比亚	东海岛塔	双峰	211	9.2/65	18
尤特	阳西塔	(弱)双峰	129	17.9/10	19.7
威马逊	田西塔	双峰	182	8.8/10	10
彩虹	东海岛塔	(弱)双峰	157	36.7/50	9.8

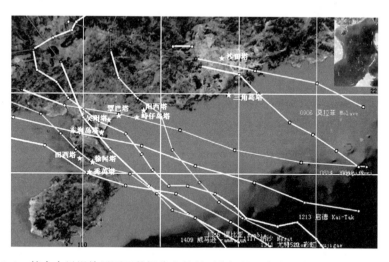

图 3.4　符合台风涡旋风测风数据代表性判别指标的 9 个台风路径及实测点位置图

1. 台风过程的平均风况特征

图 3.5 给出了 9 个台风过程 10 座实测塔(60~70m 高度)获取的 12 个风速样本的逐 10min 风速、风向时程变化图。从图中可见,台风过程的风速时程曲线均

呈现 M 形双峰分布的特征,风向从偏北风转向偏南风。表 3.2 给出了台风过程各观测塔测得的最大 10min 平均风速及其实测高度。

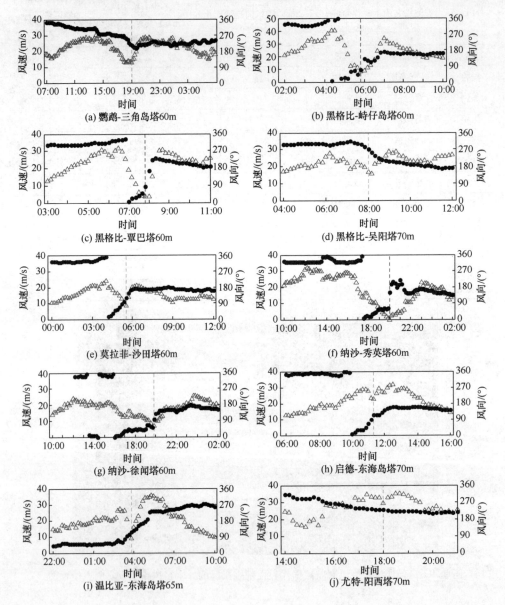

(a) 鹦鹉-三角岛塔60m

(b) 黑格比-峙仔岛塔60m

(c) 黑格比-覃巴塔60m

(d) 黑格比-吴阳塔70m

(e) 莫拉菲-沙田塔60m

(f) 纳沙-秀英塔60m

(g) 纳沙-徐闻塔60m

(h) 启德-东海岛塔70m

(i) 温比亚-东海岛塔65m

(j) 尤特-阳西塔70m

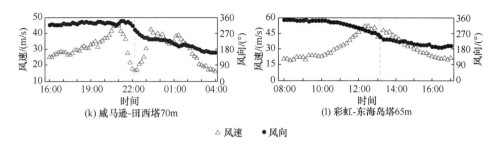

(k) 威马逊-田西塔70m　　　　　　　　　　(l) 彩虹-东海岛塔65m

△ 风速　　●风向

图 3.5　各观测塔台风过程逐 10min 风速、风向时程变化图
图中虚线表示台风中心经过时刻

表 3.2　台风过程测得的最大 10min 平均风速及其实测高度

台风名称	观测塔名称	10min 平均风速最大值/(m/s)	10min 平均风速最大值实测高度/m	台风名称	观测塔名称	10min 平均风速最大值/(m/s)	10min 平均风速最大值实测高度/m
鹦鹉	三角岛塔	32.7	60	纳沙	徐闻塔	29.1	110
黑格比	峙仔岛塔	48.5	100	启德	东海岛塔	33.6	100
黑格比	覃巴塔	34.2	60	温比亚	东海岛塔	39.7	95
黑格比	吴阳塔	31.3	70	尤特	阳西塔	37.4	100
莫拉菲	沙田塔	25.5	80	威马逊	田西塔	47.5	90
纳沙	秀英塔	34.2	100	彩虹	东海岛塔	58.6	100

2. 台风过程攻角

　　攻角指风的来流方向与水平面的夹角,它对建筑结构物特别是柔性结构物的影响比较突出。攻角一方面由不均匀地形致使气流强迫抬升或下沉而产生,另一方面,热带气旋、龙卷风等具有涡旋结构的强天气系统,因涡旋区的上升气流,可导致正向攻角增大,台风中心的下沉气流可导致负向攻角增大。图 3.6 给出了各观测塔(高度 60~70m)实测获取的逐 10min 风速、攻角时程变化图。从图中可见,台风过程的攻角变化较大,其登陆前后的系统性变大或变小主要由海陆下垫面转换所致,但值得关注的是,在"鹦鹉"、"黑格比"、"启德"、"温比亚"和"彩虹"等台风的眼壁强风区,攻角在下垫面相同条件下增大了 3°~5°。台风外围大风的攻角变化较为平稳,与常态风攻角相似。

3. 台风过程湍流度

　　湍流度是衡量风场扰动程度的指标,是表达脉动风特性的主要参数,其大小与地理位置、地形、地表粗糙度和影响该地区的天气系统类型等因素有关。其计算公式为

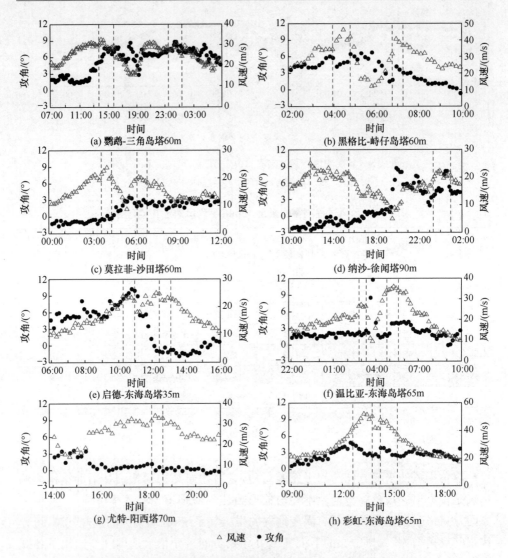

图 3.6　各观测塔台风过程逐 10min 风速、攻角时程变化图
图中虚线标识台风眼壁区的位置

$$I = \frac{\sigma}{\bar{u}} \tag{3.1}$$

式中，I 为湍流度；$\bar{u}$ 为平均风速，在此指 10min 平均风速；σ 为 1s 阵风相对 10min 平均风速的标准风速偏差（简称标准差）。

图 3.7 给出了各观测塔台风过程湍流度和风速时程变化图。从图中可见，粗糙的陆地下垫面来风的湍流度明显大于海洋下垫面来风的湍流度。在同样的粗糙陆地下垫面下，台风眼区和眼壁区的湍流度均大于台风外围区。台风眼区的高湍流度，因

同时风速较小,对工程结构影响较小,但需要引起重视的是,台风眼壁伴随强风的湍流度会放大现象,如峙仔岛塔测得的强台风"黑格比"湍流度时程变化与风速变化相近,也呈现双峰分布,在眼壁强风区增量可达 0.07～0.09。对多个台风实测个例资料分析结果发现,粗糙下垫面湍流度的放大效应要大于平滑下垫面(表 3.3)。

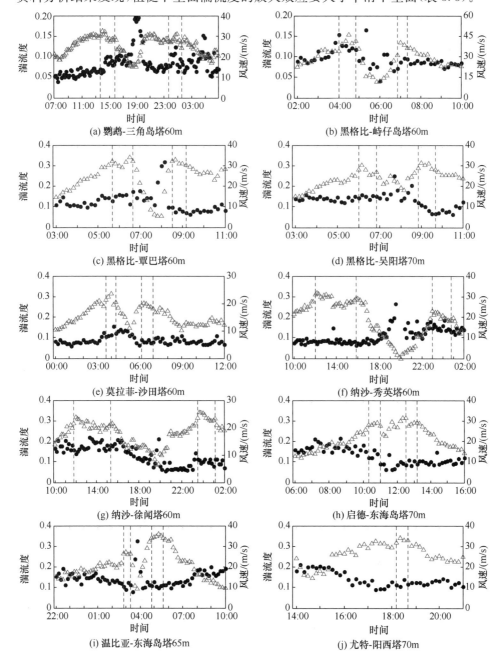

(a) 鹦鹉-三角岛塔60m

(b) 黑格比-峙仔岛塔60m

(c) 黑格比-覃巴塔60m

(d) 黑格比-吴阳塔70m

(e) 莫拉菲-沙田塔60m

(f) 纳沙-秀英塔60m

(g) 纳沙-徐闻塔60m

(h) 启德-东海岛塔70m

(i) 温比亚-东海岛塔65m

(j) 尤特-阳西塔70m

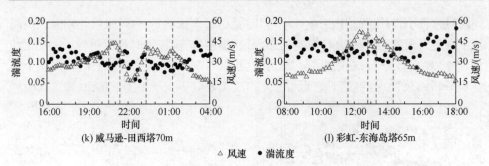

(k) 威马逊-田西塔70m　　　　　　　(l) 彩虹-东海岛塔65m

△ 风速　● 湍流度

图 3.7　各观测塔台风过程湍流度和风速时程变化图

图中虚线标识台风眼壁区的位置

表 3.3　各台风过程眼壁区的最大湍流度及其对应的风速

台风名称	观测塔名称	60～70m眼壁最大湍流度	对应风速/(m/s)
鹦鹉	三角岛塔	0.12	30.5
黑格比	峙仔岛塔	0.15	34
黑格比	覃巴塔	0.17	32.3
黑格比	吴阳塔	0.16	30.3
莫拉菲	沙田塔	0.16	19.7
纳沙	秀英塔	0.18	19.5
纳沙	徐闻塔	0.22	19.7
启德	东海岛塔	0.16	28.8
温比亚	东海岛塔	0.13	34.3
尤特	阳西塔	0.12	34.9
威马逊	田西塔	0.12	40.8
彩虹	东海岛塔	0.15	41.9

4. 台风过程风廓线

图 3.8 显示了观测塔获取的台风过程逐 10min 平均风廓线。可以发现,台风外围影响测风塔时,平均风廓线均较好地呈幂指数分布形态;台风中心区域经过测风塔时,平均风廓线则不同程度地发生了改变,逐渐偏离幂指数分布,离台风中心越近,其形态变化越明显,其中,离"黑格比"台风中心最近的峙仔岛塔测得的风廓线出现了波浪形弯曲,从对应的风速时程变化曲线可以看出,该波浪形风廓线发生在台风眼壁强风区(04:30～05:00 和 06:50～08:20),该时段 60m 高度层测得的最大 10min 风速分别为 43.7m/s 和 37.5m/s,即风速最大的双峰区。东海岛塔在台风"彩虹"过程风速最大值区也出现了波浪形的风廓线,对应的风速高达 52.2m/s 和 47.6m/s。

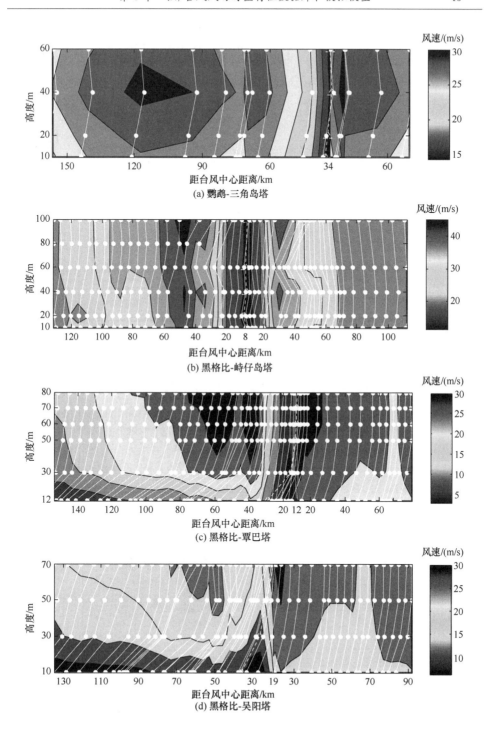

(a) 鹦鹉-三角岛塔

(b) 黑格比-峙仔岛塔

(c) 黑格比-覃巴塔

(d) 黑格比-吴阳塔

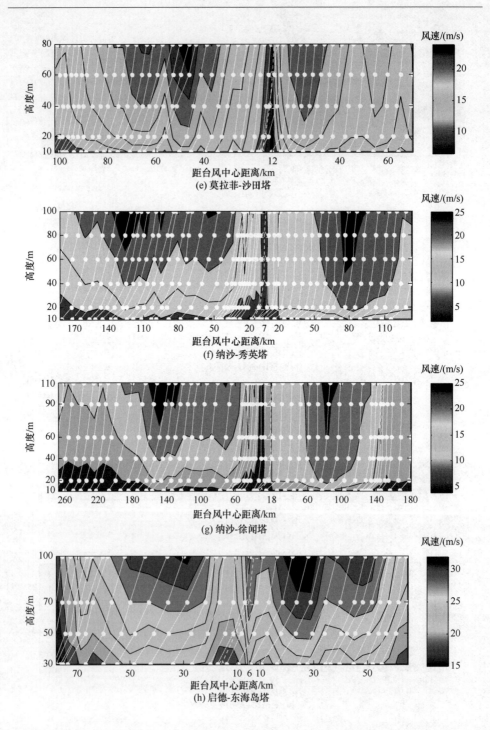

(e) 莫拉菲-沙田塔

(f) 纳沙-秀英塔

(g) 纳沙-徐闻塔

(h) 启德-东海岛塔

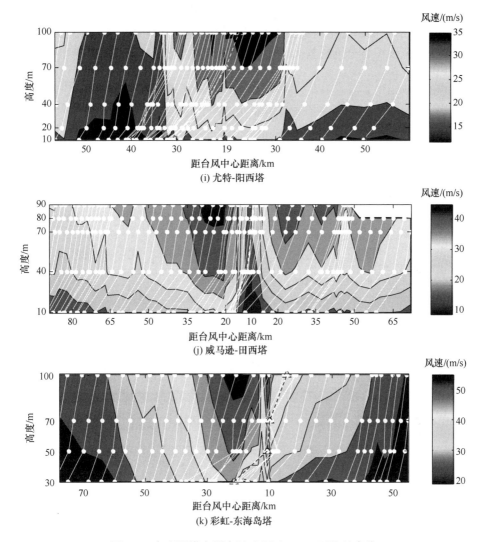

(i) 尤特-阳西塔

(j) 威马逊-田西塔

(k) 彩虹-东海岛塔

图 3.8 各观测塔实测台风过程逐 10min 平均风廓线

三角形虚线标识台风中心经过时刻

风廓线 $u(z)$ 表示的是平均风速随离地面高度 z 变化的函数。包括中国在内的许多国家的工程抗风规范多推荐以幂指数函数表示风速的垂直分布特征，表达式为

$$u(z) = u(z_1) \left(\frac{z}{z_1} \right)^{\alpha} \tag{3.2}$$

式中，α 为风廓线指数，表征风速随高度的升高而增大（或减小）的程度；$u(z)$ 和 $u(z_1)$ 分别为高度 z 和 z_1 处的风速。

　　通常,利用实测数据采用最小二乘法得到的风廓线拟合残差最小者,称为最优拟合,拟合风廓线能够包络所有实测数据点的拟合风廓线称为外包线拟合。以最优拟合和外包线拟合分别对各实测塔实测的台风过程逐10min风廓线指数α的时程变化进行分析。

　　图3.9给出了各观测塔(高度60～70m)实测获取的逐10min风速、最优拟合和外包线拟合给出的风廓线指数时程变化图。从图中可见,台风过程风廓线指数α均有显著变化:在台风眼区和眼壁强风区,α发生不同程度地增大;离台风中心最近且测风塔周边下垫面比较均匀的峙仔岛塔测得的台风"黑格比"风廓线指数α的时程变化呈弱双峰(最优拟合的α更为明显)特征,甚至在对应其眼壁的最大风速时段α达最大值,吴阳塔、沙田塔、秀英塔、田西塔和东海岛塔在台风"黑格比"、"莫拉菲"、"纳沙"、"威马逊"和"彩虹"也出现了伴随眼壁强风时段α增大现象,这与常态强风(非台风影响的季候风或锋面大风)的风廓线随风速的增大呈减小趋势的特征不同。这一现象对工程结构抗风将产生不容忽视的不确定性和风险。表3.4给出了各台风过程在眼壁区测得的最大风廓线指数。

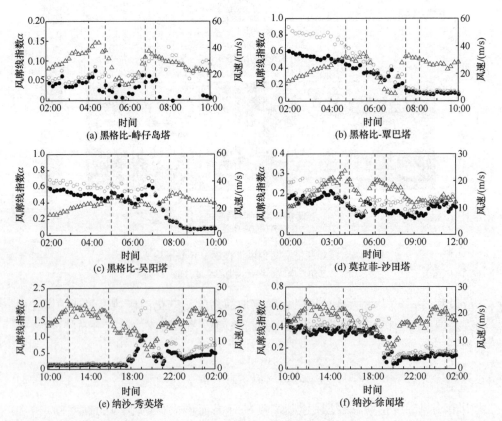

(a) 黑格比-峙仔岛塔

(b) 黑格比-覃巴塔

(c) 黑格比-吴阳塔

(d) 莫拉菲-沙田塔

(e) 纳沙-秀英塔

(f) 纳沙-徐闻塔

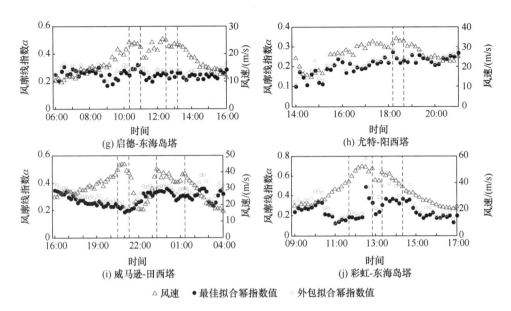

图 3.9　各观测塔实测台风过程逐 10min 风廓线时程变化图

图中虚线标识台风眼壁区的位置

表 3.4　各台风过程眼壁区最大的风廓线指数值

台风名称	观测塔名称	最大的最优拟合风廓线指数	最大的外包络拟合风廓线指数
鹦鹉	三角岛塔	0.05	0.07
黑格比	峙仔岛塔	0.07	0.11
黑格比	覃巴塔	0.44	0.65
黑格比	吴阳塔	0.53	0.63
莫拉菲	沙田塔	0.10	0.14
纳沙	秀英塔	0.44	0.69
纳沙	徐闻塔	0.40	0.52
启德	东海岛塔	0.32	0.23
温比亚	东海岛塔	0.31	0.32
尤特	阳西塔	0.27	0.28
威马逊	田西塔	0.36	0.38
彩虹	东海岛塔	0.49	0.77

5. 台风过程湍动能

湍动能(turbulent kinetic energy，TKE)是边界层气象学中重要的物理量之一，和边界层动量、热量和水汽输送密切相关，引入湍动能作为评估台风脉动风特

性的参考指标,其表达式为

$$\bar{e}=\frac{TKE}{m}=\frac{1}{2}(\overline{u'^2}+\overline{v'^2}+\overline{w'^2}) \qquad (3.3)$$

图 3.10 给出了各观测塔台风过程湍动能和风速的时程变化图。从图中可见,多个台风过程的湍动能呈现出 M 形分布的特征,湍动能大值区与风速大值区对应,台风强度越强,实测塔离台风中心越近,湍动能越大。

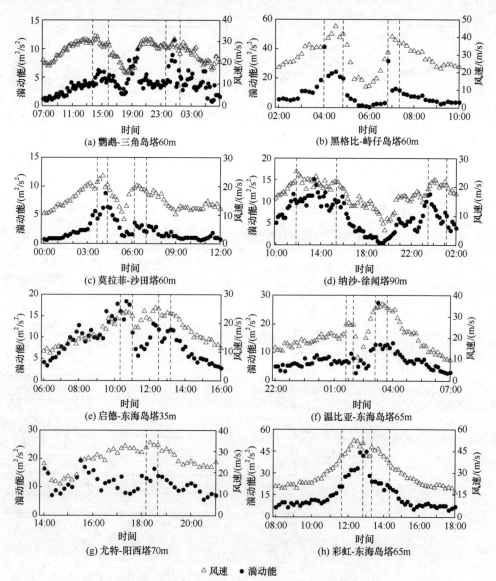

(a) 鹦鹉-三角岛塔60m

(b) 黑格比-峙仔岛塔60m

(c) 莫拉菲-沙田塔60m

(d) 纳沙-徐闻塔90m

(e) 启德-东海岛塔35m

(f) 温比亚-东海岛塔65m

(g) 尤特-阳西塔70m

(h) 彩虹-东海岛塔65m

△ 风速　● 湍动能

图 3.10　各观测塔台风过程湍动能和风速时程变化图

图中虚线标识眼壁区的位置

6. 台风眼壁强风样本风谱

湍流能谱函数 $S_i(i=u,v,w)$ 可较为准确地描述脉动风的含能特性,三维各向的风速谱在频域上的全积分等于脉动风对应方向上的湍动能,即

$$\int_0^\infty S_i(n)\mathrm{d}n = \sigma_i^2 \tag{3.4}$$

式中,$i=u,v,w$;n 为频率。S_i 在频域上的分布可以描述湍动能在不同尺度水平上的比例。

能谱函数计算采用傅里叶变换,以稳态随机信号 $x(t)$ 为例,取有限时段子样本 $x_k(t)(0 \leqslant t \leqslant T)$,定义

$$S_x(f,T,k) = \frac{1}{T}X_k^*(f,T)X_k(f,T) \tag{3.5}$$

式中,$X_k(f,T)$ 表示 $x_k(t)$ 的有限傅里叶变换,$X_k(f,T) = \int_0^T x_k(t)\mathrm{e}^{-\mathrm{i}2\pi ft}\mathrm{d}t$;$X_k^*(f,T)$ 为 $X_k(f,T)$ 的共轭;T 为有限长度时间。

根据 Kolmogrove 理论,湍流能量在惯性副区只是湍流能量耗散率和波数的函数,在惯性区间,表示为

$$E(k_1) = \alpha \varepsilon^{\frac{2}{3}} k_1^{-\frac{5}{3}} \tag{3.6}$$

式中,E 为湍流能谱;α 为常量;ε 为湍流能量耗散率;k_1 为波数,$k_1 = \dfrac{2\pi n}{\bar{u}}$,$n$ 为频率。

图 3.11 给出了各观测塔台风过程眼壁区最大风速样本的风谱图。从图中可见,台风眼壁区的湍流谱样本均不满足惯性子区 $-5/3$ 律和三维各向同性假设。

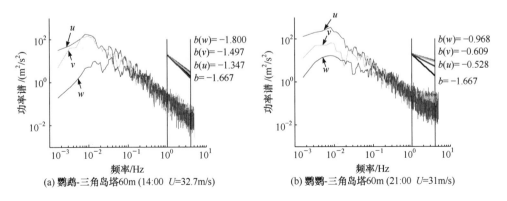

(a) 鹦鹉-三角岛塔60m (14:00　U=32.7m/s)　　(b) 鹦鹉-三角岛塔60m (21:00　U=31m/s)

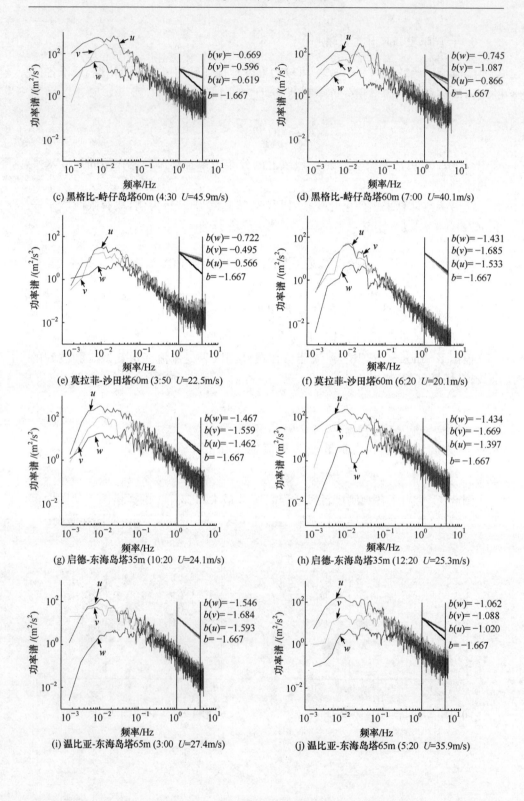

(c) 黑格比-峙仔岛塔60m (4:30 U=45.9m/s)

(d) 黑格比-峙仔岛塔60m (7:00 U=40.1m/s)

(e) 莫拉菲-沙田塔60m (3:50 U=22.5m/s)

(f) 莫拉菲-沙田塔60m (6:20 U=20.1m/s)

(g) 启德-东海岛塔35m (10:20 U=24.1m/s)

(h) 启德-东海岛塔35m (12:20 U=25.3m/s)

(i) 温比亚-东海岛塔65m (3:00 U=27.4m/s)

(j) 温比亚-东海岛塔65m (5:20 U=35.9m/s)

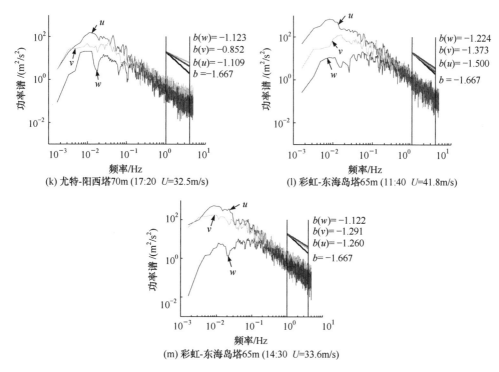

(k) 尤特-阳西塔70m (17:20 U=32.5m/s)　　　(l) 彩虹-东海岛塔65m (11:40 U=41.8m/s)

(m) 彩虹-东海岛塔65m (14:30 U=33.6m/s)

图 3.11　各观测塔台风过程眼壁区最大风速样本的风谱图

表 3.5 给出了以上台风样本在各频段三维方向的平均湍流能谱值。从位于河岸和海岸边的沙田塔和徐闻塔的计算结果可见,在同一个台风过程中,粗糙下垫面的平均湍流能谱值要高于平缓下垫面的平均湍流能谱值,离台风中心越近、台风强度越强、湍流能谱值也越大,峙仔岛塔测得的强台风"黑格比"过程的海洋下垫面台风眼壁的平均湍流能谱值明显要比其他台风个例高,甚至高于陆面来风的平均湍流能谱值。由此可见,越接近台风眼壁强风的风速样本明显地具有越大的湍流能谱值。东海岛塔测得强台风"彩虹"的湍流能谱值也明显要比该塔在台风"启德"和强热带风暴"温比亚"的湍流能谱值大。

表 3.5　8 个台风样本三维方向平均湍流能谱值　　　（单位:m²/s²）

台风 （观测塔）	大风 样本	低频含能区 (0.001～0.1Hz)			桥梁结构敏感区 (0.1～0.5Hz)			惯性子区 (1～4Hz)		
		S_u	S_v	S_w	S_u	S_v	S_w	S_u	S_v	S_w
鹦鹉(三角岛 塔 60m)	眼壁 1	37.09	27.33	5.38	2.08	1.49	1.37	0.06	0.07	0.06
	眼壁 2	51.05	16.37	5.82	1.90	1.32	1.43	0.18	0.13	0.09
黑格比(峙仔 岛塔 60m)	眼壁 1	188.1	70.43	14.10	10.26	8.19	4.82	0.97	0.74	0.60
	眼壁 2	81.64	36.62	5.73	6.24	5.50	2.23	0.29	0.41	0.36

续表

台风 （观测塔）	大风 样本	低频含能区 （0.001～0.1Hz）			桥梁结构敏感区 （0.1～0.5Hz）			惯性子区 （1～4Hz）		
		S_u	S_v	S_w	S_u	S_v	S_w	S_u	S_v	S_w
莫拉菲（沙田 塔60m）	眼壁1	10.48	7.28	2.91	0.60	0.68	0.38	0.05	0.05	0.03
	眼壁2	8.86	7.58	1.60	0.34	0.31	0.18	0.01	0.01	0.01
纳沙（徐闻 塔90m）	眼壁1	69.74	25.70	8.96	5.83	6.25	3.01	0.15	0.22	0.12
	眼壁2	62.12	9.41	9.90	4.05	1.28	1.53	0.53	0.43	0.22
启德（东海 岛塔35m）	眼壁1	117.5	36.79	11.22	12.58	9.15	3.62	0.36	0.33	0.26
	眼壁2	85.11	30.68	4.83	8.72	8.34	3.32	0.31	0.43	0.23
温比亚（东海 岛塔65m）	眼壁1	36.05	25.76	3.34	4.52	3.31	1.90	0.13	0.17	0.10
	眼壁2	73.46	21.48	3.51	7.07	6.80	2.62	0.41	0.50	0.25
尤特（阳西 塔70m）	眼壁1	109.4	60.45	25.72	5.01	8.42	4.20	0.27	0.37	0.19
	眼壁2	57.65	22.51	7.37	3.74	3.81	1.91	0.21	0.29	0.14
彩虹（东海 岛塔65m）	眼壁1	164.7	53.15	11.25	13.37	10.77	4.82	0.42	0.43	0.39
	眼壁2	142.5	68.97	5.99	10.19	9.81	3.63	0.41	0.52	0.26

　　图3.12给出了各10min样本在桥梁敏感频域的脉动风速与平均湍流能谱值的时程变化图。从图中可见，多个台风过程的平均湍流能谱值呈现出M形分布的特征，平均湍流能谱大值区与脉动风速大值区对应，台风强度越强，观测塔离台风中心越近，平均湍流能谱值越大。台风眼壁区的最大脉动风速能谱值见表3.6。

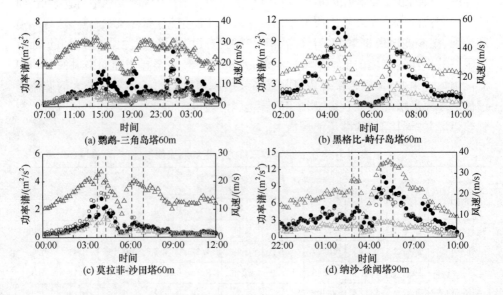

(a) 鹦鹉-三角岛塔60m

(b) 黑格比-峙仔岛塔60m

(c) 莫拉菲-沙田塔60m

(d) 纳沙-徐闻塔90m

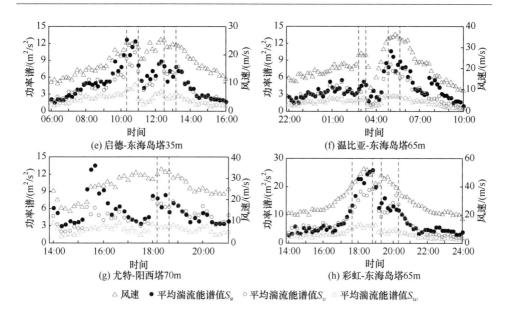

△ 风速　● 平均湍流能谱值S_u　○ 平均湍流能谱值S_v　△ 平均湍流能谱值S_w

图 3.12　各观测塔台风过程脉动风速与平均湍流能谱值时程变化图
图中虚线标识台风眼壁区的位置

表 3.6　台风眼壁区最大风速的桥梁敏感频域的脉动风谱平均值及其风速

台风名称	观测塔和观测高度	$S_u/(\mathrm{m^2/s^2})$	$S_v/(\mathrm{m^2/s^2})$	$S_w/(\mathrm{m^2/s^2})$	风速/(m/s)
鹦鹉	三角岛塔 60m	5.11	4.31	3.7	30.5
黑格比	峙仔岛塔 60m	10.87	7.52	3.98	41.6
莫拉菲	沙田塔 60m	2.77	3.17	1.03	23.7
纳沙	徐闻塔 90m	4.85	8.34	3.13	23.4
启德	东海岛塔 35m	12.58	9.15	3.62	24.1
温比亚	东海岛塔 65m	10.68	8.28	2.5	34.3
尤特	阳西塔 70m	8.38	6.23	2.84	32.9
彩虹	东海岛塔 65m	25.96	19.1	6.28	50.4

7. 台风眼壁强风脉动风速空间相干特征

脉动风速空间相干函数的定义为

$$\mathrm{Coh}_{x_A x_B}(n) = \frac{\hat{S}_{x_A x_B}(n)\hat{S}^*_{x_A x_B}(n)}{S_{x_A}(n)S_{x_B}(n)} \tag{3.7}$$

式中，x 用 u、v、w 替代，分别对应三个方向的脉动速度分量。当 $x=u$ 时，$\hat{S}_{u_1 u_2}(n)$ 表示 $u_1(x_1,y_1,z_1,t)$ 和 $u_2(x_2,y_2,z_2,t)$ 的互谱；$S_{u_1}(n)$、$S_{u_2}(n)$ 分别表示 $u_A(x_A, y_A, z_A, t)$ 和 $u_2(x_2,y_2,z_2,t)$ 的自功率谱函数，以此类推。

相干函数随着频率的增大而衰减,通常用指数衰减函数表示为

$$\mathrm{Coh}_{x_A x_B}(n,D) = \exp\left(-\frac{C_x n D}{\pi U}\right) \tag{3.8}$$

式中,D 为空间两测点之间的距离;C_x 为衰减系数,$x=u,v,w$。对于结构抗风计算,关键是要求给出公式的衰减系数,我国《公路桥梁抗风设计指南》中参考国外强台风湍流相干性研究的结果,建议 $C=7\sim20$(项海帆,1996)。

东海岛塔设置有 100m 高的 A 塔和 70m 高的 B 塔,两塔水平距离约 8m,A 塔的 35m、65m、95m 高度层和 B 塔的 65m 高度层设置有超声风速仪。基于东海岛塔实测的强台风"彩虹"的实测资料,进行水平和垂直方向上的台风眼壁脉动风速空间相干性分析。

1) 65m 高度层的水平空间相干特征

图 3.13 给出了东海岛塔测得的台风"彩虹"过程和常态风大风过程的 A 塔 65m 和 B 塔 65m 高度层的衰减系数时程变化曲线。从图中可见,实测拟合的台风衰减系数从台风外围环流影响时即开始减小,至台风眼壁强风影响时 C_u 达到最小值 4.42,比规范值的下限 7 小 2.58,而常态风的衰减系数则基本大于 7。图 3.14 分别给出了台风眼壁强风样本和常态风大风样本的相干函数曲线。从图中可见,台风强风时刻空间相干性随频率的衰减速度明显慢于常态风影响时刻。台风眼壁强风的衰减系数 C_u 较小,可见台风眼壁强风的空间相干性明显较强。

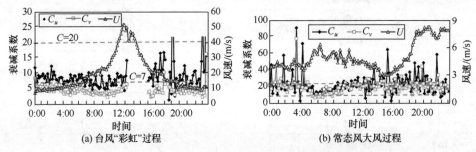

图 3.13　水平相干衰减系数时程变化曲线

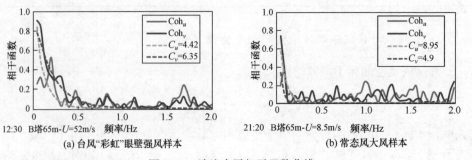

图 3.14　湍流水平相干函数曲线

2）垂直空间相干特征

图 3.15 给出了东海岛 100m 塔测得的垂直方向的 3 个超声衰减系数时程变化曲线。图 3.16 给出了台风眼壁强风样本的湍流相干函数曲线。从图中可见,空间相干性受地面粗糙度和测点之间间距的影响。远离地面的 65m 和 95m 之间的衰减系数比 35m 和 65m 之间的衰减系数小;随着距离的增加,空间相干性明显减弱,35m 和 95m 之间的衰减系数较大,空间相干性较弱。

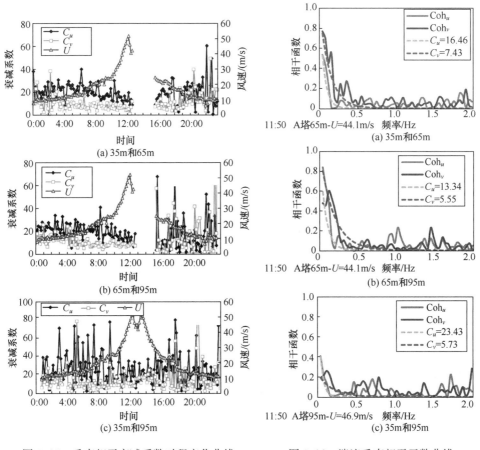

图 3.15　垂直相干衰减系数时程变化曲线　　　图 3.16　湍流垂直相干函数曲线

3.2　强/台风风场时空特性数据库

以梯度塔、测风雷达、三维超声波高频采样等实测方式,获取了 2000～2015 年在我国沿海、海岛和海上的 48 个台风过程的实测数据(图 3.17),为重大工程的强/台风动力灾变研究提供了基于工程台风和结构风工程必需的特种气象实测资料。

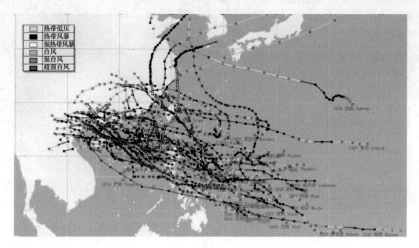

图 3.17　2000～2015 年实测的 48 个登陆台风路径图

3.2.1　登陆台风实地实测数据库

以 2000 年以来在我国沿海实地实测的 48 个台风的实测资料为基础（Song et al.，2016；薛霖等，2015；Wen et al.，2015；Yuan et al.，2015；戴高菊等，2014；文永仁等，2014；Yuan et al.，2014），以 C♯4.0 编程语言和 MySQL 5.5 关系型数据库管理系统为开发平台，建立了登陆台风实地实测资料数据库，结合 ARCGIS 10.2 地理信息系统，研发了登陆台风实地实测资料数据库查询系统，实现台风实测站点信息查询、台风路径信息查询、台风实测数据查询（图形方式）等功能。

基础数据包括：①原始实测数据，采用数据集形式，以各个台风个例为主组织原始数据文件结构，顶层文件夹名称为"登陆台风实地实测资料数据库"，第二层为各台风编号和名称，第三层为各实测点、相关的国家气象站，第四层为各种型号仪器的实测数据（超声测风仪、机械式测风仪、风廓线雷达及国家气象站实测数据等）。②入库数据，以台风登陆日期为中心的前后共 5 天内的实测数据；我国发布的"CMA-STI 热带气旋最佳路径数据集"年限为 1949～2014 年，其主要内容为热带气旋每隔 6h 的中心经纬度、中心最低气压和中心附近最大风速；我国沿海高分辨率的地形数据。

数据处理方式：各种观测仪器记录原始数据时使用的记录时距、数据格式都不一样，如超声测风仪记录时距多为 0.1s（Campbell Science 公司 CSAT 型、YOUNG 公司 81000 型、Gill_WindMaster Pro 型等），记录时距 1s 的有 Delta 公司 HD2003 型、YOUNG 公司 05103 型；机械式测风仪记录时距多为 10min

(NRG99 型、EL15 型、ZFJ3E 型、ZFJ3 型);气象站 A 使用杯式测风仪时的记录时距为 1h,气象站 J 使用杯式测风仪时的记录时距为 1min;气象站 A 记录气压和雨量原始数据时的记录时距为 1h;气象站 J 记录气压和雨量原始数据时的记录时距为 1min。

为了各种实测数据的对比分析和查询系统前端图形的快速显示,实测数据入库时需预先处理为各种时距统一格式的数据,同时根据不同仪器的量程值域、质量判别码和质量控制程序进行数据质量控制。在保留原始数据记录时距的同时进一步处理为时距 1s、1min 和 10min 的数据。对于记录时距为 10min、1h 的原始数据,不作进一步的时距处理。处理后的实测数据的时距有 1h、10min、1min、1s 和 0.1s 五种。

以 MySQL 5.5 关系型数据库管理系统为平台,通过 C♯4.0 编程语言研发的数据入库处理程序可以逐一将每个台风的实测数据录入到数据库中,建成登陆台风实地实测资料数据库。

数据库结构:为了查询时能有序、快速地调用数据库中的数据,数据库表以台风编号为主标识进行命名和组织。具体结构为:台风编号_仪器型号(格式)_数据时距,每个数据库表中的数据以台风编号为主键值进行组织。数据库表各列键值的结构为:台风编号(TyphoonID)_台风中文名称(TyphoonName)_台风英文名称(TyphoonEN)_实测站点(station)_仪器型号(instruments)_仪器实测高度(instrumentsHeight)_日期时间(datetime)_具体数据列(水平风速(xws)_水平风向(xwd)_垂直风速(yws)_气压(P)_雨量(R)等)。

根据数据库表名称结构和数据库表数据结构,系统自动生成树形结构的台风实测数据列表,以台风编号名称为主进行组织。具体结构为:台风编号名称-实测站点名称(含相关的国家气象站)-实测仪器型号-实测要素(水平风速、水平风向、垂直风速、气压、雨量等)-实测高度,如图 3.18 所示。

3.2.2　台风数据库查询系统

台风数据库查询系统主界面如图 3.19 所示。台风实测站点信息、路径信息查询的地图形式或实测数据图形显示区形式可随意切换。

在图形区为地图形式下,点击"树形结构表"中某一台风,显示台风路径和各个观测站点标志,点击"台风观测站点信息",将鼠标移动到某一观测站点标志上,将弹出台风观测站点信息框,内容包括观测站点名称、经纬度坐标、高程、观测仪器设置(型号、观测高度)等信息,可直观了解整个台风的观测概况。点击"台风路径信息",将鼠标移动到某一台风路径节点上,将弹出台风路径节点信息框,内容包括台风路径节点的时间、经纬度坐标、中心气压、中心附近最大风速等信息,可直观了解整个台风路径的情况,见图 3.20。

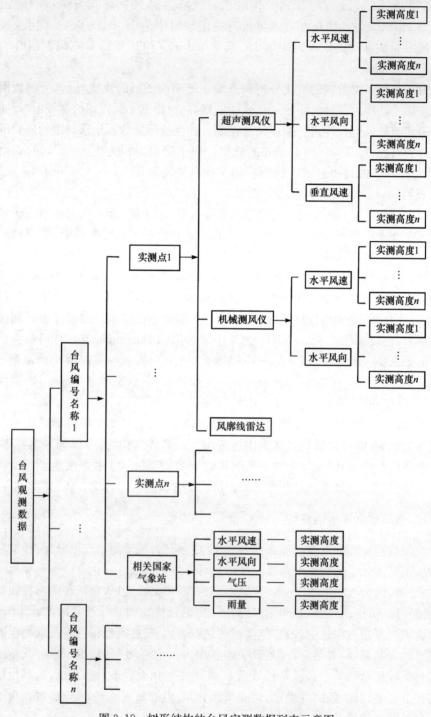

图 3.18　树形结构的台风实测数据列表示意图

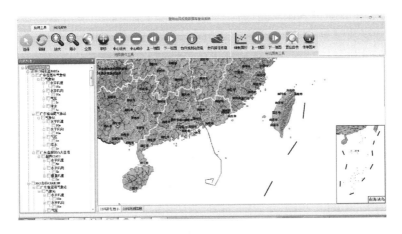

图 3.19　台风数据库查询系统主界面

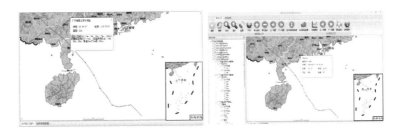

图 3.20　台风观测站点和台风路径节点信息查询界面

在图形区切换到观测数据图形显示区形式,对于同一个台风,在台风观测数据树形结构列表中,可任意勾选某个观测站点(含相关国家气象站)的某种观测仪器的某种观测要素的任一观测高度的数据或其组合进行查询,点击工具栏的"绘制图形"按钮即可执行查询,结果以曲线图(风向、风速、气压等)或柱形图(降水)方式显示,可形象、直观地对整个台风过程的各种观测数据进行对比分析。

3.3　强/台风风场时空效应数值模拟

3.3.1　台风过程风速的随机数值模拟

通过对登陆台风边界层精细实测数据的分析,揭示了台风涡旋不同部位、不同尺度上的非平稳、非高斯(阵风)、随机性和分形(自相似)等特征,在多种随机函数的模拟试验以及多个台风个例的三维实测数据比较基础上,首次提出以分段线性模型或非线性模型模拟台风系统的平均风速,以对数正态-多分形随机游走模型和 Weierstrass-Mandelbrot 函数来模拟台风系统的脉动风速,从而构造出台风过程的非平稳、非高斯随机风速模型,给出了控制参数;基于特定下垫面给定重现期目标台风强度计算结果,可进一步构造出目标台风过程的随机风速序列,模拟得到的风速序列能够较好地刻画台风各特征风速段特有的风速概率分布、风速谱、湍流度等脉动风工程参数(Cheng et al.,2014;Liu et al.,2014)。

1. 基础资料介绍

选取 7 个典型台风个例的三维超声测风观测资料,观测地点、经纬度和观测高度等见表 3.7,资料的时间分辨率均为 10Hz。

表 3.7　采用的台风个例资料详情

台风名称	黑格比	纳沙	鹦鹉	启德	温比亚	尤特	莫拉菲
观测塔名称	峙仔岛塔	徐闻塔	三角岛塔	东海岛塔	东海岛塔	阳西塔	沙田塔
经纬度	111.38°E 21.45°N	110.18°E 20.24°N	113.70°E 22.14°N	110.53°E 21.01°N	110.53°E 21.01°N	111.56°E 21.52°N	113.58°E 22.85°N
观测高度/m	60	90	60	35	95	70	75
塔基海拔/m	10	1	93	22	22	15	8

2. 台风过程风速的特性统计分析

利用经验模态分解(empirical mode decomposition,EMD)法对台风"黑格比"进行多尺度分析。大气边界层中的湍流运动可以视为由许多不同时空尺度的湍涡叠加而成。同时由于台风的风速时间序列是非平稳的,为了研究其平均风速的时间变化规律和特征尺度,首先利用经验模态分解法对典型台风"黑格比"进行多尺度分析。经验模态分解法不需预设基函数就能将信号中不同尺度的波动逐级分解,产生不同特征尺度的序列。该方法通过波内频率调制和波间频率调制实现其非线性的分析过程。选取包含眼内壁下降区、台风眼和眼内壁上升区的 2h 风速脉动数据进行分解(图 3.21)。

经验模态分解是一种对非平稳非线性信号进行多尺度分解的自适应时间序列分析方法,它将时间序列分解为一系列内模函数(intrinsic mode function,IMF)。具体步骤如下:

时间序列 $U(t)$ 的经验模态分解由筛检过程来实现。经验模态分解一开始提取的是最高频的振荡,定义两条包络线:一条经过时间序列所有的局部最大值,另一条经过时间序列所有的局部最小值。两条包络线的平均称为均值包络线,将之从原始时间序列中减去得到新的序列,重复这个过程直到剩下的信号满足成为内模函数的条件,即每一对局部最大值点和局部最小值点均被一个过零点分开。当得到第一个内模函数 $x_1(t)$ 时,将之从原始时间序列 $U(t)$ 中减去,得到 $U_1(t)$,重复

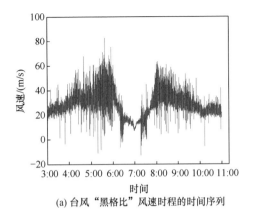

(a) 台风"黑格比"风速时程的时间序列

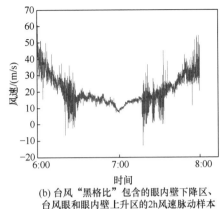

(b) 台风"黑格比"包含的眼内壁下降区、
台风眼和眼内壁上升区的2h风速脉动样本

图 3.21　台风"黑格比"风速-时间图

这个过程,从 $U_1(t)$ 中提取得到第二个内模函数 $x_2(t)$。原始时间序列被分解为一系列内模函数,可写为

$$U(t) = \sum_{i=1}^{N} x_i(t) + \varepsilon(t) \tag{3.9}$$

式中,N 为时间序列分解为内模函数的个数;$\varepsilon(t)$ 为剩余的低频趋势,称为残差。

在解释任何具有物理意义的数据时,最重要的参数是时间尺度和在时间尺度上的能量分布。不同于其他的时间序列分析方法,经验模态分解提出了局部时间尺度的概念,定义为相邻两个极值点之间的距离,因此其特征尺度是随时间变化的。根据局部时间尺度的定义可以计算每个内模函数的最大尺度、最小尺度和平均尺度,其中平均尺度可以理解为内模函数的全局尺度。

图 3.22 给出了经验模态分解的结果,包括 15 个内模函数和 1 个残差项。从风速脉动的原始时间序列可以看出,眼区的脉动很弱,眼内壁下降区和眼内壁上升区的脉动很强,对比分明。IMF8 的瞬时频率对应着约 1min 的振荡周期,意味着比 IMF8 更高频的 IMF1～IMF7 为周期小于 1min 的湍流运动分量。其中 IMF1 和 IMF2 的能量最强,可以认为台风的湍流运动是由较高频的波动组成的。IMF1 的瞬时振幅在 15 个内模函数分量中最大,相应的能量也最强,对应着最高频的湍流脉动。IMF11 的波动周期约为 8min,和能谱分析中阵风对应的 1～10min 的周期一致,因此 IMF8～IMF11 对应的是阵风分量。残差项的周期超过了原始数据的采样长度,可以认为是最强的趋势项,其波动振幅远大于各内模函数分量的振幅。可以看出,台风眼区和眼内壁区湍流特性的差别在小于 1min 的各个尺度上均有体现,表明小尺度湍流是不可分割的整体,应该综合起来进行分析和模拟。

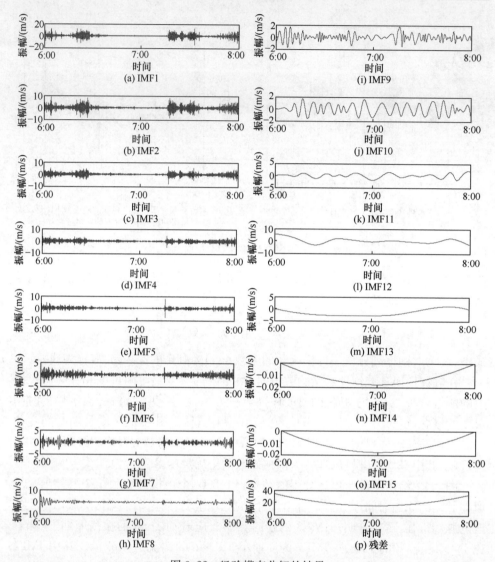

图 3.22　经验模态分解的结果

针对 15 个内模函数进行显著性检验,如图 3.23 所示。从图中可以看出,满足 95% 置信度的有 IMF1、IMF11、IMF12、IMF13,最显著的是 IMF13,其次是 IMF11。

根据以上的显著性检验结果得到原始风速时间序列的趋势项,其为残差项、IMF11 和 IMF13 之和,去除趋势项以后留下的为平稳的湍流脉动,如图 3.24 所示。图 3.24(b) 中的趋势项大体为抛物线形态;湍流脉动中包含了相干结构等确定性的部分,也包含了随机性的分量。由此可以对趋势项和湍流脉动分别建立模型,最后再叠加得到风速时程的总模型。

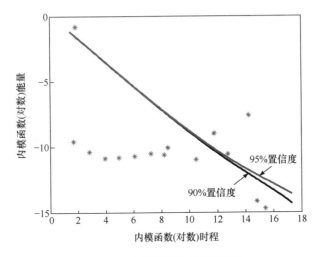

图 3.23 内模函数的显著性检验

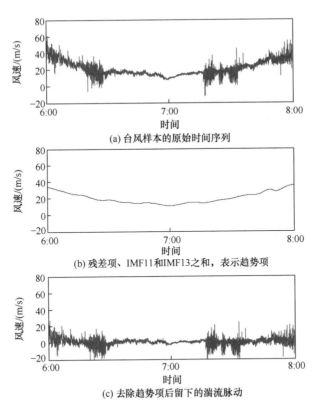

图 3.24 台风样本湍流分析

3. 台风风场的平均风速和湍流脉动特性的统计分析

对台风的实测风速进行了基本的统计特性分析,除了以上对平均风速的非平稳性进行检验、分析其时间变化规律和特征尺度及大尺度相干结构特征之外,还分析了其概率密度分布,发现台风的不同结构部位(台风眼、台风眼壁和台风外围)的统计特性有明显区别,其中台风眼壁的非高斯性最强。

对台风脉动风速的功率谱特征、阵风系数、自相关性和结构函数特征、分形与混沌特征进行分析(图 3.25),发现台风眼的湍流脉动与非台风区的背景大气湍流具有相同的功率谱分布,台风眼壁的湍流脉动既有随机性,也有确定性的混沌特征,其时程曲线的分形维数最大达到 1.77(表 3.8),在相空间表现为分形维数高达8.5 的奇怪吸引子(图 3.25),最大李雅普诺夫指数也都大于零。

表 3.8　台风眼壁峰值区湍流的分形维数 D

位置	黑格比峰值区 1	黑格比峰值区 2	纳沙峰值区 1	纳沙峰值区 2	鹦鹉峰值区 1	鹦鹉峰值区 2	温比亚峰值区 1	启德峰值区 1	尤特峰值区 1
分形维数 D	1.67	1.63	1.71	1.77	1.74	1.69	1.72	1.73	1.69

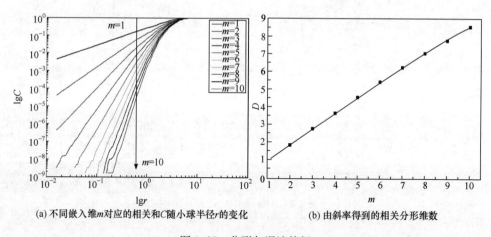

(a) 不同嵌入维 m 对应的相关和 C 随小球半径 r 的变化　　　(b) 由斜率得到的相关分形维数

图 3.25　分形与混沌特征

4. 台风风场的非平稳风速模型

如何构建湍流脉动风速模型一直是一个科学上的难题。湍流既有确定的非周期特性(混沌特性),也有不确定的随机特性以及不同尺度之间的相干性和相似性(分形),因此一个好的模型应该包括这些特征。

1) 基于不同方案的风速脉动分解

力学界和工程界常用基于相干结构的方案来分解湍流脉动风速。一般来说,相干结构出现在湍流信号的各种频段上,其在大尺度结构(低频部分)中表现为较典型的猝发现象,而在小尺度结构(高频部分)中同样也存在相干结构,表现为强间歇性事件。因此,原始湍流信号 $U(t)$ 可以表示为

$$U(t) = u_{lc}(t) + u_{sc}(t) + u_m(t) \qquad (3.10)$$

式中,$u_{lc}(t)$ 为大尺度湍流信号的相干结构;$u_{sc}(t)$ 为小尺度间歇事件湍流信号;$u_m(t)$ 为随机的非相干湍流成分,即剩余信号。

这种分解方案基于湍流的物理特性,尤其是对相干结构的理论认识、识别和有效提取,对于具有明显外剪切作用的实验室湍流比较适用。而大气是充满多尺度非线性相互作用的复杂系统,对大气湍流的相干结构进行有效的识别和提取尚为难题,因此这种分解方案不常用。

大气领域目前常用的方案是基于风速脉动的频率进行分解的,例如,原始湍流信号 $U(t)$ 可表示为

$$U(t) = \bar{u}(t) + u_g(t) + u'(t) \qquad (3.11)$$

式中,$\bar{u}(t)$ 为平均风速(一般取 10min 平均值);$u_g(t)$ 为时间尺度介于 1~10min 的阵风;$u'(t)$ 为剩余的高频湍流脉动。

大气湍流中不同时空尺度的湍涡之间存在相互作用,单纯从时间尺度来区分大尺度平均风速和小尺度湍流过于简单化,因此提出另一种分解方案,兼顾了湍流的物理特性,同时也比较好操作。

原始湍流信号 $U(t)$ 可以表示为

$$U(t) = u_{\text{trend}}(t) + u_f(t) + u_r(t) \qquad (3.12)$$

式中,$u_{\text{trend}}(t)$ 表示大尺度趋势;$u_f(t)$ 为确定的非周期性脉动;$u_r(t)$ 为随机的湍流脉动。$u_{\text{trend}}(t)$ 表示的趋势相对于 10min 平均风速时间尺度较大,也较光滑,最好能用简单的解析函数来表征;确定的非周期性脉动表示湍流中混沌和分形的部分,这部分表现出复杂的自相似特性,但复杂中深藏着有组织的结构,因此依然是确定性的;随机的湍流脉动部分则是不确定的。

为了研究方便,将后两部分合在一起,称为小尺度湍流脉动。分别对台风的大尺度趋势项和小尺度湍流脉动进行模拟,最后叠加得到完整的风速脉动时间序列。

2) 基于对数正态-多分形随机游走模型模拟湍流脉动

自然界中大量的物体(如海岸线、雪花、在多孔介质中流体的流动、湍流过程等)在几何结构上具有自相似或自仿射的特征,因此被称为分形体,研究分形体的理论称为分形几何。从数学上看,分形体是无穷多奇点的集合,通常可以用分形维数 D 来刻画。但科学家在对许多实际问题的研究中发现自然界中的分形体是非

常复杂多样的,只用一个分形维数不足以描述物质的精细结构。为了反映出物质各自的特性,必须考虑它的多层次结构,而多层次结构需要用多重分形来描述。因此,为了描述具有不同奇异性的奇点集合和它们的奇异程度,Halsey 等(1986)发展了有关分形测度和多重分形的理论。多分形奇异谱刻画了物质中不同子集的奇异程度,以及具有相同奇异性的子集的广义分形维数,表现了物质的多重分形特性。对于单分形,多分形谱是一个单点;而对于多分形,多分形谱是一个凸函数。近年来,非线性科学在地球物理学中的应用有三个发展方向:一是从分形几何转变到多分形过程;二是由多分形相变引起极值的自组织临界生成;三是从各向同性的尺度无关扩展到广义的各向异性尺度无关。由此可见,多重分形的随机过程模拟方法日益受到重视,这里采用基于对数正态分布的多分形随机游走模型。

多分形测度可以通过离散级串过程来构造,也可通过对数无限可分(log-infinitely divisible,log-ID)级串来构造。这种连续的级串过程具有尺度致密性,并且保持尺度比(scale ratio)为常数。另外,也可以采用一个随机方程来产生连续尺度的多分形过程,随机方程依赖于一些参数。为了使得级串致密,尺度比 λ 必须是一个很大且固定的值,因此增加总的分割步数 n 可以得到连续的极限。为得到产生对数无限可分连续多分形测度的随机过程,采用基于无限可分测度的无限可分随机积分。随机方程为

$$\varepsilon_\lambda(\tau) = \lambda^{-\mu/2} \exp\left(\mu^{1/2} \int_{\tau+1-\lambda}^{\tau} (\tau+1-u)^{-1/2} dB_H(u)\right) \qquad (3.13)$$

式中,τ 为时间;$\lambda \gg 1$ 为总的尺度比;μ 为间歇性指数;$B_H(u)$ 为分数布朗运动,H 表示 Hurst 指数。这个方程代了高斯随机积分的指数函数,相当于对高斯过程进行分数积分(分数布朗运动)。由此可以得到非平稳的多分形时间序列 $u(t)$:

$$u(t) = \int_0^t \varepsilon^{1/2} dB_H(x) \qquad (3.14)$$

模拟中,$\lambda = 5000$,参数 μ 和 H 是由台风的实测数据计算得来的,分形维数 D 和 Hurst 指数的关系为:$H = 2 - D$。

选取台风"黑格比"台风眼壁中的 10min 样本来进行试验模拟,结果如图 3.26 所示,无论对数正态-多分形随机游走方法还是分数布朗运动方法,均能较好地表现原始风速时间序列的自相似特征,虽然时间序列不完全一样,但是概率密度分布和功率谱等关键统计特征和实测结果吻合较好(图 3.27),能满足湍流脉动模拟的需要。

3) 台风风速脉动的分段线性模型

在上述工作的基础上,提出了台风结构分段线性、非平稳、非均匀风速模型,该模型将整个台风结构分为 7 个不同的区间,分别建立数学模型进行模拟,最后合成为一个完整的台风时程变化模型。

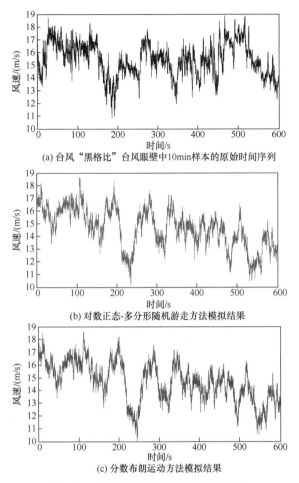

(a) 台风"黑格比"台风眼壁中10min样本的原始时间序列

(b) 对数正态-多分形随机游走方法模拟结果

(c) 分数布朗运动方法模拟结果

图 3.26 台风实测结果与模拟结果对比

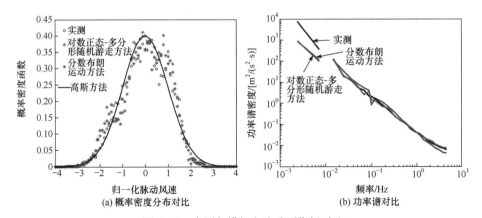

(a) 概率密度分布对比

(b) 功率谱对比

图 3.27 实测与模拟方法重要指标对比

7 个不同的区间分别为:外围爬升区Ⅰ(平均风速递增,脉动风速递增)、眼壁峰值区 1Ⅱ(平均风速保持最大,脉动剧烈)、眼内壁下降区Ⅲ(平均风速递减,脉动风速递减)、眼区Ⅳ(平均风速保持最小,脉动风速较小)、眼内壁上升区Ⅴ(平均风速递增,脉动风速递增)、眼壁峰值区 2Ⅵ(平均风速保持最大,脉动剧烈)、外围下降区Ⅶ(平均风速递减,脉动风速递减),如图 3.28 所示。台风可近似为螺旋状的对称结构,外围爬升区和外围下降区、眼壁峰值区 1 和眼壁峰值区 2、眼内壁下降区和眼内壁上升区的特性相似,因此可将台风过程风速划分为四类来研究。

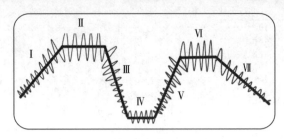

图 3.28 台风的分段线性模型

非平稳时间序列 $U(t)$ 可分解为大尺度趋势和脉动风,即

$$U(t)=u_{\text{trend}}(t)+u'(t) \tag{3.15}$$

台风风速的线性模型采用分段线性函数来模拟台风的非平稳大尺度趋势,具体为:$u_{\text{trend}}(t)=k_1 t+b_1$。其中,平均风速变化 k_1 表示平均风速随时间的变化;平均风速因子 b_1 表示平均风速的整体趋势。

选取典型台风"黑格比"和"纳沙"进行模拟,并分析对比台风"黑格比"的眼壁峰值区 1(图 3.29)和眼内壁上升区(图 3.30),以及台风"纳沙"的眼内壁上升区(图 3.31)和眼壁峰值区 2(图 3.32)的时间序列、概率密度分布、功率谱和湍流度。可以看出,基于台风分段结构的对数正态-分数维布朗运动脉动风速模型可以较好地模拟非平稳的台风风速时间序列、概率密度分布、功率谱和湍流度等特征。

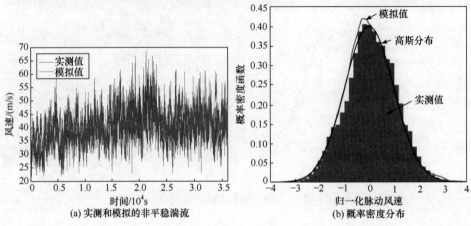

(a) 实测和模拟的非平稳湍流

(b) 概率密度分布

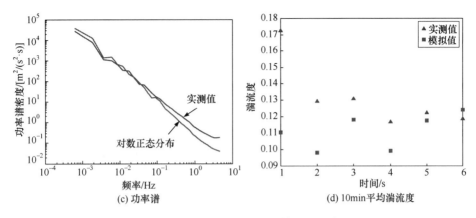

图 3.29　台风"黑格比"眼壁峰值区 1 风特性

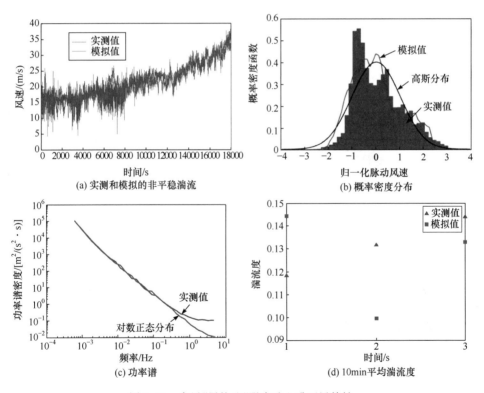

图 3.30　台风"黑格比"眼内壁上升区风特性

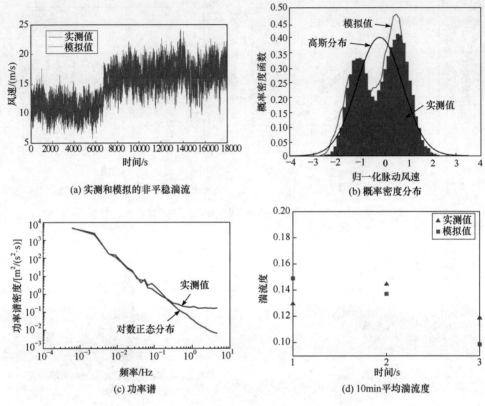

(a) 实测和模拟的非平稳湍流

(b) 概率密度分布

(c) 功率谱

(d) 10min平均湍流度

图 3.31　台风"纳沙"眼内壁上升区风特性

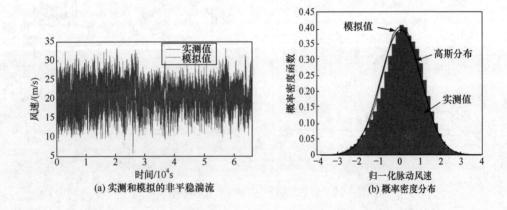

(a) 实测和模拟的非平稳湍流

(b) 概率密度分布

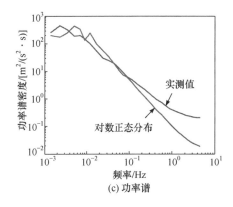
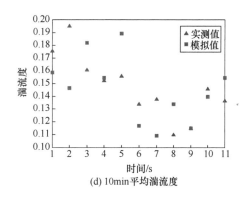

图 3.32　台风"纳沙"眼壁峰值区 2 风特性

　　台风眼壁峰值区平均风速相对平稳,湍流脉动强度大,概率密度近似为高斯分布;台风眼内壁区(眼内壁下降区和眼内壁上升区)平均风速变化大,湍流脉动强度也随时间变化,概率密度为非高斯分布(甚至表现为特殊的双峰分布)。模型较好地模拟出了台风眼壁峰值区和眼内壁区不同的特征。台风眼壁峰值区的分形维数比台风眼内壁区的分形维数稍大,前者介于 $1.73\sim1.75$,后者为 1.68 左右,因此前者的 Hurst 指数 H 小于后者。台风眼内壁区的间歇性更强,湍流间歇性指数 μ 为 0.29 左右,大于眼壁峰值区的 0.25。实测台风的功率谱高频有翘尾现象,可能是由数据中的高频噪声引起的。

　　4) 台风风速脉动的非线性模型

　　台风风速的非线性模型分别利用二阶 Hermite 函数(也称为墨西哥帽函数)模拟台风的非平稳大尺度趋势和对数正态-多分形随机游走模型模拟台风的湍流脉动风速。

　　非平稳时间序列 $U(t)$ 可分解为趋势和脉动风,即 $U(t)=u_{\text{trend}}(t)+u'(t)$。利用二阶 Hermite 函数进行翻转、局部变形和拉伸,由此得到台风的非平稳大尺度趋势:

$$u_{\text{trend}}(t)=k_1\left[-\frac{1}{\sqrt{2\pi}\sigma^3}\left(1-\frac{t^2}{\sigma^2}\right)\mathrm{e}^{\frac{-t^2}{2\sigma^2}}\right]+b_1,\quad t\in[s_1,s_2] \tag{3.16}$$

式中,参数 σ 为 1;其他参数由最小二乘拟合得到。

　　对数正态-多分形随机游走模型采用基于无限可分测度的无限可分随机积分,该模型可以模拟台风条件下既具有随机性又具有混沌与分形特征的间歇性湍流,从而得到脉动风速 $u'(t)$:

$$u'(t)=(k_2+k_3t)\int_0^t\varepsilon^{1/2}(x)\mathrm{d}B_H(x) \tag{3.17}$$

式中,$\varepsilon_\lambda(\tau)=\lambda^{-\mu/2}\exp\left[\mu^{1/2}\int_{\tau+1-\lambda}^{\tau}(\tau+1-u)^{-1/2}\mathrm{d}B_H(u)\right]$。

　　其他参数的意义:间歇性指数 μ 表示脉动风速的间歇性程度;Hurst 指数 H

反映脉动速度曲线的复杂程度,它和分形维数的关系为:$H=2-D$;尺度参数 λ 表示构造风速分形曲线时的伸缩比例(为 5000,不变);湍流风速因子 k_2 表示脉动风速的整体趋势;湍流变化因子 k_3 表示脉动速度随时间放大或衰减的程度。选取四个典型台风:"黑格比"、"纳沙"、"鹦鹉"和"启德"进行模拟。

(1)台风风速时程及模拟参数。

根据台风的结构特征将其分为四段:外围爬升区和眼壁峰值区 1;眼内壁下降区、眼区和眼内壁上升区(分为两段进行模拟);眼壁峰值区 2 和外围下降区。台风"黑格比"的模拟参数如表 3.9 所示。

表 3.9　台风"黑格比"的模拟参数

参数	s_1	s_2	k_1	b_1	k_2	k_3	μ	H
第一段	-2.8	-1.6	147	17.1	1.0	1.5	0.25	0.26
第二段	-1.4	0	63.8	33.4	2.2	-2.6	0.29	0.32
第三段	0.1	1.3	54.9	29.5	0.9	1.6	0.29	0.31
第四段	1.5	2.8	107.4	18.6	2.9	-0.9	0.25	0.27

图 3.33~图 3.36 分别是台风"黑格比"、"纳沙"、"鹦鹉"和"启德"的实测和模拟风速时程对比,其中曲线为模拟的风速大尺度趋势。

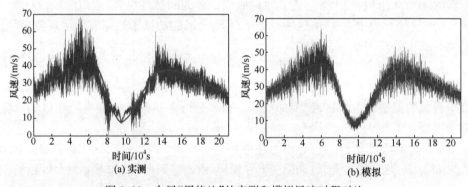

(a) 实测　　　　　　　　　　　　　(b) 模拟

图 3.33　台风"黑格比"的实测和模拟风速时程对比

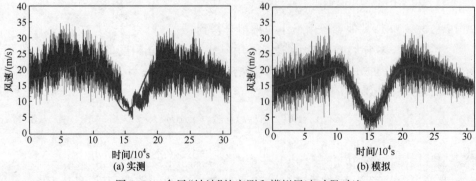

(a) 实测　　　　　　　　　　　　　(b) 模拟

图 3.34　台风"纳沙"的实测和模拟风速时程对比

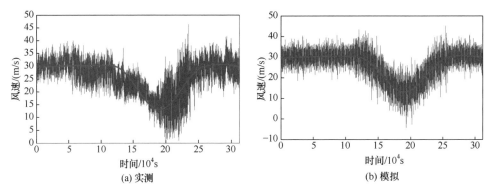

图 3.35　台风"鹦鹉"的实测和模拟风速时程对比

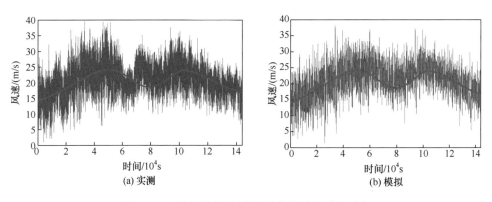

图 3.36　台风"启德"的实测和模拟风速时程对比

（2）阵风系数。

阵风系数常用来表征风速中湍流或阵风的强度，其定义为

$$G_u(t,T) = \frac{u(t,T)_{\max}}{\overline{U(T)}} \tag{3.18}$$

式中，$G_u(t,T)$ 为阵风系数；$\overline{U(T)}$ 为平均时间为 T 的顺风向平均风速（本节 T 取 10min）；$u(t,T)_{\max}$ 为对风速序列求时间 t 滑动平均后的最大风速值。

台风登陆及登陆后，地表性质会对台风湍流特性产生影响。图 3.37 为实测和模拟台风"黑格比"不同阶段的阵风系数随滑动平均时间的变化图。从实测台风可以看出，阵风系数的特征表现为台风外围上升区始终大于外围下降区，第一段峰值区始终大于第二段峰值区，内壁上升区始终大于内壁下降区，说明在台风登陆和移动过程中，台风外围区、峰值区和眼壁区的阵风系数随时间不断减小，体现了地表摩擦作用或地面热力作用对台风湍流特性的影响。阵风系数和滑动平均时间一般存在如下规律：

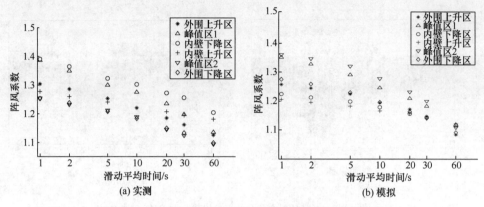

图 3.37 实测和模拟台风"黑格比"不同阶段的阵风系数

$$G_u = \left(\frac{t}{T}\right)^p \tag{3.19}$$

模拟结果很好地表达了台风的这一规律,表 3.10 给出了实测和模拟"黑格比"台风的 p 值。

表 3.10 实测和模拟"黑格比"台风 p 值

位置	实测台风 p 值	模拟台风 p 值
外围上升区	−0.102	−0.091
峰值区 1	−0.133	−0.127
内壁下降区	−0.099	−0.137
内壁上升区	−0.055	−0.046
峰值区 2	−0.091	−0.134
外围下降区	−0.087	−0.102

(3)概率密度函数分布。

湍流概率密度函数唯一地确定湍流的各阶矩,因此是描述湍流的重要统计指标之一。图 3.38 给出了台风"黑格比"不同阶段的概率密度函数,所有的概率密度函数的比较在同一风速水平下进行。

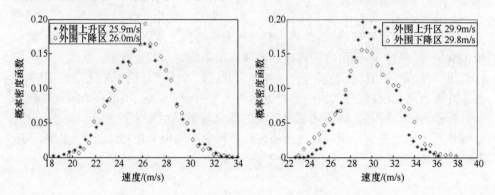

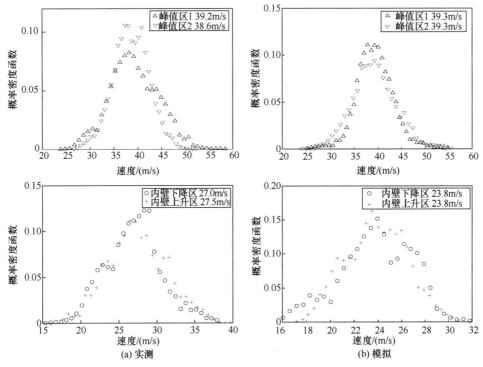

图 3.38　实测和模拟台风"黑格比"不同阶段的概率密度函数

在同一平均风速水平下,台风向观测点移入和移出时,对应位置的概率密度函数接近,但移入位置比相应移出位置峰值略低,尾部略厚,这体现了地表对台风中湍流概率密度函数的影响。速度的二阶矩可以反映湍流的能量状况,由于概率密度函数包含速度二阶矩信息,可以判断出,地表作用会使湍流能量减弱,使湍流度衰减。

图 3.39 给出了实测和模拟台风"黑格比"不同阶段的归一化概率密度函数,图中实线为高斯分布。可以看出,实测台风不同阶段的归一化概率密度函数接近高斯分布,这说明台风中湍流脉动具有近似正态分布的特点。模拟台风的归一化概率密度函数与高斯分布接近,说明模拟的台风和实测台风在归一化概率密度函数上具有一致性。

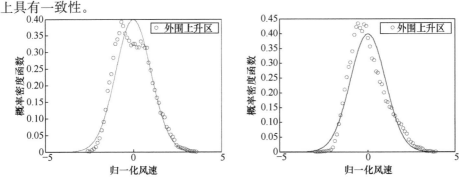

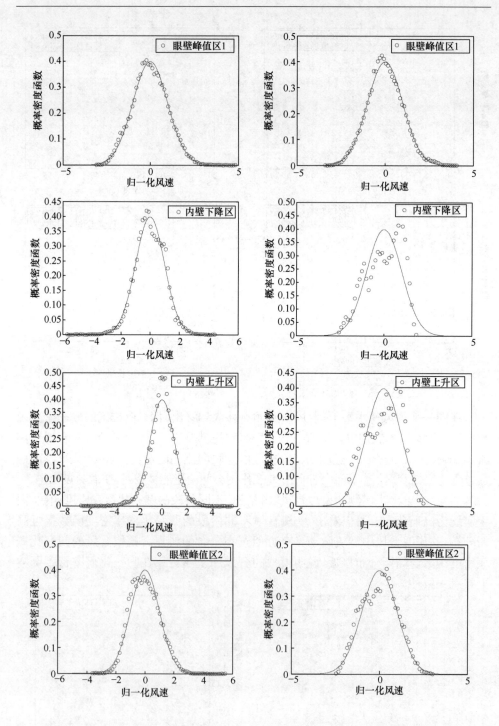

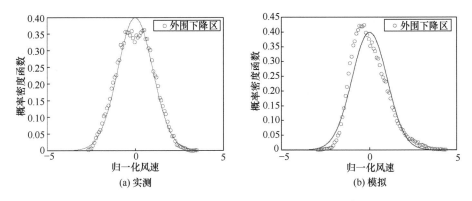

图 3.39 实测和模拟台风"黑格比"不同阶段的归一化概率密度

（4）功率谱。

大气湍流在中高频段，谱密度与频率间近似为幂律关系，这是大气湍流的重要特性。图 3.40 给出了经过平滑后的实测和模拟台风"黑格比"在不同阶段的功率谱。从实测台风的功率谱看，功率谱密度在中高频仍和频率保持近似幂指数率关系。模拟台风的功率谱将湍流能谱在中高频段的标度律很好地表现了出来。

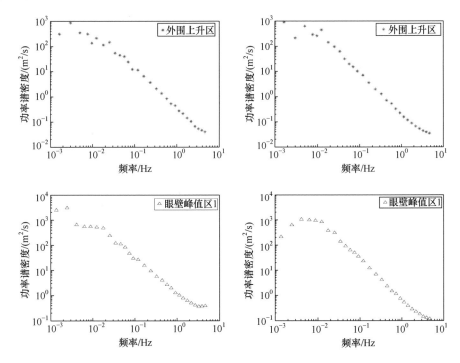

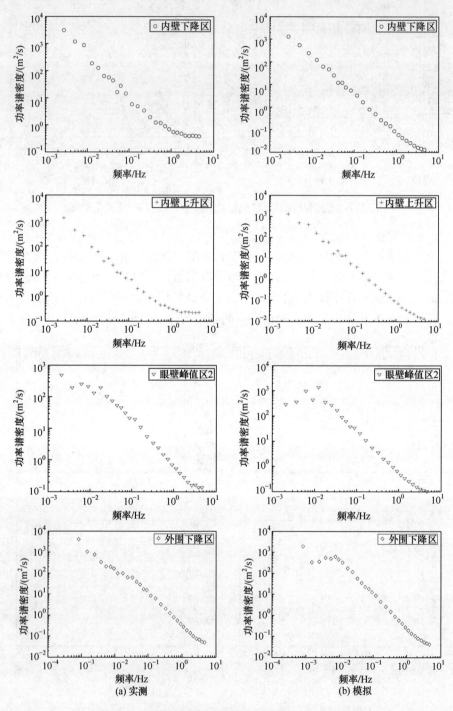

图 3.40　实测和模拟台风"黑格比"不同阶段的功率谱

（5）分形维数。

大气湍流具有自相似分形特征，Higuchi 方法（Higuchi，1988）是常用的计算分形维数的一种方法。该方法的计算原理是，随着采样频率的降低，曲线长度会随之减小，通过计算曲线长度的减小速率可以得出相应的分形维数。图 3.41 为曲线长度随采样频率（对应相对的时间尺度）的变化情况，实线即为对应的分形维数。

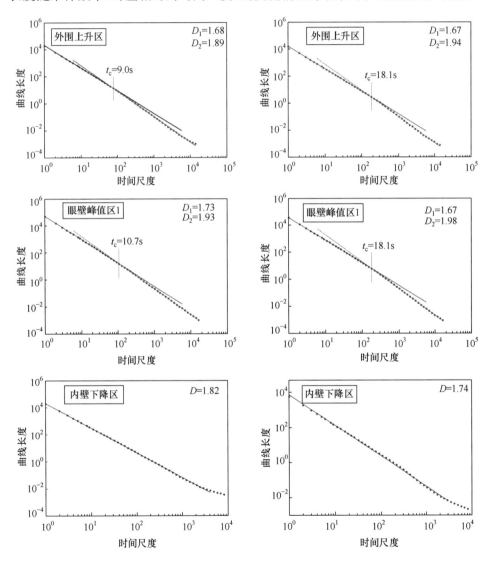

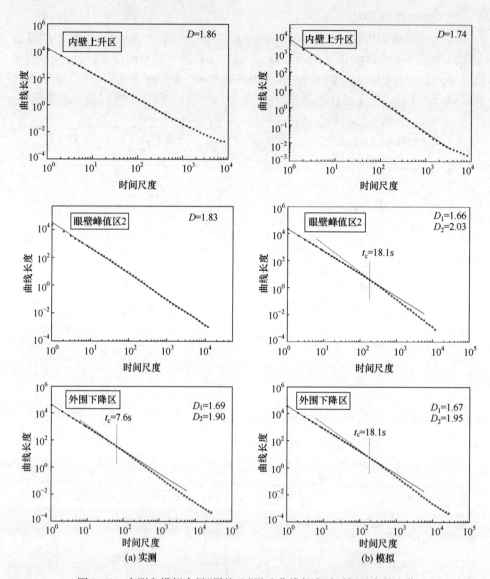

图 3.41　实测和模拟台风"黑格比"风速曲线长度随时间尺度的变化

　　从图中可以看出,台风脉动风速具有多分形特征,在 10s 左右的时间尺度内,外围上升区和眼壁峰值区分形维数保持在 1.7 左右,在 10s 以上的时间尺度,分形维数接近 2;台风眼壁区内多重分形特征不明显,这可能与台风眼内湍流活动不强有关。模拟台风不仅将台风的多重分形特征很好地描述出来,而且在分形的时间尺度上对应得较好。

　　基于 Weierstrass-Mandelbrot 函数模型模拟湍流脉动。常用的确定型 Weierstrass-Mandelbrot 函数因为在低频段有截断,从而失去了原有的自相似特征。随机型 Weierstrass-Mandelbrot 函数的样本振幅既无明显的变化趋势,又具有自相似特征,因而可使用随机 Weierstrass-Mandelbrot 函数来模拟风速脉动。随机型 Weierstrass-Mandelbrot 函数的表达式为

$$R(t) = \mathrm{Re}W(t) = A \sum_{n=-\infty}^{\infty} \left[\frac{\cos\varphi_n \cos(\gamma^n t)}{\gamma^{(2-D)n}} + \frac{\sin\varphi_n \sin(\gamma^n t)}{\gamma^{(2-D)n}} \right] \tag{3.20}$$

式中,φ_n 为定义在 $[0, 2\pi]$ 上的均匀分布;D 为分形维数。

利用随机 Weierstrass-Mandelbrot 函数模拟的台风结构不同区域湍流脉动风速的随机性和尺度相似性变化特征与实测结果符合较好。

对台风"黑格比"眼区去掉趋势后的湍流脉动进行模拟,结果如图 3.42 所示。由图可以看出,低频部分的模拟较弱;低频湍流－5/3 幂律谱模拟较好;概率密度函数是非高斯分布,且略有偏斜,与实测结果较接近。

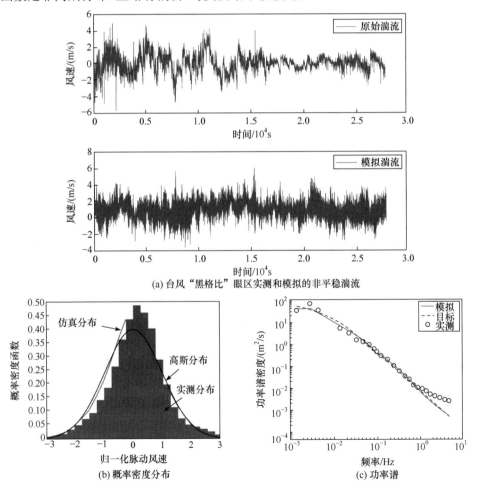

图 3.42　台风"黑格比"眼区实测与模拟湍流对比

　　图 3.43 和图 3.44 分别是台风"黑格比"的眼壁峰值区 1 和眼壁峰值区 2 实测和模拟的湍流时间序列和功率谱。图 3.45 给出了台风"黑格比"风场数值模拟结果。

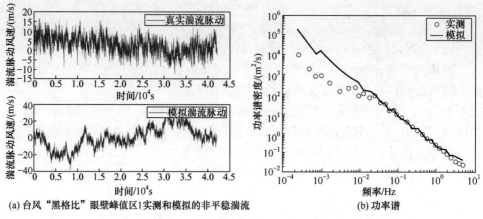

(a) 台风"黑格比"眼壁峰值区1实测和模拟的非平稳湍流　　　　　　　　(b) 功率谱

图 3.43　台风"黑格比"眼壁峰值区 1 实测和模拟湍流对比

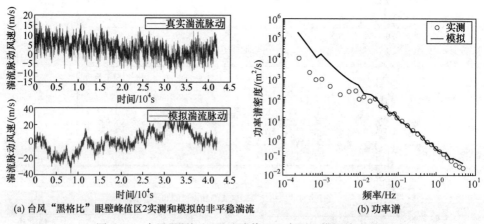

(a) 台风"黑格比"眼壁峰值区2实测和模拟的非平稳湍流　　　　　　　　(b) 功率谱

图 3.44　台风"黑格比"眼壁峰值区 2 实测和模拟湍流对比

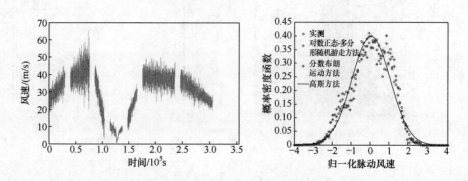

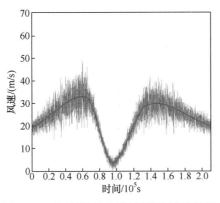

图 3.45　台风"黑格比"风场数值模拟结果

3.3.2　台风眼壁强风关键风工程参数的数学拟合

由于登陆台风路径的强随机性及其涡旋式、非均匀的风场特点,要较完整地获取可涵盖台风眼区、眼壁和外围风带在内的梯度式(可直观描述风速垂直廓线)测风数据的机会很稀少,加上外场观测仪器被强风毁坏的概率很大,在工程抗风应用实践中,工程现场的短期实测很难遇到台风中心区穿过的情况,使得这类短期测风资料多属常态风况,从而提供给工程参考的风廓线参数往往只能代表常态强风风况。

基于大量实测数据分析,发现风廓线参数、湍流度、阵风系数等抗风参数均与下垫面粗糙度密切相关,国内外相关规范也以下垫面粗糙度分类为基础来推荐这些参数取值的变化。在此,采用具有典型台风眼壁强风特征的多组观测数据(10个观测塔获取的台风实测数据),对台风眼壁强风条件下的风廓线参数、湍流度、阵风系数等抗风参数与相应的实测点下垫面进行数学拟合,以期得到最具破坏力的台风眼壁强风在不同粗糙度下垫面的抗风参数经验公式,为弥补短期实测很难获取典型强台风梯度实测资料的缺憾提供一种较为可行的解决方法,为台风致灾地区的工程抗风研究和设计应用提供参考。

1. 观测塔环境粗糙度计算

因位于海岸或沿海的测风塔周边海、陆下垫面差异大,而涡旋型的台风强风风场往往分布在多个象限,为更清晰地分析不同下垫面对台风风廓线的影响,根据各观测塔周边下垫面的海、陆分布,将 10 座测风塔下垫面划分为面向陆地(即陆面来风)和面向海洋(即海面来风)两类下垫面(图 3.46),并对测风数据进行相应的样本分类;位于近海海上的崎仔岛塔,除去其西南偏南方位(180°~225°)的小岛影响数据后,划为海上下垫面,为海面风数据样本。

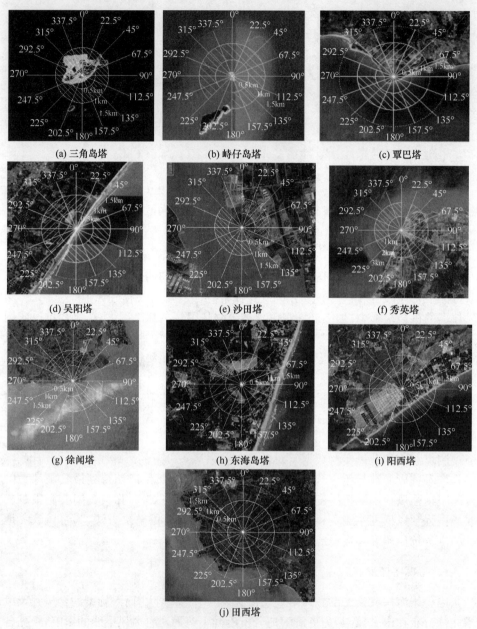

图 3.46　各观测塔下垫面分类
左向、右向斜线填充表示不同下垫面的划分区域

　　采用莫宁和奥布霍夫提出的对数函数形式进行粗糙度长度的拟合计算,表达式为

$$u(z) = \frac{1}{k} u_* \left[\ln \frac{z}{z_0} - \phi\left(\frac{z}{L}\right) \right] \tag{3.21}$$

式中，k 为卡门常数；u_* 为摩擦速度；z_0 为粗糙度长度；ϕ 为莫宁-奥布霍夫函数；L 为莫宁-奥布霍夫长度。

当中性大气层结时，$L = \infty$，$\phi = 0$，则式(3.21)可简化为

$$u(z) = \frac{1}{k} u_* \ln \frac{z}{z_0} \tag{3.22}$$

采用式(3.22)来计算测风塔在中性大气层结时的粗糙度长度，用以表征各测风塔不同海、陆方位下垫面粗糙度长度的特征参数。

先对各测风塔 1 年度的梯度式测风数据(剔除台风过程数据)进行海、陆下垫面分类，再用式(3.22)拟合各塔的逐 10min 梯度测风数据，以拟合残差平方和均值 $\leqslant 0.1 (\mathrm{m/s})^2$ 为指标，筛选出可以较好地满足式(3.22)的对数律分布的样本数据，然后计算海、陆不同方位下垫面的平均风廓线，依据式(3.22)，将 u_* 和 z_0 作为两个拟合参数，利用最小二乘法进行拟合，风速为零时的对应高度即为粗糙度长度 z_0，计算结果见表 3.11。

表 3.11 各观测塔下垫面方位划分及其粗糙度长度计算值

观测塔名称	下垫面状况	方位角范围 (顺时针)/(°)	粗糙度长度/cm	中国规范的 下垫面分类
三角岛塔	海上	0~360	0.14	A
峙仔岛塔	海上	0~180,225~360	0.03	A
覃巴塔	陆面	315~67.5	200	D
	海面	135~270	1.91	A
吴阳塔	陆面	225~22.5	115	C
	海面	67.5~202.5	0.01	A
沙田塔	陆面	0~112.5	117	C
	海面	157.5~292.5	23	B
秀英塔	陆面	22.5~202.5	403	D
	海面	225~0	0.12	A
徐闻塔	陆面	292.5~22.5	380	D
	海面	90~202.5	1.11	A
东海岛塔	陆面	0~360	28	B
阳西塔	陆面	247.5~67.5	117	C
	海面	90~202.5	67	B
田西塔	陆面	315~135	117	C
	海面	157.5~292.5	62	B

2. 下垫面粗糙度长度与台风眼壁强风廓线指数的数学表达

在工程抗风应用实践中,工程现场的短期实测很难遇到台风中心区穿过的情况,使得这类短期测风资料多属常态风况,从而提供给工程参考的风廓线参数往往只能代表常态强风风况。为了探讨台风过程风廓线指数 α 在台风眼壁强风区发生增大的现象与常态强风的风廓线指数是否有差别,选取各塔台风眼壁强风样本和相应方位的常态强风样本进行比较。

首先根据峙仔岛塔、覃巴塔和吴阳塔在台风"黑格比"期间,秀英塔和徐闻塔在台风"纳沙"期间,田西塔在台风"威马逊"期间实测的风速时程曲线,选取 M 形双峰位置附近的风速样本作为台风眼壁强风样本,再从各观测塔实测数据中选择与台风眼壁强风样本海、陆方位相同的常态强风样本和台风外围样本。根据帕斯奎尔大气稳定度分类标准,平均风速大于 6m/s 的风况均划定为中性层结,这个风速阈值与台风眼壁强风相比显得偏小,但考虑实测的常态强风样本还需要有一定的重复性,而中国南部沿海的大风天气并不多见,因此各塔常态强风样本选择考虑样本量和风速大小两个因素,基于样本量的差异,各观测塔所设定的风速阈值也有差异,设定为 6~10m/s。先计算各塔不同海、陆方位风速样本在测风塔各高度层风速的平均值,并采用幂指数最优拟合计算风廓线指数(表 3.12)。

表 3.12　各观测塔海、陆下垫面粗糙度长度和风廓线指数

观测塔名称	下垫面状况	方位角范围 (顺时针)/(°)	粗糙度长度/cm	常态强风风廓线 指数平均值	台风眼壁强风风廓线 指数平均值
峙仔岛塔	海上	0~180、225~360	0.03	0.010	0.026
覃巴塔	陆面	315~67.5	200.06	0.302	0.420
	海面	135~270	1.91	0.115	0.122
吴阳塔	陆面	225~22.5	114.82	0.342	0.468
	海面	67.5~202.5	0.01	0.097	0.140
秀英塔	陆面	22.5~202.5	402.65	0.237	0.330
	海面	225~0	0.12	0.119	0.132
徐闻塔	陆面	292.5~22.5	380.36	0.315	0.361
	海面	90~202.5	1.11	0.098	0.136
田西塔	陆面	315~135	117.2889	0.282	0.207
	海面	157.5~292.5	62.3963	0.332	0.338

表 3.12 中数据显示,台风眼壁强风和常态强风的风廓线指数相比,除田西塔面向陆地方位外,台风眼壁强风风廓线指数均大于常态强风;台风外围风廓线指数在面海一侧的光滑下垫面多小于眼壁,甚至与常态风相当,而在面向陆地一侧的粗

糙下垫面,台风外围风廓线指数则比眼壁大,这或许与陆面下垫面不像海面下垫面处处均匀、台风外围风速样本的大小跨度大、受非均匀下垫面影响程度不同有一些关系,这种现象在图 3.47 中表现得更加直观。可以看出,陆地粗糙下垫面上,台风外围和眼壁风廓线均显著偏离幂指数律,低层 10m 高度的风速因粗糙下垫面的摩擦作用而显著减小是主要原因。

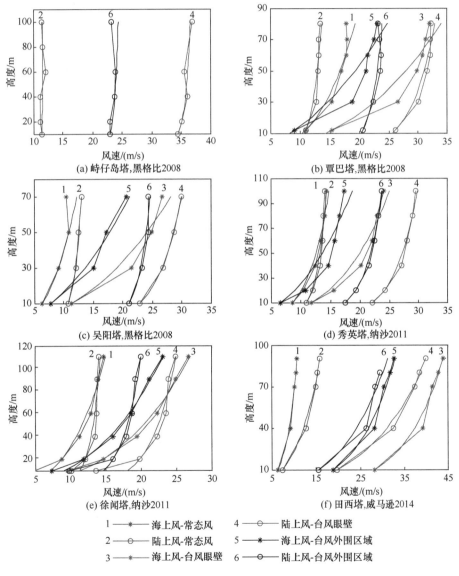

图 3.47　观测塔台风眼壁、外围和常态强风平均风廓线
图中实线为最佳幂指数拟合线

　　从表 3.12 中的计算结果还可以看出,除田西塔面向陆地方位外,台风眼壁强风风廓线指数均大于常态强风。常态强风风廓线指数计算值多与中国规范《建筑结构荷载规范》(GB 50009—2012)(中华人民共和国住房和城乡建设部,2012)推荐的四类下垫面的风廓线指数相近(中国规范给出的 A、B、C、D 类下垫面的风廓线指数分别为 0.12、0.15、0.22、0.30),而台风眼壁强风风廓线指数计算值多大于中国规范推荐的相应类型下垫面的风廓线指数,特别在粗糙下垫面,偏大现象更为明显。

　　众所周知,风廓线形态取决于下垫面粗糙度长度和天气系统特性,天气系统特性常以大气稳定度层结分类来表达,对于中性大气层结,风廓线可以式(3.22)来描述,台风强风系统可以认为属中性大气层结,那么式(3.22)基本适用于台风强风风廓线的拟合,对于台风中心区域的风廓线变形,因目前尚无公认的(或确定的)数学模型,工程实践中常根据工程安全性需要,采用式(3.22)进行最优拟合进行分析。

　　由于风廓线指数是由下垫面粗糙度长度确定的,那么只要具有足够多的可代表不同粗糙度的测风资料,就可以计算得到不同粗糙度对应的风廓线指数。为了增加有效数据样本量,这里将 6 座测风塔按 8 个方位划分,得到各测风塔 8 个方位下垫面在中性层结条件下的粗糙度长度特征参数,再按照上述常态强风和台风眼壁强风样本选择标准,计算出各观测塔 8 个方位的常态强风和台风眼壁强风的风廓线指数,从而得到常态强风和台风眼壁强风的风廓线指数 α 与所在方位下垫面粗糙度长度 z_0 一一对应的两组数据。

　　采用多种函数对台风眼壁强风的风廓线指数 α 和对应的粗糙度长度 z_0 之间的数学关系进行试验拟合,经过残差平方和的比较分析,发现式(3.23)的拟合效果最好:

$$\alpha = A z_0^B \tag{3.23}$$

式中,A 和 B 为拟合参数。

　　采用式(3.23),使用 6 座塔实测的台风眼壁强风和常态强风两类样本资料拟合得到两类强风样本的风廓线指数与粗糙度长度的经验公式。

　　图 3.48 显示了常态和台风眼壁两类强风样本在不同 z_0 下的风廓线指数变化及其拟合曲线。从图中可以看出,两类强风的风廓线指数 α 均随下垫面粗糙度 z_0 的增大而呈指数增大,但实测数据样本相对拟合曲线存在一定的离散性。表 3.13 给出了拟合参数的值、经验公式的拟合效果、可信度等参数。结果显示,常态强风和台风眼壁强风的拟合效果 F 检验值分别为 111 和 42,远大于在 0.01 显著性水平下的 F_a 值(分别为 7.42 和 9.07),拟合曲线的残差方差很小,分别只有 0.0042 和 0.0053,说明基于两类强风资料拟合得到的幂指数函数经验公式具有较高的可信度。

表 3.13　下垫面粗糙度长度和风廓线指数的经验公式拟合参数

拟合线类型	参数 A	参数 B	残差方差	F 值	$F_a(0.01)$
常态强风	0.11	0.20	0.0042	111	7.42
台风眼壁强风	0.11	0.22	0.0053	42	9.07

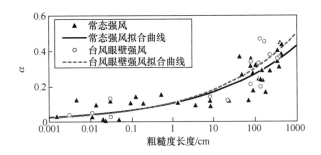

图 3.48　粗糙度长度与风廓线指数的关系拟合

　　比较图 3.48 显示的台风眼壁强风和常态强风的拟合曲线可以发现,虽然两类强风的风廓线指数均随相应下垫面粗糙度长度的增加而呈幂指数增大,但台风眼壁强风风廓线指数增大更为显著,对于更粗糙的下垫面,台风眼壁强风风廓线与常态强风风廓线差异更大,也就是意味着,在更粗糙下垫面,当台风眼壁强风影响时会产生更大的风速垂直切变。这种特征或许可为台风经过复杂山地海岸比经过平缓海岸的风灾致损更为严重这种现象提供一些解释。

　　以多年积累的台风实测资料筛选出能够具有台风眼区、眼壁以及外围代表性的测风塔实测资料,拟合给出的常态强风风廓线指数计算的经验公式为

$$\alpha = 0.11 z_0^{0.2} \tag{3.24}$$

台风眼壁强风风廓线指数计算的经验公式为

$$\alpha = 0.11 z_0^{0.22} \tag{3.25}$$

　　其工程应用意义在于,对于中国华南一带沿海和近海台风影响区域,只需要获得观测塔短期(一般要求 1 年度以上)测风数据来准确计算当地的 z_0(特别是强风主要方位的 z_0),就可利用经验公式估算得到当地在遭遇台风眼壁强风时的风廓线指数,这对工程建设设置的观测塔往往在几年的实地实测中都无法获取具有代表性的台风过程实测资料的困扰来说,可以提供一种简便有效的解决方案。

　　3. 下垫面粗糙度长度与台风湍流度的数学表达

　　与上述粗糙度长度与台风眼壁强风风廓线指数的数学表达研究思路相似,基于多个观测塔在 60~75m 高度层测风仪(包括超声和杯式)在台风过程眼壁区的实测数据,得到粗糙度长度与眼壁区湍流度的关系图如图 3.49 所示。图中还给出了 90% 保证率拟合线,即 90% 的湍流度值要低于该线范围。从图中可见,湍流度随着粗糙度长度的增加有显著增加的趋势。采用式(3.26)对湍流度和对应的粗糙度长度 z_0 之间的数学关系进行试验拟合:

$$I = A z_0^B \tag{3.26}$$

式中,A 和 B 为拟合参数。

　　表 3.14 给出了拟合参数的值。从表中可见,拟合效果 F 检验值大于在 0.05

显著性水平下的 F_a 值,拟合曲线的残差方差也较小,说明该拟合经验公式具有较高的可信度。

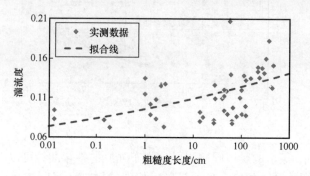

图 3.49　台风眼壁区湍流度与粗糙度长度的散点图

表 3.14　下垫面粗糙度长度和湍流度的经验公式拟合参数

拟合线类型	参数 A	参数 B	残差方差	F 值	$F_a(0.05)$
最优拟合	0.095	0.057	0.0008	18.23	4.03

4. 下垫面粗糙度长度与台风阵风系数的关系

2008 年世界气象组织给出阵风系数的定义为:在时间间距为 T_0 的时间内持续时间为 τ 的最大阵风风速与时距为 T_0 的平均风速之比,公式如下:

$$G_{\tau,T_0} = \frac{V_{\tau,T_0}}{V_{T_0}} \tag{3.27}$$

式中,V_{τ,T_0} 为在实测周期 T_0 中持续时间为 τ 的最大阵风风速;V_{T_0} 为实测周期 T_0 的风速平均值。

与上述粗糙度长度与台风眼壁强风风廓线指数的数学表达研究思路相似,基于多个观测塔在 60~75m 高度层测风仪(包括超声和杯式)在台风过程眼壁和眼内壁区的实测数据,得到粗糙度长度与阵风系数的关系如图 3.50 所示。图中还给出了 90% 保证率拟合线,即 90% 的阵风系数值要低于该线范围。从图中可见,阵风系数随着粗糙度长度的增加有显著增加的趋势。采用式(3.28)对阵风系数和对应的粗糙度长度 z_0 之间的数学关系进行试验拟合:

$$G = A z_0^B \tag{3.28}$$

式中,A 和 B 为拟合参数。

表 3.15 给出了拟合参数的值,从表中可见,拟合效果 F 检验值大于在 0.05 显著性水平下的 F_a 值,拟合曲线的残差方差也较小,说明该拟合经验公式具有较高的可信度。

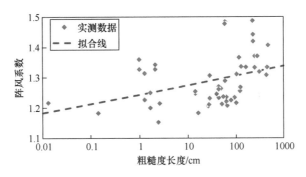

图 3.50 台风眼壁区阵风系数与粗糙度长度的散点图

表 3.15 下垫面粗糙度长度和阵风系数的经验公式拟合参数

拟合线类型	参数 A	参数 B	残差方差	F 值	$F_a(0.05)$
最优拟合	1.24	0.01	0.0054	16.71	4.03

3.3.3 台风脉动风速谱模型

1. 涡旋边界层台风脉动风速谱特征

通常将大气边界层从上到下依次划分为混合层(mixed layer)、近地层(surface layer)、粗糙层(roughness layer),如图 3.51 所示。在混合层,竖向混合作用占据主导地位,在近地层则剪切作用占据主要地位,在粗糙层则由能量摩擦耗散占主导作用。此分类的基础是大气边界层湍流是由自下而上(Bottom-Up)的摩擦作用形成的湍流脉动,然而,随着人们对高雷诺数湍流的研究发现:①竖向湍流比 σ_w/u_* 在近地面区域随着高度的增加而增大,而不是一个常数;②在近地层湍动能平衡方程中,能量耗散项 ε 不等于其能量生成项 P,而是约为 $1.24P$;③在近地面形成顺流向涡管,使得在近地层形成局部较大风速区域。Hogstrom 认为,这种情况是由大气边界层被动湍流(inactive turbulence)引起的,即大气边界层湍流由两部分组成,一部分是主动湍流(active turbulence),主要生成剪切力且其统计特性是剪切力和离地高度的函数;另一部分是被动湍流。被动湍流具有如下几方面特性:被动湍流不与主动湍流发生相互作用;对剪切力没有贡献;被动湍流形成于边界层上部区域;被动湍流的尺度相对较大;其形成一部分来源于压力场的脉动形成的无旋场,一部分来源于大尺度的涡量场;被动湍流的能量是在贴近地面的近地区域耗散的(Li et al.,2015)。

被动湍流需要通过压力输送,而压力梯度却不是一直存在。Hunt 和 Morrison 认为在大雷诺数边界层湍流中除了前述 Bottom-Up 机理形成湍流脉动外,还存在很大一部分 Top-Down 湍流形成机理将在边界层上部形成的旋涡通过对流作用以及下沉作用(downdraft)输送到地面,在输送过程中通过剪切(shear)、阻挡(blocking)以及表面切应力(surface shear)作用形成另一部分湍流。根据上述两种湍流机理的作用,大气边界层可以分为如下几层(图 3.51):中间层(middle layer),占据了边界层 90%区域,剪切作用和湍动能扩散作用占据主导地位;近地层,其高度约为边界层高度的 1/10,剪切作用和阻挡作用均比较显著;涡旋边界层(eddy surface layer),其高度约为边界层高度的 1/100,主要存在阻挡作用以及形成内边界层;粗糙层,主要是通过摩擦作用进行能量耗散。

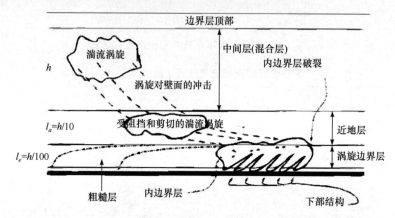

图 3.51　大气边界层示意图

在涡旋边界层,大尺度旋涡由于壁面的阻挡作用,其竖向风速减小,水平向风速增大;小尺度旋涡则服从均匀各向同性湍流的基本特征。

1) 顺风向风速谱理论模型

在涡旋边界层,气流受到阻挡作用、强剪切作用以及形成旋涡内部边界层等的共同作用,使得涡旋边界层内部顺风向湍流能量传递不再服从传统的从大涡向小涡逐级"楼梯式"(staircase-like)的能量传递(图 3.52(a)),而是存在大尺度旋涡直接向较小尺度旋涡跨级"电梯式"(elevator-like)的能量传递(图 3.52(b))。因此,涡旋边界层内顺风向脉动风速谱呈现如下几个特征。

当波数 $k_1 \gg z^{-1}$ 时,旋涡没有受到阻挡作用的影响,风速谱在惯性子区服从均匀各向同性湍流 Kolmogorov 的 $-5/3$ 次律假定,即

$$\frac{nS_u(n)}{u_*^2} \propto n^{-5/3} \tag{3.29}$$

当波数 $\Lambda_s^{-1} \ll k_1 \ll z^{-1}$ 时(式中 Λ_s 为最大水平旋涡的尺度),该区域大涡直接向耗能涡传递能量,所以该波数区域为自相似区域,风速谱服从

$$\frac{nS_u(n)}{u_*^2} \approx 1 \tag{3.30}$$

当波数 $k_1 \ll \Lambda_s^{-1}$ 时,湍流被大尺度旋涡主宰,因此湍动能正比于最大旋涡尺

度,风速谱服从

$$\frac{nS_u(n)}{u_*^2}\propto n \tag{3.31}$$

在更低波数区,如果湍流包含中尺度运动,能谱将随着频率的减小而增加。

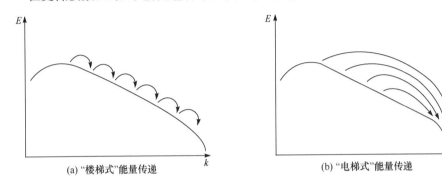

(a) "楼梯式"能量传递　　　　　　　　　　(b) "电梯式"能量传递

图 3.52　湍流能量传递

2) 竖向风速谱理论模型

类似于顺风向风速谱,竖向风速谱同样在小波数区域由于阻挡作用而发生畸变,而在大波数区域服从均匀各向同性的假定。在小波数区域 $k_1 \ll z^{-1}$,壁面对大尺度旋涡的阻挡作用使得竖向风速随着接近地面而急剧减小,因此在涡旋边界层内竖向湍流能谱密度正比于旋涡的离地高度,即

$$F_{33}=a_3\varepsilon^{2/3}z^{5/3} \tag{3.32}$$

式中,a_3 为竖向 Kolmogorov 常数,$a_3=0.67$;ε 为能量耗散率,可用式(3.33)计算:

$$\varepsilon=u_*^2\frac{\partial U}{\partial z}=\frac{u_*^2}{kz}\psi_\varepsilon \tag{3.33}$$

式中,ψ_ε 为风速的无量纲化莫宁-奥布霍夫函数,在涡旋边界层取 1.24;k 为卡门常数,取 0.4。

将式(3.33)代入式(3.32)并引入波数谱与频率谱的转换表达,即

$$\int_0^\infty F_w(k_1)\mathrm{d}k_1 = \int_0^\infty S_w(n)\mathrm{d}n \tag{3.34}$$

则竖向脉动风速谱可表示为

$$\frac{nS_w(n)}{u_*^2}=\frac{2\pi a_3\psi_\varepsilon^{2/3}}{k^{2/3}}f \tag{3.35}$$

式中,f 为折算频率,在这里

$$f=\frac{nz}{U} \tag{3.36}$$

在大波数区域 $k_1 \gg z^{-1}$,由于壁面对旋涡的阻挡作用较弱,竖向风速谱服从均匀各向同性湍流的基本规律,即

$$\frac{nS_w(n)}{u_*^2}=\frac{a_3}{(2\pi k)^{2/3}}\psi_\varepsilon^{2/3}f^{-2/3} \tag{3.37}$$

3）实测台风风场涡旋边界层风速谱

利用三角岛塔 10m 高度三维超声风速仪采样频率为 10Hz 的台风"鹦鹉"过程数据，风速时程出现了两个峰值，实测的风眼经过前 10min 平均风速的最大值为 28.92m/s，风眼经过后 10min 平均风速的最大值为 29.43m/s。风眼经过前后风向角的相对转角为 94.56°。图 3.53 给出了逐 10min 平均风速和风向时程。为了研究台风风场不同部位的风速谱特性，在台风"鹦鹉"结构的前外环流区域（FOV）、前眼壁强风区（FEW）、后眼壁强风区（BEW）和后外环流区域（BOV）各选取 1h 长度的数据。表 3.16 给出了所选的四个 1h 长度样本的基本湍流统计特性，其中热通量 H_0 采用式（3.38）计算：

$$H_0=\rho C_p\,\overline{w'T'} \tag{3.38}$$

式中，ρ 为空气密度；C_p 为常压空气比热容；w' 为竖向脉动风速分量；T' 为大气热力学温度 T 的脉动分量。

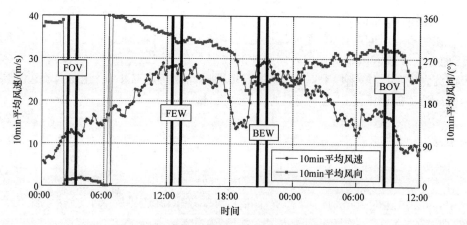

图 3.53　10m 高度逐 10min 平均风速和风向时程

表 3.16 中的 z/L 为莫宁-奥布霍夫大气层结稳定度参数，当 $z/L=0$ 时大气层结为中性层结，当 $z/L>0$ 时大气层结则为稳定层结，当 $z/L<0$ 时大气层结则为不稳定层结。莫宁-奥布霍夫大气层结稳定度参数 z/L 采用式（3.39）计算：

$$\frac{z}{L}=\frac{(g/\bar{\theta})(\overline{w'\theta'})_0}{u_*^3/(kz)} \tag{3.39}$$

式中，g 为重力加速度；$\bar{\theta}$ 为近地层的位温度平均值；$(\overline{w'\theta'})_0$ 为近地层的位温度通量；k 为卡门常数；z 为离地高度。

表 3.16　10m 高度所选样本的湍流统计特性

区域	U	u^*	H_0	z/L	I_u	I_v	I_w	R	T/K
FOV	12.51	0.21	−0.01	0.10	0.15	0.11	0.06	8.73	307.32
FEW	27.99	0.97	0.00	0.00	0.11	0.09	0.05	3.14	305.84
BEW	28.33	0.90	−0.17	0.03	0.11	0.07	0.04	3.45	304.01
BOV	15.69	0.46	0.01	−0.01	0.11	0.07	0.04	3.75	298.02

（1）顺风向脉动风速谱。

图 3.54 为涡旋边界层顺风向脉动风速谱,图中横坐标为波数 k_1,纵坐标为采用标准差归一化的风速功率谱密度。由图可发现,顺风向的脉动风速谱由三部分组成:一为含能区(区域Ⅰ),在该区域湍流从平均风场获取能量以维持湍流脉动;二为自相似区(区域Ⅱ),由于受地面的阻挡作用,含能涡的能量直接向耗散区传递从而形成该区域;三为惯性子区(区域Ⅲ),该区域旋涡尺度较小,不受地面阻挡作用的影响,该区域湍流服从均匀各向同性的假定,归一化风速谱服从 Kolmogorov 的惯性子区−2/3 次律假定。

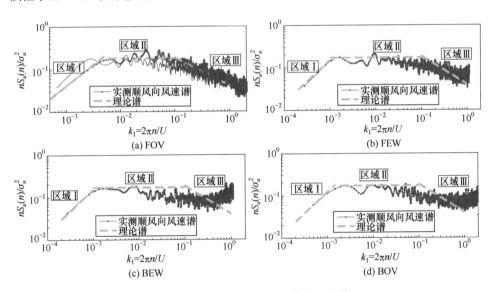

图 3.54　涡旋边界层顺风向脉动风速谱

由图 3.54 可以发现,涡旋边界层的顺风向风速谱受两个特征尺度的湍流支配,第一个特征尺度为水平向旋涡最大尺度,与大气边界层厚度相当,第二个特征尺度与实测点高度相关。由图 3.54 可见,在 FOV 区域Ⅰ和区域Ⅱ的临界点波数为 0.005,旋涡波长约为 1257m;在 FEW、BEW 和 BOV 区域Ⅰ和区域Ⅱ的临界点波数为 0.001,旋涡波长约为 6280m;区域Ⅱ和Ⅲ的临界点波数各区域均接近于0.1,与仪器安装高度的倒数十分接近。涡旋边界层顺风向风速谱的第二个特征尺度随着实测点高度的增加而增大,从而自相似区(区域Ⅱ)将逐缩小,当实测点在近地层范围内时,自相似区将被过渡区取代,风速谱服从边界层风速谱的一般特性。

(2) 竖向脉动风速谱。

图 3.55 为涡旋边界层竖向脉动风速谱,图中同时给出了低频区和高频区采用理论风速谱表达式计算的风速谱进行对比。可见,在外环流区域(FOV 和 BOV),式(3.35)可以较好地估计实测的竖向脉动风速谱,而式(3.37)则在 FOV 区域略微低估了实测风速谱,式(3.37)对 FEW、BEW 和 BOV 区域的估计相对较好。

由实测的竖向风速谱可以发现,由于地面的阻挡作用,竖向脉动风速谱在波数 k_1 接近于水平向最大旋涡尺度的倒数附近有一个跳跃,在眼壁强风区(FEW 和 BEW)较为明显。由图 3.55 可见,实测的竖向脉动风速谱在大波数区域与均匀各向同性湍流的 $-2/3$ 次律吻合较差,主要原因是在台风近地层存在一个近地激流层(LLJ),这是由其剪切作用影响导致的。

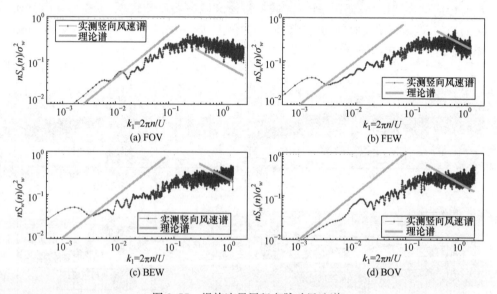

图 3.55　涡旋边界层竖向脉动风速谱

2. 近地层台风脉动风速谱特征

1) 顺风向脉动风速谱

近地层湍流同时受到剪切作用和阻挡作用的共同影响,但只有在极小波数区域的大尺度旋涡承受的阻挡作用较为显著,所以顺风向脉动风速谱符合均匀各向同性湍流的能量级串理论,即

$$\frac{nS_u(n)}{u_*^2} = \frac{a_1}{(2\pi k)^{2/3}} \psi_\varepsilon^{2/3} f^{-2/3} \tag{3.40}$$

式中,a_1 为顺风向 Kolmogorov 常数,$a_1 = 0.50$。

在式(3.40)的基础上,基于实测数据的大量脉动风速谱表达式被提出并用于不同国家的抗风设计规范,较为常用的两种风速谱为 von Karman 谱和 Davenport 谱。von Karman 谱是基于平板剪切湍流场的均匀各向同性湍流基本理论提出来的,因具有较好的理论基础而广泛采用,其数学模型为

$$\frac{nS_u(n)}{\sigma_u^2} = \frac{4f}{(1+70.8f^2)^{5/6}} \tag{3.41}$$

式中,f 为折算频率,其经验表达式为

$$f = \frac{nL_u}{U} \tag{3.42}$$

式中,n 为自然频率;L_u 为顺风向湍流积分尺度;U 为平均风速。

Davenport 谱是基于在澳大利亚 Sale、英国 Cardington 和 Cranfield 测试的 70 多条阵风时程样本综合分析得到的。Davenport 谱不符合均匀各向同性湍流在惯性子区的 $-2/3$ 次律,但由于其具有较好的数据支持而被广泛采用,其数学模型为

$$\frac{nS_u(n)}{\sigma_u^2} = \frac{2f^2}{3(1+f^2)^{2/3}} \tag{3.43}$$

式中,f 为折算频率,其经验表达式为

$$f = \frac{1200n}{U_{10}} \tag{3.44}$$

式中,U_{10} 为 10m 高度的平均风速。

图 3.56 给出了三角岛塔 60m 高度实测的台风"鹦鹉"结构不同部位的顺风向脉动风速谱,同时还给出了 von Karman 谱和 Davenport 谱进行对比,其中顺风向湍流积分尺度采用自相关函数积分法计算所得。由图可见,von Karman 谱对实测顺风向脉动风速谱的估计相对较为准确,尤其是对低频区以及峰值频率的估计;而 Davenport 谱则对实测谱在高频区估计偏高,在低频区估计偏低,而且对峰值频率的估计也较差。实测的台风风场近地层顺风向风速谱在高频区基本上介于 von Karman 谱和 Davenport 谱。

对比图 3.56 和图 3.54 可以发现,涡旋边界层和近地层的实测顺风向脉动风速谱在含能区(小波数区域)的特征尺度是一致的,即风速谱在低频区都是由水平向最大旋涡尺度来支配的;而在高频区,近地层顺风向风速谱则能够服从均匀各向同性湍流的 $-2/3$ 次律能量传递机理,实测顺风向风速谱是由单一特征尺度来支配的,而涡旋边界层顺风向风速谱则由于湍流阻挡作用而形成第二个特征尺度,只有在波数 k_1 大于实测点高度倒数的区域服从均匀各向同性湍流的 $-2/3$ 次律能量级串理论。

由图 3.56 还可以发现,在台风风场中各区域(FOV、FEW、BEW 和 BOV)的

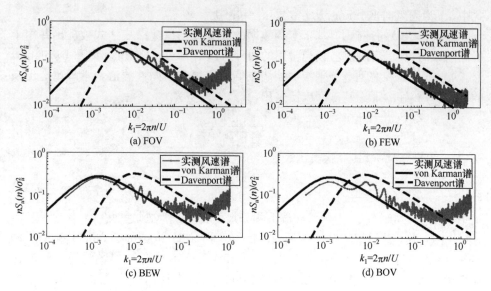

图 3.56　近地层顺风向脉动风速谱

近地层顺风向风速谱,当波数 k_1 介于 0.2~0.5 时,实测风速功率谱密度不随着波数 k_1 的增大而下降,而是保持为一常数;同时在 FOV、BEW 和 BOV 区域,当波数 k_1 大于 0.5 时,实测风速谱密度则随着波数的增大而增大,不符合均匀各向同性湍流惯性子区的 $-2/3$ 次律,这主要是由台风风场的近地激流层造成的,详细机理将在下一节进行系统分析。

2) 竖向脉动风速谱

在近地层中,由于阻挡作用对竖向湍流脉动成分的影响较为显著,竖向风速谱依旧类似于涡旋边界层竖向风速谱特征,在低频区能谱与高度成正比,即风速谱满足式(3.45)所表达的谱形式;在高频区则符合均匀各向同性湍流的特征,即风速谱满足式(3.37)所表达的谱形式。目前竖向风速谱较为常用的主要有 Panofsky 谱和 Lumley-Panofsky 谱。Panofsky 谱被我国《公路桥梁抗风设计规范》(JTG/T 3360-01—2018)(中华人民共和国交通运输部,2018)所采用,但是其谱模型在高频区并不符合均匀各向同性湍流在惯性子区的 $-2/3$ 次律,其数学表达式为

$$\frac{nS_w(n)}{\sigma_w^2} = \frac{4f}{(1+4f)^2} \qquad (3.45)$$

式中,f 为折算频率,其表达式见式(3.36)。

Lumley-Panofsky 谱的数学表达式为

$$\frac{nS_w(n)}{\sigma_w^2} = \frac{2f}{1+10f^{5/3}} \qquad (3.46)$$

式中,f 为折算频率,其表达式同式(3.36)。

图 3.57 为三角岛塔 60m 高度超声风速仪实测的台风"鹦鹉"结构不同部位的

竖向脉动风速谱,同时给出了式(3.35)所表征的理论谱以及 Panofsky 谱和 Lumley-Panofsky 谱进行对比。由图可见,Panofsky 谱和 Lumley-Panofsky 谱均可较好地刻画台风风场近地层竖向风速谱,后者在高频区的刻画更为准确;由式(3.35)和式(3.37)所表征的理论谱在眼壁强风区(FEW 和 BEW)对实测风速谱的估计较好,而在外环流区(FOV 和 BOV)高估了实测风速谱。

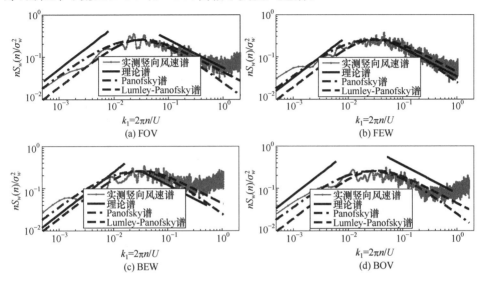

图 3.57　近地层竖向脉动风速谱

对比图 3.57 和图 3.55 可见,涡旋边界层和近地层归一化的竖向风速功率谱密度最大值对应的波数较为一致,即风速谱的特征尺度较为一致。同时可以发现,在低频区,近地层归一化风速谱密度约为涡旋边界层归一化风速谱密度的 6 倍。涡旋边界层竖向风速谱在高频区不服从均匀各向同性湍流在惯性子区的$-2/3$次律,而近地层竖向风速谱在惯性子区基本上符合均匀各向同性湍流在惯性子区的$-2/3$次律,但是在较高波数区域,即当波数 k_1 约大于 0.15 后,竖向风速谱不再服从均匀各向同性湍流的基本理论,而是呈现局部自相似区和局部含能区,其根本原因是台风风场独特的湍流特性。

3) 台风风场边界层顺风向脉动风速谱概念模型

台风风场边界层顺风向风速谱可以统一用图 3.58 所示的理论模型来表征。台风风场近地层顺风向脉动风速谱由 6 个部分组成。

(1) 区域Ⅰ为含能区,包含了湍流脉动的绝大部分能量,湍流脉动场通过剪切作用和浮力作用从平均流场中获取能量,其湍能谱可表示为

$$E_{11} \propto E_{22} \propto u_*^2 h \tag{3.47}$$

(2) 区域Ⅱ为自相似子区,通常只在涡旋边界层的风速谱中出现。在涡旋边界层由于壁面的阻挡作用,在旋涡内部形成内边界层,大尺度旋涡将能量直接向小

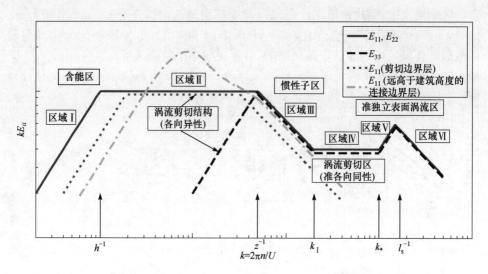

图 3.58　台风风场边界层顺风向风速谱理论模型

尺度旋涡传递,而不是按照均匀各向同性湍流逐级传递,从而形成该自相似子区,在自相似子区谱密度将不随波数(或频率)的变化而变化。随着高度的增加,区域Ⅱ逐渐变窄,当高度超出涡旋边界层时,该自相似区逐渐被过渡区所取代。其湍能谱可表达为

$$E_{11} \propto E_{22} \propto u_*^2 \, k^{-1} \tag{3.48}$$

(3)区域Ⅲ为惯性子区,风速谱服从均匀各向同性湍流的$-2/3$次律能量传递理论,即该区域的旋涡既不生成能量也不耗散能量,而是将大尺度旋涡的能量传递到更小尺度旋涡。其湍能谱可表示为

$$kE_{ii} \propto u_*^2 \, (kz)^{-2/3} \tag{3.49}$$

(4)区域Ⅳ为二阶自相似子区,类似于边界层风速谱的谱隙(spectral gap)。该区域的出现是因为台风风场中近地激流层的存在,强剪切作用导致湍流场的小尺度旋涡获得更多的能量,从而导致风速谱能量不再服从$-2/3$次律递减。二阶自相似子区出现的临界波数与近地激流层的高度相关,其湍能谱可表示为

$$kE_{ii} \propto u_*^{s2} \, k^{-1} \tag{3.50}$$

式中,u_*^{s2}可表示为

$$u_*^{s2} = u_*^2 \, (k_I z)^{-2/3} \tag{3.51}$$

(5)区域Ⅴ为二阶含能区,二阶含能区通常是伴随着二阶自相似子区出现的,由于近地激流层的强剪切作用,该区域湍动能生成率大于能量耗散率,从而发生了能量的积累,形成局部的二阶含能区。其湍能谱可表示为

$$E_{ii} \propto u_s'^2 \, l_s \tag{3.52}$$

(6)区域Ⅵ为二阶能量耗散区,由于强剪切作用生成的湍动能积累在二阶自

相似子区和二阶含能区,这部分能量需要通过 Kolmogorov 尺度旋涡的黏性作用耗散。其湍能谱可表示为

$$E_{ii} \propto (u_s'^3/z)^{2/3} k^{-5/3} \tag{3.53}$$

在均匀大气边界层非气旋风场近地层,由于没有近地激流层的存在,传统的风速谱由三部分组成:含能区(区域Ⅰ)、惯性子区(区域Ⅲ)和二阶能量耗散区(区域Ⅵ),在含能区和惯性子区之间通过一个中间过渡区相连接。由于没有近地激流层的影响,图 3.58 中的区域Ⅳ、Ⅴ和Ⅵ被二阶能量耗散区(区域Ⅵ)所取代。

3. 基于数据驱动的脉动风速谱模型

目前国内外大部分风荷载规范所采用的经验风速谱模型是利用非气旋风场实测数据基于均匀各向同性湍流的能谱特征推导所得,然而在台风风场中,对流湍流和下沉作用将风场上部形成的大尺度涡旋向下输运并影响近地层的流场特性,使得台风风场与常态风风场在结构特征和湍流特性上均存在一定的差异。针对台风风场脉动风速谱特征,国内外学者开展了大量的实测研究,部分学者实测发现台风风场脉动风速谱包含较多的低频区能量,含能区特征尺度大于常态大风风场的特征尺度;而另一部分学者则获得与之相反的结论。鉴于此,部分学者采用最小二乘法对实测台风风场数据进行拟合以获得适用于台风影响区的脉动风速谱模型。然而,采用这种拟合方法所建立的谱模型的参数变异性较大,对实测数据依赖性较高;同时所建立的谱模型不能直观反映风场环境、粗糙度类别、高度以及风速等结构设计基本条件的影响,也不能反映大气层结稳定度等气象学要素对谱特性的影响。

1) 脉动风速谱理论模型建立

均匀各向同性湍流的湍能谱可划分为三个区域:含能区、惯性子区和能量耗散区,如图 3.59 所示。含能区主要通过大尺度旋涡的脉动从平均流中获取能量,其包含了流场绝大部分的湍动能;能量耗散区则主要是通过小尺度旋涡的相互摩擦碰撞作用进行能量的耗散;惯性子区假定旋涡主要进行能量的传递作用,既不从平均流中获取能量,也不进行能量的耗散,所以在惯性子区归一化的脉动风速谱服从各向同性湍流的 $-2/3$ 次律变化规律,即

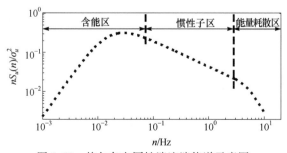

图 3.59　均匀各向同性湍流湍能谱示意图

$$\frac{nS_u(n)}{u_*^2 \, \psi_\epsilon^{2/3}} = A_u f^{-2/3} \tag{3.54}$$

式中，$S_u(n)$ 为脉动风速谱；u_* 为摩擦速度；ψ_ϵ 为无量纲化风速的莫宁-奥布霍夫函数；A_u 为常数，取为 0.27；n 为自然频率，Hz；f 为无量纲化折算频率，$f = n\Lambda/U$，其中 Λ 可为离地高度、积分尺度或一固定值。

基于惯性子区的脉动风速谱一般形式(式(3.54))，大量大气中性层结下的经验风速谱模型在此基础上被提出并广泛应用于不同国家的抗风设计规范中，这些经验谱模型可统一表达为六参数脉动风速谱广义模型，即

$$\frac{nS_u(n)}{u_*^2} = \frac{AR^2 f^\gamma}{(C + Bf^\alpha)^\beta} \tag{3.55}$$

式中，A、B、C、α、β 和 γ 为六个待定参数；R 为湍流比。

基于莫宁-奥布霍夫相似理论和均匀各向同性湍流的基本特征，脉动风速谱统一模型(式(3.55))需满足以下几个基本准则。

在惯性子区，脉动风速谱需服从 Kolmogorov 的 $-2/3$ 次律能量传递理论，即

$$\alpha\beta - \gamma = 2/3 \tag{3.56}$$

当频率 n 趋近于 0 时，脉动风速谱需满足 $S_u(0) = 4\sigma_u^2 L_u^x/U$，则

$$\gamma = 1, \quad A = 4C^\beta \tag{3.57}$$

当频率 n 趋近于 0 时，脉动风速谱 $S_u(n)$ 的导数亦趋近于 0，由此可得

$$\alpha \geq 1 \tag{3.58}$$

将式(3.56)~式(3.58)代入式(3.55)，则六参数脉动风速谱广义模型可简化为四参数谱模型，即

$$\frac{nS_u(n)}{u_*^2} = \frac{AR^2 f}{(C + Bf^\alpha)^{5/3\alpha}} \tag{3.59}$$

式中，A、B、C 和 α 为四个待定参数。

无量纲化的顺风向脉动风速谱 $nS_u(n)/u_*^2$ 在低频区服从折算频率 f 的 $+1$ 次律变化规律，在惯性子区则服从折算频率 f 的 $-2/3$ 次律变化规律。因此，无量纲化的脉动风速谱可通过如下四个谱参数来确定：无量纲化脉动风速谱在谱能量达到最大值时对应的折算频率 f_m 和谱密度 G_m($G_m = \max(nS_u(n)/\sigma_u^2)$)、惯性子区的无量纲化风速谱系数 A_u、归一化脉动风速谱的湍流比 R。上述四个谱参数可由四参数谱模型(式(3.59))的四个待定参数来表达。

无量纲化脉动风速谱在谱能量达到最大值时对应的折算频率 f_m 可通过对式(3.55)右边部分求导得到：

$$f_m = (3C/2B)^{1/\alpha} \tag{3.60}$$

归一化风速谱在双对数坐标系中的最大谱密度 G_m 可表示为

$$G_m = \frac{0.3257^{1/\alpha} A}{B^{1/\alpha} C^{2/3\alpha}} \tag{3.61}$$

在惯性子区,脉动风速谱系数 A_u 可由式(3.62)计算:

$$A_u = \frac{AR^2}{B^{5/3\alpha}} \tag{3.62}$$

由顺风向脉动风速谱所包含的能量等于顺风向脉动风速的方差可得

$$R^2 = \frac{AB^{-1/\alpha}C^{-2/3\alpha}\Gamma(2/3\alpha)\Gamma(1/\alpha)}{\alpha\Gamma(5/3\alpha)} \tag{3.63}$$

其中,

$$\Gamma(s) = \frac{1}{s}\prod_{m=1}^{\infty}\left[\left(1+\frac{1}{m}\right)^s\left(1+\frac{s}{m}\right)^{-1}\right], \quad s \neq 0,-1,-2,\cdots \tag{3.64}$$

由上述分析可知,当描述风速谱的四个谱参数确定之后,即可通过联解式(3.60)~式(3.63)反算求得四参数谱模型(式(3.59))中的四个待定参数 A、B、C 和 α,从而可建立一个相应的脉动风速谱表达式。

2) 脉动风速谱参数模型建立

采用 2008 年第 14 号台风"黑格比"在博贺峙仔岛观测塔实测得到的台风资料。强台风"黑格比"是自 1996 年以来登陆广东的最强台风,于 2008 年 9 月 24 日早 6 时 45 分在广东省西部电白县陈村附近登陆,登陆时中心最大风力为 15 级(48m/s)。强台风"黑格比"数据是由广东省气象局在博贺峙仔岛 100m 观测塔进行现场实测所得的。

图 3.60 为峙仔岛观测塔 60m 高度的超声风速仪实测的强台风"黑格比"的平均风速和风向时程。由图可见,强台风"黑格比"风眼经过了观测塔,在中心经过前后的风向转角约为 191°,台风中心经过前的最大 10min 平均风速为 45.88m/s,台风中心经过后的最大 10min 平均风速为 40.11m/s。实测的台风"黑格比"144 个样本经过了数据质量控制和样本选取准则处理后,最终有 47 个满足平稳性要求的样本用于本节的分析。

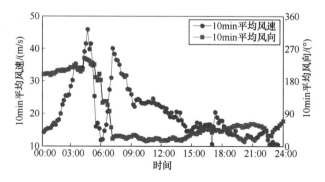

图 3.60　台风"黑格比"10min 平均风速和风向时程

由前述分析可知,只要确立了四个谱参数,即可确定参数 A、B、C 和 α,基于选取的 47 个数据样本,采用最小二乘法拟合建立各谱参数的经验模型。由于大气稳定度对风速谱在低频区的能量分布有较大程度的影响,分析中将同时考虑大气层结稳定度对谱参数的影响。在莫宁-奥布霍夫相似理论框架内,大气层结稳定度可通过无量纲化的大气稳定度系数来表达,即

$$\frac{z}{L}=\frac{(g/\bar{\theta})(\overline{w'\theta'})_0}{u_*^3/kz} \tag{3.65}$$

式中,z 为高度;L 为莫宁-奥布霍夫长度;g 为重力加速度;$\bar{\theta}$ 为位温;$(\overline{w'\theta'})_0$ 为近地面温度通量;k 为卡门常数。

式(3.65)中,$z/L>0$ 时为稳定层结,$z/L<0$ 时为不稳定层结,$z/L=0$ 时为中性层结。由于 $z/L=0$ 的样本基本上没有,本节假定 z/L 介于 ±0.1 为中性层结。

基于莫宁-奥布霍夫相似理论分析时认为湍流比 R 在近地层不随高度发生变化,但随着场地粗糙度长度的改变而改变,同时其还受到大气层结稳定度的影响。在本节的分析中,先选取中性层结样本研究湍流比随粗糙度长度的变化规律,之后再分析湍流比随大气层结稳定度的变化关系。

图 3.61(a)为实测的中性层结样本中湍流比随粗糙度长度的变化规律,为了比较台风风场中风眼经过前后区域的湍流比差异,将所选样本划分为中心经过前和中心经过后两个类别,分别采用最小二乘拟合得湍流比与粗糙度长度的关系为

$$R(z_0)=2.74-0.17\ln z_0 \tag{3.66}$$
$$R(z_0)=0.65-0.28\ln z_0 \tag{3.67}$$

图 3.61(b)为大气层结稳定度参数对湍流比的影响,在分析大气层结稳定度对湍流比的影响时,先利用式(3.66)扣除粗糙度长度对湍流比的贡献,选择式(3.66)是因为在台风中心经过后所选取到的近中性层结样本基本上均位于外环流区域,不能代表台风风场特性。将粗糙度长度和大气层结稳定度对湍流比的影响进行叠加,湍流比可表达为

$$R(z_0,z/L)=2.74-0.17\ln z_0+0.93(z/L)^{1/3} \tag{3.68}$$

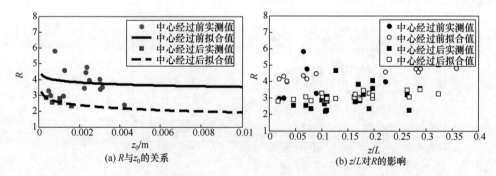

(a) R 与 z_0 的关系　　　　　　　(b) z/L 对 R 的影响

图 3.61　湍流比 R 随粗糙度长度 z_0 和大气层结稳定度参数 z/L 的变化关系

类似于湍流比,折算频率 f_m 也采用相应的方法进行分析,图 3.62(a)为谱密度最大值 G_m 对应的自然频率 n_m 随平均风速 U 的变化关系。在分析二者之间的

关系时,只选用近中性层结的样本,利用最小二乘回归得二者之间的关系为

$$n_m = 0.0244\exp(0.0066U) \tag{3.69}$$

图 3.62(b)为大气层结稳定度参数对自然频率 n_m 的影响。类似于分析大气层结稳定度对湍流比的影响,在这里亦先利用式(3.69)扣除平均风速对频率 n_m 的影响,综合平均风速以及大气层结稳定度对频率 n_m 的影响,可得如下表达式:

$$n_m = 0.0244\exp(0.0066U) + 0.0208\frac{z}{L}, \quad 0 \leqslant \frac{z}{L} \leqslant 0.4 \tag{3.70}$$

与之相对应的折算频率 f_m 可表示为

$$f_m = U^{-1}z[0.0244\exp(0.0066U) + 0.0208z/L] \tag{3.71}$$

式中,U 为平均风速;$0 \leqslant z/L \leqslant 0.4$。

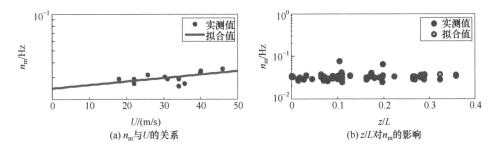

(a) n_m 与 U 的关系　　　　　　　(b) z/L 对 n_m 的影响

图 3.62　自然频率 n_m 随平均风速 U 和大气层结稳定度参数 z/L 的变化关系

实测的归一化风速谱的谱密度最大值 G_m 没有表现出明显的随粗糙度长度或大气层结稳定度参数的变化规律,所以在这里只分析 G_m 随平均风速 U 的变化关系,如图 3.63 所示。利用最小二乘法拟合得 G_m 与平均风速 U 的变化关系为

$$G_m = 0.7485/U^{0.2334} \tag{3.72}$$

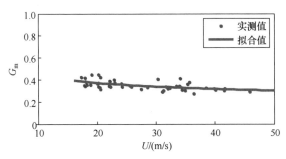

图 3.63　谱密度最大值 G_m 随平均风速 U 的变化关系

图 3.64 为惯性子区脉动风速谱参数 A_u 随平均风速 U 的变化关系。由图可见,台风风场顺风向惯性子区脉动风速谱参数的实测值较为离散且大于理论推导值 0.26。谱参数的实测值是基于式(3.54)利用最小二乘法拟合惯性子区的实测

风速谱而得到的。谱参数的实测值与平均风速的关系可表示为

$$A_u = 0.0113U^{1.1770} + 0.1778, \quad U \geqslant 17.2\text{m/s} \tag{3.73}$$

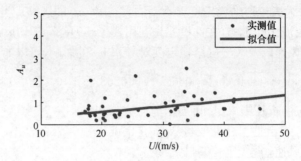

图 3.64　惯性子区脉动风速谱参数 A_u 随平均风速 U 的变化关系

利用上述各谱参数的经验模型(式(3.68)、式(3.71)~式(3.73)),基于设计基准条件(设计基准风速、场地类别和大气稳定度条件)可确定各谱参数的具体取值,进而利用前述所建立的理论模型(式(3.60)~式(3.63))反算得到四参数风速谱模型(式(3.59))的四个待定参数,最后可确定唯一的脉动风速谱数学表达式。

3)模型有效性验证

上述谱参数模型是建立在平稳样本的基础上,为了使上述脉动风速谱建模方法不失一般性,在这里任意选取强台风"黑格比"风场不同部位(FOV、FEW、BEW 和 BOV)的四个时长为 1h 的样本进行分析,所选的四个 1h 样本的详细湍流统计特性列于表 3.17 中。

表 3.17　四个 1h 时长样本的湍流统计特性

统计参数		FOV	FEW	BEW	BOV
10min 平均风速/(m/s)	平均值	21.44	40.61	36.46	19.13
	最大值	25.58	45.88	40.11	20.54
	最小值	17.89	35.67	32.30	17.96
	标准差	3.20	3.38	2.71	1.08
粗糙度长度/m	平均值	6.21×10^{-4}	4.22×10^{-3}	2.06×10^{-3}	1.29×10^{-3}
	最大值	9.26×10^{-4}	4.99×10^{-3}	3.19×10^{-3}	2.21×10^{-3}
	最小值	2.96×10^{-4}	3.30×10^{-3}	1.23×10^{-3}	7.83×10^{-4}
	标准差	2.69×10^{-4}	7.27×10^{-4}	7.06×10^{-4}	5.67×10^{-4}
大气层结稳定度 参数 z/L	平均值	0.24	0.01	0.14	0.12
	最大值	0.92	0.07	0.25	0.20
	最小值	−0.16	−0.10	0.01	0.07
	标准差	0.38	0.06	0.09	0.06

基于表 3.17 中各样本的平均风速及其湍流统计参数,分别采用式(3.68)、式(3.71)~式(3.73)计算各样本的湍流比 R、折算频率 f_m、归一化风速谱谱密度最大值 G_m 和惯性子区风速谱参数 A_u,如表 3.18 所示。

表 3.18　四个 1h 时长样本的谱参数

区域	R(式(3.68))	f_m(式(3.71))	G_m(式(3.72))	A_u(式(3.73))
FOV	3.0477	0.1099	0.3660	0.5946
FEW	4.1020	0.0563	0.3153	1.0618
BEW	3.8464	0.0662	0.3233	0.9564
BOV	2.9403	0.1122	0.3759	0.5423

基于表 3.18 计算所得的谱参数,采用前面建议的理论谱模型建立强台风"黑格比"不同部位的脉动风速谱表达式,分别为

$$\frac{nS_u(n)}{\sigma_u^2}=\frac{12.99f}{2.22+132.02f^{5/3}} \quad \text{(FOV 区域)} \qquad (3.74)$$

$$\frac{nS_u(n)}{\sigma_u^2}=\frac{12.24f}{1.07+194.23f^{5/3}} \quad \text{(FEW 区域)} \qquad (3.75)$$

$$\frac{nS_u(n)}{\sigma_u^2}=\frac{16.66f}{1.72+237.24f^{5/3}} \quad \text{(BEW 区域)} \qquad (3.76)$$

$$\frac{nS_u(n)}{\sigma_u^2}=\frac{9.25f}{1.62+92.67f^{5/3}} \quad \text{(BOV 区域)} \qquad (3.77)$$

图 3.65 给出了强台风"黑格比"四个区域的实测风速谱、理论风速谱(式(3.74)~式(3.77))、von Karman 谱和 Kaimal 谱的对比。由图可见,采用本节建立的方法确定的风速谱(图中称为理论风速谱)与实测风速谱吻合得非常好,尤其是在眼壁强风区(FEW 和 BEW)。在外环流区域(FOV 和 BOV),理论风速谱与实测风速谱有一定的差异,这可归结为如下三个原因:①样本的非平稳性,四个 1h 时长样本是任意选取的,有些样本不满足平稳性要求;②大气稳定度的影响,本节在确定风速谱模型时选用了 1h 总样本的稳定度参数,但是在 1h 内的六个 10min 时长的子样本有的是稳定层结,有的是不稳定层结;③建立谱参数经验模型的数据量相对较少,准确性需进一步提高。

4. 高分辨率三维强/台风数值模拟

1) 概述

本小节采用基于中尺度天气预报模式——WRF(weather research and fore-casting)模式的 WRFv3.6 系统,采用 4 层嵌套网格并结合格点 Nudging 技术对发生于 2000~2009 年的碧利斯(Bilis,2000)、海棠(Haitang,2005)、桑美(Saomai,2006)、韦帕(Wipha,2007)和莫拉克(Morakot,2009)共 5 个不同强度、不同季节的

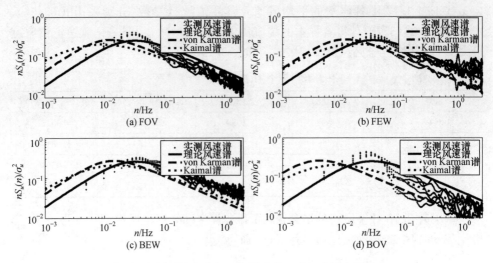

图 3.65　实测风速谱与理论风速谱以及经验风速谱对比

台风开展高分辨率数值模拟,获得这五个台风随时间演变的精细化三维空间结构数值模型(即气压和风速等参数的时空分布数据),模拟的水平分辨率 1km、垂直分辨率 50m,以及中心位置和中心气压的模拟精度基本达到了预期目标。我们构建的三维环流台风结构场(BOGUS 方案)对模式中初始时刻的涡旋强度进行加强,可以显著提高台风中心气压的模拟精度。

2) 数值模拟试验设计

模拟的五个台风基本信息如表 3.19 所示。数值模拟的模式设置为 4 层网格嵌套(图 3.66),水平分辨率由外向内依次为 27km、9km(d02)、3km(d03)和 1km(d04),并采用双向反馈方案。垂直方向不等间距分为 55 层,其中 850hPa 以下加密到 25 层,垂直分辨率达到 50m,模式顶层为 50hPa。模式采用麦卡托投影,中心点位于(24°N,122°E)。

表 3.19　台风基本信息

名称	模拟时段(月/日/时)	中心最低气压/hPa
碧利斯	08/21/00～08/23/06	921
海棠	06/15/06～06/18/18	913
桑美	08/07/06～08/10/18	914
韦帕	09/16/18～09/19/00	929
莫拉克	09/07/06～09/09/18	954

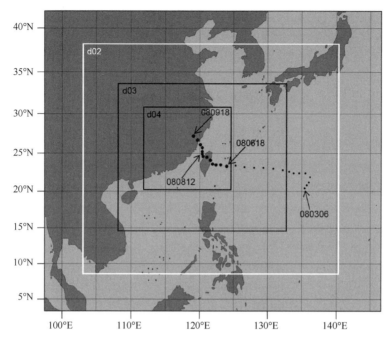

图 3.66　模式模拟区域及"莫拉克"的台风路径

　　模式的初始场及边界条件采用 6h 分辨率的欧洲中期天气预报中心 ERA-In-terim 再分析资料(Dee et al.,2011),其水平分辨率为 0.75°×0.75°,垂直方向为 37 层。另外,采用美国国家海洋和大气管理局(NOAA)提供的高分辨率逐日最优插值海表温度(OISST)作为模式海表温度强迫场,每天更新一次,水平分辨率为 0.25°×0.25°。

　　模拟过程中仅在 27km 和 9km 分辨率的网格采用积云对流参数化方案(Kain-Fritsch),而 4 个网格共用的参数化方案包括 NOAH 陆面方案、YSU 边界层方案、Dudhia 短波辐射方案、RRTM 长波辐射方案、WSM3 微物理方案。值得一提的是,由于模式设置的最高分辨率达到 1km,考虑到模式运行时间及计算资源有限,仅对台风"莫拉克"的参数选择进行调试,而其他 4 个台风的模拟都采用与之相同的参数化方案。同时,为了提升模式的模拟效果,采用格点 Nudging 技术,用驱动场对风速、温度及比湿每 6h 订正一次。

　　3) 模式对台风路径和强度的模拟

　　2009 年第 8 号台风"莫拉克"在 8 月 4 日凌晨生成,5 日加强为台风,并于 7 日 23 时 45 分在我国台湾登陆,9 日 16 时 20 分在福建省再度登陆,从生成到结束共经历 9 天时间,其中心最低气压达到 954hPa,沿海多省市遭受重创。我们使用 WRFv3.6 系统对该台风进行了模拟,模式空间范围及 4 层嵌套设置如图 3.66 所示。台风"莫拉克"实测路径及 WRF 模拟结果如图 3.67 所示。由图可见,WRF

模式能够很好地模拟"莫拉克"的路径。由于初始场使用的是 ERA-Interim 再分析资料,在模式模拟初始时刻(8 月 6 日 18 时),ERA-Interim 的中心最低海平面气压仅有 979hPa,要高于实测值 20hPa,因此如图 3.68 所示,模式模拟的台风强度要远远低于实测强度;而在模拟过程中,台风的强度逐渐加强,但是实测中台风在登陆后(7 日 23 时)已经处于快速减弱的过程中。

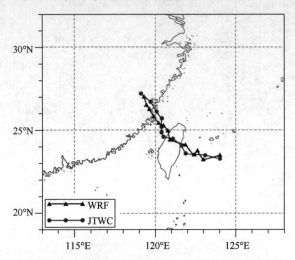

图 3.67　台风"莫拉克"实测路径及 WRF 模拟结果

JTWC 表示美国台风预报中心提供的实测数据,余同

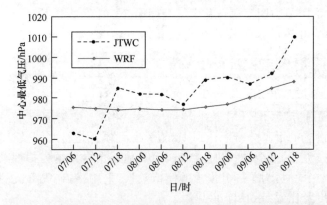

图 3.68　台风"莫拉克"实测中心最低气压及 WRF 模拟结果

2007 年 9 月 16 日生成于西北太平洋的台风"韦帕",是 2007 年登陆中国大陆的最强台风。WRF 模拟结果表明,虽然在模拟后期,模拟的路径偏左,但是模式基本能够较好地模拟出台风的路径(图 3.69)。与"莫拉克"的模拟结果相似,模式模拟的"韦帕"的强度仍然远远弱于实测强度(图 3.70)。

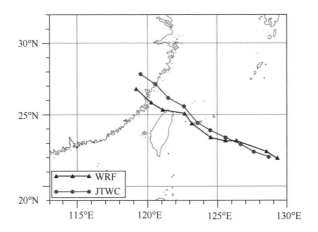

图 3.69　台风"韦帕"实测路径及 WRF 模拟结果

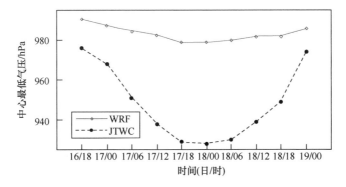

图 3.70　台风"韦帕"实测中心最低气压及 WRF 模拟结果

以上两个台风的模拟结果表明,虽然对台风路径有较好的模拟,但是模拟强度远远弱于实测强度。这在很大程度上是因为初始场的涡旋强度要弱于实测强度,如果考虑在初始时刻人为加强涡旋,应该能够提升模拟效果。在这里,我们使用 WRF 系统自带的 BOGUS 方案,加强模式中初始时刻的涡旋强度,对其余三个台风进行模拟。图 3.71～图 3.73 分别为三个台风路径的模拟结果和实测结果比较,图 3.74～图 3.76 分别为三个台风中心最低气压的模拟结果和实测结果比较。由图 3.74～图 3.76 可知,使用 BOGUS 方案在初始时刻人为加强台风强度后,模式模拟的台风强度显著加强,能够显著改善模式模拟台风强度偏低的情况,尤其是对"海棠"的模拟,其强度演变几乎与实测结果一致。

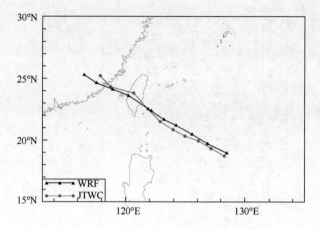

图 3.71　台风"碧利斯"实测路径及 WRF 模拟结果

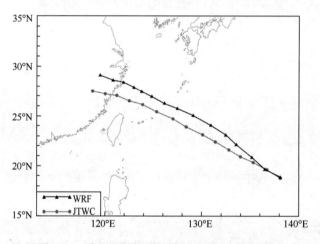

图 3.72　台风"桑美"实测路径及 WRF 模拟结果

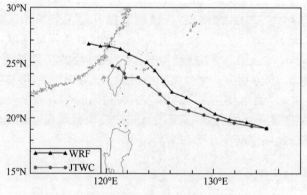

图 3.73　台风"海棠"实测路径及 WRF 模拟结果

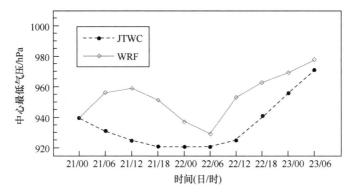

图 3.74　台风"碧利斯"实测中心最低气压及 WRF 模拟结果

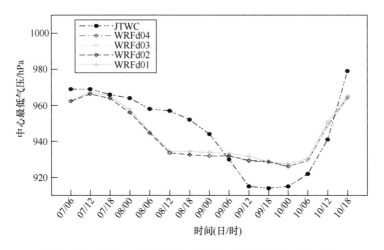

图 3.75　台风"桑美"实测中心最低气压及 WRF 模拟结果

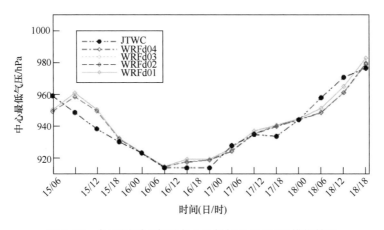

图 3.76　台风"海棠"实测中心最低气压及 WRF 模拟结果

4）台风风速及气压的水平和垂直结构

为了比较不同台风的空间结构，分别选取每个台风的一个时刻对其风场和气压场的水平分布、垂直剖面进行分析。首先，我们给出了台风"莫拉克"在 7 日 12 时的海平面气压及沿台风中心纬向风速的垂直剖面，如图 3.77 所示。从图中可以发现，虽然模式模拟的"莫拉克"强度仅有 976hPa 左右，但是台风风眼非常清晰，其台风中心位于台湾地区，20m/s 风速半径约有 5 个经度，而在台风中心西部，25m/s 风速带未能形成闭合圆圈（图 3.77(a)）。

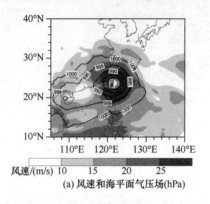
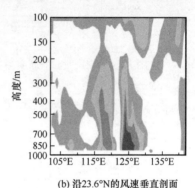

(a) 风速和海平面气压场(hPa)　　　　(b) 沿23.6°N的风速垂直剖面

图 3.77　"莫拉克"2009 年 9 月 7 日 12 时风速和海平面气压场及
风速沿 23.6°N 垂直剖面随高度的变化

从经过台风中心的纬向风速垂直剖面（图 3.77(b)）可知，台风风眼结构由低层到高层都非常清晰，能够从低层一直保持到 200hPa，而台风最大风力位于台风右侧，集中在 850~700hPa，风速达到 25m/s 以上，离台风中心越远，风力越小，并且风速衰减很快，15m/s 风速半径约为 15 个经度。图 3.78 给出了台风"莫拉克"低层风速及气压场沿 23.6°N 垂直剖面随高度的变化，图中给出了更为细致的台风低层风速及气压的垂直分布特征，从图中可以看到台风中心气压等值线明显向下凹，要低于周围环境气压。

由前面的分析知，在使用 BOGUS 方案以后，对台风的强度模拟效果有显著提升，这里选择模拟效果最好的"海棠"进行分析。由于"海棠"的强度要远强于"莫拉克"，由图 3.79(a) 可知，"海棠"的台风风眼很小，不如"莫拉克"那么清晰，850hPa 时 20m/s 风速半径达到 6.5 个经度，范围要大于"莫拉克"，而且极大值风速超过 40m/s。从"海棠"的风速剖面（图 3.79(b)）可以发现，其影响范围非常深厚，甚至可以达到 100hPa，影响高度要明显高于"莫拉克"，而且台风中心两侧大风速带更为对称。从低层结构来看（图 3.80），台风中心处等压线非常密集，气压能够达到 910hPa 左右，最大风速能够超过 50m/s。图 3.81~图 3.86 给出了其他三个台风在水平方向、垂直方向和空间上的结构。

图 3.87 给出了五个台风距离台风中心 50km 和 100km 处 10m 风速大小。台

风水平风速呈非对称分布,右侧风速要大于左侧风速。在台风登陆时,由于地面摩擦力增加,10m 风速急剧减小("莫拉克""碧利斯"台风中心右侧)。

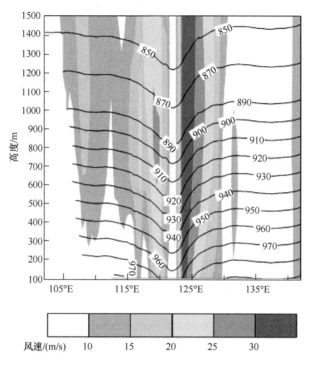

图 3.78　"莫拉克"2009 年 9 月 7 日 12 时风速和气压场(hPa)
沿 23.6°N 垂直剖面随高度的变化

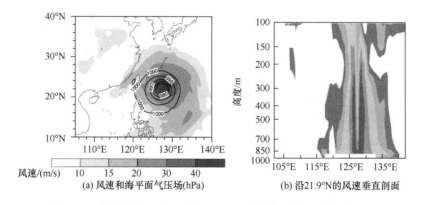

(a) 风速和海平面气压场(hPa)　　(b) 沿21.9°N的风速垂直剖面

图 3.79　"海棠"2005 年 6 月 16 日 12 时风速和海平面气压场及
风速沿 21.9°N 垂直剖面随高度的变化

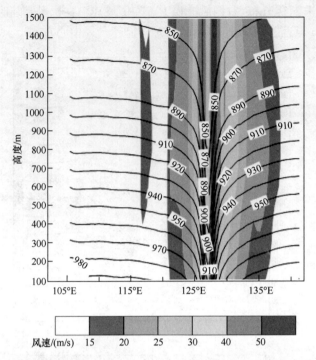

图 3.80　"海棠"2005 年 6 月 16 日 12 时风速和气压场(hPa)
沿 21.9°N 垂直剖面随高度的变化

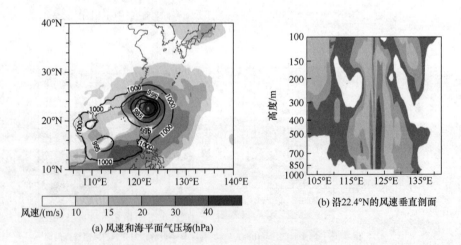

图 3.81　"碧利斯"2000 年 8 月 22 日 06 时风速和海平面气压场及
风速沿 22.4°N 垂直剖面随高度的变化

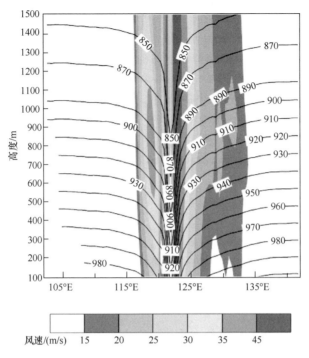

图 3.82　"碧利斯"2000 年 8 月 22 日 06 时风速和气压场(hPa)
沿 22.4°N 垂直剖面随高度的变化

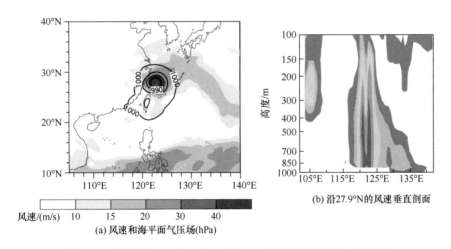

(a) 风速和海平面气压场(hPa)

(b) 沿27.9°N的风速垂直剖面

图 3.83　"桑美"2006 年 8 月 09 日 00 时风速和海平面气压场及
风速沿 27.9°N 垂直剖面随高度的变化

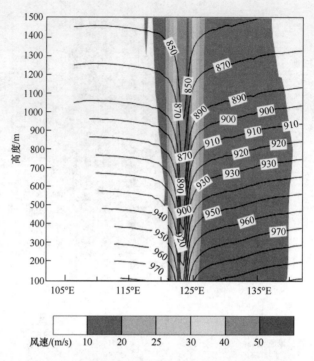

图 3.84　"桑美"2006 年 8 月 09 日 00 时风速和气压场(hPa)
沿 27.9°N 垂直剖面随高度的变化

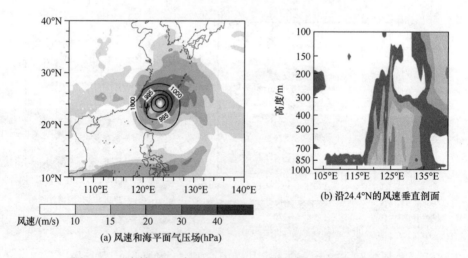

(b) 沿24.4°N的风速垂直剖面

(a) 风速和海平面气压场(hPa)

图 3.85　"韦帕"2007 年 9 月 18 日 00 时风速和海平面气压场及
风速沿 24.4°N 垂直剖面随高度的变化

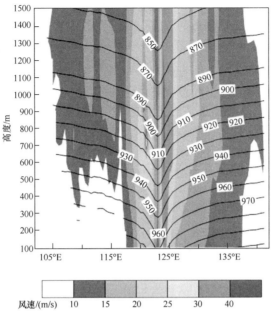

图 3.86　"韦帕"2007 年 9 月 18 日 00 时风速和气压场(hPa)
沿 24.4°N 垂直剖面随高度的变化

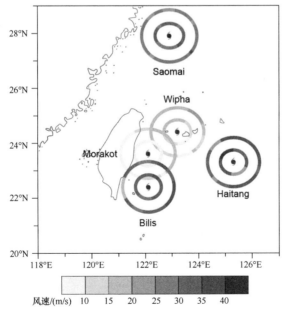

图 3.87　距台风中心 50km 和 100km 处 10m 风速大小

"韦帕(Wipha)":2007 年 9 月 18 日 00 时;"桑美(Saomai)":2006 年 8 月 10 日 00 时;
"莫拉克(Morakot)":2009 年 9 月 7 日 12 时;"海棠(Haitang)":2005 年 6 月 17 日 00 时;
"碧利斯(Bilis)":2000 年 8 月 22 日 06 时

5) 结论

本项研究以 WRFv3.6 系统为基础,对五个台风进行了高分辨率数值模拟。模拟结果表明,在高分辨率情况下,模式能够较好地模拟台风的路径,但是对台风强度的模拟则偏弱,这主要是再分析资料中对台风强度描述偏弱导致的。如果采用 BOGUS 方案,在初始时刻人为调整台风强度,则模式基本能够较好地模拟出台风的强度演变。台风垂直和水平结构呈现非对称性分布,台风中心右侧风速要大于左侧风速;台风登陆后,由于地表摩擦力的增大,风速急剧减小。然而,由于进行高分辨率数值模拟,需要大量的计算机资源,这里的五个台风模拟都采用相同的参数化方案,使得对部分台风路径的模拟偏差较大。因此,在计算资源丰富的情况下,对不同的台风使用合适的参数化方案组合,将有利于减小模拟误差。

参 考 文 献

戴高菊,文永仁,李英. 2014. 西北太平洋热带气旋运动及其突变的若干统计特征. 热带气象学报,30(1):23-33.

中华人民共和国住房和城乡建设部. 2012. 建筑结构荷载规范(GB 50009—2012). 北京:中国建筑工业出版社.

中华人民共和国交通运输部. 2018. 公路桥梁抗风设计规范(JTG/T 3360-01—2018). 北京:人民交通出版社.

文永仁,魏娜,张雪蓉,等. 2014. 1323 号强台风菲特登陆后迅速衰亡的原因分析. 气象,40(11):1316-1323.

项海帆. 1996. 公路桥梁抗风设计指南. 北京:人民交通出版社.

薛霖,李英,许映龙. 2015. 台湾地形对台风 Meranti(1010)经过海峡地区时迅速增强的影响研究. 大气科学,39(4):789-801.

Cheng X L,Wu L,Song L L,et al. 2014. Marine-atmospheric boundary layer characteristics over the South China Sea during the passage of strong typhoon Hagupit. Journal of Meteorological Research,28(3):420-429.

Dee D P,Uppala S M,Simmons A J,et al. 2011. The ERA-Interim reanalysis:Configuration and performance of the data assimilation system. Quarterly Journal of the Royal Meteorological Society,137(656):553-597.

Halsey T C,Jensen M H,Kadanoff L P,et al. 1986. Fractal measures and their singularities:The characterization of strange sets. Physical Review A,33:1141-1151.

He Y C,Chan P W,Li Q S. 2013a. Wind characteristics over different terrains. Journal of Wind Engineering and Industrial Aerodynamics,120:51-69.

He Y C,Chan P W,Li Q S. 2013b. Wind profiles of tropical cyclones as observed by Doppler wind profiler and anemometer. Wind and Structures,17(4):419-433.

He Y C,Chan P W,Li Q S. 2014a. Field measurements of wind characteristics over hilly terrain within surface layer. Wind and Structures,19(5):541-563.

He Y C,Chan P W,Li Q S. 2014b. Standardization of raw wind speeds data under complex terrain conditions:A data-driven scheme. Journal of Wind Engineering and Industrial Aerodynamics,

131:12-30.

Higuchi T. 1988. Approach to an irregular time series on the basis of the fractal theory. Physica D:Nonlinear Phenomena,31(2):277-283.

Li L,Kareem A,Hunt J,et al. 2015. Turbulence spectra for boundary-layer winds in tropical cyclones:A conceptual framework and field measurements at coastlines. Boundary-Layer Meteorology,154(2):243-263.

Liu L,Hu F,Cheng X L. 2014. Extreme fluctuations of vertical velocity in the unstable atmospheric surface layer. Nonlinear Processes Geophysics,21(2):463-475.

Shu Z R,Li Q S,He Y C,et al. 2015. Gust factor of tropical cyclone,monsoon and thunderstorm winds. Journal of Wind Engineering and Industrial Aerodynamics,142:1-14.

Song L L,Chen W C,et al. 2016. Characteristics of wind profiles in the landfalling typhoon boundary layer. Journal of Wind Engineering and Industrial Aerodynamics,149:77-88.

Wen Y R,Xue L,X,Li Y,et al. 2015. Interaction between Typhoon Vicente(1208) and the western Pacific subtropical high during the Beijing extreme rainfall of 21 July 2012. Journal of Meteorological Research,29(2):293-304.

Yuan J N,Wang D X. 2014. Potential vorticity diagnosis of Tropical Cyclone Usagi(2001) genesis induced by a mid-level vortex over the South China Sea. Meteorology and Atmospheric Physics,125:75-87.

Yuan J N,Li T,Wang D X. 2015. Precursor synoptic-scale disturbances associated with tropical cyclogenesis in the South China Sea during 2000-2011. International Journal of Climatology,35:3454-3470.

第4章 台风气候结构抗风设计风速数值模拟

4.1 随机台风模型与数值模拟分析

根据中国气象局提供的《热带气旋年鉴》(中国气象局,2014),建立 1949~2014 年共 1589 次宏观台风实测资料(台风中心探测记录和卫星云图分析记录)数据库,再结合地面测站监测资料(3~6h 台风定点风速风向记录),定义台风风场随机参数并确定其概率分布关系,同时考虑台风风场参数的相关性,建立敏感参数台风最大风速半径 R_{max} 和径向风压分布系数 β 的函数表达式。再以确定性台风解析模型为背景技术,基于以上资料并借助 Monte Carlo 随机模拟方法,建立考虑场参数相关性的随机台风模型以及数值分析平台。

4.1.1 台风风场解析模型

台风风场径向风压分布模型为

$$P_r = P_c + (P_a - P_c)\exp\left[-\left(\frac{R_{max}}{r}\right)^\beta\right] = P_c + \Delta P\exp\left[-\left(\frac{R_{max}}{r}\right)^\beta\right] \tag{4.1}$$

式中,ΔP 为台风中心压差;P_c 为台风中心气压;P_a 为大自然气压;P_r 为台风风场中任一点压力;R_{max} 为最大风速半径;β 为径向风压分布系数;r 为距台风中心的半径。其坐标系统如图 4.1 所示。

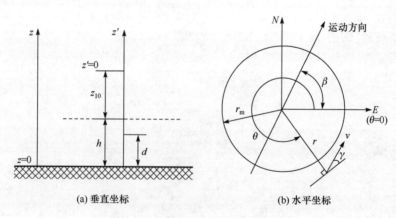

(a) 垂直坐标 (b) 水平坐标

图 4.1 台风模型垂直和水平坐标系统

在梯度层和边界层,建立空气微团向心力、Coriolis(科里奥利)力、边界层摩擦力和台风整体移动产生的附加力的平衡微分方程:

$$\frac{D\boldsymbol{V}_r}{Dt} = \frac{\partial \boldsymbol{V}_r}{\partial t} + \boldsymbol{V}_r \cdot \nabla \boldsymbol{V}_r = -\frac{1}{\rho_a} \nabla P_r - f(\boldsymbol{k} \times \boldsymbol{V}_r) + \boldsymbol{F}_r \tag{4.2}$$

式中,ρ_a 为空气密度;f 为 Coriolis 参数;$\boldsymbol{k}$ 为竖向单位向量;$\boldsymbol{F}_r$ 为边界层摩擦力;风速 $\boldsymbol{V}_r = \boldsymbol{V}_g + \boldsymbol{V}_d$,$\boldsymbol{V}_g$ 为梯度风速,$\boldsymbol{V}_d$ 为地表摩擦引起的衰减风速。

1) 在梯度层中

切向风速:

$$v_{\theta g} = \frac{1}{2}(c_\theta - fr) + \sqrt{\left(\frac{c_\theta - fr}{2}\right)^2 + \frac{r}{\rho}\frac{\partial P_r}{\partial r}} \tag{4.3}$$

径向风速:

$$v_{rg} = -\frac{1}{r}\int_0^r \frac{\partial v_{\theta g}}{\partial \theta}\mathrm{d}r \tag{4.4}$$

2) 在边界层中

切向风速:

$$v_{\theta d} = \mathrm{e}^{-\lambda z_d}\left[D_1\cos(\lambda z_d) + D_2\sin(\lambda z_d)\right] \tag{4.5}$$

径向风速:

$$v_{rd} = \xi\mathrm{e}^{-\lambda z_d}\left[D_1\sin(\lambda z_d) + D_2\cos(\lambda z_d)\right] \tag{4.6}$$

式中,D_1、D_2、λ、ξ 为 $v_{\theta g}$ 和 v_{rg} 的函数。

4.1.2　台风风场关键参数取值

1. 最大风速半径 R_{max}

台风最大风速半径是指海平面上台风中心附近最大的持续风速出现位置离台风中心的距离,基于国家气象中心提供的 WRF-ARW 模式成功模拟台风"桑美"(Sanmai0608)1km 分辨率 37h 的数值模拟结果(图 4.2),获得了台风最大风速半径与台风中心压差之间的函数关系式,即

$$E(\ln R_{max}) = -38.36(\Delta P)^{0.02479} + 46.75 \tag{4.7}$$

$$\sigma(R_{max}) = 10549.2(\Delta P)^{-1.5178} \tag{4.8}$$

2. 径向风压分布系数 β

基于我国沿海及内陆上千个近地观测站点对"卡努"(Khanun0515)、"韦帕"(Wipha0713)、"罗莎"(Krosa0716)、"莫拉克"(Morakot0908)四个台风登陆及移动过程中实测到的风压数据,如图 4.3 所示,结合 Holland 风压场分布模型,提出了一种近地面多点压力分布实测的台风风压场研究方法,并获得了台风径向风压分

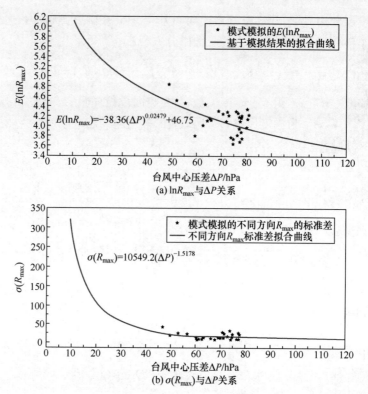

(a) $\ln R_{max}$ 与 ΔP 关系

(b) $\sigma(R_{max})$ 与 ΔP 关系

图 4.2　最大风速半径 R_{max} 与台风中心压差 ΔP 相关性函数关系

布系数 β 的计算方法(Zhao et al,2013)。

$$\beta = 4.1025 \times 10^{-5} \times (\Delta P)^2 + 0.0293 \Delta P + 0.7959 \ln R_{max} - 4.6010 \quad (4.9)$$

$$\sigma(\beta) = -0.0027 \Delta P - 0.1311 \ln R_{max} + 0.8815 \quad (4.10)$$

式中,ΔP 表示台风中心压差,hPa;R_{max} 表示最大风速半径,km。β 平均变异系数取 5% 且服从正态分布。

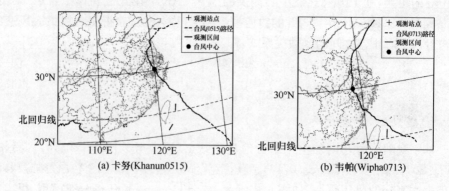

(a) 卡努(Khanun0515)　　　　　　(b) 韦帕(Wipha0713)

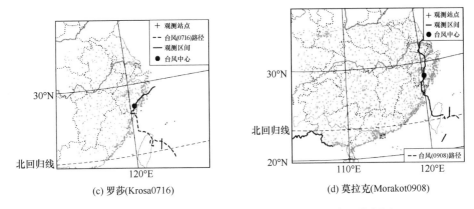

(c) 罗莎(Krosa0716)   (d) 莫拉克(Morakot0908)

图 4.3 四次典型台风过程与近地观测站点地理位置分布图

3. 台风中心定位

由《热带气旋年鉴》可知,台风中心定位误差介于 $20\sim200\text{km}$。可假定台风中心定位服从以实测值为均值的正态分布,纬度(北纬 L_a)和经度(东经 L_o)变异系数分别取 3.35%、0.77%。

4. 地表粗糙高度 z_0

各国规范和不同学者对场地地表粗糙高度的研究结果略有差异,参考抗风指南的取值,同时对 A、B、C、D 四类场地的粗糙高度变异系数取 5%。

5. 其他参数

对于其他参数,如台风中心压差 ΔP、台风整体移动速度 c 的取值,目前尚未有相关研究结果可用,按中心极限定理假设服从以实测值为均值的正态分布,变异系数分别取为 10% 和 25%(Dee et al.,2011)。

4.1.3 台风数值模型的实测验证

1. 同一地点风速随台风移动变化

基于台风"黑格比"(Hagupit0814)的实测资料,与台风模型模拟结果进行比较,选择电白国家气候观象台和阳江地面气象观测站,计算得到台风"黑格比"移动过程中电白国家气候观象台和阳江地面气象观测站所在位置的风速时变过程,如图 4.4 所示。可以看出,台风模型基本再现了"黑格比"移动过程中两个观测站的实测风速变化趋势。

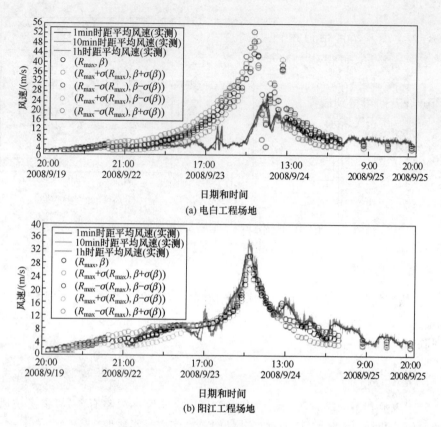

图 4.4　"黑格比"10m 高度数值模拟结果与实测结果对比

2. 同一地点多次台风极值风速预测

分别分析上海市崇明区侯家镇气象站 1971～2005 年的 40 次、1971～2007 年的 46 次台风影响过程中每小时的极值风速实测数据。采用了两种方式分别处理这 40 次和 46 次台风数据:一种是通过定义数值模拟结果与实测结果的均方偏差、平均偏差,以及最大风速偏差(式(4.11))优化参数 β、R_{max}、z_0,再基于优化参数模拟 40 次台风的极值风速;另一种是直接采用式(4.7)～式(4.10)关于 β、R_{max} 的计算方法,再采用偏差最小方式优化地表粗糙高度 z_0,基于此方式同样可以模拟获得 47 次台风的极值风速。

$$D_1 = \left[\frac{1}{n}\sum_{i=1}^{n}\left(\frac{v_{c,i}-v_{o,i}}{v_{o,i}}\right)^2\right]^{0.5}, \quad D_2 = \frac{1}{n}\sum_{i=1}^{n}\frac{v_{c,i}-v_{o,i}}{v_{o,i}}, \quad D_3 = \frac{v_{c,max}-v_{o,max}}{v_{o,max}}$$

(4.11)

式中,n 为台风次数;$v_{o,i}$ 和 $v_{c,i}$ 分别表示工程场地第 i 次台风极值风速实测结果和数值模拟结果;$v_{o,max}$ 和 $v_{c,max}$ 分别表示统计的所有年份中极值风速的实测结果和数值模拟结果。

对于 1971～2005 年的 40 次台风,采用第一种处理方式,优化后取 $\beta=1.00$～1.25,$z_0=0.09$m,可得到最优的计算结果,此时各偏差为 $D_1=23.3\%$、$D_2=-1.6\%$、$D_3=14.4\%$。对于 1971～2007 年的 46 次台风,采用第二种处理方式,取 $z_0=0.13$ 时可得到最优的计算结果,此时各偏差为 $D_1=33.5\%$、$D_2=-0.7\%$。计算结果如图 4.5 所示。

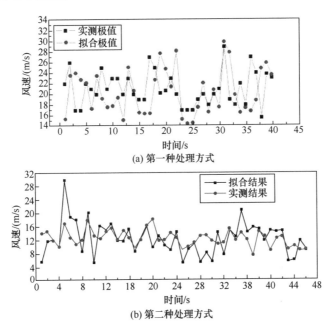

图 4.5　实测台风极值风速与模拟结果逐次比较

可以看出,直接运用 R_{max} 和 β 的计算公式进行模拟有足够的精度,由于各个地区的台风实测数据极其缺乏,随机台风模型是一种高效且能满足工程精度要求的模型。

3. 模拟结果的分辨率

选取浙江省台州市洪家气象站(B 类工程场地,28.37°N、121.25°E)和大陈气象站(A 类工程场地,28.27°N、121.54°E)两个实测场地,如图 4.6 所示。台州大陈气象站和洪家气象站台风气候模式与规范基本风速对比如表 4.1 所示。可以看出,洪家气象站距离大陈气象站 49.3km,但两者设计基本风速前者为 32.6m/s,后者为 52.1m/s,相差悬殊。基于这两个气象站所在场地位置的特殊性,采用随机台风模型,分别以该地区为圆心圈选出 500km 范围内对其有影响的台风路径进行Monte Carlo 数值模拟分析,如图 4.7 所示。

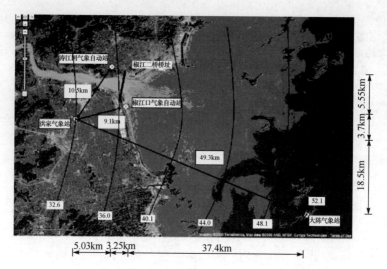

图 4.6　台州沿海区域气象站与基本风速(单位:m/s)

表 4.1　台州大陈气象站和洪家气象站台风气候模式与规范基本风速对比

场地位置	规范基本风速 /(m/s)	考虑场参数相关性随机台风模型模拟结果/(m/s)							
		$z_0=0.01$m		$z_0=0.05$m		$z_0=0.1$m		$z_0=0.3$m	
		$(\mu\pm\sigma)$	$U_{99\%}$	$(\mu\pm\sigma)$	$U_{99\%}$	$(\mu\pm\sigma)$	$U_{99\%}$	$(\mu\pm\sigma)$	$U_{99\%}$
大陈	52.1	(48.6 ± 1.3)	51.9	—	—	—	—	—	—
洪家	32.6	—	—	(40.9 ± 1.4)	44.6	(37.9 ± 1.3)	41.1	(32.2 ± 1.1)	34.9

注:μ、σ 分别为均值、根方差,$U_{99\%}$ 为具有 99% 保证率的风速值,下同。

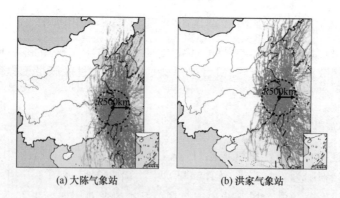

(a) 大陈气象站　　　　　　　　　　(b) 洪家气象站

图 4.7　台州大陈气象站(243 次)与洪家气象站(223 次)台风路径

　　可以看出,如果直接采用 A 和 B 类工程场地规定的地表粗糙高度进行模拟预测,大陈气象站的预测结果较接近规范结果,但洪家气象站的预测结果偏大。一方面与实测数据的数量有关,另一方面考虑边界层下垫面的复杂性和变异性,又模拟

了 $z_0=0.1m$ 和 $z_0=0.3m$ 的两种情况,可以看出,对于地表粗糙高度的正确模拟对结果会有较大影响,利用提出的台风模型进行模拟计算能够充分分辨出这些变化,具有足够的分辨率。

4.2　中国沿海受台风影响地区风速分布

基于已经建立的非确定性随机参数台风风场模型和数值模拟分析平台,分析中国沿海受台风影响的主要地区和城市的台风气候风环境模式,主要包括 A、B、C、D 四类工程场地 100 年重现期 10min 时距 10m 高处的基本风速以及风速随高度变化的剖面图。

4.2.1　台风影响统计

依据中国气象局提供的《热带气旋年鉴》(中国气象局,2014),统计 1945～2014 年西北太平洋地区共 1589 次气旋路径,选取七个主要城市,各城市分别圈选以其为中心 500km 范围内的历史台风路径,其中四个城市台风影响统计与模拟范围如图 4.8 所示。

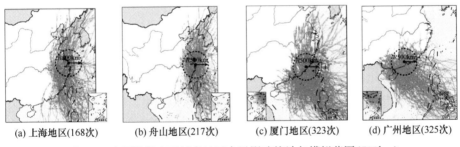

(a) 上海地区(168次)　　(b) 舟山地区(217次)　　(c) 厦门地区(323次)　　(d) 广州地区(325次)

图 4.8　中国沿海主要城市地区台风影响统计与模拟范围(500km)

4.2.2　台风气候模式风速分布特征

1. 基本风速

目前的基本风速是基于气象台站足够的连续风速观测数据确定的,即采用当地气象站年最大风速的概率分布类型,由 10min 平均年最大风速推算 100 年重现期的数学期望作为基本风速。依据图 4.8 各城市统计的历史台风路径,基于随机参数台风模型和数值模拟平台,对各城市分别进行 Monte Carlo 数值模拟,同时采用越界峰值法(POT)探讨工程场地不同使用期限或保证率重现期内的台风基本风速,如表 4.2 所示。

表 4.2　中国沿海主要城市地区台风气候模式与基本风速规范对比

地名	经纬度	规范基本风速(1/100)/(m/s) (JTG/T D60-01—2018)	台风模式风速值(1/100)/(m/s)	
			$(\mu \pm \sigma)$	$U_{99\%}$
上海	(121.48°E,31.24°N)	33.8	(28.93±2.42)	35.24
舟山	(122.21°E,29.99°N)	40.5	(37.19±2.27)	41.39
厦门	(118.10°E,24.49°N)	39.7	(35.20±2.42)	41.07
广州	(113.27°E,23.14°N)	31.3	(27.11±1.01)	29.89
香港	(114.11°E,22.40°N)	39.5	(32.57±1.47)	36.24
海口	(110.21°E,20.05°N)	38.4	(34.45±2.34)	41.15
三亚	(109.52°E,18.26°N)	41.4	(34.82±1.35)	37.72

注:μ 为 2000 次模拟的均值,σ 为根方差,$U_{99\%}$ 为具有 99% 保证率的风速值。

随机参数台风模型的数值模拟过程中,需要已知台风中心移动速度和台风中心气压。台风中心移动速度由台风中心经纬度换算得到,而《热带气旋年鉴》(中国气象局,2014 年)提供的台风中心经纬度,有隔 6h、3h、1h 等多种情况。表 4.2 中的时距是 10min,考虑现场实测的数据和已有的经验模式,取本次台风模型结果时距为 2h 进行换算,定义转换因子为 $G_v = 1 + 0.6I_u(z)$,其中 $I_u(z)$ 为不同高度顺风向紊流度。

2. 风速剖面

基于考虑场参数相关性的随机台风模型,采用 Monte Carlo 模拟技术,对上海和广州两个地区进行工程场地不同高度风速的模拟,如表 4.3 和表 4.4 所示。本次研究成果在一定程度上能为台风多发地区的工程设计提供参考,但仍需进一步完善。

表 4.3　上海地区台风气候模式 A、B 类工程场地风速分布特点

高度/m	A 类场地($z_0=0.01$m)		B 类场地($z_0=0.05$m)		风速剖面图
	$(\mu^* \pm \sigma^*)$ /(m/s)	$U_{99\%}^*$ /(m/s)	$(\mu^* \pm \sigma^*)$ /(m/s)	$U_{99\%}^*$ /(m/s)	
10	(30.2±2.4)	36.2	(26.4±2.2)	32.1	
50	(31.1±2.6)	37.6	(27.5±2.4)	33.6	
100	(32.3±2.7)	39.3	(28.9±2.6)	35.7	
150	(33.4±2.9)	40.8	(30.3±2.9)	37.7	
200	(34.5±3.0)	42.2	(31.7±3.0)	39.6	
250	(35.5±3.1)	43.5	(33.0±3.2)	41.2	
300	(36.4±3.2)	44.5	(34.2±3.3)	42.8	
350	(37.3±3.3)	45.4	(35.3±3.4)	44.2	

续表

高度/m	A 类场地($z_0=0.01$m)		B 类场地($z_0=0.05$m)		风速剖面图
	$(\mu^* \pm \sigma^*)$ /(m/s)	$U_{99\%}^*$ /(m/s)	$(\mu^* \pm \sigma^*)$ /(m/s)	$U_{99\%}^*$ /(m/s)	
400	(38.1±3.4)	46.3	(36.3±3.5)	45.1	
450	(38.8±3.4)	47.0	(37.3±3.6)	46.3	
500	(39.5±3.4)	47.5	(38.1±3.6)	47.3	
600	(40.6±3.4)	48.5	(39.6±3.6)	48.2	
700	(41.5±3.3)	49.1	(40.8±3.6)	49.2	
800	(42.2±3.2)	49.3	(41.7±3.5)	49.9	
900	(42.7±3.1)	49.7	(42.4±3.3)	50.1	
1000	(43.0±3.0)	49.7	(43.0±3.2)	49.9	

注:μ^*、σ^* 分别为模拟的均值、根方差,$U_{99\%}^*$ 为模拟得到的具有 99% 保证率的风速值。下同。

表 4.4　广州地区台风气候模式 A、B 类工程场地风速分布特点

高度/m	A 类场地($z_0=0.01$m)		B 类场地($z_0=0.05$m)		风速剖面图
	$(\mu^* \pm \sigma^*)$ /(m/s)	$U_{99\%}^*$ /(m/s)	$(\mu^* \pm \sigma^*)$ /(m/s)	$U_{99\%}^*$ /(m/s)	
10	(28.0±1.1)	31.0	(24.7±0.9)	27.3	
50	(28.8±1.1)	31.9	(25.7±1.0)	28.5	
100	(29.8±1.2)	33.2	(27.0±1.1)	30.0	
150	(30.8±1.3)	34.4	(28.2±1.2)	31.5	
200	(31.7±1.4)	35.5	(29.3±1.2)	32.9	
250	(32.5±1.4)	36.5	(30.4±1.3)	34.2	
300	(33.3±1.5)	37.5	(31.4±1.4)	35.5	
350	(34.0±1.6)	38.3	(32.4±1.5)	36.7	
400	(34.8±1.6)	39.2	(33.2±1.6)	37.8	
450	(35.4±1.6)	39.9	(34.0±1.6)	38.7	
500	(36.0±1.7)	40.5	(34.8±1.7)	39.5	
600	(37.0±1.7)	41.7	(36.1±1.7)	41.0	
700	(37.8±1.7)	42.5	(37.2±1.8)	42.1	
800	(38.4±1.7)	43.0	(38.1±1.8)	42.9	
900	(38.9±1.7)	43.5	(38.8±1.8)	43.5	
1000	(39.3±1.6)	43.7	(39.3±1.7)	43.8	

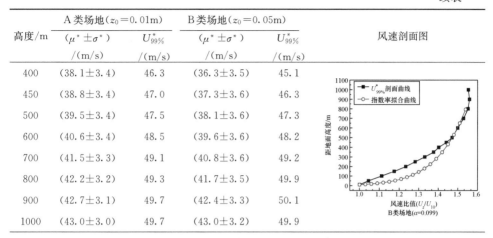

3. 强/台风风场精细化预测模型

利用强/台风初值构造和观测资料同化技术方法,结合微物理过程、积云对流参数化和辐射方案选取、优化技术,建立适于工程应用的、可输出水平分辨率达到500m(局部可达200m)、近地层垂直分辨率20m的台风风场精细化预测模型。

4.3　基于工程应用的强/台风风场精细化预测模型

基于先进的气象中尺度天气预报模式——WRF 模式,实现模拟输出水平分辨率 1km、时间分辨率 10min、近地面任意高度层的台风精细化风场数据;采用基于理想涡旋模型与台风实际观测强度匹配的 BOGUS 方案,结合以循环积分为主要手段的动力初始化技术,研发台风强度控制技术,可构造任意强度的“目标台风”,有效解决台风模式预测台风强度偏低的问题;研发下垫面变换技术,实现不同移动路径、影响方位台风与地形匹配;实现指定重现期强度的“目标台风”与中国沿海任意实际地形环境的匹配模拟技术,这一创新技术可预测或再现重大工程所在区域地形地貌条件下的历史极端强台风或指定概率强度的台风过程精细风场;采用 WRF 模式离线嵌套方式,实现水平分辨率 200m、时间分辨率 10min、近地面任意高度层的台风精细化风场的降尺度模拟;研发的基于模拟区域所有测站实测资料同步风场订正技术,进一步提高模拟台风风场格点数据的准确性。

4.3.1　工程台风风场精细化模拟

工程抗风设计需考虑工程所在地特殊地形背景下,历史极端强度台风或指定概率强度(如百年一遇、50 年一遇等)台风影响下的风况。目前国内外常用的模型为参数化风场模型和半经验半数值风场模型等简化的动力模型。此类模型采用简化的动力方程求解台风风场,未考虑复杂的大气物理过程及下垫面的影响,模拟的近地层台风风场结构及分布常与实际情况相差较大,特别是在特殊地形和复杂下垫面的情况下差异更加显著。如今中尺度数值模式日益发展,对下垫面状况及边界层大气物理过程的体现已较为成熟和完善,可较好地模拟出台风中的中尺度特征(李青青等,2009;Li et al.,2008)。

基于 WRF 模式建立了工程台风风场精细化预测模型,该模型将气象中发展较为成熟完善的 WRF 模式应用到风工程领域,模型中考虑了下垫面的影响、台风边界层过程及大气微物理过程等,可较好地模拟台风影响下的边界层风场。此外,根据工程抗风设计需求,模型采用台风强度控制技术及地形变换技术,可预测任意工程场地或复杂地貌条件下不同方位、角度和指定概率强度目标台风影响下的精细风场。基于预测模型对目标台风的精细化模拟结果,可以得到目标台风影响下的致灾风参数格点场。

4.3.2　工程台风风场精细化预测模型的建立

基于 WRF 模式,开发了地形变换技术及台风强度控制技术,建立了工程台风风场精细化预测模型,具体流程如图 4.9 所示。基于 WRF 模式,首先对真实的目标台风进行模拟,并调整模拟精度达到理想状态;再通过地形变化技术,实现不同移动路径、影响方位台风与地形匹配;然后采用强度控制技术,获取指定或预设概率条件下的目标台风。中尺度台风模型水平分辨率为 1km,时间分辨率为 10min。

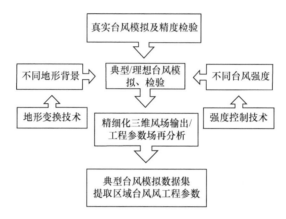

图 4.9　台风风场精细化预测模型流程

WRF 模式可描述下垫面过程中的物理过程,既适用于历史模拟研究,又可用于区域业务天气预报、区域气候预报、空气质量模拟和理想化的动力学研究,对各种天气和中小尺度系统均具有较好的性能,具有高效率、可扩充、可移植、易维护等诸多优点,在气象科研及业务领域内已得到广泛应用。该预测模型主要基于 WRF 模式进行开发应用(Shamarock et al.,2008)。

WRF 模式主要由模式前处理、资料同化、主模式及模式后处理三大模块组成,如图 4.10 所示。模式首先运行前处理模块(WRF preprocessing system,WPS),该模块主要包括模拟区域、时间的设定,地形数据及气象数据的差值,为模型的进一步积分运行生成初始场及边界条件。WRF 模式还包含同化卫星资料、地面和探空观测资料、飞机观测资料、雷达资料等多种资料的资料同化模块(WRFDA),该模块可通过三维或四维变分方法来同化各种观测资料以获取更优化的初始场及边界条件。WRF 的主模块(本项目选用 ARW model)为 WRF 模式的主要部分,其主要对各个物理量进行积分运算。最后模式生成的结果通过后处理模块来进行处理(post-processing),该部分主要利用 NCL、ARWpost 等软件将模式结果可视化。

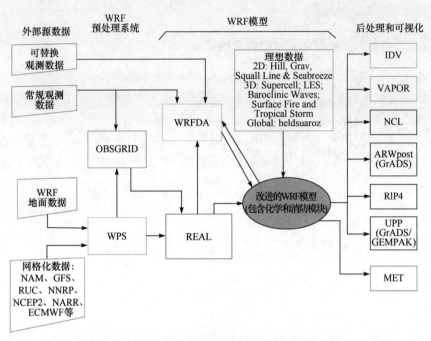

图 4.10　WRF 模式(v3.4)系统流程图

中尺度 WRF 模式具有完全可压缩和非静力的特性。该模式提供了由 NCAR 开发的欧拉质量坐标的 ARW(advanced research WRF)和由 NCEP 开发的高度坐标的 NMM(nonhydrostatic mesoscale model)两种动力框架。本项目主要选用 ARW 动力框架。WRF-ARW v3.4 版本选用高精度通量形式的空间差分控制方程,在水平方向上选用 Arekawa-C 网格(图 4.11),在垂直方向上可选择高度或质量坐标。积分方案采用时间分裂的积分方案。模式的水平和垂直分辨率、模拟区域、嵌套网格及物理过程参数化方案均可根据用户需求选择修改。

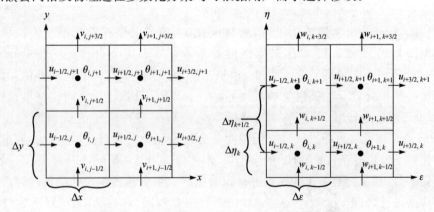

图 4.11　WRF 模式水平格点和垂直格点示意图

WRF 模式中还利用参数化的方式考虑了多种物理过程。模式主要物理过程参数化方案包括描述云中水汽物理相变过程等的云微物理过程参数化方案,描述次网格积云对流效应的积云参数化方案,描述大气中辐射交换收支过程的辐射过程参数化方案,描述边界层中的涡动水汽、热量和动量输送的边界层参数化方案以及考虑地表水平衡及能量平衡影响的陆面过程参数化方案等。各个具体的参数方案均可供用户选择使用。

4.3.3　历史台风个例模拟

选取经过目标区域且与目标路径相似的典型台风个例,利用 WRF 模式对其进行初步模拟,并用观测对模拟结果进行检验对比。模式初始场及边界条件由 NCEP 每 6h 1 次 $0.5°×0.5°$GFS 再分析资料提供。选取 3 个典型台风进行模拟:自东向西正穿琼州海峡的台风"启德"、1949 年以来登陆华南的最强风暴超强台风"威马逊"和影响上海长江入海口地区及浙江舟山六横岛的台风"海葵"。

WRF 模式主要参数设置见表 4.5。台风"启德"、"威马逊"和"海葵"的垂直层数分别设为 28 层、30 层和 31 层,积分时间分别为 2012 年 8 月 16 日 0:00～8 月 18 日0:00、2014 年 7 月 16 日 12:00～7 月 19 日 18:00 和 2012 年 8 月 5 日 0:00～8 月 9 日 0:00。

表 4.5　WRF 模式主要参数设置

模拟区域	Domain1	Domain2	Domain3
分辨率	9km	3km	1km
微物理过程	WRF Single-Moment 3-class scheme		
积云参数化	K-F scheme	无	无
边界层方案	YSU scheme		
辐射方案	RRTM scheme(长波)/Dudhia scheme(短波)		

图 4.12～图 4.16 给出了模式模拟的路径、风速等结果。可见,模式能较好地模拟出真实台风的移动路径和强度变化,以及低层风速变化趋势及大小,模拟结果较为可信。

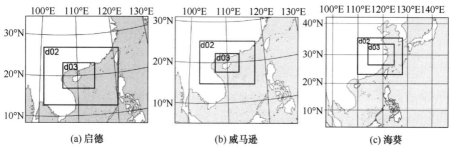

(a) 启德　　　　　　　　(b) 威马逊　　　　　　　　(c) 海葵

图 4.12　台风模拟区域和网络

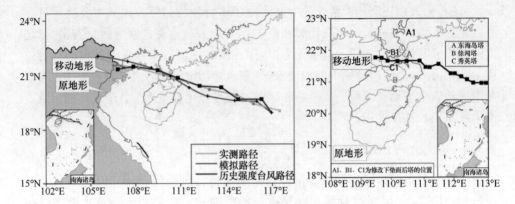

图 4.13　台风"启德"移动路径及测风塔的位置

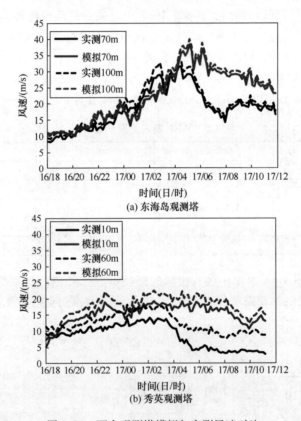

图 4.14　两个观测塔模拟与实测风速对比

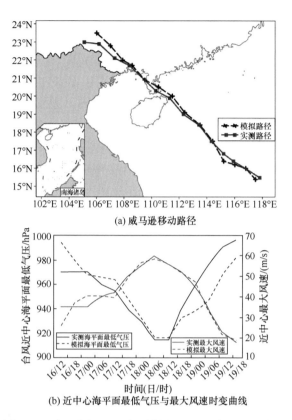

(a) 威马逊移动路径

(b) 近中心海平面最低气压与最大风速时变曲线

图 4.15　台风"威马逊"路径模拟及风速和气压时变曲线

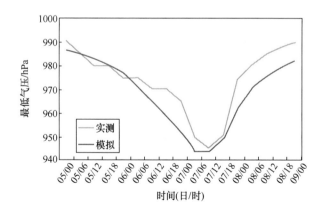

图 4.16　台风"海葵"近中心海平面最低气压时变曲线

4.3.4　目标台风路径模拟

为评估特定工程区域的最不利台风路径、登陆角度,基于 WRF 模式中的地形数据及处理模块,研发了地形变换技术。首先利用 WRF 模式 30s 分辨率的地形资料,构建工程区域的地形下垫面,再通过挪动、旋转下垫面与台风的相对位置,构造不同角度袭击工程区域的台风。该方法可将中国沿海下垫面与任意目标台风路径相匹配。在我国 3 个典型台风影响地区的试验个例如下。

（1）目标台风穿越琼州海峡。基于真实台风"启德"的模拟结果,按"目标路径"设定为从琼州海峡中间穿过,将地形向北挪动 1.25 个经纬距,获得正面穿越琼州海峡的台风(图 4.17)。

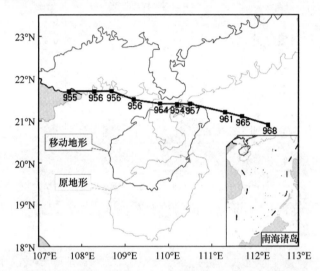

图 4.17　穿越琼州海峡百年一遇台风的路径与强度变化(单位:hPa)
图中黑色实线为地形变换后的海岸线,灰色实线为原海岸线,以下同

（2）目标台风正面登陆上海。基于真实台风"海葵"的模拟结果,将地形向南挪动,获得正面袭击上海长江入海口的目标台风(图 4.18),黑色实线为地形变换后的海岸线,灰色实线为原海岸线,方块连线为地形变换后台风路径,十字连线为"海葵"台风观测数据的最佳路径。

（3）目标台风正面登陆浙江六横桥位。基于真实台风"海葵"的模拟结果,将地形向南挪动,使台风路径正好从浙江舟山的六横岛通过(图 4.19),圆点连线为地形变换后台风路径。

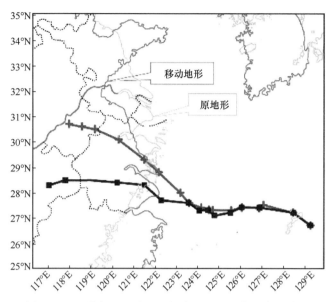

图 4.18 上海长江入海口目标台风地形变换示意图路径

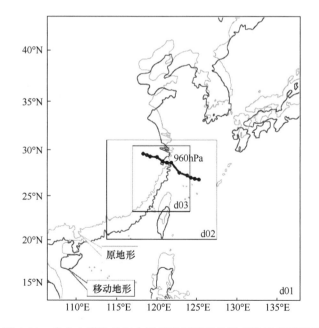

图 4.19 舟山六横岛目标台风模拟区域及地形变换示意图路径

4.3.5 目标台风强度模拟

为评估台风对工程安全性的影响,常需要重现历史最大强度或指定概率强度

（百年一遇、50 年一遇等）台风影响下的风况。为此，采用两种方法对模式大气中的台风强度进行人为控制，即基于 WRF 模式自带的涡旋初始化方案（BOGUS）与 Cha 和 Wang（2013）所提出的动力初始化技术。

TC BOGUS 涡旋初始化方案是在模式初始化时按照给定的最大风速和最大风速半径建立一个简单的 Rankine 涡旋风场，并利用风压平衡关系得到气压场，以此建立一个理想对称涡旋模型。然后将此涡旋按照给定的台风中心位置植入大气环境场中作为模式初始场，通过调节人造涡旋的最大风速和最大风速半径等参数最终获得不同强度的台风。

动力初始化技术（Cha and Wang，2013）首先在模式起始时间前 6h 启动（−6h），并将−6h 的初始资料分离为涡旋和环境流场两部分。积分 6h 后用同样的方法将涡旋从模拟结果中分离出来，并与 0h 时的实际涡旋强度进行对比。若二者差值落入可接受域内（即认为二者相差不大），则与 0h 的环境流场进行合成，作为模式初始场进行下一步长时间的模拟。本模型中，在原方法的基础上进行改进，即增长分离涡旋的积分时间使其强度增大后再植入原背景场，从而达到控制台风强度的目的。

利用以上所述两种强度控制方法可有效调整台风强度，获得模拟的目标强度台风，重现和评估极端及历史平均强度台风影响下工程区的工程风况。

目标台风强度确定主控要素为台风中心最低气压。采用台风年鉴资料及桥位附近多个国家气象站建站以来的气压资料，计算得到该区域在规定重现期、（台风路径上）不同位置的最低气压，并以此为指标，对百年一遇台风穿越琼州海峡过程进行模拟，多次调整目标台风系统中心的最低气压值，使之在多个参证气象站格点上的过程最低气压符合规定重现期目标台风的强度。

4.3.6　精细风场动力降尺度

在工程台风预测模型输出的水平分辨率 1km×1km 模拟风场数据基础上，进一步采用 WRF 模式进行动力降尺度至 200m 分辨率。

模式物理过程参数化设置：微物理过程采用 WSM 6-class graupel 方案，长波辐射采用 RRTM 方案，短波辐射采用 Dudhia 方案，近地层过程采用 Revised MM5 Monin-Obukhov 方案，陆面过程采用 Unified Noah land-surface model 方案，边界层过程采用 ACM2（Pleim）方案。

基于气象站实测数据对 200m 水平分辨率数值模拟结果进行检验并订正。以 2014 年台风"威马逊"为例，模拟时间为台风登陆前 3h 和登陆后 3h 共计 6h（2014 年 7 月 16 日 20 时至 20 日 02 时），模拟区域为琼州海峡附近地区，将降尺度模拟区分为 9 个区域进行计算，每个区域水平网格点数均为 501×501，垂直层为 60 层。模式输出的要素场：时距为逐 10min，水平分辨率为 200m×200m，垂直分辨率(在近地面 500m 高度层)为 20m。

图 4.20 为模拟区域内气象站和测风塔位置示意图。模拟区域内共有 53 个自动气象站。气象站测风资料为逐时数据,7076♯ 和 4091♯ 测风塔观测资料时间间隔为 1h,nongc 和 tianx 测风塔观测资料时间间隔为 10min。气象站观测资料用于模式模拟结果的效果检验和误差校准,四座测风塔观测数据用来检验误差校准的订正效果。

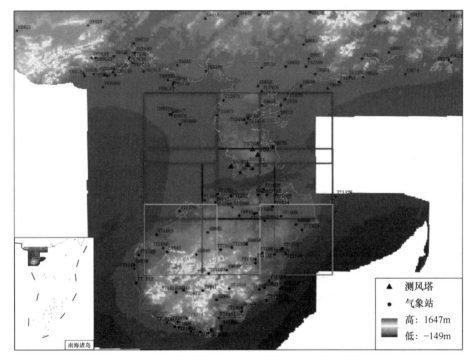

图 4.20　模拟区域内气象站和测风塔位置示意图

图 4.21 和图 4.22 分别给出了台风"威马逊"算例降尺度区域内 27 个气象站点处水平分辨率 1km 和 200m 的 54 组风速和风向模拟结果与实测结果绝对误差图。两种不同分辨率的模拟误差显示,几乎所有气象站点处的风向误差均相同,其中 11 个气象站点处的风向偏差小于 30°,22 个气象站点处的风向偏差介于 30°～45°,15 个气象站点处的风向偏差介于 45°～60°,其余 6 个气象站点处的风向偏差大于 60°;气象站点处的风速模拟误差基本上在 200m 分辨率时均大于 1km 分辨率时,其中误差相差最小为 0.10m/s,误差相差最大为 2.92m/s,误差相差平均值为 1.42m/s;1km 水平分辨率时最小绝对误差为 1.28m/s,最大绝对误差为 6.55m/s,平均绝对误差为 3.32m/s;200m 水平分辨率时最小绝对误差为 2.12m/s,最大绝对误差为 8.69m/s,平均绝对误差为 4.74m/s。可见通过降尺度计算的风速水平分布规律基本相同,但是增大了水平风速误差。

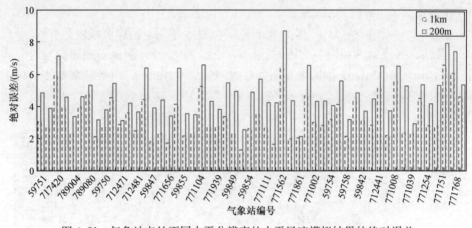

图 4.21　气象站点处不同水平分辨率的水平风速模拟结果的绝对误差

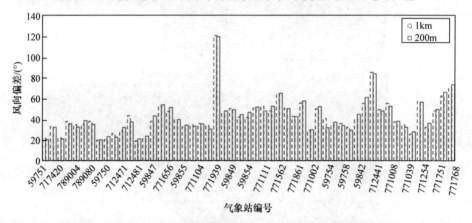

图 4.22　气象站点处不同水平分辨率的风向偏差

　　图 4.23 为模拟区域 3 个气象站点处不同水平分辨率的风速、风向模拟结果与实测数据的对比图,挑选了风速绝对误差最小的气象站点 771861、风速绝对误差较大的气象站点 771751 以及受台风影响观测风速较大的气象站点 59750。由于台风中心过境风速较大时,气象站点数据大多数为缺测,因而未挑选台风中心经过地区的气象站点进行比较。

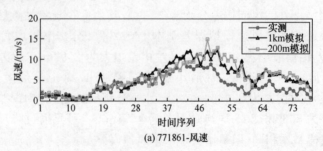

(a) 771861-风速

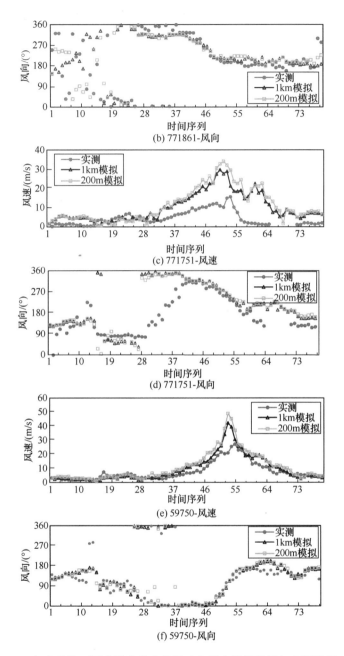

图 4.23　气象站处不同水平分辨率的风速和风向模拟结果与实测数据对比

4.3.7　基于实测数据的同步订正技术

采用降尺度模拟区域内 53 个气象站逐小时风速观测数据对台风"威马逊"模

拟时段内的风速模拟结果进行误差订正,采用分时刻订正法进行,即根据气象站每个时刻的模拟误差统计分析外推到模拟区域水平分辨率 200m 的所有网格点上,根据每个网格点上的模拟误差进行模拟结果的校准。图 4.24 为气象站点处模拟结果订正前后绝对误差的对比。

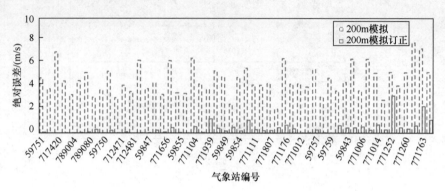

图 4.24　气象站点处风速模拟结果订正前后绝对误差的对比

图 4.25 为水平分辨率为 200m 时台风风速数值模拟结果订正前后气象站点处的风速对比图。其中有 21 个气象站点处的绝对误差小于 0.10m/s,20 个气象站点处的绝对误差介于 0.10～0.20m/s,平均绝对误差从 4.67m/s 降为 0.39m/s。

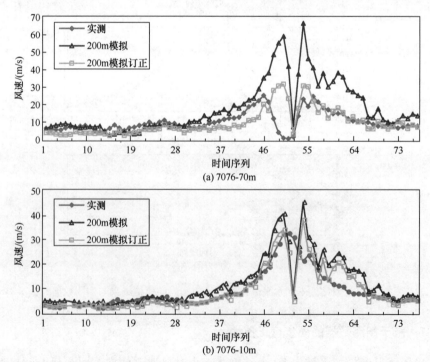

(a) 7076-70m

(b) 7076-10m

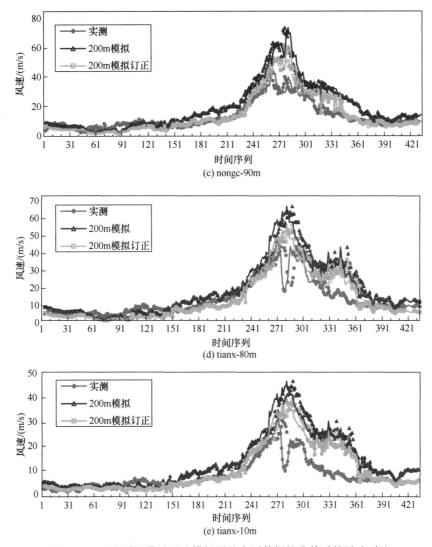

图 4.25　四座测风塔处风速模拟误差实测数据校准前后的风速对比

模拟区域四座测风塔数据未代入订正过程，利用这四座测风塔实测数据进行台风风场模拟结果订正前后的独立检验。

表 4.6 为降尺度区域四座测风塔不同高度层上水平分辨率 1km 和 200m 以及经实测数据的误差校准订正后的水平分辨率 200m 风场模拟结果的对比检验表。测风塔点位处 3 种不同数据的相关系数几乎一致；绝对误差和相对误差的结果显示，经降尺度计算后，200m 水平分辨率的测风塔模拟风速误差要大于 1km 水平分辨率的模拟结果，但是经过气象站实测数据校准后的风速误差大大降低，其精度优于水平分辨率 1km 的模式直接输出结果。

表 4.6　测风塔处订正前后误差对比

测风塔	高度/m	相关系数-1km	相关系数-200m	相关系数-200m-订正	绝对误差-1km	绝对误差-200m	绝对误差-200m-订正	相对误差-1km	相对误差-200m	相对误差-200m-订正
4091	30	0.89	0.89	0.87	0.30	2.94	−0.34	2.52	24.71	−2.85
	50	0.90	0.89	0.88	0.93	4.28	0.65	7.72	35.56	5.37
	70	0.87	0.87	0.85	0.00	3.61	−0.28	−0.01	26.26	−2.03
	80	0.86	0.86	0.84	0.21	3.85	−0.15	1.50	27.60	−1.06
	90	0.85	0.85	0.82	0.58	4.20	0.10	4.19	30.12	0.72
7076	10	0.86	0.86	0.87	0.81	3.03	0.08	9.45	35.31	0.88
	30	0.84	0.83	0.84	1.63	4.98	1.06	15.93	48.67	10.37
	50	0.82	0.81	0.81	0.15	4.35	−0.02	1.21	34.79	−0.15
	70	0.52	0.54	0.52	3.41	7.81	3.20	34.03	78.04	31.97
nongc	40	0.92	0.93	0.94	2.54	5.24	1.12	25.27	52.18	11.16
	70	0.92	0.93	0.94	2.18	5.87	1.10	18.79	50.64	9.51
	80	0.92	0.94	0.94	2.52	6.34	1.41	21.69	54.49	12.14
	90	0.92	0.94	0.94	2.31	6.21	1.13	18.82	50.71	9.26
tianx	10	0.86	0.87	0.86	4.15	5.45	2.37	59.79	78.52	34.17
	30	0.87	0.89	0.88	2.97	4.64	0.72	27.39	42.75	6.62
	40	0.87	0.89	0.89	3.21	5.21	1.11	29.41	47.76	10.22
	50	0.87	0.88	0.88	2.26	4.46	0.24	18.68	36.83	1.97
	70	0.87	0.88	0.88	2.99	5.39	0.97	25.11	45.27	8.10
	80	0.89	0.90	0.90	2.32	4.82	0.28	18.07	37.48	2.21
	90	0.90	0.92	0.92	−7.54	−3.31	−8.90	−20.45	−8.96	−24.12
平均	—	0.86	0.87	0.86	1.40	4.47	0.29	15.96	41.44	6.22

选取台风"威马逊"过境时,水平分辨率 1km、降尺度 200m 水平分辨率、误差校准后台风风速模拟结果进行对比分析,如图 4.26 所示。三套风速数值模拟结果中台风位置几乎一致,由于 200m 水平分辨率数值模拟结果采用 1km 尺度模拟结果作为输入场进行动力降尺度,其台风路径的基本特征完全取决于 1km 中的结果;而经过观测资料校准后的模拟结果,台风路径发生改变是因为在台风"威马逊"经过时,模拟区域内台风路径上的观测站点的风速观测数据几乎全部缺测,如果在台风过境时有足够多的观测资料能够识别出真实的台风风场信息就可以修正台风路径的模拟结果;通过观测资料校准后的风速模拟结果与实测资料最为接近,通过

对比校准前的模拟结果,1km 和 200m 水平分辨率的模式原始模拟结果均偏高于
实测风速;降尺度计算后 200m 水平分辨率风速模拟结果明显大于 1km 水平分辨
率的模拟结果,由于水平分辨率更高了,尤其是陆地上风速分布更为精细,能够更
加分辨出复杂地形作用下的风速变化情况。

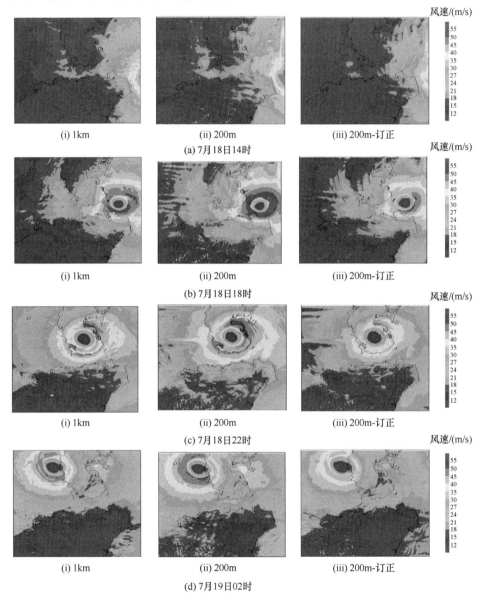

图 4.26　台风"威马逊"4 个时次的风速模拟结果对比示意图

参 考 文 献

李青青,周立,范轶. 2009. 台风云娜(2004)的高分辨率数值模拟研究:眼壁小尺度对流运动. 气象学报,67(5):787-798.

中国气象局. 2014. 热带气旋年鉴. 北京:气象出版社.

中华人民共和国交通运输部. 2019. 公路桥梁抗风设计规范(JTG/T 3360-01—2018). 北京:人民交通出版社.

Cha D H,Wang Y. 2013. A dynamical initialization scheme for real-time forecasts of tropical cyclones using the WFR model. Monthly Weather Review,141:964-986.

Dee D P,Uppala S M,Simmons A J,et al. 2011. The ERA-interim reanalysis:Configuration and performance of the data assimilation system. Quarterly Journal of the Royal Meteorological Society,137(656):553-597.

Li Q,Duan Y,Yu H,et al. 2008. A high-resolution simulation of Typhoon Rananim(2004) with MM5. Part I:Model verification, inner-core shear, and asymmetric convection. Monthly Weather Review,136(7):2488-2506.

Shamarock W,Klemp J B,Dudhia J,et al. 2008. A description of the advanced research WRF Version 3. NCAR Technical Notes,NCAR/TN-4751STR.

Zhao L,Lu A,Zhu L,et al. 2013. Radial pressure profile of typhoon field near ground surface observed by distributed meteorological stations. Journal of Wind Engineering and Industrial Aerodynamics,122(11):105-112.

第5章 非平稳和非定常气动力模型与识别

非平稳、非定常气动力数学模型与物理实验识别主要研究进展包括典型桥梁断面抖振力和涡激力理论模型,超高层建筑风力、气动阻尼、风致响应及等效静力风荷载,大跨度屋盖结构风荷载雷诺数效应及其敏感性三个方面。

5.1 典型桥梁断面抖振力和涡激力理论模型

基于多风扇主动控制风洞的非平稳来流和大积分尺度来流模拟技术,研究强/台风条件下强紊流、非稳态等多种特异性条件气动参数演变规律,研究内容涉及典型钝体桥梁断面非定常多分量气动导纳函数的统一识别理论和试验方法、抖振力的跨向相关性和考虑特征紊流效应的相干函数数学模型、抖振力非定常特性数学模型等内容。通过研究紊流积分尺度对大跨度桥梁气动参数及风振响应的作用效应,建立紊流积分尺度不相似时的风洞试验技术及修正方法(檀忠旭等,2015;严磊和朱乐东,2015;徐自然等,2014;周奇等,2014;Zhu et al.,2013a)。

开发基于弹簧悬挂节段模型涡振试验的高精度涡激力测量技术,测量或识别具有高阶模态特点的涡激力,确定涡激力随振幅和折算频率的变化规律。研究典型钝体桥梁断面非定常涡激力形成机理和非线性自激特性,确定涡激力沿桥梁跨度方向的相关性,建立相应的涡激力数学模型和涡激共振振幅预测理论和试验方法,结合全桥气弹模型或现场实测结果进行验证。

5.1.1 非定常抖振力模型及其空间相关性

基于四种紊流度格栅紊流场节段模型测力试验,对南京长江三桥全封闭箱梁、上海长江大桥中央开槽分离式双箱主梁(图 5.1(a))、天津塘沽海河大桥平行分离双幅箱梁(图 5.1(b))等典型桥梁断面以及准平板断面的脉动气动三分力系数谱和等效气动导纳进行了实测和分析,研究发现,特征紊流效应对高频段脉动气动力系数谱和气动导纳具有显著影响,并且随着紊流度的增加,这种影响的频率范围变宽,但幅度变小。

通过典型断面脉动气动力谱和等效气动导纳实测结果的分析,提出了由来流紊流抖振力谱和特征紊流抖振力谱相叠加的桥梁断面非定常抖振力谱数学模型,其中来流紊流抖振力谱仍可用来流紊流气动导纳试验拟合的有理分式函数和来流脉动风速谱乘积确定,而特征紊流抖振力谱则直接采用试验拟合的分式和函数进

(a) 中央开槽分离式双箱主梁　　　　　　　　　(b) 平行分离双幅箱梁

图 5.1　安装在 TJ-2 风洞中的测力节段模型

行计算。提出了如下两种能够考虑特征紊流效应的非定常抖振力谱数学模型。

（1）模型 1——全频叠加模型。总抖振力谱可由来流紊流抖振力谱和特征紊流抖振力谱线性叠加而成：

$$S_{ff}(K) = S_{ff}^w(K) + S_{ff}^s(K), \quad 0 \leqslant K < \infty, f = L, D, M \tag{5.1}$$

式中，S_{ff}、S_{ff}^w、S_{ff}^s 分别为总抖振、来流紊流抖振、特征紊流抖振升力、阻力和扭矩谱，同时受到断面外形和来流紊流特性的影响显著，分布频带较宽、主要能量集中在低频区域。

$$S_{ff}^s = \left(\frac{\rho U^2 B}{2} \right)^2 S_{C_f}^s, \quad f = L, D, M$$

$$S_{C_f}^s(K) = \sum_{i=1}^{n} \left(b_{0i} + \frac{b_{1i}}{(K - b_{2i})^2 + b_{3i}} \right) \tag{5.2}$$

式中，$S_{C_f}^s$ 为特征紊流产生的脉动气动力系数谱；n 为脉动抖振力系数谱中由于特征紊流引起的波峰个数；b_{0i}、b_{1i}、b_{2i}、b_{3i} 为第 i 个波峰的拟合参数，一般会受到来流紊流度的一定影响。

$$S_{C_f}^w = \left[4C_f^2 |\chi_{fu}^w|^2 S_{uu} + C_{f'}^2 |\chi_{fw}^w|^2 S_{uw} + 2C_f C_{f'} (\chi_{fu}^{w*} \chi_{fw}^w S_{uw} + \chi_{fu}^w \chi_{fw}^{w*} S_{wu}) \right]$$

$$\approx |\chi_f^w|^2 \left[4C_f^2 S_{uu} + C_{f'}^2 S_{uw} + 4C_f C_{f'} \mathrm{Re}(S_{uw}) \right]$$

$$|\chi_f^w|^2 = \alpha / (1 + \beta K^\gamma) \tag{5.3}$$

式中，$S_{C_f}^w$ 为随机脉动升力、阻力和扭矩系数谱；$C_f(f = L, D, M)$ 为脉动气动升力、阻力和扭矩系数；$C_{f'}$ 为定常气动力系数对攻角的导数；χ_{fa}^w 为脉动风速分量 $a(=u, w)$ 对抖振力 $f(=L, D, M)$ 贡献的来流紊流气动导纳，是折减频率 $K = \omega B / U$ 的复函数；上标 * 代表复数的共轭，w 为脉动风的圆频率；χ_f^w 为等效气动导纳。

（2）模型 2——分频叠加模型。假设来流紊流和特征紊流均只在一定的频率

范围内对抖振力谱产生贡献,通过来流紊流谱和特征紊流谱的分频段叠加来构建具有分段函数形式的总抖振力谱:

$$S_{ff}=\begin{cases} S_{ff}^{w}, & 0{\leqslant}K{\leqslant}K_{l},K_{u}{\leqslant}K{\leqslant}\infty \\ S_{ff}^{s}, & K_{l}<K{\leqslant}K_{u} \end{cases} \quad (f=L,D,M) \quad (5.4)$$

基于上述非定常抖振力谱数学模型,以南京长江三桥、上海长江大桥和天津塘沽海河大桥为背景,对中央开槽式分离式双箱主梁、平行分离双幅箱梁断面、准平板断面的非定常抖振力谱和气动导纳进行拟合,拟合结果如图 5.2 所示。

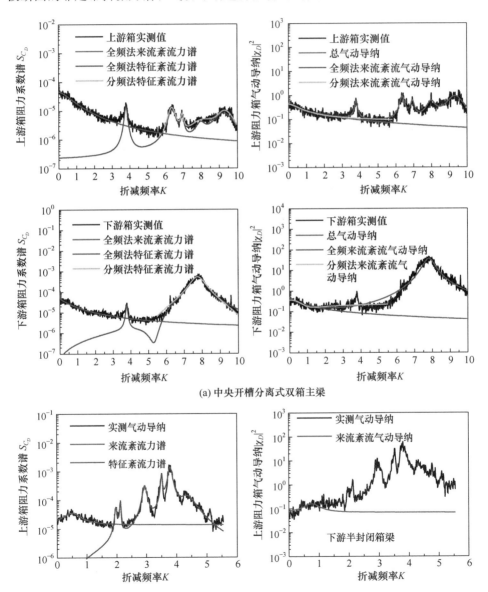

(a) 中央开槽分离式双箱主梁

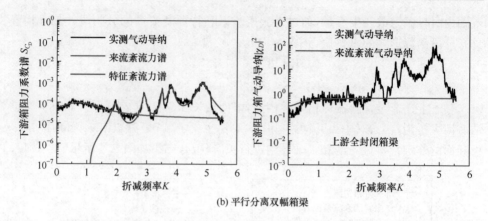

(b) 平行分离双幅箱梁

图5.2　中央开槽分离式双箱主梁和平行分离双幅箱梁施工状态阻力系数谱和气动导纳拟合结果

　　通过四种紊流度格栅紊流场节段模型测力试验,对以南京长江三桥全封闭箱梁、上海长江大桥中央开槽分离式双箱主梁(图 5.3 和图 5.4(a))、天津塘沽海河大桥平行分离双幅箱梁(图 5.4(b))等典型桥梁断面的抖振力跨向相干函数进行实测和分析,并提出了能够考虑特征紊流效应、以桥宽折减频率和相对于跨向紊流尺度的折算间距为自变量的抖振力跨向相干函数双变量模型。在此基础上,对南京长江三桥全封闭箱梁、上海长江大桥中央开槽箱梁(图 5.5)、天津塘沽海河大桥平行分离双幅箱梁等典型桥梁断面的抖振力跨向相干函数进行拟合。

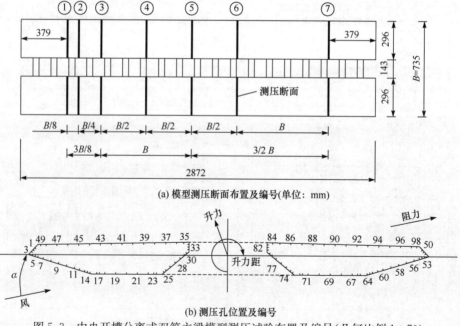

(a) 模型测压断面布置及编号(单位: mm)

(b) 测压孔位置及编号

图 5.3　中央开槽分离式双箱主梁模型测压试验布置及编号(几何比例 1∶70)

 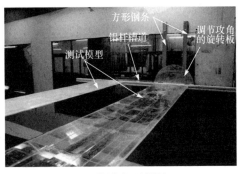

(a) 中央开槽分离双箱主梁板　　　　　　　　(b) 平行分离双幅箱梁

图 5.4　安装在 TJ-2 风洞中测压节段模型

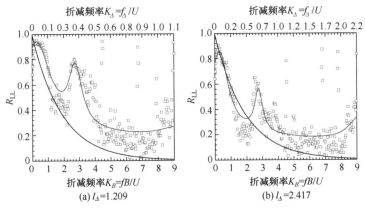

(a) $l_\Delta = 1.209$　　　　　　　　　　(b) $l_\Delta = 2.417$

图 5.5　上海长江大桥抖振力跨向相干函数拟合结果

提出的抖振力跨向相干函数双变量模型为

$$R_{f_1f_2}(K_B, l_\Delta) = \frac{1}{p_1(l_\Delta)\left[K_B - p_2(l_\Delta)\right]^2 + p_3(l_\Delta)}$$
$$+ \frac{1}{K_B + p_4(l_\Delta)} + \sum_{i=1}^{n} \frac{1}{p_{i5}(l_\Delta)\left[K_B - p_{i6}(l_\Delta)\right]^2 + p_{i7}(l_\Delta)}$$

$$(5.5)$$

式中，前两项描述来流紊流贡献；级数项描述特征紊流贡献；$K_B = fB/U$ 为与特征长度 B 相关的折减频率，f 为频率；Δ 为两个断面的间距，指沿着桥跨方向的间距，是体轴坐标系中的分量；$l_\Delta = \Delta/L^{x_B}$ 是对紊流积分尺度的无量纲化折算间距，且 $L^{x_B} = \sqrt{L_u^{x_B} L_w^{x_B}}$，这里 $L_u^{x_B}$、$L_w^{x_B}$ 分别为脉动风 u 和 w 沿着 x_B 方向的紊流积分尺度，其中 x_B 的方向应与 Δ 的方向一致；n 为根方相干函数峰值区个数（若不考虑特征紊流效应的影响，则 $n=0$）；i 为第 i 个峰值区，$p_1 \sim p_4$ 以及 p_{i5}、p_{i6}、p_{i7} 为根据试验数据拟合的参数，为折算间距 l_Δ 的函数，也受到来流紊流参数的一定影响。

提出了用于桥梁断面六分量气动导纳识别的抖振力自谱和抖振力脉动风交叉

谱综合最小二乘法,简称自谱-交叉谱综合最小二乘法,以及考虑模型抖振力跨向不完全相关性对气动导纳识别结果影响的修正方法。自谱-交叉谱综合最小二乘法识别气动导纳基本过程为:首先对于每个抖振力分量分别构建抖振自功率谱和抖振力-脉动风交叉谱的计算公式,得到含有两个复气动导纳未知量的三个方程;然后建立综合最小二乘方程和残差表达式;最后通过求解综合残差最小识别出两个复气动导纳未知量。下面以法向风作用下的气动三分力情况为例,说明六分量气动导纳自谱-交叉谱综合最小二乘法的基本原理。对于气动阻力,自功率谱和交叉谱组成的方程组为

$$S_{DD} = \left(\frac{\rho UB}{2}\right)^2 \left[4C_D^2 \, |\chi_{Du}|^2 S_{uu} + (C_D' - C_L)^2 \, |\chi_{Dw}|^2 S_{ww} \right.$$

$$\left. + (C_D' - C_L)(\chi_{Du}^* \chi_{Dw} S_{uw} + \chi_{Du} \chi_{Dw}^* S_{wu}) \right] \tag{5.6}$$

$$S_{Du} = \rho UB \left[C_D \, \chi_{Du}^* S_{uu} + 0.5(C_D' - C_L) \chi_{Dw}^* S_{wu} \right] \tag{5.7}$$

$$S_{Dw} = \rho UB \left[C_D \, \chi_{Du}^* S_{uw} + 0.5(C_D' - C_L) \chi_{Dw}^* S_{ww} \right] \tag{5.8}$$

则可构造阻力的自谱-交叉谱综合最小二乘法综合残量为

$$R_D(\chi_{Du}^{\mathrm{Re}}, \chi_{Du}^{\mathrm{Im}}, \chi_{Dw}^{\mathrm{Re}}, \chi_{Dw}^{\mathrm{Im}}) = (a_1 \varepsilon_{D1})^2 + (a_2 \varepsilon_{D2})^2 + (a_2 \varepsilon_{D3})^2 + (a_3 \varepsilon_{D4})^2 + (a_3 \varepsilon_{D5})^2 \tag{5.9}$$

其中,

$$\varepsilon_{D1} = 0.25 \, (\rho UB)^2 \{ 4C_D^2 \, |\chi_{Du}|^2 S_{uu} + (C_D' - C_L)^2 \, |\chi_{Dw}|^2 S_{ww} + 4C_D(C_D' - C_L)$$

$$\times [(\chi_{Du}^{\mathrm{Re}} \chi_{Dw}^{\mathrm{Re}} + \chi_{Du}^{\mathrm{Im}} \chi_{Dw}^{\mathrm{Im}}) S_{uw}^{\mathrm{Re}} + (\chi_{Dw}^{\mathrm{Re}} \chi_{Du}^{\mathrm{Im}} + \chi_{Dw}^{\mathrm{Im}} \chi_{Du}^{\mathrm{Re}}) S_{uw}^{\mathrm{Im}}]\} - S_{DD} \tag{5.10}$$

$$\varepsilon_{D2} = 0.5 \rho UB \left[2C_D \, \chi_{Du}^{\mathrm{Re}} S_{uu} + (C_D' - C_L)(\chi_{Dw}^{\mathrm{Re}} S_{wu}^{\mathrm{Re}} + \chi_{Dw}^{\mathrm{Im}} S_{wu}^{\mathrm{Im}}) \right] - S_{Du}^{\mathrm{Re}} \tag{5.11}$$

$$\varepsilon_{D3} = 0.5 \rho UB \left[-2C_D \, \chi_{Du}^{\mathrm{Im}} S_{uu} + (C_D' - C_L)(\chi_{Dw}^{\mathrm{Re}} S_{wu}^{\mathrm{Im}} - \chi_{Dw}^{\mathrm{Im}} S_{wu}^{\mathrm{Re}}) \right] - S_{Du}^{\mathrm{Im}} \tag{5.12}$$

$$\varepsilon_{D4} = 0.5 \rho UB \left[2C_D (\chi_{Du}^{\mathrm{Re}} S_{uw}^{\mathrm{Re}} + \chi_{Du}^{\mathrm{Im}} S_{uw}^{\mathrm{Im}}) + (C_D' - C_L) \chi_{Dw}^{\mathrm{Re}} S_{ww} \right] - S_{Dw}^{\mathrm{Re}} \tag{5.13}$$

$$\varepsilon_{D5} = 0.5 \rho UB \left[2C_D (\chi_{Du}^{\mathrm{Re}} S_{uw}^{\mathrm{Im}} - \chi_{Du}^{\mathrm{Im}} S_{uw}^{\mathrm{Re}}) - (C_D' - C_L) \chi_{Dw}^{\mathrm{Im}} S_{ww} \right] - S_{Dw}^{\mathrm{Im}} \tag{5.14}$$

对于气动升力和升力矩,也可以构造类似的自谱和交叉谱方程组。通过分别对自谱-交叉谱综合残量求最小二乘解,即可识别出 3 组共 6 个气动导纳分量。研究结果表明,自谱-交叉谱综合最小二乘法结合等效导纳法和交叉谱法的优点,既能全面地传递脉动风和抖振力之间的关系信息,又能有效地分离 6 个气动导纳分量、描述不同脉动风分量对抖振力的贡献。最重要的是,由于上述残量定义中包含了抖振力自谱的残量,其最小二乘解必然可以保证抖振力自谱的精确性,从而避免了交叉谱法的致命缺点。

针对传统阶段模型测力法识别气动导纳时,通常采用高频测力天平测得的总脉动抖振力除以节段模型的长度表示断面上的抖振力(图 5.6),即忽略了模型断面抖振力沿跨向的不完全相关性。在上述的自谱-交叉谱综合最小二乘法识别气

动导纳时,建立考虑模型抖振力跨向不完全相关性对气动导纳识别结果影响的修正方法,包括抖振力自谱和抖振力-脉动风交叉谱的修正。

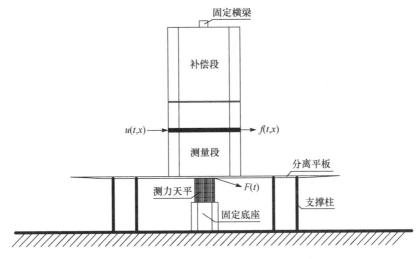

图 5.6　测力法识别气动导纳试验装置示意图

（1）抖振力自谱修正。

$$S_f(\omega) = S_F(\omega) \Big/ \int_0^l \int_0^l \rho_{f_1 f_2}(\omega, x_1, x_2) e^{-i\theta_f(\omega, x_1 \cdot x_2)} \mathrm{d}x_1 \mathrm{d}x_2 \qquad (5.15)$$

式中,$S_f(\omega)$ 为均布抖振力谱;$S_F(\omega)$ 为天平测量的总抖振力谱;$\rho_{f_1 f_2}(\omega, x_1, x_2)$、$\theta_f(\omega, x_1, x_2)$ 分别为任意两模型断面上的抖振力 $f(t, x_1)$ 和 $f(t, x_2)$ 之间的跨向根方相干函数和相位差函数,可通过同步测压试验得到。

（2）抖振力-脉动风交叉谱修正。

节段模型测力试验中模型 x 处的断面抖振力时程 $f(t, x)$ 与模型 x 处同时刻的脉动风时程 $a(t, x)(a = u, w)$ 的交叉谱可表示为

$$S_{fa}(\omega, x) = \sqrt{S_f(\omega, x) S_a(\omega, x)} \rho_{fa}(\omega, x) e^{-i\theta_{fa}(\omega, x)} \qquad (5.16)$$

式中,$S_f(\omega, x)$ 为修正后得到的断面抖振力自功率谱;$S_a(\omega, x)$ 为节段模型测力试验中同步测量的脉动风速自谱;$\rho_{fa}(\omega, x)$ 和 $e^{-i\theta_{fa}(\omega, x)}$ 分别为同时刻下断面抖振力与作用在断面上脉动风速之间的相干函数和相位差函数。

采用上述建立的气动导纳识别的精细方法,通过格栅紊流场测力试验识别了海南铺前大桥(图 5.7)和潮州潮惠高速榕江大桥的全封闭箱梁断面、舟山西堠门大桥中央开槽分离双箱主梁断面、台州椒江二桥宽体半封闭箱梁断面、塘沽海河桥平行分离双幅箱梁断面等典型桥梁断面和准平板断面的六分量气动导纳函数,并进行了拟合。

开发了基于所提出的考虑特征紊流效应的非定常抖振力模型和双变量抖振力

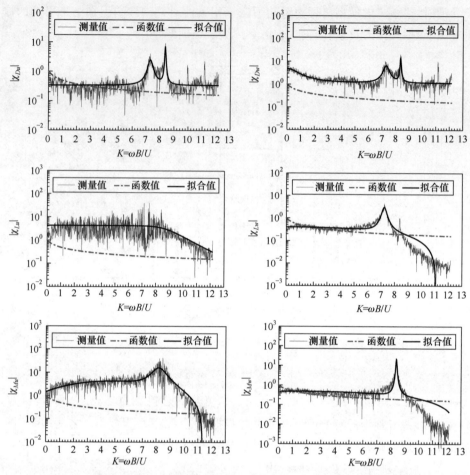

图 5.7　铺前大桥主梁成桥状态六分量气动导纳识别和拟合结果(0°攻角)

跨向相干函数模型的大跨度非定常抖振分析有限元方法和软件。考虑特征紊流效应、非定常来流气动导纳、抖振力跨向不完全相关性的抖振力谱密度矩阵 $S_{FF}^b(\omega)$ 可表示为

$$
\begin{aligned}
S_{FF}^b(\omega) &= P^{b*}(\omega)[S_{c^wc^w}(\omega)+S_{c^wc^s}(\omega)+S_{c^sc^w}(\omega)+S_{c^sc^s}(\omega)]P^{bT}(\omega)\\
&\approx P^{b*}(\omega)S_{c^wc^w}(\omega)P^{bT}(\omega)+P^{b*}(\omega)S_{c^sc^s}(\omega)P^{bT}(\omega)\\
&= P^{b*}(\omega)S_{cc}(\omega)P^{bT}(\omega)
\end{aligned}
\tag{5.17}
$$

式中,$P^{b*}(\omega)$ 和 $P^{bT}(\omega)$ 为转换矩阵,* 代表共轭,T 代表转置;$S_{c^wc^w}(\omega)$、$S_{c^sc^s}(\omega)$ 分别为来流紊流和特征紊流抖振力自谱;$S_{c^wc^s}(\omega)$、$S_{c^sc^w}(\omega)$ 分别为来流紊流和特征紊流交叉谱。其中 $S_{cc}(\omega)$ 为总体结构坐标系下系统抖振力向量的谱密度函数矩阵,矩阵中 $S_{c_{i,k}c_{j,l}}(\omega)(i=1,2,\cdots,n_k;j=1,2,\cdots,n_l;k=1,2,\cdots,M,l=1,2,\cdots,M)$ 表示第 k 个单元第 i 个分段的中心位置处和第 l 个单元第 j 个分段的中心位置处的 6×6(考虑六分量气动力时)或 3×3(考虑三分量气动力时)抖振力各分量自谱和

交叉谱矩阵,矩阵各元素分别由来流紊流和特征紊流两部分贡献,其中对角元素可表示为

$$S_{c_{i,k}c_{i,k}}(\omega)=S_{c_{i,k}c_{i,k}}^{w}(\omega)+S_{c_{i,k}c_{i,k}}^{s}(\omega) \tag{5.18}$$

式中,$S_{c_{i,k}c_{i,k}}^{w}(\omega)$、$S_{c_{i,k}c_{i,k}}^{s}(\omega)$分别表示来流紊流和特征紊流在第 k 个单元第 i 个分段的中心位置处产生的抖振力谱矩阵,$S_{c_{i,k}c_{i,k}}^{w}(\omega)$由试验得到的气动导纳函数、来流风谱以及相关系数乘积得到,$S_{c_{i,k}c_{i,k}}^{s}(\omega)$由试验得到的气动力系数谱和相关系数乘积得到。

抖振力的谱密度矩阵 $S_{cc}(\omega)$ 的对角元素和非对角元素之间关系可以通过根方相干函数和相位函数来描述,即

$$S_{c_{i,k}c_{j,l}}(\omega)=\sqrt{S_{c_{i,k}c_{i,k}}(\omega)S_{c_{j,l}c_{j,l}}(\omega)}R_{c_{i,k}c_{j,l}}(K_{B},l_{\Delta})e^{i\phi} \tag{5.19}$$

式中,$e^{i\phi}$ 表示两个断面相位关系的函数,由于缺少有规律的数据或经验公式,目前一般按照相位差为零来处理;$R_{c_{i,k}c_{j,l}}^{s}(K_{B},l_{\Delta})$为桥梁结构中第 k 个单元第 i 个分段的中心位置处和第 l 个单元第 j 个分段的中心位置处的抖振力根方相干函数,它是桥宽折减频率 K_{B} 和折算间距 l_{Δ} 的函数,可以通过风洞试验或现场实测得到。

以南京长江三桥、上海长江大桥、天津塘沽海河大桥(图 5.8)和海南铺前大桥为实例,通过抖振响应的气动弹性模型试验和有限元分析结果对比,验证了所提出的非定常抖振力模型、抖振力跨向相干函数模型、六分量气动导纳函数识别自谱-交叉谱综合最小二乘法以及相应的有限元分析方法和软件的可靠性,从而解决了开槽箱梁、分离双幅桥等钝体桥梁非定常抖振响应高精度分析的难题。

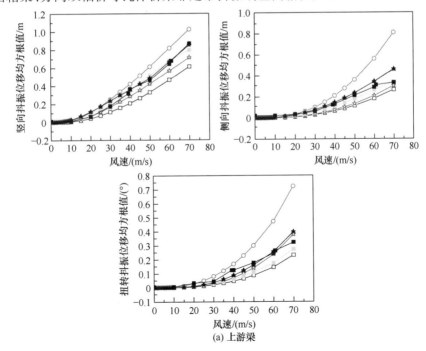

(a) 上游梁

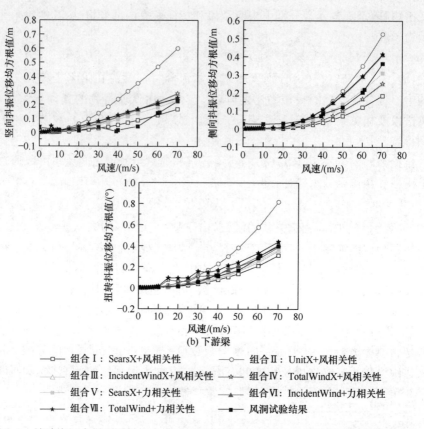

图 5.8　塘沽海河大桥不同抖振力模型抖振位移响应计算结果和风洞试验结果的比较

通过参数比较分析获得以下几点有实际指导意义的结论：

（1）采用气动导纳测试值计算得到抖振位移响应通常会介于气动导纳采用 Sears 函数和取 1 时的响应，并且桥梁断面越接近流线形，计算结果越接近气动导纳采用 Sears 函数的计算结果。采用测试抖振力沿桥跨方向相干函数计算得到的抖振位移响应均比采用规范规定的风场相关性替代方法计算得到的抖振位移响应大，规范取值偏于不安全。因此，对于较钝性的断面和分离双幅桥断面的抖振响应计算，气动导纳、抖振力空间性相干函数应采用风洞试验测试结果。

（2）特征紊流效应对高风速作用下抖振响应的影响可以忽略，但对低风速作用下的抖振响应有一定的影响；对扁平单箱主梁断面桥梁抖振响应的影响不是很明显，但对中央开槽双箱主梁断面桥梁低风速时抖振响应的影响较为显著；对平行双幅桥中上游桥抖振响应的影响较小，但对下游桥抖振响应的影响较为明显。综上所述，主梁断面越钝，特征紊流效应对抖振响应的影响越大。

（3）考虑到日常生活中低风速发生的频率较高,发生特征紊流效应对抖振响应影响的概率较大。因此,在进行随机风荷载作用下大跨度桥梁疲劳问题和行车舒适度问题研究时,有必要考虑特征紊流效应对抖振响应的影响。

5.1.2　非线性涡激力模型及其参数识别方法

同济大学开发了内置天平大比例节段模型高精度涡激力试验技术和识别方法,并以象山港大桥、西堠门大桥为工程背景,成功地对作用在容易发生涡激共振的扁平全封闭箱梁、中央开槽分离式双箱梁两种典型箱梁上的涡激力进行了高精度识别和验证(图 5.9 和图 5.10)。

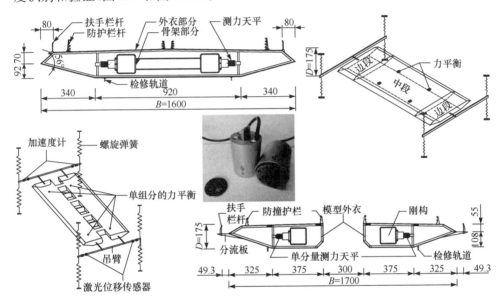

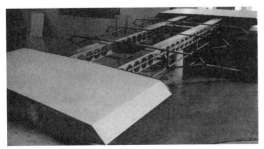

图 5.9　内置天平大比例节段模型高精度涡激力
试验技术模型骨架和外衣及天平连接示意图(单位:mm)

(a) 全封闭箱梁

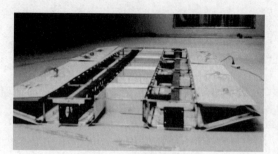 

(b) 中央开槽分离式箱梁及高精度小型单维动态力天平

图 5.10 模型骨架和外衣结构及内置单分量天平安装方式

基于对扁平全封闭箱梁和中央开槽分离式双箱梁断面的涡激力和涡激共振非线性行为的研究,提出了适用于描述典型箱梁断面竖向和扭转涡激力非线性行为的数学模型,建立了基于涡激力做功时程和涡激力时程的非线性涡激力数学模型参数识别高稳定性两步最小二乘法。通过对两种具有不同结构阻尼节段模型的涡激力模型参数识别结果的比较以及对模型涡激响应自(交叉)分析结果和试验结果的比较(图 5.11 和图 5.12),验证了所提出的箱梁非线性竖向和扭转涡激力数学模型的合理性和可行性及相应参数识别方法的可靠性(Zhu et al.,2013b)。

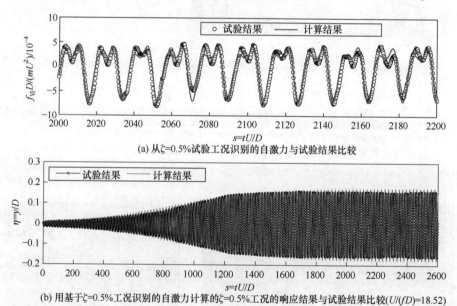

(a) 从ζ=0.5%试验工况识别的自激力与试验结果比较

(b) 用基于ζ=0.5%工况识别的自激力计算的ζ=0.5%工况的响应结果与试验结果比较(U/(fD)=18.52)

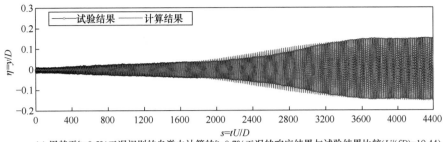

(c) 用基于ζ=0.5%工况识别的自激力计算的ζ=0.7%工况的响应结果与试验结果比较($U/(fD)$=19.44)

图 5.11　扁平封闭箱梁竖向涡振响应时程计算结果与试验结果比较

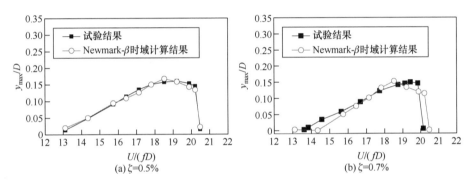

图 5.12　不同风速下扁平封闭箱梁竖向涡振响应幅值计算结果与试验结果比较

扁平封闭箱梁竖向涡激力为

$$f_{\text{VI}}=\frac{1}{2}\rho U^2(2D)\left[Y_1\left(1-\varepsilon_N\frac{\dot{y}^2}{D^2}\right)\frac{\dot{y}}{U}+Y_2\frac{y}{D}+Y_3\frac{\dot{y}y}{UD}+\frac{1}{2}\widetilde{C}_L\sin\left(K_{\text{VS}}\frac{U}{D}t+\psi\right)\right]$$

$$(5.20)$$

中央开槽箱梁竖向涡激力为

$$f_{\text{VI}}=\frac{1}{2}\rho U^2(2D)\left[Y_1(K)\left(1-\varepsilon\frac{\dot{y}^2}{U^2}\right)\frac{\dot{y}}{U}+Y_2(K)\frac{y}{D}+Y_3(K)\frac{y}{D}\frac{\dot{y}}{U}\right.$$

$$\left.+Y_4(K)\frac{y^2}{D^2}+Y_5(K)\frac{y^2}{D^2}\frac{\dot{y}^2}{U^2}+Y_6(K)\frac{\dot{y}^4}{U^4}+\frac{1}{2}\hat{C}_L\sin(\omega_S t+\phi)\right]\quad(5.21)$$

中央开槽箱梁涡激扭矩为

$$T_{\text{VI}}=\rho U^2 B^2\left[Y_1(K)(1-\varepsilon\alpha^2)\frac{\dot{\alpha}B}{U}+Y_2(K)\alpha+Y_3(K)\frac{\dot{\alpha}^2 B^2}{U^2}\right.$$

$$\left.+Y_4(K)\alpha^2+Y_5(K)\frac{\dot{\alpha}^2 B^2}{U^2}\alpha+\frac{1}{2}C_L(K)\sin(\omega_S t+\phi)\right]\quad(5.22)$$

通过对不同机制产生的线性和非线性涡激力成分对涡振位移的滞回性能及对系统做功特性进行分析,揭示了典型箱梁断面涡激共振在起振-发展-稳定(GTR)

全过程中的能量演化规律(图 5.13 和图 5.14)。并结合对不同涡激力成分对涡振涡激力和涡振位移响应贡献的参数分析,揭示了典型箱梁断面竖向和扭转涡激力和涡激共振的非线性行为的机理以及涡激共振的发生、发展和自限幅特性的内在机理,即纯涡脱力任意初始激励是激发涡激共振的诱因,线性负气动阻尼对系统的持续能量输入是涡激共振发生的原因和推动涡激共振发展的动力,而竖向振动速度三次项和扭转振动角度二次项与角速度一次项乘积这两个非线性自激力提供的非线性正气动阻尼对系统的耗能则分别是竖向涡振和扭转涡振自限幅特性的内在因素。进一步分析可知,分别依赖于竖向振动速度和扭转角度的竖向和扭转涡激共振非线性气动阻尼系数的成因实质上均可归结为振动过程中由瞬时有效攻角时变特性导致的相对于来流的断面外形的时变特性。

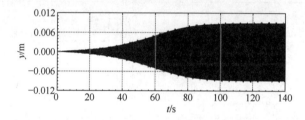

图 5.13　涡激共振 GTR 全过程时程曲线计算结果

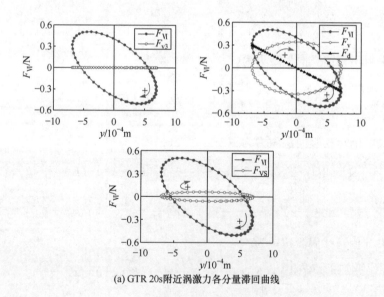

(a) GTR 20s附近涡激力各分量滞回曲线

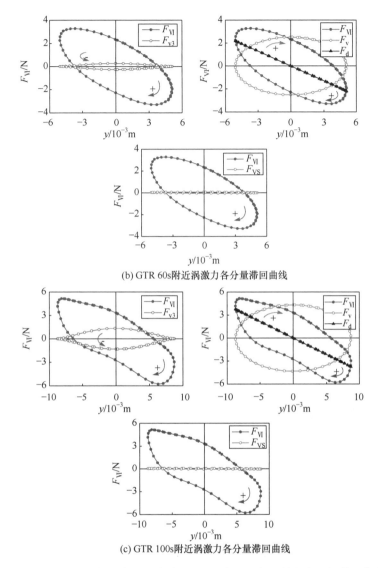

(b) GTR 60s附近涡激力各分量滞回曲线

(c) GTR 100s附近涡激力各分量滞回曲线

图 5.14　中央开槽箱梁断面涡激共振 GTR 全过程中涡激力分量的滞回曲线

　　通过涡激共振同步测压测振试验,对全封闭箱梁面中央开槽分离式双箱两种典型桥梁断面的涡激力跨向相关性进行了研究(Meng et al.,2015)。基于均匀流场中自激力沿跨向完全相关的假设,提出从总动态力跨向相关系数中提取纯涡脱力跨向相关系数的计算公式;研究了静止和不同幅值共振状态下作用在这两种典型箱梁断面上的竖向或扭转总动态力和纯涡脱力的跨向相关特性,发现:①涡激共振状态下气动自激力是总涡激力的主要成分,因此涡激共振可以极大地增强总涡激力的跨向相关性,但是纯涡脱力的跨向相关性远远弱于总涡激力的跨向相关性;②涡激共振状态下纯涡脱力的跨向相关性要弱于相同风速下静止状态纯涡脱力的跨向相关性;③静止状态下纯涡脱力的跨向相关性一般随风速的增加而增强;④共振状态下涡激力的跨向相关性与风速的关系比较复杂,最大涡振振幅、最强总涡激力的跨向相关性和最强纯涡脱力的跨向相关性一般在不同风速出现(图 5.15)。

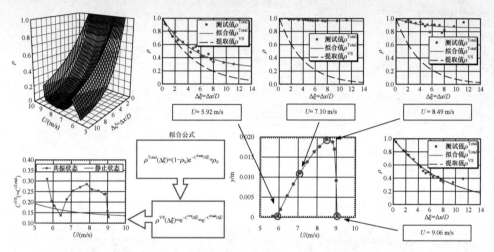

图 5.15　象山港大桥扁平箱梁断面总涡激力和纯涡脱力跨向相关系数

建立基于广义涡脱力谱等效原则考虑涡脱力沿跨向不完全相关特性的大跨度桥梁全桥三维非线性涡激共振响应的逐模态时域分析方法。以扁平全封闭箱梁涡激力模型为例,单模态全桥非线性涡激共振方程为

$$\widetilde{M}[\ddot{v}(s)+2\xi K_0\dot{v}(s)+K_0^2 v(s)]=\rho D^2\Bigg[Y_1(K)\dot{v}(s)\int_0^{L_D}\varphi^2(x)\mathrm{d}x$$

$$-\varepsilon(K)Y_1(K)\dot{v}^3(s)\int_0^{L_D}\varphi^4(x)\mathrm{d}x+Y_2(K)v(s)\int_0^{L_D}\varphi^2(x)\mathrm{d}x$$

$$+Y_3(K)v(s)\dot{v}(s)\int_0^{L_D}\varphi^3(x)\mathrm{d}x+\frac{1}{2}\widetilde{C}_L^e(K)\sin(K_{VS}s+\psi(K))\int_0^{L_D}|\varphi(x)|\mathrm{d}x\Bigg]$$

$$(5.23)$$

$$\widetilde{C}_L^e=\widetilde{C}_L\sqrt{\int_0^{L_D}\int_0^{L_D}\rho^{VS}(|x_A-x_B|)|\varphi(x_A)\varphi(x_B)|\mathrm{d}x_A\mathrm{d}x_B}\Bigg/\int_0^{L_D}|\varphi(x)|\mathrm{d}x$$

$$(5.24)$$

式中,$\widetilde{M}$ 为广义质量;$\varphi(x)$ 为坐标 x 处无量纲振型系数;$v(s)$ 为位移广义坐标;$s=tU/D$ 为无量纲时间。

基于上述涡激共振的三维时域分析方法,计算主跨 688m 的象山港斜拉桥和主跨 1650m 的西堠门悬索桥不同模态涡激共振响应,并通过对比西堠门大桥涡激共振实桥测试结果对该分析方法进行验证(图 5.16～图 5.19)。

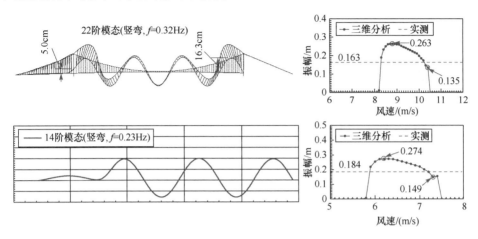

图 5.16　西堠门大桥涡激共振全桥三维分析结果与实桥测试结果比较

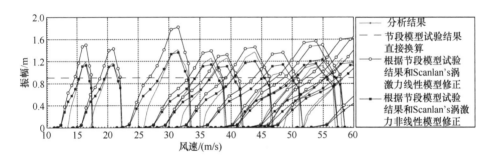

图 5.17　象山港大桥不同模态涡激共振全桥三维分析结果与节段模型试验结果比较

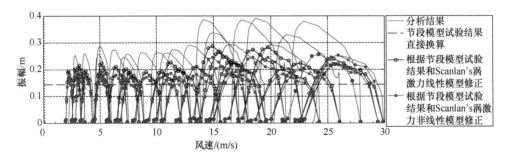

图 5.18　西堠门大桥不同模态涡激共振全桥三维分析结果与节段模型试验结果比较

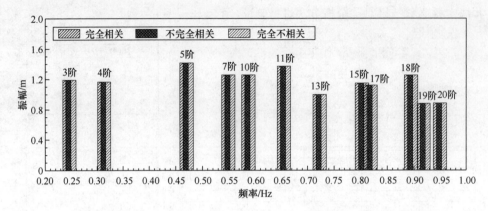

图 5.19　纯涡脱力跨向相关系数不同取值对西堠门大桥各模态涡激共振响应的影响

5.1.3　高紊流和非平稳气动静力作用效应

同济大学土木工程学院桥梁工程系自主研发了特异气流模拟器和由 120 个风扇组成的主动控制风洞(图 5.20),推动了我国桥梁风工程领域在特异气流下重大工程空气动力学研究的发展,有利于减轻台风、下击暴流等引起的灾害。基于新研发的设备,研究单频脉动风和宽频脉动风作用下紊流度和积分尺度对扁平全封闭箱梁气动三分力系数的影响,研究发现:

(1) 随着紊流度的增加,阻力系数总体上呈下降趋势,升力和升力矩系数总体上呈下降趋势。

(2) 气动三分力系数随紊流尺度的变化规律比较复杂,在单频脉动风和宽频脉动风作用下的变化情况也不相同。

图 5.20　TJ-5 多风扇主动控制风洞

　　同济大学桥梁与结构抗风研究室分析了包括低频简谐风和阶跃式突变风两种非平稳风作用下气动静力系数的特性,发现:①在低频简谐风作用下,作用在扁平全封闭箱梁上的气动三分力也呈现低频谐振的变化特性。其中,阻力和升力的波动强度都明显小于风速的波动强度,分别只有风速波动强度的 33%和 58%;而扭矩的波动却非常剧烈,其波动强度达到风速波动强度的 4.6 倍。②在阶跃式突变风的作用下,风速突变后阻力系数有所增加、升力系数有所减小,而升力矩系数符号发生改变,绝对值变大。

　　此外,桥梁与结构抗风研究室还开发了基于多风扇主动控制风洞的非平稳来流和大积分尺度来流模拟技术,研究了强/台风条件下强紊流、非稳态等多种特异性条件气动参数演变规律,研究内容涉及典型钝体桥梁断面非定常多分量气动导纳函数的统一识别理论和试验方法、抖振力的跨向相关性和考虑特征紊流效应的相干函数数学模型、抖振力非定常特性数学模型等内容。通过研究紊流积分尺度对大跨度桥梁气动参数及风振响应的作用效应,建立紊流积分尺度不相似时的风洞试验技术及修正方法。开发基于弹簧悬挂段模型涡振试验的高精度涡激力测量技术,测量或识别具有高阶模态特点的涡激力,确定涡激力随振幅和折减频率的变化规律。研究典型钝体桥梁断面非定常涡激力形成机理和非线性自激特性,确定涡激力沿桥梁跨度方向的相关性,建立相应的涡激力数学模型及涡激共振振幅预测理论和试验方法,结合全桥气弹模型或现场实测结果进行验证(图 5.21)。

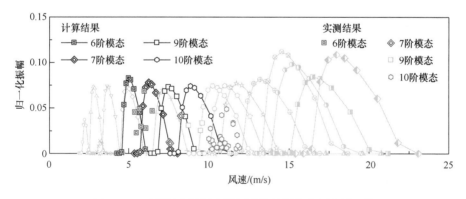

图 5.21　西堠门大桥竖弯涡振计算结果与实测结果比较

5.2　超高层建筑风力、气动阻尼和风致响应及等效静力风荷载

　　对典型单体和群体超高层建筑模型在不同风场条件下进行风洞试验,研究

复杂超高层建筑的雷诺数效应、阻塞效应、风压分布特性、层风力(顺风向、横风向和扭转风力)分布特性;研究顺风向、横风向和扭转风力之间的相关性;研究两种激励(尾流激励、紊流激励)对顺风向、横风向和扭转风力的作用机制。对典型超高层建筑气动弹性模型在不同风场条件下进行试验,获得气弹模型动态响应;采用合适的系统识别方法识别三维气动阻尼,给出理论描述。结合以上超高层建筑三维风力和气动阻尼结果,研究复杂超高层建筑三维耦合风致响应的理论和方法。

5.2.1　建筑表面风压和气动阻尼及等效静力风荷载

1. 风荷载研究

1) 试验简介

完成 135 个超高层建筑模型在四类地貌条件下的测力和测压风洞试验,其中有 71 个矩形模型(不同高宽比和宽厚比),28 个角部修正的(方形)建筑模型,6 个典型锥形建筑模型,7 个开孔建筑模型,8 个梯形建筑,以及 15 个顶部锥形、联塔和螺旋形模型(部分试验模型形状见图 5.22)。这也是国际上目前所有可见报道的最具规模的相关试验。通过对试验结果进行分析,获得这些建筑的风压分布和顺风向、横风向、扭转风力分布及其相关特性,导出三维耦合风力数学模型,建立了三维多模态耦合风致响应及等效静力风荷载的方法,提供了超高层建筑风荷载气动控制措施的丰富案例(Xu et al.,2015;Gu et al.,2014;曹会兰等,2013;黄鹏等,2013;余先锋等,2013)。

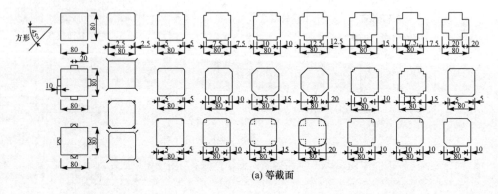

(a) 等截面

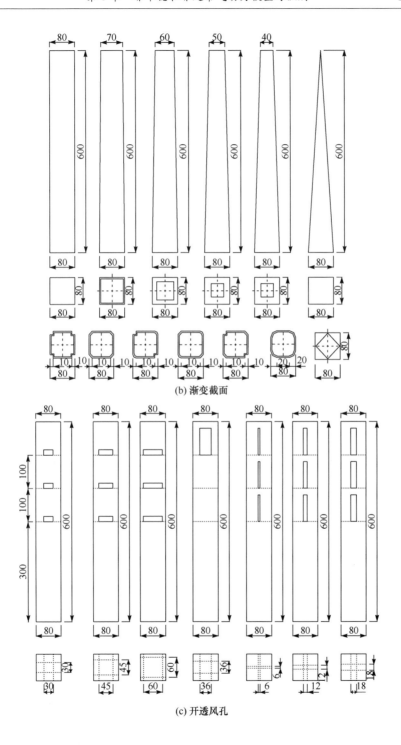

(b) 渐变截面

(c) 开透风孔

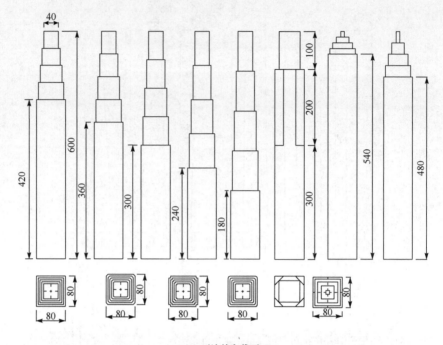

(d) 不连续变截面

图 5.22　超高层建筑测力模型形状(单位:mm)

2) 主要结果

以矩形建筑横风向荷载为例,图 5.23～图 5.25 给出了部分模型在 A、B、C、D四类风场中 0°与 90°风向角下横风向基底弯矩系数均方根值随厚宽比(D/B)、长细比($H/\sqrt{BD}$)与风场类型的变化规律。

(1) 厚宽比的影响。

图 5.23 给出了厚宽比对横风向基底弯矩系数均方根值的影响。厚宽比是影响高层建筑横风向基底弯矩系数均方根值的重要参数。从图中可以看出,厚宽比对横风向基底弯矩系数均方根值的影响很大。在长细比 $H/\sqrt{BD}$ 与风场类型一定的情况下,当厚宽比 $D/B<0.5$ 时,随着厚宽比的增大,横风向基底弯矩系数均方根值单调增加,这时横风向气动力主要作用机理为尾流旋涡脱落;当厚宽比 $0.5\leqslant D/B\leqslant 2$ 时,随着厚宽比的增大,横风向基底弯矩系数均方根值增大,但增幅远小于厚宽比 $D/B<0.5$ 的情况。这种情况下,横风向气动力主要受尾流旋涡、来流紊流度及再附着流三者共同影响。随着厚宽比的增大,旋涡脱落强度减小,同时来流紊流也能降低尾流脱落强度,当厚宽比 $D/B>1$ 后,再附着流对横风向气动力的贡献越来越大。当厚宽比 $D/B>2$ 时,随着厚宽比的增大,横风向基底弯矩系数均方根值单调增大,这一阶段主要是再附着流与来流紊流对横风向气动力起控制作用。

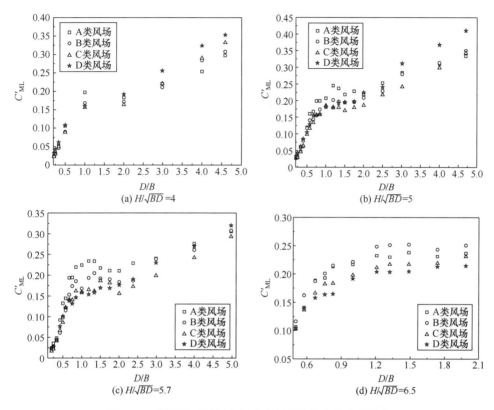

图 5.23　厚宽比对横风向基底弯矩系数均方根值的影响

（2）风场类型的影响。

图 5.24 给出了风场类型对横风向基底弯矩系数均方根值的影响，α_w 表示风场类型，1、2、3、4 分别代表 A、B、C、D 四类风场。从图中可以看出，当厚宽比 $D/B<0.5$ 时，随着紊流度的增大，横风向基底弯矩系数均方根值受风场的影响不大；当厚宽比 $0.5 \leqslant D/B \leqslant 2$ 时，随着紊流度的增大，横风向基底弯矩系数均方根值先减小后增大；当厚宽比 $D/B>2$ 后，随着紊流度的增大，横风向基底弯矩系数均方根值单调增加。其主要原因在于，当厚宽比 $D/B<0.5$ 时，横风向气动力主要由尾流旋涡脱落控制，风场紊流对其影响很小；当厚宽比 $0.5 \leqslant D/B \leqslant 2$ 后，增大紊流度能显著减弱涡脱强度，使横风向气动力有所减小；但另一方面，紊流度的增加使再附着流提前出现，同时又对横风向气动力有一定的影响；当厚宽比 $D/B>2$ 时，尾流旋涡脱落比较弱，再附着流与来流紊流对横风向动荷载起控制作用，从而使横风向基底弯矩系数均方根值随着紊流度的增大而增加，这一结论与文献（Marukawa et al.，1996）是一致的。正由于在不同厚宽比变化范围内，紊流的影响效果不尽相同，横风向基底弯矩系数均方根出现了先减小后增大的变化规律。

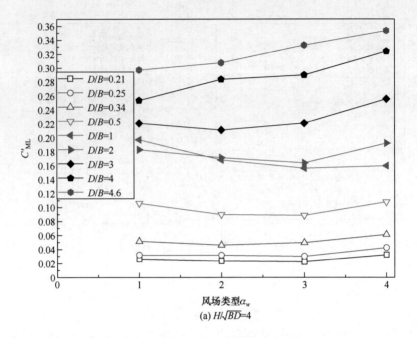

(a) $H/\sqrt{BD}=4$

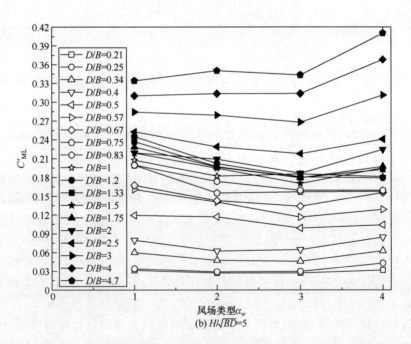

(b) $H/\sqrt{BD}=5$

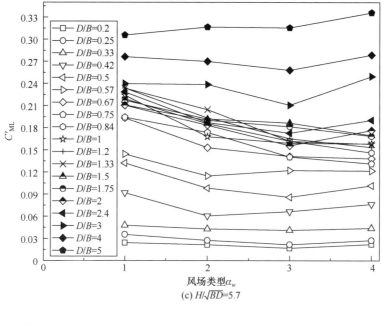

(c) $H/\sqrt{BD}$=5.7

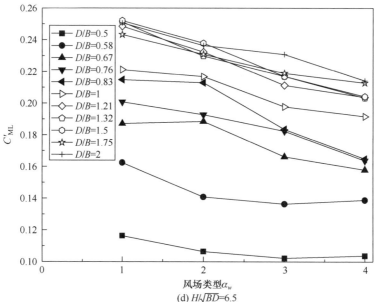

(d) $H/\sqrt{BD}$=6.5

图 5.24　风场类型对横风向基底弯矩系数均方根值的影响

（3）长细比的影响。

图 5.25 给出了长细比对横风向基底弯矩系数均方根值的影响。由于本书的试验在相同的厚宽比与风场类型下进行，不同长细比的试验模型较少，图中参考了

全涌(2002)与叶丰(2004)的试验结果,全涌(2002)采用的是高频天平测力试验,叶丰(2004)采用的是高频天平测压试验。从图中可知,当长细比 $H/\sqrt{BD}\leqslant6$ 时,随着长细比的增大,横风向基底弯矩系数均方根值是增大的,这主要是随着长细比的增大,高层建筑受到风场三维效应的影响减小,这一结论与全涌(2002)与叶丰(2004)的结论是一致的;当长细比 $H/\sqrt{BD}>6$ 后,长细比对横风向基底弯矩系数均方根值的影响不大,但是全涌(2002)与叶丰(2004)的试验结果在 $H/\sqrt{BD}>6$ 后的规律性不一致,可能是其他因素导致的,因为相比厚宽比与风场类型这两个影响因素,长细比对横风向基底弯矩系数均方根值的影响很小。

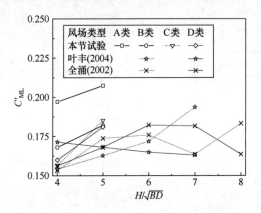

图 5.25　长细比对横风向基底弯矩系数均方根值的影响($D/B=1$)

(4) 拟合公式。

根据上述分析,横风向基底弯矩系数均方根值的主要影响因素为厚宽比,风场类型对横风向基底弯矩系数均方根值的影响随厚宽比的不同而不同,长细比对横风向基底弯矩系数均方根值的影响可以忽略不计。为了公式简单实用,根据前面分析得到的结论,本节将矩形截面高层建筑分为三类:①当 $D/B<0.5$ 时,横风向气动力主要受旋涡脱落控制,只与厚宽比有关;②当 $0.5\leqslant D/B\leqslant2$ 时,也就是实际的大部分高层建筑横风向基底弯矩系数均方根值由厚宽比与风场类型控制;③当 $D/B>2$ 后,再附着流的作用越来越明显,对于这类建筑需要考虑弯扭耦合的作用,同时,这类建筑的横风向基底弯矩系数均方根值主要由厚宽比与风场类型决定。为了便于工程应用,基于上述试验数据处理的结果,利用多参数的最小二乘法,拟合得到如下矩形截面横风向基底弯矩系数均方根值的函数表达式:

$$C'_{ML}=\begin{cases}0.008+0.381\alpha_{db}^2, & \alpha_{db}<0.5 \\ 0.182-0.019\alpha_{db}^{-2.54}+0.054\alpha_w^{-0.91}, & 0.5\leqslant\alpha_{db}\leqslant2 \\ 0.107+0.0465\alpha_{db}+2.12\times10^{-4}\alpha_w^3, & 2<\alpha_{db}\leqslant5\end{cases} \quad (5.25)$$

式中,$\alpha_{db}=D/B$,为建筑的厚宽比,B 和 D 分别为建筑的迎风立面宽度和顺风向厚度；α_w 为风场类型，1、2、3、4 分别代表 A、B、C、D 四类风场。

为了能更好地量化分析拟合公式的误差，定义误差率为

$$误差率 = \frac{拟合值 - 试验值}{试验值} \times 100\% \tag{5.26}$$

图 5.26(a)给出了本节拟合公式与日本规范公式(AIJ)、上海钢结构规程(DG/T08)以及 Marukawa 等(1996)的结果比较。本节拟合公式在 $0.5 \leqslant D/B \leqslant 1.5$ 内比其他公式结果要大，这主要是由于其他研究者在 $0.5 \leqslant D/B \leqslant 1.5$ 内只有三个试验模型，拟合公式不能反映横风向基底弯矩系数均方根值随厚宽比变化的真实情况。另外，本节结果比其他研究结果偏大，主要是由于本节试验风场的湍流度比其他研究结果要小。

图 5.26(b)对式(5.25)的准确性进行了验证。可以看出，试验值比较均匀地分布于拟合直线的上下侧，式(5.25)的误差率的平均值为 0.36%，标准差为 6.12%，拟合公式(5.25)可以很好地预测试验结果。总之，计算结果不仅与原始数据相符，计算形式简单，并且与其他文献试验结果也有较好的一致性，同时具有较高的准确性和可信度，可为实际应用及规范修订提供参考。

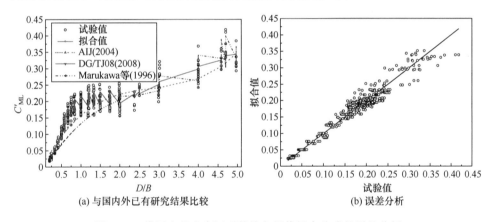

(a) 与国内外已有研究结果比较 (b) 误差分析

图 5.26 横风向基底弯矩系数均方根值拟合公式的误差分析

2. 气动阻尼研究

1) 模型及试验概况

采用气动弹性模型试验技术，研究 3 个系列建筑(矩形、角部处理及沿高收缩)在不同风场中(46 个工况)的顺风向和横风向气动阻尼，获得高层建筑质量、广义刚度、结构阻尼比、高宽比、宽厚比及风场类型对建筑结构气动阻尼比的影响规律，获得矩形截面高层建筑角沿凹角和削角截面(5%、10%、20%削角及 5%、10%、20%凹角六种不同角部处理)以及三种沿高收缩率(1%、3%及 5%)对建筑

气动阻尼比的影响规律,给出气动阻尼比的拟合公式。模型截面尺寸如图 5.27
所示。

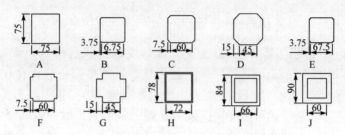

图 5.27　模型的截面尺寸(单位:mm)

2) 主要结果(横风向气动阻尼比)

图 5.28~图 5.33 给出了不同参数对横风向气动阻尼比的影响。

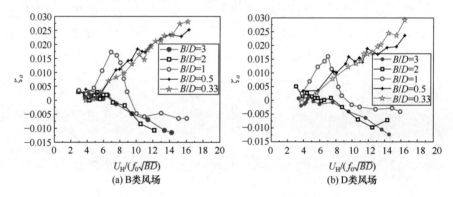

图 5.28　宽厚比 B/D 对横风向气动阻尼比 ζ_a 的影响

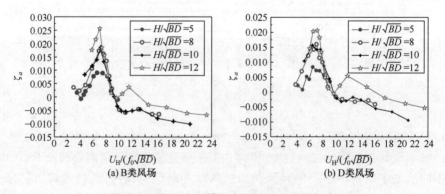

图 5.29　长细比对横风向气动阻尼比的影响

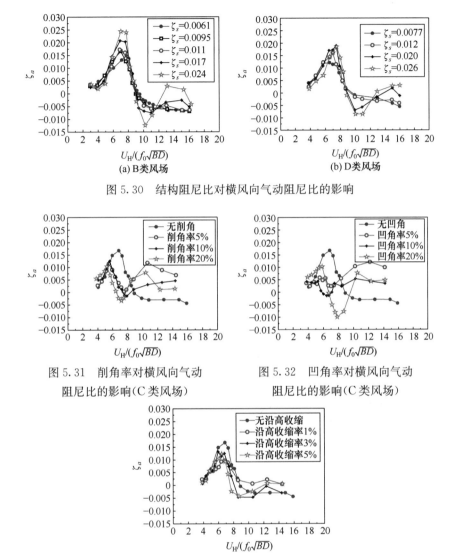

图 5.30　结构阻尼比对横风向气动阻尼比的影响

图 5.31　削角率对横风向气动
阻尼比的影响(C 类风场)

图 5.32　凹角率对横风向气动
阻尼比的影响(C 类风场)

图 5.33　截面沿高收缩率对横风向气动阻尼比的影响(C 类风场)

横风向气动阻尼比公式：

$$\zeta_a = -F_1 \sin\beta + F_2 \cos\beta + F_p$$

$$F_1 = \text{AMP} \frac{-2\text{HS}\,(V_m/V_{sa})^2}{\{1-(V_m/V_{sa})^2\}^2 + 4\text{HS}^2\,(V_m/V_{sa})^4}$$

$$F_2 = \text{AMP} \frac{(V_m/V_{sa})[1-(V_m/V_{sa})^2]}{[1-(V_m/V_{sa})^2]^2 + 4\text{HS}^2\,(V_m/V_{sa})^4}$$

$$V_m = V_H/f_0\,\sqrt{BD} - 3, \quad V_{sa} = V_s - 3, \quad V_s = 9.2$$

(5.27)

如果不考虑宽厚比、高宽比、结构阻尼比、质量密度比、广义刚度等对参数的影响，通过参数拟合得到：$AMP = 0.0207$，$HS = 0.5268$，$\beta = 0.0116$，$F_p = 0.0003$，试验值与拟合值的比较如图 5.34 所示。该经验公式的估算标准误差为

$$\delta_{\zeta_a} = \sqrt{\frac{1}{N} \sum_{i=1}^{N} (\zeta_{a\text{-calc}}(i) - \zeta_{a\text{-test}}(i))^2} = 0.0034$$

式中，N 为试验工况数，这里为 398；$\zeta_{a\text{-calc}}$、$\zeta_{a\text{-test}}$ 分别为气动阻尼比的拟合值与试验值。

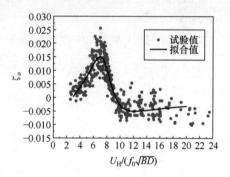

图 5.34　横风向气动阻尼比试验值与公式拟合值的比较

如果考虑宽厚比、高宽比、结构阻尼比、质量密度比、广义刚度对参数的影响，通过参数拟合可得

$$AMP = \left(\frac{H}{\sqrt{BD}}\right)^{1.15} \zeta_a^{0.08} \left(\frac{\rho_a}{\rho_s}\right)^{1.63} K^{0.33}, \quad HS = \left(\frac{H}{\sqrt{BD}}\right)^{0.77} \zeta_a^{-0.06} \left(\frac{\rho_a}{\rho_s}\right)^{0.87} K^{0.27}$$

$$\beta = \left(\frac{H}{\sqrt{BD}}\right)^{13.98} \zeta_a^{4.40} \left(\frac{\rho_a}{\rho_s}\right)^{1.16} K^{-1.48}, \quad F_p = \left(\frac{H}{\sqrt{BD}}\right)^{1.10} \zeta_a^{0.73} \left(\frac{\rho_a}{\rho_s}\right)^{2.43} K^{0.76}$$

估算标准误差为

$$\delta_{\zeta_a} = \sqrt{\frac{1}{N} \sum_{i=1}^{N} (\zeta_{a\text{-calc}}(i) - \zeta_{a\text{-test}}(i))^2} = 0.0030$$

5.2.2　建筑模型风洞试验的阻塞效应和雷诺数效应

1. 模型试验概况

图 5.35 为测压建筑模型立面及测点布置。图 5.36～图 5.38 为群体高层建筑试验中建筑相对位置的布置情况（Wang and Gu，2015；顾明和王新荣，2013）。

考虑三种常见的周边建筑与目标建筑的布置形式：周边建筑与目标建筑并列布置、周边建筑布置在目标建筑上游、周边建筑布置在目标建筑下游。实际情况中周边建筑布置形式和周边建筑的外形各不相同。

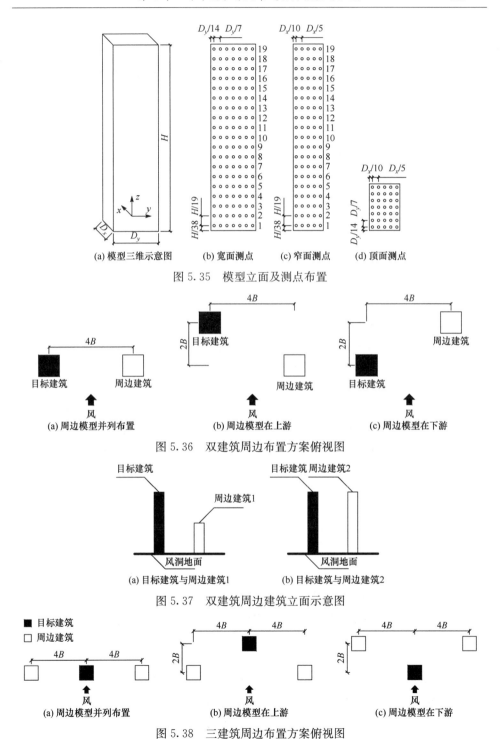

图 5.35　模型立面及测点布置

图 5.36　双建筑周边布置方案俯视图

图 5.37　双建筑周边建筑立面示意图

图 5.38　三建筑周边布置方案俯视图

2. 主要研究结论

1) 低湍流均匀流中和均匀湍流中单体高层建筑的阻塞效应研究(黄剑和顾明,2014)

除靠近角部位置外,模型迎风面平均风压系数的阻塞效应可忽略;模型负压区(侧面、背风面和顶面)平均风压系数的阻塞效应较为显著,随阻塞比的增加明显降低,但在相同高度处各表面平均风压系数的分布规律没有明显改变。

模型表面脉动风压的阻塞效应较大。在迎风面靠近角部处、侧面靠近背风面的角部处,脉动风压系数随阻塞比的增幅较大。阻塞效应将改变脉动风压的分布规律。

阻塞效应使旋涡脱落的能量和主频增大,且旋涡脱落的加剧导致迎、背风面风压功率谱出现明显峰值;阻塞效应使迎风面相邻测点风压的空间相关性增大,背风面相邻测点风压的空间相关性降低,侧面同侧测点风压的竖向相关性增大,水平相关性几乎不受阻塞效应影响,但异侧测点的风压相关性在较大阻塞比时增大。

阻塞效应没有显著影响建筑层平均阻力系数沿高度的分布规律,但会增大其数值。建筑层平均阻力系数或脉动阻力系数增大主要是由背风面平均风压系数或脉动风压系数增大引起的。相比而言,建筑层脉动阻力、升力和扭矩系数受阻塞效应的影响较为显著,其数值和分布规律均发生较大变化。

基底顺风向平均力矩系数和脉动力矩系数、横风向脉动力矩系数和脉动扭矩系数均随阻塞比增加不同程度增大。相比于基底顺风向力矩系数,阻塞效应对基底横风向和扭转向脉动力矩系数的影响更加明显。阻塞比的增大使基底顺风向力矩功率谱在 2 倍 St 处出现明显谱峰,且横风向、扭转向力矩的功率谱带宽、St 都有所增大。

随着阻塞比的增加,层阻力系数的竖向相关性降低,层升力系数的竖向相关性增大;基底顺风向、横风向和扭转向力矩的互相关性均增大。阻塞效应对风荷载的相干函数均产生了影响。

随风场湍流强度的增大,相同阻塞比时平均风压系数的阻塞效应有所减弱,脉动风压系数随阻塞比的变化规律与低湍流均匀流中类似。

2) 低湍流均匀流中群体高层建筑的阻塞效应研究

在所有工况下,除靠近边缘位置外,目标建筑迎风面平均风压系数受阻塞比的影响较小,可忽略阻塞效应;目标建筑侧面和背风面平均风压系数均随阻塞比的增加不同程度地降低,阻塞效应显著。群体建筑各表面平均风压系数的阻塞效应与单体建筑的规律一致。但群体建筑的阻塞效应较为复杂,在水平向或垂直向,目标建筑表面平均风压系数的阻塞效应随群体建筑方案的改变而改变。

在所有工况下,除靠近边缘位置外,目标建筑迎风面脉动风压系数在阻塞效应下的变化量较小。由于迎风面脉动风压取决于来流湍流度,在研究中来流湍流度均较小,所以可忽略迎风面脉动风压的阻塞效应。目标建筑侧面和背风面脉动风压系数的阻塞效应较为显著,脉动风压系数基本随阻塞比的增加呈现增大的规律,但变化幅度不仅与阻塞比直接相关,还与周边建筑的体量和相对位置有关,规律比单体建筑复杂。

随着阻塞比的增加,各工况中目标建筑层平均阻力系数呈现增大趋势,且沿高度的分布规律较为相似。相比之下,层脉动阻力系数、升力系数和扭矩系数的阻塞效应较为复杂,与周边建筑体量和相对位置密切相关。

随着阻塞比的增加,基底顺风向平均力矩系数、脉动力矩系数、横风向脉动力矩系数和脉动扭矩系数均增大。分别拟合了基底顺风向平均力矩系数、脉动力矩系数、横风向脉动力矩系数和脉动扭矩系数阻塞因子随阻塞比的变化关系,并给出了各基底力矩系数作为指标的容许阻塞比。在相同工况中,以基底顺风向平均或脉动力矩系数为标准的容许阻塞比较大,而以基底横风向和扭转向脉动力矩系数为标准的容许阻塞比较小。当周边建筑相同时,周边建筑并列布置时的容许阻塞比往往较大。

3. 阻塞效应的修正

本书提出尾流面积法,用于修正阻塞效应。

1) 流场模式

根据 Kirchhoff 方法,在均匀流中的二维平板试验中,平板背风面各处的平均风压系数 $\overline{C}_{pb}$ 均匀分布,且背压参数 k 与 $\overline{C}_{pb}$ 有如下关系:

$$k=\sqrt{1-\overline{C}_{pb}} \tag{5.28}$$

图 5.39 为有边界二维方柱流场示意图。图中,C 为风洞宽度;S 为建筑来流方向投影宽度。参考 Roshko 对 Kirchhoff 方法的改进,流线按如下模式发展。在距模型较远的上游 a 点来流风速为 U;b 点为滞点,沿 ab 风速由 U 逐渐减小为 0;c 点为分离点,沿 bc 风速逐渐增大,令分离点风速 $U_s=kU$,k 为背压参数,其值大于 1;沿 cd 来流分离并发展,且分离流不发生再附,在此区间保持风速大小不变;在 d 点尾流宽度达到最大值 B;从 d 点到距模型较远的下游 e 点,尾流宽度不变,由于能量耗散,流速由 U_s 减小到 U。

2) 基本假定

为便于分析、建立理论公式,流场按照图 5.39 发展并参考 Maskell 方法,提出以下基本假定:①分离流不发生再附;②模型表面压力分布规律不变;③阻塞效应可等效为自由流速的增大;④背风面压力系数近似为常数,且与尾流边界附近的压力系数相等;⑤在距模型一定距离的下游位置,尾流宽度达到最大,尾流内部顺风向平均风速为零,尾流外部顺风向平均风速达到最大,横风向和竖直向平均风速可

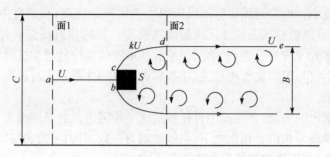

图 5.39　有边界二维方柱流场示意图

忽略。在该处以外的下游，流场趋于对称。

3）控制方程

根据图 5.39 所示的二维流场并参考 Maskell 方法的推导，将流场扩展到三维。在三维问题中，C 为风洞面积；S 为建筑来流方向投影面积；B 可视为广义的尾流面积。假定下游尾流面积最大平面即面 2 处尾流对称，且横风向和竖直向平均风速较小，可忽略。根据面 1 和面 2 的动量守恒定理，得到

$$\iint_C (p_1 + \rho u_1^2)\mathrm{d}y\mathrm{d}z = D + p_b B + \iint_{C-B} (p_2 + \rho u_2^2)\mathrm{d}y\mathrm{d}z \tag{5.29}$$

式中，D 为建筑平均阻力；p_b 为背风面平均风压；u_1、u_2 分别为面 1 和面 2 处的顺风向平均风速；p_1、p_2 分别为面 1 和面 2 处的平均静压；ρ 为空气密度。

根据 Bernoulli 方程：

$$p_1 + \frac{1}{2}\rho u_1^2 = p_2 + \frac{1}{2}\rho u_2^2 \tag{5.30}$$

式(5.30)中仅考虑了顺风向流速，忽略了横风向和竖直向平均风速。从而，式(5.29)可变为

$$D = \frac{1}{2}\rho k^2 u_1^2 B + \iint_C \frac{1}{2}\rho u_1^2 \mathrm{d}y\mathrm{d}z - \iint_{C-B} \frac{1}{2}\rho u_2^2 \mathrm{d}y\mathrm{d}z \tag{5.31}$$

由于 $p_2 = p_b$ 及 $u_2 = ku_1$，式(5.30)可变为

$$p_1 + \frac{1}{2}\rho u_1^2 = p_b + \frac{1}{2}\rho k^2 u_1^2 \tag{5.32}$$

可假定在尾流宽度最大的平面面 2，尾流内部的平均风速为 0。此时，根据连续性方程，得到面 1 和面 2 的平均流速有如下关系：

$$u_1 C = u_2 (C - B) \tag{5.33}$$

将式(5.32)和式(5.33)代入式(5.31)并进行整理，得到平均阻力系数 $\overline{C}_D$ 的公式为

$$\overline{C}_D = m\left(k^2 - \frac{1}{1 - m\dfrac{S}{C}}\right) \tag{5.34}$$

式中, $m=B/S$ 为尾流面积比; S/C 即为阻塞比(blockage ratio, BR)。

求解方程(5.34)可直接得到 m 为

$$m=\frac{-\left(1-k^2-C_D\frac{S}{C}\right)-\sqrt{\left(1-k^2-C_D\frac{S}{C}\right)^2-4k^2C_D\frac{S}{C}}}{2k^2\frac{S}{C}} \tag{5.35}$$

4) 修正公式

模型气动力特性、旋涡脱落频率与尾流宽度 B 密切相关,可将尾流宽度 B 作为评判阻塞效应的指标。众多试验研究表明,建筑迎风面平均风压受阻塞效应的影响很小,而侧面、背风面和顶面平均风压受阻塞效应的影响很大。若将阻塞效应的本质归因于风洞壁面对钝体尾流的约束引起的动压增大,则平均风压系数的阻塞效应可表示为

$$\frac{\overline{C}_{pc}}{\overline{C}_p}=\frac{q}{q_c}=\frac{u_1^2}{u_2^2}=(1-m\cdot\text{BR})^2 \tag{5.36}$$

式中,下标 c 表示修正后的量; $\overline{C}_p$ 为平均风压系数; q 为试验参考动压。

该方法物理意义明确,认为影响建筑阻塞效应的主导因素实际上是尾流宽度与风洞截面的比值。

4. 低湍流均匀流中单体建筑尾流面积法的应用

图 5.40 给出了尾流面积法修正的平均风压系数,表 5.1 给出了未修正、Maskell 方法和尾流面积法修正后基底平均阻力系数相对差值。由表可见,在阻塞效应下,基底平均风压系数明显增大。对比两种修正方法可见,当阻塞比为 6.1% 时,两种修正方法的修正效果都较好;当阻塞比为 8.4% 和 10.1% 时,尾流面积法修正后基底平均阻力系数的相对差值约为 Maskell 方法修正后的 50%,修正效果优于 Maskell 方法。对于背风面平均风压系数,虽然在阻塞比为 10.1% 时,两种方法修正略显不足,但尾流面积法的修正效果仍然优于 Maskell 方法。

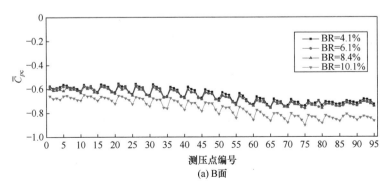

(a) B面

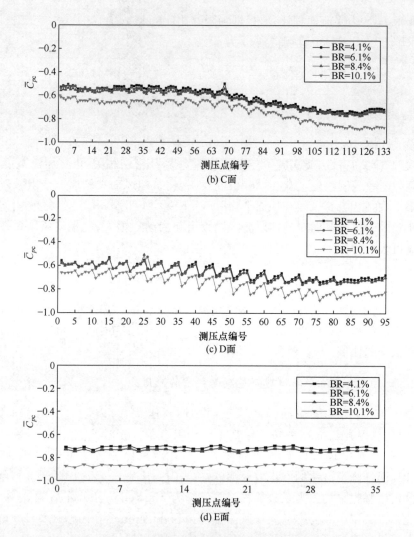

图 5.40　尾流面积法修正的平均风压系数

表 5.1　基底平均阻力系数相对差值　　　　　　　（单位:%）

阻塞比/%	试验值（未修正）	Maskell 方法	尾流面积法
6.1	7.0	1.6	1.2
8.4	15.2	2.7	1.3
10.1	25.7	9.7	5.8

5.3　大跨度屋盖结构风荷载雷诺数效应及其敏感性

针对几种典型形式屋盖,通过改变模型缩尺比、来流风速以改变雷诺数,考察不同几何参数和流场参数对结构表面风压分布及相关气动参数(包括升力系数、阻力系数和旋涡脱落频率等)的影响规律,获得不同雷诺数下的气动力特性及流场特点,探讨雷诺数效应的形成机理,预测实际风场中高雷诺数下的流场特点,并进行现场实测比较验证。对于围护结构,考察不同位置处极值风压的差异,形成不同屋盖分区的敏感性指标及其修正方法;对于主体结构设计,基于风致响应分析,获得不同雷诺数风荷载作用下的结构风振响应极值,综合各种因素评判结构的雷诺数敏感性程度及其修正方法。

5.3.1　曲面屋盖结构的雷诺数效应

1. 经典圆柱绕流风洞试验验证

圆柱刚性模型测压试验在哈尔滨工业大学风洞与浪槽联合实验室小试验段中进行,该试验段尺寸为 4m(宽)×3m(高)×25m(长),试验风速范围 3～50m/s 连续可调。流场的调试和测定采用 Multichannel 热线风速仪,模型表面的风压采用 DSM3400 电子压力扫描阀系统进行测量。为保证高风速下试验模型具有足够的刚度和承载力,圆柱刚性测压模型采用钢化玻璃制作,其直径 $D=0.4\text{m}$,高度 $H=2.7\text{m}$,高径比 $H/D=6.75$。在模型中间测压环带均匀布设 36 个测压孔,相邻测压孔径向角间隔 $10°$,如图 5.41 所示。测压信号采样频率为 625Hz,采样总时长为 100s。测压试验的控制风速范围为 6～30m/s,取圆柱直径 D 作为特征长度,得到试验雷诺数变化范围为 $1.66×10^5 \sim 8.28×10^5$,涵盖了亚临界区和超临界区的绕流流场。

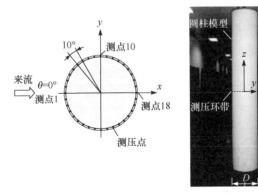

图 5.41　试验模型及测点布置图

首先对比风洞试验圆柱与前期研究文献在各个雷诺数区间内的气动特性,包括亚临界区、转捩区和超临界区,考察的气动参数主要为圆柱截面的阻力系数和St,以作为试验数据的验证。图 5.42 给出了 St 随雷诺数的变化规律,可见在亚临界区内($Re<3\times10^5$),试验结果与 Schewe 研究的变化规律类似。当 $1.66\times10^5<Re<3\times10^5$ 时,尾流中旋涡脱落呈周期性,St 接近 0.2;当 Re 处于超临界区范围($3.86\times10^5<Re<8.28\times10^5$)时,试验结果与 Bearman 研究成果接近,$St$ 接近 0.45。以上对比结果证实了本项目中试验方法和测试设备的有效性,可进行不同流场现象的气动参数识别。

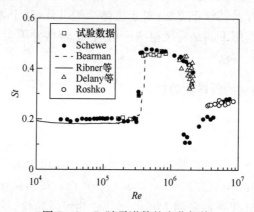

图 5.42　St 随雷诺数的变化规律

2. 柱面屋盖与球面屋盖的雷诺数效应风洞试验

进行了矢跨比为 1/2、1/3 和 1/6 的柱面屋盖变雷诺数动态同步测压试验,三种矢跨比屋盖模型的跨度有 0.2m 和 0.6m 两种尺寸,分别称为小模型和中模型,其长宽比 B/D 均为 1。以屋盖跨度作为特征尺寸,得到的雷诺数研究范围为 $6.90\times10^4\sim8.28\times10^5$。为拓宽试验雷诺数的下限值,针对 1/2 矢跨比柱面屋盖还特别制作了跨度为 1m 的大模型,获得的 Re_{max}/Re_{min} 约为 20,风洞试验详细工况见表 5.2。

表 5.2　风洞试验工况

参数	小模型	中模型	大模型
跨度/m	0.2	0.6	1.0
试验风速/(m/s)	1～24,间隔 1	1～18,间隔 1	1～20,间隔 1
雷诺数($Re_{max}/Re_{min}=20$)	$6.90\times10^4\sim3.31\times10^5$	$2.48\times10^5\sim8.28\times10^5$	$4.14\times10^5\sim1.38\times10^6$
阻塞比/%	0.2	1.5	4.2

同时本书以长宽比为 1、矢跨比为 1/2 的柱面屋盖作为研究对象,在具有不同

湍流度的均匀流场中进行动态同步测压试验。利用木制格栅建立均匀湍流场,主要获得了三种均匀的湍流场,湍流度 I_u 分别为 5.7%、8.2% 和 12.2%。针对矢跨比为 1/2、长宽比为 1 的柱面屋盖,通过粘贴砂纸的方法来增加模型表面的粗糙度,考察其对屋盖雷诺数效应的影响。

3. 各参数对雷诺数效应的影响

为定量研究雷诺数对平均风压分布的影响,图 5.43 给出了三组模型中心线条带上的平均风压系数随雷诺数的变化规律。由图可见,在迎风面的正压作用区($\theta=0°\sim36°$),平均风压系数 $\bar{C}_p$ 几乎不依赖于雷诺数。当 $6.90\times10^4<Re<2.21\times10^5$ 时,位于屋盖顶面的风吸力峰值随雷诺数的增加明显增大($\bar{C}_{p\min}=-0.8\sim-1.6$),而尾流区的风吸力峰值则逐渐减小,此外气流分离点 θ_s 在 $108°\sim126°$ 变化。随着雷诺数继续增大,当 $Re>4.14\times10^5$ 时,风吸力峰值基本与雷诺数无关,分离点位置相对固定($\theta_s=126°\sim130°$),风压分布形式在整体上也基本保持不变。

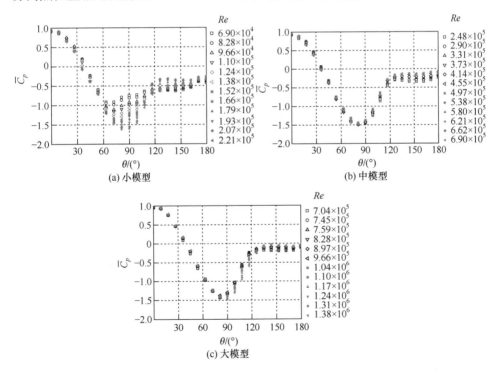

图 5.43　1/2 矢跨比柱面屋盖中心线条带上的平均风压系数变化规律

首先探讨长宽比对 1/2 矢跨比柱面屋盖雷诺数效应的影响。本节考虑了五组长宽比模型,B/D 在 $1\sim12$ 内变化。为确定不同长宽比柱面屋盖的雷诺数转捩区间,图 5.44 给出了不同长宽比柱面屋盖的风力系数随雷诺数的变化规律。注意,风力系数是通过对模型中心线条带上的平均风压分布进行压力积分计算获得的。对于长宽比为 4 和 12 的柱面屋盖,其风力系数-雷诺数曲线表现出非常接近的分布规律:当 $6.90\times10^4<Re<1.66\times10^5$ 时,升力系数随着雷诺数的增大而减小,阻力系数则逐渐增大;当 $Re>1.66\times10^5$ 时,风力系数进入缓慢增长或减小的区域,故可判断雷诺数转捩区间下限值为 1.66×10^5。随着屋盖长宽比的减小,即三维绕流效应的增大,可发现转捩区间的下限值有增大的趋势,长宽比为 2 和 3 的屋盖模型对应的转捩区间下限值分别为 2.48×10^5 和 2.21×10^5。但对于长宽比为 1 的屋盖模型,因试验条件的限制,并未获得转捩区间下限值。

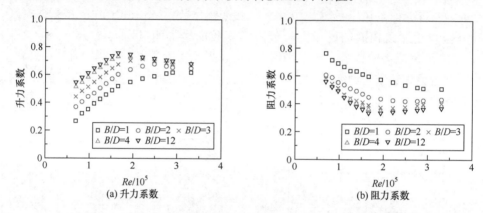

图 5.44　不同长宽比柱面屋盖的风力系数随雷诺数的变化规律

其次结合 1/2、1/3 和 1/6 矢跨比屋盖模型的试验结果对比研究矢跨比对柱面屋盖雷诺数效应的影响。图 5.45 给出了三种矢跨比柱面屋盖的风力系数随雷诺数的变化规律,雷诺数变化范围为 $6.90\times10^4\sim8.28\times10^5$。对于 1/2 矢跨比柱面屋盖,已发现其雷诺数转捩区间下限值 Re_{cr} 为 4.14×10^5,在 $Re<Re_{cr}$ 范围内,风力系数出现较明显的波动;对于 1/3 矢跨比柱面屋盖,风力系数仅在转捩区间 $6.90\times10^4<Re<2.48\times10^5$ 内存在明显的雷诺数效应,当 $Re>2.48\times10^5$ 时,升力系数和阻力系数几乎与雷诺数无关。由此可推断,随着柱面屋盖矢跨比的减小,雷诺数转捩区间下限值有减小的趋势。这里需指出的是,对于 1/6 矢跨比柱面屋盖,在雷诺数为 $6.90\times10^4\sim8.28\times10^5$ 内,风力系数可近似为常数,但由于试验条件的限制,仍无法明确具体的雷诺数转捩区间。综上,随着柱面屋盖矢跨比的减小,当 $R/D<1/6$ 时,雷诺数效应问题类似于尖角钝体结构,在分离位置上不存在变化,但在再附位置上可能存在变化,结构表面的压力分布对雷诺数的敏感程度有减弱的趋势。

4. 改变屋盖风荷载雷诺数效应的方法

本节通过分析改变来流湍流度和模型表面粗糙度对雷诺数效应的影响,从而探讨在试验中改变雷诺数效应的方法。这里主要分析不同来流湍流条件下 1/2 矢

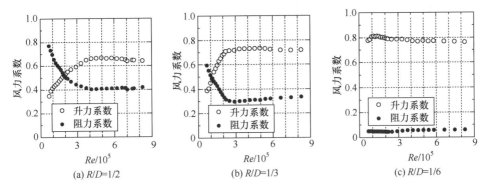

图 5.45　不同矢跨比柱面屋盖的风力系数随雷诺数的变化规律

跨比柱面屋盖风荷载的雷诺数效应,关注的气动参数包括模型表面平均和脉动风压、风力系数、脉动风力谱及空间相关性。研究表明,在湍流度为 5.7% 条件下,平均风压分布对雷诺数更敏感,随着来流湍流度的增加,压力分布稳定时对应的雷诺数有减小的趋势,意味着增加来流湍流度可能使雷诺数转捩区间向低雷诺数范围转移,即增加来流湍流会促使分离剪切层提前转捩。

　　图 5.46 给出了不同湍流度下柱面屋盖风力系数随雷诺数的变化规律。由图可知,当 $Re > 1.46 \times 10^5$ 时,湍流场中的升力系数随着湍流度的增加而明显减小,阻力系数则在相对较低的雷诺数范围($Re < 1.46 \times 10^5$)内显著减小,主要与湍流度增加、尾流区内风吸值减小有关。根据前面分析可知,平滑流场中 1/2 矢跨比柱面屋盖的雷诺数转捩区间下限值为 4.14×10^5。随着来流湍流度由 5.7% 增大至 12.2%,转捩区间下限值逐渐向低雷诺数区转移,对应的下限值分别为 3.33×10^5、3.03×10^5 和 1.46×10^5。此外,不同湍流条件下升力系数-雷诺数和阻力系数-雷诺数曲线呈现相似的变化规律,但随着湍流度的增加,风力系数在数值上减小的趋势,说明增加来流湍流度能够减弱柱面屋盖平均风力的雷诺数效应。

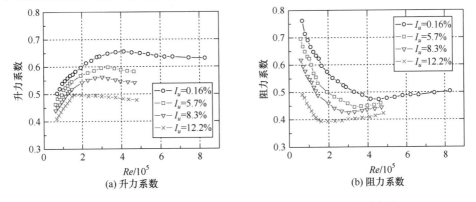

图 5.46　不同湍流度下柱面屋盖风力系数随雷诺数的变化规律

选择不同目数的砂纸来改变模型表面的粗糙度,其目的是通过均匀布置的沙粒诱使近壁面附近初始风速的亏损,最后达到扰动边界层并改变其流动状态的效果。为进一步确定雷诺数转捩区间下限值,图 5.47 给出了不同表面粗糙度柱面屋盖的风力系数随雷诺数的变化规律。与表面光滑屋盖相比,增加表面粗糙度明显削减了整体升力系数。此外,随着表面粗糙度的增大($k_s/D=3.0\times10^{-4}\sim7.5\times10^{-4}$),升力系数略有减小,而阻力系数则有缓慢增大的趋势,主要是由于增加表面粗糙度减小了屋盖顶面的风吸力峰值,进而减小了升力系数;与此同时,气流分离位置逐渐向迎风上游移动,尾流区宽度缓慢增大,迎风面与背风面压差增大,故阻力系数略有增加。从风力系数-雷诺数曲线还可判断,当 $Re=6.90\times10^4\sim1.24\times10^5$ 时,阻力系数随着雷诺数的增加逐渐减小;当 $Re>1.24\times10^5$ 时,阻力系数则缓慢增大。升力系数在该雷诺数区间内则呈相反的变化规律。因此,推断这三种粗糙表面屋盖模型的雷诺数转捩区间下限值为 1.24×10^5,而前面获得的表面光滑柱面屋盖的转捩区间下限值为 4.14×10^5。因此,在来流中引入湍流旋涡和增加表面粗糙度对流动转捩产生的影响是一致的,均可促进转捩的发生。需要指出的是,不同表面粗糙度的屋盖结构对边界层的能量消耗及其风荷载的雷诺数效应也可能不一样,显然本书给出的相对粗糙度范围($k_s/D=3.0\times10^{-4}\sim7.5\times10^{-4}$)过窄,没有得到上述规律,需要在今后的研究中加以细化。

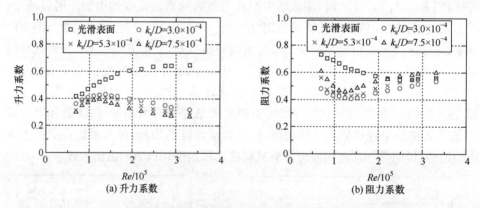

图 5.47　不同表面粗糙度柱面屋盖的风力系数随雷诺数的变化规律

从影响效果来看,湍流度和表面粗糙度都有将转捩区间向低雷诺数区平移的趋势,但这两种方法得到的结构风荷载的雷诺数效应却存在较大差异,尤其是阻力系数。一般来说,在来流中引入湍流旋涡会使表面边界层吸收更多的能量来克服分离的危险,使气流分离点向下游移动,钝体前后的压强差减小,阻力系数减小;而受粗糙元干扰的边界层不能从来流中吸取足够的能量来克服分离的危险,分离点会随粗糙度的增加逐渐向上游移动,使阻力系数增大,这也是图 5.47 中表面粗糙屋盖的阻力系数未明显降低的主要原因。综上所述,借助来流湍流度和表面粗糙度来改变曲面屋盖的雷诺数效应相对更复杂,需要积累更多的试验数据来深入分析,这两种方法均减小了结构的升力系数,但得到的阻力系数结果却相反,需要对测量结果进一步修正才能使试验数据更加接近真实值。

5. 考虑雷诺数效应的屋盖风荷载预测

基于势流理论的平均风压系数模型为

$$C_p=\begin{cases}C_{p\min}+(C_{p\max}-C_{p\min})\sin^2[-0.5\kappa\pi(\theta-\theta_{\min})/(\theta_{\max}-\theta_{\min})]/\lambda(\kappa), & 0<\theta<\theta_{\min}\\C_{p\min}+(C_{pb}-C_{p\min})\sin^2[-0.5\kappa\pi(\theta-\theta_{\min})/(\theta_s-\theta_{\min})]/\lambda(\kappa), & \theta_{\min}<\theta<\theta_s\\C_{pb}, & \theta_s<\theta<\pi\end{cases}$$

$$(5.37)$$

由于柱面屋盖的平均风压分布沿顺风向近似呈二维分布,本节只针对顺风向中心线条带上的试验数据建立风压系数模型,且对于 1/6 矢跨比柱面屋盖,仅针对符合荷载模型的再附区($>53°$)进行风荷载拟合。为确定特定雷诺数工况下三维柱面或球面屋盖的平均风压分布,需要根据试验结果对六个细部气动参数进行统计,包括 $C_{p\max}$、$\theta_{\max}$、$C_{p\min}$、$\theta_{\min}$、C_{pb} 和 θ_s,再利用式(5.37)计算获得平均风压系数分布曲线。根据各参数的分布规律,分别在雷诺数转捩区间和超临界区间内建立风压系数模型的拟合参数与雷诺数的关系式,见表 5.3。由表可知,在转捩区间内,各拟合参数具有明显的雷诺数效应,而在超临界区内可近似认为是常数。将本书提出的平均风压系数模型的预测值与风洞试验结果进行比较,两者几乎完全吻合。

表 5.3　风压系数模型拟合参数与雷诺数之间的函数关系

矢跨比 R/D	平均风压系数 C_p	雷诺数 $Re/10^5$	径向角 $\theta/(°)$	雷诺数 $Re/10^5$
	$C_{p\max}=0.94$	$0.69\sim8.28$	$\theta_{\max}=0$	$0.69\sim8.2$
	$C_{p\min}=-1.35\lg Re+5.73$	$0.69\sim4.14$	$\theta_{\min}=45\lg Re-150$	$0.69\sim4.14$
1/2	-1.49	$4.14\sim8.28$	81	$4.14\sim8.28$
	$C_{pb}=0.69\lg Re-3.92$	$0.69\sim4.14$	$\theta_s=40\lg Re-78$	$0.69\sim4.14$
	-0.24	$4.14\sim8.28$	124	$4.14\sim8.28$
	$C_{p\max}=0.76$	$0.69\sim8.28$	$\theta_{\max}=23$	$0.69\sim8.2$
	$C_{p\min}=-1.93\lg Re+8.42$	$0.69\sim2.48$	$\theta_{\min}=50\lg Re-180$	$0.69\sim2.48$
1/3	-1.63	$2.48\sim8.28$	90	$2.48\sim8.28$
	$C_{pb}=0.33\lg Re-2.12$	$0.69\sim8.28$	$\theta_s=52\lg Re-133$	$0.69\sim2.48$
	-0.34	$2.48\sim8.28$	139	$2.48\sim8.28$
	$C_{p\max}=0.08$	$0.69\sim8.28$	$\theta_{\max}=53$	$0.69\sim8.28$
1/6	$C_{p\min}=-1.16$	$0.69\sim8.28$	$\theta_{\min}=90$	$0.69\sim8.28$
	$C_{pb}=-0.18$	$0.69\sim8.28$	$\theta_s=115$	$0.69\sim8.28$

　　将模糊神经网络用于不同雷诺数和矢跨比条件下柱面屋盖高阶风压系数统计量的预测,包括脉动风压系数、偏度和峰态。基于混合学习算法的模糊神经网络(fuzzy neural network,FNN)参数设置如表 5.4 所示。输入层包含三个输入变量,分别是雷诺数 Re、矢跨比 R/D、测压点坐标(x,y)。要提高神经网络的预测精度,在保证原始数据准确的前提下,应尽可能地增加样本的覆盖面,同时输入变量也应考虑各种影响因素。训练样本包括三组矢跨比屋盖模型$(R/D=1/6\sim1/2)$在雷诺数 $Re=6.90\times10^4\sim7.45\times10^5$ 内所有测压点的风压系数统计值,主要针对 $2\sim4$ 阶风压系数统计量。为验证模糊神经网络预测结果的准确性,上述训练样本不包括 $Re=2.21\times10^5$、4.14×10^5、6.62×10^5 和 8.28×10^5 四组工况,其中 $Re=8.28\times10^5$ 工况是用于验证模糊神经网络的外推预测结果,而其余三组工况则为验证模糊神经网络内插结果。

表 5.4　基于混合学习算法的 FNN 参数设置

神经网络结构	FNN-i3-m5-m5-m12-o1		
输入变量	雷诺数 Re、矢跨比 R/D、测压点坐标(x,y)		
输出变量	脉动风压系数 C_p'、偏度 S_k、峰态 K_u		
传递函数	隶属函数层(S_k) 正切 S 曲线: $f(s)=\dfrac{2}{1+\mathrm{e}^{-2s}}-1$	隶属函数层$(C_p'$和$K_u)$ 双 S 曲线: $f(s)=\dfrac{1}{1+\mathrm{e}^{-a(s-c)}}$	输出层 线性输出: $f(s)=s$
训练数据	$Re=6.90\times10^4\sim7.45\times10^5$(除工况 $Re=2.21\times10^5$、4.14×10^5、6.62×10^5 和 8.28×10^5 外);$R/D=1/2,1/3$ 和 $1/6$; $-0.5<x/D<0.5,-0.5<y/D<0.5$,共计 109 个$(D=20\mathrm{cm})$ 和 241 个$(D=60\mathrm{cm})$测压点		
验证数据	$Re=2.21\times10^5$、4.14×10^5、6.62×10^5 和 8.28×10^5,$R/D=1/2,1/3$ 和 $1/6$		
训练算法	Hybrid混合算法		
迭代步数	$C_p'\sim28$ 步,$S_k\sim30$ 步,$K_u\sim32$ 步		
均方根误差	$C_p'\sim4.8\%$,$S_k\sim11.9\%$,$K_u\sim10.5\%$		

　　图 5.48 为不同矢跨比柱面屋盖中心线条带上由风洞试验和模糊神经网络方法获得的气动参数比较。由图可见,模糊神经网络预测的风压系数统计量能较好地模拟试验测得的统计量分布形状和峰值。图 5.49 为模糊神经网络预测的气动

参数与风洞试验结果的比较,脉动风压系数的预测误差基本在 5% 以内,而偏度和峰态的预测误差相对较高(10% 左右)。综上,根据输入和输出样本数据建立的 FNN 能够有效地反映多变量之间复杂的非线性函数关系,进而在一定范围内预测未知雷诺数工况或实现有限测点试验数据的内插。

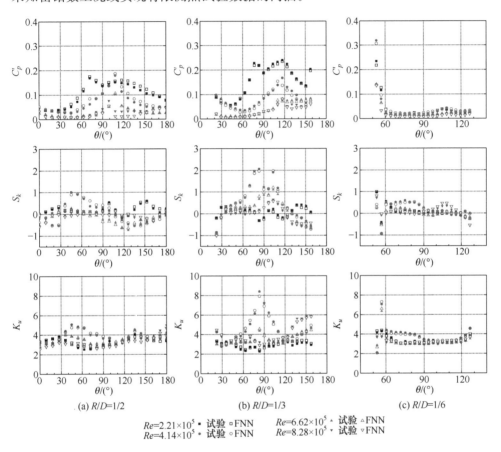

(a) $R/D=1/2$　　　　　　(b) $R/D=1/3$　　　　　　(c) $R/D=1/6$

$Re=2.21\times10^5$　■ 试验　□ FNN	$Re=6.62\times10^5$　▲ 试验　△ FNN	
$Re=4.14\times10^5$　● 试验　○ FNN	$Re=8.28\times10^5$　▼ 试验　▽ FNN	

图 5.48　不同矢跨比柱面屋盖由风洞试验和模糊神经网络方法获得的气动参数的比较

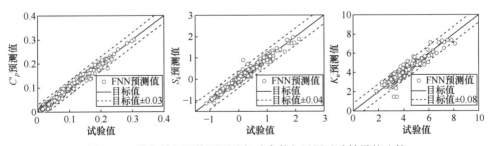

图 5.49　模糊神经网络预测的气动参数与风洞试验结果的比较

综上,基于现有风洞试验研究成果,最后提出结合模糊神经网络和随机信号模拟技术,建立考虑雷诺数效应的柱面屋盖风荷载预测方法,其流程如图 5.50 所示。具体步骤如下:首先,针对不同几何特征或来流条件下的大跨度屋盖进行变雷诺数风洞测压试验,依据前面提出的相关分析方法对该结构的风荷载雷诺数效应进行分析,确定雷诺数转捩区和超临界区范围;然后,对不同雷诺数区间内的气动参数进行统计,包括前四阶风压系数统计量和脉动风压功率谱,获得模糊神经网络的训练样本,再根据模糊神经网络方法建立考虑雷诺数效应的风荷载预测模型,输出实际结构在高雷诺数下的气动参数预测值;最后,通过上述随机信号模拟技术生成适用于覆面材料或屋面连接构件的设计风荷载,可作为围护结构抗风设计的有效辅助手段。

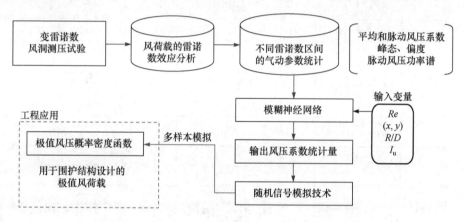

图 5.50　考虑雷诺数效应的柱面屋盖风荷载预测流程

5.3.2　大跨空间结构设计风荷载概率性方法

房屋建筑的风致破坏主要是围护结构的破坏,其中围护结构包括低矮房屋、大跨房屋、高层建筑、工业厂房及仓储设施的屋盖、墙面、门窗,以及公共建筑和高层建筑的大面积玻璃幕墙。当围护构件强度或连接件强度不能够承担作用在构件表面的风压时,这些围护构件发生突然断裂、飞溅,同时还会引发其他次生灾害,造成生命、财产损失。

对于低矮房屋屋盖、大尺度屋盖结构(如航站楼、体育场馆)的围护构件,其风荷载的大小不仅与来流风速有关,而且与结构的气动特性有关。这些建筑结构钝体形态明显,风场遇到其阻碍时,气流在结构边、角、脊等位置发生分离、旋涡脱落,在屋盖结构上部形成锥形涡或柱状涡。在锥形涡、柱状涡的作用范围内,存在有组织的旋涡结构,各个点涡不再是独立随机过程,其共同作用体现为服从非高斯分布的风压时程。正是在非高斯风吸力极值的作用下,屋面边、角、脊部位的围护构件首先发生风致破坏,并且导致围护构件的连续破坏。采用传统的高斯风荷载理论将低估非高斯风吸力极值,导致围护结构设计偏于不安全(Yang and Tian,2015;Yang et al.,2013)。

在 Hermite 矩模型理论中,非高斯过程按照其峰态系数和偏斜系数分为三类,即软化过程、硬化过程和偏斜过程,其中软化过程的峰态系数大于 3,硬化过程的峰态系数小于 3,偏斜过程的峰态系数等于 3 且偏斜系数不等于零。本节总结了这三种非高斯过程的变换公式和单调变换区间,得到了采用偏斜系数、峰态系数表示的单调变换范围,由此可根据偏斜系数、峰态系数确定 Hermite 矩模型的类型和变换阶数。

当高斯过程发生极值时,非高斯过程在相应的时刻也发生极值,因此在已知高斯过程极值分布的情况下,可根据随机变量的变换关系得到归一化非高斯过程的极值分布,即非高斯峰值因子的极值分布。本节给出了非高斯过程峰值因子概率分布函数的表达式,并且引入非高斯过程界限超越率与高斯过程界限超越率之间的近似关系,简化了指定极值发生概率的非高斯峰值因子的计算方法。将本节提出的非高斯峰值因子计算方法应用于平屋盖非高斯峰值因子、风压系数极值的计算,分别研究峰值因子、风压系数极值计算值与实测值的吻合程度(田玉基和杨庆山,2015;Chen et al.,2014;陈波等,2012)。

1. Hermite 矩模型的变换公式

1) 软化过程的变换模型

归一化软化过程 $X(t)$ 的 Hermite 矩模型采用标准高斯过程 $U(t)$ 的前三阶 Hermite 多项式表示,即

$$
\begin{aligned}
X(t) &= k\big[U(t)+h_3(U^2(t)-1)+h_4(U^3(t)-3U(t))\big] \\
&= k\big[H_1(U(t))+h_3 H_2(U(t))+h_4 H_3(U(t))\big]
\end{aligned}
\tag{5.38}
$$

式中,$H_i(\cdot)$ 表示第 i 阶 Hermite 多项式;k、h_3、h_4 为待定系数。

采用一阶泰勒展式对 $H_i(X(t))$ 进行展开,分别得到四个等式($i=1,2,3,4$),对四个等式两侧取数学期望,得到一阶 Hermite 矩模型的系数,即

$$
k=1, \quad h_3=\frac{E[H_3(X(t))]}{3!}=\frac{m_3}{6}, \quad h_4=\frac{E[H_4(X(t))]}{4!}=\frac{m_4-3}{24}
\tag{5.39}
$$

式中,m_3、m_4 分别为归一化非高斯过程 $X(t)$ 的偏斜系数和峰态系数;h_3、h_4 分别称为 $X(t)$ 的 Hermite 三阶矩和四阶矩。

类似地,分别采用二阶、三阶和四阶泰勒展式对 $H_i(X(t))$ 进行展开,并且两侧取数学期望,得到二阶、三阶、四阶 Hermite 矩模型的系数,即

$$
m_2=k^2(1+2h_3^2+6h_4^2)
\tag{5.40}
$$

$$
m_3=k^3(6h_3+36h_3 h_4+8h_3^3+108h_3 h_4^2)
\tag{5.41}
$$

$$m_4 = k^4 (3 + 24h_4 + 60h_3^2 + 252h_4^2 + 576h_3^2 h_4 + 1296h_4^3 + 60h_3^4 + 2232h_3^2 h_4^2 + 3348h_4^4)$$

$$(5.42)$$

归一化非高斯过程 $X(t)$ 与标准高斯过程 $U(t)$ 之间的映射应具有一一对应的关系,即 $X(t)$ 是 $U(t)$ 的单调函数。此时,应满足

$$\frac{h_3^2}{(1/2)^2} + \frac{(h_4 - 1/6)^2}{(1/6)^2} \leqslant 1 \tag{5.43}$$

采用偏斜系数 m_3、峰态系数 m_4 表示的矩模型单调变换区间如图 5.51 中 Ⅰ、Ⅱ、Ⅲ、Ⅳ 所包围的部分。由图 5.51 可知,根据偏斜系数 m_3、峰态系数 m_4 可预先确定 Hermite 矩模型的阶数;由于高阶泰勒展开式的精度高,在低阶与高阶单调区间的重叠部分,应优先选择高阶模型进行变换。

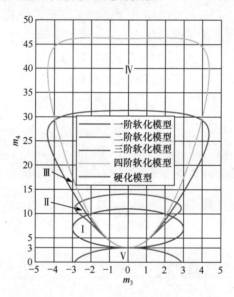

图 5.51　Hermite 矩模型的适用范围

2) 硬化过程的变换模型

归一化硬化过程 $X(t)$ 与标准高斯过程 $U(t)$ 之间的近似变换公式为

$$U(t) \simeq X(t) - h_3(X^2(t) - 1) - h_4(X^3(t) - 3X(t)) \tag{5.44}$$

式中,h_3、h_4 分别为 $X(t)$ 的 Hermite 三阶矩和四阶矩,$h_3 = m_3/6$,$h_4 = (m_4 - 3)/24$。

需要指出的是,式(5.44)两侧一阶矩相等,但是二阶矩、三阶矩、四阶矩均不相等。式(5.44)的单调变换范围满足

$$\frac{h_3^2}{(1/2)^2} + \frac{(h_4 + 1/6)^2}{(1/6)^2} \leqslant 1 \tag{5.45}$$

采用偏斜系数 m_3、峰态系数 m_4 表示的硬化模型的单调变换区间如图 5.51 中的 Ⅴ 区(HHM)所示。

3) 偏斜过程的变换模型

对于峰态系数 $m_4 = 3$ 且偏斜系数 $m_3 \neq 0$ 的偏斜过程,变换公式不能够保证两侧一阶矩、二阶矩相等。为了克服这一缺陷,本节采用高斯过程的前两阶 Hermite 多项式表示归一化非高斯过程,即

$$X(t) = k\left[U(t) + h_3(U^2(t) - 1)\right] \tag{5.46}$$

式中,系数 k、h_3 按照下列联立方程组确定:

$$\begin{cases} 1 = k^2(1 + 2h_3^2) \\ m_3 = k^3(6h_3 + 8h_3^3) \end{cases} \tag{5.47}$$

理论上,式(5.47)适用于峰态系数 $m_4 = 3$ 的情况,本节将其扩展为峰态系数 m_4 接近于 3 且 (m_3, m_4) 落在软化过程和硬化过程适用范围之外的情况,即图 5.52 中的 Ⅵ 区。此时,根据 Jarque-Bera 正态性检验判断公式,得到 m_4 的范围为

$$3 - \sqrt{\frac{24}{n}\chi^2(p, 2)} \leqslant m_4 \leqslant 3 + \sqrt{\frac{24}{n}\chi^2(p, 2)} \tag{5.48}$$

式中,$\chi^2(p, 2)$ 表示 2 自由度卡方分布的发生概率为 p 时所对应的回归水平;n 表示样本的记录点数。图 5.52 中 Ⅵ 区的适用范围对应于 $n = 6000$、$p = 0.95$;n、p 取其他值时,Ⅵ 区范围相应变化。

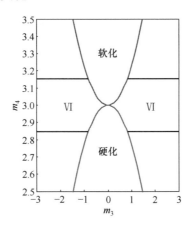

图 5.52　三阶矩模型的适用范围

2. 非高斯峰值因子的概率分布

根据 Hermite 矩模型,归一化非高斯过程 $X(t)$ 与标准高斯过程 $U(t)$ 之间存在一一对应关系;当 $X(t)$ 向上穿越界限 x 时,$U(t)$ 向上穿越界限 $u(x)$;其中,x 与 $u(x)$ 之间的关系服从 Hermite 矩模型的变换关系。将 x、$u(x)$ 看成随机变量,归

一化非高斯过程 $X(t)$ 极值的概率密度函数可表示为

$$p_{NG}(x) = p_{G}(u(x)) \frac{du}{dx} \tag{5.49}$$

式中，$p_{G}(u(x))$ 表示标准高斯过程极值（即高斯峰值因子）的概率密度，即

$$p_{G}(u(x)) = \nu_{0U}^{+} T u(x) \exp\left[-\frac{u^2(x)}{2} - \nu_{0U}^{+} T \exp\left(-\frac{u^2(x)}{2} \right) \right] \tag{5.50}$$

式中，T 为标准高斯过程 $U(t)$ 发生极值的时距；ν_{0U}^{+} 为平均向上穿零率。

对应的标准高斯过程极值概率分布函数为

$$P_{G}(u(x)) = \exp(-\nu_{U}^{+} T) = \exp\left[-\nu_{0U}^{+} T \exp\left(-\frac{u^2(x)}{2} \right) \right] \tag{5.51}$$

归一化非高斯过程 $X(t)$ 向上穿越 x 的平均穿越率 ν_{X}^{+} 等于标准高斯过程 $U(t)$ 向上穿越 $u(x)$ 的平均穿越率 ν_{U}^{+}，即

$$\nu_{X}^{+} = \nu_{U}^{+} = \nu_{0U}^{+} \exp\left(\frac{-u^2(x)}{2} \right) \tag{5.52}$$

归一化非高斯过程 $X(t)$ 极值（即非高斯峰值因子）的概率分布函数可表示为

$$P_{NG}(x) = \exp(-\nu_{X}^{+} T) = \exp\left[-\nu_{0U}^{+} T \exp\left(-\frac{u^2(x)}{2} \right) \right] \tag{5.53}$$

为了避免求解标准高斯过程 $U(t)$ 及其平均向上穿零率 ν_{0U}^{+}，文献[1]提出了 ν_{0U}^{+} 的近似计算方法，即 $\nu_{0U}^{+} \approx \nu_{0X}^{+}$，其中 ν_{0X}^{+} 表示归一化非高斯过程 $X(t)$ 的平均向上穿零率，计算公式为

$$\nu_{0X}^{+} = \sqrt{ \int_{0}^{\infty} n^2 S(n) dn \Big/ \int_{0}^{\infty} S(n) dn } \tag{5.54}$$

式中，$S(n)$ 表示归一化非高斯过程 $X(t)$ 的功率谱密度。

因此，归一化非高斯过程 $X(t)$ 极值的概率分布函数可改写为

$$P_{NG}(x) = \exp\left[-\nu_{0X}^{+} T \exp\left(-\frac{u^2(x)}{2} \right) \right] \tag{5.55}$$

由于归一化非高斯过程 $X(t)$ 的均值为 0、方差为 1，其极值的概率分布就是其峰值因子的概率分布，非高斯峰值因子的发生概率等于高斯峰值因子的发生概率。假设非高斯峰值因子 g_{NG} 的发生概率是 P，可按照式（5.56）计算高斯峰值因子 g_{G}：

$$g_{G} = \sqrt{2\ln(\nu_{0X}^{+} T) - 2\ln(-\ln P)} \tag{5.56}$$

根据非高斯过程与高斯过程之间的变换关系，非高斯峰值因子与高斯峰值因子同时发生，将高斯过程 $U(t)$ 的峰值因子代入 Hermite 矩模型，即可得到非高斯过程的峰值因子表达式。将高斯峰值因子 g_{G} 代入软化过程的变换公式，分别得到软化过程的正向、负向峰值因子，即

$$\begin{cases} g_{NG}^{+} = k\left[g_{G} + h_3(g_{G}^2 - 1) + h_4(g_{G}^3 - 3g_{G}) \right] \\ g_{NG}^{-} = k\left[-g_{G} + h_3(g_{G}^2 - 1) - h_4(g_{G}^3 - 3g_{G}) \right] \end{cases} \tag{5.57}$$

将正向、负向高斯峰值因子 $\pm g_G$ 代入硬化过程的变换公式,由三次方程的三角级数求解方法分别得到硬化过程的正向、负向峰值因子,即

$$\begin{cases} g_{NG}^+ = -\dfrac{1}{3}a_2 + 2\sqrt{\dfrac{p}{3}}\sinh\left\{\dfrac{1}{3}\text{arcsinh}\left[0.5\,(3/p)^{1.5}\,(q+g_G/h_4)\right]\right\} \\[4mm] g_{NG}^- = -\dfrac{1}{3}a_2 + 2\sqrt{\dfrac{p}{3}}\sinh\left\{\dfrac{1}{3}\text{arcsinh}\left[0.5\,(3/p)^{1.5}\,(q-g_G/h_4)\right]\right\} \end{cases} \tag{5.58}$$

式中,$a_1=(-1-3h_4)/h_4$;$a_2=h_3/h_4$;$p=a_1-a_2^2/3$;$q=a_1a_2/3+a_2-2a_2^3/27$。

将高斯峰值因子 g_G 代入偏斜过程的变换公式,分别得到偏斜过程的正向、负向峰值因子,即

$$\begin{cases} g_{NG}^+ = k\left[g_G + h_3\,(g_G^2-1)\right] \\[2mm] g_{NG}^- = k\left[-g_G + h_3\,(g_G^2-1)\right] \end{cases} \tag{5.59}$$

3. 软化时程非高斯峰值因子的简化计算式

对软化时程来说,上述求解非高斯峰值因子的方法需要在求解系数 k、h_3、h_4 的基础上进行。为了简化计算,通常采用系数 k、h_3、h_4 的简化计算式。

1) 简化计算式

基于软化时程的二阶 Hermite 矩模型,得到系数 k、h_3、h_4 的简化计算公式为

$$\begin{cases} h_4 = \dfrac{\sqrt{1+1.5(m_4-3)}-1}{18} \\[4mm] h_3 = \dfrac{m_3}{6(1+6h_4)} \\[4mm] k = \dfrac{1}{\sqrt{1+2h_3^2+6h_4^2}} \end{cases} \tag{5.60}$$

式(5.60)适用于二阶软化矩模型系数的近似计算;只有偏斜系数 $m_3=0$ 时,式(5.60)得到的三个系数与式(5.40)得到的解相同;如果 $m_3\neq0$,得到的三个系数与理论值均存在误差,并且偏斜系数 m_3 的绝对值越大,误差越大。

采用 Winterstein 计算式,并且将 Davenport 峰值因子代入,得出类似的非高斯峰值因子的近似计算式,即

$$g_{NG} = k\{(\beta+\gamma/\beta) + h_3\,(\beta^2+2\gamma-1) + h_4\left[\beta^3+3\beta(\gamma-1)\right]\} \tag{5.61}$$

式中,$\beta=\sqrt{2\ln(\nu_0^+ T)}$;$\gamma=0.5772$。在式(5.61)中,对非高斯峰值因子贡献较小的项已经被忽略,与精确的计算结果相差甚微。

2) 简化计算式的相对误差

如果软化时程可同时采用二阶、四阶 Hermite 矩模型进行变换,系数 k、h_3、h_4 的精确解可由四阶矩模型求解。利用 Winterstein 计算式,计算系数 k、h_3、h_4,得到其近似解,三个系数的相对误差如图 5.53 所示。其中,系数 h_4 的相对误差最

大,这是因为 h_4 与峰态系数相关,所以采用 Winterstein 计算式导致峰态系数的误差最大。

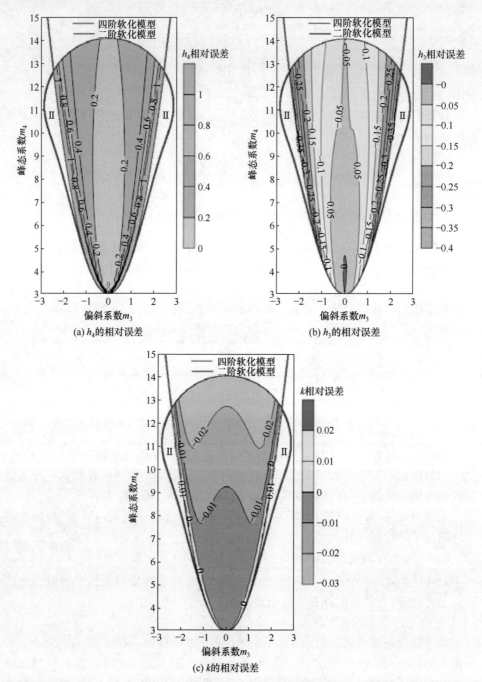

(a) h_4的相对误差

(b) h_3的相对误差

(c) k的相对误差

图 5.53　Winterstein 计算式的相对误差

进一步,假定高斯正向、负向峰值因子分别为 3.5 和 -3.5,将系数 k、h_3、h_4 的精确解代入,分别得到非高斯正向、负向峰值因子,其数值如图 5.54(a)和(b)所示,其中,位于四阶矩模型Ⅳ区外的少量数据采用线性外插方法得到。采用 Winterstein 式计算系数 k、h_3、h_4 并代入式(5.61),得到非高斯正向、负向峰值因子的近似解,其数值如图 5.54(c)和(d)所示。从非高斯峰值因子精确解与近似解的对比可以看出,对于正偏斜时程的正向峰值因子、负偏斜时程的负向峰值因子,精确解与近似解的等值线分布非常相似,但峰值因子的近似解略偏大;对于正偏斜时程的负向峰值因子、负偏斜时程的正向峰值因子,精确解与近似解存在很大的差别,峰值因子的精确解大于零,但近似解的绝对值下限值为 3.5,采用近似解更加安全、保守。

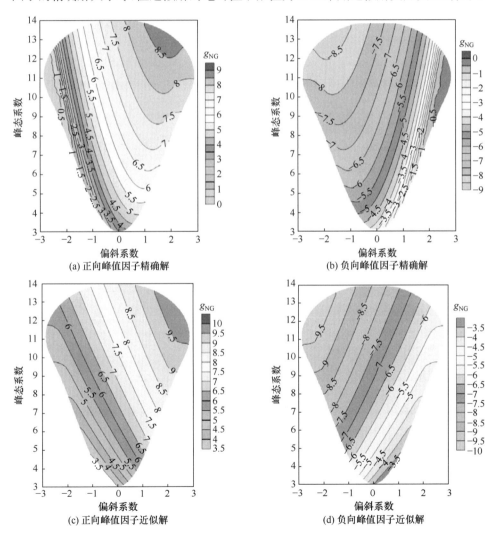

图 5.54　二阶矩模型非高斯峰值因子的精确解与近似解比较

　　在结构风荷载分析中,正偏斜时程的正向峰值因子与极大压力相关,负偏斜时程的负向峰值因子与极大吸力相关;与正偏斜时程的负向峰值因子和负偏斜时程的正向峰值因子相比,其数值的计算精度更加重要。符合二阶矩模型软化时程的峰值因子相对误差如图 5.55(a)所示。可以看出,采用 Winterstein 计算式计算 3个系数并代入式(5.61),得到的非高斯峰值因子略偏大,其相对误差为 0~0.2;其中,偏斜系数越小,峰态系数越小,近似解的相对误差越小。虽然 Winterstein 计算式源自于二阶软化矩模型的系数方程式(5.60),但其不仅仅适用于二阶软化矩模型的峰值因子的计算。将 Winterstein 计算式应用于一阶、三阶、四阶软化矩模型系数的计算,并应用于非高斯峰值因子的计算,其相对误差如图 5.55(b)~(d)所示。可以看出,非高斯峰值因子的近似解均略偏大,相对误差均小于 0.2。

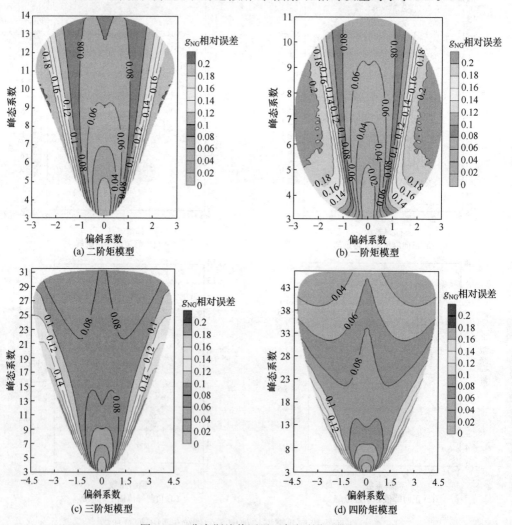

图 5.55　非高斯峰值因子近似解的相对误差

矩模型系数的简化计算式(5.60)避免了求解多元高次方程组,大大方便了工程应用。虽然得出的非高斯峰值因子略偏大,但相对误差均小于 20%;将非高斯峰值因子的简化计算方法应用于围护结构风荷载的确定,这一误差尚在可接受的范围内。

4. 平屋盖非高斯风压极值估计

为了验证 Hermite 矩模型在非高斯风压极值估计方面的适用性,验证非高斯峰值因子简化计算方法的适用性,完成了平屋盖风洞测压试验,并且利用上述方法估计典型测压点的非高斯峰值因子和风压极值。

风洞试验在北京交通大学结构风工程与城市风环境北京市重点实验室进行,该风洞属闭合回流式,其低速工作段的尺寸为 5.2m×2.5m×14m,高速工作段的尺寸为 3m×2m×15m。本次风洞试验在高速工作段中进行,通过设置尖劈和粗糙元,模拟我国《建筑结构荷载规范》(GB 50009—2012)中规定的 B 类地貌风场(地貌粗糙度指数为 0.16)。试验基本风速为 12m/s;实测平均风速剖面的地貌粗糙度指数平均值为 0.154;顺风向湍流度剖面指数平均值为 −0.166。风洞试验中,参考点位于来流上游,其高度距离风洞地面 40cm;参考点的平均风速约为 8.6m/s;参考点的湍流度为 11.8%。

平屋盖刚性缩尺模型采用有机玻璃板制作,模型的长度比例为 1/200。试验采样频率为 312.5Hz,每次采集数据的时间长度为 208s,压力时程步数为 65000步;模型与足尺结构的时间比例为 3∶100,缩尺模型 18s 数据长度相当于足尺结构 10min 样本。

当来流平行于方形屋盖对角线时,在 2 个迎风边缘分别存在 1 个平均风压系数(图 5.56)较大的楔形区域,这两个楔形区域就是锥形涡的作用范围。锥形涡作

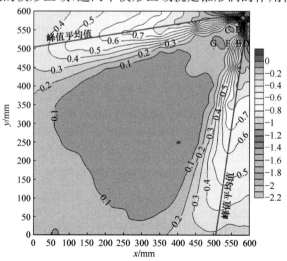

图 5.56　平屋盖平均风压系数等值线

用范围内平均风压系数极小值(吸力负压极大值)的连线是锥形涡涡轴在屋盖表面的投影线。沿着涡轴投影线方向,随着气流向下游移动,平均风压系数越来越大,即风吸负压越来越小。

　　在脉动均方根系数等值线图 5.57 中,均方根系数极大值位于平均风压变化梯度最大的区域,这一区域称为锥形涡的再附区;与其他区域相比,再附区范围内的均方根系数较大。沿着均方根系数最大值的连线,离开迎风角点,均方根系数呈现峰-谷交替出现的现象,均方根系数分布形状类似细胞核结构,此现象称为均方根系数分布的"核结构"现象;离开迎风角点越远,核结构中心点的均方根系数越小。

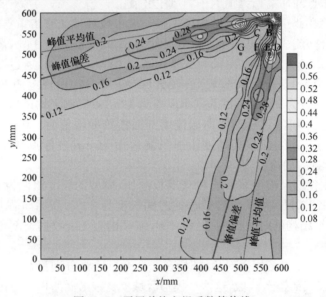

图 5.57　平屋盖均方根系数等值线

　　在偏斜系数、峰态系数等值线图 5.58 和图 5.59 中,在均方根系数变化梯度最大的区域内,负向偏斜系数、峰态系数的值比其他区域的相应值大,并且呈现峰-谷交替出现的"核结构"现象;偏斜系数的核结构与峰态系数的核结构处于同一位置;离开迎风角点越远,核结构中心点的负偏斜系数越小、峰态系数越小。与均方根系数对比可知,均方根系数的核结构与偏斜系数、峰态系数的核结构似乎成对出现,并且偏斜系数、峰态系数的核结构总是位于均方根系数核结构的下游,并且位于同一直线上。

　　选取迎风角部区域的 7 个测压点,风洞试验测得的 80 个 30min 风压时程的偏斜系数与峰态系数的分布如图 5.60 所示。可以看出,测压点 A、B、C、D、F、G 得到的风压系数时程属于软化时程,测压点 E 得到的风压系数时程少部分样本属于软化时程或偏斜时程,大部分样本属于硬化时程。事实上,平屋盖表面绝大部分测压点得到的风压系数时程属于软化时程,只有位于均方根系数核结构中心的测压点得到的风压系数时程出现硬化时程样本。

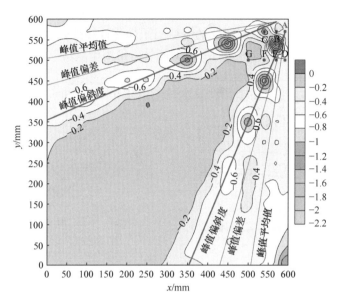

图 5.58　平屋盖偏斜系数等值线

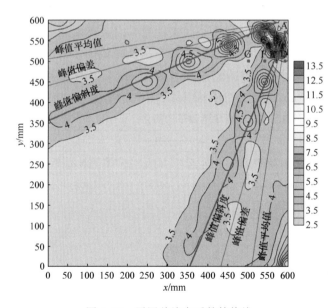

图 5.59　平屋盖峰态系数等值线

在测压点 A、B、C、D、E、F、G 中，偏斜系数、峰态系数的分布位置和离散程度各有不同，这决定了非高斯峰值因子的数值及其离散程度。将每个样本的偏斜系数、峰态系数代入式(5.60)，得到系数 k、h_3、h_4，然后计算非高斯峰值因子。计算各样本得到的非高斯峰值因子的平均值，作为测压点的峰值因子，这样得到的非高

斯峰值因子的发生概率大致相当于 Davenport 峰值因子的发生概率。对于测压点
E，应综合应用软化时程、偏斜时程的峰值因子简化计算公式及硬化时程峰值因子
的计算公式，得到各个风压系数时程的非高斯峰值因子，取其平均值。

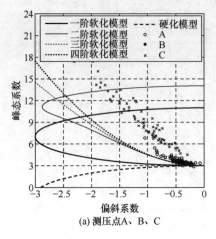

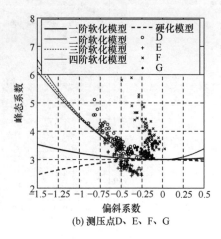

(a) 测压点A、B、C　　　　　　　　(b) 测压点D、E、F、G

图 5.60　部分测压点的偏斜系数和峰态系数分布

表 5.5 给出了 7 个测压点非高斯峰值因子的简化计算结果、准确结果及相对
误差。其中，根据 Hermite 矩模型公式求解每个时程样本的系数 k、h_3、h_4，分别代
入非高斯峰值因子的理论计算公式，得到非高斯峰值因子的准确值。由相对误差
可知，简化计算公式得到的非高斯峰值因子均大于其准确值，相对误差均小
于 15%。

表 5.5　测压点非高斯峰值因子的简化计算结果与准确结果的对比

非高斯峰值因子		A	B	C	D	E	F	G
简化公式 计算结果	正向峰值因子	3.45	3.43	6.31	3.27	2.79	4.31	3.38
	负向峰值因子	−4.86	−4.37	−8.65	−5.09	−4.19	−4.9	−4.11
准确公式 计算结果	正向峰值因子	3.42	3.18	5.67	3.13	2.51	4.27	3.14
	负向峰值因子	−4.28	−4.17	−8.21	−4.93	−3.83	−4.73	−4
相对误差/%	正向峰值因子	1	8	11	4	11	1	8
	负向峰值因子	14	5	5	3	9	4	3

对平屋盖其他测压点风压时程的峰值因子和风压极值进行计算分析，结果表
明，Hermite 矩模型理论完全适用于所有样本时程的变换，基于矩模型的非高斯峰
值因子的简化计算方法完全适用于峰值因子的估计及风压极值估计。峰值因子的
计算误差控制在已知的可接受范围内。

5. 结论

（1）利用 Hermite 矩模型将非高斯时程表达为高斯时程的非线性表达式,并建立了非高斯时程和高斯时程之间的一一对应关系。由此,建立了非高斯峰值因子和高斯峰值因子之间的一一对应关系。

（2）介绍了软化时程、硬化时程和偏斜时程的 Hermite 矩模型变换理论,找到了软化时程各阶变换公式的单调变换区间;重点研究了采用 Winterstein 公式计算非高斯峰值因子的理论误差,结果表明,采用非高斯峰值因子的简化计算公式,其相对误差均小于 0.2。

（3）利用非高斯峰值因子的简化计算方法,计算了平屋盖表面典型测压点的非高斯峰值因子和风压极值。分析结果表明,绝大多数测压时程样本属于软化时程,极少数样本属于硬化时程或偏斜时程。利用非高斯峰值因子的简化计算公式,需要考虑测压时程的随机特性,取多个时程样本非高斯峰值因子的平均值作为非高斯峰值因子的代表值。

参 考 文 献

曹会兰,全涌,顾明. 2013. 方形截面超高层建筑的横风向气动阻尼风洞试验研究. 土木工程学报,46(4):18-25.

陈波,李明,杨庆山. 2012. 基于风振特性的多目标等效静风荷载分析方法. 工程力学,32(24):22-27.

顾明,王新荣. 2013. 工程结构雷诺数效应的研究进展. 同济大学学报(自然科学版),41(7):961-969.

黄剑,顾明. 2014. 均匀流中矩形高层建筑脉动风压的阻塞效应试验研究. 振动与冲击,33(12):28-34.

黄鹏,陶玲,全涌,等. 2013. 檐沟对低矮房屋屋面风荷载的影响. 工程力学,30(1):248-254.

全涌. 2002. 超高层建筑横风向风荷载及响应研究. 上海:同济大学博士学位论文.

檀忠旭,朱乐东,徐自然,等. 2015. 基于测力和测压试验的气动导纳识别结果比较. 实验流体力学,29(3):35-40.

田玉基,杨庆山. 2015. 非高斯风压时程峰值因子的简化计算式. 建筑结构学报,36(3):20-28.

徐自然,周奇,朱乐东. 2014. 考虑模型抖振力跨向不完全相关性效应的气动导纳识别. 实验流体力学,28(5):39-46.

严磊,朱乐东. 2015. 格栅湍流场风参数沿风洞轴向变化规律. 实验流体力学,29(1):49-54.

叶丰. 2004. 高层建筑顺、横风向和扭转方向风致响应及静力等效风荷载研究. 上海:同济大学博士学位论文.

余先锋,全涌,顾明. 2013. 开孔两空间结构的风致内压响应研究. 空气动力学学报,31(2):151-155.

周奇,朱乐东,任鹏杰,等. 2014. 气动干扰对平行双幅断面气动导纳影响研究. 振动与冲击,33(14):125-131.

Chen B,Yan X Y,Yang Q S. 2014. Wind-induced response and universal equivalent static wind loads of single layer reticular dome shells. International Journal of Structural Stability and Dynamics,14(4):1-22.

Gu M,Cao H L,Quan Y. 2014. Experimental study of across-wind aerodynamic damping of super high-rise buildings with aerodynamically modified square cross-sections. The Structural Design of Tall and Special Buildings,23:1225-1245.

Marukawa H,Kato N,Fujii K,et al. 1996. Experimental evaluation of aerodynamic damping of tall buildings. Journal of Wind Engineering and Industrial Aerodynamics,59(2-3):177-190.

Meng X L,Zhu L D,Xu Y L,et al. 2015. Imperfect correlation of vortex-induced fluctuating pressures and vertical forces on a typical flat closed box deck. Advances in Structural Engineering, 18(10):1597-1618.

Wang X R,Gu M. 2015. Experimental investigation of Reynolds number effects on 2D rectangular prisms with various side ratios and rounded corners. Wind and Structures,21(2):183-204.

Xu A,Xie Z N,Gu M,et al. 2015. Amplitude dependency of damping of tall structures by the random decrement technique. Wind and Structures,21(2):159-182.

Yang Q S,Chen B,Wu Y,et al. 2013. Wind-induced response and equivalent static wind load of long-span roof structures by combined Ritz-proper orthogonal decomposition method. Journal of Structural Engineering,139(6):997-1008.

Yang Q S,Tian Y J. 2015. A model of probability density function of non-Gaussian wind pressure with multiple samples. Journal of Wind Engineering and Industrial Aerodynamics,140:67-78.

Zhu L D,Xu Y L,Guo Z S,et al. 2013a. Yaw wind effect on flutter instability of four typical bridge decks. Wind and Structures,17(3):317-343.

Zhu L D,Meng X L,Guo Z S. 2013b. Nonlinear mathematical model of vortex-induced vertical force on a flat closed-box bridge deck. Journal of Wind Engineering and Industrial Aerodynamics,122:69-82.

第6章　三维气动力 CFD 数值识别与高雷诺数效应

三维气动力 CFD 数值识别与高雷诺数效应主要研究进展包括典型桥梁断面三维气动力模型参数的数值识别、边界层风场及超高层建筑风效应的数值模拟和薄膜结构流固耦合振动全过程数值模拟三个方面。

6.1　典型桥梁断面三维气动力模型参数的数值识别

针对典型桥梁断面绕流特征,建立并完善基于有限元方法、离散涡方法和 Lattice Boltzmann 方法的 CFD 数值计算软件(FEMFLOW、DVMFLOW 及 LBFLOW),提高桥梁断面气动参数的识别精度及流场分辨率,建立典型桥梁断面气动参数数据库,实现非典型桥梁断面全部气动参数的数值模拟。基于三种数值模拟方法和软件,借助增加壁面网格和高性能并行计算,对有效雷诺数为 $10^5 \sim 10^6$ 的绕流流动进行数值模拟(战庆亮,2017)。基于分区强耦合策略实现结构非线性动力模型与桥梁构件非线性气动力数值模型数据交换,建立能再现大跨桥梁风振全过程的准三维数值模拟平台,并尝试进行全三维数值模拟(刘十一,2014)。实现典型桥梁全桥绕流准三维数值模拟,对其风致响应、失稳形态进行时域数值模拟及可视化处理,并与其全桥气弹模型风洞试验相验证。

6.1.1　二维和三维桥梁气动力 CFD 数值识别

1. 静力三分力与三分力系数识别

1) 二维 CFD 数值模拟平台

基于有限体积方法,自主研发了集前处理、CFD 计算和后处理为一体的 CFD 数值模拟平台(图 6.1),可对桥梁关键风效应进行模拟。在交错网格布置格式、非结构化网格插值算法和动网格大变形算法方面做出了重要创新,并开发了代数多重网格求解器,实现了高数值稳定性、计算精度和计算效率的平衡。

2) 二维 CFD 三分力系数识别

参考我国舟山西堠门大桥(中央开槽断面,宽度 $B=36.1\text{m}$,高度 $H=3.5\text{m}$)、美国塔科马大桥(H 形断面,宽度 $B=11.9\text{m}$,高度 $H=2.4\text{m}$)、丹麦大带东桥(闭口箱梁断面,宽度 $B=31\text{m}$,高度 $H=4.4\text{m}$)和我国润扬长江公路大桥(闭口箱梁

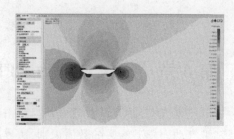

图 6.1　二维 CFD 数值模拟平台

断面,宽度 $B=38.7$m,高度 $H=3$m)的断面形式,对大跨度悬索桥典型加劲梁断面的绕流特性进行分析,四类典型桥梁断面绕流形态如图 6.2 所示。计算过程中,各流场分析统一采用雷诺数(相对主梁宽度),基于 Smagorinsky 湍流模型进行二维大涡(LES)模拟,并结合 Spalding 率对壁面网格处的湍黏性进行修正。静力三分力系数二维计算值与试验值比较如表 6.1 所示。

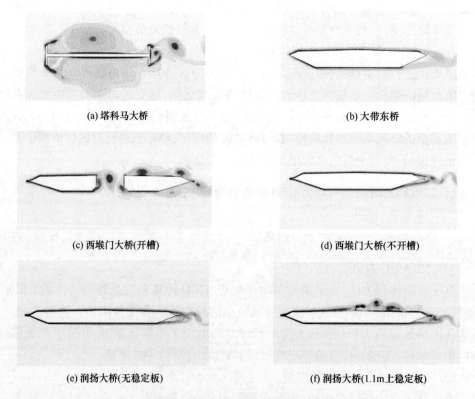

(a) 塔科马大桥　　　　　　　　　　　　　　　　(b) 大带东桥

(c) 西堠门大桥(开槽)　　　　　　　　　　　　　(d) 西堠门大桥(不开槽)

(e) 润扬大桥(无稳定板)　　　　　　　　　　　　(f) 润扬大桥(1.1m上稳定板)

图 6.2　四类典型桥梁断面绕流形态

表 6.1　静力三分力系数二维计算值与试验值比较 (0°攻角)

桥名	对比	Re	C_D	C_L	C_M
西堠门大桥 (开槽)	CFD(施工)	2×10^5	0.029	−0.044	−0.005
	试验	1×10^5	0.090	−0.065	0.0065
西堠门大桥 (不开槽)	CFD(施工)	2×10^5	0.031	−0.052	0.002
	试验	—	—	—	—
大带东桥	CFD(施工)	1×10^5	0.060	−0.026	0.031
	试验	3×10^5	0.077	0.067	0.028
塔科马大桥	CFD(施工)	2×10^5	0.075	0.01	0.007
	试验	—	—	—	—
润扬大桥 (有稳定板)	CFD(施工)	2×10^5	0.036	−0.116	−0.020
	试验	4×10^5	0.060	−0.144	−0.021
润扬大桥 (无稳定板)	CFD(施工)	2×10^5	0.027	−0.045	−0.001
	试验	4×10^5	0.031	−0.087	−0.001

图 6.3 为润扬大桥断面三分力系数计算结果与试验结果对比。由图可见,LES 方法和 RANS 方法计算得到的三分力系数曲线接近,两种方法得到了相互验证,故对于加稳定板的断面计算,只考虑采用 LES 方法。计算得到的升力系数 C_L 和升力矩系数 C_M 与试验结果比较接近,而阻力系数 C_D 与试验结果有一定的差别,这种差别可能是计算模型未准确考虑箱梁表面的附属结果导致的。

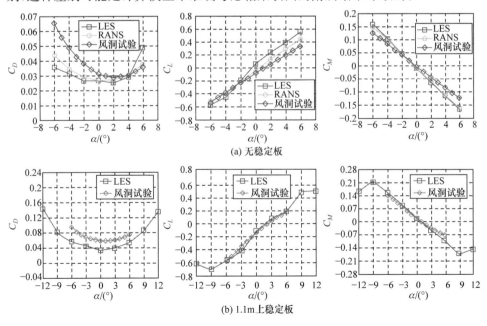

(a) 无稳定板

(b) 1.1m 上稳定板

图 6.3　润扬大桥三分力系数对比

西堠门大桥断面三分力系数的计算结果与试验结果如图 6.4 所示。可以看到,采用 LES 方法计算得到的断面三分力系数与试验结果总体上比较接近,但是某些攻角条件下两者有一定误差。由于试验断面附加了栏杆,这种差别在一定程度上是由栏杆影响引起的。

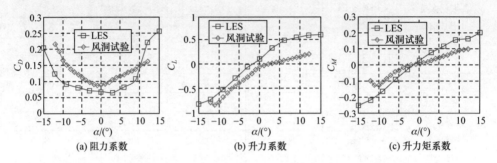

(a) 阻力系数　　　　　　　　(b) 升力系数　　　　　　　(c) 升力矩系数

图 6.4　西堠门大桥(开槽)断面三分力系数计算结果与试验结果对比

3) 三维 CFD 三分力系数识别

计算程序采用非结构化网格下的有限体积法离散方法,具有复杂区域适应性好、局部加密灵活和便于自适应的优点。该程序提出了一种适用于三维非结构网格的二阶精度格式,表 6.2 中对静力三分力系数的二维、三维计算值进行了比较,结果表明,三维网格的离散求解稳定性好。由于连续性方程中不显含压力梯度,程序采用 Rhie-Chow 动量插值技术克服由非交错网格可能引起的非物理振荡问题。在时间上采用三层全隐式格式,具有二阶精度及良好的稳定性。

表 6.2　静力三分力系数二维、三维计算值比较

桥名	对比	Re	C_D			C_L			C_M		
			$-3°$	$0°$	$+3°$	$-3°$	$0°$	$+3°$	$-3°$	$0°$	$+3°$
西堠门大桥	二维	2×10^5	0.072	0.029	0.065	-0.059	-0.044	0.331	-0.029	-0.005	0.076
	三维	3×10^5	0.040	0.034	0.035	-0.147	0.121	0.196	-0.022	0.029	0.078
大带东桥	二维	2×10^5	0.051	0.060	0.059	-0.234	-0.026	0.479	-0.039	0.031	0.108
	三维	3×10^5	0.0398	0.0588	0.045	-0.421	-0.035	0.287	-0.035	0.039	0.104
塔科马大桥	二维	2×10^5	0.422	0.075	0.417	-0.518	0.01	0.933	-0.020	0.007	0.019
	三维	1×10^5	0.237	0.241	0.243	-0.321	0.022	0.291	-0.029	-0.0049	0.0273
润扬大桥	二维	2×10^5	0.029	0.027	0.028	-0.299	-0.045	0.210	-0.078	-0.001	0.076
	三维	3×10^5	0.0185	0.0271	0.081	-0.213	0.033	0.244	-0.062	0.0101	0.088

图 6.5 为典型桥梁断面三维绕流流场结构,速度等值面和涡量等值面都体现了断面绕流流场的三维特性。西堠门大桥开槽处存在明显的复杂三维流场,且上游断面产生的边界层涡在开槽处拉伸失稳,并与下游断面产生的涡相互作用,在下

游断面尾流区表现为明显的三维流场特性,速度等值面和涡量等值面均失稳破碎。塔科马大桥由于其钝体特征,在断面前端产生强烈的流动分离,并在断面上下表面形成复杂的三维流场,以及复杂的三维尾流流场。

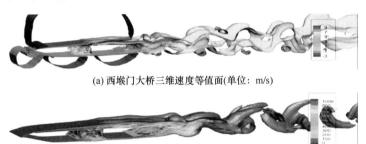

(a) 西堠门大桥三维速度等值面(单位: m/s)

(b) 西堠门大桥三维涡量等值面(单位: s^{-1})

(c) 塔科马大桥三维速度等值面(单位: m/s)

(d) 塔科马大桥三维涡量等值面(单位: s^{-1})

图6.5　典型桥梁断面三维绕流流场结构

对比表6.2可知,二维数值模拟结果与三维数值模拟结果对三分力系数的模拟总体趋势吻合较好。但对于塔科马大桥,两者阻力系数相差较大,原因为塔科马大桥的流动分离剧烈,流场三维特性强烈,造成二维与三维计算所得流场差别较大。而对于流线型断面,二维阻力系数结果普遍偏大,这是由于二维计算无法得到三维流场回流区。同时,二维流场结构与三维流场结构也有差异,主要表现为三维尾流涡量场尾流旋涡失稳断裂位置比二维长。

2. 非线性自激气动力模型与参数拟合

1) 非线性凝聚子系统模型

非线性凝聚子系统模型具有以下基本形式:

$$\begin{cases} f = f(x, \dot{x}, \ddot{x}, \phi, \dot{\phi}) \\ \dot{\phi} = \dot{\phi}(\phi, x, \dot{x}) \end{cases} \tag{6.1}$$

式中,f为输出的气动力向量;x为输入变量;ϕ为子系统内部自由度。

模型气动力表达式为

$$\boldsymbol{F}=(F\quad V\quad M)^{\mathrm{T}}=\boldsymbol{f}_{\mathrm{st}}+\boldsymbol{f}_{\mathrm{m}}+\boldsymbol{f}_{\mathrm{dyn}}+\boldsymbol{f}_{\mathrm{grad}}+\boldsymbol{f}_{\mathrm{lag}} \tag{6.2}$$

式中，$\boldsymbol{f}_{\mathrm{st}}$ 为定常气动力分量；$\boldsymbol{f}_{\mathrm{m}}$ 为气动惯性力分量；$\boldsymbol{f}_{\mathrm{dyn}}$ 为气动力动态分量；$\boldsymbol{f}_{\mathrm{grad}}$ 为压强梯度分量；$\boldsymbol{f}_{\mathrm{lag}}$ 为气动力记忆效应分量。

如图 6.6 所示，非线性凝聚子系统模型介于 CFD 模拟和有理函数模型之间，并未直接求解流场，而是采用凝聚子系统来模拟流场的气动力效应。非线性凝聚子系统输入变量及气动力分量的关系如图 6.7 所示。

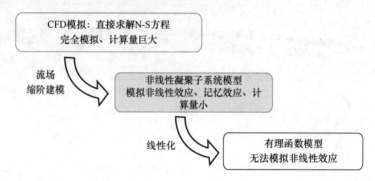

图 6.6　非线性凝聚子系统模型与 CFD 模拟和有理函数模型之间的联系

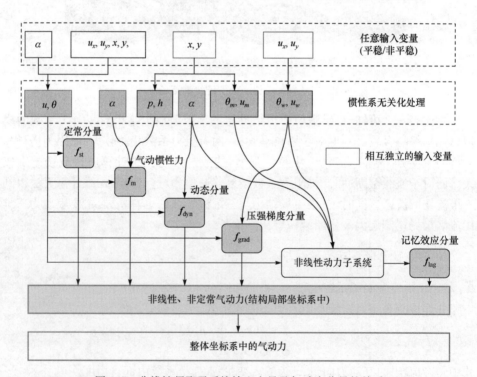

图 6.7　非线性凝聚子系统输入变量及气动力分量的关系

非线性凝聚子系统气动力模型的参数如表 6.3 所示。

表 6.3　非线性凝聚子系统气动力模型参数汇总

模型分量	表达式	参数
定常气动力分量 $\boldsymbol{f}_{st}$	$\boldsymbol{f}_{st}=(F_{st}\quad V_{st}\quad M_{st})^{T},\quad\begin{cases}F_{st}=\dfrac{1}{2}\rho u^2BC_F(\theta)\\[2mm] V_{st}=\dfrac{1}{2}\rho u^2BC_V(\theta)\\[2mm] M_{st}=\dfrac{1}{2}\rho u^2B^2C_M(\theta)\end{cases}$	$C_F(\theta)$、$C_V(\theta)$、$C_M(\theta)$（体轴三分力系数）
气动惯性力分量 $\boldsymbol{f}_{m}$	$\boldsymbol{f}_{m}=(F_{m}\quad V_{m}\quad M_{m})^{T},\quad\begin{cases}F_{m}=-\rho B^2I_p\ddot{p}\\[1mm] V_{m}=-\rho B^2I_h\ddot{h}\\[1mm] M_{m}=-\rho B^4I_a\ddot{a}\end{cases}$	I_p、I_h、I_a（气动附加质量系数）
气动力动态分量 $\boldsymbol{f}_{dyn}$	$\boldsymbol{f}_{dyn}=(F_{dyn}\quad V_{dyn}\quad M_{dyn})^{T}$ $F_{dyn}=\dfrac{1}{2}\rho u^2B\left[D_{F1}(\theta)\left(\dfrac{B}{u}\dot{a}\right)+D_{F2}(\theta)\left(\dfrac{B}{u}\dot{a}\right)^2\right]$ $V_{dyn}=\dfrac{1}{2}\rho u^2B\left[D_V(\theta)\left(\dfrac{B}{u}\dot{a}\right)\right]$ $M_{dyn}=\begin{cases}\dfrac{1}{2}\rho u^2B^2\left[D_{M1}(\theta)\left(\dfrac{B}{u}\dot{a}\right)+D_{M2^+}(\theta)\left(\dfrac{B}{u}\dot{a}\right)^2\right],\ \dot{a}\geqslant0\\[3mm]\dfrac{1}{2}\rho u^2B^2\left[D_{M1}(\theta)\left(\dfrac{B}{u}\dot{a}\right)+D_{M2^-}(\theta)\left(\dfrac{B}{u}\dot{a}\right)^2\right],\ \dot{a}<0\end{cases}$	$D_{F1}(\theta)$、$D_{F2}(\theta)$、$D_V(\theta)$、$D_{M1}(\theta)$、$D_{M2^+}(\theta)$、$D_{M2^-}(\theta)$
压强梯度分量 $\boldsymbol{f}_{grad}$	$\boldsymbol{f}_{grad}=(F_{grad}\quad V_{grad}\quad M_{grad})^{T}$ $F_{grad}=\dfrac{1}{2}\rho u^2B\left[E_F(\theta)\left(\dfrac{B}{u^2}\dot{u}_w\right)+F_F(\theta)\left(\dfrac{B}{u}\dot{\theta}_w\right)\right]$ $V_{grad}=\dfrac{1}{2}\rho u^2B\left[E_V(\theta)\left(\dfrac{B}{u^2}\dot{u}_w\right)+F_V(\theta)\left(\dfrac{B}{u}\dot{\theta}_w\right)\right]$ $M_{grad}=\dfrac{1}{2}\rho u^2B^2\left[E_M(\theta)\left(\dfrac{B}{u^2}\dot{u}_w\right)+F_M(\theta)\left(\dfrac{B}{u}\dot{\theta}_w\right)\right]$	$E_F(\theta)$、$E_V(\theta)$、$E_M(\theta)$、$F_F(\theta)$、$F_V(\theta)$、$F_M(\theta)$
气动力记忆效应分量 $\boldsymbol{f}_{lag}$	$\boldsymbol{f}_{lag}\begin{cases}F_{lag}\\V_{lag}=\dfrac{1}{2}\rho u^2\begin{bmatrix}B&&\\&B&\\&&B\end{bmatrix}\boldsymbol{R}(\theta,\boldsymbol{\phi}_m,\boldsymbol{\phi}_w)\\M_{lag}\end{cases}$ $\boldsymbol{R}(\theta,\boldsymbol{\phi}_m,\boldsymbol{\phi}_w)=\boldsymbol{R}_m(\theta)\boldsymbol{\phi}_m+\boldsymbol{R}_w(\theta)\boldsymbol{\phi}_w$	$\boldsymbol{R}_m(\theta)$、$\boldsymbol{R}_w(\theta)$
自激力子系统	$\dfrac{B}{u}\dot{\boldsymbol{\phi}}_m=-\boldsymbol{K}_m(\theta,\boldsymbol{\phi}_m)+\boldsymbol{G}_a\left(\theta,\dfrac{B}{u}\dot{a}\right)$ $\quad+\boldsymbol{G}_m\left(\theta,\dfrac{B}{u}\dot{\theta}_m\right)+\boldsymbol{H}_m\left(\theta,\dfrac{B}{u^2}\dot{u}_m\right)$ 等	$K_{m1}(\theta)$、$K_{m2}(\theta)$、$G_{a1}(\theta)$、$G_{a2}(\theta)$、$G_{a3}(\theta)$、$G_{m1}(\theta)$、$G_{m2}(\theta)$、$G_{m3}(\theta)$、$H_{m1}(\theta)$、$H_{m2}(\theta)$、$H_{m3}(\theta)$
抖振力子系统	$\dfrac{B}{u}\dot{\boldsymbol{\phi}}_w=-\boldsymbol{K}_w(\theta,\boldsymbol{\phi}_w)+\boldsymbol{G}_w\left(\theta,\dfrac{B}{u}\dot{\theta}_w\right)+\boldsymbol{H}_w\left(\theta,\dfrac{B}{u^2}\dot{u}_w\right)$ 等	$K_{w1}(\theta)$、$K_{w3}(\theta)$、$G_{w1}(\theta)$、$G_{w2}(\theta)$、$G_{w3}(\theta)$、$H_{w1}(\theta)$、$H_{w2}(\theta)$、$H_{w3}(\theta)$

2) 自激气动参数拟合

参数包括振动频率 f(Hz)、单侧振幅 A、振动包含的完整周期数 n。位移表达式为

$$x(t)=\begin{cases} \dfrac{A}{2}\left(\cos\left(\dfrac{\pi}{T_c^2}t^2\right)-1\right), & 0\leqslant t\leqslant T_c \\[2mm] -A\cos\left(\dfrac{2\pi}{T}(t-T_c)\right), & T_c<t\leqslant t_{all}-T_c \\[2mm] -\dfrac{A}{2}\left(\cos\dfrac{\pi}{T_c^2}(t_{all}-t)^2-1\right), & t_{all}-T_c<t\leqslant t_{all} \\[2mm] 0, & \text{其他} \end{cases}$$

当振动频率 $f=3$Hz,振幅 $A=1$m,振动周期 $n=5$s 时,强迫振动的位移时程如图 6.8(a)所示,速度和加速度的时程如图 6.8(b)所示:

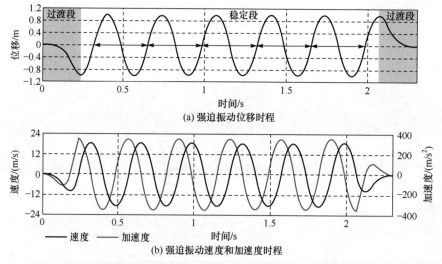

(a) 强迫振动位移时程

(b) 强迫振动速度和加速度时程

图 6.8　强迫振动时程($f=3$Hz,$A=1$m,$n=5$s)

每个工况的强迫振动周期为 $n=10$s。CFD 模拟的雷诺数为 $Re=2\times10^5$(相对结构宽度 B),主梁表面网格的三角形边长为 $B/200$,计算域中最大的网格三角形边长为 $B/8$,主梁宽度 $B=38.9$m。当折算风速 $U_r=14$m/s,扭转振幅为 $20°$时,流场如图 6.9 所示。

润扬大桥断面三分力系数随攻角的变化关系由 CFD 模拟获得,如图 6.10 所示。

对于润扬大桥断面气动参数拟合时的非线性凝聚子系统自激力模型采用 5 个子系统自由度。其中体轴三分力系数由风轴的三分力系数(图 6.10)换算得到,气动质量系数取 $I_p=0.00644$,$I_h=0.75394$,$I_\alpha=0.02333$。各标量函数用 θ 的 B-spline 来描述,B-spline 分段数量为 5,各 B-spline 包含 7 个控制点。拟合界面如图 6.11 所示。

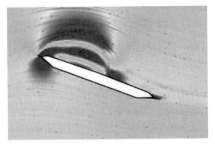

(a) 无中央稳定板

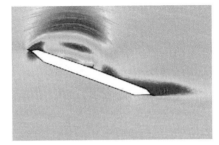

(b) 1.1m中央稳定板

图 6.9　主梁强迫振动 CFD(RANS)流场模拟($U_r = 14\text{m/s}, \alpha_{\max} = 20°$)

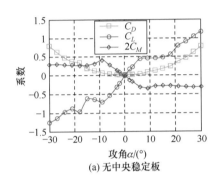

(a) 无中央稳定板

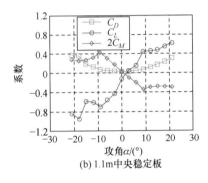

(b) 1.1m中央稳定板

图 6.10　润扬大桥断面三分力系数随攻角的变化曲线

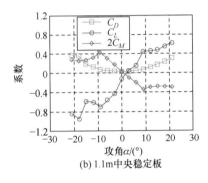

图 6.11　非线性凝聚子系统模型参数拟合界面

　　用于拟合的 120 个工况下的位移和气动力时程数据共包含 25.5 万个离散数据时间点,考虑阻力、升力和升力矩三个分量后,共有 76.5 万个待拟合数据点,经过约 1000 次迭代后收敛,拟合获得的非线性凝聚子系统模型的各个参数随瞬时相对攻角 θ 的变化曲线分别如图 6.12(原始断面)和图 6.13(加 1.1m 中央稳定板断面)所示。

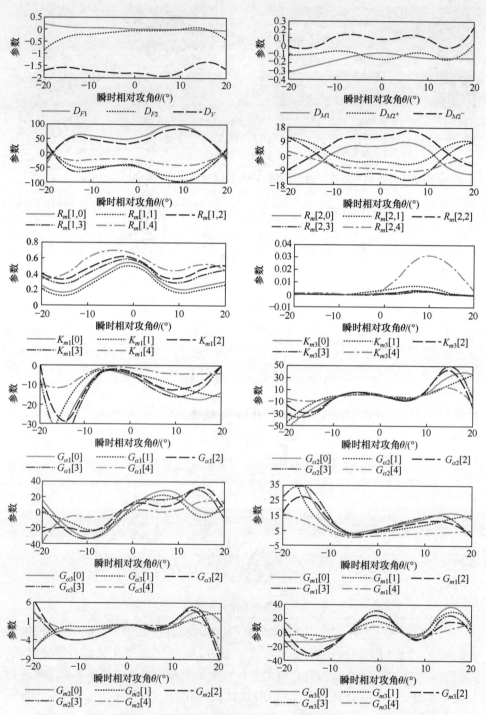

图 6.12　非线性凝聚子系统模型参数随瞬时攻角的变化曲线（润扬大桥原始断面）

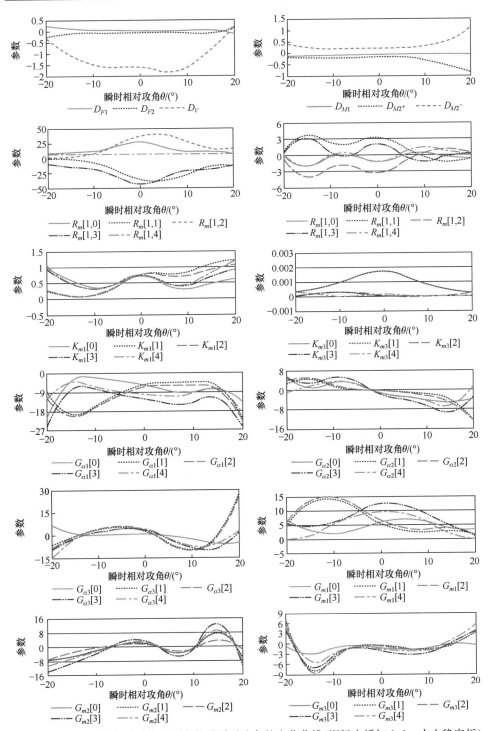

图 6.13　非线性凝聚子系统模型参数随瞬时攻角的变化曲线(润扬大桥加 1.1m 中央稳定板)

3) 自激气动力滞回曲线验证

滞回曲线不仅描述了气动力幅值的大小，而且描述了气动力和结构振动之间的相位差。计算在不同折算风速和不同振幅下拟合的凝聚子系统自激力模型分别由竖弯、扭转振动产生的阻力、升力和升力矩滞回曲线，并与 CFD 模拟结果进行比较，结果如图 6.14～图 6.19 所示。

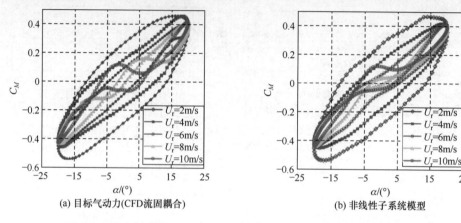

图 6.14　润扬大桥原始断面扭转强迫振动 C_M-α 滞回曲线（$\alpha_{\max} = 20°$）

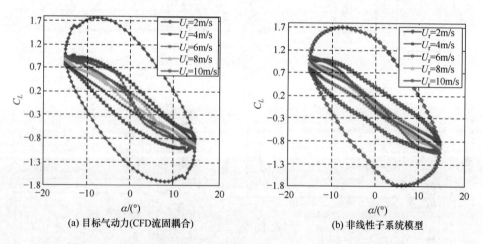

图 6.15　润扬大桥原始断面扭转强迫振动 C_L-α 滞回曲线（$\alpha_{\max} = 15°$）

由图 6.14～图 6.19 可知，非线性凝聚子系统气动力模型能准确地拟合不同折算风速和不同振幅下的竖弯和扭转强迫振动所产生的自激力时程，再现阻力、升力和升力矩与结构振动之间的复杂非线性滞回曲线。

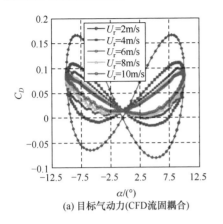

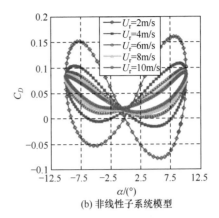

(a) 目标气动力(CFD流固耦合)　　　　　　　　　(b) 非线性子系统模型

图 6.16　润扬大桥原始断面扭转强迫振动 C_D-α 滞回曲线(α_{max}＝10°)

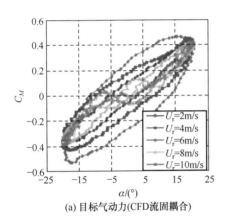

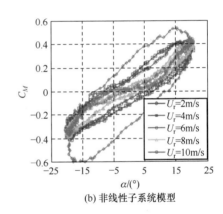

(a) 目标气动力(CFD流固耦合)　　　　　　　　　(b) 非线性子系统模型

图 6.17　润扬大桥加中央稳定板断面扭转强迫振动 C_M-α 滞回曲线(α_{max}＝20°)

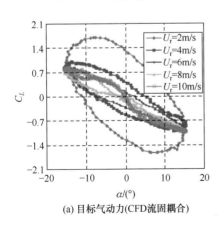

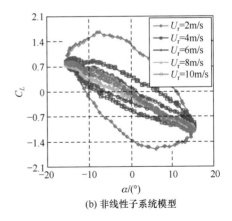

(a) 目标气动力(CFD流固耦合)　　　　　　　　　(b) 非线性子系统模型

图 6.18　润扬大桥加中央稳定板断面扭转强迫振动 C_L-α 滞回曲线(α_{max}＝15°)

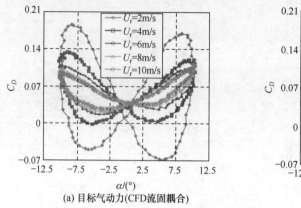
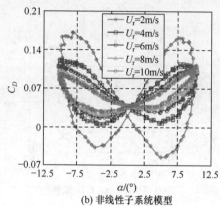

(a) 目标气动力(CFD流固耦合)　　　　　　(b) 非线性子系统模型

图 6.19　润扬大桥加中央稳定板断面扭转强迫振动 C_D-α 滞回曲线($\alpha_{max}=10°$)

3. 非线性强迫气动力模型与参数拟合

1) 非线性抖振力参数拟合

润扬长江大桥抖振力参数识别过程中,仍使用二维 CFD 计算平台,对竖向振荡来流下的断面绕流进行模拟,然后根据 CFD 模拟获得的抖振力时程拟合非线性凝聚子系统模型。CFD 模拟采用雷诺平均法,湍流模型为 k-ω 剪切应力运输模型。图 6.20 显示了润扬大桥两种断面不同工况下的来流脉动单频振荡 CFD 模拟。

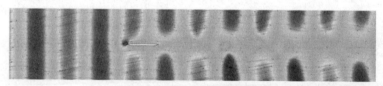

(a) $Bf/U=1/2$, $U_y/U=0.36$(原始断面)

(b) $Bf/U=1/14$, $U_y/U=0.36$(原始断面)

(c) $Bf/U=1/2$, $U_y/U=0.36$(加中央稳定板断面)

(d) Bf/U=1/14, U_y/U=0.36(加中央稳定板断面)

图 6.20　来流脉动单频振荡 CFD 模拟

　　非线性凝聚子系统抖振力模型采用 5 个子系统自由度。用于拟合的 60 个来流风速振荡工况时程数据包含 16.9 万个离散时间点,考虑阻力、升力和升力矩三个分量后,共有 50.6 万个待拟合数据点,非线性凝聚子系统抖振力模型包含 280 个待拟合参数,进行依次非线性最小二乘拟合迭代耗时 3.3s,非线性拟合经过 600 次迭代后收敛,拟合获得的非线性凝聚子系统气动力模型的各个参数随瞬时相对攻角的变化曲线如图 6.21 和图 6.22 所示。

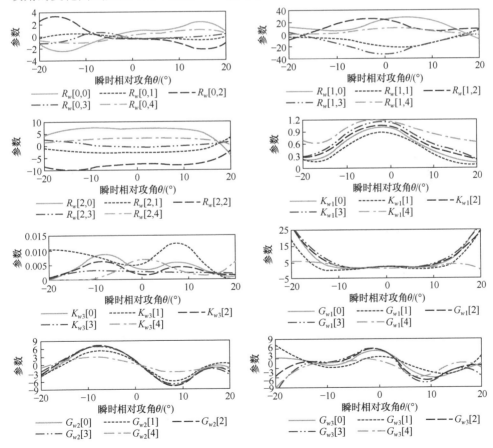

图 6.21　润扬大桥原始断面非线性子系统抖振力模型气动参数拟合结果

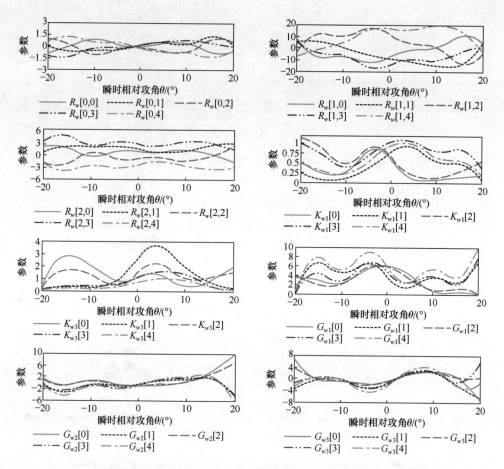

图 6.22　润扬大桥加中央稳定板断面非线性子系统抖振力模型气动参数拟合结果

2）抖振力幅值谱验证

图 6.23 和图 6.24 给出了润扬大桥原始断面和加中央稳定板断面在竖向脉动风 $U_y/U=0.36, Bf/U=1/16$ 时的气动力时程拟合结果，从时域角度说明了非线性凝聚子系统模型模拟气动力的可靠性。

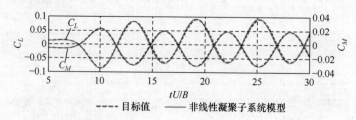

图6.23　原始断面竖向脉动风 $U_y/U=0.36, Bf/U=1/16$ 时的抖振力时程

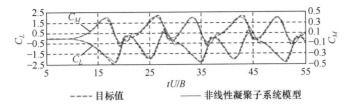

图 6.24　加 1.1m 中央稳定板断面竖向脉动风 $U_y/U=0.36, Bf/U=1/16$ 时的抖振力时程

　　在单频脉动风速输入下，抖振力的模拟重点是幅值模拟与倍频分量模拟。抖振力与脉动风速之间的相位差通常可以忽略，主要有两方面原因：①抖振力相位只使得结构抖振响应提前和推后，并不影响抖振响应幅值；②风速的测量点位置可能不精确，风速时程本身可能存在一定的相位误差。为了检验抖振力模型拟合的准确程度，将拟合的非线性凝聚子系统抖振力模型在不同折减频率、不同竖向风速脉动幅值下的阻力、升力和升力矩幅值谱和 CFD 模拟结构的幅值谱进行比较。典型工况下，润扬大桥两种断面的气动力幅值谱分别如图 6.25 和图 6.26 所示。

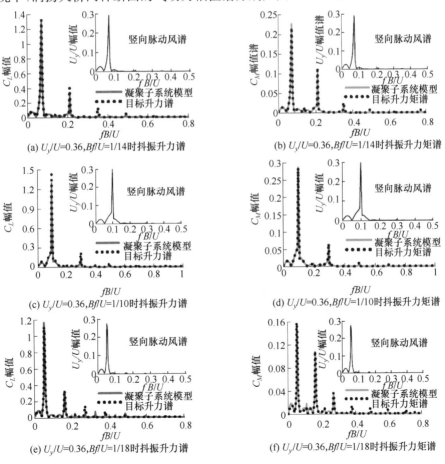

(a) $U_y/U=0.36, Bf/U=1/14$ 时抖振升力谱

(b) $U_y/U=0.36, Bf/U=1/14$ 时抖振升力矩谱

(c) $U_y/U=0.36, Bf/U=1/10$ 时抖振升力谱

(d) $U_y/U=0.36, Bf/U=1/10$ 时抖振升力矩谱

(e) $U_y/U=0.36, Bf/U=1/18$ 时抖振升力谱

(f) $U_y/U=0.36, Bf/U=1/18$ 时抖振升力矩谱

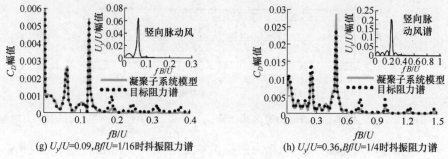

(g) U_y/U=0.09,Bf/U=1/16时抖振阻力谱　　　(h) U_y/U=0.36,Bf/U=1/4时抖振阻力谱

图 6.25　润扬大桥原始断面抖振力幅值谱验证

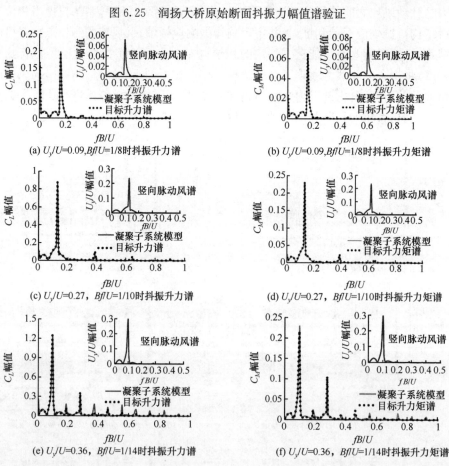

(a) U_y/U=0.09,Bf/U=1/8时抖振升力谱　　　(b) U_y/U=0.09,Bf/U=1/8时抖振升力矩谱

(c) U_y/U=0.27，Bf/U=1/10时抖振升力谱　　　(d) U_y/U=0.27，Bf/U=1/10时抖振升力矩谱

(e) U_y/U=0.36，Bf/U=1/14时抖振升力谱　　　(f) U_y/U=0.36，Bf/U=1/14时抖振升力矩谱

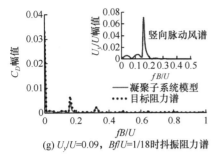
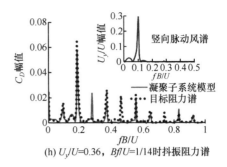

(g) $U_y/U=0.09$，$Bf/U=1/18$时抖振阻力谱 　　(h) $U_y/U=0.36$，$Bf/U=1/14$时抖振阻力谱

图 6.26　润扬大桥加中央稳定板断面抖振力幅值谱验证

从图 6.25 和图 6.26 中的抖振力幅值谱比较，可以得到以下结论：

（1）非线性凝聚子系统抖振力模型拟合结果能准确反映不同频率和振幅的竖向脉动风产生的抖振力频谱，主要频率成分和倍频成分均能准确拟合。

（2）单频来流脉动在自身频率及其整数倍频率上都产生明显的抖振力输出，抖振力倍频分量不可忽略。随着折减频率 fB/U 的增大，抖振力倍频成分逐渐减少。随着脉动风幅值 U_y/U 的增大，抖振力倍频成分逐渐增加。

（3）升力矩的倍频效应大于升力的倍频效应，而阻力的倍频效应大于升力矩的倍频效应。在低折减频率下，升力矩的主要频率成分随着脉动风速振幅的增大而减小，而倍频成分则随脉动风速振幅的增大而迅速增大。阻力倍频成分通常大于主要频率，因此阻力具有最强非线性。

6.1.2　高雷诺数效应的物理和数值模拟

1. 节段模型涡激共振试验的模型尺度效应

涡激振动是一种在低风速下发生的共振现象，是结构风致振动中最为常见的一种振动形式。涡激共振涉及流体的非线性及结构与流体之间复杂的耦合效应，目前无法从理论上给出涡振问题的解析模型（黄智文和陈政清，2015）。进行主梁刚性节段缩尺模型的弹性悬挂动力试验是检验大跨度桥梁涡振性能的常用手段（Hua et al.，2015）。相同 Sc 的大小尺度模型的涡振振幅差异很大，大尺度节段模型的无量纲涡振振幅仅约为小尺度模型实测值的一半，如表 6.4 所示（Chen et al.，2013）。表 6.5 给出了同济大学研究人员采用 1：30 和 1：60 两种不同尺度的模型对西堠门大桥主梁开展的涡振风洞试验结果，结果同样也表明由大尺度模型换算的实桥涡振振幅仅约为小尺度模型实桥值的一半。

表 6.4　大小尺度矩形模型试验结果（Chen et al.，2013）

模型类型	L/m	B/m	D/m	第一涡振区间		第二涡振区间	
				雷诺数	无量纲振幅	雷诺数	无量纲振幅
大尺度模型	1.54	0.72	0.12	$9.7\times10^3\sim5.0\times10^4$	0.019	$2.0\times10^4\sim1.1\times10^5$	0.045
小尺度模型	1.54	0.40	0.067	$3.4\times10^3\sim1.1\times10^4$	0.036	$6.0\times10^3\sim2.5\times10^4$	0.092

表 6.5　西堠门大桥断面大小尺度模型试验结果

模型类型	A	B	C	D	E	F
数值模拟结果(实桥)	0.236m	0.141m	0.310m	0.152m	0.224°	0.143°
1∶60 小尺度模型(换算到实桥)	—	—	—	0.191m	—	0.723°
1∶30 大尺度模型(换算到实桥)	—	—	—	0.101m	—	0°

1)涡激振动位移结果

图 6.27～图 6.29 分别给出了位于均匀流场风洞中大尺度模型、小尺度短模型及小尺度长模型悬挂系统示意图。对于各模型,均在风洞中观测到了竖向涡激共振。

　　(a) 大尺度模型弹性悬挂系统　　　　　　　　(b) 大尺度模型固定系统

图 6.27　均匀流场中大尺度模型悬挂系统和固定系统示意图

　　(a) 小尺度短模型弹性悬挂系统　　　　　　　(b) 小尺度短模型固定系统

图 6.28　均匀流场中小尺度短模型悬挂系统和固定系统示意图

将大尺度模型、小尺度短模型及小尺度长模型在均匀流场中的涡激振动竖向无量纲位移随折减风速的变化曲线进行对比,如图 6.30 所示。从图中可以看出:

(1)在均匀流场中,大尺度模型出现了两个涡激振动区间,由图 6.30 可以发

图 6.29　均匀流场中小尺度长模型弹性悬挂系统示意图

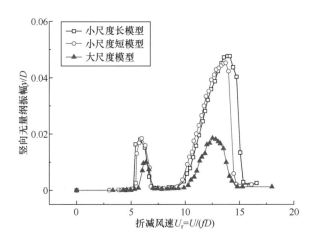

图 6.30　三个模型均匀流场竖向无量纲振幅对比

现,大尺度模型的第二涡激振动区间最大振幅明显大于第一涡激振动区间。小尺度短模型和小尺度长模型也明显出现了两个涡激振动区间,且第二涡激振动区间的最大振幅也明显大于第一涡激振动区间。

（2）三个模型的第一涡激振动区的起始点和第二涡激振动区间的起始点基本相同。

（3）小尺度的两个模型锁定区间及振幅大小基本一致,而且第二涡激振动区间的起振风速点也基本相同。最大振幅处虽然略有差异,原因可能是调节阻尼比的过程中产生的阻尼比差异造成最大振幅以及第二涡激振动结束点略有不同。

（4）大尺度模型与小尺度短模型和小尺度长模型涡激振动的两个涡激振动区间最大无量纲振幅存在很大的差异。由相似原则可知,大小尺度模型换算到的无量纲振幅应该是相同的,但此次试验发现小尺度模型的最大无量纲振幅远大于大尺度模型。

2) 气动力相关性研究

(1) 均匀流场气动力展向相关性。

图 6.31 给出了大尺度模型升力系数时程曲线,风速选取见图 6.5。

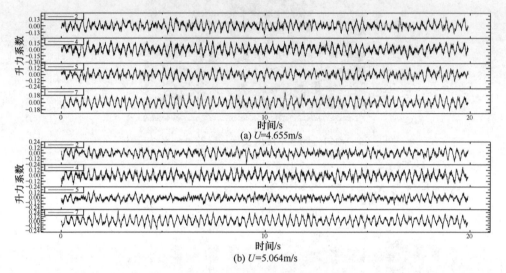

图 6.31　大尺度模型升力系数时程曲线

当模型处于均匀流场时,选取处于第二涡激振动区间外、第二涡激振动起始点、第二涡激振动上升段、第二涡激振动位移最大点、第二涡激振动区间下降段以及第二涡激振动区间结束点的位移所对应的风速的升力数据进行相关性分析,并研究在涡激振动锁定区间外及锁定区间内不同振幅下其展向相关性的不同。风速的选取如图 6.32 和表 6.6 所示。

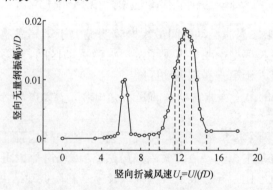

图 6.32　大尺度模型升力系数相关性分析

表 6.6　大尺度模型升力系数相关性分析风速选取表

参数	涡激振动锁定区外	涡激振动起始点	涡激振动锁定区上升段		涡激振动位移最大点	涡激振动锁定区下降段	涡激振动锁定区结束点
风速/(m/s)	3.594	3.995	4.664	4.853	5.064	5.359	5.99
无量纲风速	8.887	9.878	11.535	12.000	12.522	13.251	14.812
竖向无量纲振幅 y/D	0.0007	0.0009	0.0119	0.0163	0.0186	0.0166	0.0012

图 6.33 给出了大尺度模型各个断面升力系数展向相关性。图 6.34 给出了大尺度模型第二涡激振动区内升力系数均方差随风速的变化曲线。由图 6.34 可见，随着风速的变化，每一排的升力系数均方差都会随着风速的增加先增大后减小。此模型发生最大振幅时的风速为 5.064m/s，此时的升力系数均方差已经处于减小的趋势。由此可以得出，当振幅最大时，升力系数均方差未必最大。

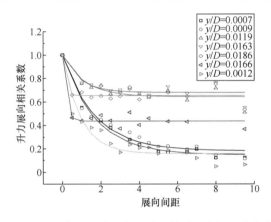

图 6.33　大尺度模型升力展向相关系数随展向间距的变化曲线

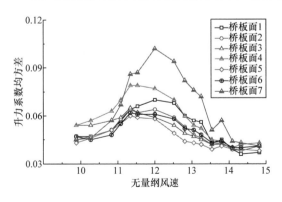

图 6.34　大尺度模型第二涡激振动区内升力系数均方差随风速的变化曲线

　　图 6.35 给出了两种风速下小尺度短模型 2、4、5、7 排升力系数时程曲线。风速的选取如图 6.36 和表 6.7 所示。

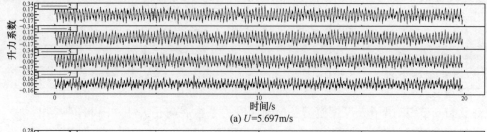

(a) $U=5.697\text{m/s}$

(b) $U=6.180\text{m/s}$

图 6.35　小尺度短模型升力系数时程曲线

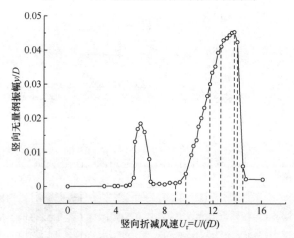

图 6.36　小尺度短模型升力系数相关性分析

表 6.7　小尺度短模型升力系数相关性分析风速选取表

参数	涡激振动锁定区外	涡激振动起始点	涡激振动锁定区上升段		涡激振动位移最大点	涡激振动锁定区下降段	涡激振动锁定结束点
风速/(m/s)	3.995	4.380	5.277	5.697	6.180	6.293	6.618
无量纲风速	8.887	9.742	11.738	12.673	13.745	13.998	14.478
竖向无量纲振幅 y/D	0.0010	0.0038	0.0300	0.0411	0.0453	0.0424	0.0060

图 6.37 给出了小尺度短模型各个断面升力系数展向相关性。图 6.38 给出了小尺度长模型升力展向相关系数随展向间距的变化。

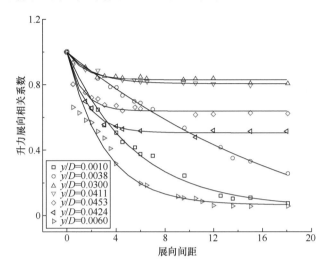

图 6.37　小尺度短模型升力展向相关系数随展向间距的变化

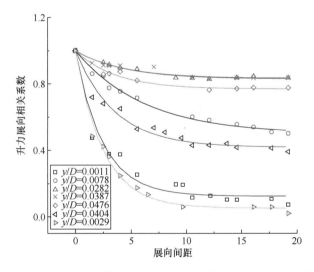

图 6.38　小尺度长模型升力展向相关系数随展向间距的变化

当模型处于均匀流场弹性悬挂状态下时,在三个矩形模型第二涡激振动区间上升段取两个无量纲振幅相同或者接近时对应风速下的展向相关性进行对比分析。图 6.39 给出了三个模型无量纲振幅接近情况下的展向相关性对比。相对于两个小尺度模型,大尺度模型在展向间距较小时的展向相关系数就已经迅速降低到某一值,随后稳定。而两个小尺度模型的展向相关性降低趋势要比大尺度模型缓慢很多,随着展向间距的增大而逐渐减小。在相同无量纲振幅下,两个小尺度短模型的展向相关性较接近,且大于大尺度模型的展向相关性。图 6.40 给出了三个模型静止绕流展向相关性对比。

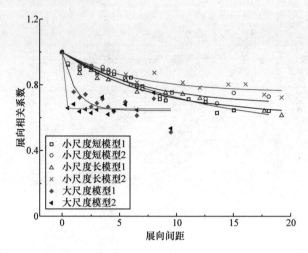

图 6.39　三个模型无量纲振幅接近情况下的展向相关性对比(弹性悬挂状态)

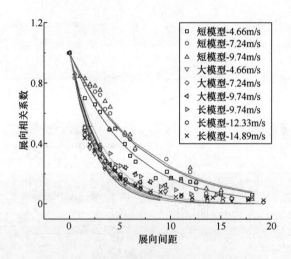

图 6.40　三个模型静止绕流展向相关性对比

(2)紊流场气动力展向相关性。

通过摆放尖劈以及粗糙元增加风场紊流度,当风速为 5.697m/s 时,与模型同样高度位置处顺风向的紊流度为 7.55%。风速选取如表 6.8 和表 6.9 所示。

表 6.8　小尺度短模型不同流场相关性对比时均匀流场风速选取表

参数	均匀流场			
振动状态	锁定区起点处	锁定区上升段	锁定区上升段	锁定区间下降段
无量纲风速	9.742	11.738	12.673	13.998
竖向无量纲振幅 y/D	0.0038	0.0300	0.0411	0.0424

表 6.9　小尺度短模型不同流场相关性对比时紊流场风速选取表

参数	紊流场			
振动状态	—	—	—	—
无量纲风速	9.742	11.738	12.409	14.234
竖向无量纲振幅 y/D	0.0016	0.0021	0.0023	0.00303

图 6.41 为不同流场中小尺度短模型升力系数相关性对比,详细对比了均匀流场与紊流场中在选取的风速相同或者接近的情况下升力系数展向相关性。由图可以看出,紊流场中小尺度短模型升力系数的展向相关性明显低于均匀流场。在均匀流场($U_r=9.742$,$y/D=0.0038$)和紊流场($U_r=9.742$,$y/D=0.0016$)时,两者虽然风速和竖向位移都比较接近,但是均匀流场中的升力系数展向相关性更大一些。而在均匀流场($U_r=11.738$、$U_r=12.673$、$U_r=13.998$)以及紊流场($U_r=11.738$、$U_r=12.409$、$U_r=14.234$)时,均匀流场中已发生明显的涡激振动,前者的展向相关性更大一些。因此,展向相关性受到振幅及紊流的双重作用。

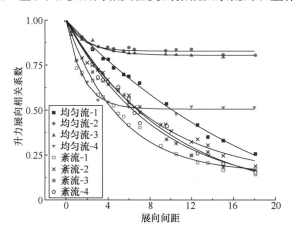

图 6.41　不同流场中小尺度短模型展向相关性对比

从前面所有结论可以看出,三个模型的 Sc 基本相等,且本次试验中模型均为矩形,气动外形不会造成最大无量纲振幅的不同,本次制作模型的材料均为木质材料,粗糙度相同,不会造成两个模型雷诺数有明显的不同,在试验过程中,模型严格按照在质量相似、阻尼比相同的前提下进行涡激振动试验,Sc 基本相同。排除了几个主要影响因素之后,通过以上结果可以得出,此次试验结果是正确的,而大小尺度模型无量纲振幅不同的原因是模型长宽比的影响,大尺度模型长宽比太小影响模型表面的绕流特性,从而导致相关性与升力系数均方差偏小,并导致有效涡激力变小,最终导致无量纲振幅偏小。

2. 实桥断面不同缩尺比涡振研究

以广东江顺大桥工程为依托,进行不同几何缩尺比的闭口流线型主梁断面涡振响应试验研究。主梁标准断面图如图 6.42 所示。为了研究闭口流线型钢箱梁的涡激振动响应雷诺数效应,分别进行了几何缩尺比为 1∶25 与 1∶60 两个主梁节段模型风洞试验,模型试验照片如图 6.43 和图 6.44 所示,表 6.10 和表 6.11 分别给出了几何缩尺比为 1∶60 与 1∶25 的主梁节段模型试验参数(周帅等,2017)。

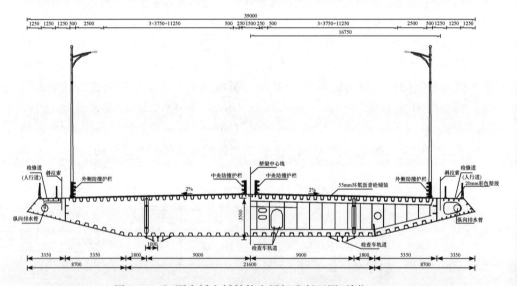

图 6.42　江顺大桥主桥结构主梁标准断面图(单位:mm)

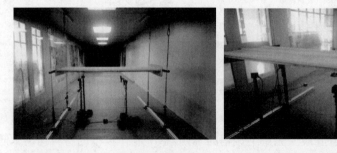

图 6.43　江顺大桥几何缩尺比为 1∶60 的主梁节段模型试验照片

图 6.44　江顺大桥几何缩尺比为 1 : 25 的主梁节段模型试验照片

表 6.10　几何缩尺比为 1 : 60 的闭口流线型主梁断面节段模型试验参数

参数	实桥值	缩尺比	模型设计值	模型实现值
主梁长度 L/m	108	1/60	1.8	1.8
主梁宽度 B/m	39	1/60	0.65	0.65
主梁高度 H/m	3.500	1/60	0.058	0.058
等效质量 $m_{\mathrm{eg}}/(\mathrm{kg/m})$	27900	$1/60^2$	13.95	13.93
等效质量惯矩 $I_{\mathrm{meq}}/(\mathrm{kg \cdot m^2/m})$	3290000	$1/60^4$	0.457	0.457
竖弯基频 $f_{\mathrm{h}}/\mathrm{Hz}$	0.2896	19.220	5.5664	5.5664
扭转基频 $f_{\mathrm{t}}/\mathrm{Hz}$	0.6768	19.768	13.008	13.3789
扭弯频率比 ε	2.337	1	2.337	2.404
竖弯阻尼比 $\zeta_{\mathrm{h}}/\%$	0.5	1	0.5	0.421
扭转阻尼比 $\zeta_{\mathrm{t}}/\%$	0.5	1	0.5	0.40
竖弯风速比 λ_{h}	—	3.122	—	—
扭转风速比 λ_{t}	—	3.035	—	—

表 6.11　几何缩尺比为 1 : 25 的闭口流线型主梁断面节段模型试验参数

参数	实桥值	缩尺比	模型设计值	模型实现值
主梁长度 L/m	75	1/25	3.0	3.0
主梁宽度 B/m	39	1/25	1.56	1.56
主梁高度 H/m	3.500	1/25	0.14	0.14
等效质量 $m_{\mathrm{eq}}/(\mathrm{kg/m})$	28047	$1/25^2$	44.875	44.58
等效质量惯矩 $I_{\mathrm{meq}}/(\mathrm{kg \cdot m^2/m})$	3338700	$1/25^4$	8.547	8.425
竖弯基频 $f_{\mathrm{h}}/\mathrm{Hz}$	0.2894	6.75	1.9531	1.9531
扭转基频 $f_{\mathrm{t}}/\mathrm{Hz}$	0.6745	5.65	4.5529	3.8086
扭弯频率比 ε	2.331	1	2.331	1.9500
竖弯阻尼比 $\zeta_{\mathrm{h}}/\%$	0.5	1	0.5	0.433
扭转阻尼比 $\zeta_{\mathrm{t}}/\%$	0.5	1	0.5	0.338
竖弯风速比 λ_{h}	—	3.701	—	—
扭转风速比 λ_{t}	—	4.427	—	—

图 6.45 给出了 3°攻角下几何缩尺比为 1∶25 与 1∶60 的闭口流线型主梁断面涡振响应曲线。由图可知,对于竖向涡振,几何缩尺比为 1∶25 的主梁断面涡振响应幅值明显小于几何缩尺比为 1∶60 的主梁断面,且两种几何缩尺比模型对应的涡振锁定风速范围存在差异;对于扭转涡振,第一个锁定区几何缩尺比为 1∶25 的主梁断面涡振振幅与几何缩尺比为 1∶60 的主梁断面接近;第二个锁定区几何缩尺比为 1∶25 的主梁断面涡振振幅仅为几何缩尺比为 1∶60 的主梁断面的 1/2 左右;两种缩尺比对应的扭转涡振锁定区风速范围总体比较接近。不同几何缩尺比对闭口流线型钢箱梁涡振响应性能的影响机理尚待进一步研究,可能是大模型上涡激力展向相关性较弱引起的。

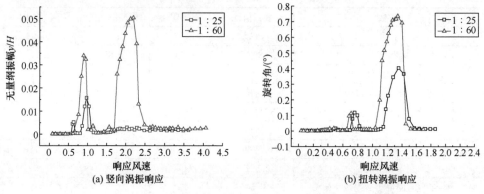

图 6.45　不同几何缩尺比的闭口流线型主梁断面涡振响应曲线

3. π 型主梁断面三分力系数的雷诺数效应现场实测

2013 年 11 月 23 日 19:11 至 24 日 10:00,强冷空气过境洞庭湖大桥,采用三向超声风速仪和压力扫描阀对现场风场和主梁表面风压进行了同步采集。桥梁断面风速、风向及三分力系数如图 6.46 所示。共获取时长 4.2 万 s 数据,实测最大阻力为 320N/m,最大升力为 1000N/m,最大扭矩为 6000N·m/m。

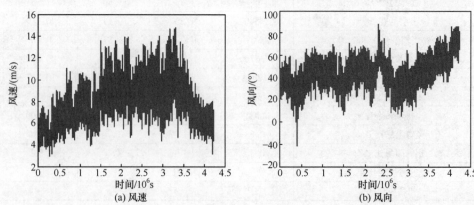

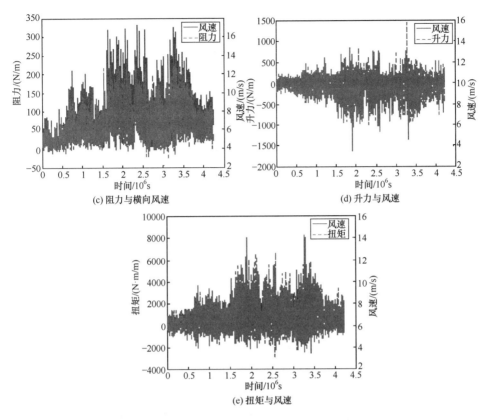

图 6.46　桥梁断面风速、风向及三分力系数

　　图 6.47 给出了桥梁断面三分力系数随风速的变化关系。随着风速的增加,阻力系数明显减小,最小阻力系数为 1.16;升力系数和扭矩系数随风速变化较小,其中升力系数最小为 0.1,扭矩系数最小为 0.035。阻力系数与均匀流下节段模型风洞阻力试验值 1.33 较为接近,其主要差异可能是实测与模型试验中湍流度不同造成的。因此,对于 π 型边主梁钝体断面,其雷诺数效应可以忽略。

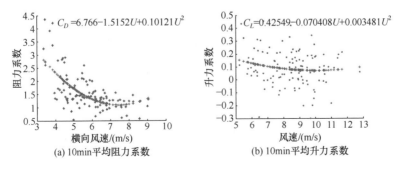

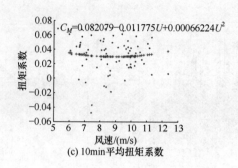

(c) 10min平均扭矩系数

图 6.47　桥梁断面三分力系数随风速的变化关系

6.1.3　斜拉桥拉索风雨振多尺度数值模拟

采用多相流体动力学 Navier-Stokes 方程系统进行数值模拟分析,在近索表面采用直接数值模拟(direct numerical simulation,DNS),同时采用流体体积(volume of fluid,VOF)方法对多相流体气液界面进行追踪;在远索表面采用 LES 模型,同时采用 Lagrange Particle 方法对雨粒子进行追踪,实现了计算流体区域的计算分解(图 6.48)。当雨滴作为 Lagrange Particle 从远索表面进入近索表面(虚线区域内)时,雨滴将自身转化成液体状态,用 VOF 方法实现水膜运动形态的追踪;相反,当雨滴作为 Lagrange Particle 从近索表面脱离到远索表面(虚线区域外)时,液体雨滴状态将自身转化成固体颗粒状态,用 Lagrange Particle 方法实现对雨滴轨迹的追踪(Cheng et al.,2015;Chen et al.,2013;Cheng et al.,2013)。

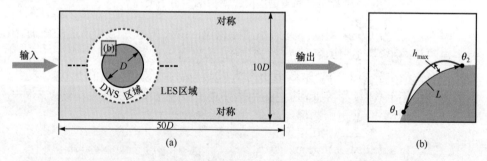

图 6.48　斜拉索风雨激振数值模拟流场区域特性分解示意图

图 6.49 给出了斜拉索风雨激振表面的水线分布特征数值模拟结果和风洞试验结果对比。从图中可以看出,斜拉索在风雨荷载共同作用下各试验风速下的数值模拟结果和风洞试验结果吻合很好。当风速为 6.67m/s 时,斜拉索表面没有明显规律的水线分布特征,表现为无规律的、杂乱的水滴分布在斜拉索表面;当风速达到 7.40m/s 时,斜拉索表面水线分布特征表现为弱振荡性,水线在斜拉索表面表现为周期性振荡;当风速进一步提升至 7.72m/s 时,斜拉索表面水线呈现显著

的周期性振荡;当风速为 8.04m/s 时,水线的周期性振荡特性明显减弱。因此,斜拉索在发生风雨激振时表现出明显的速度自锁特征。

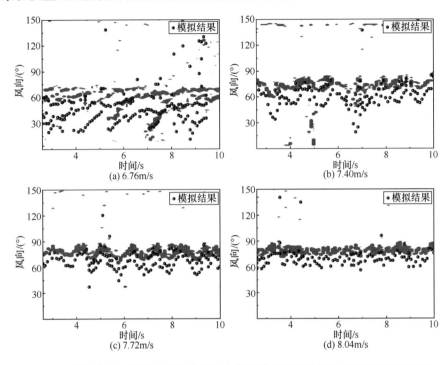

图 6.49 斜拉索风雨激振表面的水线分布特征数值模拟结果和风洞试验结果对比

图 6.50 给出了风速为 7.72m/s 时斜拉索表面水线分布特征的精细化分析结果。从 6.50(a) 中可以看出,斜拉索表面水线的最大高度在 1.2~1.6mm,而斜拉索表面水线的厚度为 0.4mm,斜拉索水线分布的静态特征在试验风速为 7.72m/s 时与风洞试验结果吻合。从图 6.50(b) 中可以看出,斜拉索表面的水线运动特征呈现明显的周期性振动,且从图 6.50(c) 中可以看出,振动的频率为 0.9765Hz,斜拉索表面水线的运动特征与风洞试验结果吻合。

1) 碰撞-飞溅模式

图 6.51 给出了数值模拟采用主动自适应网格系统时水膜与索面的撞击飞溅过程。在此过程中,风绕过水膜和索面形成旋涡,如图 6.52 所示。

图 6.53 为水膜运动形态分布的精细化分析。结果表明,水膜的有效高度减小至出现极小值点,水膜完成和索面的撞击过程;而后随着时间的推移,水膜表现为在索面附近溅起、摇摆和破裂分离的过程。

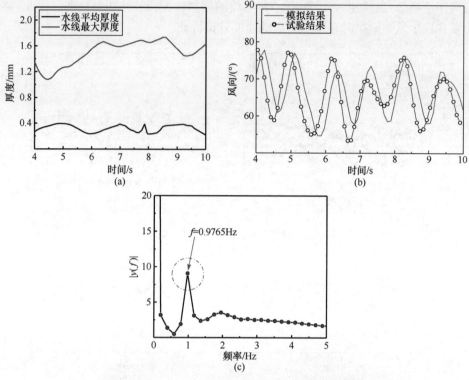

图 6.50　风速为 7.72m/s 时斜拉索表面水线分布特征精细化分析

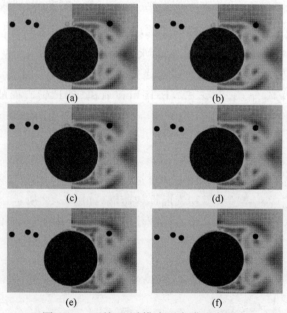

图 6.51　碰撞-飞溅模式下水膜形态分布

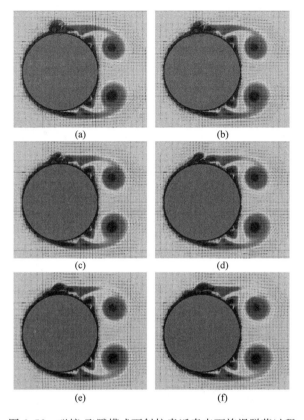

图 6.52　碰撞-飞溅模式下斜拉索近索表面旋涡脱落过程

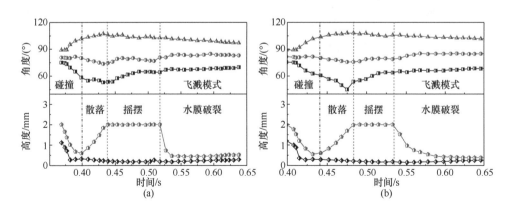

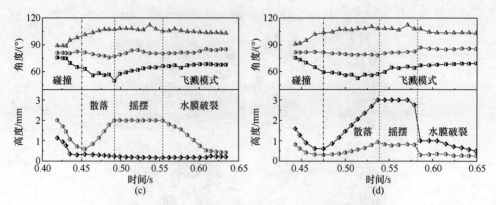

图 6.53　碰撞-飞溅模式下水膜运动形态分布精细化分析

2) 积累-滑移模式

从图 6.54 中可以看出,水膜在斜拉索表面的润湿面积开始逐渐增大,同时又有大量的水从索面附近分离。同时如图 6.55 所示,此时斜拉索表面的旋涡脱落没有规律且变得异常复杂。

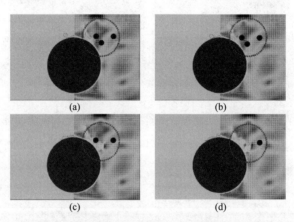

图 6.54　积累-滑移模式下水膜形态分布

从图 6.56 可以看出,水膜的积累是指水膜的有效面积出现极大值点,意味着积累模式的完成;同时水膜的润湿面积逐渐增大,导致斜拉索表面大部分的面积被润湿,完成雨水在斜拉索表面的滑移过程。

3) 形成-破坏模式

图 6.57 给出了形成-破坏模式下水膜形态分布及斜拉索近索表面旋涡脱落过程。从图 6.57(a)中可以看出,斜拉索在风雨共同作用下,表面水线的高度始终维持在一定的高度,同时该水线稳定在一个固定的区间内,该水线称为静态的斜拉索水线,直至出现下一个雨滴破坏该水线的状态。斜拉索风场特性及旋涡脱落特性如图 6.57(b)所示。

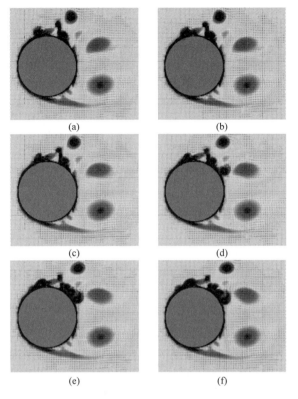

图 6.55　积累-滑移模式下斜拉索近索表面旋涡脱落过程

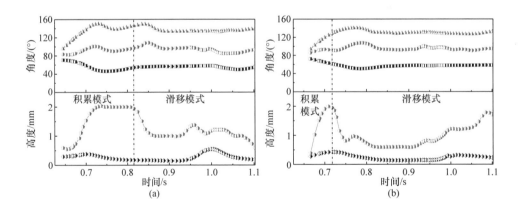

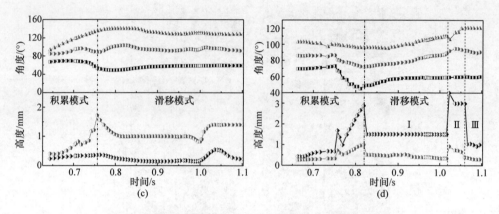

图 6.56　积累-滑移模式下水膜运动形态分布精细化分析

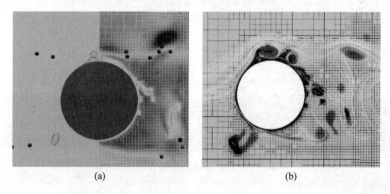

图 6.57　形成-破坏模式下水膜形态分布及斜拉索近索表面旋涡脱落过程

图 6.58 为水膜运动形态分布的精细化分析。从图中可以看出,在静态水线形成时,水线的描述变量不随时间的变化而变化,水线的高度、起始角度、平均位置角度及终止角度近似恒定不变,与此同时,水线的有效高度和最大高度也保持不变,直至下一个雨滴落入重新分配水线的运动形态。整个模式称为形成-破坏模式。

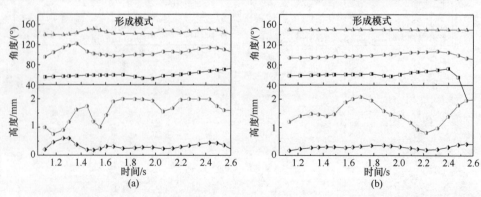

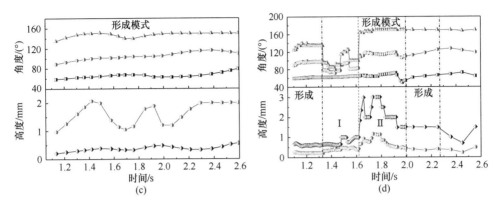

图 6.58 形成-破坏模式下水膜运动形态分布精细化分析

4)动态平衡模式

图 6.59 给出了动态平衡过程数值模拟和风洞试验的水线剖面比较。从图中可以看出,数值模拟的斜拉索表面的水线剖面(黑线)和风洞试验测量得到的水线(三角)剖面在相同时刻不同时间域的比较。

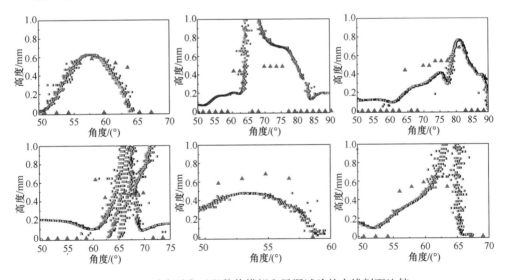

图 6.59 动态平衡过程数值模拟和风洞试验的水线剖面比较

从图 6.60 和图 6.61 中可以看出,斜拉索水线周期性振动频率锁定流场旋涡脱落的频率,当旋涡脱落频率接近斜拉索自振频率时,旋涡脱率频率锁定结构振动的频率,导致斜拉索风雨激振现象。

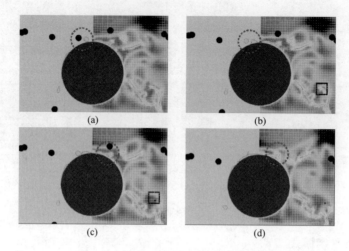

图 6.60　动态平衡模式下水膜形态分布

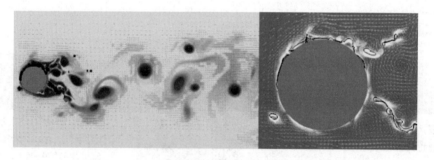

图 6.61　斜拉索近/远水线流场气动特性精细化分析

6.2　边界层风场及超高层建筑风效应的数值模拟

　　开展适合于超高层建筑特点的高雷诺数非定常风荷载大涡模拟方法及模型研究,主要集中在亚格子模型与非结构网格及数值方法的合理匹配、高雷诺数近壁区域的数值处理、复杂湍流边界条件的人工生成算法等方面。此外,还将结合离散涡方法,从基础的角度研究大尺寸高雷诺数湍流模拟的创新方法。开展适合高层建筑特点的高雷诺数气动弹性数值计算方法研究,主要集中在流固界面网格匹配与快速插值、流固信息的高效传递、流固计算程序的一体化集成等方面。基于现场实测和风洞试验结果,开展 CFD 数值模拟风场研究,研究山体地形下的风场特征,得到平均风剖线、湍流度剖线等相对于平坦地带情况下的修正因子。

6.2.1 超高层建筑风荷载及气弹效应的数值模拟

本小节开展了湍流来流边界条件自保持理论研究,给定适当的湍流来流边界条件是计算风工程中的基础问题和难题。导出一类近似满足 k-ε 模型自保持边界条件的湍动能表达式,定义一组 k-ε 模型的模型常数,验证此类湍动能边界条件在标准 k-ε 模型中模拟大气边界层的适用性。提出采用重正化群(RNG) k-ε 紊流模型求解 RANS 方程,采用协调一致的 SIMPLE 算法,建立计算方法及程序。对单栋和两栋超高层建筑的平均风压和脉动风压分布进行数值模拟和风洞试验,数值模拟结果和风洞试验结果吻合很好。基于 LES 方法,研究结构风荷载及气弹响应的数值模拟方法。给出 LES 入流边界条件直接合成法;基于弱耦合分区求解法搭建气动弹性响应的数值模拟计算平台;模拟计算三维高层建筑结构的多自由度气弹响应,并进行气动阻尼等重要特性的研究。图 6.62 为 LES 方法模拟高层建筑风致响应(Yan et al. ,2015a;Li et al. ,2014)。

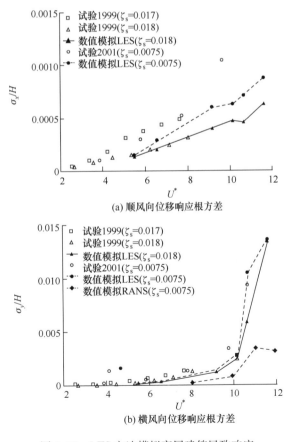

图 6.62　LES 方法模拟高层建筑风致响应

　　基于离散涡算法与大涡模拟算法提出将二者进行耦合的创新算法,即在大涡模拟亚格子尺度范围引入离散涡模型,对亚格子湍动能进行离散涡模拟,将网格尺度截断的湍流涡通过离散涡恢复出来,以得到更完全的非定常荷载,如图 6.63 和图 6.64 所示。应用本章提出的集成方法,开展大面积复杂地形风场的大涡模拟计算,如图 6.65 所示。

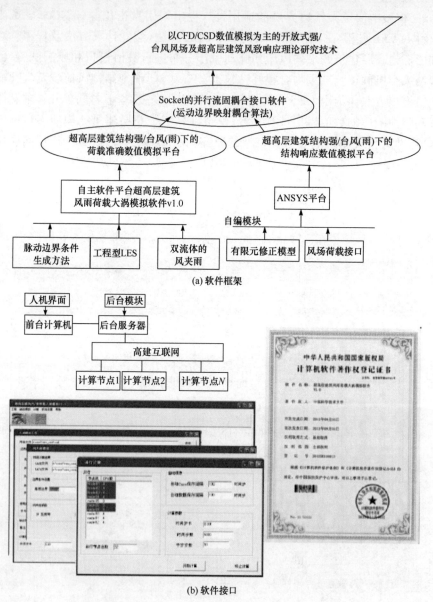

(a) 软件框架

(b) 软件接口

图 6.63　Socket 的并行流固耦合接口软件

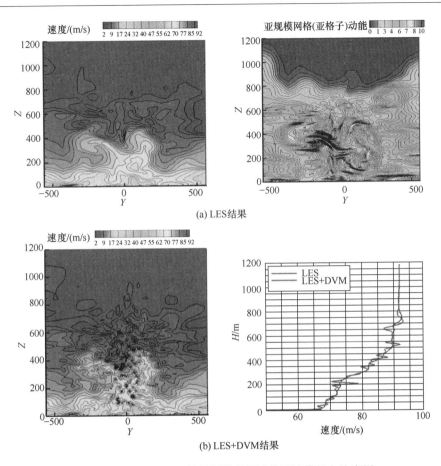

(a) LES结果

(b) LES+DVM结果

图 6.64 LES+DVM 的创新性高雷诺数湍流模拟方法应用

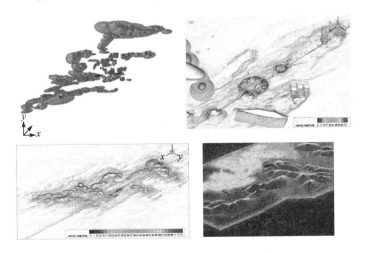

图 6.65 应用集成方法的大面积复杂地形风场的大涡模拟

6.2.2　大涡模拟中的入口湍流风场生成方法

本节比较风工程中常用的四种入口湍流风场生成方法在风场模拟(图 6.66)和风荷载模拟(图 6.67)等多个方面的优劣,并采用谐波合成法提出改进的拟周期法(Yan et al.,2015b;Li et al.,2013),解决了应用拟周期边界带来的计算域上部湍流度过低的问题(图 6.68)。

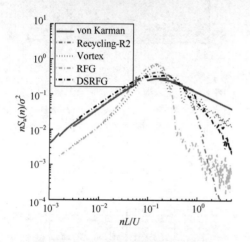

图 6.66　入口湍流生成方法生成的
顺风向风速谱

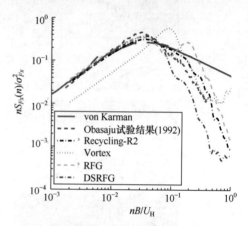

图 6.67　入口湍流生成方法生成的
高层建筑顺风向风荷载谱

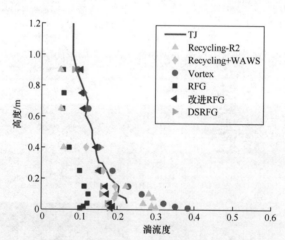

图 6.68　入口湍流生成方法及改进的拟周期方法生成的湍流度剖面

6.2.3　超高层建筑龙卷风效应的数值模拟

本项目提出的计算方法和模型能产生可移动龙卷风,基于 RANS 模型开展了可移动龙卷风对高层建筑的风效应数值模拟,计算结果与风洞试验数据相吻合(图 6.69)。同时给出了可移动龙卷风的大涡模拟,比 RANS 模拟结果更接近实测资料;与风洞试验相比,计算结果双峰效应后峰荷载增强明显,比试验尺度峰值增大 30% 以上,更符合实际情况。

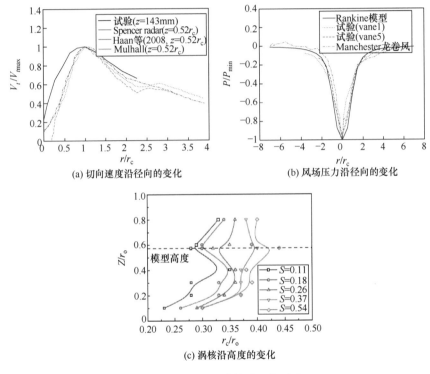

(a) 切向速度沿径向的变化　　　　(b) 风场压力沿径向的变化

(c) 涡核沿高度的变化

图 6.69　龙卷风计算验证与对比

6.3　薄膜结构流固耦合振动全过程数值模拟

基于现有三维膜结构流固耦合数值模拟平台及初步研究成果,通过进一步改进大涡模拟技术提高湍流模拟的精度,将真实大气边界层湍流引入来流条件的模拟中,改进动网格技术和耦合交界面处的数据传递方法,建立更为精确的数值模拟方法,以形成软件成果。同时考虑到近地风场、特征湍流的复杂性和膜结构形式的多样性,在借鉴桥梁结构流固耦合问题研究方法的基础上,建立一套半解析、半数值的膜结构流固耦合模拟方法。通过数值模拟方法再现耦合振动全过程，着重解决全过程风速变化数值实现的可能性、数值收敛和计算耗时等问题。

6.3.1　膜结构流固耦合全过程精细化数值模拟

1. 基于多物理场耦合求解的数值模拟平台

薄膜结构在风荷载作用下的耦合振动问题在理论上可归结为，不可压缩黏性流体与几何非线性弹性体之间的非定常耦联振动问题。对这一问题的求解包括流体域、结构域和网格域三个计算模块：①流体域主要模拟近地面大气边界层风场，属于钝体空气动力学范畴；②结构域主要模拟张拉膜结构的风致动力响应，属于几何非线性弹性体的大位移、小应变受迫振动问题；③网格域主要是以任意拉格朗日-欧拉(arbitary Lagrangian-Euler, ALE)技术为基础的动态网格计算问题以及流体-结构网格之间的数据传递问题。

基于上述求解策略，构造了薄膜结构流固耦合的数值模拟平台(图 6.70)，其中 CFD 和 CSD 分别为计算流体动力学模块和计算结构动力学模块(孙晓颖，2007)。

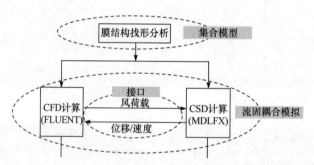

图 6.70　薄膜结构流固耦合的数值模拟平台

德国慕尼黑工业大学 Bletzinger 教授的研究团队自主开发了多物理耦合求解器 EMPIRE(enhanced multiphysics interface research engine)，可用于有限元分析程序及 CFD 程序。哈尔滨工业大学风工程研究团队成员于 2013～2015 年在德国慕尼黑工业大学开展合作研究，在多物理耦合求解器基础上，结合 CFD 开源软件 OpenFOAM 及其自行开发的膜结构分析程序 Carat++，形成一套并行的膜结构耦合模拟系统(图 6.71)。基于该耦合模拟系统，结合已经完成的膜结构气弹模型风洞试验，开展膜结构流固耦合的数值模拟研究(孙晓颖等，2010)。

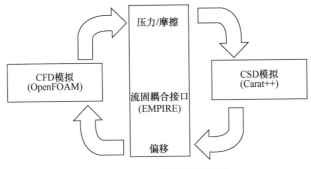

图 6.71 FSI 数值模拟环境

2. 基于动边界技术的 CFD 混合数值模拟平台

混合数值模拟方法指的是联合运用气弹模型试验方法和 CFD 数值模拟方法，将气弹模型试验中测得的响应信息，通过插值处理后加载在 CFD 数值模拟模型的边界上，强迫膜面进行振动，然后进行流场绕流分析。图 6.72 给出了计算结构中的平均风压系数分布及涡量图，可以看出，开敞式屋盖模型周围形成了明显的旋涡，因此网格划分策略基本可行（张强，2014）。

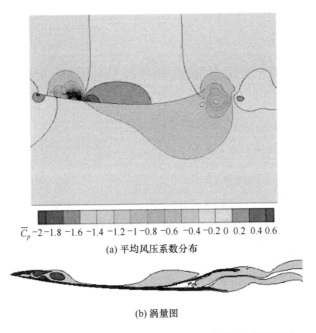

(a) 平均风压系数分布

(b) 涡量图

图 6.72 开敞式屋盖模型平均风压系数分布及涡量图

图 6.73 给出了平均风压系数和脉动风压系数的刚性模型测压试验与静止模型 CFD 数值模拟结果对比。

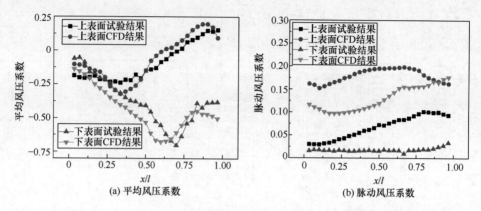

图 6.73　平均风压系数和脉动风压系数试验结果与数值模拟结果对比

　　图 6.74 给出了下部开敞式模型上方不同高度处风速时程归一化功率谱图的数值模拟结果和气弹模型风洞试验结果。从图中可以看出,强迫振动数值模拟模型与气弹模型上方的风速功率谱的主频一致,考虑到主要想通过 CFD 数值模拟方法研究振动对流场的干扰,而振动对流场的影响主要体现在振动对流场风速主频的影响。因此,认为目前的技术可行。

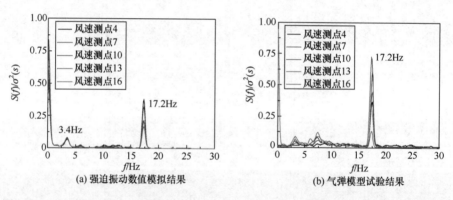

图 6.74　弹性模型上方不同高度处风速功率谱的数值模拟结果和气弹模型风洞试验结果

3. 单向张拉膜结构风振响应控制数值模拟

　　单向张拉膜结构造型简单而又不失张拉膜结构的一般特性,是研究膜结构各类问题时最常用的模型,以封闭式单向张拉膜为研究对象,以单向封闭膜结构为例,计算模型如图 6.75 所示,入口风速 $U=20\text{m/s}$,流动雷诺数 $Re=1.38\times10^{7}$,无量纲时间步长 $\Delta t=0.005$。采用索单元来模拟膜结构,单位长度质量 $g=5\text{kg/m}$,张拉刚度 $E_{\text{t}}=5.5\times10^{6}\text{N/m}$,预张力 $T=10\sim40\text{kN/m}$,以预张力 10kN/m 为基准(庄梦园,2016)。

1) 预张力改变

膜材料不具有弯曲刚度,膜面刚度主要由预张力和互反曲面所构成的几何刚度提供,因此膜内预张力对膜结构响应有着重要的影响。

由图 6.75 和图 6.76 可以看出,不同预张力下膜面风压分布规律相近,膜面各处荷载均以风吸力为主,沿来流方向膜面受到的平均风压系数由大变小,脉动风压系数先增加后减小,这主要是因为膜面振动使得旋涡能量在向下游迁移的过程中不断衰减,膜面后缘无法产生较大的压力脉动。不同预张力下膜面平均风压比较相近,而脉动风压在后缘存在一定差异性,这主要是因为不同预张力下膜面振动程度不同,对旋涡能量的耗散作用也不同,旋涡能量逐渐体现出差异,从而使得压力脉动产生差异。

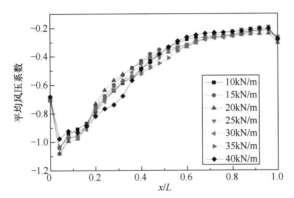

图 6.75　不同预张力下膜面的平均风压系数

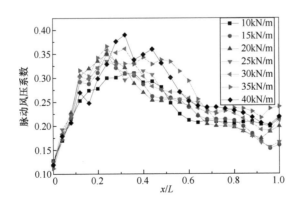

图 6.76　不同预张力下膜面的脉动风压系数

由图 6.77 可以看出,不同预张力下,结构的平均位移均为正值,表明结构以向上变形为主,且随着预张力的增大,结构的平均位移逐渐减小,这主要是因为增大预张力相当于增大了结构刚度。由图 6.78 可以看出,随着预张力的增大,均方根位移先增大后减小,预张力为 40kN/m 时均方根位移最小。结合图 6.79 及表 6.12 可知,增大预张力对膜结构最大位移有一定的控制效果,且预张力越大,其控制效果越好,在本例中预张力由 10kN/m 提高到 40kN/m,最大位移降低了约 25.6%。

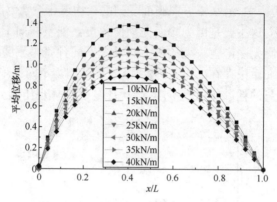

图 6.77 不同预张力下膜结构平均位移

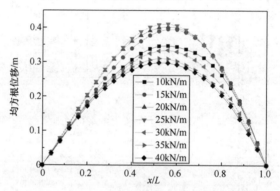

图 6.78 不同预张力下膜结构均方根位移

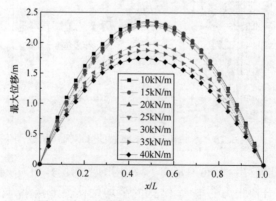

图 6.79 不同预张力下膜结构最大位移

表 6.12　不同预张力模型最大位移折减系数

参数	10kN/m(基准模型)	15kN/m	20kN/m	25kN/m	30kN/m	35kN/m	40kN/m
最大位移/m	2.356	2.341	2.301	2.276	1.981	1.877	1.753
折减系数	—	0.006	0.023	0.034	0.159	0.203	0.256

2) 跨度改变

模型高度保持一定($H = 10$m),跨度 L 分别取 20m、40m、60m,对应跨高比 $L/H = 2$、4、6,预张力 $T = 20$kN/m,以 $L = 60$m 为基准模型。

从图 6.80 和图 6.81 可以看出,$L = 20$m 时膜面的风压较大且分布比较均匀,这主要是因为跨度较小时膜面完全被大涡包围,未出现旋涡再附现象。随着膜面跨度增大,膜面后缘的脉动风压系数逐渐减小,这主要是因为跨度越大,膜面振动越剧烈,旋涡能量耗散越快,膜面后缘的旋涡能量越小,引起的压力脉动越小。由上述分析可得,降低膜面跨度可以使膜面风压分布趋于均匀。

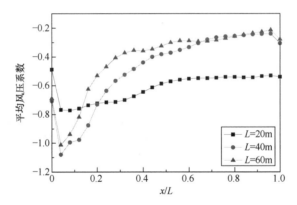

图 6.80　不同跨度下膜面的平均风压系数

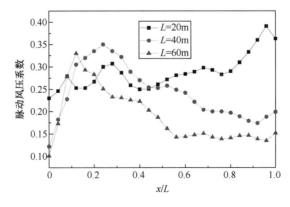

图 6.81　不同跨度下膜面的脉动风压系数

由图 6.82～图 6.84 可以看出,随着膜结构跨度减小,平均位移、均方根位移、最大位移均明显降低,这主要与跨度变小、刚度增加有关。由表 6.13 可以得出,降低跨度对膜结构最大位移具有明显的控制效果,且跨度越小,控制效果越好,在本

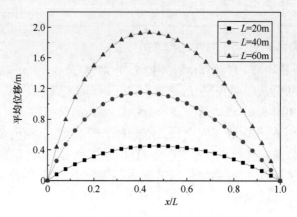

图 6.82　不同跨度下膜结构平均位移

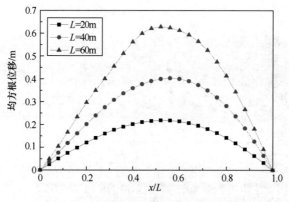

图 6.83　不同跨度下膜结构均方根位移

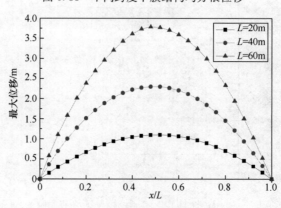

图 6.84　不同跨度下膜结构最大位移

例中跨度减小 1/3,最大位移降低了约 39.2%;跨度减小 2/3,最大位移降低了约 70.9%。

表 6.13　不同跨度模型最大位移折减系数

参数	20m	40m	60m(基准模型)
最大位移/m	1.103	2.301	3.784
折减系数	0.709	0.392	—

3) 膜面初始形状改变

以 $L=20\text{m}(L/H=2)$ 的模型为基准模型,在此基础上使膜面迎风向倾斜一定角度,考虑迎风角度 $\theta=3°$、$5°$、$8°$、$10°$、$15°$、$20°$ 六种情况,$\theta=0°$ 代表基准模型。由图 6.85 和图 6.86 可以看出,采用迎风倾斜的形式整体上降低了膜面的平均风压系数和脉动风压系数。随着迎风角度增大,整个膜面的平均风压有减小的趋势,这与荷载规范给出的封闭单坡屋面体型系数随迎风角度的变化规律一致;随着迎风角度增大,膜面后方的脉动风压也有变小的趋势。

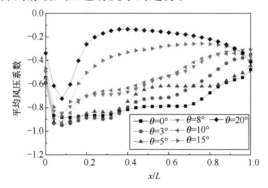

图 6.85　不同迎风角度下膜面的平均风压系数

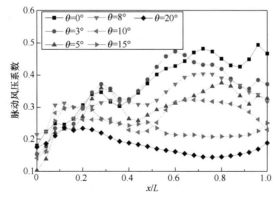

图 6.86　不同迎风角度下膜面的脉动风压系数

从图 6.87～图 6.89 给出的位移曲线可以看出,采用迎风形式降低了膜结构的平均位移、均方根位移及最大位移,这主要与风压降低有关。对比不同角度下的

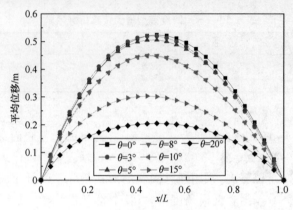

图 6.87　不同迎风角度下膜结构平均位移

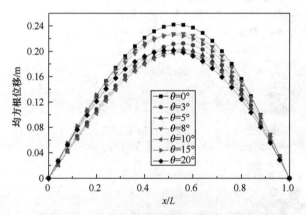

图 6.88　不同迎风角度下膜结构均方根位移

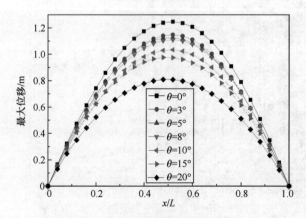

图 6.89　不同迎风角度下膜结构最大位移

位移情况可以看出,迎风角度越大,平均位移越小,而均方根位移变化规律不明显;结合最大位移曲线及表 6.14 的最大位移折减系数可以看出,采取迎风倾斜形式对膜结构最大位移具有一定的控制效果,且倾斜角度越大,控制效果越好,倾斜角度较小时控制效果比较接近。在本例中,倾斜角度为 $3°\sim8°$ 时,最大位移降低 10% 左右;倾斜角度达到 $20°$ 时,最大位移可降低约 35.1%。

表 6.14　不同迎风角度模型最大位移折减系数

参数	0°(基准模型)	3°	5°	8°	10°	15°	20°
最大位移/m	1.247	1.148	1.126	1.109	1.033	0.975	0.809
折减系数	—	0.080	0.097	0.111	0.172	0.218	0.351

背风倾斜同样考虑了背风角度 $\theta=3°$、$5°$、$8°$、$10°$、$15°$、$20°$ 六种情况。由图 6.90 和图 6.91 可以看出,采用背风倾斜形式,平均风压系数绝对值整体上有所增加,这主要是因为背风倾斜使膜面上方的旋涡脱落作用增强;脉动风压系数变化规律不

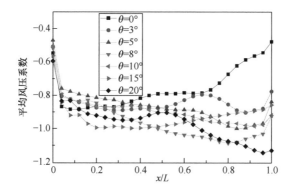

图 6.90　不同背风角度下膜面的平均风压系数

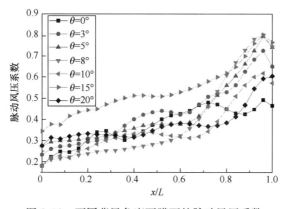

图 6.91　不同背风角度下膜面的脉动风压系数

明显,但整体上看,背风角度为 15°时脉动风压系数明显增大,而背风角度为 8°和 10°时膜面大部分区域的脉动风压系数降低。总而言之,从荷载和流场角度看,背风倾斜使膜面整体的平均风压系数和局部的脉动风压系数增加,整体上旋涡脱落作用增强,而流场形式比较混乱,随背风角度的变化,旋涡的形成与脱落没有一定规律性。

由图 6.92~图 6.94 给出的位移曲线可以看出,采用背风倾斜形式增大了膜面的平均位移,平均风压增大是主要原因;背风角度为 8°和 10°时均方根位移有所降低,但其他背风角度下均方根位移均增加,与上述脉动风压分析结果一致。虽然 8°和 10°下平均位移增加,但均方根位移减小较明显,使得最大位移有小幅降低,结合表 6.15 给出的最大位移折减系数得出,采取背风倾斜形式对膜结构最大位移几乎无控制效果,在大多数情况下甚至增大了最大位移。在本例中,背风倾斜 10°时,最大位移仅降低了 4.7%,而背风倾斜 20°时,最大位移增加了 12%。总体而言,相对迎风倾斜,背风倾斜形式对膜结构是不利的。

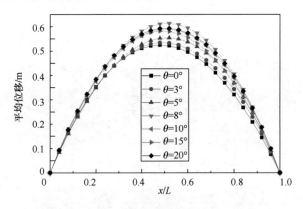

图 6.92　不同背风角度下膜结构平均位移

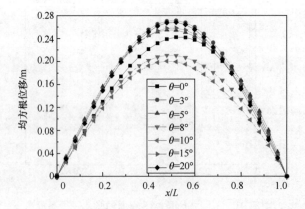

图 6.93　不同背风角度下膜结构均方根位移

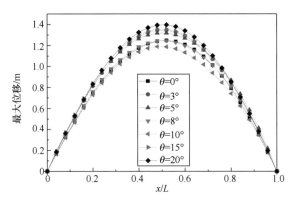

图 6.94　不同背风角度下膜结构最大位移

表 6.15　不同背风角度模型最大位移折减系数

参数	0°(基准模型)	3°	5°	8°	10°	15°	20°
最大位移/m	1.247	1.345	1.318	1.244	1.189	1.355	1.397
折减系数	—	−0.078	−0.057	0.003	0.047	−0.087	−0.120

膜面上凸是指膜面在向上的均布荷载作用下初始形状向上凸起。以 $L=40\text{m}$ ($L/H=4$) 的模型为基准模型,初始荷载分别为 250N/m、500N/m、750N/m、1000N/m,对应矢跨比为 $f/L=1/30$、$1/21$、$1/18$、$1/16$,$f/L=0$ 代表基准模型。由图 6.95 和图 6.96 可以看出,采用上凸形式时,平均风压和脉动风压分布规律保持不变,这是因为上凸形式接近膜结构变形形式;平均风压受矢跨比影响较小,由于矢跨比增大,膜面曲率增加,来流在膜面前缘的分离作用逐渐减弱,形成的旋涡尺度逐渐减小,故膜面前缘的平均风压有小幅降低。脉动风压受矢跨比影响较大,随矢跨比增大,膜面整体的脉动风压明显降低,这主要是因为随矢跨比增大,膜面上方旋涡脱落作用逐渐减弱。

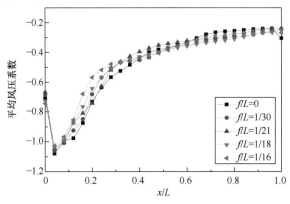

图 6.95　不同上凸矢跨比下膜面的平均风压系数

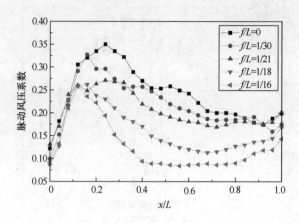

图 6.96　不同上凸矢跨比下膜面的脉动风压系数

　　由图 6.97～图 6.99 给出的位移曲线可以看出,膜面上凸均大幅降低了膜结构的平均位移、均方根位移及最大位移,并且随着矢跨比增大,位移逐渐减小。这主要有两方面原因,一方面随矢跨比增大,膜面曲率增加,膜结构刚度也随之增强;另一方面,如上述分析,矢跨比增大,膜面上方旋涡作用逐渐减弱,平均风压和脉动风压均有不同程度的减小。由表 6.16 可以看出,采取上凸形式对膜结构最大位移有明显的控制效果,且矢跨比越大,控制效果越好。在本例中,矢跨比为 1/30 时,最大位移降低约 59%,矢跨比增至 1/16 时,最大位移降低高达 81.2%。综上所述,无论从荷载角度还是位移角度看,采用上凸的初始形状对单向膜结构来说都有较好的控制效果。

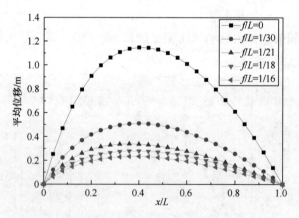

图 6.97　不同上凸矢跨比下膜结构平均位移

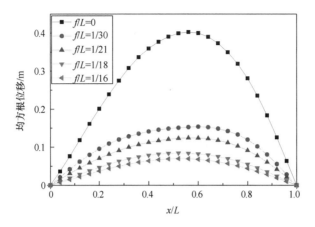

图 6.98　不同上凸矢跨比下膜结构均方根位移

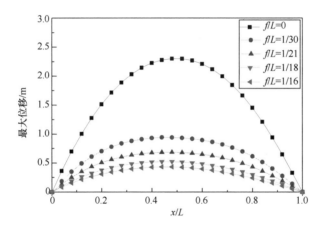

图 6.99　不同上凸矢跨比下膜结构最大位移

表 6.16　不同矢跨比上凸模型最大位移折减系数

参数	0(基准模型)	1/30	1/21	1/18	1/16
最大位移/m	2.301	0.943	0.685	0.522	0.433
折减系数	—	0.590	0.702	0.773	0.812

膜面下凹是指膜面在向下的均布荷载作用下初始形状向下凹陷,仍考虑矢跨比为 $f/L=1/30$、$1/21$、$1/18$、$1/16$ 的情况。由图 6.100 和图 6.101 可以看出,采用下凹形式对平均风压和脉动风压均产生了比较大的影响,下凹降低了膜面前缘的平均风压,增大了膜面大部分区域的脉动风压,这主要与旋涡作用有关。

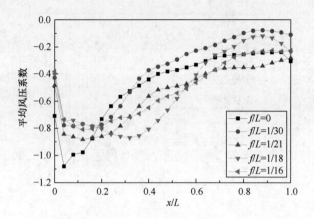

图 6.100　不同下凹矢跨比下膜面的平均风压系数

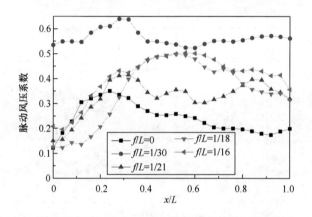

图 6.101　不同下凹矢跨比下膜面的脉动风压系数

　　由图 6.102 可以看出，膜面下凹均降低了膜结构的平均位移，且矢跨比越大，平均位移降低越明显，这主要是因为矢跨比增大，膜面曲率增加，膜结构刚度也随之增强。由图 6.103 可以看出，采用下凹形式，膜结构的均方根位移有增有减，这主要与荷载及结构刚度的变化情况有关。结合图 6.104 和表 6.17，除矢跨比 $f/L=1/30$ 外，膜面下凹均可不同程度地降低膜结构的最大位移，即采取下凹形式，存在一个合理的矢跨比，超过合理矢跨比才对膜结构最大位移有一定的控制效果，且矢跨比越大，控制效果越好。在本例中，合理矢跨比在 $1/30\sim 1/21$，矢跨比为 $1/30$ 时最大位移增加了约 52.3%，矢跨比增至 $1/16$ 时最大位移可降低约 56.8%。

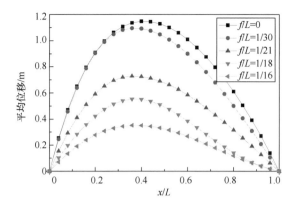

图 6.102　不同下凹矢跨比下膜结构平均位移

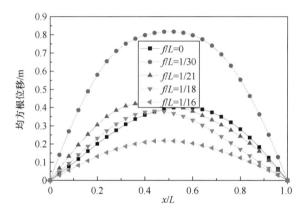

图 6.103　不同下凹矢跨比下膜结构均方根位移

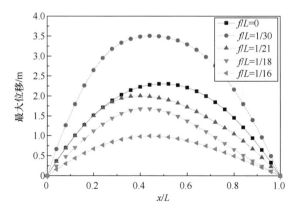

图 6.104　不同下凹矢跨比下膜结构最大位移

表 6.17　不同矢跨比下凹模型最大位移折减系数

参数	0(基准模型)	1/30	1/18	1/16
最大位移/m	2.301	3.505	1.678	0.993
折减系数	—	−0.523	0.271	0.569

通过对比相同矢跨比下上凸和下凹模型的最大位移折减系数可以看出,采取上凸形式明显比下凹形式有更好的控制效果。

4）设置导流板

以 $L=40\text{m}(L/H=4)$ 的模型为基准模型,在结构迎风前缘设置高度不同的竖向导流板,类似于结构屋顶的女儿墙,选取导流板高度为 0.3m、0.6m、0.9m、1.2m、1.5m。由图 6.105 和图 6.106 可以看出,设置导流板后,膜面前缘的平均风吸力增大,膜面整体的脉动风压增大,这可能是因为导流板对流场产生了一定扰动。风压的变化主要与流场中旋涡作用有关。

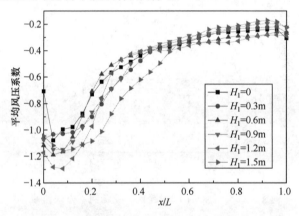

图 6.105　不同导流板高度下膜面的平均风压系数

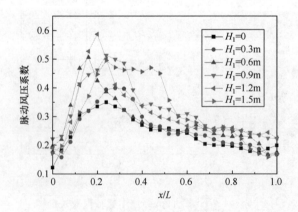

图 6.106　不同导流板高度下膜面的脉动风压系数

由图 6.107～图 6.109 可以看出,随着导流板高度的增加,平均位移先减小后增大,但变化幅度比较小,导流板高度较低时可降低平均位移,较高的导流板反而

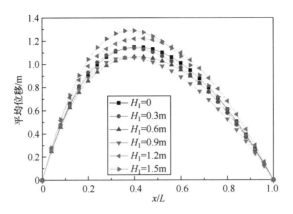

图 6.107　不同导流板高度下膜结构平均位移

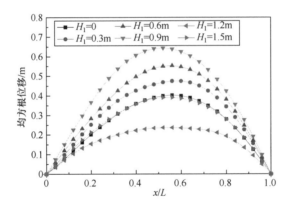

图 6.108　不同导流板高度下膜结构均方根位移

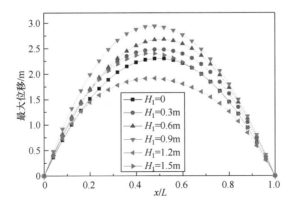

图 6.109　不同导流板高度下膜结构最大位移

使平均位移增大;均方根位移是先增大后减小再增大,仅在导流板高度 $H_1＝1.2m$ 时均方根位移有所减小;随着导流板高度的增加,最大位移也是先增大后减小再增大,仅在 $H_1＝1.2m$ 时最大位移降低,由表 6.18 可知,导流板高度为 1.2m 时最大位移降低了 16.9%,而其他高度下最大位移最高增加了 27.8%,可见导流板只有在合理的高度下才能对膜结构最大位移起到一定的控制效果,本例的合理导流板高度即为 1.2m。

表 6.18　不同高度导流板模型最大位移折减系数

参数	0m(基准模型)	0.3m	0.6m	0.9m	1.2m	1.5m
最大位移/m	2.301	2.478	2.679	2.940	1.913	2.399
折减系数	—	−0.077	−0.164	−0.278	0.169	−0.043

本节基于以下两种思路建立了膜结构耦合效应的 CFD 数值模拟平台,并与试验进行了对比,主要结论如下:

(1) 与德国慕尼黑工业大学的 Bletzinger 教授合作,在多物理耦合求解器的基础上结合其自行开发的膜结构有限元分析程序,实现了并行膜结构耦合模拟系统,开展膜结构流固耦合的直接数值模拟研究,与气弹模型试验进行了对比研究。结果表明,该膜结构流固耦合数值模拟平台与气弹模型试验的结果在规律上吻合较好。

(2) 提出了基于动边界技术的 CFD 混合数值模拟平台,数值模拟模型与气弹模型上方的风速功率谱的主频一致,考虑到主要想通过 CFD 数值模拟方法研究振动对流场的干扰,而振动对流场的影响主要体现在振动对流场风速主频的影响上。因此,认为目前的技术可行。

(3) 基于 CFD 数值模拟平台的单向张拉膜结构风振响应控制,针对封闭式单向张拉膜结构风振控制给出如下建议:①增大预张力;②降低膜面跨度;③采取迎风倾斜,且倾斜角度越大越好;④采取上凸形式,且矢跨比越大越好;⑤采取下凹形式,保证矢跨比超过合理范围,且越大越好;⑥设置合理高度的导流板。

6.3.2　ETFE 气枕式膜结构流固耦合特性

1. ETFE 气枕动力特性研究

为了研究尺度效应和内压对气枕动力特性的影响,设计制作了三个尺寸不等的双层正六边形乙烯-四氟乙烯共聚物(ETFE)气枕(图 6.110),分别测试其在不同内压下的动力特性。气枕跨度在工程常见跨度范围内选取;各个气枕上下层膜面均按照等矢高设计,矢跨比取为 1/12.5;膜材选用透明 ETFE 膜,材性参数及各测试模型的几何参数如表 6.19 所示。

(a) C-I　　　　　　　　　(b) C-Ⅱ　　　　　　　　　(c) C-Ⅲ

图 6.110　振动测试模型

表 6.19　测试 ETFE 气枕几何参数

气枕编号	边长/mm	跨度/mm	矢高/mm f_1	矢高/mm f_2	初始内压/Pa
C- I	1000	1732	138.6	138.6	300
C-Ⅱ	2000	3464	277.1	277.1	300
C-Ⅲ	3000	5196	415.7	415.7	300

动力测试主要为不同内压下的气枕自振特性测试,各测试项目的内压工况与激励工况设置如表 6.20 所示。

表 6.20　各测试项目的内压工况与激励工况设置

气枕编号	测试位置	初始内压/Pa	激励工况
C- I	上膜面	100、200、300、400、500、600	3 组
C- I	下膜面	100、200、300、400、500、600	3 组
C-Ⅱ	上膜面	100、200、300、400、500、600	3 组
C-Ⅱ	下膜面	100、200、300、400、500、600	3 组
C-Ⅲ	上膜面	200、250、300、350、400	3 组
C-Ⅲ	下膜面	200、250、300、350、400	3 组

采用非接触视频测量系统(图 6.111)测试膜面的振动,可有效避免附加质量效应及传感器安装的困难。此外,该视频测量系统应用散斑识别技术,可同时给出多个测点的位移时程,并且受测试距离和角度限制相对较小(李鹏等,2015;李鹏和杨庆山,2014)。

使用较钝的橡胶锤对上膜面施加单点脉冲激励,测试膜面在自由振动下的位移衰减曲线。对于每个内压工况,在不同位置分三次进行激励和采集,以相互校验。根据设备精度要求及气枕动力特性,试验采样频率设置为 90Hz,拍摄时长为 1min。受拍摄角度限制,单次测试中无法拍摄到整个气枕的振动,因此在不同拍摄位置对上、下层膜面分别进行了测试。其中,在容易拍摄的上层膜面标记了较多

(a)上膜面振动测试

(b) 下膜面振动测试

图 6.111　非接触视频测量系统

测点,而在拍摄视野较小的下层膜面仅标记了少量测点用于对照测试。由于对膜面振动的同时也会激起钢框架的整体振动,为了辨别识别结果中的框架频率信息,在钢梁上也标记了一个参考点用于测试框架振动,并在参考点附近安装了压电加速度传感器作对照测试。以 C-Ⅱ ETFE 气枕为例给出测点布置方式,如图 6.112 所示。

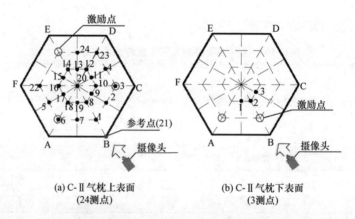

(a) C-Ⅱ气枕上表面
(24测点)

(b) C-Ⅱ气枕下表面
(3测点)

图 6.112　C-Ⅱ ETFE 气枕测点布置

1) ETFE 气枕模态参数识别

采用将峰值拾取法和互功率谱法结合来识别 ETFE 气枕的振型,振型幅值通过各点的自功率谱确定,幅值的正负根据互谱分析(以某点为基准点求互谱)得到的相位角来确定,最后采用克里金空间插值法对各测点振幅进行平滑处理获得整个膜面的振型。以 C-Ⅱ气枕为例给出其振型识别结果。

2) ETFE 气枕动力特性数值分析

采用共同作用有限元模型进行 ETFE 气枕的模态分析,并通过与试验结果对比来验证数值模型的准确性和合理性。已往的充气膜结构自振分析包括三种常见的内充气体处理方法(图 6.113),分别是仅等效为常压力(方法 1)、等效为常压力＋附加质量(方法 2)及等效为特殊流体单元(方法 3)。

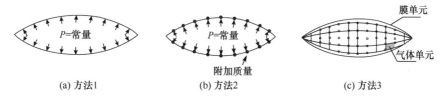

(a) 方法1 (b) 方法2 (c) 方法3

图 6.113 ETFE 气枕数值建模方法

三种数值模型前 50 阶自振频率及振型计算结果分别如图 6.114 所示。

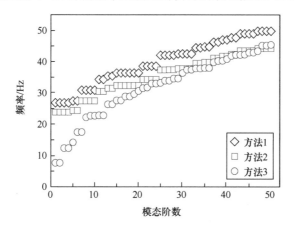

图 6.114 气枕三种数值模型前 50 阶自振频率及振型计算结果

综上可知,对 ETFE 气枕而言,由于内充气体是各层膜面间力学传递的唯一介质,且内充气体所占结构比例远高于充气管或充气环等结构,故航天领域已有的两种建模方式(方法 1 与方法 2)并不适用于 ETFE 气枕动力分析。基于方法 3 建立内充气体与外部膜材的共同作用模型是准确获得气枕动力特性的可行方法之一,下面将通过与试验结果对比进一步验证共同作用数值模型的合理性。

3) 共同作用模型分析结果与试验结果比较

表 6.21 给出了数值模型和风洞试验得到的气枕模态振型对比。由表可知:

(1) 由于气枕数值模型为理想的对称结构,模态分析时会产生同频的成对模态,如第 1、2 阶计算模态及第 3、4 阶计算模态。

(2) 数值计算与试验测试得到的模态频率和振型一致,第 1、2 阶计算模态与第 1 阶试验模态对应,第 3、4 阶计算模态与第 2 阶试验模态对应,第 5 阶计算模态与第 4 阶试验模态对应。

(3) 数值计算结果中没有与第 3 阶试验模态相对应的振型。事实上,第 3 阶试验模态是由测试模型的制作误差引起的,其振型与第 4 阶试验模态振型非常接近,而完全规则的气枕并不具有该模态,因此将第 4 阶试验模态视为气枕的真实第3 阶模态。

(4) 低阶模态中气枕上、下层膜面呈对称振动。其中,第 1 阶振型表现为膜面一侧鼓起、另一侧下凹,内充气体向单侧挤压;第 2 阶振型为膜面对角两处鼓起,相邻两处下凹,内充气体向对侧挤压;第 3 阶振型为上、下层膜面中部同时鼓起或下凹,气枕上下伸缩(李鹏等,2014)。

表 6.21　数值模型和风洞试验得到的气枕模态振型对比

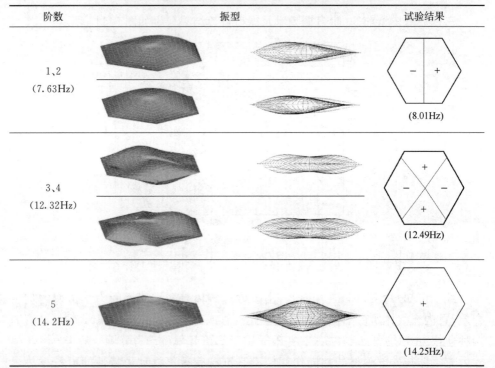

阶数	振型	试验结果
1、2 (7.63Hz)		(8.01Hz)
3、4 (12.32Hz)		(12.49Hz)
5 (14.2Hz)		(14.25Hz)

综上,此处建立的共同作用有限元模型能够准确计算气枕的自振频率和振型,适用于 ETFE 气枕动力分析。

4) 影响因素分析

通过数值计算进一步研究初始内压、膜面厚度、矢跨比、外部空气等因素对 ETFE 气枕动力特性的影响。进行参数分析,基础模型的边长为 2m,矢跨比为 1/12.5,膜面厚度为 250μm,初始内压为 300Pa。由于结构阻尼比较小,数值模态分析时可将其忽略,仅进行无阻尼自由振动分析。

(1) 初始内压影响。

在膜面厚度、矢跨比及跨度保持不变的前提下,将气枕初始内压 P_0 分别设置为200Pa、400Pa、600Pa、800Pa进行模态分析。不同初始内压气枕的前50阶自振频率分布如图6.115所示,气枕模态频率(以前5阶为例)随初始内压的变化规律如图6.116所示;表6.22则给出了不同初始内压下气枕的振型(以前4阶为例进行说明)。

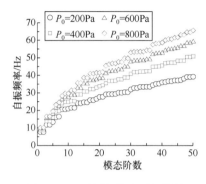

图 6.115 不同初始内压气枕的
前50阶自振频率分布

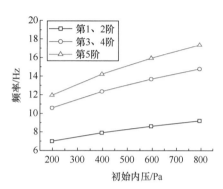

图 6.116 气枕模态频率
随初始内压的变化规律

表 6.22 不同初始内压气枕的振型

阶数	振型	
	$P_0 = 200$Pa	$P_0 = 400$Pa、600Pa、800Pa
1		
2		
3		
4		

由图6.115和图6.116可知,ETFE气枕的自振频率随初始内压的升高而增大,且增速逐渐放缓;当初始内压较低时,气枕的固有频率分布更为密集,例如,初始内压800Pa气枕的前50阶模态频率分布在0~70Hz,而初始内压200Pa气枕的

前 50 阶模态频率分布在 0～40Hz。

　　当初始内压变化时,气枕前 7 阶模态振型保持一致,但从第 8 阶模态开始,相同振型的出现次序有所差异。例如,当初始内压为 200Pa 时,气枕的上下整体摆动出现在第 10 阶模态,而一阶反对称振动出现在第 11、12 阶模态;而当初始内压为 400Pa、600Pa 及 800Pa 时,上述两种振型分别出现在第 8 阶模态及第 10、11 阶模态。因此,初始内压变化会对 ETFE 气枕的自振频率与振型产生显著影响。

　　(2) 膜面厚度影响。

　　同理,在初始内压、矢跨比及跨度保持不变的前提下,分别取膜面厚度 t 为 150μm、200μm、250μm 及 300μm 进行模态分析。不同膜面厚度气枕的前 50 阶自振频率分布如图 6.117 所示,模态频率随膜面厚度的变化规律如图 6.118 所示。

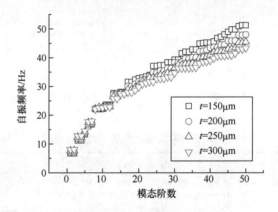

图 6.117　不同膜面厚度气枕的前 50 阶自振频率分布

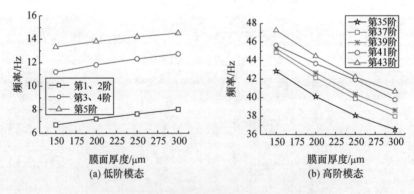

(a) 低阶模态　　　　　　　　　　(b) 高阶模态

图 6.118　气枕模态频率随膜面厚度的变化规律

　　由图 6.117 和图 6.118 可知,在工程常用的厚度范围内,膜面厚度改变对 ETFE气枕的固有频率和初始内压的影响有所差异,膜面厚度变化对 ETFE 气枕的低阶模态与高阶模态影响不同;气枕低阶频率随膜面厚度的增加而非线性增大,而高阶频率随膜面厚度的增加而非线性减小。这是因为当膜面厚度增加时,结构自振频率一方面会因为抗弯刚度增加而升高,另一方面又会因为结构质量增大而下降。对于低阶模态,膜面厚度增加引起的刚度增加幅度要大于质量增加幅度;而对于高阶模态,膜面厚度增加时刚度的增长速度慢于质量增长速度。考虑到结构质量与膜面厚度之间的近似线性关系,可以推断出气枕刚度随着膜面厚度的增加呈逐渐减缓的非线性增长。

进一步考察结构的振型可知,当膜面厚度在 $200\sim300\mu m$ 时,不同膜面厚度气枕的同一阶模态振型一致;当膜面厚度降至 $150\mu m$ 时,气枕前两阶振型不再表现为常见的左右挤压振动,而是膜面局部弯曲振动与整体上下摆动的耦合形式(图 6.119(a)),且其他阶模态也出现类似的耦合振型(图 6.119(b))。这表明,随着膜面厚度的减小,气枕的整体抗弯刚度下降明显,结构整体的上下摆动更容易发生,并与局部弯曲振动耦合出现。

(a) 第1、2阶振型　　　　　　　　　　　　　　(b) 第10阶振型

图 6.119　耦合振型(t＝150um)

(3)矢跨比影响。

同样地,在膜面厚度、初始内压及跨度保持不变的前提下,气枕矢跨比分别取 1/20、1/12.5 及 1/9 进行模态分析。不同矢跨比气枕的自振频率分布如图 6.120,模态频率随矢跨比的变化规律如图 6.121 所示,各阶模态振型如表 6.23 所示。

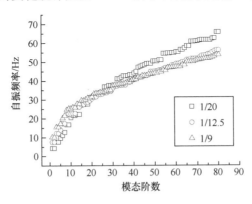

图 6.120　不同矢跨比气枕的自振频率分布

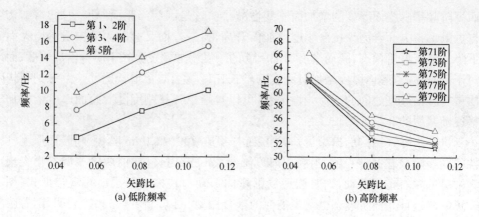

图 6.121　气枕模态频率随矢跨比的变化规律

表 6.23　不同矢跨比气枕的振型

阶数	振型		
	1/20	1/12.5	1/9
1			
2			
3			
4			
5			

　　由图 6.120 和图 6.121 可知,结构自振频率随矢跨比的变化规律与膜面厚度的影响类似,矢跨比变化对 ETFE 气枕自振频率的影响明显且低阶模态与高阶模态的影响效果不同。在低阶模态中,矢跨比越大,气枕自振频率越高;而在高阶模态中,矢跨比越大,气枕自振频率越低,且这种影响随着矢跨比的增加而减弱。

　　由表 6.23 可知,①当气枕矢跨比较低时(1/20 左右),其模态振型与常见矢跨比(1/12.5～1/9)气枕的振型有较大区别,前者膜面变形波数要高于后者。例如,矢跨比 1/20 的气枕第 1 阶振型表现为膜面 3 处鼓起、3 处下凹,而后两种矢跨比下为左右挤压振动;此外,矢跨比 1/20 的气枕还出现了上下整体摆动与膜面弯曲振动的耦合振型(第 10、11 阶),而后两种矢跨比的气枕并未出现类似振型。②1/12.5 矢跨比与 1/9 矢跨比气枕的第 1～12 阶模态振型一致,这意味着在此范围内矢跨比对气枕振型的影响减弱。

(4) 跨度影响。

在膜面厚度、初始内压及矢跨比保持不变的前提下,对不同跨度的气枕进行模态分析。气枕边长 L 分别为 2m、4m、6m,相当于跨度为 3.6～10.5m,大致涵盖了工程中 ETFE 气枕的常见跨度范围。不同跨度气枕的前 50 阶自振频率分布如图 6.122 所示,并进一步给出气枕模态频率(以前 5 阶为例)随跨度的变化规律,如图 6.123 所示。

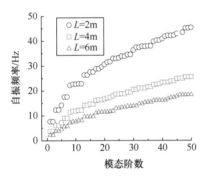

图 6.122　不同跨度气枕的前 50　　　图 6.123　气枕模态频率随跨度的变化规律
　　　　　阶自振频率分布

由图 6.122 和图 6.123 可知,随着跨度的增加,ETFE 气枕的柔性不断增大,自振频率大幅下降且下降速度逐渐放缓;此外,当跨度较大时,气枕的固有频率分布更为密集,例如,边长 2m 气枕的前 50 阶模态频率分布在 0～50Hz,而边长 6m 气枕的前 50 阶模态频率仅分布在 0～20Hz。

2. 考虑流固耦合效应的 ETFE 气枕风致响应分析

1) 流固耦合计算方法及实现

前面建立的 ETFE 气枕共同作用模型尽管涉及薄膜单元与气体单元的耦合作用,但由于势流的特殊性质,ETFE 气枕的静、动力计算均可在结构模块内完成。而在 ETFE 气枕与外部风场的耦合计算中,因涉及流固耦合界面的非线性大变形运动,用于描述 Navier-Stokes 流体模型的 Euler 坐标系不再适用。与大多数流固耦合问题的处理方法类似,ADINA-FSI 在 CFD 模型中也引入了 ALE 坐标系,而结构模型仍采用 Lagrangian 坐标描述。进行 ETFE 气枕的双向耦合分析，分别在 Structure 和 Fluid 模块中建立气枕模型和流场模型并设置流固耦合（fluid-solid interaction，FSI）界面（李鹏和杨庆山，2013）。为了保证流场与结构交界面相一致，CFD 建模时需对气枕上方的流体区域进行特殊处理：①首先将气枕上方区域的流场视为势流体与 ETFE 气枕同步建模，在 Structure 模块中进行气枕找形计算，随后提取气枕上方流体单元的三维坐标；②在 Fluid 模块中完成整个流场区域的几何建模及网格划分，然后根据前一步得到的坐标信息对 ETFE 气枕上方流场区域进行坐标更新，从而得到与气枕实际曲面相匹配的流场耦合边界（图 6.124）。

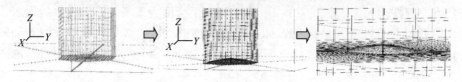

图 6.124　耦合界面生成过程

2）流固耦合结果与随机振动结果比较

流固耦合效应下，ETFE 气枕与外部流场的作用是双向的，一方面气枕变形会引起外部风场的改变，另一方面变化的风场又将进一步影响气枕的受力和变形。考虑到外部风场变化将通过改变气枕表面风压而作用于 ETFE 气枕。

图 6.125 为 0°风向角下考虑流固耦合效应后 ETFE 气枕上表面平均风压及脉动风压分布，将其与无耦合计算结果对比可知，考虑流固耦合效应后，气枕表面的平均风压分布规律与无耦合计算结果基本一致，数值略有减小；气枕脉动风压等值线中部捏拢比无耦合计算结果更加明显，数值则略有增加。

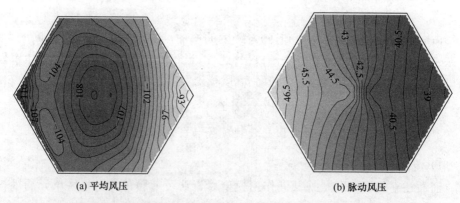

(a) 平均风压　　　　　　　　　　　　(b) 脉动风压

图 6.125　考虑流固耦合效应后 ETFE 气枕上表面风压分布（0°风向角）（单位：Pa）

图 6.126 进一步给出了路径上 1 点的风压时程及功率谱密度在有无流固耦合作用下的计算结果对比。

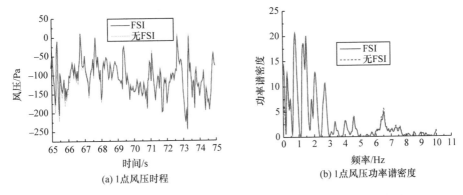

图 6.126　有无流固耦合作用下气枕上表面风压时程及功率谱密度对比

由图 6.126 可知,流固耦合作用下,ETFE 气枕表面风压时程及频谱特性与不考虑流固耦效应的随机振动分析结果一致性较好,仅风压变化幅值比无耦合作用情况略有减小。这表明,由于此模型中 ETFE 气枕的尺度远小于主体结构,气枕振动对周围流场的改变十分微弱,流固耦合效应主要体现为外部流场对气枕动力响应的影响。

图 6.127 给出了顺风向路径 1 在两种耦合条件下的位移响应对比。可知:①对上层膜而言,考虑流固耦合效应后的位移均值最大值为 0.011m,略高于无流固耦合计算结果,峰值由背风侧偏向迎风侧;位移标准差最大值由 0.012m(无耦合计算结果)大幅度减小至 0.004m,峰值由中心向迎风侧偏移。②对下层膜而言,考虑流固耦合效应后的位移均值与无耦合计算结果主要在气枕中央有所差异。

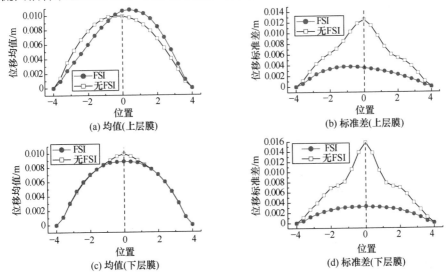

图 6.127　ETFE 气枕膜面位移响应对比

　　图 6.128 为有无流固耦合作用下路径 1 上关键节点(1 点和 8 点)的位移响应时程对比,表 6.24 进一步给出了各点位移的均值与标准差对比。

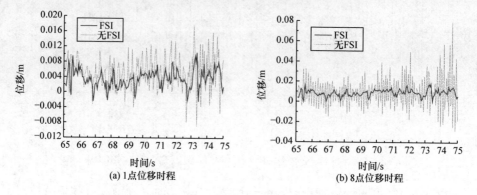

图 6.128　有无流固耦合作用下关键节点位移响应时程对比

表 6.24　关键节点位移统计量对比

节点号	位移均值			位移标准差		
	无耦合/m	耦合/m	差异/%	无耦合/m	耦合/m	差异/%
1	0.00522	0.00355	−32	0.00431	0.00234	−46
2	0.0088	0.00722	−18	0.00712	0.0036	−49
3	0.00992	0.01066	−7.5	0.01254	0.00354	−72
4	0.0079	0.00958	21	0.00604	0.00258	−57
5	0.00406	0.00521	28	0.00388	0.00143	−63
6	0.00456	0.00471	3.3	0.0039	0.00176	−55
7	0.00776	0.0078	0.5	0.00735	0.00287	−61
8	0.00994	0.00889	−10.6	0.01585	0.00323	−80
9	0.0078	0.00779	−0.1	0.0072	0.00283	−61
10	0.00462	0.00471	2	0.00402	0.00172	−57

　　由图 6.128 及表 6.24 可知:①考虑流固耦合效应后,气枕膜面位移的波动幅值及频率均比无流固耦合计算结果有所下降;膜面位移均值的变化幅度要小于其标准差变化幅度,前者最大为 −32%,出现于上层膜迎风前缘,后者最大为 −80%,出现于下层膜中央。②由于响应峰值位置的不同,对上层膜而言,流固耦合条件下其迎风侧位移响应的均值小于背风侧,标准差大于背风侧,而无流固耦合作用时迎风侧位移响应的均值与标准差均大于背风侧;下层膜因仅受内压作用,流固耦合作用下膜面前后两侧(沿风向)位移响应的均值与标准差基本对称,这与无流固耦合计算结果规律一致。

为了进一步研究流固耦合效应对气枕位移响应频谱特性的影响,图 6.129 给出了关键节点(1~10 点)位移响应在两种计算条件下的功率谱密度对比。

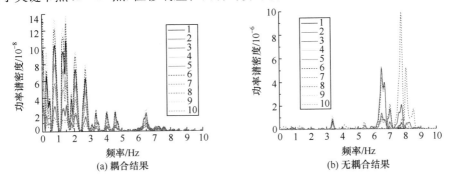

图 6.129　有无流固耦合作用下关键节点位移响应的功率谱密度对比

由图 6.129 可知,流固耦合条件下,气枕膜面位移响应的功率谱密度曲线表现为以低频能量为主的宽频带分布,与气枕表面风压的频谱特性相接近,且频谱峰值远小于无耦合计算结果;无流固耦合作用时,气枕位移响应的功率谱密度曲线则表现为自振频率附近的窄带分布。

图 6.130 给出了有无流固耦合作用下 ETFE 气枕膜面应力响应对比。由图可知:①考虑流固耦合效应后的应力均值与无耦合计算结果差异并不明显,沿风向对称性也较好;②考虑流固耦合效应后的应力标准差比无耦合计算结果大幅度减小。

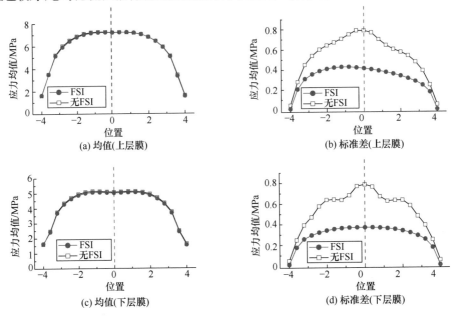

图 6.130　有无流固耦合作用下 ETFE 气枕膜面应力响应对比

　　表6.25为各关键节点应力的均值与标准差对比。由表可知,考虑流固耦合效应后,流固耦合条件下膜面应力均值的减小幅度远小于其标准差减小幅度,前者最大差异仅为−1.6%,而后者最大差异为−53%。

表 6.25　关键节点应力统计量对比

节点号	均值			标准差		
	无耦合/MPa	耦合/MPa	差异/%	无耦合/MPa	耦合/MPa	差异/%
1	6.02	5.93	−1.5	0.54	0.36	−33
2	7.10	7.03	−1	0.67	0.42	−37
3	7.21	7.20	−1.4	0.79	0.41	−48
4	7.05	7.05	0	0.60	0.36	−40
5	5.93	5.91	−0.3	0.48	0.28	−42
6	4.35	4.29	−1.4	0.47	0.29	−38
7	5.09	5.01	−1.6	0.64	0.35	−45
8	5.08	5.02	−1.2	0.79	0.37	−53
9	5.08	5.01	−1.4	0.63	0.35	−44
10	4.35	4.29	−1.4	0.48	0.29	−40

　　类似地,为了进一步研究流固耦合效应对膜面应力响应频谱特性的影响,图6.131给出了有无流固耦合作用下关键节点(1～10点)应力响应的功率谱密度对比。

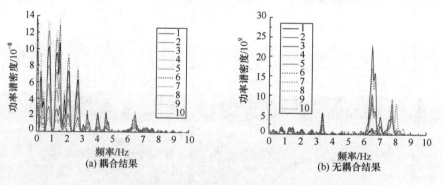

图 6.131　有无流固耦合作用下关键节点应力响应的功率谱密度对比

　　图6.132给出了有无流固耦合作用下气枕内压时程及功率谱密度对比。由图可知,流固耦合作用下,ETFE气枕内压的波动幅值及频率均比无耦合结果有所下降;两种计算条件下,气枕内压的功率谱密度曲线均表现为宽频带分布,流固耦合计算结果与无耦合结果在低频段几乎重合,但在高频段差异较大,前者能量集中于

低频段,后者能量集中于高频段。这表明,流固耦合作用下气枕内压主要反映出风荷载的频谱特性,而无耦合作用时气枕内压除反映风荷载频谱特性外,还反映出气枕自身的动力特性。

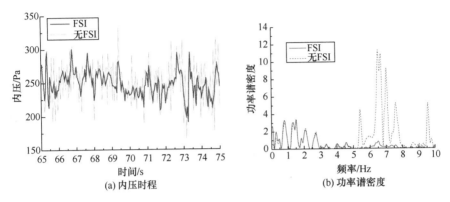

图 6.132　有无流固耦合作用下气枕内压时程及功率谱密度对比

表 6.26 给出了关键节点速度和加速度统计量对比。由表 6.26 可知,考虑流固耦合效应后,气枕速度和加速度的波动幅值均比无耦合作用时大幅下降,其中下膜面中心(8 点)下降幅度最大,其速度和加速度响应标准差分别减小 96.8% 和 99.3%;流固耦合作用下气枕上层膜迎风侧速度与加速度标准差大于背风侧,下层膜两侧的速度和加速度响应标准差相互对称,这与无耦合作用情况一致。

表 6.26　关键节点速度及加速度统计量对比

节点号	速度标准差			加速度标准差		
	无耦合/(m/s)	耦合/(m/s)	差异/%	无耦合/(m/s²)	耦合/(m/s²)	差异/%
1	0.286	0.038	−86.7	34.7	1.10	−96.8
2	0.433	0.056	−87	42.457	1.551	−96.3
3	1.035	0.053	−94.8	124.33	1.418	−98.9
4	0.392	0.040	−89.7	38.566	1.108	−97.1
5	0.290	0.024	−91.7	33.447	0.707	−97.9
6	0.244	0.031	−87.3	31.622	0.917	−97.1
7	0.544	0.048	−91.1	59.394	1.351	−97.7
8	1.570	0.051	−96.8	199.78	1.384	−99.3
9	0.535	0.044	−91.8	59.988	1.188	−98
10	0.255	0.027	−89.4	32.726	0.745	−97.7

图 6.133 和图 6.134 分别给出了关键节点速度和加速度响应的功率谱密度对比。由图可知,流固耦合作用下,气枕速度及加速度响应的功率谱密度均呈现为整

个区间的宽频带分布,但能量分布形式与位移和内力响应有所区别;速度响应谱在低频区与高频区均出现多个能量相当的峰值,而加速度响应谱则更多地反映气枕的高频振动,高频段峰值大于低频段;不考虑耦合作用时,气枕速度及加速度响应主要表现为自振频率区域附近的窄带分布,表明此时气枕以共振响应为主。

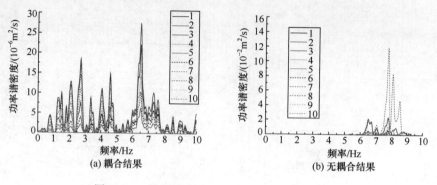

图 6.133　关键节点速度响应的功率谱密度对比

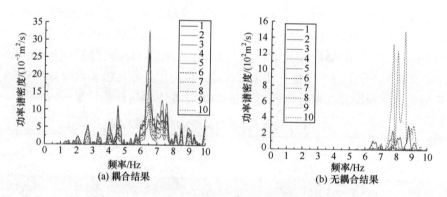

图 6.134　关键节点加速度响应的功率谱密度对比

3) 流固耦合效应系数

对此算例而言,位于屋盖中央的气枕上表面风压以负压为主,气枕做向上偏离平衡位置的整体振动,上层膜比初始状态更加张紧,下层膜比初始状态更加松弛。流固耦合效应系数根据式 $\varphi_i = 1 + (X_i^{\mathrm{FSI}} - X_i)/X_{\max}$ 计算,基于内力和位移求解的ETFE 气枕上层膜面的流固耦合效应系数分布如图 6.135 所示。

由图 6.135 可知:①对基本计算模型而言,ETFE 气枕膜面各点的流固耦合效应系数均小于 1,这表明流固耦合对气枕的振动起抑制作用,对结构安全有利;②以内力和位移表示的上层膜面流固耦合效应系数均呈非对称分布,流固耦合效应对膜面中央及背风侧中部区域影响更为明显;③基于内力响应确定的气枕整体流固耦合效应系数远大于基于位移响应的计算结果,前者为 0.7,而后者仅为

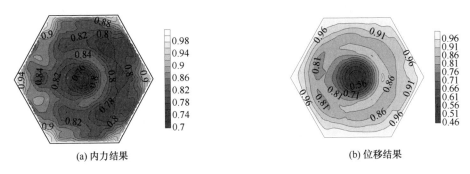

(a) 内力结果   (b) 位移结果

图 6.135 基于内力和位移求解的 ETFE 气枕上层膜面流固耦合效应系数分布

0.46,最小值均位于气枕顶部。

根据第 3 章确定的 ETFE 气枕失效准则,下面将基于内力响应确定气枕的流固耦合效应系数。气枕整体流固耦合效应系数随各参数的变化规律分别如图 6.136~图6.139 所示。

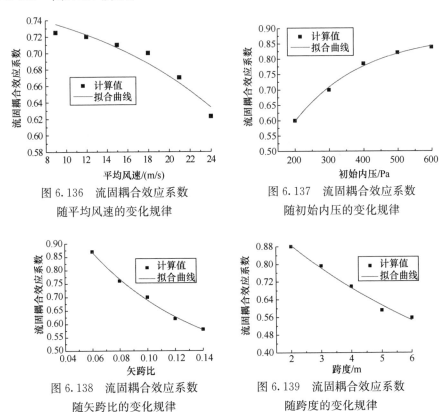

图 6.136 流固耦合效应系数
随平均风速的变化规律

图 6.137 流固耦合效应系数
随初始内压的变化规律

图 6.138 流固耦合效应系数
随矢跨比的变化规律

图 6.139 流固耦合效应系数
随跨度的变化规律

由图 6.136～图 6.139 可知:①ETFE 气枕在风荷载下的流固耦合效应十分显著,在工程常见的平均风速、初始内压、矢跨比及跨度范围内,气枕结构流固耦合效应系数的取值范围分别为 0.62～0.725、0.6～0.83、0.58～0.87 及 0.56～0.89;②ETFE 气枕的流固耦合效应系数随平均风速、初始内压、矢跨比及跨度的变化非常明显,其中流固耦合效应系数随平均风速、矢跨比及跨度的增加而非线性下降,随初始内压的增加而非线性增大。这表明流场风速及气枕柔度的增加会显著提高 ETFE 气枕与外部流场的耦合效应。

以实现耦合作用下 ETFE 气枕风致动力响应分析为出发点,分别对充气膜结构的共同作用理论模型、ETFE 气枕静力测试与有限元分析、ETFE 气枕动力特性测试与数值模态分析、ETFE 气枕在风荷载下的随机振动分析及流固耦合计算等进行了研究,主要结论如下:

(1) 提出了通过内压和膜面形状的精确测量来确定 ETFE 气枕形态的测试方法,避免了测量膜面应力的困难,静力测试及分析结果表明该方法有效可行。

(2) 采用非接触视频测量系统对三个不同边长的正六边形足尺 ETFE 气枕进行了自由振动测试及数值模态分析。

(3) 完成了 ETFE 气枕在风荷载作用下的流固耦合计算并与随机振动分析结果进行了比较,提出了流固耦合效应系数,并分析了 ETFE 气枕的流固耦合效应系数随平均风速、初始内压、矢跨比、跨度等参数的变化规律。

参 考 文 献

黄智文,陈政清.2015.大跨度桥梁竖弯涡振限值的主要影响因素分析.中国公路学报,28(9):30-37.

李鹏,杨庆山.2013.内充气体与外部膜材的共同作用理论模型.力学学报,45(6):919-927.

李鹏,杨庆山.2014.ETFE 气枕共同作用模型的数值模拟与试验验证.北京交通大学学报,38(1):83-87.

李鹏,杨庆山,王晓峰.2014.基于共同作用模型的 ETFE 气枕力学性能研究.工程力学,31(9):203-210.

李鹏,杨庆山,杨一龙.2015.ETFE 气枕力学性能试验研究及有限元分析.建筑结构学报,36(3):147-157.

刘十一.2014.大跨度桥梁非线性气动力模型和非平稳全过程风致响应.上海:同济大学博士学位论文.

孙晓颖.2007.薄膜结构风振响应中的流固耦合效应研究.哈尔滨:哈尔滨工业大学博士学位论文.

孙晓颖,武岳,沈世钊.2010.薄膜结构流固耦合效应的简化数值模拟方法.土木工程学报,43(10):30-35.

战庆亮.2017.基于高精度 LES 湍流模拟的桥梁气动参数识别的有限体积方法.上海:同济大学

博士学位论文.

张强. 2014. 基于动边界技术的单向张拉膜结构流固耦合效应研究. 哈尔滨:哈尔滨工业大学硕士学位论文.

周帅,陈政清,华旭刚,等. 2017. 大跨度桥梁高阶涡振幅值对比风洞试验研究. 振动与冲击, 36(18):29-35,69.

庄梦园. 2016. 张拉膜结构风振控制研究. 哈尔滨:哈尔滨工业大学硕士学位论文.

Chen W L,Tang S R,Li H,et al. 2013. Influence of dynamic properties and position of rivulet on rain-wind-induced vibration of stay cables. Journal of Bridge Engineering,18(10):1021-1031.

Cheng P,Li H,Fuster D,et al. 2015. Multi-scale simulation of rainwater morphology evolution on a cylinder subjected to wind. Computers and Fluids,123:112-121.

Cheng P,Zaleski S,Li H. 2013. Numerical simulations of the rain water rivulets on stay cables subjected to wind based on VOF method//ER-COFTAC International Symposium on Unsteady separation in fluid-structure interaction,Mykonos:17-21.

Hua X G,Chen Z Q,Chen W, et al. 2015. Investigation on the effect of vibration frequency on vortex-induced vibrations by section model tests. Wind and Structures,20(2):349-361.

Li Q S,Chen F B,Li Y G,et al. 2013. Implementing wind turbines in a tall building for power generation:a study of wind loads and wind speed amplifications. Journal of Wind Engineering and Industrial Aerodynamics,116:70-82.

Li Q S,Hu G,Yan B W. 2014. Investigation of the effects of free-stream turbulence on wind-induced responses of tall building by large eddy simulation. Wind and Structures,18(6): 599-618.

Yan B W,Li Q S. 2015a. Large-eddy simulation of wind effects on a super tall building in urban environment conditions. Structure and Infrastructure Engineering,12(6):1-21.

Yan B W,Li Q S. 2015b. Inflow turbulence generation methods with large eddy simulation for wind effects on tall buildings. Computers and Fluids,116:158-175.

第 7 章　结构风效应全过程精细化数值模拟

结构风效应全过程精细化数值模拟主要研究进展包括超大跨桥梁风速全过程响应的数值模拟平台、考虑非定常风荷载和气弹效应的超高层建筑数值模拟平台和大跨度屋盖结构抗风的数值模拟平台三个方面。

7.1　超大跨桥梁风速全过程响应的数值模拟平台

开发一个三维非线性结构有限元分析平台,该平台将提供空间结构的非线性大变形分析能力,计入结构不同振幅下自激气动力演化特性和结构在大振幅下抖振力与结构运动本身的非线性耦合效应,并可以进行线性频域分析和非线性静、动力时域分析。这个平台将能够容纳描述非定常气动力所需的附加气动力自由度,并能将非线性气动力模型和结构有限元模型整合在一起,实现各种风速过程下的桥梁静力和动力响应分析,并模拟桥梁在极限风速下的损毁过程。此外,这个平台还将作为桥梁风振控制措施的验证平台,通过风-桥梁-控制措施耦合的非线性时域分析来检验控制效果(刘十一,2014)。

7.1.1　桥梁结构风致振动精细化数值模拟

1. 二维桥梁全过程流固耦合数值模拟平台

开发一个二维 CFD 全过程数值模拟平台,该平台基于有限体积方法,并采用全新网格划分算法,即高阶势能(high-order potential energy, HOPE)法,可实现流固耦合过程中的大变形要求。该平台采用非结构化网格形式,可实现自动网格划分功能。流体方程求解过程中采用代数多重网格和非迭代时间步长算法以满足求解过程中的精度和效率要求。

利用该平台模拟四类断面在全风速范围内的自由振动响应,计算模型为真实桥梁尺寸,来流为均匀来流,主梁振动由旋涡脱落和自激力引起。来流风速 U 随着时间 t 缓慢线性增加,U 的表达式为

$$U = U_0 + \frac{U_{\text{end}} - U_0}{t_{\text{total}}} t \tag{7.1}$$

式中,U_0 为初始风速;U_{end} 为预设模拟结束时的风速;t_{total} 为预定模拟时长,随时间缓慢变化。

当最终风速超过给定限值或主梁发生大振幅颤振(振幅达到 90°)时,计算提前结束。模拟过程中,主梁断面采用二维刚体模拟,在竖弯和扭转自由度上附加弹簧和阻尼,在侧弯自由度上施加约束。扭转自由度以逆时针旋转为正,竖弯自由度以向上为正。计算过程中采用的断面结构参数如表 7.1 所示。

表 7.1　四类典型桥梁断面结构参数

桥名	质量 /(t/m)	质量惯矩 /(t · m²/m)	竖弯频率 /Hz	扭转频率 /Hz	阻尼比 /%
润扬长江大桥(无稳定板)	30.6	6642	0.124	0.231	0.5
润扬长江大桥(1.1m 稳定板)	30.6	6642	0.124	0.231	0.5
塔科马大桥	4.25	177.73	0.13	0.2	0.5
大带东桥	22.7	2470	0.099	0.278	0.5
西堠门大桥(开槽)	29.4	2813.3	0.101	0.261	0.5
西堠门大桥(不开槽)	29.4	2813.3	0.101	0.261	0.5

根据风速全过程方法计算得到了四类桥梁断面的颤振临界风速,对于没有明显颤振发散点的情况,颤振临界风速采用《公路桥梁抗风设计规范》(JTG/T 3360-01—2018)(中华人民共和国交通运输部,2018)规定的扭转位移标准差时的风速作为颤振临界风速。风速全过程计算得到的颤振临界风速与试验结果的比较如表 7.2 所示。结果表明,二维全过程计算得到的颤振临界风速与试验结果较为接近,可以认为通过二维全过程方法获得的断面颤振临界风速具有较好的准确性。

表 7.2　颤振临界风速计算值与试验值比较

桥名	颤振临界风速/(m/s)					
	计算值			试验值		
	−3°	0°	+3°	−3°	0°	+3°
润扬长江大桥(无稳定板)	>80	62.0	49.5	77.1	64.4	52.5
润扬长江大桥(1.1m 稳定板)	>80	78.4	53.8	>80	>75	56.4
塔科马大桥	9.5	8.5	7.8	—	10	—
大带东桥	>80	72.5	70	—	73	—
西堠门大桥(开槽)	98.3	90	88.2	>100 (施工)	>100 (施工)	96.1 (施工)
				88.4 (成桥)	>94.0 (成桥)	>94.0 (成桥)
西堠门大桥(不开槽)	82.5	79.3	75.5	98 (施工)	93 (施工)	88.9 (施工)

1) 润扬长江大桥风速全过程响应模拟结果

润扬长江大桥是一座主跨 1490m 的大跨度悬索桥,断面宽高比为 $B/H=$

12.9,在大跨度钢箱梁桥中属于较为扁平的断面。利用二维 CFD 平台对润扬长江大桥断面风速全过程响应进行模拟,结构位移响应时程如图 7.1 所示(图中 h 表示竖向位移,α 表示扭转位移,以下同),该图显示了颤振临界风速前后($U=36\sim51\text{m/s}$)的自由振动位移时程。当风速超过 49.5m/s 时,润扬长江大桥原始断面(初始攻角$+3°$)开始出现颤振。由图 7.1 可见,颤振发生后竖弯和扭转振幅急剧增加,该断面颤振发生具有突发性。

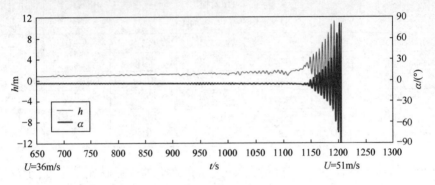

图 7.1　润扬长江大桥原始断面流固耦合位移时程(初始攻角$+3°$)

　　图 7.2 显示了润扬长江大桥原始断面颤振前后的瞬时流场。由图 7.2(a)和(b)可见,原始断面由于高宽比较小,接近理想平板,颤振发生之前,加劲梁前后缘均没有明显的流体分离和涡脱。随着风速逐渐接近颤振临界风速($U=48.5\text{m/s}$)

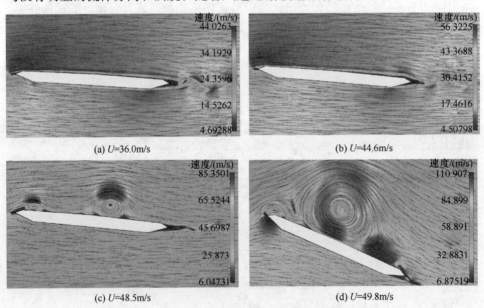

图 7.2　润扬长江大桥原始断面颤振前后的瞬时流场

时,箱梁前缘风嘴处产生规律性涡脱,并沿风速方向下移,在加劲梁上表面形成较大的旋涡,如图 7.2(c)所示。风速达到 49.8m/s 时(图 7.2(d)),由上缘处产生的旋涡移动到接近上表面中部时,旋涡尺寸明显增大,主导着结构的运动。因此认为,对于原始断面,在迎风侧形成的有规律涡脱是颤振发散的主因。

为了研究中央稳定板在颤振控制中的作用,对润扬长江大桥断面附加中央稳定板情况下的风速全过程进行了计算。如图 7.3 所示,对于设置 1.1m 中央稳定板的断面,从 1100s(风速 $U=46$m/s)开始,竖弯和扭转振幅逐渐增大,但未出现发散的趋势。当风速达到 53.8m/s($t=1350$s)时,竖弯和扭转振幅迅速增大,颤振发散。比较图 7.1 和图 7.3 可以认为,增加中央稳定板后,颤振临界风速提高,且颤振发散由突然性逐渐向"软颤振"靠拢。

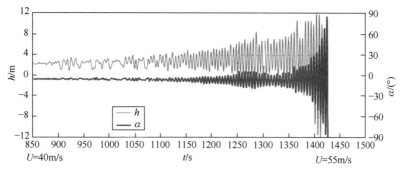

图 7.3　润扬长江大桥加 1.1m 中央稳定板断面流固耦合位移时程(初始攻角+3°)

设置中央稳定板后,断面的绕流明显复杂化。由图 7.4 可知,当风速较低($U=43$m/s)时,由于中央稳定板提供了流场的分离点,在断面上表面背风一侧出现了有规律的小型涡脱。中央稳定板引起的涡脱使得结构出现了小振幅振动,印证了在风速全过程时程曲线中,原始断面颤振前振幅很小,而有稳定板时颤振发生前结构有较明显的振动。当风速达到原始断面的颤振风速附近($U=48.9$m/s)时,由于中央稳定板的存在,迎风侧处脱落的旋涡在上表面不能自由发展,上表面没有出现大的旋涡。当风速继续增大($U=51.7$m/s)时,迎风侧脱落的旋涡和中央稳定板处脱落的旋涡相互融合,出现颤振发散的极限。当风速达到 54.8m/s 时,颤振发散,结构振动迅速增大。迎风侧脱落的旋涡在移动到中央稳定板位置前已发展为大旋涡,而中央稳定板处脱落的旋涡也在背风侧风嘴处发展为有规律的大旋涡。

2) 塔科马大桥风速全过程响应模拟结果

计算得到的塔科马大桥风速全过程模拟位移响应时程如图 7.5 所示。由图可见,主梁的振动以扭转为主,扭转振幅随着风速的增加逐渐增大。当风速达到 19m/s 时,扭转振幅达到 33°;当风速达到 24m/s 时(模拟结束时的风速),扭转振幅达到 80°。风速全过程模拟结果验证了塔科马大桥采用 H 型断面在较低风速下即可能出现颤振。

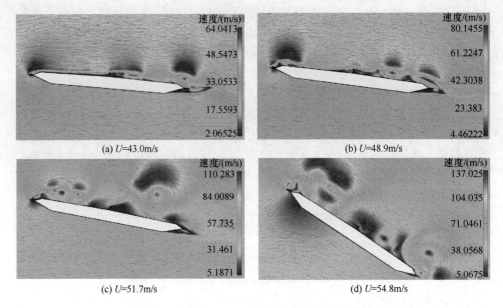

(a) U=43.0m/s

(b) U=48.9m/s

(c) U=51.7m/s

(d) U=54.8m/s

图 7.4　润扬长江大桥加 1.1m 中央稳定板断面颤振前后瞬时流场

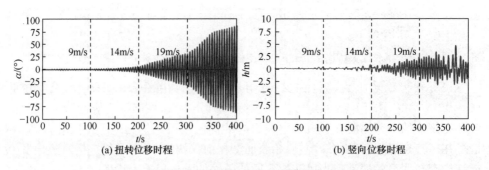

(a) 扭转位移时程

(b) 竖向位移时程

图 7.5　塔科马大桥断面风速全过程模拟位移响应时程

　　在 Larsen 的试验研究中,断面在临界风速附近呈现出限幅颤振特性,即软颤振。模拟风速 $U=10$m/s 时的软颤振位移时程如图 7.6 所示,风速 $U=10.5$m/s 时的软颤振位移时程如图 7.7 所示。从两图中可见,扭转振幅先增大后逐渐达到稳定,再现了软颤振的自限幅特性。另外,竖弯振幅较小且不是单频振动,可判断竖弯没有参与颤振,颤振模态为单自由度扭转,与实桥颤振模态相符。软颤振振幅随风速变化曲线如图 7.8 所示。

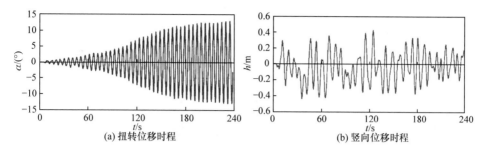

图 7.6　塔科马大桥断面在 $U=10\text{m/s}$ 时的软颤振位移时程

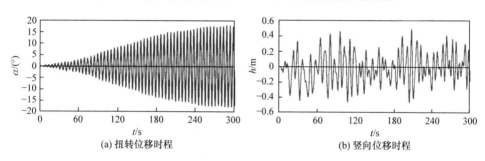

图 7.7　塔科马大桥断面在 $U=10.5\text{m/s}$ 时的软颤振位移时程

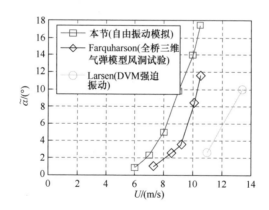

图 7.8　塔科马大桥软颤振振幅随风速变化曲线

　　断面风速全过程模拟过程中特定风速点的瞬时流场如图 7.9 所示,可见对于 H 形断面,分离点较多,涡结构复杂,极易生成大尺度的旋涡。

　　3) 大带东桥风速全过程响应模拟结果

　　大带东桥是一座主跨为 1624m 的跨海峡悬索桥,断面宽高比 $B/H=7.05$,在大跨度钢箱梁桥中,它属于宽高比比较小的钝体箱梁断面。在风速从低到高增加的全过程中,大带东桥主梁断面竖向和扭转位移均值和振幅随风速的变化曲线如图 7.10 所示。

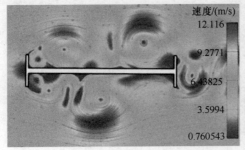

(a) U=6.6m/s

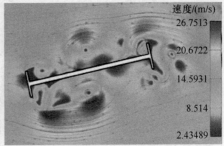

(b) U=15.1m/s

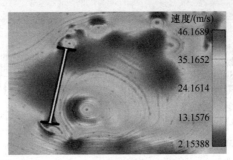

(c) U=22.8m/s

图 7.9　塔科马大桥断面特定风速点的瞬时流场

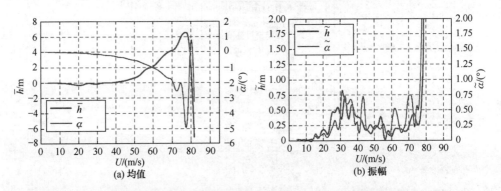

(a) 均值

(b) 振幅

图 7.10　大带东桥主梁断面的竖向位移、扭转位移均值和振幅随风速的变化曲线

平均位移反映了主梁的静风力响应，从图 7.10(a)可见，当风速小于 20m/s 时，主梁平均扭转位移接近于 0°，在向下的气动力作用下，主梁出现向下的竖向位移，约为 0.2m。随着风速的增加，主梁开始出现负的平均扭转位移(顺时针，攻角为正)，使得升力方向逐渐改变为向上。当风速等于 40m/s 时，平均竖向位移由负变正。当风速位于 40～70m/s 时，平均位移随风速的增加而迅速增大。在颤振发生之前($U \approx 70m/s$)，平均扭转位移达到 −1.8°(顺时针)，平均竖向位移达到 4.1m。从图 7.10(b)可见，在 $U \approx 70m/s$ 时断面振幅突然增加，表现出典型颤振发

散现象。而在颤振发生之前的 25～40m/s 风速区间内也出现了较大振幅的竖弯和扭转振动,竖向振幅达到 0.5m。

图 7.11 给出了风速随时间线性增加的过程中大带东桥断面自由振动位移时程。从图 7.11(a)可见,在 25～40m/s 风速区间内,竖向位移时有较强的单频特点,类似涡激振动。但需要指出的是,模拟获得的大带东桥断面主要 St 为 0.12(相对于梁高 H),与之对应的主要涡脱频率约为 0.8Hz,远高于结构竖弯振动频率(0.1Hz)。此外,在固定风速模拟中并未在这一区间观察到涡激振动,因此难以将这一振动定性为涡振。与 25～40m/s 风速区间相比,55～75m/s 风速区间内的竖向和扭转振幅均有所减小。从图 7.11(b)可见,这一区间竖向和扭转具有较强的随机性,可认为是特征紊流引起的抖振。当风速超过 75m/s 后,竖向和扭转振幅迅速发散,可判定为发生了弯扭耦合颤振。从图 7.11(c)可见,最终的扭转振幅达到了 $\pm 90°$。

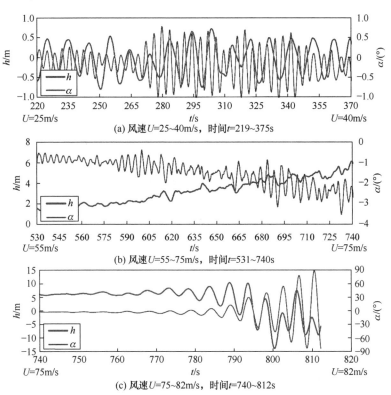

图 7.11 风速随时间线性增加的过程中大带东桥断面自由振动位移时程

全过程模拟中各时刻的瞬时流场如图 7.12 所示。在图 7.12(a)中,风速 $U=45.5$m/s,主梁姿态与初始状态相比未发生明显改变,下表面上游折点存在流动分离现象。在图 7.12(b)中,风速增大到 71.4m/s,主梁在静风升力矩作用下出现了一定的正攻角,此时下表面流动分离点消失,上表面上游折点出现流动分离现象。随着风速进一步增加,主梁的振动开始发散,即出现颤振,如图 7.12(c)～(e)所示。由于颤振时的瞬时攻角和振动速度均很大,颤振过程中的流态完全不同于颤振之前的流态,主梁表面出现了明显的流动分离,周围产生很大尺度的旋涡。

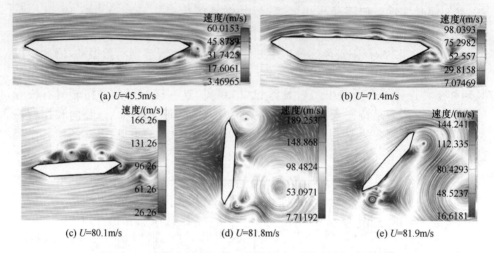

图 7.12　大带东桥断面全过程模拟中不同时刻的瞬时流场

4) 西堠门大桥风速全过程响应模拟结果

西堠门大桥是宁波舟山连岛工程中的一座超大跨度悬索桥,主跨 1650m,是目前世界第一跨度的钢箱梁悬索桥。由于地处中国东部沿海,为了提高桥梁抗风能力,该桥主梁断面采用了独特的分体双箱梁设计。

首先对开槽断面的风速全过程响应进行了模拟。在风速全过程模拟中,起始风速按式(7.1)设定为 4m/s,为了再现西堠门大桥颤振发展全过程,终止风速设为 150m/s。西堠门大桥断面位移均值及振幅随风速的变化曲线如图 7.13 所示。

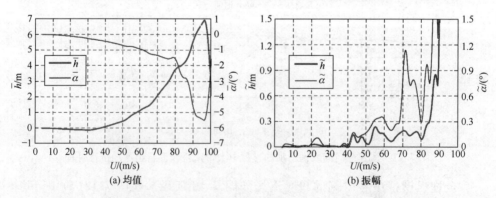

图 7.13　西堠门大桥断面位移均值及振幅随风速的变化曲线(初始攻角为 0°)

由图 7.13 可以看到,当风速达到 90m/s 时振幅突然大幅增加,可以判定为发生颤振,颤振临界风速约 90m/s。此外,由于平均风力作用,颤振发生时的平均攻角达到 4.5°。当风速超过 90m/s 时,西堠门大桥断面开始出现颤振,然而颤振发生后扭转和竖弯振幅虽然迅速增加,但是具有明显的自限幅特性:当风速小于 100m/s 时,扭转振幅限制在 20°以内,竖弯振幅限制在 15m 以内,没有出现振幅无限增大的情况,因此可以判定为软颤振。断面高风速下软颤振的发散过程如图 7.14 所示。

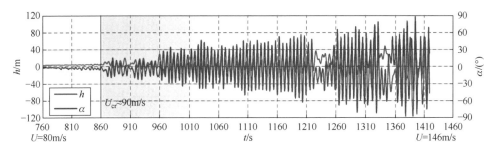

图 7.14　西堠门大桥断面高风速下软颤振发散过程(初始攻角为 0°)

图 7.15 显示了西堠门大桥断面颤振发生前后的瞬时流场。从图 7.15(a)和(b)可见,颤振发生之前,上游箱体前缘没有明显的流动分离和涡脱,但下游箱体周围存在较为明显的旋涡,这些旋涡是上游箱体的尾流附着到下游箱体表面产生的。从图 7.15(c)和(d)可见,软颤振发生后,上、下游箱体周围都发生了流动分离,旋涡尺寸增大,流场形态发生了显著变化。

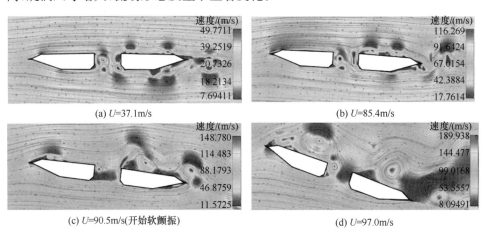

图 7.15　西堠门大桥断面颤振发生前后的瞬时流场(初始攻角为 0°)

为了研究中央开槽对西堠门大桥断面颤振性能的影响,对该桥断面中央不开槽情况下的风速全过程响应进行了数值模拟,此时断面退化为传统闭口钢箱梁形式,计算得到的0°初始攻角条件下风速全过程位移时程如图7.16所示。在风速约为80m/s的条件下,结构振幅突然增大,出现明显颤振发散现象。而且随着风速的增加,结构振幅剧烈增大,为典型的颤振现象,这和开槽断面存在一定风速区间的"软颤振"现象十分不同。

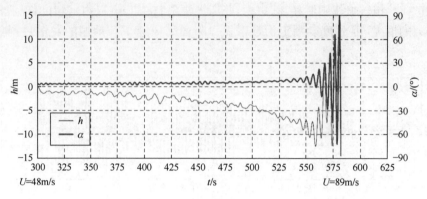

图 7.16　西堠门大桥不开槽断面风速全过程位移时程

图 7.17 给出了西堠门大桥不开槽断面颤振发生前后的瞬时流场。从图 7.17 (a)和(b)可见,颤振发生之前,箱体前缘没有明显的流动分离和涡脱,但箱体后缘存在较为明显的旋涡,这些旋涡是尾流脱落产生的。图 7.17(c)为颤振起始时的流场形态,此时箱体前缘也出现了明显的流动分离现象。图 7.17(d)为颤振后的流场形态,此时的流场与颤振前和颤振起始时的形态均明显不同。

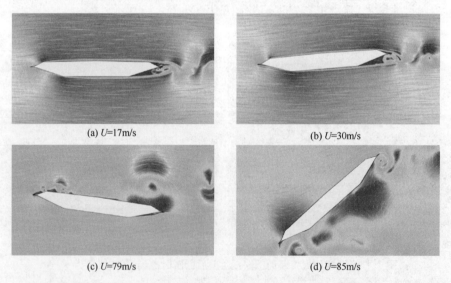

(a) U=17m/s　　　　　　　　　　　　(b) U=30m/s

(c) U=79m/s　　　　　　　　　　　　(d) U=85m/s

图 7.17　西堠门大桥断面(不开槽)颤振发生前后瞬时流场(初始攻角为0°)

2. 三维桥梁风效应全过程数值模拟平台

本小节提出能同时准确模拟非定常、非线性和非平稳效应的纯时域气动力模型——非线性凝聚子系统气动力模型,与非线性结构有限元理论结合,建立了三维桥梁风振全过程分析平台。首先使用包含较少自由度的非线性动力子系统(即非线性凝聚子系统)对流场演化规律进行缩阶建模,该气动力模型能直接与结构运动微分方程联立求解,便于获得结构的风致响应;然后,基于非线性凝聚子系统气动力模型,构造任意三维姿态下的刚体气动力有限单元,将气动力有限单元附加到结构有限元模型的节点上,在时域中耦合求解气动力子系统自由度和结构的节点自由度,由此实现三维大跨度桥梁风致响应分析。该方法实现了二维气动力模型和三维结构有限元分析相结合的混合算法,分别计算了四座不同类型桥梁结构的非线性气动力模型、桥址区的平稳和非平稳风场模拟,以及相应的桥梁风致响应,这里仅列出润扬长江大桥在无中央稳定板和有中央稳定板(1.1m)时的风致响应。

1) 非线性气动力单元

基于非线性凝聚子系统气动力模型,构造任意三维姿态下的非线性气动力单元:10 个惯性参考系无关的输入变量表达式,气动力单元的局部坐标系示意图如图 7.18 所示。

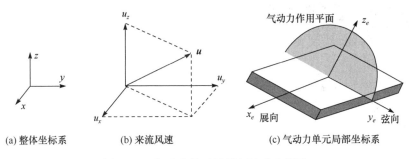

(a) 整体坐标系　　　　(b) 来流风速　　　　(c) 气动力单元局部坐标系

图 7.18　气动力单元局部坐标系示意图

除包含节点位移自由度外,每个气动力单元还包含两组内部自由度,即自激力子系统自由度和抖振力子系统自由度。要实现气动力单元与结构单元的耦合求解,有限元平台必须能兼容气动力子系统自由度,而这在现有的商业有限元软件上是无法实现的。为了实现非线性凝聚子系统气动力单元与结构单元的耦合求解,自主研发了非线性动力有限元模拟平台,该平台允许单元使用除节点自由度之外的单元内部自由度,从而能实现气动力单元与结构单元的耦合求解。

2) 风场的模拟

基于非线性动力有限元模拟平台,分别建立了四种不同结构类型的桥梁模型,首先模拟四座桥梁的桥址区平稳和非平稳风场,包括竖向和顺风向。选取了四座不同类型的桥梁:主跨为 1490m 的扁平钢箱梁悬索桥(润扬长江大桥)、主跨为

1650m 的分体箱梁悬索桥(西堠门大桥)、主跨为 2×1080m 的三塔双跨钢箱梁悬索桥(泰州大桥)、主跨为 1088m 的钢箱梁斜拉桥(苏通大桥)。采用多变量非平稳随机风速时程的生成方法基于快速傅里叶变换的平稳随机过程生成方法,分别计算桥址区平稳和非平稳的竖向和顺风向风速时程,如图 7.19 所示。

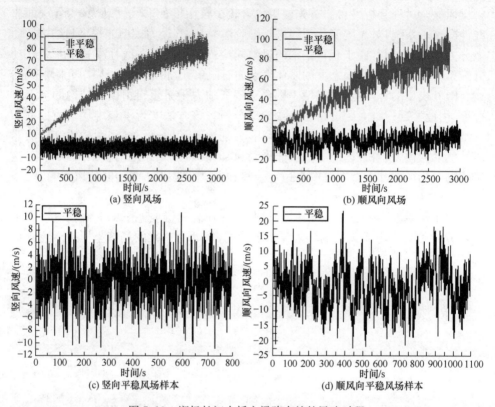

图 7.19　润扬长江大桥主梁跨中处的风速时程

3) 润扬长江大桥风致效应全过程分析

使用自主研发的非线性有限元分析平台模拟润扬长江大桥(无中央稳定板)在均匀来流和非平稳来流下的颤抖振响应。完成主缆找形和初应变施加后,在润扬长江大桥有限元模型中(图 7.20),主梁和主缆共有 186 个节点,每个节点连接一个非线性凝聚子系统气动力单元,因此需要在每个主梁和主缆节点位置生成随机风速时程。

(1) 均匀来流下的颤振响应。

首先,模拟了润扬长江大桥在均匀来流下的颤振响应。颤振发散时的有限元模型形态如图 7.21 所示,该图显示的位移为真实比例,可见颤振发散时可能产生非常大的变形。颤振形态为一阶对称扭转和一阶对称竖弯耦合颤振。

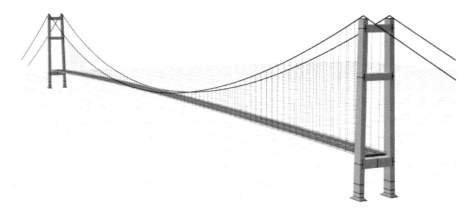

图 7.20　润扬长江大桥有限元模型初始形态（自主研发的有限元平台）

图 7.21　润扬长江大桥在均匀来流下的颤振发散形态

由图 7.22 可知，当风速为 58m/s 时，扭转振幅随时间增加有变大的趋势，可判断为出现颤振；当风速为 60m/s 时，主梁发生颤振发散，最大扭转振幅超过 20°。

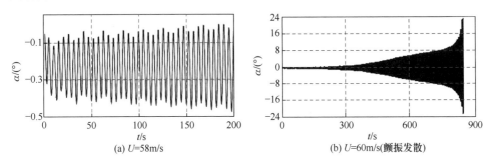

图 7.22　均匀来流时的跨中扭转位移时程

　　模拟获得的颤振临界风速与线性气动力模型结果和风洞试验结果的比较如表7.3所示。由于其他数值模拟工况和风洞试验采用的是成桥状态主梁断面,颤振临界风速存在一定差异。

表 7.3　　润扬长江大桥颤振临界风速数值计算结果和风洞试验结果比较

数值模拟或风洞试验	气动力模拟方法	主梁断面	颤振临界风速/(m/s)
三维时域分析(本节)	非线性凝聚子系统气动力模型(非线性、非定常、非平稳)	施工状态断面	58
三维多模态频域分析	Scanlan 颤振导数(线性、非定常)		62.07
三维时域分析	线性 Roger 有理函数模型(线性、非定常)	成桥状态断面	62
节段模型风洞试验(3°)	缩尺比 1:65 风速比 1:5.1		50.8
节段模型风洞试验(0°)			64.4
节段模型风洞试验(−3°)			77.1

　　(2) 非平稳来流下的颤振响应。

　　为了研究竖向紊流度对润扬长江大桥颤振响应的影响,构成五个具有不同竖向紊流度的工况,如表 7.4 所示。

表 7.4　　各工况的来流风速时程和紊流度

工况	1	2	3	4	5
顺风向风速时程	$u_y(t)$	$u_y(t)$	$u_y(t)$	$u_y(t)$	$u_y(t)$
顺风向紊流度	$I_u=12.94\%$	$I_u=12.94\%$	$I_u=12.94\%$	$I_u=12.94\%$	$I_u=12.94\%$
竖向风速时程	$u_z(t)$	$0.8u_z(t)$	$0.5u_z(t)$	$0.2u_z(t)$	$0.1u_z(t)$
竖向紊流度	$I_w=6.65\%$	$I_w=5.32\%$	$I_w=3.325\%$	$I_w=1.33\%$	$I_w=0.665\%$

　　在非平稳来流下,润扬长江大桥发生颤振发散时的有限元模型形态如图 7.23 所示,该图显示的位移为未经过放大的真实位移,可见紊流作用下桥梁仍然可能发生大振幅颤振。在均匀来流下,润扬长江大桥的颤振形态是一阶对称竖弯和一阶对称扭转耦合颤振,而图 7.23 所示的紊流作用下,桥梁颤振形态中包含多个竖弯振动模态,说明来流紊流对悬索桥的三维颤振形态产生了非线性影响。

　　图 7.24 对比了润扬长江大桥主梁跨中和四分点处的扭转位移时程。可见平稳均匀来流作用下桥梁扭转位移数值更大,但是发散的时间更快。在平稳和非平稳来流下,跨中处的扭转位移都明显大于四分点处的位移。

图 7.23 润扬长江大桥在非平稳来流下的颤振发散形态

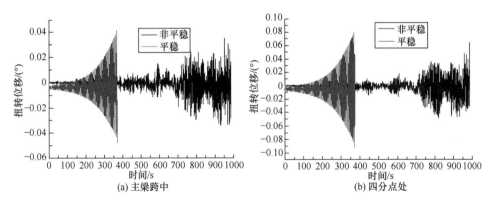

(a) 主梁跨中　　　　　　　　　(b) 四分点处

图 7.24 润扬长江大桥主梁跨中和四分点处的扭转位移时程

非平稳来流下各工况的全过程跨中位移响应时程如图 7.25 所示。由图可见，数值模拟成功再现了润扬长江大桥从低风速抖振到高风速颤振的全过程，主梁振幅随风速和紊流度的增大而增大。由图 7.25 可见，紊流度对颤振稳定性有较大影响，工况 $1(I_w = 6.65\%)$ 的颤振临界风速明显低于其他几个工况，说明来流紊流可能降低颤振稳定性。而线性气动力理论认为，来流紊流对颤振临界风速没有影响，因此对本桥而言，使用线性气动力模型计算紊流下的颤抖振响应是偏于危险的。

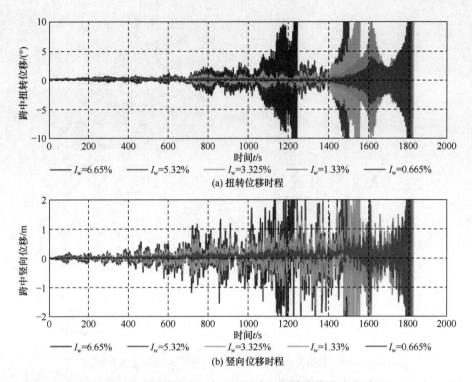

图 7.25　非平稳来流下各工况的全过程跨中位移响应时程

（3）非平稳来流下的抖振响应。

这里还分别计算了主梁跨中节点在低风速（$U=18\sim22\mathrm{m/s}$）下的抖振响应时程，如图 7.26 所示。不同工况的扭转和竖向振幅比例与来流紊流度的比例近似相等，说明低风速下抖振响应与风速脉动之间有较强的线性关系。图 7.26 扭转位移时程的频率成分比较单一，竖向位移时程包含的频率较多，具有较强的随机振动特征。

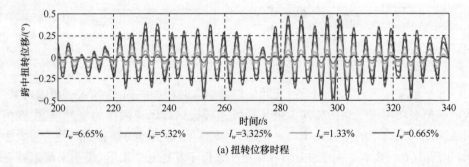

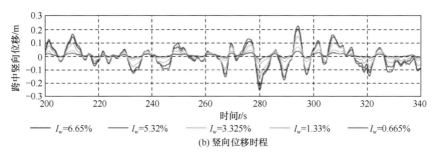

(b) 竖向位移时程

图 7.26　低风速下各工况的跨中位移响应时程

图 7.27 显示了工况 2、3、4、5 在高风速下的颤振发散过程。从图中可见,这四个工况下,扭转振幅均在 1400s 左右开始增大,可判断为在该时刻出现颤振,此时的颤振临界风速约为 58m/s,与均匀来流下的颤振临界风速相同,说明当紊流度小于或等于 5.32% 时,来流紊流对润扬长江大桥颤振稳定性的影响较小。工况 4 和工况 5 的扭转振幅在 1620s 左右达到一个峰值,随后减小,在 1700s 左右开始重新增大并最终发散。工况 4 和工况 5 的扭转振幅在 1620s 之后减小的原因是该时刻出现了较强的顺风向风速脉动,使得风速暂时降低到颤振临界风速之下,该风速下降区间可从图 7.27 中观察到。工况 2、3、4、5 从出现颤振到最终发散所经历的时间不同,这是因为在颤振发生之前的抖振振幅不同,紊流度较小的工况需要更长的时间来积蓄动能。

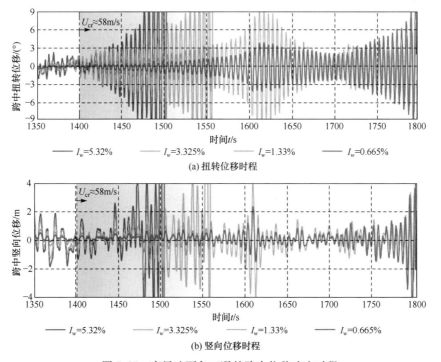

(b) 竖向位移时程

图 7.27　高风速下各工况的跨中位移响应时程

全过程模拟结果表明,紊流度增大将导致颤振稳定性降低。为解释这一现象的机理,本节从各个工况的非平稳响应时程中提取出主要扭转振动频率随风速的变化曲线,如图7.28所示。由图可见,扭转频率随着风速的增大而降低,这一点与线性气动力理论一致。与线性气动力理论不一致的是,扭转频率随紊流度的增大而减小,且紊流度对扭转频率的影响随风速的增大而增强:当风速为25m/s时,不同紊流度下的扭转频率基本相等;当风速为42m/s时,紊流度为6.65%工况的扭转频率比紊流度为1.33%工况的扭转频率下降了约4%。扭转频率降低将使得扭转频率和竖弯频率更加接近,从而导致流线型箱梁断面更容易出现弯扭耦合颤振,这解释了紊流度增大导致颤振稳定性降低的原因。

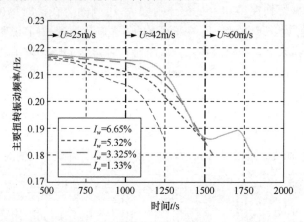

图 7.28　不同竖向紊流度下主要扭转振动频率随风速和时间的变化曲线

基于非线性有限元分析平台模拟润扬长江大桥(带1.1m中央稳定板)在平稳来流和非平稳来流下的颤抖振响应,如图7.29所示。

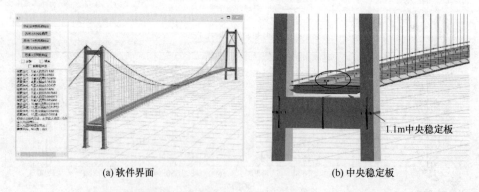

(a) 软件界面　　　　　　　　　　(b) 中央稳定板

图 7.29　润扬长江大桥(带1.1m中央稳定板)的有限元模型

首先,对比了润扬长江大桥在平稳来流下有无中央稳定板的颤振响应。颤振发散时的形态如图 7.30 所示,但是带中央稳定板的颤振临界风速有所提高,变为 62.5m/s。

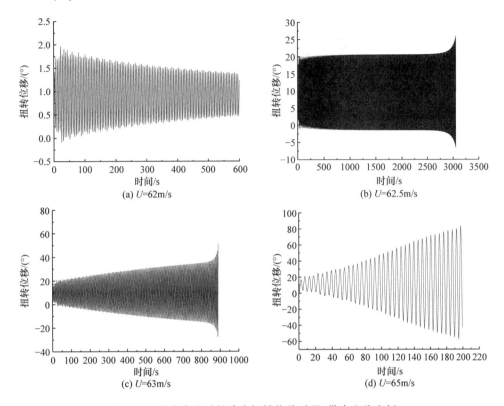

(a) U=62m/s

(b) U=62.5m/s

(c) U=63m/s

(d) U=65m/s

图 7.30 平稳来流时的跨中扭转位移时程(带中央稳定板)

由图 7.30 可知,在平稳来流作用下,当风速为 62m/s 时,扭转振幅随时间的增加不断衰减,说明未出现颤振,振幅衰减速度随风速的增加而减小。当风速为 62.5m/s 时,扭转振幅随时间的增加有变大的趋势,并在 3000s 左右变大的幅度很大,可判断为出现颤振;主梁发生颤振发散,最大扭转振幅超过 20°。当风速为 65m/s 时,扭转振幅随时间逐渐变大,很快就发生了颤振发散,后面扭转位移继续增大。这说明中央稳定板可以有效地提高润扬长江大桥的颤振性能。

由图 7.31 可知,在非平稳来流作用下,有中央稳定板时主梁跨中处的负向扭转位移要小于无中央稳定板的,有中央稳定板时四分点处的所有扭转位移都小于无中央稳定板的,这说明在非平稳来流时,中央稳定板可以在一定程度上减小桥梁的风致响应。

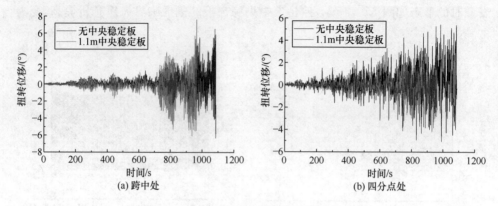

(a) 跨中处　　　　　　　　　　　　(b) 四分点处

图 7.31　非平稳来流时的扭转位移时程对比

7.1.2　桥梁结构静风稳定与风致振动耦合数值分析

1. 悬索桥广义扭转刚度模型

针对悬索桥静力扭转发散可能先于结构动力颤振失稳的情况,深入研究了悬索桥静力扭转发散临界风速的分析方法(Zhang et al.,2015;Zhang et al.,2013)。从结构运动方程出发,计入主梁扭转刚度及主缆等效刚度的贡献,推导建立了悬索桥的广义结构扭转刚度,广义扭转刚度计算模型如图 7.32 所示。基于这一广义刚度提出了悬索桥静力扭转发散的三种模式:①气动广义刚度直接抵消结构广义刚度造成静力失稳;②主缆松弛后气动广义刚度抵消广义扭转刚度造成静力失稳;③导致主缆发生松弛使结构造成静力失稳。第一种模式本质上为我国抗风设计指南中给出的静力扭转发散。图 7.33 给出了在不同来流风速下上下游主缆长度的变

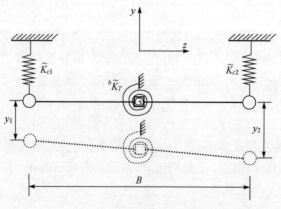

图 7.32　主缆-主梁体系的广义扭转刚度计算模型

化。可以看出,接近静风扭转发生时主缆长度急剧减小。因此,悬索桥主缆松弛造成扭转刚度急剧降低是造成悬索桥静力扭转发散的主要原因。这里给出悬索桥静风稳定正确的试验以及计算方法,即悬索桥的静力扭转发散必须在紊流风场下进行。

2. 悬索桥静力扭转发散的非线性有限元方法

下面进一步利用非线性动力有限元方法分析气动扭转稳定性。为模拟全桥气弹模型风洞试验的流场,取来流方向的紊流度 $I_u=0.018$,垂直来流方向的紊流度为 $I_w=0.0086$。

图 7.33 和图 7.34 分别为在 0°攻角下主梁跨中的竖向位移和扭转位移时程。在风速从 110m/s 增加到 115m/s 时,峰值响应出现了明显的跳跃,并且峰值大部分都位于层流曲线的上部。显然,这种情况下扭转发散临界风速可定为 110m/s。由前面的理论分析可知,如果扭转发散是由竖向位移导致的刚度退化引起的,则约束加劲梁的竖向位移即防止出现刚度退化可以提高扭转稳定性,即由 U_{cr3} 提高到 U_{cr1}。这可以从动力有限元分析结果得到证实。具体结果如图 7.35 所示,此时临界扭转发散风速(紊流场)高达 140m/s。动力有限元分析和风洞试验结果的对比如表 7.5 所示。从表中可以看到,非线性动力有限元分析中识别出的临界竖向位移为 11.74m,略大于广义模型预测值 10.24m。这部分体现了主缆侧向变形对其应力松弛的延缓作用。

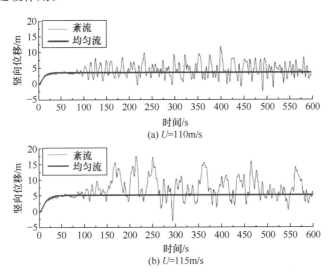

图 7.33 0°攻角下主梁跨中竖向位移时程曲线

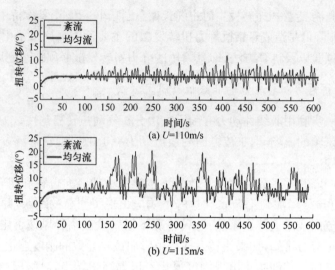

图 7.34   0°攻角下主梁跨中扭转位移时程曲线

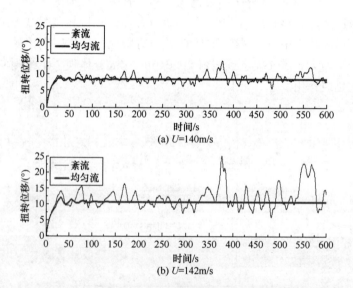

图 7.35   加劲梁竖向自由度约束后的扭转位移时程曲线

表 7.5   0°攻角下数值方法和风洞试验结果对比

桥面竖向	h_{cr}/m		$U_{cr}/(m/s)$	
自由度	一般模型	非线性有限元	非线性有限元	风洞试验
临界限值	10.24	11.74	$110(U_{cr3})$	$105(U_{cr3})$
	—	—	$140(U_{cr1})$	—

在全桥气弹模型风洞试验中观察到的扭转发散总是为抬头力矩方向,事实上,即使有反方向的平均响应,加劲梁的扭转发散方向还是抬头力矩方向。图 7.36 所示的−3°攻角下扭转位移响应也表明了这一现象。此外,从图 7.37 中可以看到,在扭转发散过程中,扭转位移和竖向位移的同步性质十分明显。

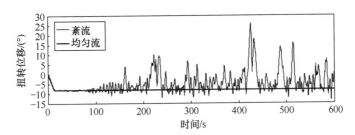

图 7.36　−3°攻角下加劲梁扭转位移时程曲线($U=115\text{m/s}$)

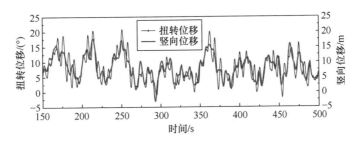

图 7.37　前面板的竖向位移和扭转位移时程曲线(−3°攻角,$U=115\text{m/s}$)

结构的随机振动也可以看成动能和势能的随机波动。这种能量来源于风与结构物的相互作用,并部分被结构阻尼所耗散。在一个平稳随机过程中,结构物从风场中吸收的能量基本被结构阻尼所耗散。

由前面讨论可知,发生静力扭转发散必须有向上的竖向运动。相反,向下的竖向运动会使结构刚度增加,从而有助于结构的静力稳定。因此,只有加劲梁向上运动时才有可能发生扭转发散。现在的问题是,扭转发散会在哪个方向上发生。理论上,既可能是抬头力矩方向,也可能是反方向。但是,当向上的竖向振幅显著增加时(如图 7.38 中区域Ⅲ所示),在加劲梁上必然会作用一个大的时间上平均向上的升力。而从三分力系数与攻角的关系曲线可知,这意味着一个正的平均攻角。因此,与正的攻角对应的气动力矩正是抬头力矩方向。这就是为什么西堠门大桥扭转发散时加劲梁的扭转方向总是为抬头力矩的方向。

目前悬索桥上常用的断面形式均会产生正斜率的升力系数和扭矩系数。对于这种类型的悬索桥,由本节分析可知,静风扭转发散均为抬头力矩方向。

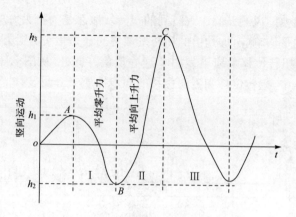

图 7.38　典型的间断性扭转发散示意图

3. 非线性气动力理论

本节的研究中,提出了一种全新的多阶段阶跃函数的概念用于描述桥梁的气弹非线性,并用于后颤振极限环分析。一组 Wagner 类型的阶跃函数代表了一组特定的能量吸收或耗散特性,如果不同振幅状态下的阶跃函数均能识别出来,则非线性气弹性能够以离散的形式描述出来,在数值分析中引入插值的方法即得到连续的非线性气弹描述。然而,这一方法中的两个关键问题必须得到解决:其一是在时域中不同阶跃函数之间的切换;其二是气弹效应与定常气动力的不相容性。

1) 非定常气动力的多阶段(multi-stage)阶跃函数表示法

(1) 单组阶跃函数的能量特性。

结构运动引起的气动力通常采用颤振导数来表示。颤振导数可以采用风洞试验或者 CFD 的方法识别。每延米的气动升力与升力矩用颤振导数可以表示为

$$L_{se}=\frac{1}{2}\rho U^2 B\left(KH_1^*\frac{\dot{h}}{U}+KH_2^*\frac{B\dot{\alpha}}{U}+K^2H_3^*\alpha+K^2H_4^*\frac{h}{B}\right) \tag{7.2}$$

$$M_{se}=\frac{1}{2}\rho U^2 B^2\left(KA_1^*\frac{\dot{h}}{U}+KA_2^*\frac{B\dot{\alpha}}{U}+K^2A_3^*\alpha+K^2A_4^*\frac{h}{B}\right) \tag{7.3}$$

式中,ρ 为空气密度;U 为风速;B 为参考宽度;$K=B\omega/U$ 为折算频率,ω 为自然圆频率;$H_i^*(i=1,2,3,4)$、$A_i^*(i=1,2,3,4)$ 为颤振导数;h、α 为竖向与扭转位移;$\dot{h}$、$\dot{\alpha}$ 为 h、α 对时间 t 的导数。

式(7.2)与式(7.3)为时频混合模式的气动自激力,因而不能直接用于时域分析。然而,颤振导数可以用于阶跃函数的识别,识别所得的阶跃函数能直接应用于时域分析。阶跃函数的概念最早来源于古典机翼理论,用于描述机翼断面状态的突然改变所形成的气动升力瞬态演变过程,即

$$L(s) = \frac{1}{2}\rho U^2 BC'_L \alpha_0 \phi(s) \tag{7.4}$$

式中,$\phi(s)$ 即为阶跃升力增长函数;$C'_L = \mathrm{d}C_L/\mathrm{d}\alpha$;$s = Ut/B$ 为无量纲时间。结构状态改变后,所对应的稳态气动力并不是马上形成,而是经过一个逐渐演变的过程后才达到稳态值。阶跃函数最初是由 Wagner 得出,并具有初始特性与极限特性。Theodorsen 于 1934 年针对平板断面得到该函数的离散值描述,Jones 于 1940 年得到了该函数的近似表达式,即

$$\phi(s) \approx 1 - 0.165\mathrm{e}^{-0.0455s} - 0.335\mathrm{e}^{-0.3s} \tag{7.5}$$

近年来,在桥梁空气动力学中,阶跃函数发展成如下比较灵活的形式:

$$\phi(s) = 1 - \sum_1^i a_i \mathrm{e}^{-d_i s} \tag{7.6}$$

式中,a_i、d_i 为待识别的常数,$d_i > 0$。

利用阶跃函数的概念及线性叠加原理,断面任意运动引起的气动升力和升力矩可以表示为

$$L_{se}(x,s) = L_{se\alpha}(x,s) + L_{seh}(x,s)$$
$$= \frac{1}{2}\rho U^2 BC'_L \left[\int_{-\infty}^{s} \phi_{L\alpha}(s-\sigma)\alpha'(x,\sigma)\mathrm{d}\sigma + \int_{-\infty}^{s} \phi_{Lh}(s-\sigma)\frac{h''(x,\sigma)}{B}\mathrm{d}\sigma \right] \tag{7.7}$$

$$M_{se}(x,s) = M_{se\alpha}(x,s) + M_{seh}(x,s)$$
$$= \frac{1}{2}\rho U^2 B^2 C'_M \left[\int_{-\infty}^{s} \phi_{M\alpha}(s-\sigma)\alpha'(x,\sigma)\mathrm{d}\sigma + \int_{-\infty}^{s} \phi_{Mh}(s-\sigma)\frac{h''(x,\sigma)}{B}\mathrm{d}\sigma \right] \tag{7.8}$$

式中,α' 为 α 对无量纲时间 s 的导数;h'' 为 h 对无量纲时间 s 的二阶导数;x 为桥轴线坐标。

对式(7.7)与式(7.8)进行傅里叶变换后可得到如下频域方程:

$$\tilde{L}(x,K) = \frac{1}{2}\rho U^2 BC'_L \left\{ \left[\phi_{Lh}(0) + \tilde{\phi}'_{Lh} \right]\frac{\mathrm{i}K\tilde{h}}{B} + \left[\phi_{L\alpha}(0) + \tilde{\phi}'_{L\alpha} \right]\tilde{\alpha} \right\} \tag{7.9}$$

$$\widetilde{M}(x,K) = \frac{1}{2}\rho U^2 B^2 C'_M \left\{ \left[\phi_{Mh}(0) + \tilde{\phi}'_{Mh} \right]\frac{\mathrm{i}K\tilde{h}}{B} + \left[\phi_{M\alpha}(0) + \tilde{\phi}'_{M\alpha} \right]\tilde{\alpha} \right\} \tag{7.10}$$

式中,

$$\phi_{FA}(0) + \tilde{\phi}'_{FA} = 1 - \sum_{i=1}^{n} a_{FAi} + \sum_{i=1}^{n} \frac{a_{FAi}d_{FAi}^2}{d_{FAi}^2 + K^2} - \mathrm{i}K\sum_{i=1}^{n} \frac{a_{FAi}d_{FAi}}{d_{FAi}^2 + K^2} = R_{FA}\mathrm{e}^{\mathrm{i}\theta_{FA}} \tag{7.11}$$

$$\theta_{FA} = \arctan \frac{-K\sum_{i=1}^{n} \dfrac{a_{FAi}d_{FAi}}{d_{FAi}^2 + K^2}}{1 - \sum_{i=1}^{n} a_{FAi} + \sum_{i=1}^{n} \dfrac{a_{FAi}d_{FAi}^2}{d_{FAi}^2 + K^2}} \tag{7.12}$$

$$R_{FA} = \sqrt{\left[1 - \sum_{i=1}^{n} a_{FAi} + \sum_{i=1}^{n} \frac{a_{FAi} d_{FAi}^2}{d_{FAi}^2 + K^2}\right]^2 + \left[K \sum_{i=1}^{n} \frac{a_{FAi} d_{FAi}}{d_{FAi}^2 + K^2}\right]^2} \quad (7.13)$$

根据式(7.9)与式(7.10),假设 $\alpha(x,t) = \alpha_0 \sin(\omega t)$、$h(x,t) = h_0 \sin(\omega t + \varphi)$,那么气动升力与升力矩将成为

$$L(x,t) = \frac{1}{2}\rho U^2 BC'_L \left[R_{L\alpha}\alpha_0 \sin(\omega t + \theta_{L\alpha}) + R_{Lh} h_0 \frac{K}{B}\sin\left(\omega t + \varphi + \theta_{Lh} + \frac{\pi}{2}\right)\right]$$
$$(7.14)$$

$$M(x,t) = \frac{1}{2}\rho U^2 B^2 C'_M \left[R_{M\alpha}\alpha_0 \sin(\omega t + \theta_{M\alpha}) + R_{Mh} h_0 \frac{K}{B}\sin\left(\omega t + \varphi + \theta_{Mh} + \frac{\pi}{2}\right)\right]$$
$$(7.15)$$

一个周期内气动升力与升力矩做的功则为

$$W_{Lh} = \int_0^{\frac{2\pi}{\omega}} L(t)\mathrm{d}h(t) = \frac{1}{2}\rho U^2 BC'_L \pi \left[R_{L\alpha}\alpha_0 h_0 \sin(\theta_{L\alpha} - \varphi) + R_{Lh} h_0^2 \frac{K}{B}\sin\left(\theta_{Lh} + \frac{\pi}{2}\right)\right]$$
$$(7.16)$$

$$W_{M\alpha} = \int_0^{\frac{2\pi}{\omega}} M(t)\mathrm{d}\alpha(t) = \frac{1}{2}\rho U^2 B^2 C'_M \pi \left[R_{M\alpha}\alpha_0^2 \sin\theta_{M\alpha} + R_{Mh} h_0 \alpha_0 \frac{K}{B}\sin\left(\varphi + \theta_{Mh} + \frac{\pi}{2}\right)\right]$$
$$(7.17)$$

式(7.16)与式(7.17)反映了一组阶跃函数的能量输入/输出特性。从式中可知,相位角 $\theta_{L\alpha}$、θ_{Lh}、$\theta_{M\alpha}$、θ_{Mh} 与 φ 共同决定了气动力做的是正功还是负功。

(2) 多阶段阶跃函数。

式(7.16)与式(7.17)表示的气动力做功是建立在线性理论基础上的,式中的阶跃函数与结构的振幅无关。然而,考虑到气弹效应的非线性,这些气动力必须具备振幅依赖性,也就是说,阶跃函数必须具备有如下函数形式:

$$\phi_{FA}(s, A_k) = 1 - \sum_{i=1}^{n} a_{ik} \mathrm{e}^{-d_{ik} s} \quad (7.18)$$

式中,下标 F 表示气动力、升力 L 或者扭矩 M;A 表示结构的扭转位移 α 或者竖向位移 h。假设针对一系列的结构离散振幅状态 $A_k(k = 1, 2, \cdots, n)$,其相应的阶跃函数 ϕ_{FA} 已经得到,那么气弹非线性就已经近似得出。

加劲梁颤振发生后,它的振动幅值不断增大直到一个稳定极限环的形成。假设在这一瞬态发展过程中,某一时刻的扭转振幅与竖向振幅分别为 α^* 与 h^*,并假设

$$\alpha_k \leqslant \alpha^* \leqslant \alpha_{k+1}, \quad h_n \leqslant h^* \leqslant h_{n+1} \quad (7.19)$$

那么与该运动状态相对应的阶跃函数可以通过插值得到如下形式:

$$\phi_{La}(s,\alpha^*) = \frac{\alpha_{k+1}-\alpha^*}{\alpha_{k+1}-\alpha_k}\phi_{La}(s,\alpha_k) + \frac{\alpha^*-\alpha_k}{\alpha_{k+1}-\alpha_k}\phi_{La}(s,\alpha_{k+1})$$
$$= \eta_{a,k}\cdot\phi_{La}(s,\alpha_k) + \eta_{a,k+1}\cdot\phi_{La}(s,\alpha_{k+1}) \tag{7.20}$$

$$\phi_{Ma}(s,\alpha^*) = \frac{\alpha_{k+1}-\alpha^*}{\alpha_{k+1}-\alpha_k}\phi_{Ma}(s,\alpha_k) + \frac{\alpha^*-\alpha_k}{\alpha_{k+1}-\alpha_k}\phi_{Ma}(s,\alpha_{k+1})$$
$$= \eta_{a,k}\cdot\phi_{Ma}(s,\alpha_k) + \eta_{a,k+1}\cdot\phi_{Ma}(s,\alpha_{k+1}) \tag{7.21}$$

$$\phi_{Lh}(s,h^*) = \frac{h_{n+1}-h^*}{h_{n+1}-h_n}\phi_{Lh}(s,h_n) + \frac{h^*-h_n}{h_{n+1}-h_n}\phi_{Lh}(s,h_{n+1})$$
$$= \eta_{h,n}\cdot\phi_{Lh}(s,h_n) + \eta_{h,n+1}\cdot\phi_{Lh}(s,h_{n+1}) \tag{7.22}$$

$$\phi_{Mh}(s,h^*) = \frac{h_{n+1}-h^*}{h_{n+1}-h_n}\phi_{Mh}(s,h_n) + \frac{h^*-h_n}{h_{n+1}-h_n}\phi_{Mh}(s,h_{n+1})$$
$$= \eta_{h,n}\cdot\phi_{Mh}(s,h_n) + \eta_{h,n+1}\cdot\phi_{Mh}(s,h_{n+1}) \tag{7.23}$$

而与此相应的气动自激升力与升力矩则为

$$\begin{Bmatrix} L_{se}(s,\alpha^*,h^*) \\ M_{se}(s,\alpha^*,h^*) \end{Bmatrix} = \begin{bmatrix} L_{sea}(s,\alpha_k) & L_{sea}(s,\alpha_{k+1}) & L_{seh}(s,h_h) & L_{seh}(s,h_{n+1}) \\ M_{sea}(s,\alpha_k) & M_{sea}(s,\alpha_{k+1}) & M_{seh}(s,h_h) & M_{seh}(s,h_{n+1}) \end{bmatrix} \begin{Bmatrix} \eta_{a,k} \\ \eta_{a,k+1} \\ \eta_{h,n} \\ \eta_{h,n+1} \end{Bmatrix}$$
$$\tag{7.24}$$

式中,

$$\eta_{a,k} = \frac{\alpha_{k+1}-\alpha^*}{\alpha_{k+1}-\alpha_k}, \quad \eta_{a,k+1} = \frac{\alpha^*-\alpha_k}{\alpha_{k+1}-\alpha_k}, \quad \eta_{h,n} = \frac{h_{n+1}-h^*}{h_{n+1}-h_n}, \quad \eta_{h,n+1} = \frac{h^*-h_n}{h_{n+1}-h_n}$$
$$\tag{7.25}$$

根据式(7.16)与式(7.17)可以得到

$$W_{Lh} = \frac{1}{2}\rho U^2 BC'_L\pi\big[\eta_{a,k}R_{La,k}\alpha_k h^*\sin(\theta_{La,k}-\varphi) + \eta_{a,k+1}R_{La,k+1}\alpha_{k+1}h^*\sin(\theta_{La,k+1}-\varphi)\big]$$
$$+ \frac{1}{2}\rho U^2 BC'_L\pi\bigg[\eta_{h,n}R_{Lh,n}h^*h_n\frac{K}{B}\sin\Big(\theta_{Lh,n}+\frac{\pi}{2}\Big)$$
$$+ \eta_{h,n+1}R_{Lh,n+1}h^*h_{n+1}\frac{K}{B}\sin\Big(\theta_{Lh,n+1}+\frac{\pi}{2}\Big)\bigg] \tag{7.26}$$

$$W_{Ma} = \frac{\pi}{2}\rho U^2 B^2 C'_M\big[\eta_{a,k}R_{Ma,k}\alpha_k\alpha^*\sin(\theta_{Ma,k}) + \eta_{a,k+1}R_{Ma,k+1}\alpha_{k+1}\alpha^*\sin(\theta_{Ma,k+1})\big]$$
$$+ \frac{\pi}{2}\rho U^2 BC'_M\bigg[\eta_{h,n}R_{Mh,n}\alpha^*h_n\frac{K}{B}\sin\Big(\varphi+\theta_{Mh,n}+\frac{\pi}{2}\Big)$$
$$+ \eta_{h,n+1}R_{Mh,n+1}\alpha^*h_{n+1}\frac{K}{B}\sin\Big(\varphi+\theta_{Mh,n+1}+\frac{\pi}{2}\Big)\bigg] \tag{7.27}$$

　　分别比较式(7.26)与式(7.16)、式(7.27)与(7.17)可知,根据中间运动状态 α^* 与 h^* 所得到的阶跃函数也代表了一种插值的能量吸收/耗散特性。假设足够多的离散振幅相对应的阶跃函数已经识别,那么气弹非线性的连续描述可以通过这种插值的方法得到。

　　然而,在时域中两组不同的阶跃函数之间的突然切换会导致如图 7.39 所示的瞬态现象,这一类瞬态现象是非物理的。如图 7.40 所示,给定一个稳定的结构简谐运动曲线,按阶跃函数计算的气动自激力时程曲线会经历一个瞬态演变过程后才形成简谐的气动自激力,正是这一特性形成了图 7.39 所示的瞬态现象。在实际情况中,气动力的演变及结构的响应都是逐渐、连续过渡的,因而这一现象不会存在。

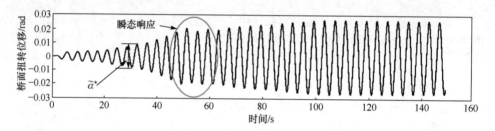

图 7.39　阶跃函数切换引起的非物理瞬态现象

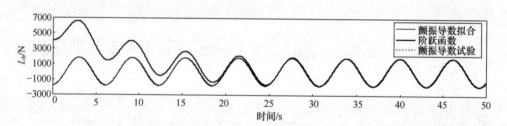

图 7.40　按阶跃函数计算的正弦竖向运动引起的升力 L_h 典型曲线

2) 定常与非定常气动力的时域兼容性处理

(1) 定常气动力。

　　表面上看,在时域颤振分析中引入定常的平均风荷载是一个简单的叠加问题。然而,分别采用静气动力系数以及阶跃函数表达的平均风荷载与气弹荷载在时域中会产生不兼容现象,因而也不能进行简单的叠加。

　　首先回顾一下静气动力荷载的传统描述。每延米的静风阻力、升力、升力矩用静气动力系数表示为

$$\overline{D}(x) = \frac{1}{2}\rho U^2 B C_D\left[\alpha(x)\right] \tag{7.28}$$

$$\overline{L}(x) = \frac{1}{2} \rho U^2 B C_L \left[\alpha(x) \right] \tag{7.29}$$

$$\overline{M}(x) = \frac{1}{2} \rho U^2 B^2 C_M \left[\alpha(x) \right] \tag{7.30}$$

式中，C_D、C_L、C_M 为静风阻力、升力及升力矩系数，它们是有效攻角 $\alpha(x)$ 的函数，该攻角是初始攻角与加劲梁的平均扭转变形 $\overline{\alpha}(x)$ 之和，因此有

$$\alpha(x) = \alpha_0 + \overline{\alpha}(x) \tag{7.31}$$

对于钝体桥梁，定常风荷载也是有效攻角的非线性函数。然而，当风速很低，即风致平均扭转变形 $\overline{\alpha}(x)$ 很小时，这些定常风荷载可以线性展开为以下形式：

$$\overline{D}(x) \approx \frac{1}{2} \rho U^2 B \left\{ C_D(\alpha_0) + \frac{\partial C_D}{\partial \alpha} \bigg|_{\alpha_0} \overline{\alpha}(x) \right\} \tag{7.32}$$

$$\overline{L}(x) \approx \frac{1}{2} \rho U^2 B \left\{ C_L(\alpha_0) + \frac{\partial C_L}{\partial \alpha} \bigg|_{\alpha_0} \overline{\alpha}(x) \right\} \tag{7.33}$$

$$\overline{M}(x) \approx \frac{1}{2} \rho U^2 B^2 \left\{ C_M(\alpha_0) + \frac{\partial C_M}{\partial \alpha} \bigg|_{\alpha_0} \overline{\alpha}(x) \right\} \tag{7.34}$$

需要指出的是，由于不能反映非线性特性，在高风速情况下，以上三个一阶线性展开式将引起很大的静风荷载偏差。

（2）气动力阶跃函数表达式的数学期望特性。

在平稳湍流风场的激励下，加劲梁的总响应可以表达为平均响应部分与脉动响应部分。其中，平均响应可以用总响应与脉动响应表示为

$$\overline{h}(x) = E[h(x,t)] = h(x,t) - \hat{h}(x,t) \tag{7.35}$$

$$\overline{p}(x) = E[p(x,t)] = p(x,t) - \hat{p}(x,t) \tag{7.36}$$

$$\overline{\alpha}(x) = E[\alpha(x,t)] = \alpha(x,t) - \hat{\alpha}(x,t) \tag{7.37}$$

式中，E 表示取数学期望；$\overline{h}(x)$、$\overline{p}(x)$、$\overline{\alpha}(x)$ 分别为平均竖向、侧向及扭转位移；$\hat{h}(x,t)$、$\hat{p}(x,t)$、$\hat{\alpha}(x,t)$ 则分别为相应的脉动响应部分。式(7.7)与式(7.8)为阶跃函数表示的气动力荷载，其平均值可以通过取数学期望得到，即

$$\overline{L}_{sea}(x) = E\left[\lim_{s \to \infty} L_{sea}(x,s) \right]$$

$$= \frac{1}{2} \rho U^2 B C_L' \left[\phi_{La}(0) \overline{\alpha}(x) - \alpha(x,0) + \lim_{s \to \infty} \int_0^s \phi_{La}'(s-\sigma) E[\alpha(x,\sigma)] \mathrm{d}\sigma \right]$$

$$= \frac{1}{2} \rho U^2 B \frac{\partial C_L}{\partial \alpha} \bigg|_{\alpha_0} \overline{\alpha}(x) \tag{7.38}$$

$$\overline{L}_{seh}(x) = E\left[\lim_{s \to \infty} L_{seh}(x,s) \right] = 0 \tag{7.39}$$

$$\overline{M}_{sea}(x) = E\left[\lim_{s \to \infty} M_{sea}(x,s) \right] = \frac{1}{2} \rho U^2 B^2 \frac{\partial C_M}{\partial \alpha} \bigg|_{\alpha_0} \overline{\alpha}(x) \tag{7.40}$$

$$\overline{M}_{seh}(x) = E\left[\lim_{s \to \infty} M_{seh}(x,s) \right] = 0 \tag{7.41}$$

显然,这四个数学期望具有很清楚的物理意义,它们代表了平均扭转变形与竖向变形产生的静风荷载。式(7.38)~式(7.41)表明,当采用阶跃函数模型时,其作用于结构上的平均气动力正好是式(7.32)~式(7.34)表达的定常气动力。

本质上,式(7.38)与式(7.40)所列的平均气动力与式(7.33)、式(7.34)右边第二项表示的气动力是属于同一部分气动力。因此,当平均风荷载与阶跃函数表示的气弹效应同时应用于时域分析时,该部分气动力必须避免重复计算。有两个方案可以选择,其一是在静气动力模型中去掉这一部分气动力,在气弹模型中保留;其二是在气弹模型中去掉这一部分气动力,而在静气动力模型中保留。

对于低风速小扭转变形的情况,避免重复计算气动力最简单的办法是在定常气动力表达式(7.33)、式(7.34)中去掉结构变形引起的静气动力项,即采用

$$\bar{L}^{*}(x)=\bar{L}^{*}=\frac{1}{2}\rho U^{2}BC_{L}(\alpha_{0}) \tag{7.42}$$

$$\bar{M}^{*}(x)=\bar{M}^{*}=\frac{1}{2}\rho U^{2}B^{2}C_{M}(\alpha_{0}) \tag{7.43}$$

此时,总的气动升力与升力矩可表示为如下三项之和:

$$L(x,s)=\bar{L}^{*}+L_{\text{æ}}(x,s)+L_{b}(x,s) \tag{7.44}$$

$$M(x,s)=\bar{M}^{*}+M_{\text{æ}}(x,s)+M_{b}(x,s) \tag{7.45}$$

式(7.44)和式(7.45)可以成功地处理低风速下平均风荷载与结构运动气动自激力的结合问题,但是这种方法的一个明显缺点是加劲梁扭转变形引起的静气动力非线性特性消失了。我们知道,静气动力系数通常情况下是攻角的非线性函数,这一非线性特性在式(7.44)与式(7.45)中没有得到体现,因为此时结构变形引起的平均气动力由式(7.38)与式(7.40)来表达。而在这两式中,平均气动力(或期望值)是由初始攻角下静气动力系数对攻角的一阶导数值决定。当风速逐渐增大时,静气动力的非线性特性逐渐变得明显,这将导致数值计算中结构的平均变形逐渐偏离真实值。

(3)伪定常效应的分离。

既然静气动力的非线性特性不能在气弹模型中得到体现,那么更好的方法是将平均风荷载值从气弹模型中删除而单独使用静气动力模型去考虑。这种处理方法中,静气动力非线性特性可以在非线性动力有限元计算过程中通过荷载更新的方式逐步地去考虑。

但是,必须引入新的方法来剔除气弹模型中的平均风荷载。数值计算中主要有两个方面的困难,其一是在有限元分析前结构的平均位移响应是未知的,因而也无法知道气弹模型中的平均风荷载;其二是即使知道了结构的平均变形,为了避免非物理的瞬态响应,平均位移响应 $\bar{\alpha}(x)$ 也不能突然地从气弹效应计算模型中去除。

为了达到这一目标,引入以下伪定常结构响应:

$$\widehat{h}(x,s) = \frac{1}{t}\int_0^t h(x,\tau)\mathrm{d}\tau = \frac{1}{s}\int_0^s h(x,\tau)\mathrm{d}\tau \tag{7.46}$$

$$\widehat{\alpha}(x,s) = \frac{1}{t}\int_0^t \alpha(x,\tau)\mathrm{d}\tau = \frac{1}{s}\int_0^s \alpha(x,\tau)\mathrm{d}\tau \tag{7.47}$$

随着计算时间步的推移,以上两个伪定常响应会很快收敛于以下极限特性:

$$\lim_{s\to\infty}\widehat{h}(x,s)=\bar{h}(x), \quad \lim_{s\to\infty}\widehat{\alpha}(x,s)=\bar{\alpha}(x) \tag{7.48}$$

从而有

$$\lim_{s\to\infty}\frac{1}{2}\rho U^2 BC_L'\int_{-\infty}^s \phi_{L\alpha}(s-\sigma)\widehat{\alpha}'(x,\sigma)\mathrm{d}\sigma = \frac{1}{2}\rho U^2 \left.\frac{\mathrm{d}C_L}{\mathrm{d}\alpha}\right|_{a_0}\bar{\alpha}(x) \tag{7.49}$$

$$\lim_{s\to\infty}\frac{1}{2}\rho U^2 BC_M'\int_{-\infty}^s \phi_{M\alpha}(s-\sigma)\widehat{\alpha}'(x,\sigma)\mathrm{d}\sigma = \frac{1}{2}\rho U^2 \left.\frac{\mathrm{d}C_M}{\mathrm{d}\alpha}\right|_{a_0}\bar{\alpha}(x) \tag{7.50}$$

式(7.49)和式(7.50)的右边正好是需要剔除掉的线性静气动力荷载。借助于阶跃函数的表达方法,这两项荷载可以很方便地从原来的气弹模型中减去。最后,总的气动升力与升力矩可写成以下形式:

$$L(x,s)=\bar{L}(x,s)+\breve{L}_{\mathscr{w}}(x,s)+L_b(x,s) \tag{7.51}$$

$$M(x,s)=\bar{M}(x,s)+\breve{M}_{\mathscr{w}}(x,s)+M_b(x,s) \tag{7.52}$$

式中,

$$\breve{L}_{\mathscr{w}}(x,s) = \frac{1}{2}\rho U^2 BC_L'\left[\int_{-\infty}^s \phi_{L\alpha}(s-\sigma)\alpha'(x,\sigma)\mathrm{d}\sigma + \int_{-\infty}^s \phi_{Lh}(s-\sigma)\frac{h''(s,\sigma)}{B}\mathrm{d}\sigma\right]$$
$$-\frac{1}{2}\rho U^2 BC_L'\int_{-\infty}^s \phi_{L\alpha}(s-\sigma)\widehat{\alpha}'(x,\sigma)\mathrm{d}\sigma \tag{7.53}$$

$$\breve{M}_{\mathscr{w}}(x,s) = \frac{1}{2}\rho U^2 B^2 C_M'\left[\int_{-\infty}^s \phi_{M\alpha}(s-\sigma)\alpha'(x,\sigma)\mathrm{d}\sigma + \int_{-\infty}^s \phi_{Mh}(s-\sigma)\frac{h''(s,\sigma)}{B}\mathrm{d}\sigma\right]$$
$$-\frac{1}{2}\rho U^2 B^2 C_M'\int_{-\infty}^s \phi_{M\alpha}(s-\sigma)\widehat{\alpha}'(x,\sigma)\mathrm{d}\sigma \tag{7.54}$$

$$\widehat{\alpha}'(\sigma) = \frac{\mathrm{d}\widehat{\alpha}}{\mathrm{d}\sigma} = \frac{1}{\sigma}\alpha(x,\sigma) - \frac{1}{\sigma^2}\int_0^\sigma \alpha(x,\tau)\mathrm{d}\tau \tag{7.55}$$

$L_b(x,s)$ 与 $M_b(x,s)$ 为时变的抖振升力与扭矩,可按如下形式进行计算:

$$L_b(x,t)=\frac{1}{2}\rho U^2 B\left(2C_L\frac{u(x,t)}{U}+(C_L'+C_D)\frac{w(x,t)}{U}\right) \tag{7.56}$$

$$M_b(x,t)=\frac{1}{2}\rho U^2 B^2\left(2C_M\frac{u(x,t)}{U}+C_M'\frac{w(x,t)}{U}\right) \tag{7.57}$$

式中,$u(x,t)$、$w(x,t)$ 为顺风向及竖向的脉动风场。

可以注意到,式(7.53)和式(7.54)中右边最后一项起到了将伪定常结构变形引起的极限气动力荷载从气弹模型中减掉的作用。

4. 桥梁全气动力非线性时域分析的有限元方法

1) 桥梁非线性非定常气动力的有限元算法

为了在时域动力有限元模拟中避免出现图 7.39 所示的瞬态现象,研究提出如下求解策略:从求解开始,各阶段的阶跃函数平行、独立地进行非定常气动力的模拟。然而,对于任意时刻,只有两组阶跃函数参与该时刻阶跃函数的气动力插值,其他阶跃函数所形成的气动力则处于待命备用状态。随着振幅的增长,当一组新的阶跃函数需要进行切换时,它的瞬态演变过程已经完成,从而避免切换时产生图 7.39 所示的瞬态现象。

求解策略的流程图如图 7.41 所示。

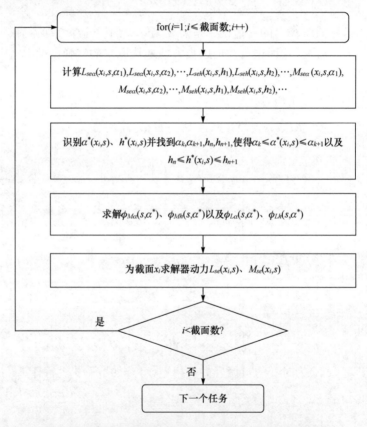

图 7.41　多阶段阶跃函数法计算气动力求解策略流程图

2) 非线性后颤振及极限环分析

(1) 有限元模型简介。

采用我国矮寨大桥为数值模型。该桥主跨 1176m,跨过湖南湘西矮寨镇的一个深切峡谷。其初设方案的全景图如图 7.42 所示。

图 7.42　矮寨大桥全景图

本节算例中每一个阶跃函数保持三项指数项,指数项衰减常数 $d_i(i=1,2,3)$ 设定搜索范围为 $(0.1,2.1]$,阶跃函数采用颤振导数识别所得。由于缺少试验数据,该算例并没有采用矮寨大桥加劲梁断面的颤振导数,而是采用宽高比为 13 的矩形断面的颤振导数(Noda et al. ,2003)。在 Noda 等的研究中,该断面的颤振导数 H_1^*、H_4^*、A_1^*、A_4^* 对竖向振幅并不敏感,鉴于此,算例中只考虑扭转振幅对颤振导数的影响。表 7.6 给出了各扭转振幅下的阶跃函数参数,而利用阶跃函数反算得到的颤振导数如图 7.43 所示。

表 7.6　各扭转振幅下的阶跃函数参数表

函数	扭转振幅/(°)	a_1	a_2	a_3	d_1	d_2	d_3
ϕ_{Lh}	所有	-0.9355	16.4605	-13.2804	1.6332	0.1026	0.1700
ϕ_{Mh}	所有	323.6047	-444.9234	134.8105	0.1002	0.1102	0.1202
ϕ_{La}	1.3	-4.9014	-21.7468	19.4864	2.1100	0.1024	0.1900
	2.9	-5562.7364	5561.5846	-10.7926	0.2366	0.2370	2.1100
	4.6	-20.3232	18.0242	-4.9431	0.1002	0.2000	2.1100
	6.2	-4.8057	-19.0516	16.7784	2.1100	0.1030	0.2100
	10.0	8.7167	-9.1970	-7.4432	0.4400	0.1022	2.1100
	12.0	-10.7168	-8.6435	13.5376	1.1154	0.1186	0.6000
ϕ_{Ma}	1.3	9.9499	328.5649	-350.3891	2.1100	0.1102	0.1002
	2.9	7.9620	-311.4695	289.9072	2.1100	0.1002	0.1102
	4.6	-187.3672	10.9151	165.9715	0.1002	2.1100	0.1102
	6.2	-84.1341	12.9402	63.2600	2.1100	2.1100	0.1102
	10.0	47.4708	-12.2039	-22.0031	2.1100	0.1002	0.6002
	12.0	-7.9238	36.8649	-19.4113	0.1002	2.0902	0.4202

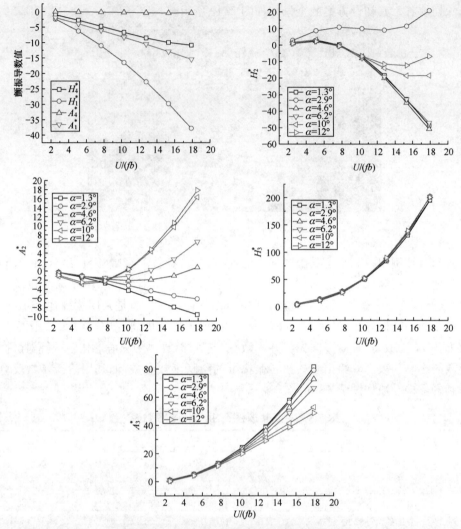

图 7.43 采用阶跃函数反算得到的颤振导数

基本的动力有限元求解参数在表 7.7 中给出。算例中采用 Rayleigh 阻尼模型,根据该阻尼模型,系统的阻尼矩阵 C 由质量矩阵 M 与刚度矩阵 K 的线性组合而得到,即

$$C = \alpha M + \beta K \qquad (7.58)$$

式中,α 与 β 为 Rayleigh 阻尼系数。

表 7.7 时域求解的主要参数

时间步长/s	积分方法	结构阻尼	α	β	数值阻尼
0.05	Newmark-β	Rayleigh 模型	0.002522	0.005466	包含

（2）求解结果。

本算例的数值结果包含多种求解结果，按是否考虑结构几何非线性、是否考虑气动弹性非线性以及是否包含平均风荷载而区分。颤振临界风速在图 7.44 中给出。从图中可知，颤振临界风速基本上与是否考虑非线性因素无关，各情况下的临界风速均为 39m/s。然而，数值模型过程中是否考虑平均风荷载对颤振临界风速有明显的影响。在考虑了非线性的情况下，包含平均风荷载后颤振临界风速从 39m/s 降到了 36m/s。但有一点需注意到，对于线性模型（结构与气弹均为线性），是否考虑平均风荷载却并不影响颤振临界风速。另一点值得注意的是，是否考虑平均风荷载并不实质性地影响到颤振的形态，如图 7.45 所示。

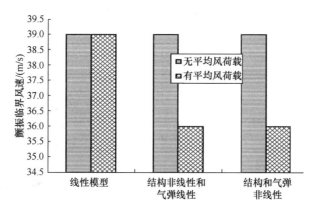

图 7.44　颤振临界风速

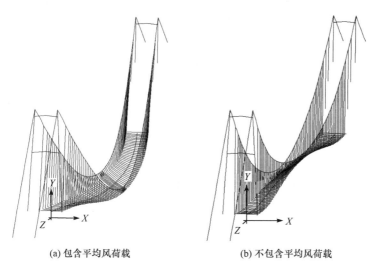

(a) 包含平均风荷载　　　　　　　(b) 不包含平均风荷载

图 7.45　极限环状态下的振动形态

　　图7.46给出了加劲梁跨中截面的扭转响应时程曲线。仔细审查这些时程响应可以发现:①线性模型导致指数型增长的时程响应,这是图7.46(a)区分于其他时程曲线的最大特点;②从图7.46(b)与(a)的对比可知,单独只考虑结构的几何非线性时也能得到稳定的极限环振动,这在定性上与航空学中的研究结论类似;③如图7.46(c)与(d)所示,当在数值计算中包含了平均风荷载时,相比之下结构收敛到极限环的过程要迅速得多,但是极限环的幅值却略有下降;④最后也是最重要的一点是,在39m/s的风速下(已经高于临界风速),该桥在给定条件下的后颤振行为仅仅是扭转振幅约为3°的极限环。对于这样的超大跨度柔性悬索桥,这样的振幅远远不能导致灾难性的坍塌结果。从而可知,这样的后颤振极限环远远没有传统意义下振幅不断增长的发散型颤振那么可怕。

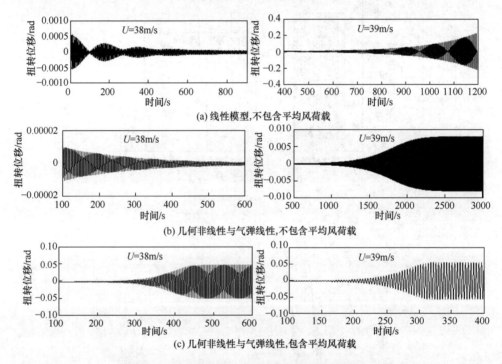

图7.46　加劲梁跨中截面的扭转响应时程曲线

　　若干风速下,考虑几何非线性与平均风荷载时跨中截面竖向与扭转响应的相位图如图7.47所示。极限环的振幅如图7.48所示,从图中也可以很清楚地看到颤振的起振风速点以及气弹线性曲线与气弹非线性曲线之间的差别。

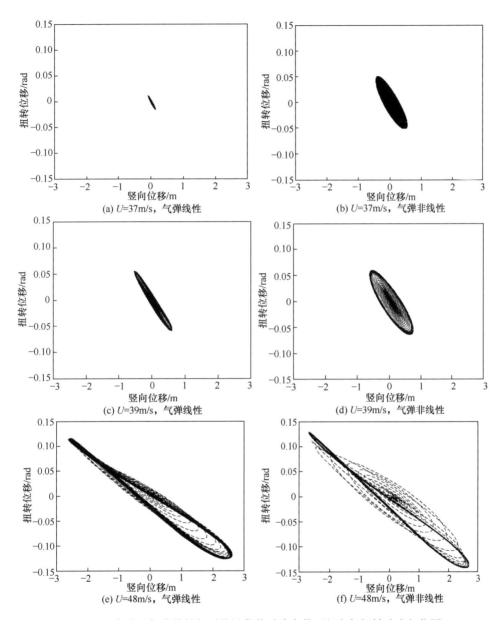

图 7.47　考虑几何非线性与平均风荷载时跨中截面竖向与扭转响应相位图

最后,从图 7.49 可知,极限环状态时有着非常弱的侧向振动耦合。值得注意的是,侧向振动与侧向平均变形是不同的概念,因此这并不意味着平均风荷载的影响可以忽略不计,如前所述,平均风荷载的存在可以明显改变颤振临界风速。

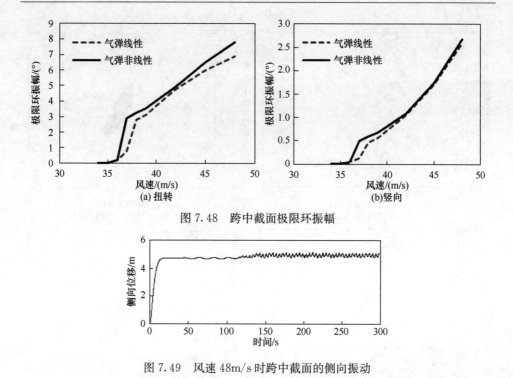

图 7.48　跨中截面极限环振幅

图 7.49　风速 48m/s 时跨中截面的侧向振动

7.2　考虑非定常风荷载和气弹效应的超高层建筑数值模拟平台

　　研究超高层建筑风荷载的 CFD 数值模拟方法,从湍流模型和计算方法等方面着手,重点研究适合高层建筑特点的三维结构数值模拟方法,特别关注高雷诺数模拟。研究结构气动弹性响应的 CFD 数值模拟方法。对于 500m 以上的超高层建筑,考虑风-结构的相互作用影响,构建超高层建筑气动弹性数值模拟平台,建立高效、方便、高精度的超高层建筑抗风数值模拟平台。结合人工智能和神经网络方法建立一个基于 Internet 的包括超高层建筑实测资料数据库、台风数值模拟、模型风洞试验数据库、超高层建筑抗风模拟及优化系统等的分析系统。

7.2.1　超高层建筑抗风模拟软件

　　以作者课题组已有的风洞试验数据为基础,并结合我国风荷载规范进行在线计算,构建了同济大学高层建筑抗风软件平台。该数据库软件系统包括台风实测数据、标准矩形截面、切角凹角处理截面、开洞截面及沿高度锥度化截面等数十种常见高层建筑模型的风洞试验数据,并与高级计算语言相结合,可以进行复杂的后台运算操作。平台上展示的成果还包含气动阻尼和风向折减的研究内容。该软件平台还提供各项风振响应计算(考虑了气动阻尼和风向折减对风致振动的影响)的原理,并编写了结合 MATLAB 和 PHP 语言的网页文件及计算程序,为用户提供依照荷载规范的风荷载在线计算功能。用户提供高层建筑所在地风环境参数、建筑物本身的几何和动力特性参数后,系统即能得到建筑物的顺风向和横风向及扭转方向上的风荷载标准值、加速度、基底剪力、弯矩等结果。图 7.50 为同济大学高层建筑抗风软件平台首页。

图 7.50　同济大学高层建筑抗风软件平台首页

7.2.2　非定常风荷载和气弹效应数值模拟

1. 考虑非定常风荷载和气弹效应的超高层建筑数值模拟平台

建立超高层建筑抗风数值模拟开放式平台,该平台以大涡模拟为核心,实现了 CFD/CSD 双向流固耦合的高效计算。研发了基于 Socket 的并行流固耦合接口软件与结构软件集成(图 6.63)。基于 Socket 的并行流固耦合接口,可开展全尺寸超高层建筑风效应流固耦合模拟(高雷诺数 10^8)(图 7.51)(Yan and Li,2015a,2015b)。

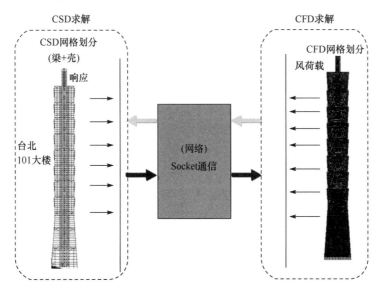

图 7.51　全尺寸超高建筑风效应流固耦合模拟(高雷诺数 10^8)

2. 提出了 LES+DVM 的创新性高雷诺数湍流模拟方法

基于离散涡算法与大涡模拟算法提出将二者进行耦合的创新算法。在大涡模拟亚格子尺度范围引入离散涡模型,对亚格子湍动能进行离散涡模拟,将网格尺度截断的湍流涡通过离散涡恢复出来,以得到更完全的非定常荷载,如图 6.64 所示。应用本书提出的集成方法,开展大面积复杂地形风场的大涡模拟计算,如图 6.65 所示。

3. 高层建筑风效应大涡模拟过程中的入口湍流风场生成方法(改进的拟周期法)

比较了风工程中常用的入口湍流生成方法在风场模拟(图 6.66)和风荷载模拟(图 6.67)等多个方面的优劣,并采用谐波合成法提出了改进的拟周期法,解决了应用拟周期边界带来的计算域上部湍流度过低的问题(图 6.68)。

4. 超高层建筑风效应多尺度对比与验证研究

以我国香港第二高楼——香港国际金融中心二期(2IFC)(图 7.52(a))为研究对象,构建超高层建筑风效应实测系统(包括风速仪、加速度传感器、GPS、风压传感器等),开展台风风场特性、超高层建筑结构动力特性和风致响应的实测研究,分析风致位移响应的背景分量和共振分量对总响应的贡献,提出适合于超高层建筑抗风设计的阻尼比取值范围(1%～2%);在边界层风洞中精确模拟与实际相一致的周边建筑环境(图 7.52(b)),开展缩尺比例为 1∶300 的风洞测压试验;基于GIS 数据,建立 2IFC 及其周边数值模型(图 7.52(c)),采用本书提出的大涡模拟亚格子模型和 DSRFG 入口生成技术,进行非定常全尺寸、高雷诺数(10^8)的风效应大涡模拟,获得顺风向、横风向及扭转向的三维气动风荷载功率谱,以及具有时空特性的速度场和压力场。对实测、风洞试验和数值模拟获得的超高层建筑风致效应进行对比与相互验证。结果表明,风洞试验可以合理地预测结构共振响应,实测位移的背景响应与风洞高频动态天平技术(HFFB)结果趋势较吻合,位移的共振响应和其背景响应大小相当,因此不应低估位移的背景响应对总位移响应的影响,如图 7.53 所示。

(a) 2IFC 实测系统

(b) 2IFC及其周边风洞试验模型

(c) 2IFC及其周边数值模型

图 7.52 2IFC 实测系统、风洞试验模型及数值模型

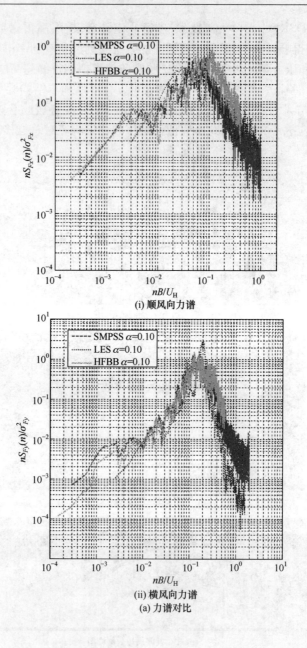

(i) 顺风向力谱

(ii) 横风向力谱

(a) 力谱对比

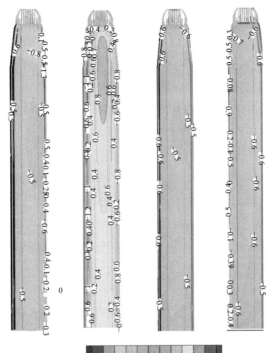

(i) 风洞试验

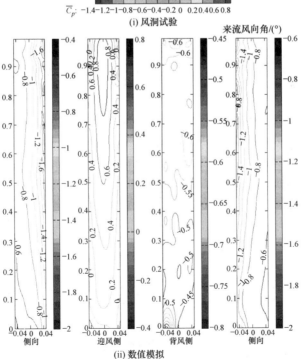

(ii) 数值模拟

(b) 风压系数分布对比

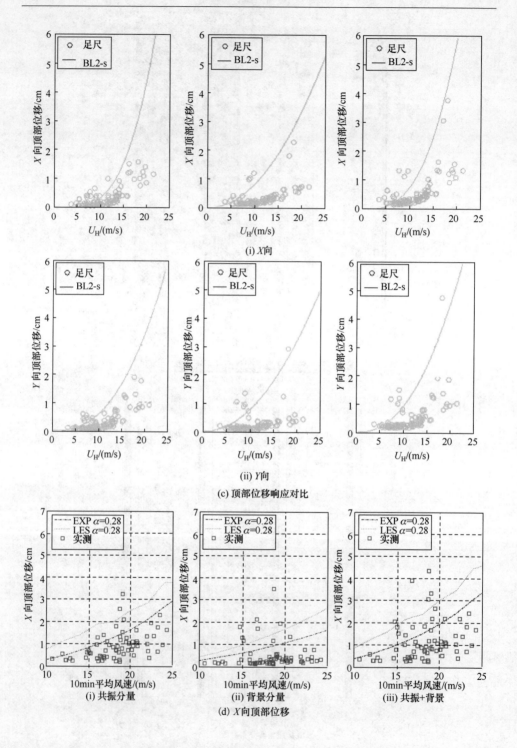

(i) X向

(ii) Y向

(c) 顶部位移响应对比

(i) 共振分量　　　　(ii) 背景分量　　　　(iii) 共振+背景

(d) X向顶部位移

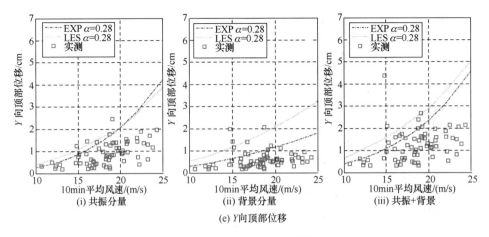

图 7.53 超高层建筑风致效应

5. 龙卷风对超高层建筑作用的数值模拟研究

多年来,人们普遍认为龙卷风较少在城市发生,对高层建筑的龙卷风灾害研究较少,因此很有必要开展此方面的研究工作。图 7.54 为本章提出的计算方法和模型(数值驱动模型),能产生可移动龙卷风,本书基于 RANS 模型开展了可移动龙卷风对高层建筑的风效应数值模拟(图 7.55),计算结果与风洞试验数据相吻合。图 7.56 给出了可移动龙卷风的大涡模拟,比 RANS 模拟结果更接近实测资料。如图 7.57 所示,可移动全尺寸龙卷风对高层建筑风效应的大涡模拟与风洞试验相比,双峰效应后峰荷载增强明显,比试验尺度峰值增大 30% 以上,更符合实际情况。图 7.58 为龙卷风绕不同形状高层建筑的流场,表明全尺寸下的龙卷风对高层建筑的作用不仅与高层建筑的尺寸有关,而且与高层建筑的形状也有很大的关系。

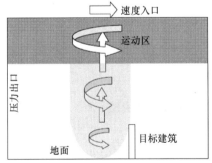
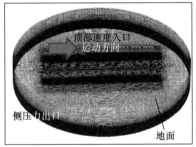

图 7.54 计算方法和模型(数值驱动模型)

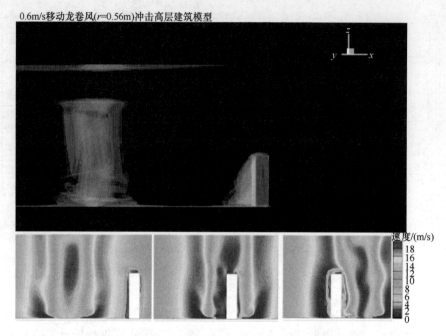

图 7.55　可移动龙卷风对高层建筑的风效应数值模拟

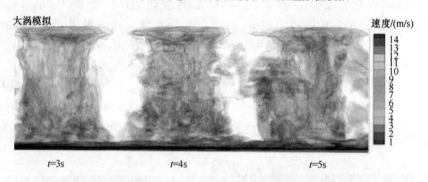

图 7.56　可移动龙卷风的大涡模拟

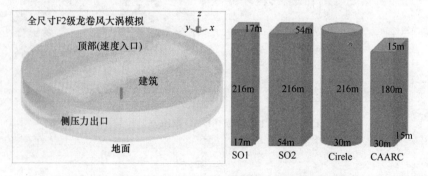

图 7.57　可移动全尺寸龙卷风对高层建筑作用的大涡模拟

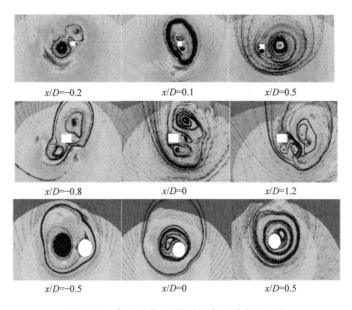

$x/D=-0.2$　　　　　　$x/D=0.1$　　　　　　$x/D=0.5$

$x/D=-0.8$　　　　　　$x/D=0$　　　　　　　$x/D=1.2$

$x/D=-0.5$　　　　　　$x/D=0$　　　　　　　$x/D=0.5$

图 7.58　龙卷风绕不同形状高层建筑的流场

7.3　大跨度屋盖结构抗风的数值模拟平台

　　针对大跨度屋盖风振响应特点,建立大跨度屋盖风振响应高效分析计算方法;提出大跨度屋盖多目标等效静力风荷载计算方法及实用设计取值。在大跨度屋盖风振响应实测验证方面,选取风效应敏感的大跨度空间结构,从风洞试验和现场实测两方面开展工作。在已建立的大跨度屋盖风荷载数据库的基础上,不断积累风洞试验数据,完善风荷载数据库的预测功能,扩大数据库的适用范围,为大跨度屋盖风荷载特性研究及抗风设计提供辅助。利用已有有限元软件的二次开发功能,将 Ritz-POD 风振响应计算理论和多目标等效静力风荷载理论集成为抗风设计软件。以典型体育场馆为工程背景,通过现场实测对比,验证编制软件的正确性。

　　开发完成了具有前、后处理功能的大跨度空间结构风致效应分析软件包,主要包括风洞试验数据分析模块、围护结构风荷载极值分析模块、主体结构风振响应计算模块、等效静力风荷载计算模块四个模块。软件集成了作者课题组提出的一系列高效分析方法,包括基于样本前四阶矩的多样本极值概率模型、结合 Ritz 振型和本征正交分解(POD)技术的 Ritz-POD 风振分析法、多目标等效静力风荷载计算方法等(田玉基和杨庆山,2015;陈波等,2013;陈波等,2012)。

1. 开发平台及安装方法

　　建筑结构的风致效应分析涉及风洞试验数据处理、围护结构风荷载极值分析、主体结构风致振动分析和等效静力风荷载的计算分析；从风洞试验到风致振动分析，涉及风洞试验理论、极值分析理论、有限元计算分析理论、结构动力学理论和结构随机振动理论。为了集成建筑结构风致效应方面的研究成果，有利于进一步开展科研工作及方便工程应用，在 ANSYS 二次开发平台上，开发完成了建筑结构抗风数值模拟软件包 WindResp v1.0。

1) 开发平台

WindResp v1.0 采用 ANSYS 二次开发平台，利用 UIDL（User Interface Design Language）、APDL（ANSYS Parametric Design Language）开发语言，开发完成了具有前、后处理功能的风致效应计算分析软件包。其中 UIDL 语言用于软件包菜单的开发，APDL 语言用于计算分析程序的编写。WindResp 软件包的主要功能包括风荷载导入及显示、围护结构风荷载极值分析及显示、主体结构风振响应分析计算及显示和等效静力风荷载计算分析。

2) 安装及启动

根据 ANSYS 二次开发的规定，将编写的 WindResp 软件包独立放置在一个新的工作目录之中，因此安装 WindResp 软件包之前需要建立一个用户工作英文目录。查找 ANSYS 软件的安装目录，将 X:\ANSYS Inc\v***\ansys\gui\en-us\UIDL\（X 表示硬盘编号，*** 表示 ANSYS 版本号）中的文件 menulist***.ans 拷贝到用户工作目录。在用户工作目录中，利用文本编辑器打开文件 menulist***.ans，在文件末尾加入 5 个菜单源代码文件（图 7.59）并保存退出，将 5 个菜单源代码文件放置在用户工作目录之中。

WindResp 软件包中 u 开头的所有文件均为风致效应计算分析程序及结果显示程序，将这些程序全部放入用户工作目录。

设置 ANSYS 启动环境后，启动 ANSYS 的 Mechanical APDL Product Launcher***，选择 WindResp 软件包用户工作目录及有限元计算模型的名称，点击 Run 即可从用户工作目录中启动 WindResp 软件包。

启动 ANSYS 及 WindResp 软件包之后，在 ANSYS 主菜单中可显示风致效应软件包 WindResp 的主菜单及二级、三级菜单。WindResp 软件包主菜单 Wind Effects 包含四个二级菜单，即 Wind Load、Cladding Load、Response 和 ESWL（图 7.60）。

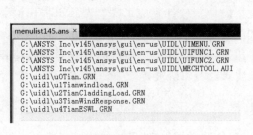

图 7.59　菜单嵌入及源代码文件　　　　图 7.60　WindResp 软件包主菜单

2. 风荷载导入及显示

利用建筑结构的缩尺模型,在风洞中测量缩尺模型表面的风压分布,再将这些测量结果导入建筑结构的有限元计算模型,计算分析建筑结构的风致效应。从缩尺模型表面的风荷载转换为有限元计算模型的风荷载,需要建立几何模型与计算模型之间的空间映射关系;由于缩尺模型表面测压通道数目受到限制,测压数据具有不完备性,将风荷载映射到结构计算模型时,结构计算模型的单元或节点风荷载的数值常常需要插值,建立完备的结构计算模型的输入风荷载。

1) 风荷载的导入、导出

为了解决风洞试验测压数据导入计算模型的问题及风荷载插值问题,WindResp软件包在二级菜单 Wind Load 之中开发了三级菜单,其主要功能包括:①三级菜单 Wind Profile 输入风速剖面、湍流度剖面、参考风压等参数,为风洞测压数据处理及风荷载加载做好准备;②三级菜单 Tap Config 将缩尺模型的测压点空间位置映射到计算模型表面;③三级菜单 Data Format 输入风洞试验数据的格式、存储位置及批量导入参数,可读入风洞测压原始数据及风压系数时程数据;④三级菜单 Read Data 读入风洞试验数据,并且计算风压系数时程及前阶矩。为了加快 ANSYS 及软件包的运行速度,利用 APDL 语言中的数学命令将批量风压系数时程及其他大维度矩阵数组以二进制的形式存储到文件中;如果需要,再利用 ANSYS 数学能力导入大批量数据。

2) 风荷载的映射关系及显示

为了更好地显示建筑物多个表面的风压分布,利用 ANSYS 命令 KEYPTS 在计算模型中建立测压点的空间位置;对计算模型中的测压点进行分组,位于同一表面(平面或曲面)或多个表面的测压点作为一组,搜索同一组测压点对应的建筑物表面面单元并且对面单元进行分组。

根据同一组测压点空间位置与对应的计算模型表面面单元重心之间的空间位置,建立每个测压点施加单位风压时面单元重心的风压之间的转换矩阵。第一步,计算每个面单元重心至每个测压点的空间距离;对每个面单元,搜索距离该面单元重心最短的三个测压点。其中,A、B、C 为三个测压点,面单元重心 E 至 A、B、C 的距离最短。第二步,假定只有测压点 A、B、C 的风压测量值对面单元重心有影响,其他测压点的风压测量值对面单元重心 E 没有影响;假定面单元的风压分布是均匀的,其风压数值等于面单元重心的风压数值。根据这两个假设,利用反距离权重插值方法计算面单元重心 E 的风压数值(包括风压系数时程、统计矩等),即

$$\mathrm{WL}_E = w_A \mathrm{WL}_A + w_B \mathrm{WL}_B + w_C \mathrm{WL}_C \tag{7.59}$$

式中,WL_* 表示测压点 A、B、C 或面单元重心 E 的风压数值;w_* 表示测压点 A、B、C 的风压数值对面单元重心 E 的权重,按照式(7.60)计算:

$$w_* = \frac{1/d_{*E}}{1/d_{AE} + 1/d_{BE} + 1/d_{CE}} \tag{7.60}$$

式中，d_{*E} 表示测压点 A、B、C 至面单元重心 E 的空间距离。

三级菜单 Display 对测压点数据进行映射计算和插值计算，得到计算模型表面面单元的风压数据及其统计量（包括平均值、均方根、偏斜系数、峰态系数、最大值、最小值以及这些统计量的平均值）；利用等值线图显示风压系数的统计量，利用曲线图形显示风压系数时程及其概率密度、统计量的概率密度，利用动画显示计算模型表面的风压时程变化过程。

例如，国家体育场屋盖结构有两层薄膜覆盖，两层薄膜的间距为 12m；在体育场竖向支撑位置处，两层薄膜是开敞的。在风洞试验中，分别测量了外屋盖上、下表面和内屋盖上、下表面的风压。两层薄膜共有四个表面，每个表面上的测压点作为一组，在计算模型中搜索每组测压点施加的薄膜单元，对薄膜单元再进行分组，与测压点组别一一对应。根据上述反距离风荷载插值方法，分别计算两层薄膜四个表面的风压系数时程、平均值、均方根等统计矩及风压系数极值等参数。利用 ANSYS 曲线绘图命令绘出风压系数时程曲线（图 7.61）、概率密度曲线等，利用等值线命令，分别显示四个表面的风荷载分布（图 7.62）。

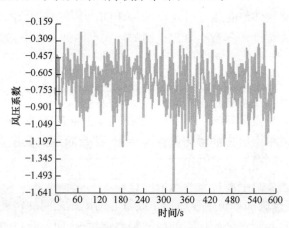

图 7.61　测压点风压系数时程曲线

3. 围护结构风荷载极值分析与显示

对风洞试验测压数据进行极值分析，可以确定围护结构受到的最大风荷载。在结构风工程研究成果中已经引入或建立了多种风荷载极值分析理论。WindResp 软件包将已有的风荷载极值理论分为两类，即基于变换的极值分析模型和基于统计量的极值分析模型。

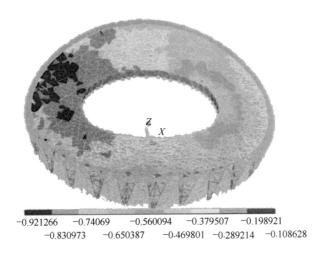

-0.921266　　-0.74069　　　-0.560094　　-0.379507　　-0.198921
　　-0.830973　　-0.650387　　-0.469801　-0.289214　-0.108628

图 7.62　屋盖平均风压系数等值线

1) 基于变换的极值分析方法

在三级菜单 Translation Model 中,开发完成了基于风压系数时程的累积概率变换的 Sadek-Simiu 极值分析理论和基于 Hermite 矩模型的风压系数极值分析方法(田玉基和杨庆山,2005)。

在 Sadek-Simiu 极值分析方法中,利用标准高斯过程的累积概率与非高斯过程的累积概率相等,通过映射变换得到了非高斯过程的峰值因子或风压系数极值。在 WindResp 软件包中,将非高斯风压系数时程归一化,利用三参数伽马分布拟合归一化非高斯风压系数时程,采用最大似然法估计伽马分布的位置参数、尺度参数和形状参数。在确定高斯峰值因子的前提下,在标准高斯分布的累积概率曲线上搜索累积概率;将此累积概率看成归一化非高斯风压系数的累积概率,从而得到非高斯分布的分位数,即非高斯峰值因子。利用非高斯风压系数的均值、均方根和峰值因子,计算非高斯风压系数的极值。

在 Hermite 矩模型变换方法中,计算风压系数时程的前四阶矩,根据田玉基的方法计算 Hermite 矩模型形状参数的近似值。根据高斯过程与非高斯过程之间的变换关系,计算非高斯过程的概率分布,指定高斯峰值因子,计算得到非高斯峰值因子和风压系数极值。

在上述两个极值转换模型中,分别对每个风压系数时程样本进行极值分析,将得到的多个极值进行平均得到风压系数的极值。

2) 基于统计量的极值分析方法

基于风压系数时程统计量的极值分析模型包括经验概率模型、耿贝尔极值分布、广义极值分布、超越界限模型和 Yang-Tian 模型。

极值的经验概率模型是进行风压极值分析最简单的模型。提取多个风压系数时程的极值,按照升序排列,得到次序统计量,分别计算每个次序统计量的发生频率作为其概率,得到发生概率与分位数曲线,据此确定具有指定发生概率的风压系数极值。

耿贝尔极值Ⅰ型分布模型是进行风压极值分析的经典模型。提取多个风压系数时程的极值,假定这些极值服从极值Ⅰ型分布,WindResp 软件包可采用矩法、极大似然法和概率权重法估计极值Ⅰ型分布的位置参数和尺度参数。得到参数估计值后,即可显示极值Ⅰ型分布的概率密度曲线和累积概率密度曲线;指定极值发生概率后,根据极值Ⅰ型分布函数即可得到风压系数极值。

广义极值模型是极值Ⅰ型、Ⅱ型、Ⅲ型的统一表达形式。提取多个风压系数时程的极值,假定这些极值服从广义极值分布,WindResp 软件包可采用矩法、极大似然法和概率权重法估计广义极值分布的位置参数、尺度参数和形状参数。如果形状参数接近零,极值分布判定为极值Ⅰ型。得到参数估计值后,即可显示广义极值分布的概率密度曲线和累积概率曲线;指定极值发生概率后,根据广义极值分布函数即可得到风压系数极值。

经典的极值Ⅰ型、Ⅱ型、Ⅲ型分布只利用了每个实测样本的一个极值,不能充分利用实测数据概率分布的尾部信息。因此,考虑充分利用超过阈值的那些观测值,根据理论分析,超阈值的观测值服从 Pareto 分布。以长持时风压系数时程为分析对象,WindResp 软件包编写了自动选择界限值的程序,采用极大似然估计法、概率权矩法和 L 矩法对超越界限模型中的参数进行估计。

田玉基和杨庆山(2015)提出采用风压系数时程的前四阶矩估计风压系数极值,既有效利用了风压系数时程的信息,又避免了超越界限模型选择界限值的难题。在 Yang-Tian 极值分布模型中,计算每个风压系数时程的前四阶矩,将多个样本的风压系数平均值和均方根作为高斯分布,建立两者的联合概率密度函数;根据多个风压系数时程的偏斜系数和峰态系数,求解 Hermite 矩模型中的形状参数,并对形状参数进行 Hermite 矩模型变换,建立形状参数的联合概率密度函数;得到非高斯峰值因子概率密度及累积概率的数值解;根据非高斯峰值因子平均超越率的简化公式,计算非高斯峰值因子及风压系数极值。

4. 主体结构风振响应分析与显示

WindResp 软件包编写了三种主体结构的风振响应分析方法,即基于振型分解的时程分析方法、基于结构随机振动的振型叠加分析方法和基于结构随机振动的三分量(平均响应、背景响应和共振响应)叠加分析方法。这三种分析方法均需要对结构运动方程进行振型分解,WindResp 软件包编写了两种振型分解方法,即自由振动振型分解和荷载模态作用下的强迫振动振型(Ritz 向量振型)。

1) 基于振型分解的时程分析方法

WindResp 软件包编写了基于振型分解的时程分析方法,其子菜单包括结点风荷载形成、振型分解、振型响应、结点响应和单元响应。

在结点风荷载形成(Tap→Node Load)菜单中,首先将测压点风压系数时程变换为结构表面面单元风压系数时程,然后将面单元风压系数时程变换为结点风力时程。其中,节点的风力等于相关面单元风压系数对面积的积分。

对风荷载作用下的结构运动方程进行振型分解,得到每个振型的运动方程。其中,点击 Modal Method,可选择自由振动振型或者 Ritz 向量振型,如果选择自由振动振型,求解结构自由振动的特征方程,得到振型和频率;如果选择 Ritz-POD,首先对风荷载场进行本征正交分解,得到风荷载空间分布模式,然后求解风荷载模式作用下结构振动的 Ritz 向量振型和振动频率。

在振型响应计算过程中,根据振型分解的原理,计算振型脉动风荷载时程,利用 Newmark-β 时程分析方法计算每个振型的脉动位移时程响应。在结点响应计算过程中,计算平均风荷载作用下的节点位移响应,计算振型位移响应的协方差矩阵,采用完全二次型方根法(CQC)或平方和的平方根法(SRSS)组合方式计算结点位移响应的均方根及其极值。

在单元响应计算过程中,将每个振型的单位位移响应对应的振型惯性力施加在结构计算模型上,计算结构的静力响应(包括单元内力、应力、应变等),即振型的影响函数;根据振型影响函数和振型位移响应协方差矩阵,采用 CQC 或 SRSS 振型组合方式计算结构的风振响应均方根及其极值。对于需要考虑振动舒适度的结构,还需要计算振型加速度时程响应,采用 CQC 或 SRSS 组合方式计算结构的加速度响应均方根及其极值。

2) 基于结构随机振动的振型叠加分析方法

WindResp 软件包编写了基于结构随机振动理论的振型叠加分析方法,其子菜单包括结点风荷载形成、振型分解、振型响应、结点位移响应和单元响应。其中,节点风荷载形成和振型分解方法与基于振型分解的时程分析方法相同。

振型分解之后,选择振型数目,计算振型位移响应的傅里叶谱,计算振型位移响应的互谱矩阵和协方差矩阵。

在节点位移响应计算过程中,首先计算平均风荷载作用下的位移响应,然后采用 CQC 或 SRSS 组合方式计算节点的位移响应协方差矩阵,计算节点位移响应的均方根及响应极值,上述计算节点位移响应的方法称为模态位移法。如果考虑静力修正,还可以按照模态加速度法计算高频振型的静力修正对节点位移响应的贡献,以及高频静力修正与低频振型的耦合项对节点位移响应的贡献。

单元响应的计算方法与基于振型分解的时程分析方法相同。

3）基于结构随机振动的三分量叠加分析方法

结构的风振响应三分量包括平均风荷载作用下的平均响应、脉动风荷载作用下的背景响应、共振响应。三分量分析方法是结构风振响应分析的最常用方法,其中节点风荷载形成和振型分解方法与基于振型分解的时程分析方法相同。

在振型风荷载的计算过程中,首先选择参与振动的振型数目,计算振型风荷载时程,进行傅里叶变换得到振型风荷载的傅里叶谱。

在节点响应的计算过程中,背景响应可按照全部振型参与计算背景响应,也可选择截断振型参与计算背景响应;共振响应应根据结构风致振动特性,选择 CQC 或 SRSS 振型组合方式。在对话框中,还可以选择是否考虑背景响应与共振响应的耦合作用,是否计算加速度响应,是否计算峰值因子或者直接指定风振响应的峰值因子,直接指定振型阻尼比。

在计算节点响应时,首先计算平均风荷载作用下的位移响应;然后计算脉动风荷载作用下的振型响应谱,其中包括背景响应、共振响应的位移响应谱,利用 CQC 或 SRSS 振型组合方式计算节点的位移响应谱,得到节点位移响应的均方根及其极值。如果考虑背景响应与共振响应的耦合作用,还需要在振型响应谱和节点响应谱中包含耦合项的贡献。

在单元响应的计算过程中,将每个振型的单位位移响应对应的振型惯性力施加在结构计算模型上,计算结构的静力响应(包括单元内力、应力、应变等),即振型的影响函数;根据振型影响函数和振型位移响应协方差矩阵,采用 CQC 或 SRSS 振型组合方式计算结构的背景响应、共振响应的均方根及其极值。

5. 等效静力风荷载分析

根据主体结构风振响应的不同计算方法,WindResp 软件包开发了相应的等效静力风荷载(ESWL)分析方法。其中,针对风振响应时程分析方法和振型叠加方法编写了计算等效静力风荷载的阵风荷载因子(GLF)法和惯性力(IWL)法;针对风振响应的三分量叠加方法编写了计算背景响应等效静力风荷载的荷载-响应相关(LRC)法和计算共振响应等效静力风荷载的惯性力法。

参 考 文 献

陈波,葛家琪,王科,等. 2013. 多风向多目标等效静风荷载分析方法及应用. 建筑结构学报, 34(6):54-59.

陈波,李明,杨庆山. 2012. 基于风振特性的多目标等效静风荷载分析方法. 工程力学,32(24): 22-27.

刘十一. 2014. 大跨度桥梁非线性气动力模型和非平稳全过程风致响应. 上海:同济大学博士学位论文.

田玉基,杨庆山. 2015. 非高斯风压时程峰值因子的简化计算式. 建筑结构学报,36(3):20-28.

中华人民共和国交通运输部. 2018. 公路桥梁抗风设计规范(JTG/T 3360-01—2018). 北京:人民交通出版社.

Noda M,Utsunomiya H,Nagao F,et al. 2003. Effects of oscillation amplitude on aerodynamic derivatives. Journal of Wind Engineering and Industrial Aerodynamics,91:101-111.

Yan B W,Li Q S. 2015a. Large-eddy simulation of wind effects on a super tall building in urban environment conditions. Structure and Infrastructure Engineering,12:765-785.

Yan B W,Li Q S. 2015b. Inflow turbulence generation methods with large eddy simulation for wind effects on tall buildings. Computers and Fluids,116:158-175.

Zhang Z T,Ge Y J,Chen Z Q,et al. 2015. On the aerostatic divergence of suspension bridges: A cable-length-based criterion for the stiffness degradation. Journal of Fluids and Structures, 52:118-129.

Zhang Z T,Ge Y J,Yang Y X. 2013. Torsional stiffness degradation and aerostatic divergence of suspension bridge decks. Journal of Fluids and Structures,40:269-283.

第 8 章　结构风致振动多尺度模拟与实测验证

结构风致振动多尺度物理模拟与实测验证主要研究进展包括超大跨桥梁风致振动多尺度模拟与验证、超高层建筑风致行为多尺度模拟与验证和超大空间结构风致振动多尺度模拟与验证三个方面。

8.1　超大跨桥梁风致振动多尺度模拟与验证

本节系统调研国内外现有的关于桥梁风洞试验、数值计算及现场实测之间的差异,构建典型桥梁样本模型试验与风致行为分析算法预测精度评价体系;结合原型现场实测资料、节段模型、全桥气弹模型等缩尺模型及 Benchmark 标准模型结果评价体系,利用全过程数值模拟算法及软件平台,系统地进行桥梁结构风致行为耐久性(低风速抖振)评价、适用性评价(锁定风速涡振)、安全性评价(高风速抖振和静风极限承载力)和稳定性评价(极限风速颤振)。

本节开展强/台风复杂风环境特性及其结构风致行为耦联特征分析,利用超声波风速仪或超声多普勒测速仪获得强/台风条件工程场地特异风特性,结合现有桥梁健康监测历史资料和实时追踪式测量台风结果,采用统计、模拟和谱分析技术,分析多种地形地貌、天气类型的平均/脉动风速、风向和大跨桥梁结构风致响应等参数特征,采用联合概率评价与估计方法建立多变量输入与响应耦联分析数学表达式,提取对特大型桥梁安全设计有价值的平均风速、风向、攻/偏角及结构动静态响应等特征参数;编制基于原型监测数据的桥梁结构风与风效应分析软件,建立典型桥梁结构风与风效应分析的范例,提供基于原型监测的典型桥梁结构风效应理论、试验和数值计算的验证案例。

8.1.1　桥梁结构风致振动多尺度物理模拟与实测验证

通过对某大跨度桥梁风场长期监测数据的分析,发现桥址风场沿展向具有不均匀分布的特征(图 8.1)。这一特征与现有桥梁理论中假设风场沿展向是均匀分布的相矛盾,因此在今后的研究中需考虑这种风场不均匀性对结构风致振动的影响(Li et al. ,2014b)。

基于振动监测数据识别了某大跨度悬索桥模态参数及其与风场参数的关系,结果表明,原型桥梁实测模态频率随风速和振动幅值的变化较小,但模态阻尼具有明显的随风速变化趋势。当平均风速 $U \leqslant 4.0\text{m/s}$ 时,各阶模态阻尼比几乎均不随风速变化而变化;当平均风速 $U>6.0\text{m/s}$ 时,除第二阶竖向模态阻尼比外,其他各阶模态阻尼比均随风速的增加而呈现出显著增大趋势(图 8.2)。

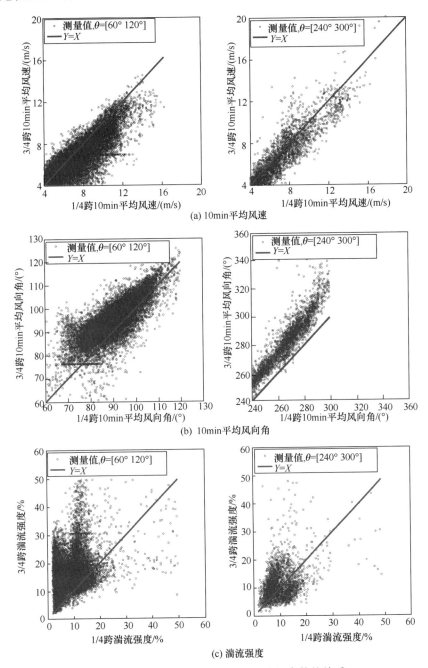

(a) 10min 平均风速

(b) 10min 平均风向角

(c) 湍流强度

图 8.1 1/4 跨和 3/4 跨实测风场特性参数的关系

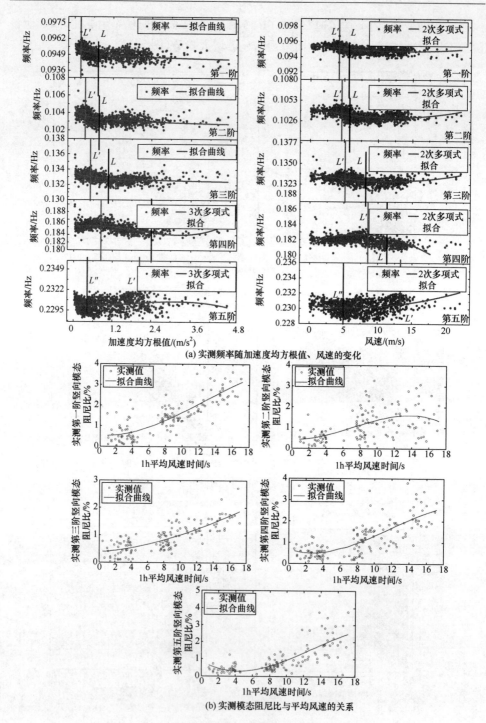

(a) 实测频率随加速度均方根值、风速的变化

(b) 实测模态阻尼比与平均风速的关系

图 8.2　实测模态参数随振动幅值和风速的变化关系

　　基于监测风压及流场显示特征,风洞试验实测验证结果表明(Laima and Li,
2015;Li and Hu,2014;Laima et al. ,2013),由于雷诺数效应的影响(风洞试验节
段模型一般比现场桥梁低 1～2 个数量级),1∶25 风洞节段模型在分离区具有
更高的吸力(图 8.3)和更低的旋涡脱落频率(图 8.4),风洞试验节段模型高估了
流体在箱梁表面的分离(图 8.5);由于流场结构的不同,风洞试验节段模型未准
确模拟现场原型桥梁涡激振动,一方面风洞试验出现了现场原型桥梁未发生的
扭转涡激振动,另一方面风洞试验低估了现场原型桥梁涡激振动幅值(图 8.6)。

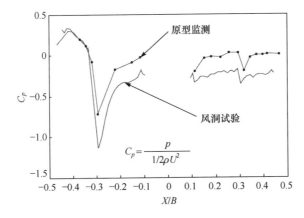

图 8.3　现场原型桥梁和 1∶25 风洞节段模型风压分布对比

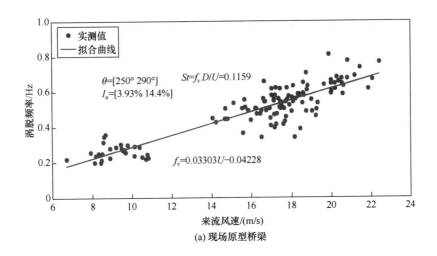

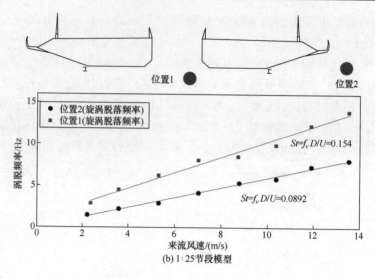

(b) 1:25节段模型

图 8.4　现场原型桥梁和 1:25 风洞节段模型旋涡脱落频率与来流风速的关系

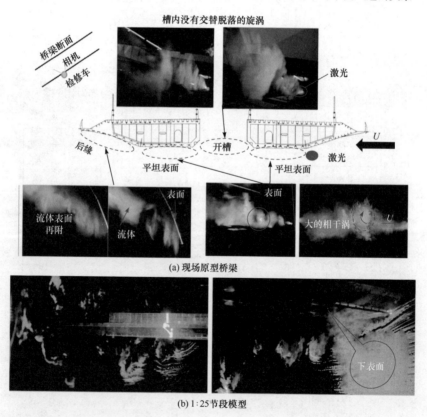

(a) 现场原型桥梁

(b) 1:25节段模型

图 8.5　现场原型桥梁和 1:25 风洞节段模型周围流场结构烟雾显示图

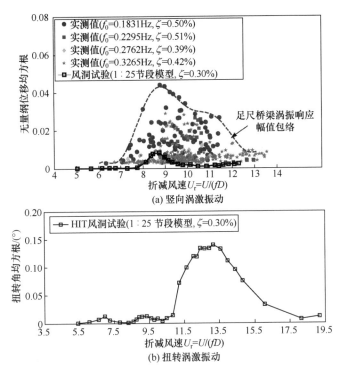

图 8.6 现场原型桥梁和 1:25 风洞节段模型涡激振动幅值与折减风速的关系

8.1.2 基于机器学习算法的大跨度桥梁风致振动实测特征识别

1. 基于数据驱动的涡激振动特征识别研究

Li 等(2014a)提出了一种基于聚类分析的涡激振动识别方法,首先,从大量的桥面振动数据中自动快速地提取出涡激振动样本;其次,运用聚类分析发现涡激振动风速数据中的簇类模式及潜在其中的涡激振动频率信息,从而揭示真实桥梁的风速场与涡激振动频率的关系(图 8.7)。对识别结果进一步分析表明,该悬索桥发生了竖向涡激振动,涡激振动频率分别为 0.1831Hz、0.2757Hz、0.3265Hz、0.3784Hz、0.4349Hz 及 0.4950Hz(图 8.8)。在所有监测到的涡激振动事件中,最大位移幅值为 23.89cm,涡激振动频率为 0.1831Hz;最大加速度幅值为 61.82cm/s²,涡激振动频率为 0.3265Hz。图 8.9 给出了两条典型涡激振动加速度时程及其功率谱。

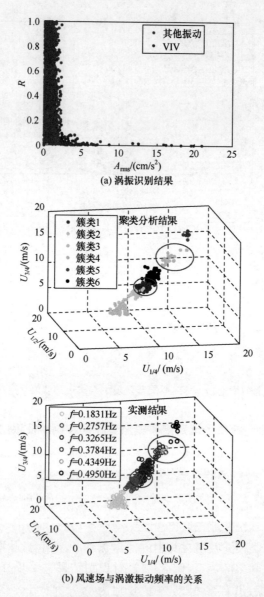

(a) 涡振识别结果

(b) 风速场与涡激振动频率的关系

图 8.7　大跨度桥梁风致振动特征模式的聚类分析

2. 风场参数对涡激振动的影响分析

基于识别出的涡激振动及对应风场特性,揭示了现场原型桥梁发生涡激振动的风场条件。大幅涡激振动一般发生于低湍流度和风向基本垂直于桥向的风环境下,且风场不均匀性小的区域(图 8.10)。

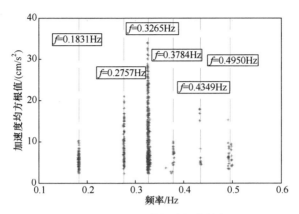

图 8.8　监测涡激振动频率特征

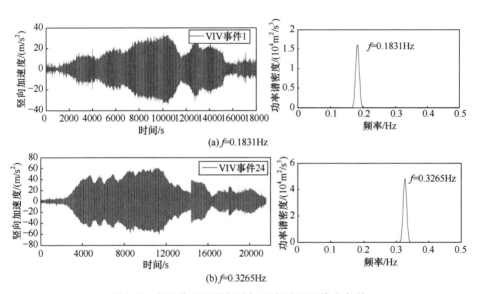

(a) f=0.1831Hz

(b) f=0.3265Hz

图 8.9　主梁典型涡激振动加速度时程及其功率谱

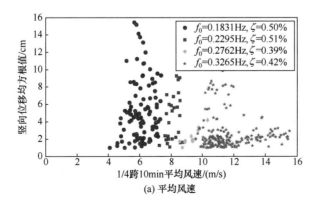

(a) 平均风速

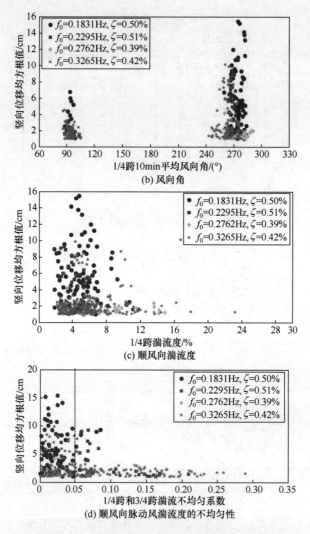

图 8.10　主梁涡激振动幅值与风场参数的关系

8.2　超高层建筑风致行为多尺度模拟与验证

在多个超高层建筑安装风速仪和响应测量仪器,进行现场模态测试,测量强/台风特性,同时测量超高层建筑在强风下的动力响应。对测量结果进行细致分析,获得强/台风特性和建筑响应特性。根据实测结果,研究台风的紊流特性(紊流度、脉动风速功率谱等),研究脉动风速的非平稳性和非高斯性并同时发展强/台风的数值模拟方法。在风洞中进行有关超高层建筑模型的风洞试验,获得该建筑的风致响应。根据实测、风洞试验获得的风致响应结果,研究现有理论模型的合理性(包括准定常假设、现有风力相关性公式等的合理性),研究超高层建筑模型风洞试验中的一些基础问题(包括模型阻塞效应、雷诺数效应等),研究超高层建筑在不同风向及受周边建筑干扰状态下的横风向、扭转和三维耦合风振理论模型。

8.2.1　强风作用下超高层建筑风致响应的现场实测与验证

在上海环球金融中心顶部两侧各安装了 2 台超声风速仪和 2 台风杯式风速仪以及加速度测量系统,在位于上海浦东机场的同济大学风工程实测基地上建造了测风塔,在广州新电视塔(610m,世界最高塔)上安装了加速度测量系统,在深圳的 3 栋超高层建筑上安装了加速度测试系统。图 8.11 和图 8.12 分别为同济大学上海环球金融中心风工程实测基地和浦东机场风工程实测基地。利用这些系统,获得了大量的风速和结构响应资料,提出了包络线随机减量法并将其应用于上海环球金融中心非线性阻尼的识别,并应用于实际工程的非线性阻尼识别。

图 8.11　同济大学上海环球
金融中心风工程实测基地

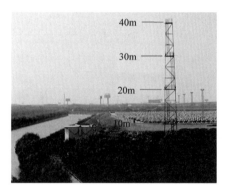

图 8.12　同济大学浦东机场
风工程实测基地

2011~2015 年,以香港、厦门、温州和海口等多个沿海地区的高层建筑为研究对象,开展了建筑风场现场实测,获取了丰富的建筑顶部风场数据,为集成项目中重大建筑与桥梁强/台风灾变数据中心的构建提供数据支持。对风场实测数据的分析表明,顺风向和横风向脉动风速谱与 von Karman 谱吻合较好;台风存在非平稳特性,使用非平稳风模型对非平稳风的湍流度估计更为合理;湍流积分尺度随着平均风速的增大有增大的趋势;湍流度随着平均风速的增大而减小直至稳定;顺风向阵风因子随湍流度的增大而增大。

1. 香港城市高空台风风场特性的多点实测研究

2011 年台风"纳沙"(Nesat)影响香港期间(图 8.13),对香港两座超高层建筑

（高度超过 400m，图 8.14 中建筑 A 和建筑 B）进行了风效应实测研究（Li and Yi，2016；Li et al.，2014b）。基于观测数据，研究了香港城市地貌下的风场特征；对平均风速与风向、湍流度、阵风因子和脉动风速功率谱密度等台风风场特性进行了讨论（图 8.15～图 8.18）。

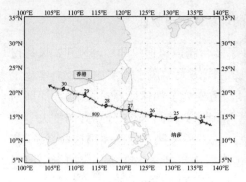

图 8.13　台风路径图　　　　　　　图 8.14　两座超高层建筑位置示意图

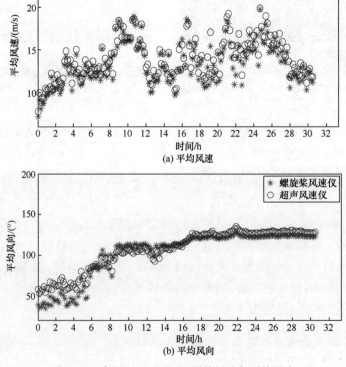

图 8.15　台风 Nesat 10min 平均风速与平均风向

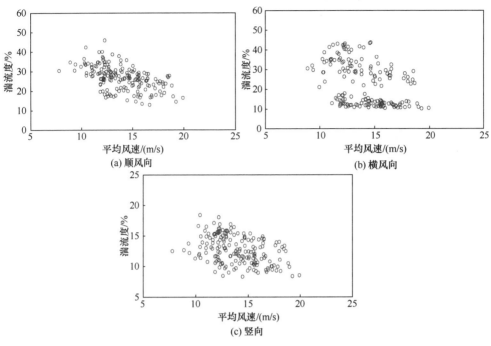

图 8.16 湍流度与平均风速的关系

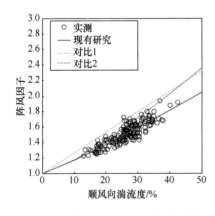

图 8.17 阵风因子与湍流度的关系

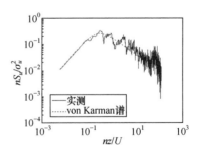

图 8.18 脉动风速功率谱密度

基于实测数据的分析结果表明,顺风向阵风因子与湍流度的关系可表示为: $G_u = 1 + c_1 \times I_u^{c_2} \ln(T/t_g)$,顺风向和横风向风速谱与 von Karman 谱吻合较好。

2. 厦门市城区高空台风风场特性的多点实测研究

在台风"天兔"(2013 年)和台风"苏迪罗"(2015 年)影响期间(李正农等,

2013)，获得了厦门海边三栋建筑的高空风场特性（图 8.19 和图 8.20）。

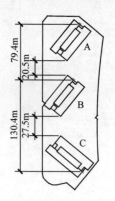

图 8.19　厦门三栋实测高层建筑　　　图 8.20　风速仪安装图及其安装位置

　　将厦门建筑顶部获得的 2013 年台风"天兔"和 2015 年台风"苏迪罗"的风场特性参数进行对比，发现当平均风速小于 10m/s 时，台风风场的湍流度和阵风因子随平均风速的增大而减小；当平均风速大于或等于 10m/s 时，湍流度和阵风因子随平均风速的增大变化相对稳定（图 8.21）。

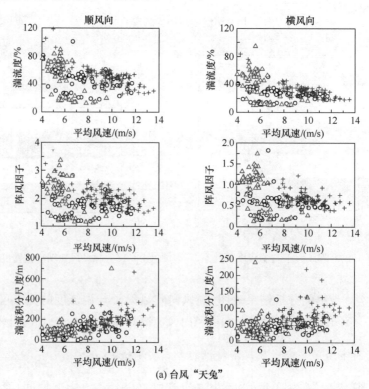

(a) 台风"天兔"

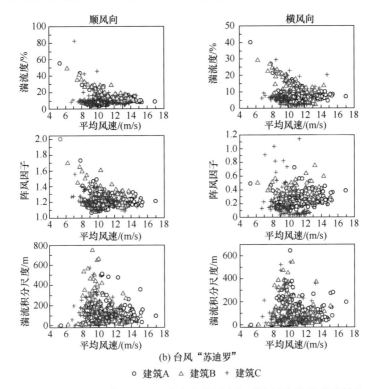

(b) 台风"苏迪罗"

○ 建筑A　△ 建筑B　+ 建筑C

图 8.21　湍流度、阵风因子和湍流积分尺度与平均风速的关系(厦门)

采用基于非平稳模型的风特性分析方法,分析厦门建筑顶部的多次台风风场实测数据(台风"狮子山"、"凡亚比"和"鲇鱼"的 4 组样本和台风"天兔"的 1 组样本),并与平稳模型的分析结果进行对比(表 8.1)。结果表明:①总体上,非平稳模型计算得到的各样本每项参数的平均值小于平稳模型,其中湍流度最大相差 25.29%,阵风因子最大相差 13.33%,湍流积分尺度最大相差 13.66%;②基于平稳模型得到的各样本总体平均顺风向湍流度和湍流积分尺度均与日本规范的计算结果比较接近,而非平稳模型得到的各样本总体平均湍流度小于日本规范的计算值,更接近中国规范 B 类场地的计算值,但湍流积分尺度仍与日本规范接近。综上,非平稳模型对非平稳风的湍流度估计更为合理。

通过以上研究,获得了距离海岸约 1km 的城市上空多点台风风场特性。

表 8.1　基于非平稳模型和平稳模型计算的风特性参数平均值的对比(厦门)

样本	方向	湍流度/%		阵风因子		湍流积分尺度/m	
		非平稳模型	平稳模型	非平稳模型	平稳模型	非平稳模型	平稳模型
1	顺风向	7.12	9.53	1.18	1.22	257.60	286.21
	横风向	5.42	6.35	0.13	0.15	188.63	208.77

续表

样本	方向	湍流度/%		阵风因子		湍流积分尺度/m	
		非平稳模型	平稳模型	非平稳模型	平稳模型	非平稳模型	平稳模型
2	顺风向	10.34	11.58	1.24	1.27	199.37	214.20
	横风向	7.30	7.88	0.16	0.18	169.48	195.51
3	顺风向	12.05	13.48	1.33	1.37	205.72	219.44
	横风向	8.51	9.75	0.20	0.23	172.41	199.04
4	顺风向	7.13	8.82	1.17	1.23	217.03	229.62
	横风向	6.07	7.41	0.13	0.15	176.40	204.31
天兔	顺风向	9.26	10.59	1.20	1.22	175.94	195.07
	横风向	7.47	8.78	0.14	0.16	150.12	161.24

3. 温州高层建筑顶部强/台风风场特性的多点实测研究

在台风"苏力"、"潭美"和"菲特"(2013年),台风"麦德姆"和"凤凰"(2014年),台风"灿鸿"和"杜鹃"(2015年)影响期间,对温州高层建筑(图8.22)进行现场实测(张传雄等,2015),获得建筑顶部风场特性。

图 8.22　温州实测高层建筑

对2013~2015年温州高层建筑顶部7次台风影响下的实测风场特性进行分析,结果表明:①当平均风速小于10m/s时,湍流度较大;②顺风向湍流度和阵风因子随着平均风速的增大而减小,当平均风速大于或等于10m/s时,湍流度和阵风因子逐渐趋于稳定,横风向湍流度和阵风因子的变化相对较为平稳;③顺风向湍流积分尺度随着平均风速的增大有增大的趋势,但横风向的离散性较大(图8.23)。

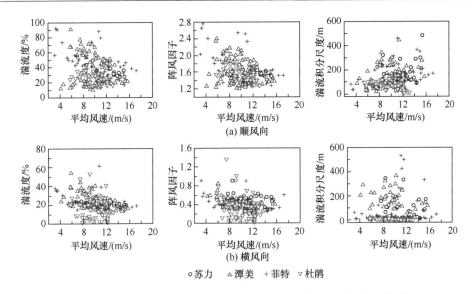

图 8.23　湍流度、阵风因子和湍流积分尺度与平均风速的关系(温州)

通过以上研究,获得了距离海岸约 20km 的城市上空台风风场特性和特征参数的变化规律。

4. 海口高层建筑顶部强/台风风场特性的多点实测研究

在台风"威马逊"和"海鸥"(2014 年)、台风"彩虹"(2015 年)影响海口地区期间,通过实测获得了某近海高层建筑的顶部风场数据(图 8.24)。

图 8.24　海口试验楼

在台风"威马逊"(超强台风,瞬时风速可高达 100m/s)和"海鸥"及台风"彩虹"影响海口地区期间,对海口某近海高层建筑的顶部风场进行现场实测,分析三次台风作用下的风场特性。结果表明,湍流度、阵风因子和湍流积分尺度随平均风速的变化规律较为接近,即湍流度随着平均风速的增大而减小,阵风因子随着平均风速的增大变化较为稳定,湍流积分尺度随着平均风速的增大有增大的趋势;三次台风得到的顺风向脉动风速谱都与 von Karman 谱较为吻合(图 8.25 和图 8.26)。

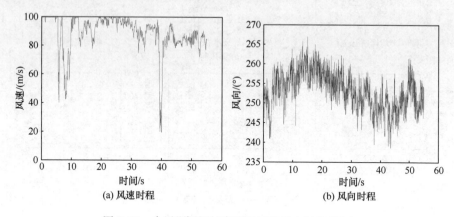

图 8.25　台风"威马逊"实测风速和风向时程(55s)

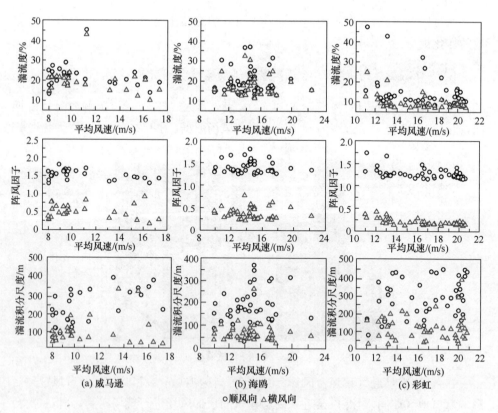

图 8.26　湍流度、阵风因子和湍流积分尺度与平均风速的关系(海口)

通过以上研究,获得了在超强台风条件下距离海岸约 3km 的城市上空风场特性和特征参数的变化规律。

2011~2015 年,以香港、厦门、温州和海口等多个沿海地区的高层建筑为研究对象,开展建筑风效应现场实测,获取了丰富的建筑表面风压及结构风致响应数据,为集成项目中重大建筑与桥梁强/台风灾变数据中心的构建提供数据支持。对高层建筑风效应监测数据的分析结果表明,迎风面测点的脉动风压的概率分布一般符合高斯分布,侧风面、背风面及位于建筑边缘或拐角处的测点一般具有非高斯特性;Davenport 和 Hill-Carroll 给出的实测高层建筑阻尼比经验公式预测阻尼大 24.8%~26.4%(建议在超高层建筑风致响应分析时阻尼比取值为 1.0%~2.0% 较为合理)(图 8.27);高层建筑在高风速条件下,虽然结构脉动风致响应由共振分量主导,但背景分量仍然占到整体的 20%~25%,其作用不可忽视;台风作用下结构的振动以第一阶为主。

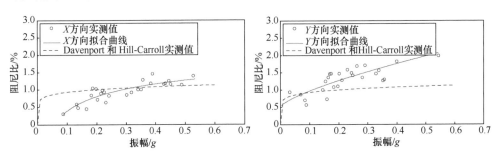

图 8.27　阻尼比与结构振幅变化关系

5. 香港高层建筑风效应现场实测研究

通过深入研究超高层建筑结构风致动力响应特征,利用频域分析法,研究了结构响应的频域分布特征。

运用小波变换技术讨论了结构振动在时频域上的能量分布,加速度响应随平均风速的增加而增加,横风向加速度响应比顺风向要大,加速度响应主要受基频影响,模态对带宽和幅值的影响随时间变化,随加速度响应幅值减小,谱峰值向高频转移。在高风速条件下,虽然结构脉动风致响应由共振分量主导,但背景分量仍然占到整体的 20%~25%,其作用不可忽视(图 8.28)。

6. 厦门高层建筑风效应现场实测研究

通过分析 2013 年台风"天兔"和 2015 年台风"苏迪罗"作用下厦门建筑 C(3 栋中的最高建筑)表面的平均风压系数及台风"天兔"下的脉动风压功率谱特征

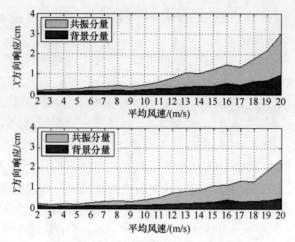

图 8.28　建筑 A 风致响应的共振分量与背景分量所占比例

（图 8.29），研究脉动风速与脉动风压之间的气动导纳函数（图 8.30），且分析台风"天兔"下建筑各立面上的风压测点之间及其与其他各面上测点间的相干函数（图 8.31）。

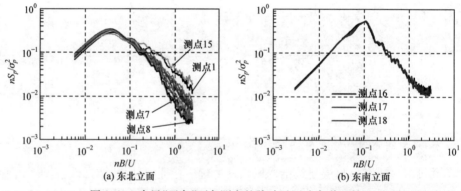

图 8.29　台风"天兔"下各测点的脉动风压功率谱（厦门）

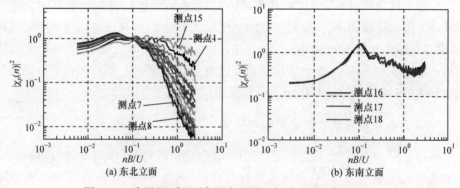

图 8.30　台风"天兔"下各测点的风压气动导纳函数（厦门）

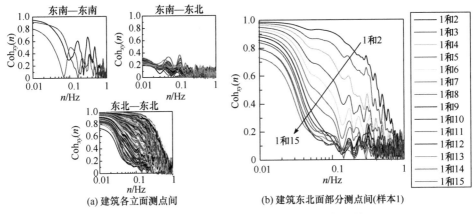

图 8.31　台风"天兔"下测点间的风压相干函数（厦门）

迎风面测点在低频段的风压导纳函数基本等于 1，在高频段函数逐渐衰减，且迎风面两侧测点的衰减速率明显低于中间测点；侧风面测点的气动导纳函数在低频段末端为 0.2～0.6，且随折减频率先增大后减小，在对应脉动风压谱的谱峰所对应的折减频率处达到最大。同一立面上，不同风压测点间的相干函数随着频率的增大而逐渐衰减，迎风面相干函数的衰减速率与测点间的距离有关；不同立面上的风压测点之间的相关性较小。分析了测点脉动风压的概率分布特性和非高斯特性，结果表明，迎风面测点的脉动风压的概率分布一般符合高斯分布，侧风面、背风面以及位于建筑边缘或拐角处的测点一般具有非高斯特性。其中，位于背风面和侧风面的测点风压的概率分布多表现为左拖尾（负压方向），不再符合高斯分布。

在台风作用下，同步采集了建筑多个楼层的结构加速度响应，分析台风"天兔"和"苏迪罗"作用下，建筑 C 的实测加速度与平均风速的关系。结果表明，在相同平均风速的情况下，不同高度的楼层加速度均方根的大小随楼层高度的增加而增大，且顶层的加速度均方根响应最大（图 8.32）。

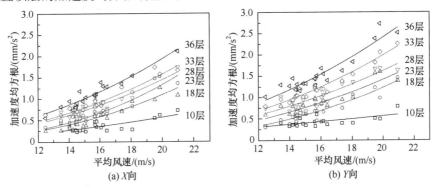

图 8.32　台风"天兔"下加速度均方根与平均风速的关系（厦门）

　　分析了频率和阻尼比与加速度幅值的关系,结果表明,前 3 阶频率基本保持为一常数,与加速度均方根的变化无关。以在建筑第 36 层的加速度均方根为参考(图 8.33),X、Y 向的第 1 阶模态阻尼比均随加速度均方根的增大具有比较明显的线性增大的特征。因此,结构在风荷载作用下的振动幅值较大时,得到的结构阻尼比会增大。此外,采用 ERA-NEXT 方法,在台风"苏迪罗"和"天兔"影响期间获得的结构实测加速度响应数据基础上进行模态分析,并将动力特性参数进行对比。结果表明,平动模态对应的频率和振型均较为接近;台风作用下,结构的振动以第 1 阶为主。

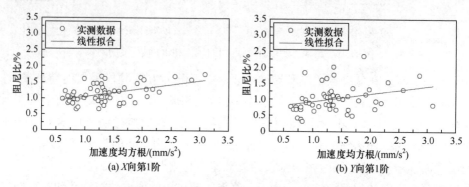

(a) X 向第1阶　　　　　　　　　　　(b) Y 向第1阶

图 8.33　厦门建筑第 36 层阻尼比与加速度均方根的关系

7. 温州高层建筑风效应现场实测研究

　　在温州高层建筑表面风压实测数据的基础上,分析了台风"凤凰"、"灿鸿"和"杜鹃"影响期间有效测点的 10min 平均、脉动和峰值风压系数,统计了各立面平均、脉动和峰值风压系数绝对值的最大值。主要结论有:①台风"凤凰"的主要平均风向角为 325°,此时西立面为主要迎风面,西立面测点的平均、脉动和峰值风压系数的最大值分别为 0.80、0.61 和 4.65;②台风"灿鸿"的主要平均风向角为 307°,此时西立面为主要迎风面,西立面测点的平均、脉动和峰值风压系数的最大值分别为 0.49、0.33 和 2.18,位于北立面边缘位置的测点 F1,其平均风压系数也为正值;③台风"杜鹃"的主要平均风向角为 90°,此时东立面为主要迎风面,平均、脉动和峰值风压系数的最大值分别为 0.91、0.66 和 4.975,其余立面测点的平均风压系数均为负值。

　　在台风"凤凰"、"灿鸿"和"杜鹃"影响温州地区期间,同步获得了结构多层楼面的实测加速度响应,分析了三次台风影响下加速度均方根和平均风速之间的关系。结果表明,在相同平均风速下,不同高度楼层的加速度均方根随楼层高度的增加而增大,且顶层的加速度均方根响应最大。

采用 ERA-NEXT 方法,对台风"凤凰"、"灿鸿"和"杜鹃"作用下结构多个楼面的加速度响应数据进行模态分析,提取结构的频率、振型和阻尼比,并进行对比分析,如表 8.2 所示。结果表明,平动模态对应的频率和振型均较为接近;台风作用下(平均风速大于 8m/s),结构的振动以第 1 阶为主。

表 8.2　台风"灿鸿"提取的动力特性参数

参数	X 向			Y 向		
	1	2	3	1	2	3
频率/Hz	0.410	1.266	2.420	0.395	1.387	2.646
阻尼比/%	0.96	5.40	1.41	0.78	3.38	6.61
振型	模型阶数=92 $f_{id}=0.410$Hz $\zeta_{id}=0.96\%$	模型阶数=90 $f_{id}=1.266$Hz $\zeta_{id}=5.40\%$	模型阶数=97 $f_{id}=2.420$Hz $\zeta_{id}=1.41\%$	模型阶数=92 $f_{id}=0.395$Hz $\zeta_{id}=0.78\%$	模型阶数=91 $f_{id}=1.387$Hz $\zeta_{id}=3.38\%$	模型阶数=74 $f_{id}=2.646$Hz $\zeta_{id}=6.61\%$

8. 海口高层建筑风效应现场实测研究

在 2014 年台风"威马逊"和"海鸥"和 2015 年台风"彩虹"影响海口地区期间,对某高层建筑结构多层楼面的加速度时程同步进行了现场实测,分析了加速度均方根与平均风速之间的关系。结果表明,三次台风作用下,结构两方向的实测加速度均方根均随着平均风速的增大而增大;且在相同平均风速条件下,随着楼层高度的增加,加速度均方根增大。

采用 ERA-NEXT 方法,台风"威马逊"、"海鸥"和"彩虹"影响期间,同时采集多层楼面的 1h 加速度响应数据进行模态分析,获得结构的频率、振型和阻尼比,并进行对比分析。结果表明,平动模态对应的频率和振型较为接近;在台风作用下,结构以第 1 阶振动为主。

台风"威马逊"作用下,选取平均风速分别为 17.97m/s(台风)和 5.83m/s(微风)时的 1h 加速度响应数据,对比分析其频率和阻尼比,如表 8.3 所示。可见,微风和台风作用下,各阶频率较为一致;总体上,微风作用下的阻尼比基本大于台风作用下的阻尼比。

表 8.3　台风"威马逊"提取的结构动力特性参数对比

状态	阶数	第一阶		第二阶		第三阶	
	方向	X 向	Y 向	X 向	Y 向	X 向	Y 向
微风作用下	频率/Hz	0.693	0.589	2.057	2.293	4.078	4.446
	阻尼比/%	1.17	1.27	2.34	1.69	2.19	5.10
台风作用下	频率/Hz	0.683	0.572	2.016	2.223	4.046	4.456
	阻尼比/%	1.37	1.15	2.34	1.28	1.18	4.52

9. 上海大型煤气柜风效应现场实测研究

对位于上海宝山区的某一煤气柜进行了柜体表面风压的现场实测,得到在三次强风("苏力"、"菲特"和"丹娜丝")作用下煤气柜在部分风向角下的第五层回廊处的表面风压,通过对实测测得的煤气柜表面风压数据进行统计分析,得到其体型系数、风压分布规律。

在 2013 年台风"丹娜丝"影响我国期间,对上海某大型煤气柜不同高度处的加速度响应进行了现场实测,讨论分析了该大型煤气柜各个主要部位的加速度响应,获得了煤气柜加速度响应沿柜体的分布情况(表 8.4 和图 8.34)。主要结论有:①煤气柜在最大平均风速时上部位置的加速度响应均大于其下部位置的加速度响应,且煤气柜加速度响应沿柜体的分布整体上具有对称性,当正迎风面柱靠近电梯井时,电梯井会对其加速度响应有所约束;当正迎风面柱远离电梯井时就不会对其有约束作用。②煤气柜在同一风向角下第六层各测点加速度响应随平均风速的增加而增加,但不同测点处的增长速率并不相同。总结了在 0°风向角下平均风速与加速度响应关系的拟合曲线,确定了拟合参数,可以为以后煤气柜风致响应预测提供参考。

表 8.4　时距为 1min 最大平均风速时煤气柜加速度响应　(单位:m/s²)

柱号	1	5	9	13	17	21	25	29
第六层	0.0782	0.0967	0.0959	0.0881	0.0778	0.0793	0.0970	0.1054
第四层	0.0533	0.0494	0.0520	0.0381	—	0.0373	0.0394	0.0549

8.2.2　超高层建筑结构动力特性的现场实测与验证

在高层建/构筑动力特性实测的基础上,利用有限元分析软件建立厦门高层建筑、温州高层建筑和上海大型煤气柜的结构三维有限元分析模型(图 8.35),提取了模态参数,并与实测结果进行了对比,验证了有限元模型的可靠性。同时,根据实测结构模态参数对有限元模型进行了修正。

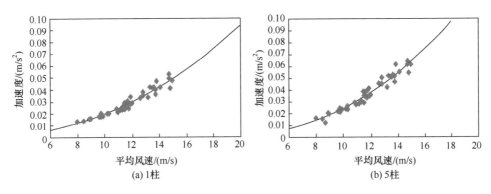

图 8.34 0°风向角下不同测点的平均风速与加速度响应关系的拟合曲线

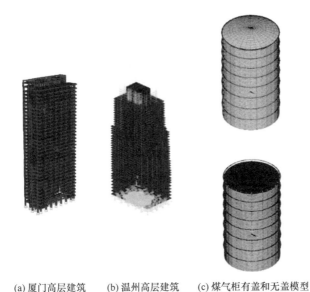

(a) 厦门高层建筑　　(b) 温州高层建筑　　(c) 煤气柜有盖和无盖模型

图 8.35 建筑三维有限元分析模型

1. 台风"天兔"作用下厦门沿海某超高层建筑三维有限元模态分析

将厦门建筑 C 的三维有限元模态分析得到的结构自振频率与实测结果进行对比,如表 8.5 所示。结果表明,计算结果与实测结果(两种方法的平均值)很接近,计算的前两阶自振频率略小于实测结果,其原因可能是整体计算模型没有考虑维护结构和内隔墙等非结构构件对结构刚度的影响,计算所得的周期往往比实际结构的周期长。三维有限元模态分析得到的结构振型与实测结果较为一致。

表8.5　有限元分析与实测的自振频率对比

阶数	1	2	3	4	5	6
计算结果/Hz	0.379	0.508	0.566	1.451	1.621	1.697
实测结果/Hz	0.384	0.513	0.553	1.457	1.584	1.683
差异/%	−1.3	−1.0	2.4	−0.4	2.3	0.8

2. 基于模态实测结果的温州某高层建筑有限元模型修正

基于温州高层建筑实测模态参数,研究了有限元模型的修正方法,主要包括模型调整和基于灵敏度分析的参数修正,并且基于均匀设计法简化了模型参数的修正方法,使其便于实际工程应用。模型修正前后的计算结果对比见表8.6。结果表明,修正后的有限元模型的目标函数值有较大幅度的减小,且最大频率相对误差不超过10%。

表8.6　模型修正前后的计算结果对比

阶次	目标频率/Hz	修正前模型		修正后模型	
		频率/Hz	相对误差/%	频率/Hz	相对误差/%
1	0.40	0.32	20.0	0.37	7.5
2	0.38	0.30	21.1	0.34	10.5
3	1.25	1.09	12.8	1.21	3.2
4	1.37	1.21	11.7	1.33	2.9

3. 大型煤气柜动力特性的现场实测与有限元分析对比研究

在自然环境激励下进行了煤气柜加速度响应的现场实测,并且对煤气柜结构进行动力特性参数识别,得到煤气柜活塞位于不同柜体高度工况下的结构动力特性参数。考虑到煤气柜柜体与柜顶的不同连接形式,建立了有盖和无盖两种有限元分析模型,有盖模型考虑屋盖的刚度作用,建立柜顶壳单元和环梁,同时屋盖和柜壁立柱之间的连接采用刚接;无盖模型考虑到柜顶较薄,且与柜顶网壳梁之间的连接可能较为薄弱,仅考虑屋盖重量,将其质量均分到32根立柱上,而不考虑刚度的影响。将两种有限元模型计算得到的结果与通过现场实测得到的结果进行了对比分析(表8.7)。分析结果表明,应用无盖模型计算得到的结构动力特性更接近于现场实测的结构动力特性,其研究成果可为类似结构进行抗震、抗风设计提供参考。

表 8.7　有无盖模型计算得到的频率与实测得到的自振频率的相对误差及振型相似度值

活塞位于 3/8 柜体高度工况	一阶平动		二瓣呼吸		三瓣呼吸		四瓣呼吸		五瓣呼吸	
	有盖	无盖	有盖	无盖	有盖	无盖	有盖	无盖	有盖	无盖
有限元模型与实测频率相对误差/%	22	15	28	—31	0	—30	—16	1	—27	4
有限元模型与实测的振型相似度值	0.92	0.97	5.3	1	10.4	7.9	4.56	1.15	9.19	3.4

　　通过以上研究,获得了在静风及台风作用下高层建筑、大型煤气柜的动力特性,包括多个振型的阻尼比,同时建立了对应结构的有限元模型,并根据实测结果进行了模型修正。

8.2.3　超高层建筑风效应的风洞试验与现场实测验证

　　以厦门、温州和上海三地的高层建筑及大型煤气柜周围环境为研究对象,采用风洞试验模拟高层建筑风效应(图 8.36),并对高层建筑风效应风洞试验结果进行实测验证研究。验证结果表明,总体上风洞试验与现场实测获得的平均风压系数基本一致(迎风面的结果吻合较好,背风面现场实测的负压系数值略大于风洞试验结果),受实测风压非高斯特性的影响,侧风面和背风面风压的峰值因子明显大于风洞试验结果;以风洞试验为基础的有限元计算结果与实测结果基本吻合(两者的偏差基本在 10% 左右)。

(a) 厦门建筑　　　　　　　(b) 温州建筑　　　　　　　(c) 大型煤气柜

图 8.36　风洞试验模型

1. 厦门建筑风效应的现场实测与风洞试验结果的对比研究

　　总体上,现场实测与风洞试验获得的平均风压系数结果基本一致,迎风面的结果吻合较好,背风面现场实测的负压系数值略大于风洞试验结果。现场实测中部分测点的脉动性很强,可能产生很大的峰值风压系数。受实测风压非高斯特性的影响,侧风面和背风面风压的峰值因子明显大于风洞试验结果(图 8.37)。

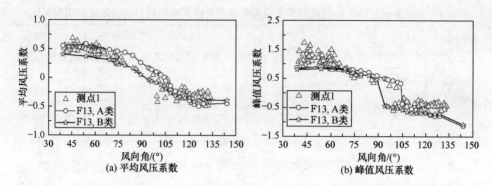

图 8.37　第 17 层实测测点 1 与风洞试验的平均风压系数和峰值风压系数对比(厦门)

以厦门建筑 C 为研究对象,根据实测的风场数据,采用数值模拟方法构建了多层风压时程,并且施加到建筑的各个楼层上,进而对建筑 C 进行脉动风压时程分析,计算结构的顺风向风致响应,首先通过与计算结果进行对比验证时程分析结果的准确性,然后进行一组不同风速下的脉动风压时程分析,并与实测结果进行对比,结果较为吻合(图 8.38)。

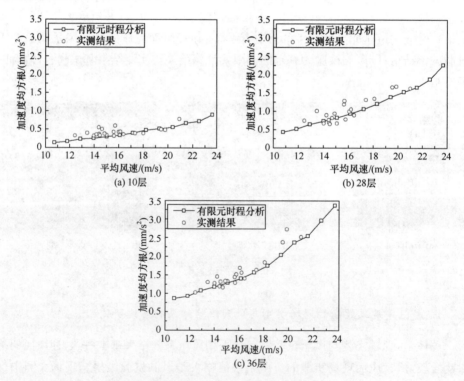

图 8.38　厦门建筑时程分析与实测得到加速度响应均方根对比

2. 温州建筑风效应的现场实测与风洞试验结果的对比研究

将温州高层建筑结构在台风"凤凰"作用下实测得到的风致响应与基于风洞试验的测压结果利用修正后的有限元模型计算得到的风致响应进行对比,结果表明,有限元模型的计算结果能够和实测结果进行吻合,两者的偏差基本在 10% 左右,这说明经过修正之后,有限元模型和结构能够较好地吻合。

1) 基于 EMD 方法的高层建筑风压特性的实测与风洞试验研究

采用 EMD 方法,从频域角度出发,对比分析实测和风洞试验的平均风压系数和脉动风压谱,验证风洞试验结果的可靠性。在温州高层建筑的实测和风洞试验数据基础上,采用 EMD 方法将实测和风洞试验获得的风压数据进行分解,提取结构自振频率范围内的现场实测和风洞试验的风压分量并进行对比,探讨该范围内实测与风洞试验的脉动风压谱的联系和区别,如图 8.39 所示。结果表明,在整体频率范围内,实测和风洞试验的风压谱变化趋势较为一致,谱峰值也出现在相同的折减频率范围内;在折减频率为 0.40~2.35 时,实测与风洞试验风压谱均值的比值在 1.48~2.40,谱峰值的比值在 1.99~5.54。

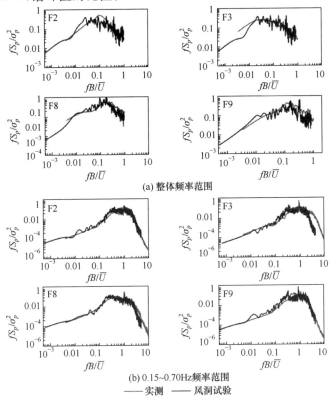

(a) 整体频率范围

(b) 0.15~0.70Hz频率范围

—— 实测　—— 风洞试验

图 8.39　温州高层建筑脉动风压谱

2）实测温州高层建筑加速度响应与基于风洞试验的有限元计算结果对比

将温州高层建筑结构在台风"凤凰"作用下实测得到的风致响应与基于风洞试验的测压结果利用修正后的有限元模型计算得到的风致响应进行对比。为了保证所对比的加速度响应数据是在较为平稳的风速条件下测得的,实测数据采用 1min 时距下的加速度均方根。实测工况为西北风向(正北风向为 0°),风速为 10.5m/s 条件下所采集的实测数据,相应的风洞试验工况为 315°风向角下的测压数据,其对比结果如图 8.40 所示。

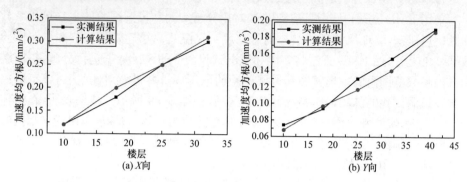

图 8.40　温州高层建筑加速度响应均方根的实测结果和计算结果对比

结果表明,有限元模型的计算结果和实测结果较为接近,这说明经过前面的有限元模型修正之后,有限元模型可以很好地用于结构在台风作用下的风致响应研究或结构的舒适度评价等。同时,也进一步验证了上述有限元模型修正方法的正确性。

3）上海煤气柜风效应的现场实测与风洞试验结果的对比研究

将多个风向角下实测与风洞试验的体型系数进行对比,如图 8.41 所示。结果表明,风洞试验和实测得到的体型系数在迎风向较为吻合;在背风向,风洞试验的体型系数变化趋于平缓,而实测得到的体型系数变化相对明显,但其值的大小与风洞试验相差不大。说明风洞试验得到的体型系数能够比较真实地反映实际情况。

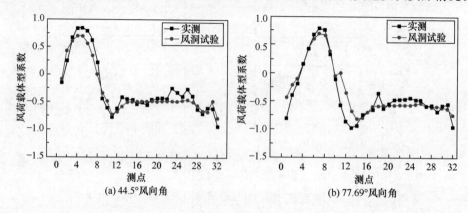

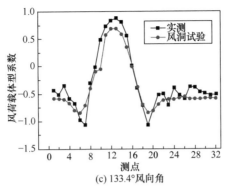

图 8.41　煤气柜实测与风洞试验的体型系数对比

为了与规范具有可比性,将其测点体型系数最大值所对应的风向角归为 0°,并截取一半与规范进行比较。结果表明,规范的局部体型系数是取实际体型系数的包络图并乘以相应的安全系数得到的,在工程上使用规范偏于安全。

在煤气柜刚性模型的测压数据基础上,运用线性有限元方法对煤气柜的响应在时域内进行求解。采用时域方法进行有限元模型风致响应的计算,风压数据采用风洞试验数据,每一步时间序列的动态风压系数包括了风在非定常流场中的脉动成分。在得到作用在结构上确定的风荷载时程后,运用直接积分方法求得结构响应的时间历程,计算特定风向角及特定风速下的加速度响应,并与实测结果进行对比,如图 8.42 和图 8.43 所示。结果表明:

(1) 总体上,有限元计算值包络了实测值,第 4 层的计算值与实测值存在差异,而第 6 层的计算值与实测值吻合度较好。出现这一情况的原因主要是:在 0°风向角下,实际的煤气柜在迎风面存在电梯井的影响,风速越大,电梯井与柜体的相互作用越大,从而电梯井对煤气柜的约束越大,而计算模型没有考虑电梯井的影响,从而造成两者误差偏大。

(2) 在 13m/s 风速条件下,计算的加速度与实测各样本相差不大,计算值基本上包络了实测值,且整体变化基本趋势较为一致,说明在风速较小的条件下,电梯井对煤气柜的作用较小,从而计算模型可以忽略电梯井的影响。

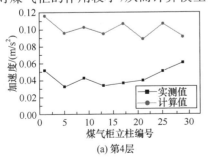

(a) 第4层

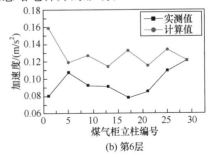

(b) 第6层

图 8.42　0°风向角下最大风速时(18.99m/s)实测与计算的加速度响应值对比

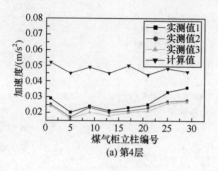 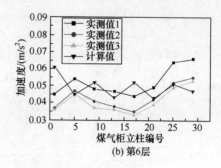

(a) 第4层　　　　　　　　　　　　(b) 第6层

图 8.43　0°风向角下 13m/s 风速时实测与计算的加速度响应值对比

通过以上研究,对比分析了实测结果和风洞试验结果,提出了针对大型煤气柜的模型风洞试验的相关技术方法;同时通过基于脉动风速的高层建筑多层风压的数值模拟,对比分析了风致响应的实测结果和有限元计算结果,并根据实测结果改进了数值模拟方法。

8.2.4　现场实测方法与实测数据处理方法

在超高层建筑现场实测技术方面还需要解决许多问题,如现场实测结果的精度、综合实测系统的集成、长期监测系统的可靠性等,以及建筑周边地貌和状况的变化对风场湍流度和结构风致响应的影响等都需要进一步研究。同时,由于现场实测环境一般都比较恶劣,难免出现实测数据缺失和数据异常的状况。为此,针对现场实测方法及试验数据处理方法展开了一系列研究(李正农等,2014)。具体包括:综合采用有效独立法和遗传算法进行高层建筑结构测点的优化布置;采用数值模拟和风洞试验探讨建筑自身对建筑顶部风速分布的影响;针对实测数据缺失开展实测数据插补方法研究;通过 R/S 分析法证实风洞中风速时程的分形特性,并计算其盒维数;在实测高层建筑多个楼层加速度响应的基础上进行风荷载的反演。

此外,高层建筑表面的风压特性实测表明,各实测测点的脉动风压均具有不同程度的非高斯特性,因此极值风荷载的合理估计对围护结构的安全性设计十分重要。为此,针对极值风压和极值风速的估计方法进行研究具有重要意义。

1) 现场实测方法及试验数据处理方法研究

(1) 开展高层建筑结构测点优化布置方法的研究,综合采用有效独立法和遗传算法进行测点的优化布置。首先,采用有效独立法进行测点初步筛选,以缩小搜索范围;其次,对遗传算法的适应性做了改进,以振型相似为适应度函数得到优化的测点布置,并通过温州某高层结构模态测试的测点优化实例说明了具体的方法。将该方法得出的计算结果与单独利用有效独立法的计算结果进行对比(图 8.44),结果表明,提出的算法能在较少的遗传代数内得到优良的测点布置结果,有效地提高了优化布置测点的效率。

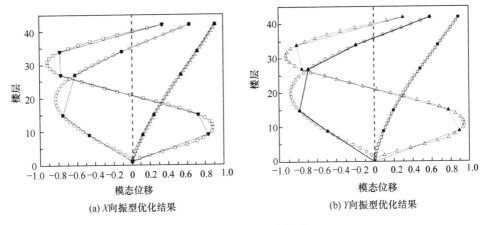

(a) X向振型优化结果　　　　　　　　(b) Y向振型优化结果

图 8.44　测点优化结果

（2）以厦门沿海某高层建筑为原型，开展风洞试验和 CFD 数值模拟研究，以确定高层建筑风场实测时风速仪架设的最佳位置和高度，并期待为相似建筑的现场实测提供参考。风洞试验将风场调试好后，先测量出有模型时其位置 A 处（实测风速仪架设位置）实际为 4m、8m、14m 和 20m 高度处的风速；然后测量位置 A 处无模型，即未受建筑影响时相应高度处的风速，下面的高度为风速仪实际距离建筑顶面的高度。

选取离建筑物顶面 14m 和 20m 处不同风向角下风洞试验和数值模拟的风速值进行分析，如图 8.45 所示。结果表明：

（1）风速的数值模拟结果和风洞试验结果随风向角的变化一致，并且随着高度的增加，二者的差值减小。因此，可认为数值模拟和风洞试验吻合较好，都能反映来流受建筑本身影响后屋顶风场的扰动情况。

（2）当风速仪安装位置位于来流方向建筑边缘处时，只要将风速仪安装在距离建筑顶面 14m 以上，就能获得与来流相同高度较为接近的风速。

（3）当风速仪安装位置距离来流风向建筑边缘较远时，受建筑物自身影响，测得的风速与来流风速有较大的差异。应考虑来流风向角的影响，在风向角为 60°~120°时，可以降低建筑物自身对来流的作用，减少对屋顶风场的影响。

（4）在常用的顺序插补时间序列方法基础上，增加了逆序插补预测方法，并据此提出了一种新的数据插补方法。以一段实测风速数据为例，对于本节提出的实测缺失数据的预测插补方法进行了说明，将 0~600s 实测与插补后的风速时程的平均值和方差，以及新方法与顺推、逆推得到的插补值误差列于表 8.8 和表 8.9 中。结果表明，该方法能够充分地利用缺失段前后的有效实测数据，且插补风速序列的平均值和方差与原始实测风速序列接近，误差在 3% 以内，较好地保证了原始风速序列的基本特征。并且，新方法的平均相对误差较小，精度有明显提高。

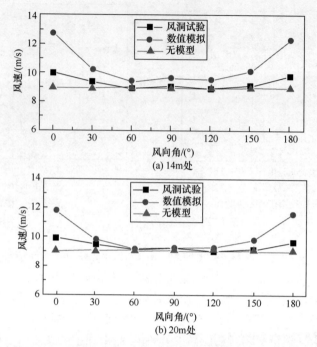

图 8.45　屋顶处不同风向角下风洞试验和数值模拟的风速

表 8.8　插补后风速序列的平均值、方差与原始风速序列的对比

类别	原始序列	插补后序列	差值/%
平均值/(m/s)	21.1962	21.777	2.74
方差/(m/s)	4.5493	4.6579	−2.39

表 8.9　新方法与顺推、逆推得到的风速插补值的误差对比

方法	绝对误差/(m/s)	平均相对误差/%
新方法	23.598	2.30
顺推	28.65	2.80
逆推	30.881	3.02

表 8.8 中,两点之间插补后序列和原始序列的平均相对误差按式(8.1)计算:

$$e = \frac{1}{N}\sum_{t=1}^{N}\frac{|y_t - \hat{y}|}{y_t} \tag{8.1}$$

式中,y_t、$\hat{y}$ 分别表示原始的和插补的风速序列;$N=1024$ 为序列长度。

(5)通过 R/S 分析法证实了风洞中测得的风速时程具有分形特性,计算了风洞中四类风场的盒维数(图 8.46)。结果表明,四类风场下风速的盒维数不同,且同一高度处 A 类风场的最大,盒维数超过 1.7,其次是 B 类、C 类风场,D 类风场的最小;风场的分维数与风场类别存在对应关系,据此在实际中可以根据风场的盒维数初步判定风场的类别。同时,风场的盒维数还能够反映相应的地面状况或周围建筑物的密集程度,即风场盒维数能反映相应的地面地貌状况。

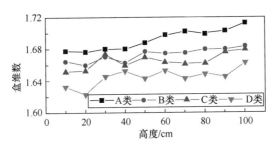

图 8.46　各类风场下顺风向风速时程的盒维数

(6) 采用随机函数模拟脉动风速,进而提出考虑空间多点相关性的脉动风速时程分形模拟方法。同时,比较了模拟脉动风速与实测脉动风速的分形盒维数、模拟脉动风速与实测脉动风速的概率分布、模拟脉动风速与实测脉动风速的功率谱及其Kaimal 功率谱,以及模拟脉动风速与实测脉动风速的互相关系数曲线,发现其结果均比较吻合。这证明了提出的近地面脉动风速的分形模拟方法是可行的,且精度有保障,弥补了传统的线性滤波器法和谐波叠加法模拟出来的脉动风速时程均不具有自相似分形特性的缺点。图 8.47 给出了 10m 高度处的实测和模拟的脉动风速。

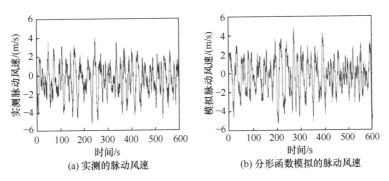

图 8.47　10m 高度处实测和模拟的脉动风速

(7) 在温州高层建筑结构的实测加速度响应基础上,结合风荷载反演计算方法,获得了作用于结构上的风荷载参数。这不仅能为结构响应计算提供更为准确的依据,而且能对结构的健康状况进行实时监测,为建立极端情况下的结构预警系统设计提供帮助。主要反演步骤如下:

① 信号处理。选取台风"凤凰"实测的 9 月 22 日 08:44~08:45 的加速度响应数据进行分析,该段数据较为平稳。采用 Newmark-β 积分法对加速度进行积分。

② 进行风荷载反演。通过建立结构的弯剪层模型,得到结构的侧向刚度矩阵和质量矩阵,再结合风荷载实际特性改进动力平衡方程,即可反演出脉动风荷载。

进行加速度响应积分时的速度和位移是未知的,假定初始速度和初始位移为零,并用轮次检验法检验各层各向加速度时程,认为是平稳过程,那么速度的均值可以近似认为等于零。将风荷载分为平均和脉动两部分,相应的位移也可以分为平均和脉动两部分。图 8.48 为反演的第 41 层 X、Y 向脉动风荷载时程。

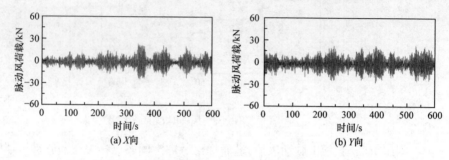

(a) X向　　　　　　　　　　(b) Y向

图 8.48　温州建筑第 41 层 X、Y 向的脉动风荷载时程

③ 脉动风速计算。根据现场实测的建筑风场,可以得出选取时间段内的平均风速和平均风向。再结合上面得到的各层脉动风荷载,可以求出各层脉动风速。结合各测点层的平均风速,可以得到各方向各测点层高度处的湍流度。图 8.49 为顺风向和横风向与 C 类风场湍流度对比。可见,顺风向湍流度总体大于横风向湍流度,且顺风向湍流度与 C 类风场较接近。

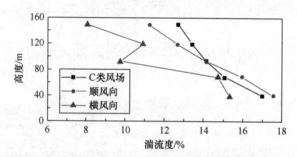

图 8.49　顺风向和横风向与 C 类风场湍流度对比

2)极值估计方法研究

(1)风洞试验中,常用的极值风压计算方法是基于高斯分布假定的峰值因子法,我国《建筑结构荷载规范》(GB 50009—2012)中规定峰值因子取 2.5,此时高斯分布条件下风压的保证率为 98.76%。然而,对于一些建筑物,如大跨结构,在屋盖表面迎风边缘区和屋盖拐角区,风压表现出明显的非高斯特性。对于此部位的风压,由于计算假定不再成立,峰值因子法计算得到的极值风压可能偏于不安全。因此,研究更准确的极值风压计算方法对指导工程抗风设计具有十分重要的意义。

采用某大跨结构的风洞试验测压数据,将阈值模型中的广义帕累托分布(GPD)方法应用于极值风压估计。GPD 方法中,采用尾部的 100 个样本作为阈值选择的标准,以确保极值估计结果的稳定性。将 GPD 方法与峰值因子法(PFM)和经典极值方法(GEVD)的计算结果进行比较(图 8.50 和表 8.10)。结果表明:①GPD 模型对风压极值的拟合效果较好,高分位数下的极值估计合理。对于非高斯分布的风压样本,GPD 方法能显著提高极值估计精度。②GPD 方法计算的极值风压对样本具有更好的适应性。对于不同风压样本,超出估计区间的样本数稳定,总数在 10 个左右,接近理论值且超出区间上下界的对称性较好。由于样本呈现右偏特性,PFM 法对极小值的估计偏于保守,而对极大值的估计略显不够。因此,应用 GPD 方法计算风压极值无须风压分布满足高斯假定,因而具有更广泛的适用性。

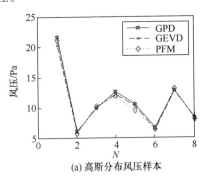
(a) 高斯分布风压样本

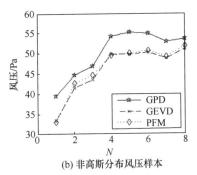
(b) 非高斯分布风压样本

图 8.50 3 种方法获得的极大值风压估计值对比

表 8.10 超出极大值风压的样本数(非高斯分布样本)

方法	测点 1	测点 2	测点 3	测点 4	测点 5	测点 6	测点 7	测点 8
PFM	51	18	25	23	27	20	21	23
GEVD	49	40	36	21	30	23	27	29
GPD	6	6	5	6	6	6	4	8

(2) 提出一种新的极值风速估计方法,这种方法以泊松概率密度分布为基础,结合极限近似准则,对风速极值进行估计。以美国 South Bass 岛测量数据为例,使用原始数据和降低精度后的数据分别估计了 500 年回归期(核电站等重要结构的回归期较长)的极值风速模型参数,并与独立风暴法进行了对比,如表 8.11 所示。结果表明,新方法对数据精度的敏感度比独立风暴法要低。

表 8.11 风速数据精度对于风速极值估计结果的影响

方法	原始数据	低精度数据	差值/%
新方法	35.5	35.2	−0.9
独立风暴法	36.9	35.8	−3.1

（3）探索对类似于连续风速样本具有较强相关性的随机过程的前 r 阶极值进行估计方法。采用经典方法和本节方法所估计出的年最大 10 阶风速分布规律,并与实际测量的极值风速进行了对比,如图 8.51 所示。结果表明,在没有考虑相关性的情况下,所估计出的前 10 阶风速与实际数据相差较大,而考虑了相关性之后的估计结果则与实际数据非常接近。

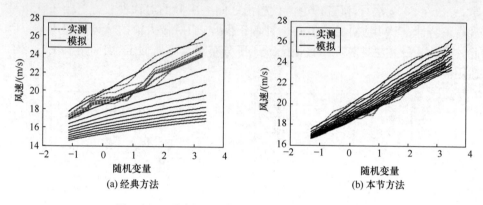

图 8.51　不同方法对前 10 阶极值风速模拟的比较

8.2.5　台风登陆过程追风房实测研究

　　基于两套移动追风房系统(双坡屋面追风房,位于海南文昌;平屋面追风房,位于广东茂名),测试了多个登陆台风,特别是在台风登陆地点记录了 2014 年超强台风"威马逊"的台风风场及作用于追风房上的风压数据,分析获得了强台风风场及风致屋面风压特征(Li and Hu,2015;Li et al.,2014b)。结果表明,对于平均风压(图 8.52),不同强度的台风对屋面影响不大;但对于极值风压(图 8.53),实测值明显高于规范值。

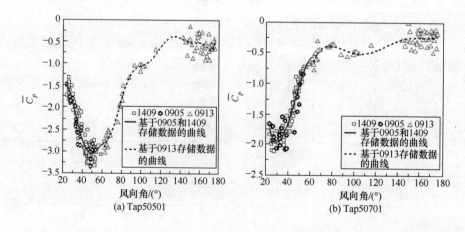

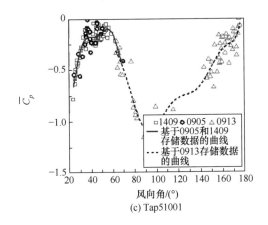

(c) Tap51001

图 8.52　测点平均风压系数

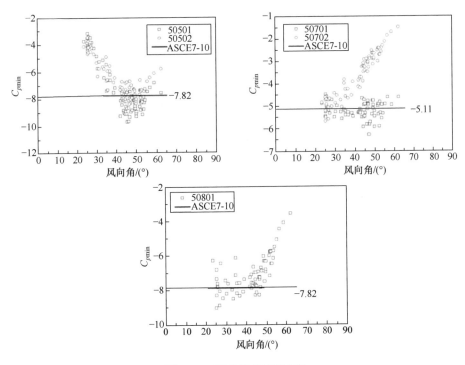

图 8.53　测点极值风压系数

8.3　超大空间结构风致振动多尺度模拟与验证

以体育场馆作为超大空间结构的代表性结构,采用通过多尺度模型风洞试验和现场实测结果,验证柔性和刚性屋盖物理风洞试验方法的有效性和可靠性,同时对所编制的薄膜结构流固耦合振动数值模拟软件和大跨度屋盖结构抗风数值模拟平台进行有效性和精确性检验。

8.3.1　大跨度屋盖风效应的现场实测与验证

台风"文森特"经过时,深圳宝安体育场(图 8.54)周围湍流度较大(明显大于已有的一般强风统计值),但湍流度与平均风速的关系离散;体育场现场实测阻尼比呈现出随振幅的增加而明显增加的趋势。验证结果表明,以风洞试验为基础的有限元动力计算结果与现场实测结果偏差较大,从加速度均方根响应结果来看,测点 S1 与 S4 相差 43.4% 和 44.9%,测点 S2 和 S3 相差 14.0% 和 10.2%。

图 8.54　深圳宝安体育场

1. 大跨度屋盖处实测台风风场特性研究

1) 风速实测系统

针对我国沿海地区的实测风速研究,本节对深圳宝安育场进行风速实时观测。选用 R. M. YOUNG 公司的 81000 超声风速仪,该设备可对三维脉动风速进行测量,超声风速仪及实测拓扑结构如图 8.55 所示。测速范围:$0\sim40\mathrm{m/s}$;输出:u、v、w 三维风速;采样频率:$4\sim32\mathrm{Hz}$;风向角:$0°\sim360°$。

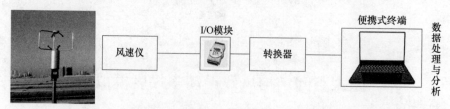

图 8.55　超声风速仪及风速实测拓扑结构

2) 实测台风特性

在深圳宝安体育场附近布置了一台超声风速仪,以观测强风和台风特性,观测时间为 2011 年 7 月,分别捕捉到了 3 次台风经过深圳市附近时强风的风速发展过程及风速特性,如图 8.56～图 8.58 所示。

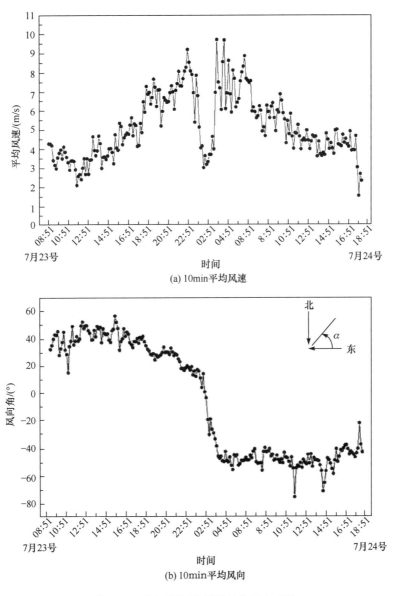

(a) 10min平均风速

(b) 10min平均风向

图 8.56　"文森特"台风风速与风向变化

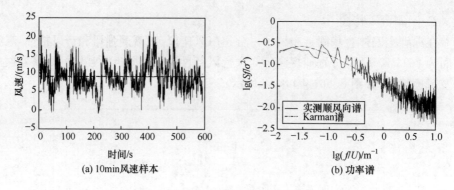

图 8.57 10min 风速样本及功率谱

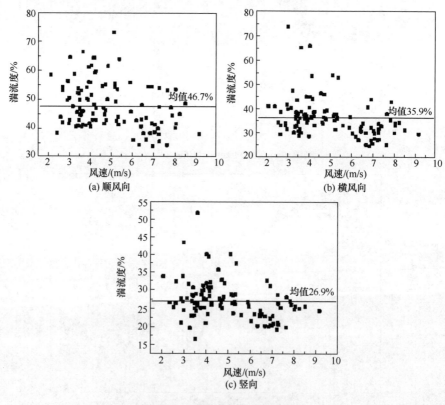

图 8.58 湍流度与风速变化关系

2. 强风作用下的结构风效应实测

当"文森特"台风中心离深圳最近时,获得了深圳宝安体育场的振动特性;基于监测数据,识别了大跨空间结构模态频率和阻尼,分析了模态参数与结构振动幅值的关系。结果表明,结构阻尼比呈现随振幅的增加而明显增加的趋势。在不同幅值下,四个测点的阻尼比在 $1.4\%\sim2.6\%$ 波动,其中测点 S4 的阻尼比均值在 1.8% 左右,而测点 S1~S3 的阻尼比均值在 2% 左右。

1）实测设备及测点布置

深圳宝安体育场为大跨度预应力索膜结构,其建筑总高度为 55m,外环为箱型受压环,两个垂直方向投影直径分别达到 237m、230m。内环为两层通过飞柱连接的索环,内外环之间为索桁架,桁架的上下索呈凹形布置,并通过竖向连接索相连;索桁架之间通过环向布置的钢拱连接,并在拱上布置 PTFE 膜材。整个体育场上部通过预应力索来支撑,结构较柔,对风荷载十分敏感,风致效应显著。

本次风致效应实测内容为风致加速度响应,安装了 6 个加速度传感器(但是仅 4 个加速度正常工作)及一台数据采集设备。其中,加速度传感器为压电电压型,量程为 $\pm1g$,频响范围为 $0.05\sim500$Hz;采集分析仪为八通道 USB 传输接口,最低采样频率为 1024Hz,由于建筑物的振动属于低频振动,过高的采样频率不仅无法突出关心频率范围的信号特征,而且会增加采集噪声,因而采集时采样频率设为最低 1024Hz,加速度传感器及数据采集仪如图 8.59 所示。

图 8.59　加速度传感器及数据采集仪

由于受到现场环境限制,加速度传感器布置在距离监控室最近的东侧部分索桁架的最内圈竖向悬挂索上端,均沿竖直方向。加速度传感器通过自身所带的磁铁固定,并用喉箍和绝缘胶带做二次固定,防止加速度传感器坠落。加速度传感器布置位置及安装如图 8.60 和图 8.61 所示。

2）强风作用下的结构风效应特性

图 8.62 给出了“文森特”台风中心离深圳最近期间,7 月 24 日 00:31 开始的加速度响应及对应的谱密度特征。从图中可以看出,加速度响应谱的频率成分丰富,其中在 0.4Hz、0.5Hz、0.85Hz、1.1Hz 等频率附近出现了响应谱峰值。

试验采用小波分析方法,图 8.63 给出了两个时段的加速度时频响应分布。可以看出,两个时段出现的结构响应频率成分差别显著。在 7 月 23 日 17:41~17:51 这一时段,振动的能量主要分布在 1.2Hz 附近,同时 2.5Hz 附近也出现微弱峰值。在 7 月 24 日 00:31~00:41 这一时段,结构风振的响应频率成分丰富,在 0.4Hz 附近出现集中能量,但是时断时续出现。

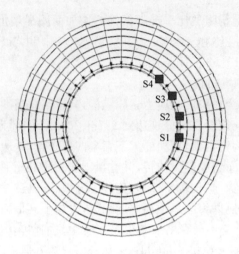

图 8.60　加速度传感器布置位置

(a) 安装加速度传感器　　　　　　　　　(b) 安装好的加速度传感器

图 8.61　加速度传感器安装

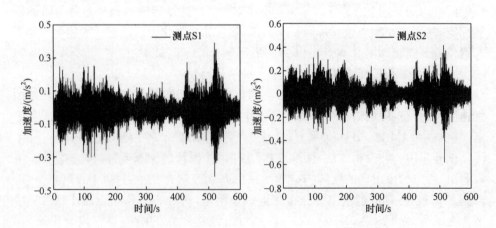

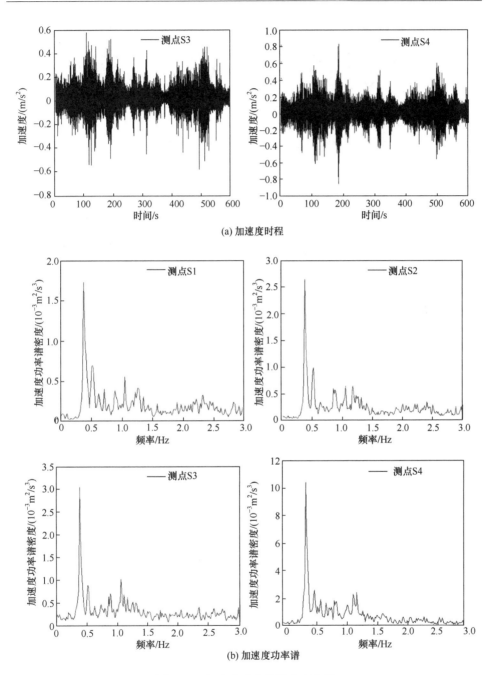

(a) 加速度时程

(b) 加速度功率谱

图 8.62　加速度响应及谱密度曲线

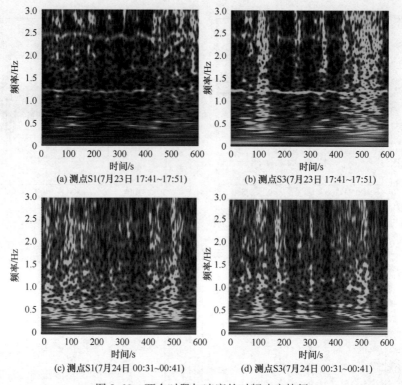

(a) 测点S1(7月23日 17:41~17:51)　　　　(b) 测点S3(7月23日 17:41~17:51)

(c) 测点S1(7月24日 00:31~00:41)　　　　(d) 测点S3(7月24日 00:31~00:41)

图 8.63　两个时段加速度的时频响应特征

3）结构动力参数识别

图 8.64 给出了测点 S4 对应的小波脊分布，可以发现多个响应成分，同时采用最小二乘法，图 8.65 给出了结构自振频率和阻尼比的识别结果，分别为 0.376Hz 和 1.34％。其他传感器的识别结果如表 8.12 所示，在识别过程中采用的是 7 月 24 日 00:31 的加速度数据。

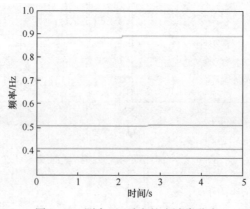

图 8.64　测点 S4 对应的小波脊分布

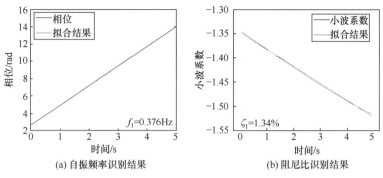

(a) 自振频率识别结果　　　　　(b) 阻尼比识别结果

图 8.65　结构自振频率和阻尼比的识别结果

表 8.12　参数识别结果(7 月 24 日 00:31)

模态 阶数	测点 S1		测点 S2		测点 S3		测点 S4	
	频率/Hz	阻尼比/%	频率/Hz	阻尼比/%	频率/Hz	阻尼比/%	频率/Hz	阻尼比/%
1	0.375	1.64	0.376	1.04	0.375	1.87	0.376	1.34
2	—	—	0.420	1.80	0.417	0.92	0.416	0.86
3	0.517	1.09	0.521	1.58	—	—	0.516	0.59

　　结构阻尼比对计算结构动力响应影响显著,且已有研究表明,振幅对结构阻尼比有较大影响。采用随机减量分析方法,图 8.66 为 7 月 24 日 00:00～02:00 台风最大时刻的加速度响应,以测点 S4 为例,其极值分布如图 8.67 所示。

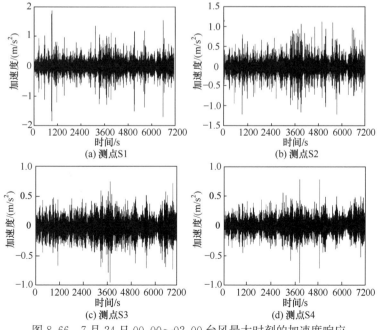

(a) 测点S1　　　　　(b) 测点S2

(c) 测点S3　　　　　(d) 测点S4

图 8.66　7 月 24 日 00:00～02:00 台风最大时刻的加速度响应

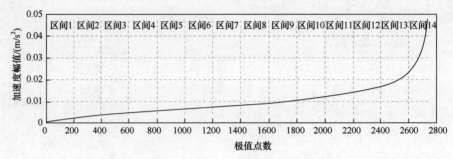

图 8.67　测点 S4 振动极值分布

可以看出,在两端的区间 1 和区间 14 的极值变化比较剧烈,这两组内各极值数值仍差别较大,因此只对中间 12 个分组的数据进行分析,所得到的频率和阻尼比随加速度幅值的变化情况如图 8.68 所示。

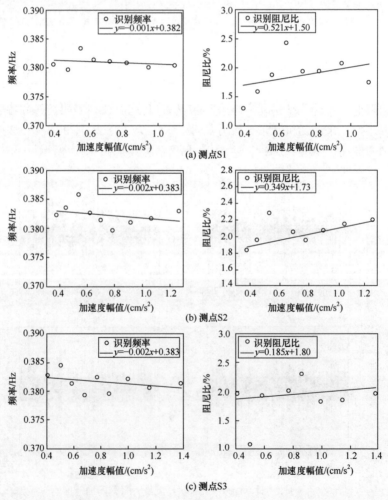

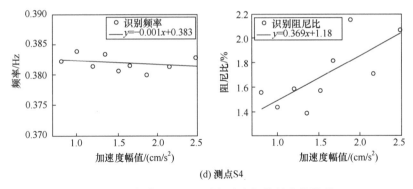

(d) 测点S4

图 8.68　频率和阻尼比随加速度幅值的变化情况

从上面的结果可以看出,四个测点频率与加速度幅值的相关性很小,其斜率均在 0.001 左右,而阻尼比呈现随加速度幅值的增加而明显增加的趋势,除测点 S3 外,其余三个测点的阻尼比与加速度幅值的拟合斜率均在 0.4 左右,并表现出较好的相关性;而测点 S3 的拟合斜率为 0.185,其相关性相对较差。在不同幅值下,四个测点的阻尼比在 1.4%~2.6% 波动,其中测点 S4 的阻尼比均值在 1.8% 左右,而测点 S1~S3 的阻尼比均值在 2% 左右,这也为后续数值模拟阻尼比的设定提供了重要参考。

3. 实测风效应与基于风洞试验的有限元分析结果对比

风洞试验刚性模型几何缩尺比为 1:250,模型共布置 698 个测点,其中在屋盖 41.8m 高度处的上下表面各布置 336 个测点,在 14.8m 高度处的一侧看台布置了 26 个测点(图 8.69 和图 8.70)。

图 8.69　体育场风洞试验

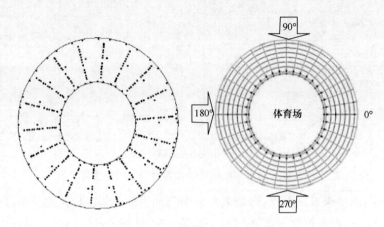

图 8.70　风洞试验测点及风向角定义

与实际频谱对比可以看出(图 8.71、图 8.72),在 15°风向角下,测点 S2 与 S3 加速度功率谱的分布规律十分相似,测点 S1、S4 的功率谱差异稍大。其中,四个测点采用不同方法得到的响应谱均是以第二阶竖向振动(0.375Hz)和第六阶竖向振动(0.560Hz)为主,且四个测点实测结果均为第二阶竖向振动的贡献均大于第六阶竖向振动的贡献,这与测点 S1、S2、S3 有限元模拟得到的结果一致,而与测点 S4 有限元模拟得到的结果差异较大,测点 S4 以第六阶竖向振动为主,第二阶竖向振动分量较小。与此同时,有限元模拟得到的四个测点频谱能量更加集中,而实测结果的能量分布相对分散,这也可能是由于实测过程中包含了一定的噪声。从加速度均方根响应结果来看,测点 S1 与 S4 的差距较大,分别为 43.4% 和 44.9%,而测点 S2 和 S3 比较接近,差异分别为 14.0% 和 10.2%。经分析,主要以下几个原因:

(1) 结构模型误差。虽然已经通过现场实测得到结构参数识别结果,并对有限元模型进行了校正,但是这种校正是基于结构的整体振动指标,而且主要通过第二阶竖向振型进行校正,难以对多个振型进行有限元模型校正。因此,难以得到与实际结构状态完全相同的精确有限元模型。而大跨度空间结构通常呈现多模态参与振动,且没有主导模态,因而只针对第二阶模态校正的模型会与实际模型的风振响应产生一定差异。

(2) 阻尼比的不确定性。除了结构刚度以外,模型不确定性中的阻尼比不确定性对响应结果有着更大的影响。从第 3 章的实测结果可以看出,只能识别得到阻尼比的一个变化范围,且与所选择的振幅相关。

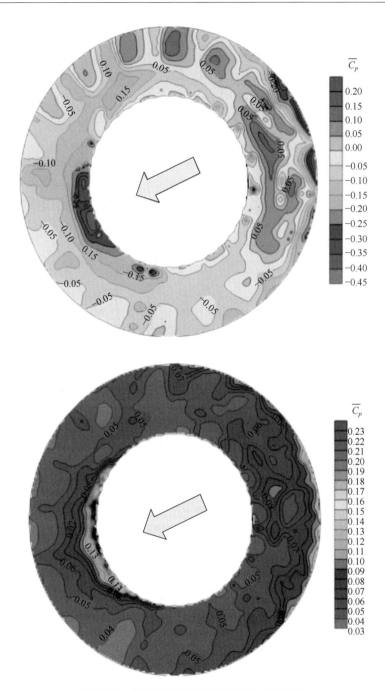

图 8.71　体育场上下表面综合平均风压系数

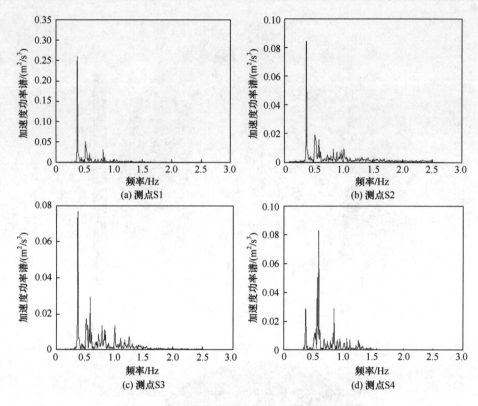

图 8.72　基于风洞试验的有限元动力分析响应谱

（3）风荷载的不确定性。在有限元动力分析风振响应时,其风荷载是根据风洞试验结果得到的。通常风洞试验的风场模拟根据地貌类型进行调试,很难满足局部风环境特性,且该体育场屋盖高度较低,屋盖受到周围建筑干扰较为严重,加之屋盖处湍流度较大,很难保证风洞试验中的风剖面、湍流度等风场参数与实际风场一致。另外,已有文献表明,即使是简单低矮建筑模型风洞试验,不同实验室的风压结果也存在较大差别,这主要是因为风洞试验对风场模拟(尤其是近地边界层)、模型制作等较为敏感,而且本身试验技术自身就有一定离散性。对于本节的开敞式上下表面测压试验,其测试难度和离散度将更大。此外,风洞试验的环境与实测建筑物的周围环境也存在难以定量评价的差别,故通过风洞试验确定的风荷载与建筑物实际所受风荷载将存在难以评价的误差,可能是上述风振响应对比误差的主要来源之一。

（4）实测中风荷载与风振响应的非平稳性。在风洞试验中,风压系数是通过恒定平均风速、风向等理想条件得到的。而在实测过程中,风速和风向时刻发生改变,响应的平稳性也存在较大差别,这均对响应谱和均方根产生不可忽略的影响。表 8.13 给出了四个测点通过逆排序法得到的判别因子与响应的峰值因子,其反映了响应的平稳性。其中,判别因子越接近于 0,其响应表现越平稳。从表中可以看出,不同测点的判别因子偏离 0 的程度不同,其中测点 S1、S2、S4 偏离很大,测点 S3 偏离程度略小,相应的测点 S1、S2、S4 的峰值因子也高于测点 S3,但峰值因子都远远大于认为平稳时的取值(3~3.5),四个测点的响应均呈现不同程度的非平稳性,因而均方根响应会随着起点和时距的变化而变化,从而导致了实测结果的均方根响应与有限元分析的均方根响应的差异。

表 8.13　15°风向角实测响应的判别因子与峰值因子

测点	S1	S2	S3	S4
判别因子	−0.894	−1.902	−0.239	1.247
峰值因子	8.101	8.958	7.227	8.496

8.3.2　开敞式伞形膜结构风效应的现场实测

对北京市区内某开敞式伞形膜结构(图 8.73)进行了长达三年的结构周围风场、膜上下表面风荷载以及膜面风振响应监测。风速实测结果表明,伞形膜结构周围的风环境受地形影响特别明显,风速多呈短时间阵风特征。通过与刚性模型风洞试验结果对比,群体试验和风压实测的对比结果相对于单体试验要更为接近,这说明考虑膜结构周围实际地形和参考位置的风洞试验更能代表结构实际的局部风场特性。采用刚性模型试验结果结合非线性有限元分析结构风振响应,并与实测结果进行对比。结果表明,膜结构的风振响应谱特性与风速直接相关,响应谱峰值对应的频率随风速发生明显变化;计算值与实测值的趋势接近,但数值上存在差异。

图 8.73　北京某开敞式伞形膜结构

1. 膜结构风致效应实测

风环境实测仍使用 R. M. YOUNG 公司生产的 81000 超声风速仪,采样频率设为 20Hz,足够包络住自然风的主要频率分布范围。风速仪风向角定义如图 8.74 所示。

关于风效应风致振动响应实测。通过气象预报信息获得了 2015 年 3 月 3 日的大风信息,并于当天 10:30~16:00 进行了膜结构加速度实测,实测安装 16 个拾振器、电荷放大器及一台数据采集设备。其中,拾振器为压电电荷型,量程为 ±10g,频响范围为 0.2~1000Hz;采集分析仪为十六通道 USB 传输接口,采样频率设为 600Hz,加速度采集设备如图 8.75 所示。

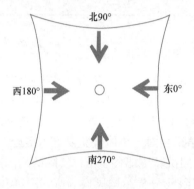

图 8.74　风向角定义

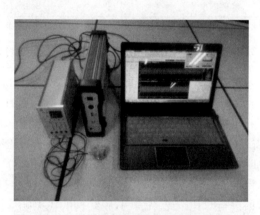

图 8.75　加速度传感器及数据采集仪

传感器通过自身所带的磁铁与放在膜下部的小铁片相吸来固定,加速度传感器布置示意图如图 8.76 所示,图中内圆半径为 1.8m,外圆半径为 3.6m。

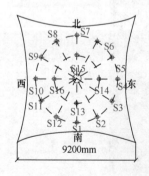

图 8.76　加速度传感器布置示意图

　　图 8.77 为实测当天 10min 风速和风向。10min 最大样本风速仅为 2.26m/s，但是瞬时风速达 8.92m/s，实测当天大风阵风特性明显。紧邻膜结构南部为较高的居民楼，西北部较远处也有两座较大的塔楼，所以膜结构所处位置大的风速时段的风向主要是东西向和西南—东北向。本小节选取两个风速较大的方块内的时程进行分析。

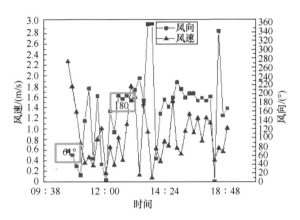

图 8.77　2015 年 3 月 3 日 10min 风速和风向

1）下部钢架测试结果

　　膜结构风致效应实测的同时，对膜结构下部钢架进行了人工激励，测得了下部钢架的加速度及功率谱，如图 8.78 所示。可以看出，钢架的加速度时程有明显的周期性，并且加速度功率谱在 2.5Hz 处的峰值也非常明显，可以判定 2.5Hz 的振动主要为钢架平动引起的。

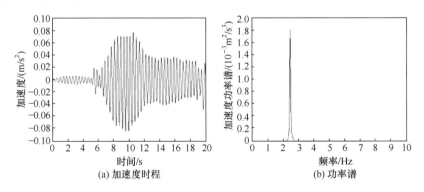

图 8.78　人工激励下钢架振动加速度时程及功率谱

2）61°风向角下膜结构响应特性

　　选取 2015 年 3 月 3 日 10：43 起的 10min 风速时程，平均风速为 2.26m/s，瞬时风速也达到 8.91m/s，这表现出较强的阵风特性，风向角为 61°。图 8.79 为选取时段的风速样本时程与测得的风速谱密度。同时为了研究风效应的非平稳性,特意选取了其中风速较大的 10:43 与风速较小的 10:52 的时程,用于比较风效应的非平稳性。

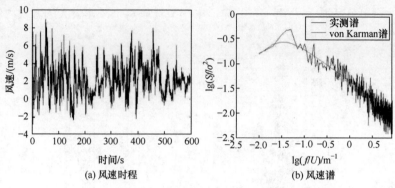

(a) 风速时程　　　　　　　　　(b) 风速谱

图 8.79　风速样本时程及风速谱

　　由于风速出现明显的非平稳性,为了研究加速度均方根随平均风速的变化规律,选取 1min 为样本时程,选取振动幅度较大的测点 S1、S4、S7、S10,分析加速度均方根随平均风速的变化规律,如图 8.80 所示。

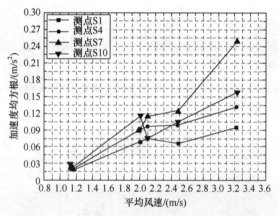

图 8.80　加速度均方根随平均风速的变化规律

　　从图 8.80 可以看出,加速度均方根与平均风速有很好的相关性,并且加速度均方根随平均风速的增大有很明显的增长趋势。下面研究不同风速下膜结构的响应特性。

　　3) 61°风向角下不同风速的响应特性

　　由风速时程可以看出,风速的非平稳性十分明显,选取其中风速较大的第一分钟与风速较小的最后一分钟时程来研究风效应的非平稳性。

　　第一分钟风速时程的平均风速为 3.30m/s,风向角为 61°。图 8.81 为选取时段的风速时程与测得的风速谱。

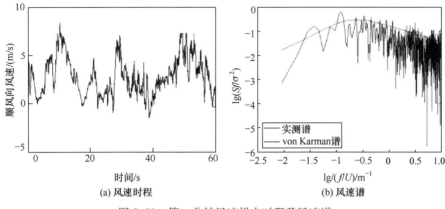

(a) 风速时程　　　　　　　　　　(b) 风速谱

图 8.81　第一分钟风速样本时程及风速谱

图 8.82 为膜结构四个面的中间 S1、S4、S7、S10 四个测点 10min 加速度响应时程和功率谱,迎风面测点 S7 的响应最大,结构响应频谱的宽频特性十分明显,无明显峰值,结构响应主要集中在 2.5Hz、3.0Hz、3.5Hz 频率附近处,其中 2.5Hz 主要是下部钢支撑平动所引起的振动,在膜结构脊部的 S2、S3、S5、S6、S8、S9、S11、S12 以及膜结构中间上部的 S13、S14、S15、S16 这 12 个测点预应力相对较大的位置在 3.0Hz、3.5Hz 频率处峰值相对不明显,而在较高频率处出现了相对明显的峰值,下面重点对测点 S1、S4、S7、S10 进行了参数识别。

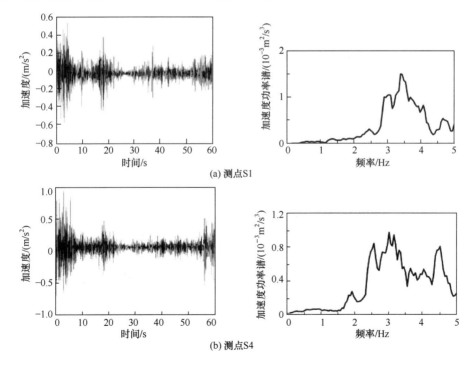

(a) 测点S1

(b) 测点S4

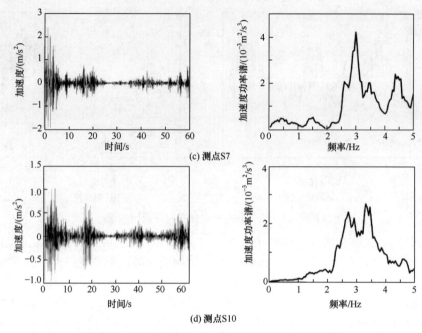

(c) 测点S7

(d) 测点S10

图 8.82　四个测点 10min 加速度响应时程及功率谱

图 8.83 为相应时段测点 S1、S4、S7、S10 的加速度时程小波系数时频分布。可以看出,四个测点在比较大的风速条件下,主要响应的频率在 3Hz 及 4Hz 左右,2.5Hz 的小波系数值相对较小。

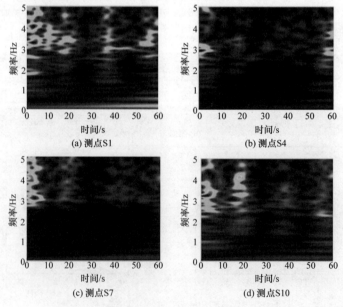

(a) 测点S1

(b) 测点S4

(c) 测点S7

(d) 测点S10

图 8.83　四个测点第一分钟小波系数时频分布

最后一分钟风速时程的平均风速为 2.02m/s，图 8.84 为选取时段的风速时程与测得的风速谱。

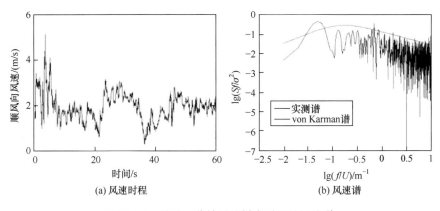

(a) 风速时程　　　　　　　　　　　　(b) 风速谱

图 8.84　最后一分钟风速样本时程及风速谱

由图 8.85 和图 8.86 可以看出，前 30s 四个测点加速度时程数值相对较小，小波系数在 2.5Hz 出现了明显的峰值，而在 40s 左右加速度时程相对较大的时段，小波系数在 3.0Hz 和 3.5Hz 出现了短暂的峰值，所以可以看出在小的风速下，膜结构的主要振动频率在 2.5Hz。

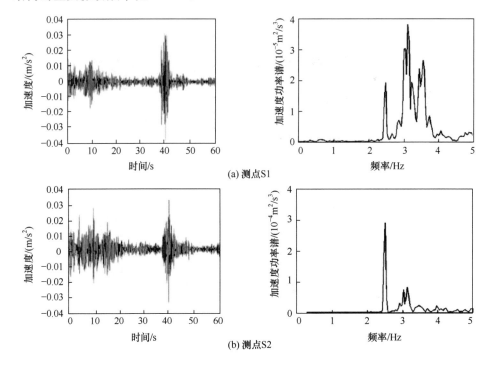

(a) 测点 S1

(b) 测点 S2

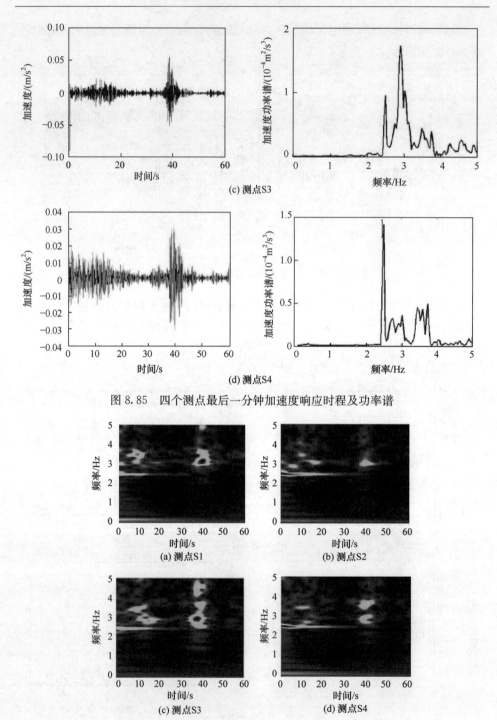

图 8.85　四个测点最后一分钟加速度响应时程及功率谱

图 8.86　四个测点最后一分钟小波系数时频分布

　　对比第一分钟和最后一分钟的加速度小波系数和功率谱,可以看出,加速度值较小的情况下,膜结构主要是 2.5Hz 参与振动,主要体现了下部钢架的振动,而在比较大的加速度时程下主要参与频率为 3Hz、3.5Hz 和 4Hz,不同风速条件下膜结构参振频率出现了比较明显的区别。

　　2. 开敞式伞形膜结构风洞试验模型表面风压实测验证

　　群体风洞试验的开敞式伞形膜结构表面平均风压分布与实测结果较为吻合(图 8.87、图 8.88)。

图 8.87　开敞式伞形膜风洞测压试验

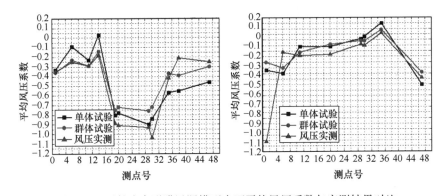

图 8.88　开敞式伞形膜风洞模型表面平均风压系数与实测结果对比

　　3. 基于风洞试验的风致动力效应有限元计算实测验证

　　从风效应实测结果和基于有限元的动力分析结果的对比(图 8.89)中可以看出,在 60°风向角下,测点 S1、S4、S10 的功率谱分布规律比较相似,测点 S10 的功率谱差异稍大。非迎风面测点 S1、S4、S10 的功率谱都在 2.5Hz 和 3Hz 出现峰值,迎风面的测点 S7 主要在 3Hz 出现峰值,而有限元模拟是在 2.5Hz 和 3Hz、

3.5Hz出现峰值。与此同时,有限元模拟得到的四个测点频谱能量更加集中,而实测结果的能量分布相对分散,这也可能是由于实测过程中包含了一定的噪声。从加速度均方根响应结果(表8.14)来看,测点S1、S4、S10差异分别为23.7%、12.3%和36.1%,而测点S7均方根响应结果差距比较大,差异达到60.1%。从频谱也可以看出,测点S7实测频率主要在3.0Hz出现峰值,而3.0Hz是膜结构竖向振动的振型,其他点的频率分布比较分散,所以可能是实测结果体现出了比较明显的局部振动,导致测点S7差异较大。

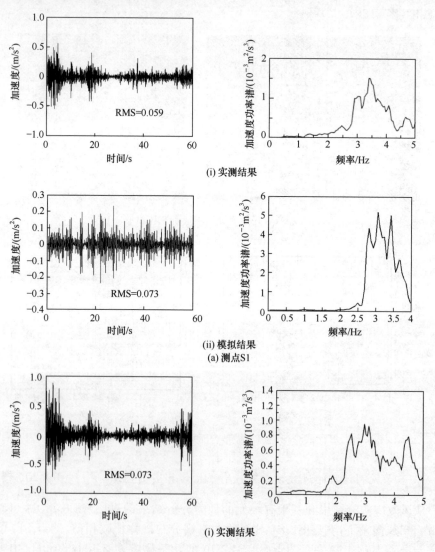

(i) 实测结果

(ii) 模拟结果

(a) 测点S1

(i) 实测结果

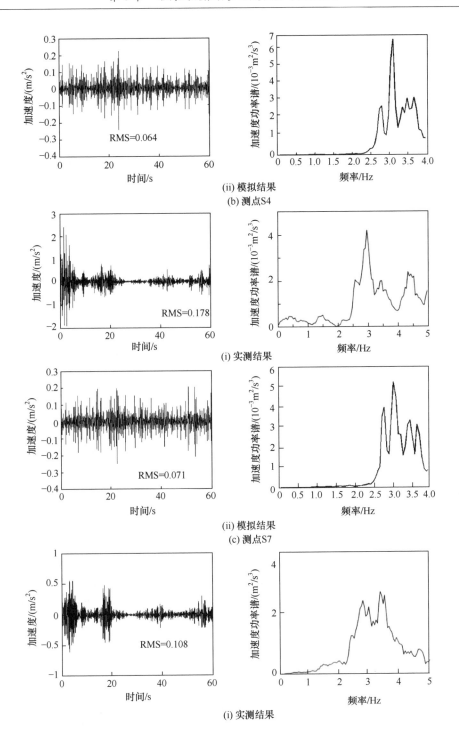

(ii) 模拟结果

(b) 测点S4

(i) 实测结果

(ii) 模拟结果

(c) 测点S7

(i) 实测结果

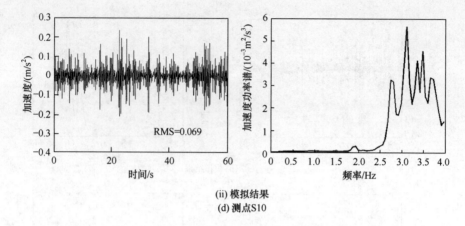

(ii) 模拟结果

(d) 测点S10

图 8.89　60°风向角下典型测点实测结果与数值模拟结果对比

表 8.14　60°风向角加速度均方根响应对比

测点	S1	S4	S7	S10
模拟结果	0.073	0.064	0.071	0.069
实测结果	0.059	0.073	0.178	0.108

参 考 文 献

李正农,潘月月,桑冲,等. 2013. 厦门沿海某超高层建筑结构动力特性研究. 建筑结构学报,
　　34(6):22-29.

李正农,郑晶,秦付倩,等. 2014. 风场实测数据缺失的插补方法研究. 自然灾害学报,23(3):
　　58-65.

张传雄,李正农,史文海. 2015. 台风"菲特"影响下温州某高层建筑顶部风场特性实测分析. 地震
　　工程与工程振动,35(1):206-214.

中华人民共和国住房和城乡建设部. 2012. 建筑结构荷载规范(GB 50009—2012). 北京:中国建
　　筑工业出版社.

Laima S J,Li H. 2015. Effects of gap width on flow motions around twin-box girders and vortex-
　　induced vibrations. Journal of Wind Engineering & Industrial Aerodynamics,139:37-49.

Laima S J,Li H,Chen W L,et al. 2013. Investigation and control of vortex-induced vibration of
　　twin box girders. Journal Fluid and Structures,39:205-221.

Li H,Bao Y Q,Li S L,et al. 2014a. Data technology in SHM//National Conference on Structural
　　Engineering,Lanzhou:10-11.

Li H,Laima S J,Jing H Q. 2014b. Reynolds number effects on aerodynamic characteristics and
　　vortex-induced vibration of a twin-box girder. Journal of Fluids and Structures,50:358-375.

Li H,Laima S J,Zhang Q Q,et al. 2014c. Field monitoring and validation of vortex-induced vibra-
　　tions of a long-span suspension bridge. Journal of Wind Engineering and Industrial Aerody-
　　namics,124:54-67.

Li Q S, Hu S Y. 2014. Monitoring of wind effects on a low-rise building during typhoon landfalls and comparison to wind tunnel test results. Structural Control and Health Monitoring, 21(11): 1360-1386.

Li Q S, Hu S Y. 2015. Monitoring of wind effects on an instrumented low-rise building during severe tropical storm. Wind and Structures, 20(3): 469-488.

Li Q S, Yi J. 2016. Monitoring of dynamic behaviour of super-tall buildings during typhoons. Structure and Infrastructure Engineering, 12(3): 289-311.

Li Q S, Zhi L H, Yi J, et al. 2014d. Monitoring of typhoon effects on a super-tall building in Hong Kong. Structural Control and Health Monitoring, 21: 926-949.

第9章 结构风致灾变机理与控制措施

结构风致灾变机理与控制措施主要研究进展包括超大跨桥梁风致灾变机理及其控制、超高层建筑及其围护结构气动效应及控制和柔性屋盖风致耦合振动灾变机理及控制三个方面。

1. 超大跨桥梁风致灾变机理及其控制

针对不同主梁形式和风环境，提出风障、导流板、稳定板等主、被动气动措施设计理论，建立考虑气动干扰效应的主梁-控制面系统理论模型，提出适合主动控制面运动参数鲁棒性分析的理论模型。研究针对多模态振型减振的分布式调谐质量阻尼器（MTMD）的优化设计理论，研究提高 TMD 有效质量与总质量之比的途径与实现方法，研究能使模态阻尼比最大的性能目标函数及其与 TMD 参数的关系，设计新型超低频竖向 TMD 器件。针对超长斜拉索多模态风雨振特性，研究超长斜拉索的自供电半主动控制方法和多阶涡振与减振措施技术，形成完整的基于自供电 MR 阻尼器的超长斜拉索减振新技术。研究基于自吸气和自吹气的主梁涡激振动流场智能控制方法，探索基于该方法的流场-结构特性和能量转换关系，提出自吸气和自吹气装置的设计方法；研究基于行波壁的桥面涡激振动主动流场控制方法和基于流场分离区壁面动粗糙度的流场分离控制方法，揭示流场变化规律及其与控制参数之间的关系，提出行波壁和动粗糙度的设计方法。

2. 超高层建筑及其围护结构气动效应及控制

应用高频动态天平技术和脉动风压同步测量技术，对典型超高层建筑模型在不同风场条件下进行风洞试验，研究复杂超高层建筑的雷诺数效应、风压分布特性、层风力（顺风向、横风向和扭转方向）分布特性；研究顺风向、横风向和扭转风力之间的相关性；研究两种激励（尾流激励、紊流激励）对顺风向、横风向和扭转风力的作用机制。对典型超高层建筑气动弹性模型在不同风场条件下进行试验，获得气弹模型动态响应，采用合适的系统识别方法识别三维气动阻尼，总结规律，给出理论描述。结合以上超高层建筑三维风力和气弹效应的结果，研究复杂超高层建筑的三维耦合风致响应的理论和方法。采用模型风洞试验和 CFD 数值模拟方法，研究典型超高层建筑总体和局部风荷载的气动控制措施，提出一般性原则和方法。

根据复杂单体和群体超高层建筑模型的测压试验数据及实测数据,研究复杂单体超高层建筑风压的分布规律,研究风压的非高斯特性、概率特征、极值风压估算方法、面积折减方法,在此基础上,提出更合理的超高层建筑围护结构抗风设计方法。

3. 柔性屋盖风致耦合振动灾变机理及控制

通过风洞试验和 CFD 数值模拟方法,从膜结构振动特征、流场分离、旋涡脱落等宏观物理现象及气动阻尼变化等不同角度出发,研究膜结构流固耦合振动过程中的能量转换与耗散机理,确定自激振动的原因和自激振动失稳的临界风速。通过定义流固耦合影响因子,对膜结构的流固耦合效应进行定量描述,并进一步将该定义加以扩展,得到类似阵风荷载因子的等效风荷载表述,为具体的工程设计提供指导性建议。对膜结构的风致振动过程中可能存在的气弹失稳情况采取必要的结构措施和气动措施,防止结构气弹失稳和减小结构振动。

9.1　桥梁结构风致灾变气动控制措施与原理

9.1.1　加劲梁颤振灾变与主动控制

1. 主动翼板颤振控制理论框架

以典型流线型桥梁断面为主要研究对象,建立了基于主动翼板方法的超大跨度悬索桥颤振主动控制的实用理论框架,完成了桥梁结构在气动翼板控制下颤振抑制过程的动力学表达(式(9.1)和式(9.2))。其中,将桥梁结构有限元模型和主梁、受控翼板上颤振自激力的时频表达(式(9.3))进行了整合,形成了适用于现代控制理论分析的时域表达(Li et al.,2015)。

$$\overline{\boldsymbol{M}}\ddot{\boldsymbol{\Delta}} + \overline{\boldsymbol{C}}\dot{\boldsymbol{\Delta}} + \overline{\boldsymbol{K}}\boldsymbol{\Delta} = \sum_{k=1}^{m} (\boldsymbol{\Theta}^d\boldsymbol{\Phi}_k^d + \boldsymbol{\Theta}^l\boldsymbol{\Phi}_k^l + \boldsymbol{\Theta}^t\boldsymbol{\Phi}_k^t) + \boldsymbol{Y}_d u + \boldsymbol{Y}_v\dot{u} + \boldsymbol{Y}_a\ddot{u} \quad (9.1)$$

$$\boldsymbol{F}_{se} = \frac{1}{2}\rho U^2 \left(b\boldsymbol{A}_1 b\boldsymbol{\Delta} + \frac{B}{U}b\boldsymbol{A}_2 b\dot{\boldsymbol{\Delta}} + \frac{B^2}{U^2}b\boldsymbol{A}_3 b\ddot{\boldsymbol{\Delta}} + \sum_{k=1}^{m} b\boldsymbol{A}_{k+3}b\boldsymbol{\Phi}_k \right) \quad (9.2)$$

式中,各参数计算公式为

$$\overline{\boldsymbol{M}} = \boldsymbol{M} - \frac{1}{2}\rho\boldsymbol{B}_d^2 b^d\boldsymbol{A}_3^d b^d - \rho\boldsymbol{B}_w^2 b^w\boldsymbol{A}_3^w b^w - \rho\boldsymbol{B}_w^2 d^2\boldsymbol{S}_1 b^w\boldsymbol{A}_3^w b^w\boldsymbol{S}_1^{\mathrm{T}}$$

$$\overline{\boldsymbol{C}} = \boldsymbol{C} - \frac{1}{2}\rho U\boldsymbol{B}_d b^d\boldsymbol{A}_2^d b^d - \rho U\boldsymbol{B}_w b^w\boldsymbol{A}_2^w b^w - \rho U_w d^2\boldsymbol{S}_1 b^w\boldsymbol{A}_2^w b^w\boldsymbol{S}_1^{\mathrm{T}}$$

$$\bar{K}=K-\frac{1}{2}\rho U^2 b^d A_1^d b^d -\rho U^2 b^w A_1^w b^w -\rho U^2 d^2 S_1 b^w A_1^w b^w S_1^T$$

$$\Theta^d=\frac{1}{2}\rho U^2 E, \quad \Theta^l=\frac{1}{2}\rho U^2 (E-dS_1), \quad \Theta^t=\frac{1}{2}\rho U^2 (E+dS_1)$$

$$Y_d=\frac{1}{2}\rho U^2 (E-dS_1) b^w A_1^w b^w S_1 +\frac{1}{2}\rho U^2 (E+dS_1) b^w A_1^w b^w S_2$$

$$Y_v=\frac{1}{2}\rho U B_w (E-dS_1) b^w A_2^w b^w S_1 +\frac{1}{2}\rho U B_w (E+dS_1) b^w A_2^w b^w S_2$$

$$Y_a=\frac{1}{2}\rho B_w^2 (E-dS_1) b^w A_3^w b^w S_1 +\frac{1}{2}\rho B_w^2 (E+dS_1) b^w A_3^w b^w S_2$$

出于实用性的考虑,将对气动翼板控制力的描述转化为对气动翼板相对转角的描述,使得控制过程中能通过对桥梁结构主梁振动响应的观测实现对气动翼板相对转角的反馈控制。通过重新审视该方法的工程应用目标,设计了新的实用控制算法,实现了主动翼板方法从理论研究到实际应用考量的转变。形成状态空间模型为

$$\begin{cases} \dot{x}=A_c x+B_c u \\ \Delta=C_c x+D_c u \end{cases} \tag{9.3}$$

式中,

$$A_c=\begin{bmatrix} -\bar{M}^{-1}\bar{C} & \bar{M}^{-1} & \cdots & \bar{M}^{-1}\Theta^d & \cdots & \bar{M}^{-1}\Theta^l & \cdots & \bar{M}^{-1}\Theta^t & \cdots \\ -\bar{K} & 0 & & & & & & & \\ \vdots & & \ddots & & & & & & \\ \Omega_k^d & & & \Pi_k^d & & & 0 & & \\ \vdots & & & & \ddots & & & & \\ \Omega_k^l & & & & & \Pi_k^w & & & \\ \vdots & & 0 & & & & \ddots & & \\ \Omega_k^t & & & & & & & \Pi_k^w & \\ \vdots & & & & & & & & \ddots \end{bmatrix}$$

$$B_c = \begin{bmatrix} \overline{M}^{-1}Y_v - \overline{M}^{-1}\overline{C}\,\overline{M}^{-1}Y_a \\ Y_d - \overline{K}\,\overline{M}^{-1}Y_a \\ \vdots \\ \Omega_k^d \overline{M}^{-1}Y_a \\ \vdots \\ \Gamma_k^l + \Omega_k^l \overline{M}^{-1}Y_a \\ \vdots \\ \Gamma_k^t + \Omega_k^t \overline{M}^{-1}Y_a \\ \vdots \end{bmatrix}$$

$$C_c = \begin{bmatrix} E & \cdots & 0 & \cdots \end{bmatrix}, \quad D_c = \overline{M}^{-1}Y_a$$

$$\Pi_k^d = -\frac{\lambda_k^d U}{B_d}E, \quad \Pi_k^w = -\frac{\lambda_k^w U}{B_w}E$$

$$\Omega_k^d = b^d A_{k+3}^d b^d$$

$$\Omega_k^l = b^w A_{k+3}^w b^w (E - dS_1^{\mathrm{T}}), \quad \Omega_k^t = b^w A_{k+3}^w b^w (E + dS_1^{\mathrm{T}})$$

$$\Gamma_k^l = b^w A_{k+3}^w b^w S_1, \quad \Gamma_k^t = b^w A_{k+3}^w b^w S_2$$

此外,通过对该受控系统的能观测性能和能控制性能的探讨,并利用降维技术,使气动双翼板系统能合理、有效地对桥梁结构的颤振模态进行针对性控制,最终完成对气动双翼板相对转角 u 的反馈控制率,如式(9.4)~式(9.6)所示。通过实时获取主梁振动信息,反馈调节主动翼板相对主梁的偏转角,可靠有效地抑制主梁振动,提高桥梁颤振临界风速。

$$u = -K_c x \tag{9.4}$$

$$K_c = \overline{R}^{-1}(B^{\mathrm{T}}P + N^{\mathrm{T}}) \tag{9.5}$$

$$PA_c + A_c^{\mathrm{T}}P - (PB_c + N)\overline{R}^{-1}(B_c^{\mathrm{T}}P + N^{\mathrm{T}}) + \overline{Q} = 0 \tag{9.6}$$

在翼板反馈控制律的形成过程中,通过状态变量的重新选择,有效地避免了控制方程中出现控制量高阶导数的现象,确保了控制过程的稳定性,降低了控制信号对观测信号噪声的敏感程度。考虑到更改后的方程不能完全观测,但是能完全控制,因此进行了降维处理,将高阶稳定的特征信息从完整的状态空间中略去,其中采用的 Schur 方法如式(9.7)所示。最终获得基于主动翼板方法的大跨度悬索桥颤振控制实用理论框架,如图 9.1 所示。

$$\begin{cases} \begin{bmatrix} \dot{\overline{x}}_1 \\ \dot{\overline{x}}_2 \end{bmatrix} = \begin{bmatrix} \overline{A}_{c,1} & \overline{A}_{c,3} \\ 0 & \overline{A}_{c,2} \end{bmatrix} \begin{bmatrix} \overline{x}_1 \\ \overline{x}_2 \end{bmatrix} + \begin{bmatrix} \overline{B}_{c,1} \\ \overline{B}_{c,2} \end{bmatrix} u \\ \Delta = \begin{bmatrix} \overline{C}_{c,1} & \overline{C}_{c,2} \end{bmatrix} \begin{bmatrix} \overline{x}_1 \\ \overline{x}_2 \end{bmatrix} + D_c u \end{cases} \tag{9.7}$$

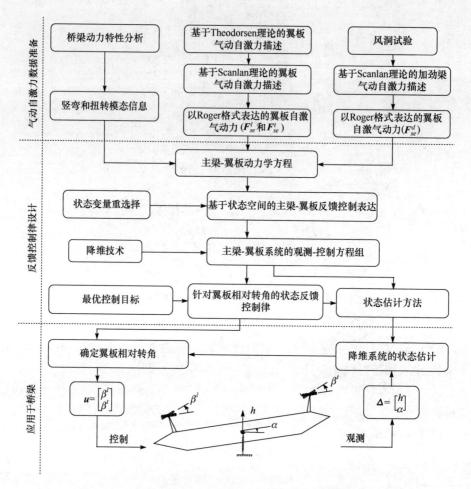

图 9.1　主动翼板方法的大跨度悬索桥颤振控制实用理论框架

　　通过对丹麦大带东桥和一座 5000m 主跨悬索桥设计方案的气动力分析,得到了各自的颤振控制信息。最后,对风洞试验中二维节段模型在气动双翼板系统控制下的颤振性能进行了动力学仿真(图 9.2),对控制算法的有效性和鲁棒性进行了说明。通过对反馈控制过程中翼板和主梁的位移、气动力的频率和相位关系的分析(图 9.3),解释了翼板耗散主梁振动能量的原理。此外,还从能耗的角度说明了主动翼板相对 AMD 措施优秀的能效(图 9.4)。其中所消耗的能量由翼板驱动力部分产生,而对主梁颤振的控制由作用于翼板的气动升力通过支撑传递给主梁,如图 9.5 所示。

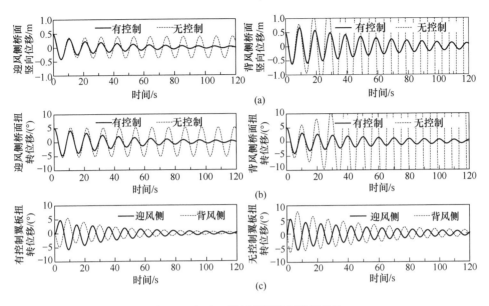

图 9.2　气动双翼板颤振控制效果对比

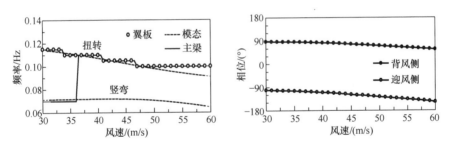

图 9.3　不同风速下翼板-主梁振动频率、相位差对比

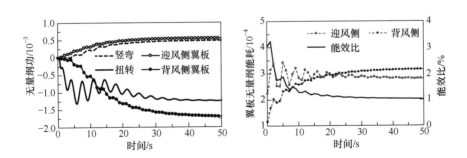

图 9.4　气动力做功比较和翼板能效

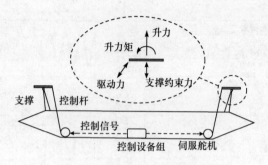

图 9.5　气动力做功-耗能说明

通过对上述控制过程的机理分析发现,主动翼板系统对主梁颤振的抑制过程主要是依靠作用于翼板上的自激升力部分贡献的。迎风侧翼板和背风侧翼板通过提供方向相反的一对升力,并通过翼板间距形成一个较大的力臂作用于主梁上,产生抑制颤振扭转的合力,最终形成颤振抑制效果。一个振动周期内主梁和翼板的相对转角关系示意图如图 9.6 所示。

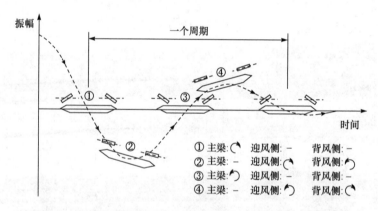

图 9.6　颤振反馈控制过程中主梁和翼板相对转角关系示意图

2. 大跨度悬索桥颤振主动翼板控制方法的 CFD 实现与检验

基于计算流体动力学方法开发了反馈控制算法的实现代码,完成了对超大跨度悬索桥在气动双翼板系统控制下的颤振抑制过程的二维模拟,为气动双翼板控制方法理论框架的正确性和有效性验证提供了平台(图 9.7),实现了从经验数学模型到数值风洞试验验证的迈进。其中,由于对桥梁主梁和气动翼板周围流场进行了完全 CFD 模拟,作用于气动翼板和桥梁主梁上的气动力通过表面积分获得,放弃了利用颤振自激力数学模型进行模拟。因此,该数值模拟方法可以独立于理论框架对控制算法进行验证,并考虑翼板和主梁间气动力的相互影响。

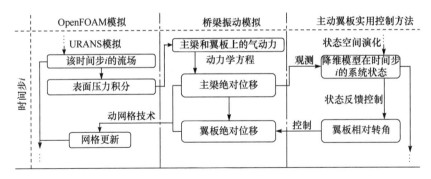

图 9.7　基于气动双翼板系统的数值风洞设计

在此基础上,对气动双翼板系统理论模型中涉及的互不干扰假定和临界状态假定进行了计算流体动力学研究。基于丹麦大带东桥的算例设置和网格划分分别如图 9.8 和图 9.9 所示。其中,流场计算采用了 $k\text{-}\omega$ SST 湍流模拟,并结合 Spalding 率进行了壁面黏性修正。

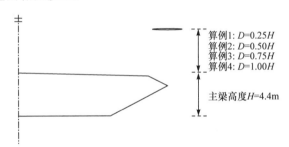

图 9.8　不同翼板高度的算例设置

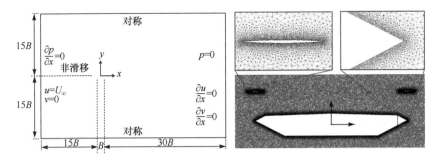

图 9.9　CFD 网格划分

通过将相同的控制算法应用于不同的主梁-翼板间距情况下,验证了理论框架获得的控制算法的正确性、有效性和鲁棒性。对不同的主梁-翼板间距情况下的流场特性、干扰程度和控制效果等方面展开了对比分析(图 9.10)。通过静态绕流分析、强迫振动绕流分析,揭示了流场干扰效应对主梁和气动翼板的影响(图 9.11)。

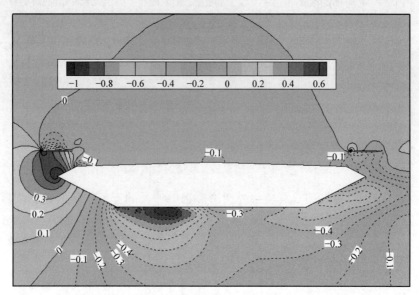

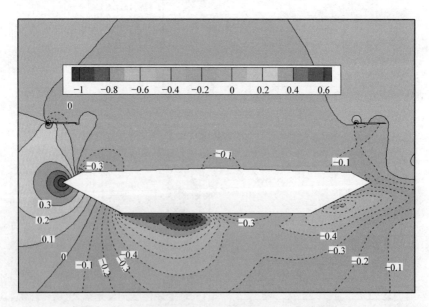

图 9.10　不同翼板高度的流场静态平均压力系数分布

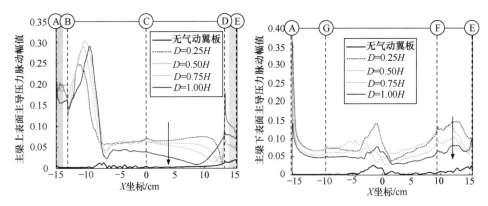

图 9.11 不同翼板高度的振动翼板对主梁表面压力分布的干扰

9.1.2 加劲梁颤振及涡激共振的被动气动控制

1. 颤振被动控制

1）中央开槽颤振控制

如图 9.12 所示，中央开槽可以有效提升流线形较好的闭口箱梁的颤振性能，其控制效果随槽宽的增加呈先上升后降低的趋势，因此需要选择合理的槽宽比。不同攻角下，结构颤振临界风速随槽宽比的增加而变化的趋势大致相同。最不利攻角下的结构颤振临界风速增长率极值达到 21.01%，显示出中央开槽对闭口箱梁具有显著的颤振控制效果。对气动外形较为钝化的主梁则不宜采用这种颤振控制措施（Zhou et al.，2015）。

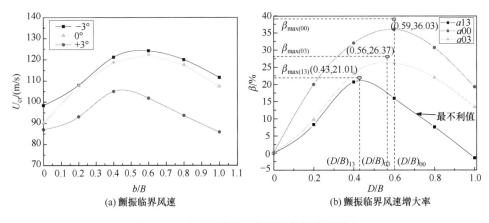

(a) 颤振临界风速   (b) 颤振临界风速增大率

图 9.12 中央开槽闭口箱梁的颤振临界风速

2）中央稳定板颤振控制

中央稳定板也可以改善闭口箱梁的颤振性能，其控制效果同时与稳定板设置位置、稳定板高度相关,只有合理选择中央稳定板的设置形式和板高,才能有效发挥其颤振控制效能。即使稳定板形式和高度相同,颤振临界风速也随攻角不同而有较大变化,且不存在统一的控制攻角。从图9.13可以看到,梁顶稳定板A和梁底稳定板B都能在一定板高范围内提升闭口箱梁的颤振稳定性能,且其颤振控制效果随板高的增加均是先增长再降低,即存在最优板高。在各自的最优板高比,稳定板A可以提高颤振临界风速11.1%,而稳定板B只能提高4.1%。

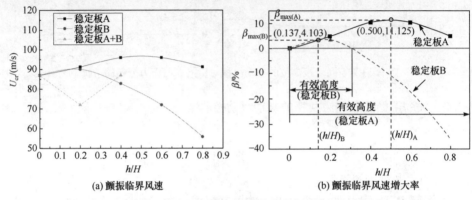

(a) 颤振临界风速　　　　　　　　　(b) 颤振临界风速增大率

图 9.13　带稳定板闭口箱梁的最低颤振临界风速

对气动外形较为钝化的带挑臂箱梁和开口边主梁,中央稳定板也可以提高颤振性能。对带挑臂箱梁(图 9.14(a)),考虑三种中央稳定板高度,即 0.8m、1.0m和 1.2m,分别为梁高的 20%、25% 和 30%,其中效果最好的是 1.2m 高度的中央稳定板,其颤振临界风速比原始断面提高了约 11%。根据开口边主梁断面(图 9.14(b))的构造特点,在桥面中央底侧设置稳定板干扰主梁腹内旋涡气流的流动,同时不会对桥面行车和景观产生影响,该稳定板的颤振控制效果虽然不如风嘴,但亦达到 14%。

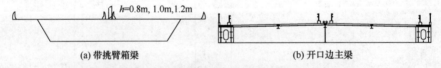

(a) 带挑臂箱梁　　　　　　　　　(b) 开口边主梁

图 9.14　设置中央稳定板的带挑臂箱梁和开口边主梁

在工字形开口边主梁断面分别添加下竖向中央稳定板、两个四分点竖向稳定板和一个下中央竖向稳定板(图 9.15)后,两者最不利攻角的颤振临界风速分别为原始断面的 11.7% 和 40%,可见下竖向中央稳定板对颤振控制效果更为明显。

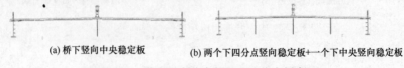

(a) 桥下竖向中央稳定板　　　(b) 两个下四分点竖向稳定板+一个下中央竖向稳定板

图 9.15　设置竖向稳定板的开口边主梁断面

3) 水平分隔板颤振控制

针对开口边主梁断面颤振性能较差的特性,使用水平分隔板来提高断面的颤振临界风速,并基于风洞试验与 CFD 数值模拟比较了其对原始断面的控制效果。由图 9.16 可知,水平分隔板能够提高三个攻角的颤振临界风速。基于 CFD 中的 RANS 方法,在颤振临界风速时,气流在原始断面前缘下部分离,形成主涡结构,并沿下表面漂移,经后缘下端后形成尾流。双边主梁间的主涡结构主导气动力,水平隔流板可有效减小主涡结构,从而有利于颤振性能。

(a) 原始断面　　　　　　　　　　　　　(b) 水平分隔板

图 9.16　开口边主梁断面 CFD 流体显示

将水平分隔板和下中央稳定板的控制效果进行对比,如图 9.17 所示。可以看出,水平分隔板能够提高三个攻角的颤振临界风速;而下中央稳定板对正攻角的提高效果好,甚至不利于负攻角。

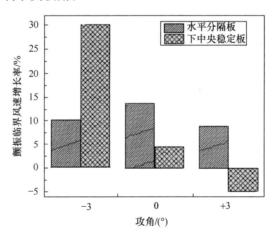

图 9.17　水平分隔板与下中央稳定板控制效果比较

4) 导流板颤振控制

为了比较类风嘴导流板对颤振的控制效果,对两种不同宽高比的开口边主梁断面进行颤振试验研究。对于较扁平的断面(宽高比 $B/D=9.1$,图 9.18(a)),两个角度的类风嘴导流板均对原始断面影响较小;而较钝的断面(宽高比 $B/D=$

6.9，图 9.18(b))，施加 71°和 60°导流板后，颤振临界风速分别为 65m/s 和 80m/s，对原始断面的颤振临界风速（30m/s）提高十分明显。可见，类风嘴导流板对不同扁平程度的开口断面影响不同，并更有利于较钝的断面。

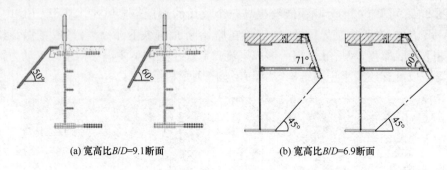

(a) 宽高比B/D=9.1断面　　　　　　　(b) 宽高比B/D=6.9断面

图 9.18　设置类风嘴导流板的开口边主梁断面

5）风嘴颤振控制

对气动外形钝化的断面，在主梁两侧边缘设置风嘴以改善气流的分离和绕流形态，可提升包括颤振在内的各种气动性能。增设风嘴后的开口边主梁断面如图 9.19 所示，从风洞试验结果可知，增设风嘴对开口边主梁的颤振控制效果较好，其颤振临界风速比原始断面提高了 30%。

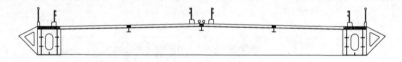

图 9.19　带风嘴的开口边主梁断面

2. 涡振被动控制措施

1）栏杆倒角涡振控制

带挑臂箱梁在 0°和正攻角下易发生涡激共振，而防撞栏杆往往成为引起该断面涡振的关键因素，对栏杆横截面进行气动倒角（图 9.20）后可以有效消除涡振现象。

2）风嘴涡振控制

对于带挑臂箱梁，在 0°攻角时，三种风嘴都只起到减小振幅的效果，风嘴越大则效果越明显；在＋3°攻角时，中风嘴和大风嘴都能完全抑制低风速涡振，小风嘴仅能略微减小涡振振幅；在＋5°攻角时，三种风嘴只起到些许减小振幅的效果。三种风嘴形式相比，大风嘴的抑振效果最好，但和倒角栏杆相比没有优越性。

3）可变姿态风障涡振控制

对于分体箱梁，当风障处于竖直姿态时，未观测到明显的竖向和扭转涡激共振

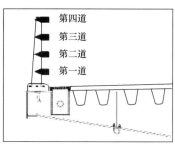

第四道
第三道
第二道
第一道

图 9.20　栏杆倒角

现象,其涡振控制效果非常好;当风障处于水平姿态时,在低风速区仍然发生了明显的竖向和扭转涡激共振,但是考虑到风障调为水平姿态时的风速远高于这些低风速区间,因此并不会影响可调风障的整体涡振控制效果。

4) 导流板涡振控制

导流板设置后,气流流经箱壁和导流板之间的狭窄通道产生加速效应,可干扰绕流旋涡的形成和运动轨迹,从而可以从涡激共振发生的机理出发对涡振进行抑制。

对扁平闭口钢箱梁而言,在各个攻角下,无论是对于竖弯涡振还是扭转涡振,三种离底板高度不同的导流板都起到了完全抑制涡振的效果,在最小高度下也没有出现尺寸效应导致的导流板抑振失效。导流板的关键有效位置是背风侧,如图 9.21 所示。

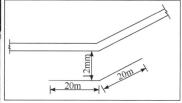

图 9.21　导流板

对分体箱梁而言,导流板的最优位置为分体式箱梁中央槽底部的两侧,从表 9.1 的风洞试验数据来看,导流板尽管不能完全消除涡激共振,但对分体箱梁涡振性能特别是扭转涡振性能的改善还是比较有效的。

表 9.1　导流板涡振控制效果

原桥主梁	竖弯涡振(h/D)			扭转涡振		
	原断面	导流板	降低率/%	原断面	导流板	降低率/%
西堠门大桥	0.050	0.039	22	0.500	0.171	66
上海长江大桥	0.054	0.034	37	0.134	0.024	82
大沽河航道桥	0.077	0.024	69	0.038	—	—

对开口断面而言,水平隔流板(图 9.22)可以减小－3°、0°和＋3°攻角的竖弯涡振振幅,同时也可以减小－3°、0°和＋3°攻角的扭转涡振振幅(表 9.2),整体上对竖弯涡振效果更好,但是却能很显著地降低最大扭转涡振振幅,特别是＋3°攻角。

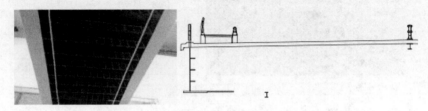

图 9.22　水平隔流板

表 9.2　水平隔流板涡振控制效果

涡振形态	攻角/(°)	原断面	水平隔流板	振幅变化百分比/%
竖弯/m	−3	0.256	0.185	−27.7
	0	0.317	0.116	−63.4
	3	0.452	0.099	−78.1
扭转/(°)	−3	0.26	0.206	−20.8
	0	0.157	0.149	−5.1
	3	0.748	0.064	−91.4

5) 隔涡板涡振控制

对于分体箱梁,采用部分通风的隔涡板覆盖在中央开槽处以提供阻隔气流、干扰旋涡形成的作用。研究比较了不同隔涡板透风率对其涡振控制效果的影响,发现随着隔涡板透风率的降低,即气流阻隔率的提高,最大竖向和扭转涡振振幅均单调下降。相比导流板,隔涡板对竖向涡振的控制效果更好,而在扭转涡振的控制效果上则较为逊色。

对于双开槽断面(图 9.23),在三个攻角下均出现了涡激共振的现象,为了抑制断面的涡激共振现象,考虑在开槽处布置纵向隔涡板,选取对应实际宽度为 1.2m 的隔涡板,分别布置在槽横桥向 1/4、1/2 和 3/4 槽宽处,如图 9.24 所示。

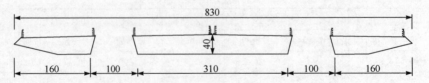

图 9.23　双开槽断面(单位:mm)

图 9.24　纵向隔涡板布置示意图

原始断面栏杆去基座时在三个攻角(+3°、0°、−3°)均出现了明显的扭转涡振现象,采用图 9.24 所示的隔涡板后,−3°攻角下不再有明显的扭转涡振现象,而 0°和+3°攻角下,虽然没有完全消除涡振,但是涡振振幅得到了有效的控制,如图 9.25 所示。

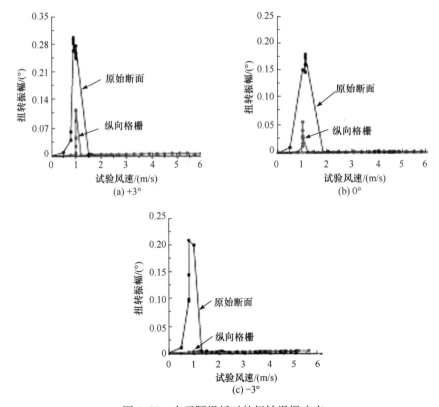

图 9.25　有无隔涡板时的扭转涡振响应

　　由图 9.25 可见,+3°攻角下,原始断面涡振锁定区间为 0.8~1.4m/s,涡振的锁定风速区间明显减小,集中在 1.0~1.2m/s,同时扭转涡振振幅减小到原始断面的 40%左右。在 0°攻角下,其变化规律类似,通过附加纵向隔涡板,涡振锁定风速区间明显较小,扭转涡振振幅减小到原始断面的 40%左右。特别是对于−3°攻角,原始断面扭转涡激振动现象显著,通过附加隔涡板,能够有效地保证在该攻角下不出现涡振现象。

　　6) 中央稳定板涡振控制

　　对开口边主梁断面,上、下中央稳定板均可以一定程度上减小竖弯和扭转涡振振幅,三种控制措施的控制效果对比如图 9.26 所示。可以看出,从同时控制竖弯涡振和扭转涡振的角度综合考虑,加装水平隔流板是三种措施中最为有效的单一气动控制措施,可在大幅度减小+3°攻角竖弯涡振振幅的同时大幅度减小+3°攻角扭转涡振振幅,小幅减小−3°和 0°攻角扭转涡振振幅。

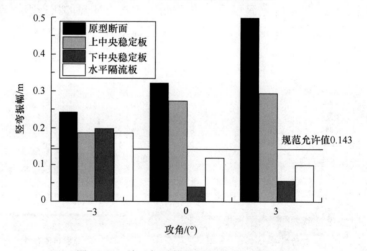

图 9.26　单一气动措施涡振控制效果对比

　　对中央稳定板和水平导流板进行不同形式的组合,分析这些组合的涡振控制效果。相较于水平隔流板断面,上中央稳定板+水平隔流板断面进一步减小了+3°攻角竖弯涡振振幅,增大了 0°攻角扭转涡振振幅;下中央稳定板+水平隔流板断面进一步减小了三个攻角的竖弯涡振振幅和+3°攻角扭转涡振振幅,但却使 0°攻角扭转涡振振幅显著增大;上中央稳定板+下中央稳定板+水平隔流板断面对竖弯涡振振幅的影响与前者相似,减小了三个攻角的竖弯涡振振幅,对−3°攻角扭转涡振振幅的抑制作用不如前者,但 0°攻角扭转涡振振幅小于前者。

9.2 悬索桥多阶模态涡激共振与控制

9.2.1 悬索桥加劲梁多阶模态涡振试验研究

目前我国西堠门大桥及丹麦大带桥出现了在不同来流风速下发生的多阶竖弯模态涡激共振现象。在相同振幅下,高阶竖弯模态的加速度响应更大,因此高阶竖弯模态的涡振问题更为突出(周帅等,2017;Hua et al.,2015)。目前已有的试验手段无法预测高阶模态涡激共振振幅,不能研究多阶模态涡振时其振幅演化规律。为此,开发了一种能模拟实际悬索桥竖弯模态密集分布的新型气弹模型——多点弹性支撑矩形连续梁气弹模型(图9.27),模型的主梁用于模拟悬索桥的加劲梁,而离散分布的弹簧用于模拟悬索桥的主缆、桥塔的支撑效应,应用这一模型可以模拟出实际悬索桥多达10阶竖弯模态。基于假定振型法提出了这一新型气弹模型设计方法。以一座主跨1600m的悬索桥为原型设计了气弹模型,如图9.28所示。

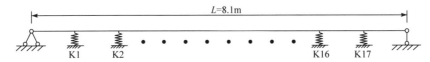

图9.27 多点弹性支撑矩形连续梁气弹模型原理

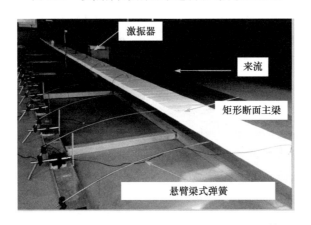

图9.28 位于风洞中的多点弹性支撑矩形连续梁模型

基于自由振动及强迫振动测定了模型(记为工况1)竖弯模态参数,结果如表9.3所示。为进一步提高模型刚度以在风洞中测出低阶模态的涡激共振,通过调节悬臂梁弹簧的长度增加整体刚度(记为工况2)。表9.4给出了工况2的动力参数。在均匀流场中测定两种工况下各阶竖弯模态涡振的振幅,如图9.29所示。从图中可以看出,低阶模态涡振振幅受湍流度较大影响而较小,高阶模态涡振振幅并没有随模态阶数升高而降低。设计制作了气弹模型的 1∶1 节段模型,进行了不同悬挂频率下的涡振试验,图 9.30 给出了气弹模型与 1∶1 节段模型的涡振振幅对比。各悬挂频率下节段模型的振幅基本相等,气弹模型与节段模型涡振振幅比值为 1.30 左右,这是由振型修正系数引起的。

表 9.3　气弹模型的动力参数(工况 1)

竖弯模态	频率/Hz		阻尼比/%	
	初激励自由振动法	强迫振动法	初激励自由振动法	强迫振动法(半功率法)
第 1 阶	1.51	1.51	0.50	0.82
第 2 阶	2.43	2.40	0.71	1.13
第 3 阶	3.42	3.38	0.88	1.30
第 4 阶	4.41	4.34	0.72	1.16
第 5 阶	5.42	—	0.82	
第 6 阶	6.31	—	0.71	
第 7 阶	7.60	—	0.73	
第 8 阶	9.03	—	0.70	

表 9.4　气弹模型的动力参数(工况 2)

竖弯模态	频率/Hz	阻尼比/%
第 1 阶	2.73	0.39
第 2 阶	3.61	0.55
第 3 阶	4.49	0.63
第 4 阶	5.18	0.70
第 5 阶	5.86	0.61
第 6 阶	6.74	0.63
第 7 阶	7.86	0.63
第 8 阶	9.18	0.60

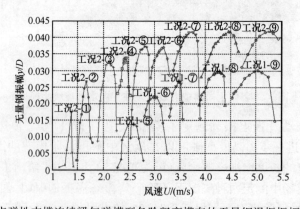

图 9.29　多点弹性支撑连续梁气弹模型各阶竖弯模态的无量纲涡振振幅随风速的变化

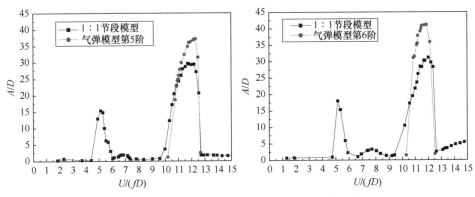

图 9.30　气弹模型与 1∶1 节段模型的涡振振幅对比

目前主流的涡振振幅估算方法主要有 Ruscheweyh 模型、Vickery-Basu 模型和 Griffin Plot 模型等。其中，Ruschweyh 模型和 Vickery-Basu 模型已被欧洲规范采用，前者可以用来估算不同结构和不同模态振型下的涡振振幅，后者则主要用于悬臂式结构沿主轴横风向的第 1 阶模态振幅估算，尤其是针对烟囱或桅杆一类的结构。由于 Vicery-Basu 模型主要用于悬臂式结构沿主轴横风向的第 1 阶模态振幅估算，而 Griffin Plot 模型没有充分考虑涡激力展向相关性和模态振型对涡振振幅的影响，所以本节采用 Ruscheweyh 模型进行多阶模态涡振振幅估算。

多阶模态涡振振幅估算值与试验值对比如表 9.5 所示，由于第 1～4 阶涡振时紊流度较大，在表中未列出。

表 9.5　多阶模态涡振振幅估算值与试验值对比

工况	竖弯模态	阻尼比/%	Sc	K_w	y_{max}/D 估算值	y_{max}/D 试验值
1	第 5 阶	0.81	152.7	0.231	0.017	0.014
	第 6 阶	0.71	133.8	0.276	0.023	0.022
	第 7 阶	0.73	137.6	0.320	0.026	0.027
	第 8 阶	0.70	132.0	0.364	0.030	0.029
	第 9 阶	0.70	132.0	0.407	0.034	0.030
2	第 5 阶	0.61	115.0	0.231	0.022	0.037
	第 6 阶	0.63	118.8	0.276	0.026	0.037
	第 7 阶	0.63	118.8	0.320	0.030	0.042
	第 8 阶	0.60	113.1	0.364	0.035	0.042
	第 9 阶	0.60	113.1	0.407	0.040	0.042

注：由于未测得第 9 阶竖弯模态的阻尼比，在进行振幅估算时，第 9 阶竖弯模态阻尼比参考第 8 阶竖弯模态阻尼比取值。

由表 9.5 可知,无量纲振幅 $y_{\max}/D$ 的估算值与试验值存在一定的偏差,可能原因是 Ruscheweyh 模型的相关长度理论主要是以直立的圆形烟囱为对象,而烟囱一般只有第 1 阶和第 2 阶弯曲模态有可能发生涡振,与水平状态桥梁的高阶弯曲模态振动有所差异。需要指出的是,在涡振振幅估算中,两个工况的不同竖弯模态的 Sc 变化不大,而 St、C_L 和 K_w 的取值是一样的,关键性参数为涡激力展向相关系数 K_w。

也就是说,在 Ruscheweyh 模型认为高阶模态的涡激力相关性相对低阶模态而言有所增强。但是,目前考虑桥梁高阶模态振型与桥跨方向涡激力相关性的研究成果还未见到,所以桥梁结构涡振振幅按欧洲规范计算修正系数尚缺乏依据。另外,Ruscheweyh 模型中的关键性参数横风向升力系数均方根 C_L 是随着截面形式和雷诺数的变化而变化的,结构在静止状态下和振动状态下的 C_L 值也是不相同的。因此,K_w 和 C_L 在三维结构的多阶涡振振幅估算中显得尤为重要,还有待进一步的研究。

从桥上行人舒适性指标、车辆舒适性指标、行车安全性(涡振对行车视距影响)等多角度探讨了涡振容许振幅的取值问题。图 9.31 给出了桥梁竖向涡振条件下的驾驶员视距。为了避免桥梁竖向涡振对驾驶员的行车视线造成影响,对于具有三个或者三个以上半波的高阶模态涡振,涡振振幅至少应限制在 0.35m 以下,此时行车视距可能成为确定涡振限值的控制因素。

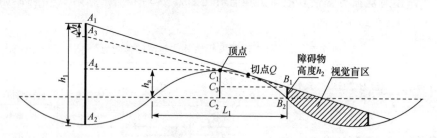

图 9.31　桥梁竖向涡振条件下的驾驶员视距

9.2.2　悬索桥加劲梁高阶模态涡振的 MTMD 控制

悬索桥加劲梁高阶竖弯振型存在多个波峰和波谷,因此更有利于 TMD 的分散布置,减小单个 TMD 的质量。涡激气动力的气动阻尼和气动刚度效应,以及桥梁正常运营时的活载作用都会造成桥梁固有频率或固有阻尼比的改变,进而导致 TMD 的减振效率降低。对分散布置的多个 TMD 按 MTMD 理论进行参数优化设计,可以利用 MTMD 良好的鲁棒性使一组 TMD 的减振效率保持在稳定的范围。鉴于此,本节以一个已建好的大跨度分体钢箱梁悬索桥为工程背景,讨论 MTMD 控制理论在大跨度钢箱梁悬索桥单阶竖弯涡激振动控制中的应用,并比较多重调谐质量阻尼器(MTMD)与单个调谐质量阻尼器(STMD)系统在减振效率和鲁棒性方面的特点(黄智文和陈政清,2013)。

1. STMD 方案与 MTMD 方案

本节以某座已建成的悬索桥加劲梁第 5 阶竖弯涡激振动为受控模态,讨论 MTMD 在竖弯涡激振动中的应用。该桥第 5 阶竖弯模态的固有频率为 0.2299Hz,实测值与理论值接近,模态阻尼比近似取为规范建议值 0.5%。首先建立该桥的有限元模型,进行模态分析得到以无量纲坐标形式表示的加劲梁第 5 阶竖弯模态中跨振型图,如图 9.32(a)所示。可以看出,在加劲梁第 5 阶竖弯振型中,中跨有三个波峰,如 A、B、C 所示,波峰振型向量值约为 1;有两个波谷,波谷振型向量值约为 0.8。三个波峰位于跨中和 1/10 跨径处。本节从尽量提高效率和减小单个 TMD 质量,并使 TMD 尽量分散布置的角度出发,给出了如图 9.32(b)所示的 MTMD 布置方式。

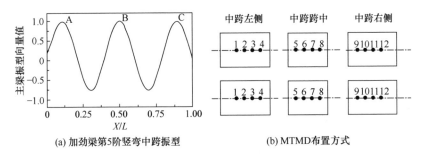

(a) 加劲梁第5阶竖弯中跨振型 (b) MTMD布置方式

图 9.32 采用 TMD 涡振控制

TMD 共分为六小组,分体箱梁左右两箱各三小组,分别位于三个波峰位置。考虑到单个 TMD 所需的空间,每一组中 TMD 的间距取为 9m,与悬索桥吊杆之间的间距相同。如果这一组 24 个 TMD 均按照统一参数设计,本节称为 STMD 方案;如果应用 MTMD 参数优化理论将 TMD 按不同参数设计,本节称为 MTMD 方案。

2. 基于涡激振动控制的 MTMD 参数优化理论

为了实现 MTMD 的参数优化设计,需要选择合适的涡激力模型,然后通过求解加劲梁-MTMD 系统的运动方程,得到加劲梁和各 TMD 的位移频响函数。本节采用 Scanlan 提出的经验线性涡激力模型,经验线性模型假定一个线性机械振子给予气动激振力、气动阻尼力以及气动刚度。

涡激力模型中气动阻尼项和气动刚度项对 MTMD 参数设计的影响在于它们会引起结构阻尼比和固有频率的改变,但从上面分析中可以看到 MTMD 的最优参数对结构固有阻尼比并不敏感,且 MTMD 的控制鲁棒性好,当结构固有频率发生较大改变时,MTMD 的减振效率依然可以保持在稳定的范围内。因此,从简化 MTMD 参数优化的角度看,可以先在不考虑气动阻尼项和气动刚度项的条件下推导出加劲梁的位移频响函数,再以加劲梁位移频响函数峰值极小值为目标函数,利用基于 MATLAB 的遗传算法实现 MTMD 的参数优化设计。

3. 基于遗传算法的 MTMD 参数优化设计

进行涡激振动控制的目的是减小结构的最大涡振振幅,因此可以选择加劲梁位移频响函数峰值的极小值作为 MTMD 参数优化设计的目标函数。而 TMD 的位移频响函数峰值决定了 TMD 振动时的最大行程,是衡量 TMD 性能的一个重要指标。因此,在对 MTMD 进行初步参数优化后,应考虑适当增加 TMD 的阻尼比,保证每个 TMD 的行程都在条件允许的范围内。但本节 MTMD 参数优化过程中并不把 TMD 的阻尼比作为参数优化的约束条件。

MTMD 的设计参数包括 MTMD 的模态总质量与结构受控振型的模态质量比、质量分布方式、MTMD 的数量、MTMD 的频率范围和分布方式、MTMD 的阻尼比和分布方式及 MTMD 的中心频率比。MTMD 的模态总质量越大,达到的减振效果越好。对于实际工程,要根据减振要求和工程预算来确定 MTMD 的总质量。本节仅从一般化的角度出发,讨论在给定质量比的前提下进行 MTMD 的参数优化设计。该悬索桥第 5 阶竖弯模态质量为 18548.58t,所以 MTMD 的总质量取 185.49t,单个 TMD 的平均质量为 7.729t;MTMD 的频率分布区间取[0,0.1],MTMD 的阻尼比区间取[0,20%],MTMD 中心频率比区间取[0.9,1.0]。值得注意的是,由于涡激共振中存在锁定现象,激励频率与加劲梁固有频率的比值 β 总是约等于 1,但考虑到安装 MTMD 后结构位移频响函数峰值会从 $\beta=1$ 的位置发生小幅偏离,因此本节偏安全地把 β 的区间取为[0.9,1.1]。考虑到实际工程的可行性,每个 TMD 的刚度和阻尼比都设计成相同的值,单个 TMD 的质量由其频率和刚度确定;在 MTMD 中心频率比确定的前提下,TMD 的频率按等差数列分布。

MTMD 的参数优化问题实际上是一个有约束条件的多变量非线性函数优化问题。遗传算法是一种基于生物进化理论的随机搜索算法,广泛应用于函数优化、多目标规划等领域。本节运用 MATLAB 遗传算法工具箱,以加劲梁位移频响函数峰值的极小值为目标函数,对 MTMD 进行参数优化设计,程序简单、计算效率高。由于遗传算法的初始参数对参数优化结果及解的收敛速度有较大影响,通过分析多组初始参数条件下 MTMD 的参数优化结果,最终确定了如表 9.6 所示的遗传算法初始参数。同时,为了使参数优化结果尽可能靠近全局最优解,运用遗传算法进行了 30 次运算,取其中的最优解作为 MTMD 的最终参数优化结果,如表 9.7所示。为了方便阐述,把遗传算法得到的优化参数称为初始优化参数。

表 9.6　遗传算法初始参数

种群	遗传代数	代沟	选择	交叉	变异
500	100	0.4	随机遍历选择	双点交叉,交叉系数为 0.8	单点变异,变异系数为 0.03

表 9.7　MTMD 优化参数

频率/Hz	阻尼比/%	中心频率比	位移频响函数峰值	平均质量/t
0.0329	1.50	0.9945	10.5250	7.729

　　STMD 系统的总质量与 MTMD 系统的总质量相同,系统中每个 TMD 的质量、频率比和阻尼比保持一致,用遗传算法进行参数优化设计,得到 STMD 参数优化结果如表 9.8 所示。

表 9.8　STMD 优化参数

频率比	阻尼比/%	位移频响函数峰值	平均质量/t
0.9896	6.14	12.7915	7.729

　　由表 9.7 和表 9.8 比较可知,MTMD 的位移频响函数峰值比 STMD 方案小 17.7%,这说明 MTMD 的减振效率要高于 STMD;MTMD 的中心频率比和 STMD 的优化频率比非常接近,但 MTMD 的中心频率比更靠近 1;MTMD 的频率分布范围为 0.0329Hz,与结构固有频率的比值约为 14%;从优化阻尼比看, MTMD 的最优阻尼比远小于 STMD 的最优阻尼比,这对 TMD 的制造也是有利的。

　　4. MTMD 鲁棒性分析

　　MTMD 鲁棒性是指 MTMD 的减振效率对各种影响因素的敏感程度。影响因素主要包括受控模态固有频率的变化和受控模态固有阻尼比的变化。以前面求得的初始优化参数为基础,进一步讨论结构固有频率和固有阻尼比变化对 MTMD 减振效率的影响,分析 MTMD 的控制鲁棒性。

　　线性涡激力模型中的气动阻尼项和气动刚度项对 MTMD 振动控制方程的影响在于它们分别改变了受控系统的固有阻尼比和固有频率,从而使 MTMD 的参数优化结果发生变化。表 9.9 列出了不同结构固有阻尼比对应的 MTMD 参数优化设计值。表中结构固有阻尼比的范围只取 0~2%,这是因为会发生涡激振动的结构固有阻尼比往往很低,一般都在 0.5% 以下。若气动阻尼为负阻尼,则结构的总阻尼下限为 0,若气动阻尼为正阻尼,则取其上限值 2%。容易看出,MTMD 的优化设计参数对结构固有阻尼比并不敏感,在结构固有阻尼比为 0~2% 时,MT-MD 的最优频率分布范围、最优阻尼比和最优中心频率比的波动均在 10% 以内,如果从波动的绝对值看,波动就更小。这说明对于涡激振动控制,在进行 MTMD 参数优化设计时不考虑气动阻尼对结构固有阻尼比的干扰是可行的。

表 9.9　结构固有阻尼比与 MTMD 优化参数

结构固有阻尼比/%	频率分布范围/Hz	阻尼比/%	中心频率比
0	0.0325	1.46	0.9950
0.5	0.0329	1.50	0.9945
1	0.0334	1.56	0.9937
1.5	0.0339	1.58	0.9932
2	0.0344	1.58	0.9927

关于气动刚度项对结构固有频率的影响,通常认为是可以忽略的,即在涡振振幅达到最大值时气动刚度参数 Y_2 总是约等于 0。而且,适当地增加 MTMD 的频率分布范围或提高 MTMD 的阻尼比就可以显著提高其对结构固有频率波动的鲁棒性。因此,在进行 MTMD 参数优化设计时不考虑气动刚度项也是合理的。需要说明的是,虽然在进行参数优化时可以不考虑涡激力中的气动阻尼和气动刚度项,但要精确计算 MTMD 的减振效率仍然需要先通过节段模型风洞试验对线性涡激力模型进行参数识别,得到气动阻尼、气动刚度和强迫力项。

9.3　桥梁吊索风致振动及其控制

9.3.1　超长吊索尾流驰振减振措施

包括日本明石海峡大桥、我国西堠门大桥和丹麦大带桥在内的悬索桥的长吊索都发生过大幅振动。长期的吊索振动造成结构疲劳,威胁行车安全(Zhang et al.,2015)。悬索桥的吊索采用多索股吊索的布置方式,通常由 2 根或 4 根索股组成。相比单索股吊索,多索股吊索由于近距离索股之间的气动干扰效应,其振动机理主要表现为索股之间的相对运动和索股的大幅整体摆动(陈政清等,2013)。

对于振动机理复杂的多索股柔细吊索,单纯使用上述一种减振方法难以达到抑振目的。例如,丹麦大带东桥的平行双索发生了大幅的风致振动,研究人员在长达 5 年的时间研究了分隔器(设计时就已安装)、抗风索、螺旋线、调谐质量阻尼器(TMD)等方案,其效果都不令人满意,最后采用索端设置阻尼器的方案才基本解决了吊索的振动问题(雷旭等,2015)。我国西堠门大桥的骑跨式吊索在未安装减振装置之前,其吊索在各风速区间下都出现了明显的不同幅度的振动,在 25m/s 的风速下其长吊索的跨中振动幅度达 0.5m,造成碰索现象,后来通过在两索端部位置安装阻尼器减小了其小风下的索振动,但大风下的碰索和大幅摆动现象仍未消失,有待进一步深入研究更加合理的减振方案。图 9.33 分别给出了西堠门大桥及大带桥的减振措施。

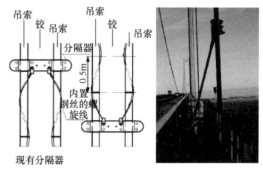

(a) 西堠门大桥索减振器　　　　　　　(b) 大带桥索分隔器与阻尼器减振

图 9.33　拉/吊索构件抗风减振的机械阻尼措施

本节以西堠门大桥的骑跨式多索股吊索为研究对象,借鉴丹麦大带东桥的吊索减振措施-分隔器(去除相对运动)和索端阻尼器(减小整体运动)的联合减振方法,通过试验、数值模拟以及现场实测方法来验证该减振方法对减轻此类多索股吊索复杂风致振动响应的有效性,并给出相关参数分析结果。

1. 多索股吊索的分隔器联合索端阻尼器减振方法

多索股柔细吊索可能存在涡振、驰振、参数共振等多种振动形式,仅用一种减振措施可能难以奏效。在桥梁多索股吊索的减振研究领域,应用分隔器联合控制整体摆动的机械阻尼装置的工程实例鲜有报道,仅丹麦大带东桥报道过此类减振方法,但并没有详细阐述其减振机理和给出具体的减振效果,基于此,本节将分析此类减振方法的减振机理和参数优化设计方法。

1) 分隔器减振机理及参数优化

分隔器是一种将多索股索类结构进行节点绑连的装置,按照其本身的刚度和阻尼特性,可分为刚性、柔性和阻尼型分隔器三种类型,这里重点分析刚性分隔器和阻尼型分隔器。

对于刚性分隔器,其刚性绑连作用使索股的运动分解为索股同步运动和索段相对运动。假设加装 n 个分隔器,吊索的前 n 阶模态与 $n+i(i=2,4,6,\cdots)$ 阶模态为四根索股的整体运动,第 $n+j(j=1,3,5,\cdots)$ 阶模态则可能为索股间相对运动或同步运动。

因索股之间的前 n 阶模态与 $n+i(i=2,4,6,\cdots)$ 阶模态引起的相对运动即可因分隔器的绑连作用而消除,而第 $n+j(j=1,3,5,\cdots)$ 阶模态造成的相对运动振动频率相应提高、刚度加大,在同样的激励条件下其振动响应也会减小,可防止吊索相碰。同步运动则会平均分配给各索股,表现为各索股的整体运动,其相当于增加了单索股的模态刚度和模态参与质量,可有效减小某根索股的过大振动响应。另外,分隔器的绑连作用减小了索股相互运动引起的气流扰动,避免了由此引起的振动。

对于阻尼型分隔器,由分析可知,当两索具有相对运动时,分隔器对单索而言相当于在索跨的运动方向附加了阻尼力。平行双索的阻尼型分隔器-吊索振动模型如图 9.34 所示。

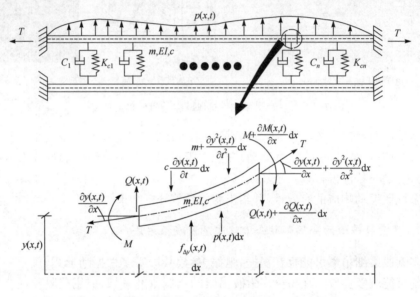

图 9.34　平行双索阻尼型分隔器-吊索振动模型示意图

通过有限差分法可以分析阻尼型分隔器的参数优化问题,以西堠门大桥的 160m 长吊索为例分析平行双索,其吊索张力为 $4.95 \times 10^5 \mathrm{N}$,索质量线密度为 31kg/m,设吊索内阻尼比为 0.5%,阻尼型分隔器沿吊索等间距安装 4 个,有限差分法计算模型如图 9.35 所示。带此类分隔器吊索的差分法计算结果(频率、阻尼比和振型)如图 9.36 所示。

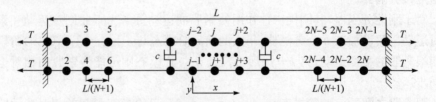

图 9.35　有限差分法离散双索-阻尼型分隔器计算模型示意图

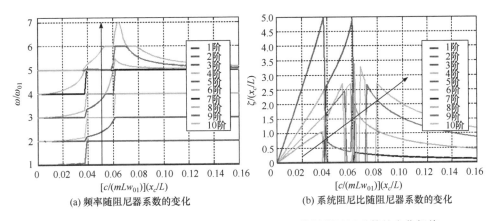

(a) 频率随阻尼器系数的变化　　　(b) 系统阻尼比随阻尼器系数的变化

图 9.36 索-分隔器系统频率和阻尼比随阻尼型分隔器阻尼系数的变化规律

2）索端阻尼器的减振参数优化

关于索端阻尼器的减振参数优化可以借鉴斜拉索加设阻尼器方面的研究成果。早在 20 世纪 80 年代，Kovacs 首次根据张紧弦理论研究了吊索-阻尼器系统的模态阻尼特性，并给出了一阶最优模态阻尼系数和相应的阻尼器优化阻尼系数。

仍然以上述西堠门大桥的 160m 长吊索为研究对象，阻尼器安装位置为距索下端部 6m 处并采用刚性端部支撑与桥面相连。运用有限差分法进行离散同样可计算得到索弯曲刚度、阻尼器内刚度（k_c）、支撑刚度（k_z）三类因素对吊索-阻尼器系统的 1～3 阶模态阻尼比优化参数的影响，如图 9.37～图 9.39 所示，x_c 为阻尼器位置，T 为索张力。从有限差分法计算结果得知，索抗弯刚度使最优阻尼器系数和最优模态阻尼增大，阻尼器内刚度会降低最优模态阻尼并提高最优阻尼器系数，阻尼器支撑刚度增大会提高最优模态阻尼和最优阻尼器系数，与前述研究结论一致。

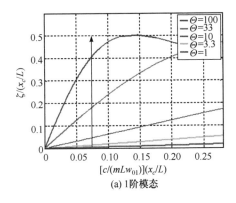

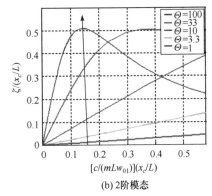

(a) 1阶模态　　　　　　　　　(b) 2阶模态

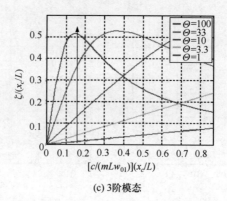

(c) 3阶模态

图 9.37　不同吊索弯曲刚度时索端阻尼器的 1～3 阶模态优化设计曲线

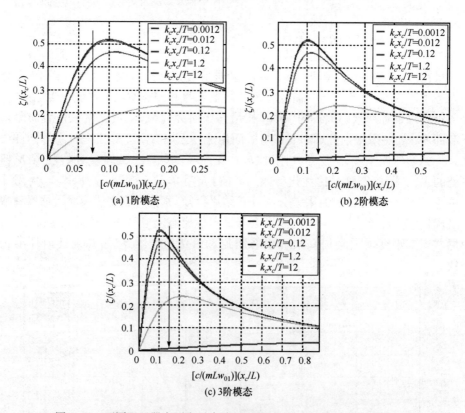

(a) 1阶模态　　　　　　　　　　　(b) 2阶模态

(c) 3阶模态

图 9.38　不同阻尼器内刚度时索端阻尼器的 1～3 阶模态优化设计曲线

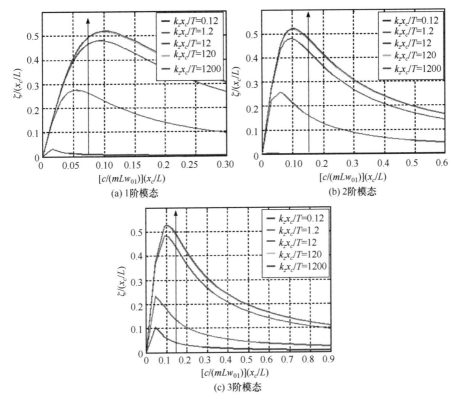

图 9.39　不同支撑刚度时索端阻尼器的 1～3 阶模态优化设计曲线

2. 西堠门大桥吊索的减振研究

对我国西堠门大桥长吊索的大幅振动及减振方法进行了研究。首先基于实测吊索振动加速度响应,获得了吊索的振动模态。利用吊索气弹模型风洞试验对吊索的振动进行了分析,在风洞中重现了吊索碰撞的大幅振动,据此提出了吊索减振的分隔器方案,消除了吊索的相对运动,达到防止吊索发生碰撞的目标。

1) 吊索的动力特性

通过现场实测的 N28#(2#)吊索强迫振动和环境激励数据运用随机子空间法分析吊索振动最为剧烈的前五阶频率和模态阻尼比,运用通用有限元软件 ANSYS 分析得到的吊索前五阶频率测试结果如图 9.40(a)所示,前五阶模态参数统计如图 9.40(b)所示。

2) 吊索的完全气弹模型

为研究吊索的风致振动形态及分隔器个数对吊索减振效果的差异,制作了缩尺比为 1：36 的吊索完全气弹模型。气弹模型和原型之间需满足几何相似、柯西

数和 St、弹性参数、惯性参数及阻尼比等一致,重力对自立式吊索的动力特性影响可不考虑,故不需满足 Fr 一致。由于存在几何缩尺,Re 无法模拟,但吊索串列和加粗糙度大的螺旋线外形,使 Re 效应大大减弱。模型和原型材料密度一致($\lambda_{\rho s}$ =1),因模型和原型分别采用直钢丝和钢绞线,弹性模量 E 有折减,模型的弹性模量是原型的 2 倍,值得注意的是按柯西数一致原则(空气密度相似比 λ_ρ =1),风速相似比应等于弹性模量相似比,即 $\lambda_U = \lambda_E$,但对于索结构,其等效弹性模量 E_{eq} 正比于索张力,而索频率与索张力均方根成正比,与索长成反比,因此等效弹性模量相似比的均方根与频率相似比和索长相似比的乘积相等,可见风速相似比可由 St 完全确定,柯西数一致和吊索模型的张力相似可自然满足。吊索气弹模型参数如表 9.10 所示。

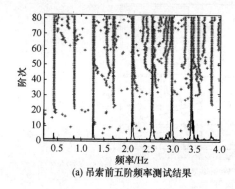

(a) 吊索前五阶频率测试结果　　　　(b) 吊索前五阶模态参数统计

图 9.40　西堠门大桥 N28#(2#)吊索模态参数识别现场测试结果

表 9.10　吊索气弹模型的主要设计参数

参数名称	模型值	相似比	原型值	相似要求
索长、直径、横/顺桥向间距/m	4.44、0.0025 0.016、0.008	1 : 36	160、0.088 0.6、0.3	几何相似($\lambda_L = 1/n$)
单位长度质量/(kg/m)	0.038	1 : 1296	50	量纲一致($\lambda_m = \lambda_\rho \lambda_L^2$)
单位长度质量惯矩/(kg·m²/m)	2.68×10^{-8}	1 : 1679616	0.045	量纲一致($\lambda_{Jm} = \lambda_\rho \lambda_L^4$)
风速/(m/s)	—	1 : 2.44	—	$St(\lambda_f = \lambda_U/\lambda_L)$
弯曲频率/Hz	6.20	15 : 1	0.42	$St(\lambda_f = \lambda_U/\lambda_L)$
阻尼比/%	0.3	1 : 1	0.3~0.5	阻尼比一致($\lambda_\xi = 1$)

为了完全模拟吊索气动外形,采用钢丝作为内芯,由铜丝和铝丝缠绕内芯构成外衣(模拟气动外形)的方式制作模型索,通过弹性参数一致、质量和几何缩尺关系等相似准则确定了内芯钢丝的直径(0.95mm)以及铜丝和铝丝的数量(6 根铝丝、2 根铜丝)和直径(0.745mm),而且保持缠绕角度(60°)一致,具体形式如图 9.41 所示。

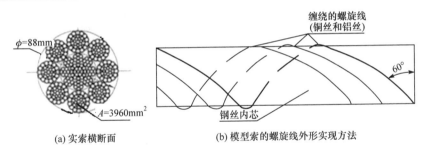

(a) 实索横断面　　　　　　　　　　(b) 模型索的螺旋线外形实现方法

图 9.41　N28♯(2♯)实索的横断面形式和气弹模型螺旋线外形的实现方式

气弹模型试验风洞为湖南大学 HD-2 风洞第二试验段,模型试验区横截面宽 5.5m、高 4.6m,试验段最大风速接近 15m/s,风速测量采用 TFI 三维脉动风速测量仪(眼镜蛇探头),加速度测量采用高精度的 LCO408TM 传感器,单个加速度传感器质量为 0.2g 左右,各索安装高度一致。吊索安装方式为 4 根吊索按实际的布置方式依据缩尺关系布置,从而研究一个吊点 4 根索股的风致振动现象,风洞中的吊索布置如图 9.42 所示。吊索上下两端均可转动,以此来调节索的试验攻角,另外在索下端设置了索力调节螺旋,通过对螺旋的旋动可以实现索力的调节。吊索模型的实测表明,模态阻尼比为均为 0.3%～0.5%,频率及阻尼比和模型设计值基本一致。

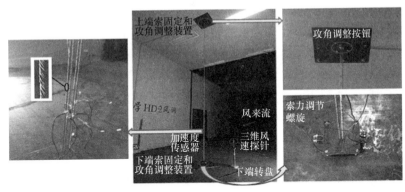

图 9.42　吊索气弹模型试验整体布置方案和试验装置

试验安装分隔器时,考虑到模型索的质量较轻,为避免附加质量对索振动的影响,分隔器选用轻质刚性材料,单个分隔器质量不超过 0.05g,如图 9.43 所示。为研究索的振动形态和分隔器减振方案,进行了不同试验攻角(变化范围 0°～90°,步长 5°)和分隔器数量(0 个、1 个、3 个和 4 个,分隔器沿吊索长度方向等间距安装)下的吊索模型风洞试验。A♯B♯索股连线为横桥向,B♯C♯索股连线为顺桥向。

图 9.44 给出了吊索振动轨迹,为兼有顺桥向和横桥向振动的椭圆形振动,比较符合尾流驰振的运动规律。不同分隔器数量时的吊索在高试验风速下的频谱分析如图 9.45 所示。

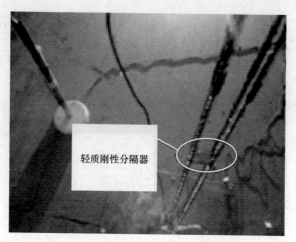

图 9.43　吊索完全气弹模型攻角定义与分隔器安装示意图

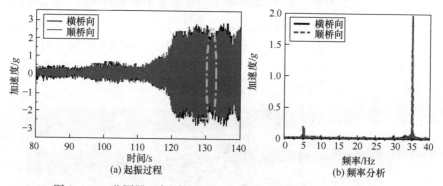

(a) 起振过程　　　　　　　(b) 频率分析

图 9.44　4 分隔器 80°攻角时试验风速 13.5m/s 下的吊索振动轨迹

3) 减振方法的现场实测验证

为了验证分隔器减振效果的有效性,通过安装于现场的吊索振动监控系统获取了 2014 年 7 月 24 日一次大风天气下吊索处的风速数据和吊索的振动加速度信号。通过安装有分隔器的 N28♯吊索和未安装分隔器的 2♯吊索的实测信号对比,可以准确得到分隔器的减振效果。

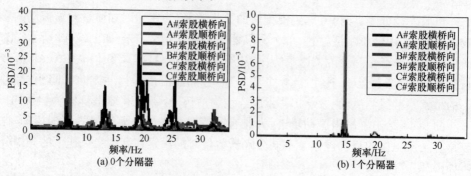

(a) 0 个分隔器　　　　　　　(b) 1 个分隔器

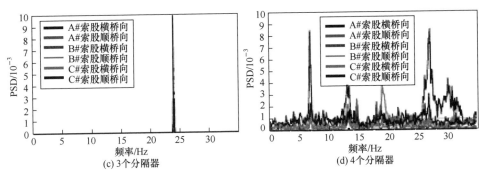

图 9.45　试验风速 11.9m/s 时不同分隔器数量下的吊索振动频谱图

　　进一步将实测的加速度响应转化为各阶振动模态的位移响应。采用窄带滤波然后进行频域积分并考虑振型修正系数的方法获取索股前五阶振型幅值点处的振动位移。信号分析段内的各阶位移幅值响应如图 9.46 所示。由图可知,安装有分隔器的 28# 吊索的各阶位移响应均有明显减小。

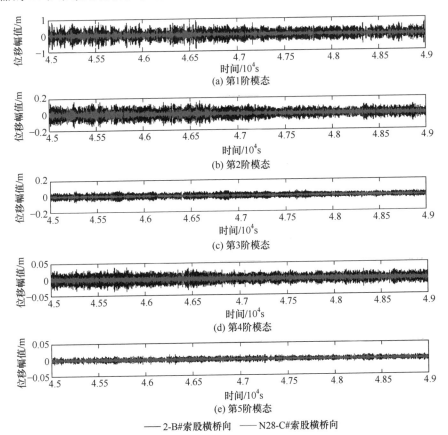

图 9.46　信号分析段内的各阶位移幅值响应

值得注意的是,安装分隔器后,索股的第 1~4 阶模态表现为整体摆动,表明整体摆动尚存在,但已比无分隔器时大大减弱。而第 5 阶模态有可能是索股间的相对运动或者整体摆动。

图 9.46 中信号分析段内的振动位移幅值均值对比如表 9.11 所示。由表可知,未安装分隔器的 2-B♯索股,其第 1 阶振动位移幅值均值达到 0.369m,而横桥向索股间距仅为 0.6m,考虑另外相邻索的振动以及其他阶次的模态叠加效应等因素,2-B♯索股的这种大幅摆动极有可能引发碰索。而对于 N28-C♯索股,其最大的第 1 阶振动位移幅值均值仅为 0.132m,而且因吊索安装有 4 个分隔器,索股的第 1~4 阶振动均为同步运动,能造成碰索的第 5 阶振动位移幅值均值仅为 0.003m,因此可以认为其不会发生碰索,整体摆动相比未安装分隔器时也大幅减小。

表 9.11　　2-B♯索股与 N28-C♯索股各阶振动位移幅值均值对比

索股模态	1 阶	2 阶	3 阶	4 阶	5 阶
2-B♯索股位移/m	0.369	0.070	0.032	0.015	0.005
N28-C♯索股位移/m	0.132	0.027	0.011	0.006	0.003

9.3.2　拱桥刚性吊杆减振措施

大跨度钢拱桥近年在我国发展很快,其吊杆截面一般采用 H 型或箱型,这类 H 型或箱型杆件也常用于钢桁架桥。与钢绞线圆形索式柔性吊杆相比,这类断面杆件刚度较大,可以有效地提高结构整体刚度。但 H 型或箱型杆件气动稳定性差,容易发生涡振和驰振等风致振动,还存在大攻角的颤振稳定性问题,从而引发吊杆的疲劳病害。例如,2006 年建成通车的佛山东平大桥在施工阶段的一次大风作用下就出现了 H 型吊杆根部开裂的事故。

本节通过开发等强度悬臂梁式调谐质量阻尼器对吊杆的风致振动控制进行研究。开发的阻尼器具有如下突出特点:①采用等强度悬臂梁作为弹性元件,通过控制悬臂梁的应力可以避免疲劳,从而极大地提高了弹性元件的耐久性;②采用电涡流作为阻尼介质,为一种无接触、无流体的阻尼形式,避免了油质阻尼器的漏油、启动灵敏度低等问题。本节首先介绍 TMD 的减振原理及参数优化方法,在此基础上研究应用等强度悬臂梁式调谐质量阻尼器进行吊杆减振的效果。

1. 榕江桥吊杆参数

本节以厦深高速铁路榕江特大钢拱桥为工程背景,该桥地处广东汕头近海地区,跨越榕江,是厦深线的控制性工程,主桥为孔跨布置(110+2×220+110)m 的钢桁柔性拱桥,拱肋曲线为抛物线,矢高(上弦以上)44m,矢跨比为 1/5,采用两片主桁,主桁中心距 15m,吊杆为薄壁空心箱型截面,大桥整体布置如图 9.47 所示,吊杆编号及横截面如图 9.48 所示(表中的吊杆质量为其第 1 阶弯曲模态质量)。根据桥址处的气象资料和《公路桥梁抗风设计规范》得到吊杆的设计基准风速为 54.48m/s。依据规范和上述设计基准风速计算得到其涡振和驰振检验风速分别为 54.48m/s 和 65.38m/s。

图 9.47 榕江特大桥桥跨整体布置图

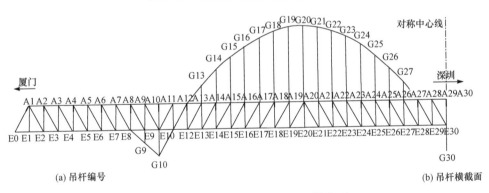

图 9.48 榕江特大桥吊杆编号及横截面

表 9.12 吊杆基本参数统计表

基本参数	G13A13	G14A14	G15A15	G16A16	G17A17	G18A18	G19A19	G20A20
吊杆长度/m	10.313	19.250	26.813	33.000	37.813	41.250	43.313	44.000
强轴长细比	12	23	32	39	45	49	51	52
弱轴长细比	16	29	41	50	57	63	66	67
吊杆质量/kg	1773.5	3535	4191.2	5320.5	6072.9	6634.3	6963.3	7066.3

根据吊杆节段模型测力试验和测振试验结果,对所有吊杆的驰振及涡振性能进行了检验,结果如表 9.13 所示,这表明 G16A16~G20A20 吊杆弯曲涡振起振风

速均小于检验风速,部分吊杆驰振起振风速小于检验风速,由此可知必须采取相应措施改善其抗风稳定性,抑制易发生的强轴和弱轴第 1 阶弯曲涡振和驰振,以保证其运营安全。

表 9.13 G16A16～G20A20 吊杆的起振风速(阻尼比 $\zeta = 0.5\%$)

起振风速	G16A16	G17A17	G18A18	G19A19	G20A20	检验风速
涡振强轴起振风速/(m/s)	43.62	31.63	25.82	25.33	23.97	54.48
涡振弱轴起振风速/(m/s)	37.88	29.66	25.09	23.02	22.26	(涡振)
驰振强轴起振风速/(m/s)	116.50	84.47	68.95	67.63	64.02	65.38
驰振弱轴起振风速/(m/s)	41.96	32.86	27.80	25.50	24.66	(驰振)

2. 吊杆减振用新型电涡流 TMD 开发

依据 TMD 减振设计原理可知,其设计流程为:①根据设计模态质量比 μ 确定 TMD 质量,一般为 1.0%～2.0%;②根据位移响应最小的优化控制算法分别计算 TMD 的最优频率 f_{tmd} 和阻尼比 ζ_{tmd};③由 TMD 的质量、频率和阻尼比计算所需的弹簧刚度 k 和阻尼系数 c;④依据复模态分析法,通过有限元软件 ANSYS 进行吊杆-TMD 系统数值分析以复核模态阻尼比是否符合要求,若不符合,则需调整模态质量比重复计算直至满足试验得到的阻尼比目标值。各吊杆的 TMD 减振优化目标参数(质量、频率和阻尼比)如表 9.14 所示。

表 9.14 数值模拟计算的不同吊杆的 TMD 最优控制参数表

吊杆编号	TMD 参数						系统等效阻尼比/%	
	强轴			弱轴			强轴	弱轴
	质量/kg	频率/Hz	阻尼比/%	质量/kg	频率/Hz	阻尼比/%		
G16A16	31.92	7.18	4.7	63.85	5.50	6.7	2.2	3.0
G17A17	36.44	5.52	4.7	60.73	4.25	6.1	2.3	3.0
G18A18	39.8	4.67	4.7	66.34	3.59	6.1	2.4	3.1
G19A19	41.78	4.24	4.7	69.63	3.28	6.1	2.4	3.1
G20A20	42.4	4.13	4.7	70.66	3.18	6.1	2.4	3.1

为避免悬臂梁根部(固定端)因应力集中而破坏,开发了采用的 TMD 为上端固定下端自由的等强度悬臂梁摆式构造,TMD 的运动质量主要由悬臂梁末端固定的圆盘形质量块提供,刚度由悬臂式弹簧钢板提供,弹簧钢板可垂直于钢板平面摆动。根据等强度梁理论,若已知弹簧钢板在质量块悬挂处最大位移 $\delta_{\max}$ 下的容许应力值 $\sigma_{\max}$、TMD 摆动目标圆频率 ω_a 和摆动质量 m_a,而且钢板为等厚度矩形截面,其抗弯截面模量为 $W = bh^2/6$(b 为截面宽度,h 为截面厚度),若给定 h 的值,则

可设计出钢板的截面宽度 b 沿板长度方向的变化尺寸为

$$\begin{cases} b(x) = 6k_a\delta_{\max}x/(\sigma_{\max}h^2) \\ k_a = m_a\omega_a^2 \end{cases} \tag{9.8}$$

式中, x 为沿钢板长度方向的坐标值,以质量块与钢板固定处为原点; k_a 为 TMD 摆动刚度。

实际 TMD 装置的钢板上端固定约束点可以上下调节,通过改变钢板长度可改变其摆动频率,TMD 具体构造形式如图 9.49(a) 和(c) 所示。另外,在外框架上安装有尼龙材质限位帽,以控制 TMD 摆动幅度。TMD 质量和刚度部件的具体设计和验算可以通过数值软件 ANSYS 建模进行有限元分析实现,为保证正确模拟弹簧钢板的摆动特性,用 Shell63 薄壳单元模拟弹簧钢板,如图 9.49(b) 所示。

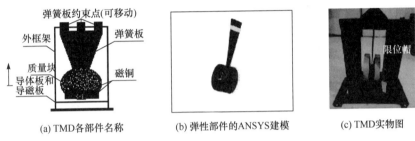

(a) TMD 各部件名称　　　　(b) 弹性部件的ANSYS建模　　　　(c) TMD实物图

图 9.49　TMD 质量和刚度部件示意图和 ANSYS 建模分析

本节设计的电涡流 TMD 阻尼部件构造示意图如图 9.50 所示。其中永磁体采用高强磁钢,为合理引导磁路和避免磁泄漏以提高磁体利用效率,采用在导体板下方增设导磁板的方式。通过 COMSOL 多物理场仿真软件模拟分析对各阻尼部件进行初步参数分析。图 9.51 和图 9.52 分别对应不加导磁板与加导磁板时各剖面磁场分布及导体板上的电涡流分布。可以发现,增设导磁板后,磁路因其引导会向导磁板集中,可以极大地增强磁体利用效率。

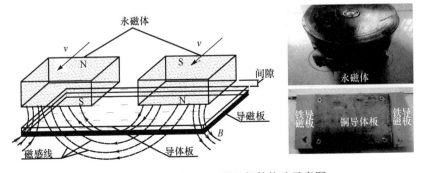

图 9.50　电涡流 TMD 阻尼部件构造示意图

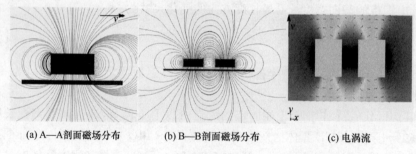

(a) A—A剖面磁场分布　　　(b) B—B剖面磁场分布　　　(c) 电涡流

图 9.51　不加导磁板时各剖面磁场分布及导体板的电涡流分布图

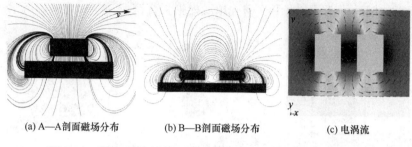

(a) A—A剖面磁场分布　　　(b) B—B剖面磁场分布　　　(c) 电涡流

图 9.52　加导磁板时各剖面磁场分布及导体板的电涡流分布图

3. TMD 减振效果实测

为了得到安装电涡流 TMD 后的吊杆等效阻尼比,开发了专门的强迫振动激振装置,激振装置通过电机驱动偏心轮以得到简谐激振力,振动频率可以通过变频器调节。试验时电机依靠电磁铁吸附于吊杆壁面上,调节激振器的激振力频率与吊杆固有频率接近,使吊杆发生共振,待吊杆起振后,瞬间关闭激振器,使吊杆做自由衰减振动,通过安装在吊杆中部的加速度传感器和动态信号测试仪记录吊杆的衰减振动信号,经信号分析即可得到吊杆-TMD 系统的等效阻尼比,选取 G19A19 和 G20A20 吊杆作为试验对象。

G19A19 和 G20A20 吊杆的等效阻尼比结果如表 9.15 所示。

表 9.15　吊杆-TMD 系统的等效阻尼比实测值

吊杆编号	强轴方向系统等效阻尼比/%	弱轴方向系统等效阻尼比/%
G19A19	2.16	5.30
G20A20	3.16	3.01

试验得到的吊杆-TMD 系统等效阻尼比都超过了风洞试验得到的抑制吊杆风振的目标阻尼值。试验过程中,当吊杆发生共振时,试验人员观测到 TMD 的质量

块也发生了振幅为 3～6mm 的摆动,证明了 TMD 能够正常工作。另外,对于 G16A16～G18A18 吊杆,通过环境激励以及随机减量和随机子空间法等估算了吊杆安装 TMD 前后的等效阻尼比,结果显示,强轴方向在 1% 以上,弱轴方向在 2%～3%,且非常接近 3%。由此可以认为,TMD 对吊杆的减振是非常有效的,达到了预期的安装目的。

9.3.3　悬索桥桥塔尾流致吊索大幅度风致振动

1. 榕江桥吊杆参数

试验在哈尔滨工业大学风洞与浪槽联合实验室进行。该实验室为闭口回流式风洞,有两个试验段,小试验段截面尺寸为 4m(宽)×3m(高),长 25m;大试验段截面尺寸为 6m(宽)×3.6m(高),长 50m;在大试验段下部为水槽,通过移动地板可将风洞与水槽分开。小试验段和大试验段的最大风速分别为 50m/s 和 30m/s。本节试验在大试验段完成。

2. 塔柱模型

实桥中,悬索桥桥塔是由两个独立的塔柱组成的,吊索支撑在塔柱的顶部,如图 9.53 和图 9.54 所示。当来流风平行于桥轴向时,索塔附近的吊索将只受到单根塔柱的影响。试验中,按照 1∶10 的几何缩尺比,塔柱模型的截面尺寸为 0.65m×0.85m(对应实桥中塔柱的截面尺寸为 6.5m×8.5m),塔柱模型的高度为 3.3m。风洞试验的阻塞率为 9.93%。为保证模型的刚度和整体性,塔柱模型用厚度为 12mm 的实木板加工制作而成。塔柱模型布置在一块高于风洞地面 0.1m 的底板上,并通过顶撑与风洞天花板固定。在风洞试验中,塔柱模型保持刚性、静止,试验布置如图 9.55 所示。

图 9.53　某大跨度悬索桥

图 9.54　某大跨度悬索桥的主缆和吊索

图 9.55　试验布置(D4200 工况)

　　试验中用 4 根相同的包塑钢丝绳来模拟一束吊索。每一根吊索模型均由钢丝绳和外包光滑 PVC 层组成。按照与塔柱模型相同的几何相似比(1∶10),每根钢丝绳直径均为 8.8mm,长度为 3000mm。4 根钢丝绳用 4 个独立的夹具固定在上下钢梁上。吊索模型之间的间距同样按照 1∶10 的比例缩尺,在顺风向的间距为 30mm,在横风向的间距为 60mm,吊索模型的质量为 0.158kg/m,如图 9.56 所示。试验中,在上下两个钢梁的前后沿分别布设一个 NACA0012(弦长 567.1mm)翼型来导流,消除端部效应,如图 9.55 所示。

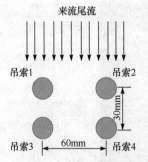

图 9.56　吊索布置图

　　试验中,4 根吊索模型作为一束吊索,分别沿着轴线布置在桥塔尾流中的不同位置处,此时来流风平行于桥梁轴线。基于布置距离,当吊索距离桥塔 2.4m 时,试验工况记为 D2400。同样,当吊索与塔柱模型的距离为 4.2m、6.0m 和 7.8m 时,试验工况分别记为

D4200、D6000 和 D7800。值得注意的是，吊索与塔柱模型间的布置距离也遵守
1∶10 的几何缩尺比，各个测试工况分别对应实桥中的 24m、42m、60m 和 78m，即
距离塔柱最近的 4 束吊索。此外，在实桥中第 5 束吊索距离塔柱 96m，此时塔柱对
吊索风致振动的影响可以忽略。因此，试验中仅考虑前 4 束吊索的影响。

在每根吊索模型距离底端 1.0m 处布设 2 个加速度传感器来测试吊索在桥塔
尾流中的振动响应（包括顺风向和横风向两个方向），采样频率为 1000Hz，在每个
风速下的采样时间为 60s。首先测试在没有来流风作用下吊索模型的结构自振特
性。基于自由振动加速度时程，可识别出吊索的第 1 阶自振频率（f_N）为 3.0Hz。
通过夹具调整张拉力，4 根吊索之间的频率误差控制在 1‰ 以内。同时测得吊索的
阻尼比为 0.58%，可见，吊索模型具有低质量低阻尼的特性。试验中，每个工况测
试前后分别测试 4 根吊索的自振频率特性，以确保在加载过程中没有因为索力松
弛导致的频率改变。此外，由于吊索模型刚度很小，在频率测试中结构的高阶模态
很容易体现出来。自振测试试验中发现，吊索模型的第 N 阶模态频率接近于 $3N$
Hz。同时，吊索振动的第 3 阶模态很难被测试出来，这是因为加速度传感器的布
设位置正好位于吊索全长的三分之一处。

在风洞试验中，首先用热线风速仪测试塔柱模型的尾流特性。塔柱模型下游
热线风速仪布置在每个位置，热线探头距离地板的高度为 1.2m。通过记录塔柱下
游不同位置处的尾流风特性，可以分析得到塔柱尾流中的涡脱频率和湍流度。在
尾流测试中，热线风速仪的采样频率为 1000Hz，在每个风速下的采样时间为 60s。
在移除塔柱模型之后，分别测试单索和一束吊索在相同风速下的风致振动响应作
为对照，探讨塔柱尾流对吊索风致振动的影响。

在风洞试验中，试验风速范围从 7.9m/s 开始，以 0.4m/s 为步长增加到
16.3m/s。对应的雷诺数（$Re=UD/\nu$）范围为 $3.43\times10^5\sim5.75\times10^5$。在雷诺数
的定义中，U 是来流风速，D 是塔柱迎风面特征尺度，试验中为 0.65m，ν 为运动黏
性系数，在温度为 20℃ 取 1.57×10^{-5} m²/s。

3. 大跨度悬索桥桥塔尾流特性

通过对桥塔模型尾流的脉动风速时程进行快速傅里叶变换，可以得到不同位
置处旋涡从桥塔模型上脱落的频率，如图 9.57 所示。由图可知，工况 D2400、
D4200 和 D6000 对于旋涡以无量纲频率（施特鲁哈尔数 St）0.2 从上游塔柱模型
脱落并输运到尾流中。而当测试位置距离塔柱模型 7.8m 时（即工况 D7800），热
线风速仪没有探测到规律的旋涡脱落。

塔柱模型尾流中的平均风速和湍流度如图 9.58 和图 9.59 所示。由于塔柱模
型的阻塞效应，尾流的风速比来流风速小，在工况 D2400 时，尾流平均速度最小。
而在工况 D4200、D6000 和 D7800 中，平均风速的分布十分接近。对于工况
D2400，尾流中的湍流度超过了 30%。随着距离的增加，湍流度也逐渐减小，当测
试位置位于塔柱模型下游 7.8m 时，湍流度约为 12.8%。

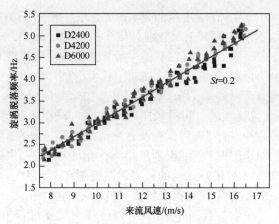

图 9.57 塔柱涡脱频率随风速变化关系

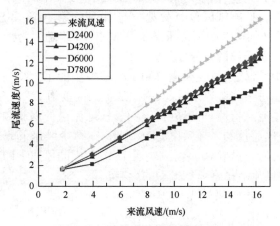

图 9.58 塔柱尾流中的平均风速

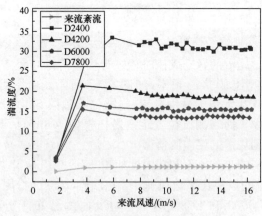

图 9.59 塔柱尾流中不同位置的湍流度

4. 大跨度悬索桥吊索振动特征

吊索横风向和顺风向的加速度均方根值如图 9.60 所示。从图中可知,前排两束吊索振动响应类似,而后排两束吊索振动响应也相似,且后排吊索振动更加剧烈。此外,随着吊索布置位置远离塔柱模型,吊索振动的响应呈逐渐减小的趋势。随着风速的增加,吊索振动逐渐增加,此时为典型的抖振响应(称为低肢抖振);当风速增加到一定程度,桥塔涡脱频率接近吊索第 1 阶自振频率时,周期性的尾流激励与吊索发生共振,此时吊索振动响应非常剧烈;当风速继续增加,桥塔涡脱频率超过吊索第 1 阶自振频率时,吊索振动响应逐渐变弱;当桥塔涡脱频率远离吊索第 1 阶自振频率之后,吊索振动继续恢复以抖振响应为主(称为高肢抖振)。可见,桥塔尾流中吊索的风致振动是抖振响应和桥塔涡脱共振响应的组合。

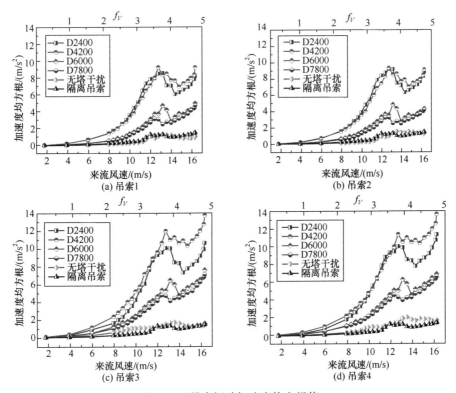

图 9.60　吊索振动加速度均方根值

5. 大跨度悬索桥吊索振动时频特征

以 D4200 工况为例阐述吊索在塔柱尾流作用下的振动响应。选择 3 种典型风速进行时频分析,即 9.2m/s、11.9m/s 和 16.3m/s,分别代表低肢抖振、共振和高肢抖振。图 9.61～图 9.66 是不同风速下吊索 2(前排)和吊索 4(后排)横风向和顺风向的时频分析结果。综合图中结果分析可得：

在低肢抖振响应中，吊索横风向的振动均由第 1 阶模态主导，而顺风向的振动由第 2 阶模态主导。

当涡脱频率与吊索第 1 阶振动频率接近而发生共振时，吊索横风向和顺风向的振动均由第 1 阶模态主导。

在高肢抖振响应中，吊索横风向的振动均由第 2 阶模态主导，而顺风向的振动由更高阶模态共同主导，尤其是对于后排的吊索 4，其时频特性展示出非常高阶的模态频率。

后排吊索在桥塔尾流和前排吊索的共同作用下，其振动响应比前排吊索更剧烈，时频特性也更复杂，吊索振动轨迹(图 9.67)也能佐证该结论。

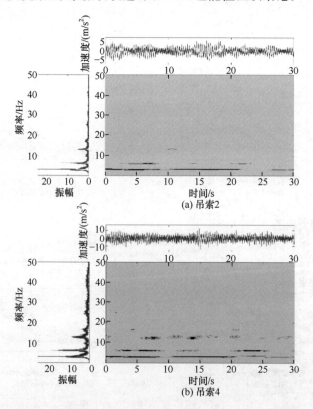

图 9.61　风速 9.2m/s 时吊索横风向振动的时频分析结果

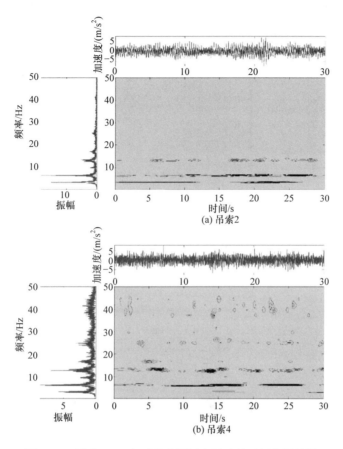

(a) 吊索2

(b) 吊索4

图 9.62　风速 9.2m/s 时吊索顺风向振动的时频分析结果

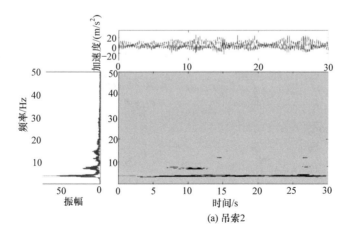

(a) 吊索2

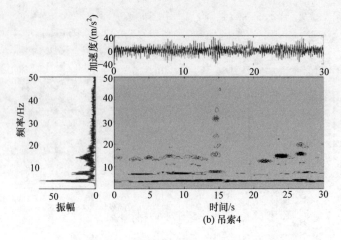

(b) 吊索4

图 9.63　风速 11.9m/s 时吊索横风向振动的时频分析结果

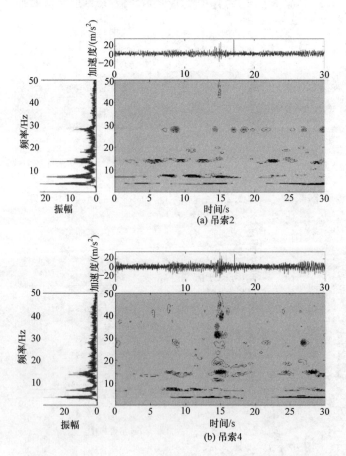

(a) 吊索2

(b) 吊索4

图 9.64　风速 11.9m/s 时吊索顺风向振动的时频分析结果

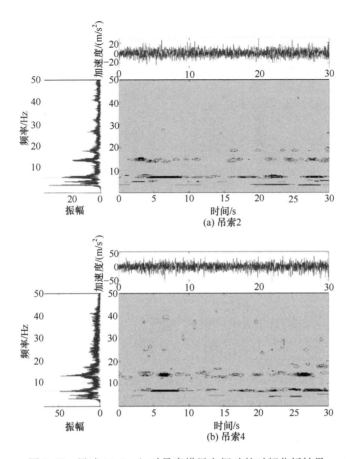

图 9.65　风速 16.3m/s 时吊索横风向振动的时频分析结果

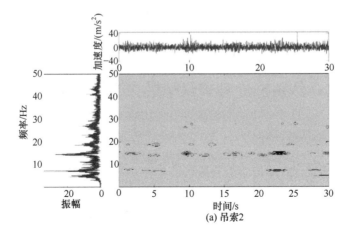

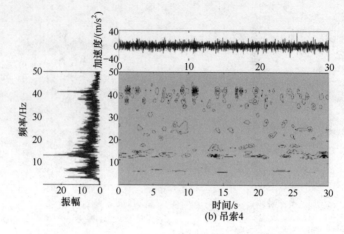

图 9.66　风速 16.3m/s 时吊索顺风向振动的时频分析结果

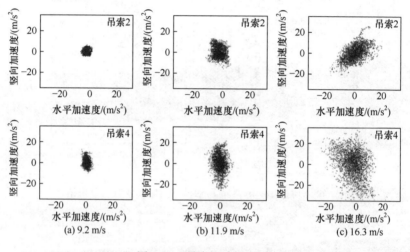

图 9.67　吊索振动轨迹图

9.4　悬索桥分离式双箱梁涡激振动细观机理

9.4.1　节段模型风洞试验

为探究分离式双箱梁的涡激共振特性与机理,进行了弹性节段模型风洞试验 (Laima and Li,2015;Li et al.,2014;Chen et al.,2014a;Laima et al.,2013)。试验在哈尔滨工业大学风洞与浪槽联合实验室精细化风洞进行,试验段示意图如图 9.68 所示。试验段由透明有机玻璃制成,长 1m,截面尺寸为 505mm×505mm。风洞风速范围为 0.5~30m/s,湍流度小于 0.4%。在试验中,阻塞率为 3.5%。

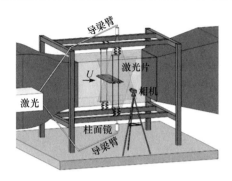

图 9.68　试验段示意图

　　试验模型由某已建成的分离式双箱梁悬索桥缩尺而来,其几何尺寸及参数如图 9.69 和表 9.16 所示。模型采用 3D 打印技术制造,制造精度达 0.1mm。模型内部由钢杆支撑,为最大程度上减少对流场观测的遮挡,弹簧通过 0.38mm 钢丝绳与模型内部撑杆相连接。试验中采用激光位移计进行结构振动测量,测点如图 9.69(b)所示,以两测点位移信号的平均值作为竖向位移,以二者之差除以间距作为扭转位移。PIV 观测截面位于模型的 1/3 跨,保证了中央开槽区域的流场观测,并避免了由跨中横撑引起的三维效应。

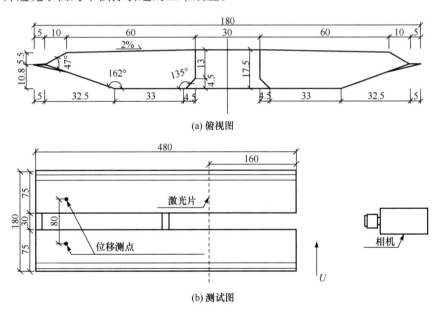

图 9.69　试验模型几何尺寸(单位:mm)

表 9.16 试验模型参数

参数	数值
长 L/m	0.4800
宽 B/m	0.1800
高 D/m	0.0175
等效质量 $m/(kg/m)$	0.6878
扭转惯矩 $I_m/(kg \cdot m)$	0.0025
竖向自振频率 f_v/Hz	6.77
扭转自振频率 f_t/Hz	8.10
竖向阻尼比 ζ_v	0.7‰
扭转阻尼比 ζ_t	3.8‰

为确定分离式双箱梁涡振的激振位置和触发机理,分别对固定模型、弹性模型、无开槽弹性模型和带分流板的弹性模型进行了试验研究,如图 9.70 所示。通过固定模型和弹性模型的流场对比可以得到模型振动对流场的影响,进而体现风与结构的耦合形式和程度;通过开槽模型与无开槽模型的对比可以体现开槽对结构周围旋涡生成、传递的影响;通过尾流区的分流板可以判定结构尾涡的交替脱落对分离式双箱梁涡激振动的影响。

试验风速区间为 $0.5 \sim 3.1 m/s$,对应雷诺数区间为 $587 \sim 3641$。试验中风速单调递增。

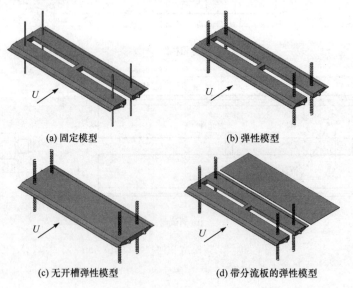

(a) 固定模型   (b) 弹性模型

(c) 无开槽弹性模型   (d) 带分流板的弹性模型

图 9.70 试验工况示意图

9.4.2 涡激振动特征

研究发现,分离式双箱梁存在多风速段激发相同模态涡激振动的现象,即随着风速的增加,结构将先后发生四次涡激振动,振动方向依次为竖向、扭转、第二次竖向、第二次扭转,且振动频率均为结构对应方向的固有频率,如图 9.71 所示。可以看出,无开槽的弹性模型没有发生任何明显的涡激共振现象,说明开槽是诱发分离式双箱梁涡振的控制因素。而尾流设置分流板的弹性模型仅在 V1 区间内发生了明显的竖向涡激振动,幅值略小于弹性模型,而没有发生另外三次涡振,说明 T1、V2 和 T2 区间内的涡振依赖于尾流旋涡的交替脱落,而 V1 内的涡振由开槽区及尾流涡脱共同导致,且开槽区的影响更大。

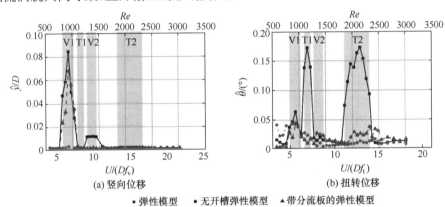

(a) 竖向位移　　　　　　(b) 扭转位移

■ 弹性模型　● 无开槽弹性模型　▲ 带分流板的弹性模型

图 9.71 位移响应均方根

为了从流场角度揭示分离式双箱梁涡激振动的诱发机理,在各涡振敏感风速区间内进行了粒子图像测速(PIV)试验。涡激振动瞬态流场的原始照片如图 9.72 所示,流线及旋涡分布清晰可见。在 V1 区间内,旋涡尺度较大,且中央开槽区存在明显的交替脱落现象,随着风速的增加,在另外三个风速区间内仅在尾流区存在旋涡交替脱落的现象,而开槽处成为死水区。

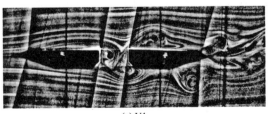

(a) V1

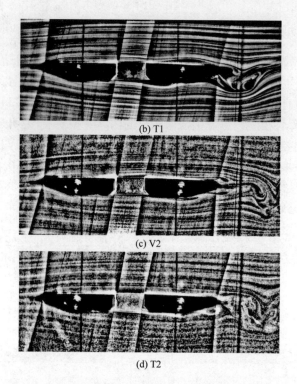

(b) T1

(c) V2

(d) T2

图 9.72　涡激振动瞬态流场原始照片

由于涡量不能很好地区分近壁面的剪切层与旋涡,研究中采用涡强来表征旋涡的强弱,其定义为风速梯度张量特征值的虚部。

在各涡振风速区间内弹性模型和固定模型的涡强场分布如图 9.74~图 9.77所示,其中顺时针方向的旋涡定义为负,逆时针方向旋涡定义为正。图中网格尺寸与模型高度相等以作为尺度参考。从上到下依次为图 9.73 所示的相位 1 到相位 4。其中相位 1 和相位 3 均代表结构振动的平衡位置,相位 2 代表竖向振动中的位移最高点或扭转振动中的最大仰角,相位 4 代表竖向振动中的位移最低点或扭转振动中的最小仰角。通过与图 9.72 的对比,可以看出流场特征基本吻合,证实计算过程及结果确切可靠。

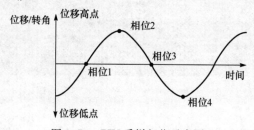

图 9.73　PIV 采样相位示意图

弹性模型在 V1 区间内的涡强场如图 9.74(a)所示。开槽区旋涡在上游结构的背风面生成并脱落进开槽区,随后沿下游结构表面向后传递,最终在尾流风嘴处脱落,整个历程持续三个结构振动周期。以下方旋涡为例,在第一个周期中,旋涡在相位 2 即竖向的最高点开始生成,伴随着结构的向下运动逐渐增强、增大,直到相位 1 完全脱离进入开槽区;在第二个周期中,旋涡沿着下游结构下表面向后传递,涡强有所降低;在第三个周期中,尾流风嘴处旋涡同样在相位 2 开始脱落,并在相位 1 完全脱落。上方旋涡行为与下方相似,但存在 1/2 振动周期的相位差。注意到在整个过程中旋涡存在开槽和尾流的两次脱落,且两次脱落的相位相同,意味着两次脱落对结构的激励可叠加。同时尾流区的旋涡强度弱这一现象与图 9.71(a)所示的封闭开槽的响应特性解释相吻合,即 V1 中的涡激振动由开槽区及尾流的旋涡脱落共同造成,分流板仅能抑制尾流区交替脱落的旋涡对结构的作用,从而使结构振幅有所下降。而由于尾流区的旋涡强度弱于开槽区,其对结构的激励作用也弱于开槽区的旋涡。

固定模型在 V1 区间内的涡强场如图 9.74(b)所示。结构开槽区不存在交替脱落的旋涡,同时结构表面的旋涡强度和尺度都大大降低并失去传递性。尾流区仍存在交替脱落的旋涡,但在完全脱落前旋涡的强度仍然很小,不足以激发结构的振动。通过固定模型和弹性模型的对比可以看出,在 V1 区间内绕流场旋涡的发展依赖于结构的振动,同时结构的振动也依赖于旋涡结构的激励,这体现了风与结构的相互耦合作用,也显示了此时系统的自激特性。

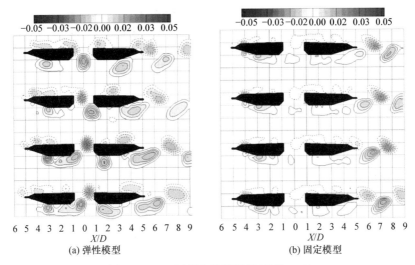

(a) 弹性模型　　　　　　　　　　(b) 固定模型

图 9.74　V1 区间内的涡强场(单位:s^{-1})

弹性模型在 T1 区间内的涡强场如图 9.75(a)所示。旋涡仍在上游结构的背风面生成,但并没有在开槽区内充分脱落并发育,而是在下游箱梁表面向后传递的过程中逐渐发展,并在尾流脱落后迅速增强。仍以下侧旋涡为例,开槽处旋涡在相位 2 生成,并在相位 1 完全附着到背风侧结构上并开始沿结构表面向后传递,到相位 4 开始尾流脱落,在相位 1 涡强迅速增大,在相位 2 完全脱落。固定模型在 T1 区间内的涡强场如图 9.75(b)所示,与 V1 区间内的固定模型流场基本相似,在各角点处存在涡强更高的驻涡。

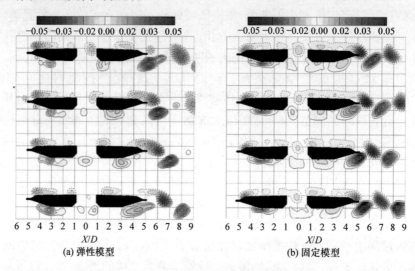

图 9.75　T1 区间内的涡强场(单位:s⁻¹)

由上述可知,T1 区间内的涡振强度弱于 V1 区间,原因主要有三个:①由于开槽区边界距离结构扭转中心较近,在扭转振动下的位移较小,因而在开槽区难以对风产生较大影响;②随着风速的增加,由于开槽区的流动分离而产生的旋涡位置后移,在旋涡充分发育前就受到了背风侧结构的抑制;③尾流涡脱与开槽涡脱的相位不一致,其对结构的作用也不同步,所引起的响应不能充分叠加。

弹性模型在 V2 区间内的涡强场如图 9.76(a)所示。旋涡基本上在下游结构的迎风面生成,在向后传递的过程中逐渐增强,并在尾流区交替脱落。试验中观察到了一个独特的现象,即在相位 1 下尾流风嘴处开始生成上下对称的一对旋涡,在脱落后迅速衰减至完全消散。相同的现象也可以在图 9.72(c)中发现。据推测,该旋涡应为结构自身的尾流涡脱,而非在开槽区生成后传递到尾流的旋涡。固定模型的流态与上述类似,在此不再赘述。

弹性模型在 T2 区间内的涡强场如图 9.77(a)所示。随着风速的增加,涡强也随之增强,几乎在结构的各角点均存在驻涡,旋涡的传递过程几乎不可见,仅在尾流区可见旋涡交替脱落的过程。固定模型与弹性模型的流场几乎相同,说明此时的流固耦合程度不高。

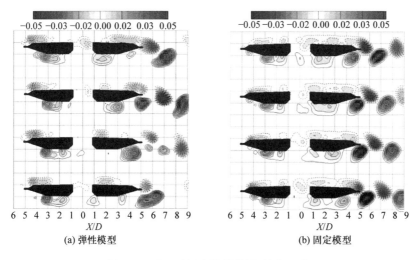

图 9.76 V2 区间内的涡强场(单位:s⁻¹)

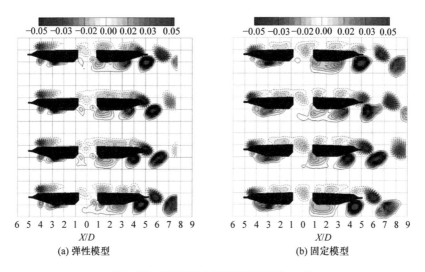

图 9.77 T2 区间内的涡强场(单位:s⁻¹)

综上所述,V1 和 T1 区间内旋涡生成于上游箱梁背风面,V2 和 T2 区间内旋涡主要生成于下游箱梁的迎风面,仅在 V1 区间内旋涡可以在开槽区充分发育。

9.4.3 涡激振动旋涡脱落特征

试验中采用热线风速仪分别测量固定模型、无开槽固定模型和弹性模型周围的旋涡脱落频率,热线测点布置示意图如图 9.78 所示。

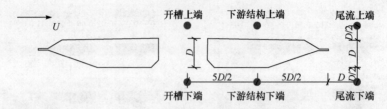

图 9.78　热线测点布置示意图

对固定模型在全部六个测点进行了热线测量,结果如图 9.79 所示。可以看出,结构上下表面的涡脱频率基本相似,且涡脱频率随风速线性增加,符合施特鲁哈尔定律。在各测点处均探测到 $St=0.236$ 对应的涡脱频率,而在较低的风速区间内,开槽区和下游结构表面同样探测到 $St=0.122$ 对应的涡脱频率,这意味着对一个结构可能同时存在两个不同的施特鲁哈尔数。而尾流区始终只存在 $St=0.236$ 对应的涡脱频率。

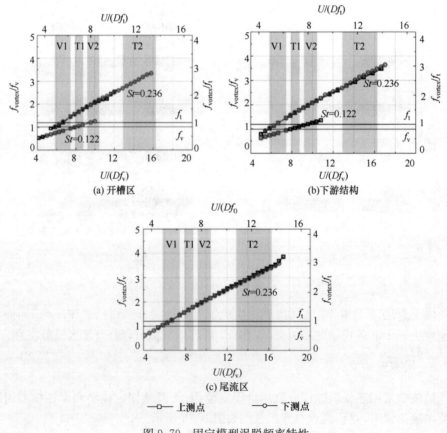

图 9.79　固定模型涡脱频率特性

为研究开槽对涡脱频率的影响,对无开槽固定模型的下游结构和尾流区进行了热线测量,结果如图 9.80 所示。可以看出,在下游结构上下表面仍然存在两个施特鲁哈尔数,其中一个保持 0.122 不变,而另一个从 0.236 变为 0.300。尾流区仅存在 $St=0.300$ 对应的涡脱频率。此时开槽封闭,仅存在迎风分离和尾流分离两处可能生成旋涡的地方,而尾流区测到的是 $St=0.300$ 对应的涡脱频率,因而可以推测无开槽状态下的尾涡脱落对应的施特鲁哈尔数为 0.300,迎风端旋涡频率对应的施特鲁哈尔数为 0.122。在有开槽存在的情况下,开槽无法影响迎风端生成的旋涡,因而 $St=0.122$ 不变,但由于开槽处生成的旋涡会传递到尾流区,进而影响或覆盖原本的尾流涡脱,所以改变了下游结构和尾流区的涡脱频率特性,由此可判断 $St=0.236$ 对应的是开槽处的旋涡脱落施特鲁哈尔数。

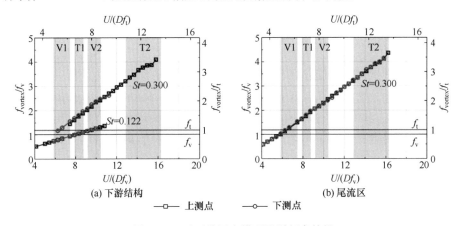

(a) 下游结构　　　　　　　　　　　　(b) 尾流区

—□— 上测点　　　—○— 下测点

图 9.80　无开槽固定模型涡脱频率特性

弹性模型尾流区的涡脱频率特性如图 9.81 所示。在涡振发生前仍存在两个施特鲁哈尔数,其频率分别对应 $St=0.122$ 和 $St=0.236$,与固定模型相同。振

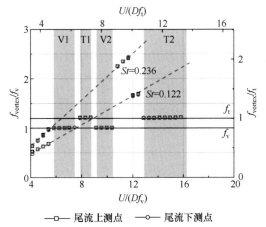

—□— 尾流上测点　　　—○— 尾流下测点

图 9.81　弹性模型尾流区涡脱频率特性

动发生后,涡脱频率完全被结构对应方向上的振动频率锁定。当 V1 发生时与 $St=$0.236 对应的涡脱频率刚好与结构竖向自振频率相等,T1 发生时的涡脱频率为1.2 倍的扭转自振频率。随后结构被 $St=0.122$ 对应的涡脱频率再次锁定,在 V2区间内发生第二次竖向振动。在 V2 与 T2 区间没有发生涡激振动的风速段上涡脱频率回归到了各自原本的风速-频率曲线上,直到结构在 T2 区间内被再次锁定发生第二次扭转振动。

9.4.4　涡激振动细观机理

　　分离式双箱梁涡激振动诱发过程可以概括如下:结构存在三处流动分离点,分别为迎风端、开槽区和尾流区,所对应的施特鲁哈尔数分别为 0.122、0.236 和0.300,当存在开槽时,开槽处生成的旋涡会传递到尾流并覆盖尾流本身的涡脱。随着风速的增加,开槽区的涡脱频率达到结构竖向自振频率,在 V1 区间内诱发第一次竖向涡激共振,旋涡在开槽区内充分发育后向后传递并在尾流区第二次脱落,两次脱落相位相同。当风速达到 T2 区间时,开槽区的涡脱诱发了第一次扭转涡激振动,此时由于旋涡位置后移等原因,无法在开槽区充分发育,只在尾流脱落前得到显著增强。风速继续增加,迎风端的旋涡生成频率达到结构自振频率,在 V2及 T2 区间内诱发第二次竖向及扭转振动,旋涡的生成位置主要在下游箱梁的迎风面,并在尾流区脱落。

9.5　钝体结构风振的被动吹气流动控制

　　以圆柱节段模型模拟桥梁工程中的索结构,为达到减阻减振及抑制旋涡脱落的目的,在圆柱体表面设置中空套环,套环的迎风面设置进气孔,背风面对称设置出气孔,如图 9.82 所示。气流从进气孔进入套环内部然后由出气孔吹出,利用出气孔吹出的气流打乱尾流中交替脱落的旋涡,从而抑制潜在的涡激振动(Chen et al.,2015a;Chen et al.,2015b;Chen et al.,2014b;Xu et al.,2014;Chen et al.,2013)。

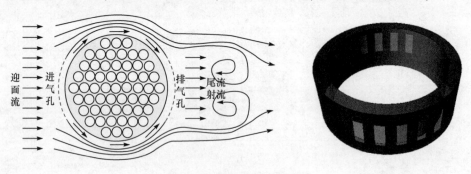

图 9.82　被动吹气套环装置

9.5.1　风洞试验

试验中,根据气孔数量的不同,各控制工况分别记为 N1、N5、N9 和 N13。圆柱节段模型试验包括测压和测速两个部分,通过 PIV 试验获得圆柱绕流(包括跨中和测压截面,分别记为截面 1 和截面 2)的实时流场,测压截面均匀布置 36 个测压孔。图 9.83 给出了无控和有控状态下圆柱各测点平均、脉动压力系数。可以发现,布设套环显著降低了圆柱体背后的负压,使得圆柱体前后压差减小,达到了减阻的目的。同时,有控状态下圆柱体表面的脉动压力系数大幅度减小,减小了升力脉动值。图 9.84 和图 9.85 中对升、阻力系数时程的对比及其统计结果也表明,升、阻力控制效果非常明显。

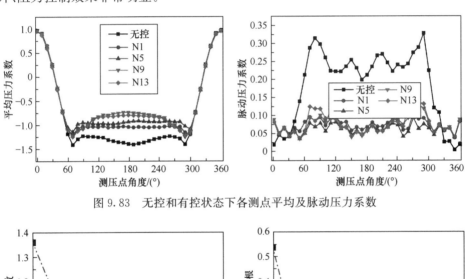

图 9.83　无控和有控状态下各测点平均及脉动压力系数

图 9.84　升、阻力系数控制效果

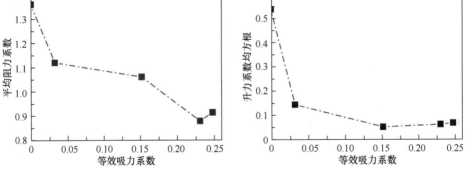

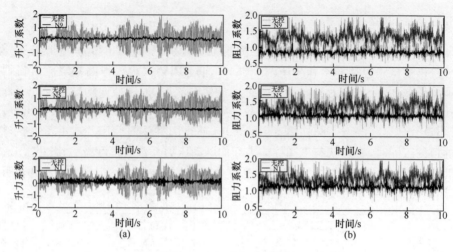

图 9.85　气动力时程控制

从图 9.86 和图 9.87 的 PIV 流场测试结果可以看出,有控状态下,沿着圆柱后驻点对称的尾部出现了明显的射流,从而在近尾迹区形成了与顺流向旋涡反向的小尺度旋涡,在该小尺度旋涡的作用下,近尾迹区原本交替脱落的旋涡被分离成近乎平行的两列异号旋涡,导致作用在圆柱上的脉动压力大大减小。同时,在射流作用下,圆柱尾部回流区变窄,实现了阻力减小,有控时圆柱尾流区湍动能明显降低,N5 时已经基本完全抑制住圆柱尾部湍流的发展,流场控制取得良好的效果。此外,对比跨中截面和测压截面的流场测试结果,可以发现圆柱尾流在跨中截面的速度方向与测压截面的速度方向相反,鉴于两个截面之间微小的距离,这说明旋涡运动沿着圆柱的展向迅速发展,具有强烈的三维特性。

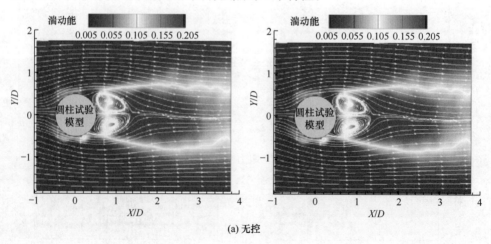

(a) 无控

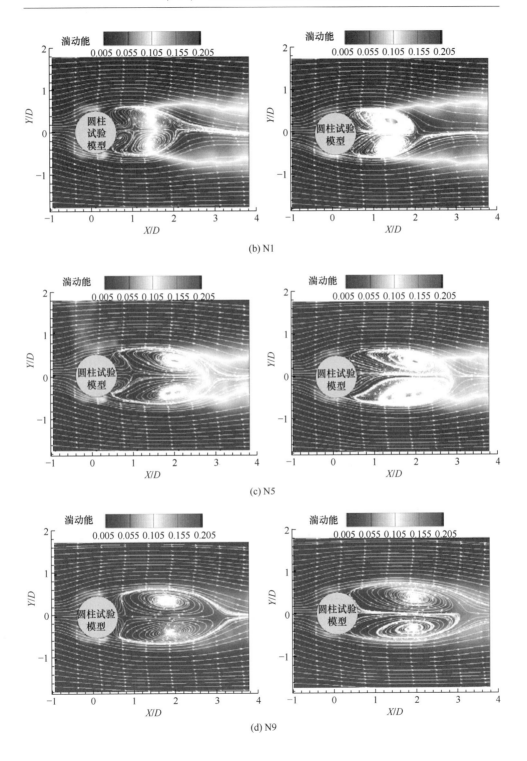

(b) N1

(c) N5

(d) N9

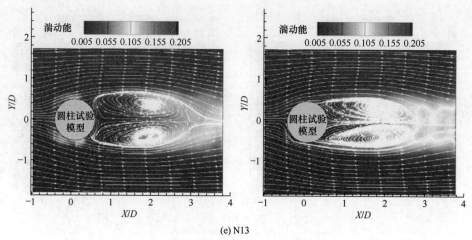

(e) N13

图 9.86 无控及有控状态下圆柱绕流时均流场

左列对应截面 1, 右列对应截面 2

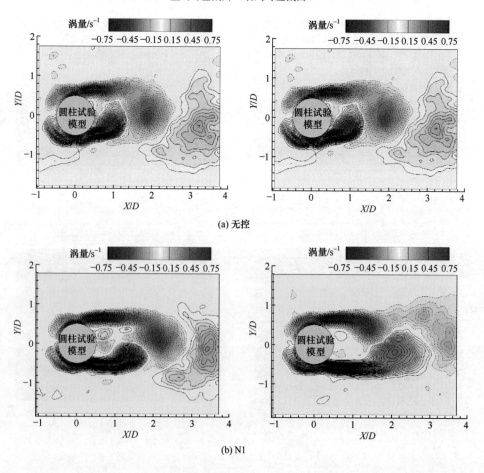

(a) 无控

(b) N1

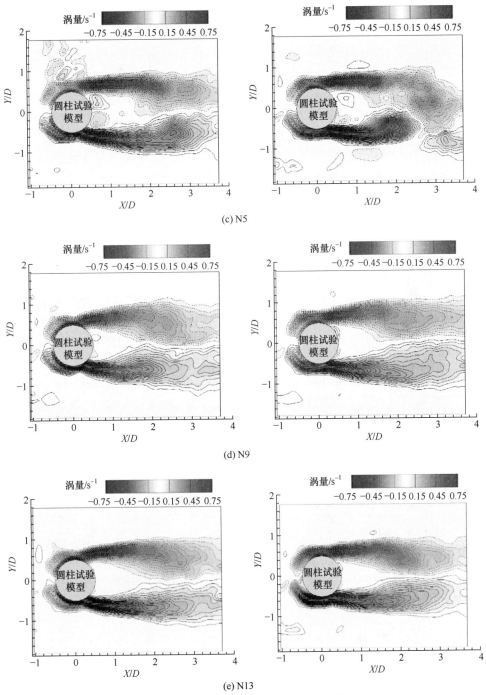

(c) N5

(d) N9

(e) N13

图 9.87　无控及有控状态下圆柱绕流瞬时涡量场

左列对应截面 1，右列对应截面 2

9.5.2　数值模拟

采用 CFD 数值模型来分别模拟 5 个(H5)和 13 个吹气孔(H13)两种控制方法的控制效果。CFD 数值计算中,圆柱体直径 $D=100$ mm,套环外径 110mm,内径同圆柱体直径。计算域宽度为 $20D$,左右各 $10D$(阻塞率约为 5%);长度为 $40D$,其中上游为 $10D$,下游为 $30D$;计算高度为 $0.5D$,如图 9.88 所示。单个气孔宽度所对应圆心角为 $7.5°$,相邻气孔中心点所对应圆心角为 $15°$。计算域采用结构化网格,在圆柱体周围采用了多次 O 型剖分,使得圆柱体周围网格更加顺滑,并对壁面附近网格进行了加密(图 9.89),圆柱体轴向等分为 20 份。Determinant $3×3×3$ 网格质量检测在 0.95 以上;角度质量检测最小内角为 $45°$。计算中采用的雷诺数分别为 $1.0×10^3$、$1.0×10^4$、$1.0×10^5$、$1.5×10^5$ 和 $2.0×10^5$。计算湍流模型采用基于雷诺平均的 SST 模型,它综合了模型在近壁区计算的优点和在远场计算的优点,将模型和标准模型都乘以一个混合函数后再相加就得到这个模型。在近壁区,混合函数的值等于 1,因此在近壁区等价于模型;在远离壁面的区域,混合函数的值则等于 0,因此自动转换为标准模型。与标准模型相比,SST 模型中增加了横向耗散导数项,同时在湍流黏度定义中考虑了湍流剪切应力的输运过程,模型中使用的湍流常数也有所不同,这些特点使得 SST 模型对圆柱绕流的计算更为精确,雷诺数适用范围也更宽广。离散方程的求解算法采用 SIMPLEC 算法,它是 SIMPLE 算法的一种改进算法,由 van Doormal 和 Raithby 提出;梯度计算方法采用精度较高的基于节点的高斯-格林函数求解;压力用的是二阶格式;动量、湍动能和耗散率均采用二阶迎风格式;迭代格式采用二阶隐式算法。

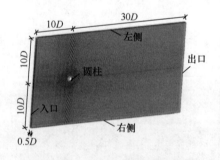

图 9.88　CFD 数值模型示意图

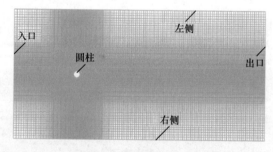

图 9.89　计算域网格示意图

H5 控制时圆柱体表面平均压力系数和脉动压力系数分布分别如图 9.90 和图 9.91 所示。由图可知,在高雷诺数下,与无控圆柱绕流情况相比,H5 方法控制下,圆柱背后的负压大幅度减小,从而使得圆柱体前后压差减小,因此降低了压差阻力。同时,圆柱体表面的脉动压力系数也基本降为零,从而使升力系数极大地减小,然而在低雷诺数下,这种差别并不是很明显。从图 9.92 可以看出,在有控状态下,圆柱尾部出现明显射流并形成小尺度旋涡,原本交替脱落的旋涡在射流的作用下演变得近乎平行,这和试验结果完全吻合。

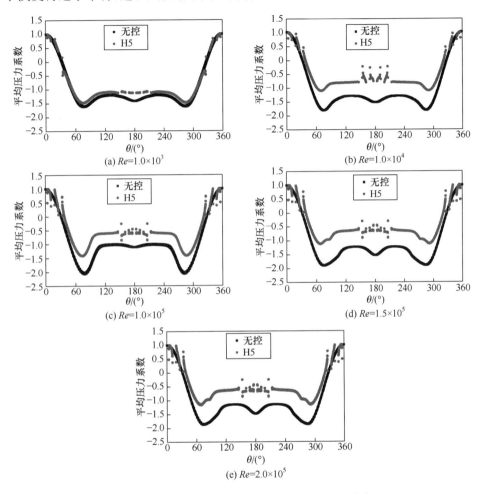

图 9.90 H5 控制时圆柱体表面平均压力系数分布

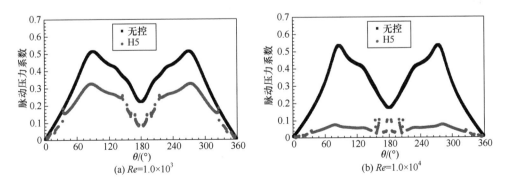

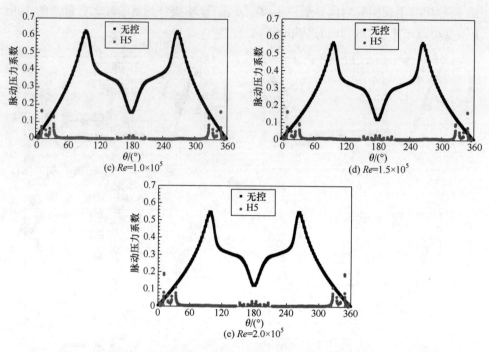

图 9.91　H5 控制时圆柱体表面的脉动压力系数分布

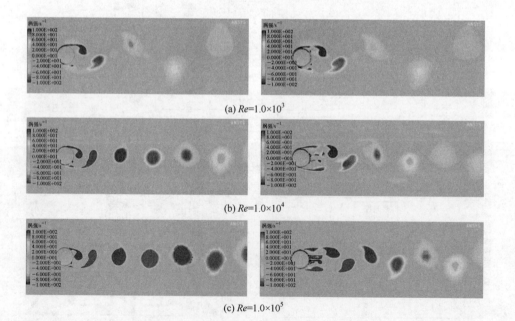

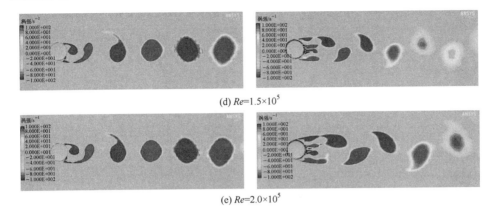

(d) $Re=1.5\times10^5$

(e) $Re=2.0\times10^5$

图 9.92 H5 控制时升力达到最大时中间面上的涡强分布

左侧为无控情况,右侧为 H5 控制

由图 9.93~图 9.95 可知,H13 控制时的计算结果与 H5 控制时相似。不同的是,在低雷诺数($Re=1.0\times10^3$)下,H13 控制时得到的圆柱体背后的负压更大,圆柱体表面的压力脉动也更大。由此可知,此时的被动吹气控制对圆柱体表面气动力的降低起到了副作用。被动吹气控制方法的控制效果随着雷诺数的增加而增强,低雷诺数($Re=1.0\times10^3$)下,对气动力的控制效果几乎没有,当雷诺数上升到 1.0×10^5 时,对气动力的控制效果极其显著。

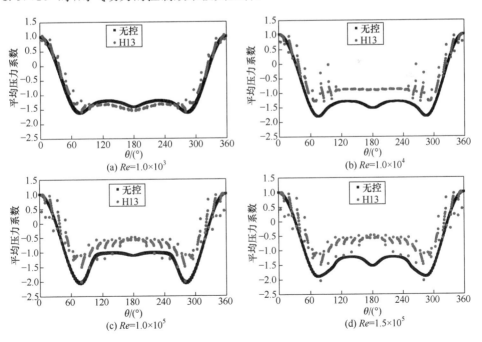

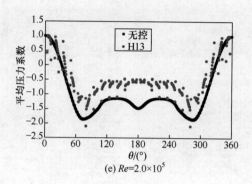

(e) $Re=2.0\times10^5$

图 9.93　H13 控制时圆柱体表面平均压力系数分布

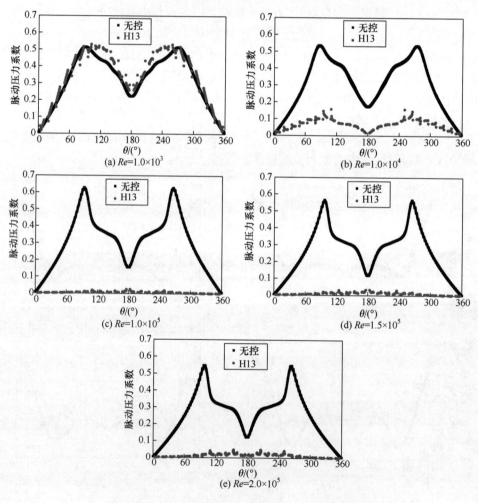

图 9.94　H13 控制时圆柱体表面脉动压力系数分布

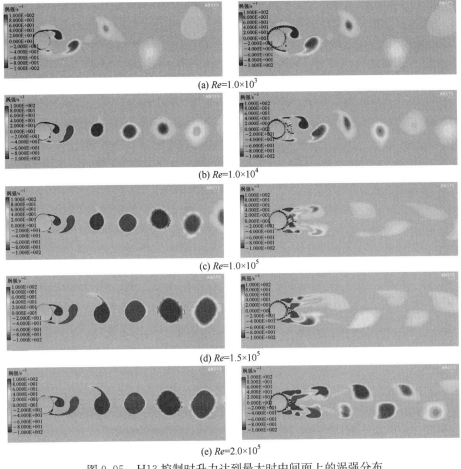

(a) $Re=1.0×10^3$

(b) $Re=1.0×10^4$

(c) $Re=1.0×10^5$

(d) $Re=1.5×10^5$

(e) $Re=2.0×10^5$

图 9.95　H13 控制时升力达到最大时中间面上的涡强分布

左侧为无控情况,右侧为 H13 控制

9.5.3　气孔数量的控制效果

该控制方法原理是通过出气孔吹出的气流打破尾流中交替产生的旋涡,通过改变迎风面和背风面的气孔数量,从而改变套环中的气流量来研究气孔数量的控制效果。本次数值计算中雷诺数 Re 取 $5×10^4$(来流风速为 7.3037m/s),进、出气孔数量分别为 0、1、3、5、9、11(后面以 H0、H1、H3、H5、H9、H11 区分)。

图 9.96～图 9.98 分别为各气孔数下的时均流线图、时均压力系数分布图及瞬时涡量图。随着开孔数量的增加,圆柱体尾部的旋涡形成区逐渐延长。在 H0 情况下,旋涡形成区紧靠圆柱体,在旋涡形成区尾部中心位置压力达到最小值,尾流中旋涡交替有序地脱落,在圆柱体后部形成一条很长的尾迹。在 H1 情况下,由于出气孔吹出气流的影响,在圆柱体尾部出气孔两侧形成一对反向旋涡附着在圆柱体背后与两侧主旋涡相对应,因为出气孔出气量较小,圆柱体两侧主旋涡仍起主

导作用。随着气孔数量的增加,圆柱体背后内侧旋涡增强,两侧主旋涡则逐渐减弱,虽然仍交替脱落,但旋涡交替脱落区已向后移动,紧靠圆柱体背后的尾流基本呈对称分布。由于旋涡的交替脱落而引起圆柱体表面压力脉动显著减小甚至基本消除,从而达到了抑制或消除横流向升力系数的作用。由时均压力系数分布图可知,圆柱体背后旋涡形成区负压绝对值明显降低,圆柱体前后压差显著减小,从而大大降低了压差阻力。

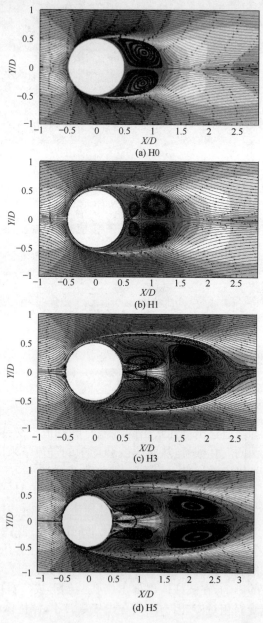

(a) H0

(b) H1

(c) H3

(d) H5

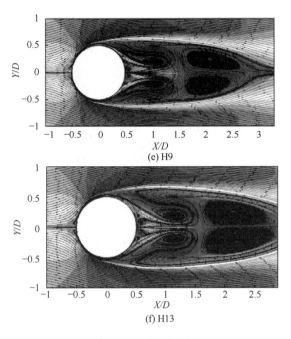

(e) H9

(f) H13

图 9.96   时均流线图

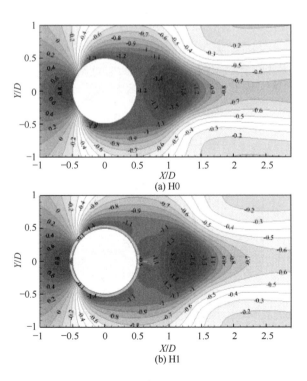

(a) H0

(b) H1

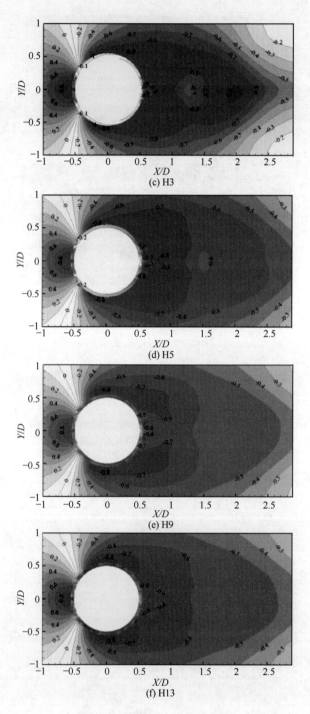

图 9.97 时均压力系数分布图

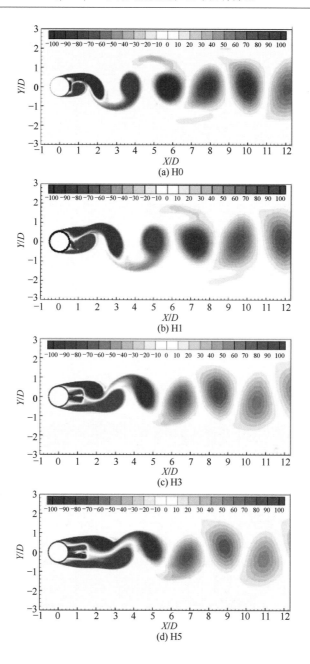

(a) H0

(b) H1

(c) H3

(d) H5

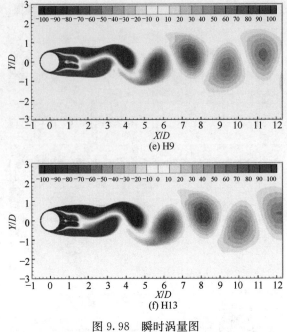

图 9.98　瞬时涡量图

9.6　超高层建筑风载优化的风洞试验研究

本节研究高层建筑的不同外形及厚宽比、开洞等因素对风致效应的影响；开展考虑气动耦合(Gu et al.，2014)和振型影响的高层建筑气弹模型风振响应研究，提出高层建筑广义气动力谱的修正公式，建立超高层模型试验及风致响应分析误差精度评价体系；提出超高层建筑风致荷载优化方法(Wang and Gu，2015；Gu and Quan，2011)；评估高层建筑群的干扰效应(Yu et al.，2015；Gu and Xie，2011)，提出评估城市建筑群的风环境舒适性方法；研究风致内压对高层建筑幕墙表面风压的影响。

对开洞高层建筑的刚性模型进行风洞测压试验，基于试验结果，研究设置洞口对高层建筑风荷载的影响。立面开洞后，基底风荷载减小；单设上洞口和单设下洞口对减小顺风向平均基底剪力的效果比较接近，但上部开洞对减小顺风向平均基底弯矩和横风向根方差基底弯矩更为有利；拟合得到了 4 种工况(表 9.17)下顺风向平均基底弯矩系数和横风向基底弯矩系数根方差的相对值随风向角变化情况，如图 9.99所示。设置洞口后，层风力的分布规律与未开洞时有很大差异，如图 9.100 所示。

表 9.17　工况表

工况	1	2	3	4
洞口开启方式	上下洞口均封闭	仅上洞口打开	仅下洞口打开	上下洞口均打开

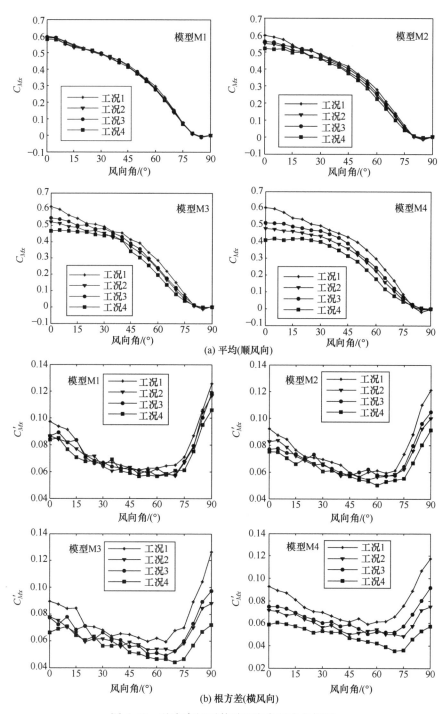

(a) 平均(顺风向)

(b) 根方差(横风向)

图 9.99　基底弯矩系数随风向角的变化情况

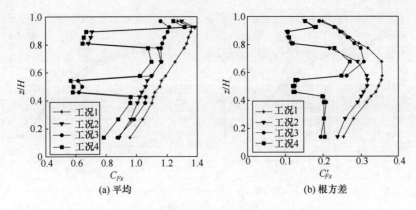

(a) 平均　　　　　　　　　　　　(b) 根方差

图 9.100　平均阻力系数和根方差升力系数沿高度的分布

　　当洞口轴线方向与来流方向一致时,迎风面洞口附近区域的平均风压系数总体上比立面不开洞时减小,少数测点的平均风压系数增大,脉动风压系数变化较小;背风面平均风压系数总体上比立面不开洞时减小,但洞口附近局部平均风压系数增大可达 40%,脉动风压系数的变化规律与平均风压系数类似;侧风面平均风压系数和脉动风压系数比立面不开洞时均有不同程度的减小;洞口内部为负风压,脉动风压的功率谱与一般高层建筑侧风面气流分离区域脉动风压的功率谱有明显差异。开洞使得开洞立面极值风压减小(图 9.101)。

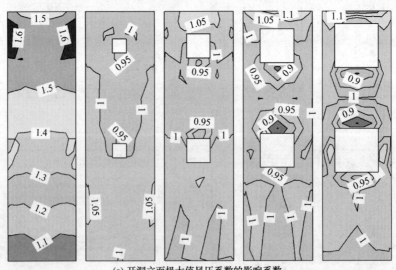

(a) 开洞立面极大值风压系数的影响系数

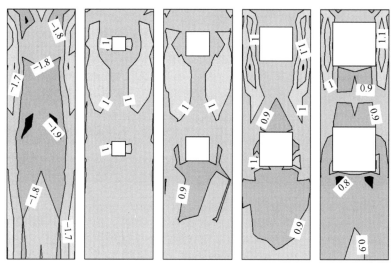

(b) 开洞立面极小值风压系数的影响系数

图 9.101 开洞立面极值风压系数的影响系数

洞口内脉动风压的功率谱(图 9.102)明显不同于一般高层建筑侧风面气流分离区域脉动风压的功率谱,上风向测点脉动风压功率谱的能量分布于较宽的频带内,下风向功率谱低频能量分布逐渐往高频段转移。这说明从洞口四周分离、切入的气流相互作用,没有发生类似于侧风面规律性的旋涡脱落现象;沿着气流方向,旋涡的尺度减小,频率增大。

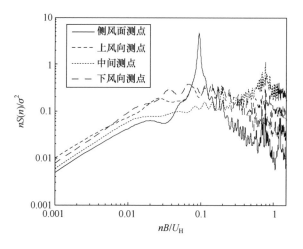

图 9.102 模型 M3 上洞口底面测点的脉动风压功率谱

在表 9.8 所示的工况下进行了测力试验。

表 9.18　测力试验工况

开洞	工况描述	开洞率/%	开洞	工况描述	开洞率/%
L-1	顺风向上、下开大洞	4.44	S-1	顺风向上、下开小洞	1.11
L-2	横风向上、下开大洞	4.44	S-2	横风向上、下开小洞	1.11
L-3	顺风上部开大洞	2.22	S-3	顺风上部开小洞	0.56
L-4	横风上部开大洞	2.22	S-4	横风上部开小洞	0.56
L-5	顺风下部开大洞	2.22	S-5	顺风下部开小洞	0.56
L-6	横风下部开大洞	2.22	S-6	横风下部开小洞	0.56
L-7	全封闭	0	S-7	全封闭	0

注：L 代表大开洞工况，S 代表小开洞工况；开洞率＝洞口面/相应立面的总面积。

无论是大开洞（图 9.103）还是小开洞（图 9.104），在折减频率约为 0.12 位置处均出现了与旋涡脱落频率相近的窄带峰值，且不同工况下，低频段的功率谱值差异略大于高频段。

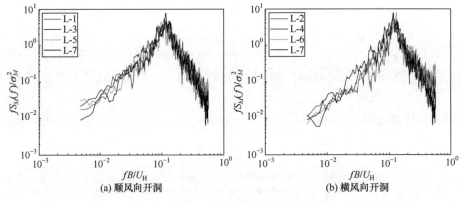

(a) 顺风向开洞　　　　　　　　　　(b) 横风向开洞

图 9.103　大开洞工况横风向基底一阶广义气动力谱

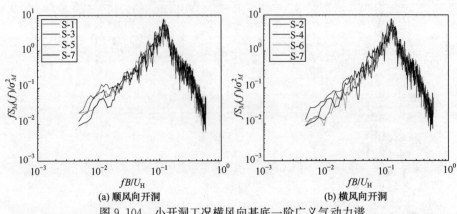

(a) 顺风向开洞　　　　　　　　　　(b) 横风向开洞

图 9.104　小开洞工况横风向基底一阶广义气动力谱

开洞率对基底横风向能量分布影响较大(图 9.105),顺风向基底弯矩功率谱较为平坦,且与来流脉动风速谱较为相似;顺风向开洞对降低顺风向基底弯矩更为明显,且开洞率越大,其降幅越明显,如图 9.106 所示。

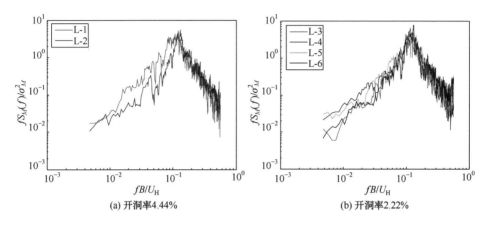

(a) 开洞率4.44%　　　　　　(b) 开洞率2.22%

图 9.105　不同开洞率基底一阶广义气动力谱

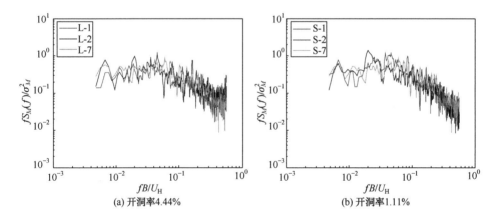

(a) 开洞率4.44%　　　　　　(b) 开洞率1.11%

图 9.106　顺风向基底一阶广义气动力谱

进一步分析开洞率对风荷载的影响(分 4 种工况,见表 9.17),发现开洞后受风面积的减小只是风荷载减小的原因之一。引入无量纲的相对折算高度来分析基底弯矩和基底剪力的相对关系,给出静力相对折算高度的变化规律(图 9.107)。

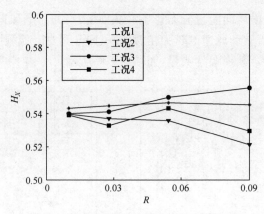

图 9.107　静力相对折算高度的变化规律

9.7　张拉膜结构气弹失稳机理研究

9.7.1　膜结构气弹模型风洞试验

要保证缩尺模型和原型结构在各自风荷载作用下的动力响应相似,需保证缩尺模型和原型结构满足几何相似、来流相似及结构振动特性相似等条件。相似理论分析时,通常将长度缩尺比 $\lambda_L = L_m/L_p$ 和风速缩尺比 $\lambda_U = U_m/U_p$ 定义为基准缩尺比(式中的 L 和 U 分别代表结构跨度和风速,m 和 p 分别代表模型和原型),其他缩尺比均可通过基准缩尺比进行表示。因此,相似参数分析时,只需确定基准缩尺比,就可以根据基准缩尺比计算出其他相似参数的理论缩尺比,将理论缩尺比与实际选用材料的缩尺比进行比较,就能评估不满足缩尺比所引起的误差。表 9.19 给出了张拉膜结构气弹模型试验相似参数。气弹模型试验设计时,可通过相似参数分析,确定缩尺模型的尺寸、膜材材料、试验风速、预张力等。

表 9.19　张拉膜结构气弹模型试验相似参数

名称	表达式	比例关系
长度	L	$\lambda_L = \dfrac{L_m}{L_p}$
风速	U	$\lambda_U = \dfrac{U_m}{U_p}$
膜质量缩尺比 (单位面积)	$\mu_1 = \dfrac{M}{\rho L}$	$\dfrac{\mu_{1m}}{\mu_{1p}} = 1 \Rightarrow \lambda_M = \lambda_L$
膜弹性刚度缩尺比 (单位长度)	$\mu_3 = \dfrac{E_t L}{1/2\rho U^2 L^2}$	$\dfrac{\mu_{3m}}{\mu_{3p}} = 1 \Rightarrow \lambda_{Et} = \lambda_U^2 \lambda_L$
频率缩尺比	$\mu_4 = \dfrac{n}{U/L}$	$\dfrac{\mu_{4m}}{\mu_{4p}} = 1 \Rightarrow \lambda_f = \dfrac{\lambda_U}{\lambda_L}$

以下部封闭式单向张拉膜结构为例进行相似理论分析,假定原型结构材料为 PVDF 1002T 膜材,密度为 1.05kg/m^2,张拉刚度为 1.39kN/m,高 7.5m,宽 24m, 跨度为 12m,第 1 阶模态频率为 $0.6\sim1.2\text{Hz}$,所需试验的风速为 $12\sim45\text{m/s}$。

1. 长度缩尺比 λ_L 及模型尺寸的确定

长度缩尺比 λ_L 的确定主要受风洞试验条件和风洞阻塞率的限制。本试验段尺寸为宽 4m,高 3m,长 25m,可运行风速为 $3\sim50\text{m/s}$。建筑风洞试验中,通常要求风洞断面的阻塞率不宜超过 5%。综合考虑阻塞率及模型加工的方便,将模型尺寸定为高 0.375m、宽 1.2m、跨度 0.6m,对应的风洞阻塞率为 $0.375\times1.2/(3\times4)=3.75\%$,对应的长度缩尺为 $\lambda_L=0.375/7.5=1:20$。

2. 质量缩尺比 λ_m 及模型材料的确定

质量缩尺比 λ_m 等于长度缩尺比 λ_L。对于本节的气弹模型试验,理论质量缩尺比 $\lambda_m=1:20$。但是在进行缩尺模型选材时,理论要求的缩尺模型质量通常都会过于偏小,导致在自然界中找不到对应的覆面材料,此时应当分析理论质量缩尺比不满足时试验结果的偏差。

为了便于准确施加膜面的预张力,并在试验中观测到气弹失稳现象,本节选用弹性乳胶膜作为气弹模型的膜面材料。膜材弹性模量为 $1.64\times10^6\text{N/m}^2$,面积质量为 0.4133kg/m^2,张拉刚度为 655.2N/m。实际质量缩尺比为 $\lambda_m=0.4133/1.05=1:2.5$。

因此,本节选用的缩尺模型的材料偏重,这会导致气弹模型试验中测得的位移响应中,向下的响应偏大,向上的响应偏小。本节的研究目的是探索张拉膜结构的气弹失稳现象,而非预测原型结构在自然风荷载作用下的响应,且膜结构在风荷载作用下振动的过程中,附加质量通常能达到结构质量的 $2\sim3$ 倍。因此,本节放松了对结构质量缩尺比的要求。

3. 风速缩尺比 λ_U 及试验风速的确定

风速缩尺比 λ_U 的选定,需综合考虑原型结构的设计风速和风洞实验室的有效工作风速。本节假想原型的拟验证工作风速段为 $12\sim45\text{m/s}$,试验段能够提供的正常工作风速为 $3\sim50\text{m/s}$,因此气弹模型试验设计时,可供选择的风速比包括 $1:1$、$1:2$、$1:3$,对应的风洞试验风速分别为 $12\sim45\text{m/s}$、$6\sim23\text{m/s}$、$4\sim15\text{m/s}$。综合考虑气弹模型试验时气弹模型的安全要求、试验所需提供的风速精度要求、测量设备可测控的最大变形要求后,选择风速缩尺比 $\lambda_U=1:3$。

4. 弹性刚度缩尺比 λ_E、频率缩尺比 λ_f 及模型预张力的确定

风速缩尺比 λ_U 确定后,弹性刚度缩尺比 λ_E 和频率缩尺比 λ_f 的理论值也就确定了,弹性刚度比的理论值 $\lambda_E = \lambda_U^2 \lambda_L$。对于本节的气弹模型,理论弹性刚度缩尺比 $\lambda_E = 1:180$。但是,由于已经选定了模型的材料,此处的实际弹性刚度缩尺比也随之确定,此时只能分析缩尺模型的刚度误差对原型响应的影响。结构的实际弹性刚度缩尺比为 $655.2/1039000 = 1:1585$。显然,缩尺模型的刚度明显偏小于理论值的要求,这会导致缩尺模型测得的气弹响应反算到实际原型结构后,数值偏大。同样,考虑到本节的试验目的是探索张拉膜结构发生气弹失稳的可能性及机理,而非预测原型结构在自然风荷载作用下的响应,本节对张拉刚度缩尺比也进行了放松。

表 9.20 给出了下部封闭式单向张拉膜结构气弹模型试验相似参数,同样方法可分析开敞式单向张拉膜和封闭式鞍形张拉膜结构的相似比。

表 9.20　下部封闭式单向张拉膜结构气弹模型试验相似参数

缩尺比	理论值确定依据	理论值	实际值	偏差
长度缩尺比 λ_L	风洞阻塞率	$1:20$	$1:20$	无
质量缩尺比 λ_m	$\lambda_m = \lambda_L$	$1:20$	$0.4133:1.05 = 1:2.5$	材料偏重
风速缩尺比 λ_U	人为确定	$1:3$	$1:3$	无
张拉刚度比 λ_E	$\lambda_E = \lambda_U^2 \lambda_L$	$1:180$	$655.2/1039000 = 1:1585$	刚度偏小
频率缩尺比 λ_f	$\lambda_f = \lambda_U/\lambda_L$	$6.7:1$	$6.7:1$	无

图 9.108 给出了下部开敞式单向张拉膜结构气弹模型的安装示意图,模型高度 H 为 0.4m,跨度 L 为 0.6m,宽度 B 为 1.2m。模型预张力包括 10N/m、20N/m、30N/m、40N/m 共 4 种工况,每个预张力下的风速均为 4～15m/s,风速间隔取 1m/s,来流为均匀流,湍流度约为 0.5%。

试验中位移和风速测点的布置如图 9.109 所示,其中 1～3 为位移测点,4～18 为风速测点。采用 3 台 LK-G400 激光位移计来测量膜面中线沿着跨度方向均匀布置的 3 个测点的位移时程,采用 3 台热线风速仪来测量膜面上方不同高度的风速时程。热线支架上下可调节,每次只测位于同一高度的 3 个测点的风速时程,分别测量了膜面上方 40mm、70mm、100mm、130mm、160mm 共 5 个不同高度的风速时程。

图 9.110 给出了封闭式单向张拉膜结构气弹模型安装示意图,模型高度 H 为 0.375m,模型跨度 L 为 0.6m,宽度 B 为 1.2m,风洞堵塞率为 3.75%。封闭式单向张拉膜的模型高度与开敞式单向张拉膜($H = 0.4$m)略有不同,这是因为为了便于固定模型,在风洞地板高度处加铺了一层 0.025m 厚的木板,同时受激光位移计量程的限制,模型高度只能做到 0.375m。

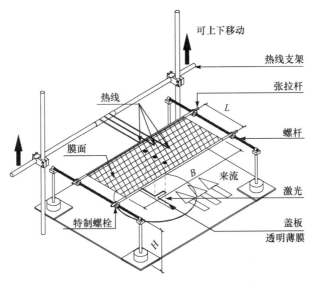

图 9.108　开敞式单向张拉膜结构气弹模型安装示意图

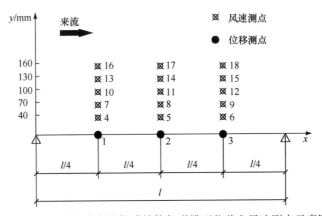

图 9.109　开敞式单向张拉膜结构气弹模型位移和风速测点示意图

膜面的短边不进行固定,以保证膜面在来流作用下按照二维的形式整体振动。膜面共施加了 10N/m、20N/m、30N/m、40N/m 四种预张力,每个预张力下测量的风速工况均为 4～13m/s,风速间隔取 1m/s,来流为均匀流,湍流度约为 0.5%。

膜面的位移时程仍采用 3 台 LK-G400 激光位移计同步测量,膜面上方的风速时程仍通过 3 台热线风速仪进行测量。位移和风速测点的布置如图 9.111 所示,其中 1～3 表示位移测点,4～15 表示风速测点。试验时,每次只测量位于同一高度的风速时程,测量了膜面上方 140mm、170mm、200mm、230mm 共 4 个不同高度的风速时程。封闭式模型风速测点的最低高度大于开敞式模型,是因为封闭式膜结构的膜面受力以负压为主,随着风速的增大,膜面的平衡位置向上移动,若热线过度靠近膜面,容易被膜面振动所损坏(陈昭庆等,2015a)。

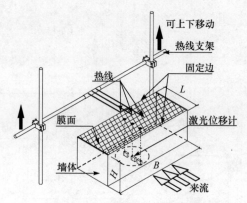

图 9.110　封闭式单向张拉膜结构气弹模型安装示意图

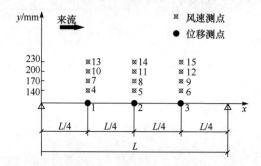

图 9.111　封闭式单向张拉膜结构气弹模型位移和风速测点示意图

鞍形张拉膜结构模型及测点示意图如图 9.112 所示。模型墙体部分采用玻璃钢材料,模型平面投影为正方形,边长 W_1 为 425mm,跨度 L 为 600mm,高点高度 H_1 为 300mm,低点高度 H_2 为 200mm,矢高 f 为 50mm,矢跨比 $f/L=1/12$。

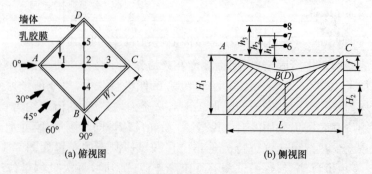

图 9.112　鞍形张拉膜结构模型及测点示意图

膜面的位移时程通过 3 台 LK-G400 和 2 台 LK-G150 激光位移计同步测量,激光位移计固定于模型内部空腔中,空腔的下部与外界大气相通,以减小膜面振动过程中挤压空气产生的气承刚度对结构振动模态的影响。膜面上方的风速时程通过 3 台热线风速仪进行测量(风向角改变时,只有中间位置热线仍处于有效位置,因此仅认为此位置风速时程有效)。测点编号中,1～5 为位移测点,6～8 为热线测点。热线支架沿着高度方向上下可调,每次只测位于同一高度的风速时程,h_1、h_2 和 h_3 分别对应模型上方 10mm、40mm 和 70mm 高度位置。试验中共考虑了 0°、30°、45°、60°、90° 共 5 个不同的风向角。

对三种典型张拉膜结构在不同风速下的平均变形、脉动变形和主振动模态位移时程进行分析。主振动模态是指相应风速下功率谱谱密度值最大的振动模态,表征该风速下能量最大的振动模态,通过带通滤波法获得。

下部开敞式单向张拉膜结构共进行了四种预张力模型的气弹模型试验(10N/m、20N/m、30N/m、40N/m),下面仅以 30N/m 预张力模型的试验结果为例进行分析,位移以向上为正向。气弹模型试验中发现,开敞式单向张拉膜结构在风荷载作用下会形成一个向下微凹的平均变形(又称为时均变形);结构围绕该时均变形,以单模态或多种模态叠加进行振动(图 9.113)。通常认为,膜结构的平均变形由风荷载中的平均风荷载分量引起,对应于结构振动过程中的动态平衡位置;围绕时均变形的振动,由风荷载中的脉动风荷载分量引起,对应于结构振动过程中偏离结构振动平衡位置的幅度,即振幅。

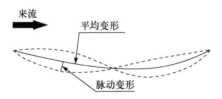

图 9.113　开敞式单向张拉膜结构变形示意图

以位移时程的均值 $\bar{d}$ 和均方根 σ_d 来衡量风荷载作用下结构的平均变形和脉动变形,图 9.114 给出了膜面的平衡位置及振幅随风速的变化规律。从图 9.114(a)可以看出,随着风速的增大,膜面的振动平衡位置逐渐下移;膜面的最大变形不在跨中位置,而是在跨中偏下游位置。从图 9.114(b)可以看出,低风速下(风速小于 8m/s),结构振幅随风速的增大缓慢增大;超过一定风速(8m/s)后,振幅随风速的增大开始迅速增大。

为了研究振幅突变前后结构振动模态的变化规律,利用模态识别方法对不同风速下结构的振动模态进行了识别,同时利用位移时程功率谱分析方法对不同风速下结构测点 1(测点编号见图 9.109)的位移时程进行了功率谱分析,结果如图 9.115 所示。从图中可知,振幅突变前后,结构的振动模态发生了变化,结构振动由第 1 阶模态变为第 3 阶模态,这种变化通常称为"模态跳跃"现象。

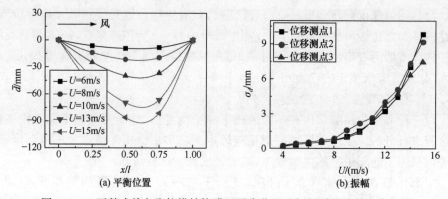

(a) 平衡位置　　　　　　　　　　　　(b) 振幅

图 9.114　开敞式单向张拉模结构膜面平衡位置及振幅随风速的变化规律

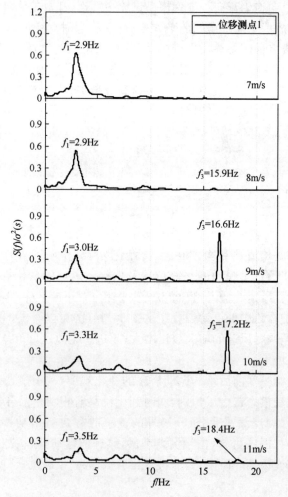

图 9.115　开敞式单向张拉膜结构振幅突变前后振动模态及位移功率谱变化图

下部封闭式单向张拉膜结构共进行了四种预张力模型的气弹模型试验(10N/m、20N/m、30N/m、40N/m),下面仅以 40N/m 预张力模型的试验结果为例进行分析。下部封闭式单向张拉膜在风荷载作用下,同样会出现平均变形和脉动变形,分别对应于结构的振动平衡位置和振幅(图 9.116)。与开敞式结构的区别在于,封闭式结构膜面受力以风吸力为主,结构平均变形的形状为向上凸起的形状,开敞式结构为向下微凹的形状。

图 9.116　封闭式单向张拉膜结构变形示意图

图 9.117 给出了封闭式单向张拉膜结构膜面振动平衡位置及振幅随风速的变化规律。可以看出,封闭式单向张拉膜结构的振动平衡位置及振幅随风速变化的规律与开敞式单向张拉膜结构类似,具体如下:

(1) 随着风速的增大,结构的振动平衡位置均朝着曲率比较大的方向发展。这是因为结构振动平衡位置的变形发展方向与结构受到的风荷载合力的方向有关,而低风速下结构振动平衡位置的曲率决定了风荷载合力的方向。

(2) 随着风速的增大,结构振幅均呈整体增大的趋势。低风速下,结构振幅随风速缓慢增大;超过一定风速后,结构振幅随风速的增大开始迅速增大。这表明,两种结构均存在一个临界风速点,该临界风速前后,结构振幅变化显著。

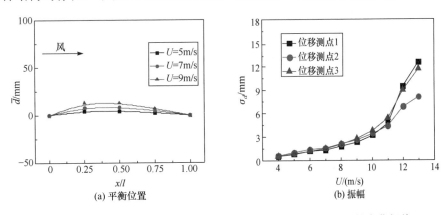

图 9.117　封闭式单向张拉膜结构膜面平衡位置及振幅随风速的变化规律

与开敞式结构一样,利用模态识别方法对不同风速下结构的振动模态进行了识别,利用位移时程功率谱分析方法对不同风速下结构测点 1(测点编号见图 9.109)的位移时程进行了功率谱分析。

模态识别和功率谱分析结果表明,封闭式单向张拉膜结构在振幅突变前后也发生了类似的"模态跳跃"现象,振幅突变前,8m/s 风速时,结构振动中出现了一个远低于第 1 阶模态频率的 0.3Hz 的振动,结构振动以强迫振动为主;振幅突变后,9m/s 风速下,结构第 2 阶模态振动峰值频率对应的谱密度值开始增大且在 10m/s 风速以后超越其他模态。

9.7.2　张拉膜结构气弹失稳机理分析

本节通过对全荷载域内三种典型张拉膜结构流场风速及气弹响应结果的进一步分析,主要解决以下问题:①明确张拉膜结构气弹失稳的原因及特征;②确定失稳前后流场与结构之间的相互作用机制;③给出张拉膜结构气弹失稳的判定准则。

为了明确强相关风速区间内结构位移时程和风速时程的功率谱及模态变化规律,以及二者之间的相互关系,将位移和流场风速的功率谱绘制于同一幅图中。位移测点同位移-流场风速相关性分析时的测点;风速测点选择位移测点正上方所有测点中风速时程功率谱幅值比较明显的测点。

图 9.118 为各风速下开敞式单向张拉膜结构位移测点 1 和风速测点 7 的归一化功率谱,测点编号见图 9.109(孙晓颖等,2013)。其中,f_i 代表经过模态识别的结构第 i 阶模态的主频。通常,流场风速时程的功率谱的峰值频率代表流场中旋涡的主频。

从图中可以看出,在风速为 7m/s 时,流场中未出现明显的峰值频率,结构振动以第 1 阶模态为主;在风速为 8m/s 时,屋盖上方流场中开始出现了 1 个与结构第 3 阶模态基频(15.9Hz)接近的旋涡,峰值频率为 16.4Hz;当风速增大到 9m/s 时,结构的第 3 阶模态振动频率与旋涡主频完全一致(16.6Hz),发生了涡激共振;当风速为 10m/s 时,振动频率与旋涡频率仍然保持一致,出现类似的"振动锁定"现象;当风速为 11m/s 时,第 3 阶模态的涡激共振开始衰减;在风速 12m/s 及以后,结构中又出现了 1 次第 2 阶模态主导的涡激共振。这表明,对于开敞式单向张拉膜结构,低风速下,流场中没有出现任何的旋涡时,结构以第 1 阶模态为主进行振动;超过一定风速后,流场中开始出现与结构某阶模态频率接近的旋涡时,发生涡激共振,此后一定风速范围内,结构主振动频率与风速峰值频率相等,发生锁定现象;随着风速的继续增大,涡激共振开始减弱,流场中又开始出现与结构另外某阶模态频率接近的旋涡,导致结构发生新的涡激共振及锁定现象。

同时,从图 9.118 中还可以看出,流场中开始出现与结构第 3 阶模态频率接近的旋涡时的风速,与结构振幅随风速变化突然开始迅速增加时的风速一致,与位移-流场风速相关系数开始出现强相关时的风速也一致。这表明,开敞式单向张拉膜结构的气弹失稳是由涡激共振引起的。

图 9.119 为各风速下封闭式单向张拉膜结构位移测点 1 和风速测点 10 的归一化功率谱,测点编号见图 9.109。从图中可以看出,在风速为 4～8m/s 时,风速

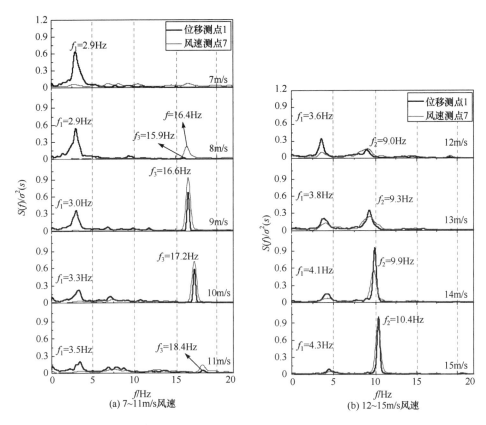

图 9.118　不同风速下开敞式单向张拉膜结构位移测点 1 及风速测点 7 的归一化功率谱

主频约为 0.6Hz,结构振动的频率(0.1Hz)远低于结构第 1 阶模态的主频(6Hz 左右);当风速为 9m/s 时,流场中出现了一个 12Hz 的峰值频率,该频率与同风速下结构第 2 阶模态的振动频率(12.2Hz)非常接近;当风速为 10m/s 时,第 2 阶模态(12.4Hz)的功率谱密度值明显超越其他模态成为主振动模态,且振动频率开始与旋涡的主频一致;随着风速的进一步增大,第 2 阶模态的功率谱密度值越来越大;且旋涡的主频一直保持与第 2 阶模态的振动频率一致。

与开敞式单向张拉膜结构类似,封闭式单向张拉膜结构流场中开始出现与结构第 2 阶模态频率接近的旋涡时的风速,与结构振幅随风速变化曲线中振幅突然开始迅速增加时的来流风速一致,与位移-流场风速相关系数出现拐点的风速也一致。因此,封闭式单向张拉膜结构气弹失稳也是由涡激共振引起的。与开敞式单向张拉膜结构的气弹失稳特征相比,封闭式单向张拉膜结构也有一些独有的特征:

(1)受封闭式单向张拉膜结构前缘墙体的作用,流场在低风速下即出现了明显的旋涡,导致该风速段内,结构以远低于结构第 1 阶模态的频率为主进行振动,

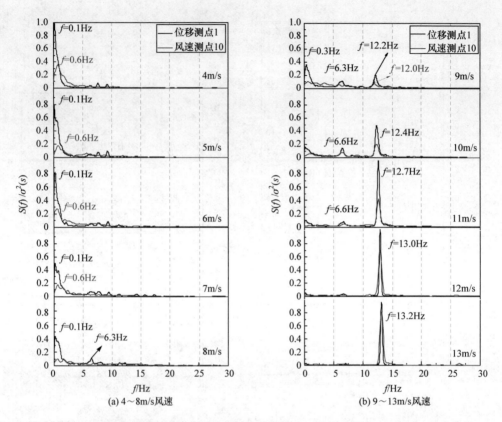

图 9.119　不同风速下封闭式单向张拉膜结构位移测点 1 及风速测点 10 的归一化功率谱

呈现出明显的强迫振动特征。

（2）封闭式单向张拉膜结构中只发生了一次由第 2 阶模态主导的涡激共振，开敞式单向张拉膜结构中则先后发生了第 3 阶模态和第 2 阶模态主导的涡激共振。

图 9.120 和图 9.121 分别为静止模型和振动模型上方一个旋涡运动周期内不同时刻的涡量图。可以看出，静止模型上方的旋涡在从上游往下游运动的过程中可以脱离结构表面；振动模型上方的旋涡则是紧贴结构表面从上游往下游运动，这是因为涡与膜结构的振动发生了耦合。

(a) t_1 时刻　　　　　　　　　　　　　　　　　(b) t_2 时刻

图 9.120　静止模型上方一个周期内不同时刻的涡量图

(a) t_1 时刻　　　　　　　　　　　　　　(b) t_2 时刻

图 9.121　振动模型上方一个周期内不同时刻的涡量图

图 9.122 为静止模型和振动模型上方不同高度的风速功率谱。从图中可以看出，振动模型上方旋涡的主频与静止模型不一样，但与同风速气弹模型上方旋涡的主频一致，这印证了振动对旋涡主频的锁定作用。

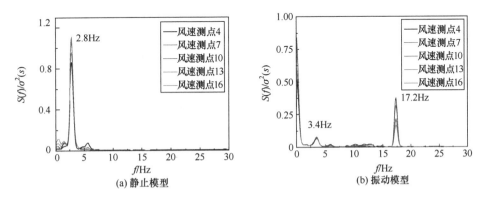

图 9.122　静止模型和振动模型上方不同高度的风速功率谱

图 9.123 为松弛状态下振动的开敞式单向张拉膜结构一个旋涡运动周期内的流场显示照片，结合流场显示可知，振动的膜面上方出现了明显的旋涡，该旋涡以一定速度从上游往下游运动，且在运动的过程中与结构的振动发生了耦合，与数值模拟结果得出的规律一致。

(a) 时刻1　　　　　　　　　　　　　　(b) 时刻2

图 9.123　开敞式单向张拉膜结构流场显示照片

9.7.3　考虑气弹失稳的张拉膜结构抗风设计

以上研究可知，张拉膜结构的气弹失稳由涡激共振引起，以振幅的突然增大、模态跳跃、总阻尼迅速衰减等为主要特征。

　　考虑到鞍形张拉膜结构发生气弹失稳时,结构的振幅比不发生时要大很多,定义张拉膜结构的振幅放大系数为

$$\alpha = \frac{\sigma_\theta}{\sigma_0} \tag{9.9}$$

式中,σ_θ 表示 θ 风向角下的结构振幅;σ_0 表示 $0°$ 风向角下的结构振幅。

　　图 9.124 为不同风向角下鞍形张拉膜结构的振幅放大系数。研究发现,对于鞍形张拉膜结构,发生气弹失稳后,结构振幅普遍超过了同风速下不发生气弹失稳时的 2.5 倍。

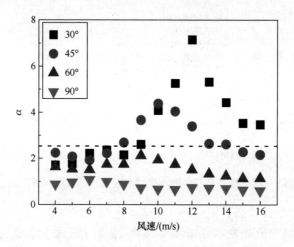

图 9.124　不同风向角下鞍形张拉膜结构振幅放大系数

　　因此,当张拉膜结构出现以下情况时,可以判定其发生了气弹失稳:①振幅放大系数达到 2.5 以上;②出现模态跳跃现象;③总响应阻尼比迅速衰减。

　　传统的膜结构抗风设计流程为:①膜结构抗风设计之前,预先给定结构的初始形状、尺寸、预张力等基本参数;②将刚性模型测压试验获得的风荷载信息加载到结构有限元节点上进行风振响应分析,获得结构抗风设计所关注的响应信息。当结构的极值响应 Y_{max} 大于等于设计要求的最大响应 Y_d 时,需调整结构的预张力或材料参数,并重新进行风振响应分析;当极值响应 Y_{max} 小于设计要求的最大响应 Y_d 时,认为该膜结构能满足设计要求。

　　很明显,传统的膜结构抗风设计方法不考虑膜结构发生气弹失稳的可能性,同时也忽略了流固耦合效应对结构风荷载的影响。近年内的研究表明,膜结构抗风设计中需重点关注两个基本问题:①膜结构气弹失稳临界风速的确定及提高临界风速的方法;②未发生气弹失稳状态下膜结构在风荷载作用下的空气动力反应分析。

确定气弹失稳临界风速,是为了防止膜结构在设计风速范围内发生气弹失稳,因此在设计阶段应通过各种措施调整膜结构的参数,提高膜结构的气弹失稳临界风速,保证结构在设计风速范围内不发生气弹失稳。未发生气弹失稳状态下膜结构在风荷载作用下的空气动力反应分析,主要是在膜结构的风振响应分析中考虑流固耦合的影响,以准确地预测膜结构在设计风荷载作用下的动力响应(Chen et al.,2015c)。

基于以上考虑,提出了考虑气弹失稳的张拉膜结构抗风设计流程,如图 9.125 所示,具体过程如下:

(1) 进行膜结构抗风设计之前,预先给定结构的初始形状、尺寸、预张力及设计风速 U_d 等基本参数。

(2) 获得结构的基本参数之后,可以通过气弹模型试验或解析方法,确定结构的气弹失稳临界风速 U_{cr}。当 $U_{cr} \leqslant U_d$ 时,需调整结构的初始形状、尺寸、预张力,并返回上一步重新确定结构的气弹失稳临界风速;当 $U_{cr} > U_d$ 时,进入下一步,开始确定结构的附加气动力。

(3) 张拉膜结构的附加气动力包括附加质量和气动阻尼,通过解析公式进行确定。

(4) 获得结构的附加气动力后,运用简化的气弹模型试验方法,通过在结构风振响应分析的有限元模型中调整结构的质量和阻尼参数,来考虑膜结构与流体之间的流固耦合作用;然后将刚性模型测压试验获得的风荷载信息加载到结构有限元节点上,进行风振响应分析,获得结构抗风设计所关注的响应信息。当结构的极值响应 Y_{max} 大于等于设计要求的最大响应 Y_d 时,需调整结构的预张力或材料参数,并重新进行风振响应分析;当结构的极值响应 Y_{max} 小于设计要求的最大响应 Y_d 时,认为该膜结构能满足设计要求。

因此,考虑气弹失稳的膜结构抗风设计流程中,最关键的两个环节为气弹失稳临界风速的确定以及附加气动力的确定。

气弹模型试验中,可通过无接触测量设备测得全荷载域内缩尺模型主要控制测点的气弹响应及模型上方一定高度范围内的流场风速,再基于张拉膜结构的气弹失稳机理来确定膜结构的气弹失稳临界风速。这种方法运用的前提是,保证气弹模型与原型的频率相似、几何相似、湍流积分尺度相似等。

基于前面得出的气弹失稳判定条件,获得结构第 n 阶模态的气弹失稳临界风速 $U_{cr,n}$,并将其去无量纲化:

$$U_{cr,n}^* = \frac{U_{cr,n}}{f_{cr,n} l} \tag{9.10}$$

式中,$U_{cr,n}$ 取结构第 n 阶模态涡激共振旋涡形成时的风速;$f_{cr,n}$ 取相应风速下结构第 n 阶模态频率;l 为结构的跨度。

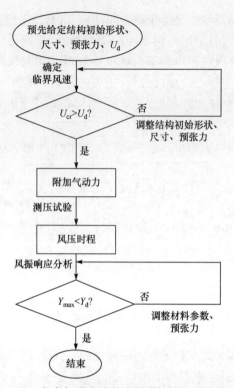

图 9.125　考虑气弹失稳的张拉膜结构抗风设计流程

表 9.21～表 9.23 为各预张力下开敞式、封闭式单向张拉膜结构和封闭式鞍形张拉膜结构的气弹失稳临界风速。从表中可知：

(1) 3 种典型张拉膜结构的各阶模态临界风速均随着预张力的增大而增大。

(2) 3 种典型张拉膜结构的各阶模态无量纲临界风速均接近于常数。例如，开敞式单向张拉膜结构的第 3 阶模态无量纲临界风速为 0.84，第 2 阶模态无量纲临界风速为 2.28；封闭式单向张拉膜结构的第 2 阶模态无量纲临界风速为 1.2；鞍形张拉膜结构前两阶模态的无量纲临界风速处于 0.8～1.0。

从表中可以看出，对于大多数典型张拉膜结构，不同风速段内可能出现多次气弹失稳，但实际膜结构工程设计时，只关注风速值最小的气弹失稳临界风速。

表 9.21　各预张力下开敞式单向张拉膜结构临界风速

$T/(N/m)$	$U_{cr,3}/(m/s)$	$f_{cr,3}/Hz$	$U_{cr,2}/(m/s)$	$f_{cr,2}/Hz$	l/m	$U_{cr,3}^*$	$U_{cr,2}^*$
10	6	11.9	10	7.3	0.6	0.84	2.28
20	7	13.8	11	8.2	0.6	0.85	2.24
30	8	15.9	12	9.0	0.6	0.84	2.22
40	9	17.7	13	9.6	0.6	0.85	2.26

表 9.22　各预张力下封闭式单向张拉膜结构临界风速

$T/(N/m)$	$U_{cr,2}/(m/s)$	$f_{cr,2}/Hz$	l/m	$U_{cr,2}^*$
20	7	9.7	0.6	1.20
30	8	11.6	0.6	1.15
40	9	12.2	0.6	1.23

表 9.23　各预张力下封闭式鞍形张拉膜结构临界风速

风向角/(°)	$T/(N/m)$	$U_{cr,1}/(m/s)$	$f_{cr,1}/Hz$	$U_{cr,2}/(m/s)$	$f_{cr,2}/Hz$	l/m	$U_{cr,1}^*$	$U_{cr,2}^*$
0、60	10	—	—	—	—	0.6	—	—
	40	—	—	—	—	0.6	—	—
90	10	11	17.6	—	—	0.6	1.0	—
	40	—	—	—	—	0.6	—	—
30	10	6	10.0	12	20.8	0.6	1.0	1.0
	40	9	16.7	—	—	0.6	0.9	—
45	10	—	—	11	17.5	0.6	—	1.0
	40	8	16.2	12	23.3	0.6	0.8	0.9

　　基于前面得出的张拉膜结构气弹失稳机理(陈昭庆,2015),可通过以下途径来提高结构的气弹失稳临界风速或消除结构的气弹失稳:

　　(1)考虑到结构的气弹失稳只发生在特定风向角下,可通过调整结构布局来减小结构发生气弹失稳的可能性:在不显著影响结构外观的前提下,保证当地季风最大风速发生时的风向角处于结构不会发生涡激共振的风向角。

　　(2)在不改变结构外形尺寸的基础上,通过增大结构的预张力来提高张拉膜结构发生涡激共振的临界风速。

　　(3)通过改变张拉膜结构的基频来消除结构发生涡激共振引起气弹失稳的可能性,主要措施包括改变结构外形(如矢跨比)、使用刚度较大的膜材材料、在结构局部位置添加支撑索以提高结构刚度等。

　　(4)通过改变流场中旋涡的频率来消除涡激共振发生的可能,这一点可借鉴桥梁工程中已经比较成熟的被动控制、主动控制、混合控制等方法,具体哪种方法更适合膜结构,仍需进一步的研究和探索。

参 考 文 献

陈昭庆.2015.张拉膜结构气弹失稳机理研究.哈尔滨:哈尔滨工业大学博士学位论文.

陈昭庆,武岳,孙晓颖.2015.封闭式单向张拉膜结构气弹失稳机理研究.建筑结构学报,36(3):12-19.

陈政清,华旭刚,张志田,等.2013.工程结构的风致振动、稳定与控制.北京:科学出版社.

黄智文,陈政清. 2013. MTMD 在钢箱梁悬索桥高阶涡激振动控制中的应用. 振动工程学报, 26(6):908-914.

雷旭,牛华伟,陈政清. 2015. 大跨度钢拱桥吊杆减振的新型电涡流 TMD 开发与应用. 中国公路学报,28(4):60-68,85.

孙晓颖,陈昭庆,武岳. 2013. 单向张拉膜结构气弹模型试验研究. 建筑结构学报,34(11):63-69.

周帅,陈政清,华旭刚,等. 2017. 大跨度桥梁高阶涡振幅值对比风洞试验研究. 振动与冲击, 36(18):29-35,69.

Chen W L, Gao D L, Yuan W Y, et al. 2015a. Passive jet control of flow around a circular cylinder. Experiments in Fluids, 56(11):201,1-15.

Chen W L, Cao Y, Li H, et al. 2015b. Numerical investigation of steady suction control of flow around a circular cylinder. Journal of Fluids and Structures, 59:22-36.

Chen W L, Li H, Hu H. 2014a. An experimental study on a suction flow control method to reduce the unsteadiness of the wind loads acting on a circular cylinder. Experiments in Fluids, 55(4): 1-20.

Chen W L, Li H, Hu H. 2014b. An experimental study on the unsteady vortices and turbulent flow structures around twin-box-girder bridge deck models with different gap ratios. Journal of Wind Engineering and Industrial Aerodynamics, 132:27-36.

Chen W L, Xin D B, Xu F, et al. 2013. Suppression of vortex-induced vibration of a circular cylinder using suction-based flow control. Journal of Fluids and Structures, 42:25-39.

Chen Z Q, Wu Y, Sun X Y. 2015c. Research on the added mass of open-type one-way tensioned membrane structure in uniform flow. Journal of Wind Engineering and Industrial Aerodynamics, 137:69-77.

Gu M, Cao H L, Quan Y. 2014. Experimental study of across-wind aerodynamic damping of super-tall buildings with aerodynamically modified square cross-sections. The Structural Design of Tall and Special Buildings, 23(16):1225-1245.

Gu M, Quan Y. 2011. Across-wind loads and effects of super-tall buildings and structures. Science China- Technological Sciences, 54(10):2531-2541.

Gu M, Xie Z N. 2011. Interference effects on tall buildings under wind action. ACTA Mechanica Sinica, 27(5):687-696.

Hua X G, Chen Z Q, Chen W, et al. 2015. Investigation on the effect of vibration frequency on vortex-induced vibrations by section model tests. Wind and Structures, 20(2):349-361.

Laima S J, Li H. 2015. Effects of gap width on flow motions around twin-box girders and vortex-induced vibrations. Journal of Wind Engineering and Industrial Aerodynamics, 139:37-49.

Laima S J, Li H, Chen W L, et al. 2013. Investigation and control of vortex-induced vibration of twin box girders. Journal Fluid and Structures, 39:205-221.

Li H, Laima S J, Jing H Q. 2014. Reynolds number effects on aerodynamic characteristics and vortex-induced vibration of a twin-box girder. Journal of Fluids and Structures, 50:358-375.

Li K, Ge Y J, Guo Z W, et al. 2015. Theoretical framework of feedback aerodynamic control of flutter oscillation for long-span suspension bridges by the twin-winglet system. Journal of Wind Engineering and Industrial Aerodynamics,145:166-177.

Wang X R,Gu M. 2015. Experimental investigation of Reynold Number effects on 2D rectangular prisms with various side-ratios and rounded corners. Wind and Structures,21(2):183-200.

Xu F,Chen W L,Xiao Y Q,et al. 2014. Numerical study on the suppression of the vortex-induced vibration of an elastically mounted cylinder by a travelling wave wall. Journal of Fluid and Structures,44:145-165.

Yu X F,Xie Z N,Zhu J B,et al. 2015. Interference effects on wind pressure distribution between two high-rise buildings. Journal of Wind Engineering and Industrial Aerodynamics,142: 189-197.

Zhang Z T,Wu X B,Chen Z Q, et al. 2015. Mechanism of Hanger Oscillation at Suspension Bridges:Buffeting-Induced Resonance. Journal of Bridge Engineering,21(3):04015066.

Zhou R,Yang Y,Ge Y J,et al. 2015. Practical countermeasures for the aerodynamic performance of long-span cable-stayed bridges with open decks. Wind and Structures,21(2):223-239.

第 10 章　总结与展望

本章从研究成果与创新、研究进展与趋势、发展态势与展望和研究不足与需求等方面总结国家自然科学基金重大研究计划——"重大工程的动力灾变"集成项目"重大建筑与桥梁强/台风灾变的集成研究"的研究成果,并对未来研究工作进行展望。

10.1　研究成果与创新

重大研究计划集成项目紧密围绕核心科学问题,着重开展超大跨桥梁、超高层建筑和超大空间结构强/台风作用下的结构致灾机理、灾变控制及实测验证研究,集成重大建筑与桥梁风致灾变模拟系统包括强/台风风场模拟、气动力风洞试验、气动参数数值模拟、风效应动态显示、风速全过程模拟、现场实测验证、风效应检验标准和风振控制措施八大模块。除了风效应动态显示和风效应检验标准两个模块之外,本书主要针对其余六大模块开展六个方面的研究工作,取得了七项创新性研究成果,包括强/台风风场时空特性数据库和模拟模型,非平稳、非定常和非线性气动力模型与识别,三维气动力 CFD 数值识别与高雷诺数效应,结构风效应全过程精细化数值模拟,结构风致振动多尺度模拟与实测验证,结构风致灾变机理与控制措施,重大建筑与桥梁结构强/台风灾变模拟集成。

10.1.1　强/台风风场时空特性数据库和模拟模型

(1) 建立了 48 个登陆台风风场时空特性数据库,揭示了台风涡旋眼区、眼壁和外围强风的三维时空特性。

从强/台风的工程致灾角度提出了台风涡旋眼区、眼壁和外围强风的分区方法和判别指标,揭示了台风涡旋风的工程致灾机理和特征。以梯度测风塔、风廓线雷达、三维超声波高频采样等观测方式获取的登陆我国的 48 个台风的特种观测数据为基础,研究发现强/台风眼区、眼壁和外围区近地边界层风况特性和关键风工程参数的显著差异,从而提出了台风眼壁是重大工程强致灾区,其外围大风特性与常态风相似(图 10.1)。

揭示了台风眼壁强致灾区风况特有的三维时空特性。强/台风涡旋眼壁区因强烈的上升气流导致攻角可正向增大 5°~7°;强/台风眼壁强风区出现湍流度放大现象,并且在粗糙下垫面其放大效应更为显著;强/台风眼壁区风速廓线呈波浪形

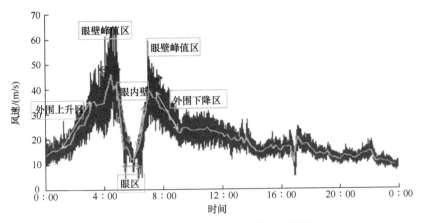

图 10.1　台风涡旋风分区和致灾特征图

弯曲,风廓线指数 α 也发生不同程度地增大;台风眼壁强风区湍流谱能可增大 1 个数量级;强/台风涡旋的脉动风速空间相关性明显比常态大风强,台风眼壁强风的衰减系数明显小于我国规范的下限值(图 3.8)。

(2) 建立了台风过程非定常、非稳态风速的随机数学模型,提出了适于工程区域台风眼壁风廓线指数的识别方法。

通过提出台风过程非定常、非稳态风速的数学模型,揭示了台风涡旋不同部位、不同尺度上的非平稳、非高斯(阵风)、随机性和分形(自相似)等特征;首次提出以分段线性模型模拟台风涡旋不同位置的平均风速,以对数正态-多分形随机游走模型和 Weierstrass-Mandelbrot 函数模拟强/台风的脉动风速,构造出强/台风过程的非平稳、非高斯的随机风速模型,给出了在不同下垫面"目标台风"过程风速模拟的控制参数(图 3.45)。

通过提出适于特定工程区域强/台风眼壁风廓线指数的识别方法,基于大量台风实测数据发现的台风眼壁风速廓线特征的观测事实,建立了台风眼壁风廓线指数与工程场地标准粗糙度长度的函数关系(图 10.2)。基于大量历史台风观测资

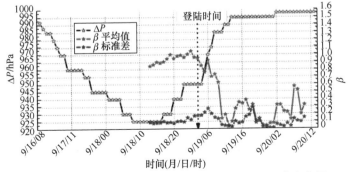

图 10.2　台风眼壁区强风的风廓线、气压梯度及 β 值变化图

料,建立了考虑场参数相关性的随机台风模型及基于 Monte-Carlo 随机数值模拟方法的工程台风风场模拟分析平台,给出了我国沿海地区台风气候基本风速及其剖面(图 10.3)。

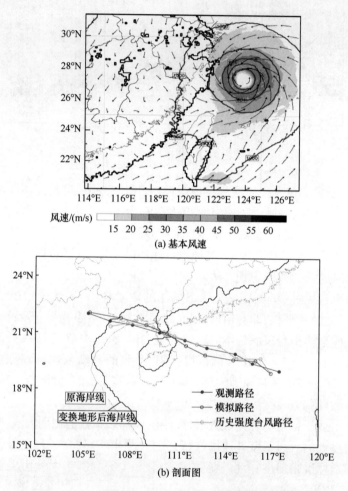

图 10.3　我国沿海地区台风气候基本风速及剖面图

(3) 首次提出了"目标台风"风场的三维结构精细化模型,实现了水平分辨率 200m 和竖直分辨率 20m 的台风精细风场模拟,揭示了台风致灾机理及关键参数。

针对重大工程抗台风需求,首次提出了可针对指定工程区域地形地貌和指定重现期的"目标台风"过程风场三维结构的精细化模拟模型。基于当地历史台风强度的概率分析确定"目标台风"(特指具有概率含义的强台风)强度,以台风涡旋初始化方案(TC BOGUS)与改进的动力初始化技术两种方法对模式大气中的台风强度进行控制,实现了构造任意强度的"目标台风"的目的;通过挪动、旋转下垫面与当地历史典型强台风路径的相对位置,可构造不同角度袭击工程区域的台风路径,实现了"目标台风"与指定区域地形的匹配模拟;以动力降尺度和实测资料同步风场订正技术,实现了水平分辨率 200m、竖直分辨率 20m、时间分辨率 10min、近地面任意高度层的台风精细风场模拟(图 10.4)。

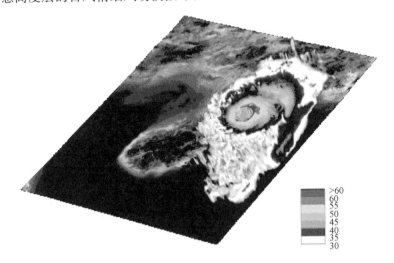

图 10.4　工程场地规定重现期"目标台风"精细模拟模型

提出了基于工程应用的"台风致灾风参数场"模拟分析方法。根据本书对强台风涡旋风场特有的三维时空特性研究成果,结合关键风工程参数对工程结构影响的机理和特点,提出了以风速、风向的空间和时间"切变模量"来构建和模拟"台风致灾风参数场"的思路和方法,将台风对工程结构的致灾风因子分解为最大风速和伴随强风同时发生的风向、风速在短时距和微尺度空间上的快速变化,实现了定量刻画具有涡旋特征的台风强风和下垫面综合作用的"台风致灾风参数格点场"的模拟分析和过程演示,发现了台风致灾风参数大值区多出现在登陆台风系统的左后侧以及山体背风一侧,为台风经过复杂山地海岸比经过平缓海岸的风灾致损更为严重的现象提供了客观解释(图 10.5)。

10.1.2　非平稳、非定常和非线性气动力模型与识别

(1) 研发了基于多风扇主动控制的非平稳、非定常、大尺度试验来流模拟技术,提出了典型桥梁断面抖振力和非线性涡激力及展向相关性理论模型,发现了竖弯涡激力的速度非线性。

研发了基于多风扇主动控制风洞的非平稳来流和大积分尺度来流模拟技术,研究强/台风条件下强紊流、非稳态等多种特异性条件气动参数演变规律。提出了典型钝体桥梁断面非定常六分量气动导纳函数的统一识别理论和试验方法

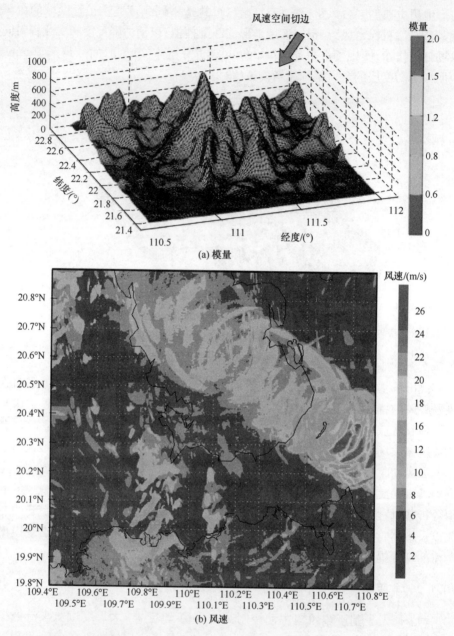

(a) 模量

(b) 风速

图 10.5　"目标台风"致灾关键参数精细模拟

（图 10.6），提出了考虑特征紊流效应的非定常抖振力谱数学模型及相干函数数学
模型，建立了大跨度桥梁非定常抖振频域分析方法，并通过多座桥梁的全桥气动弹
性模型试验进行了验证。研究了紊流积分尺度对大跨度桥梁气动导纳及风振响应

的作用效应,建立了紊流积分尺度不相似时的风洞试验技术及修正方法。

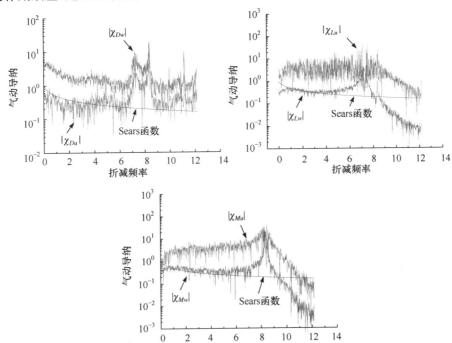

图 10.6　典型闭口箱梁六分量气动导纳

χ_{Du}、χ_{Dw}、χ_{Lu}、χ_{Lw}、χ_{Mu}、χ_{Mw} 为六个气动导纳函数

开发了基于弹簧悬挂节段模型涡振试验的高精度涡激力测量技术(图 5.9),研究了典型钝体桥梁断面非定常涡激力形成机理和非线性自激特性,建立了相应的涡激力非线性数学模型,揭示了桥梁涡激共振发展动力来源和自限幅特性的内在机理,即速度一次线性负气动阻尼力是驱动涡激共振的根本动力,而速度三次非线性正气动阻尼力是竖向涡振自限幅特性的关键因素。确定了涡激力沿桥梁跨度方向的相关性,建立了多模态涡激共振全桥三维非线性分析方法,并结合现场实测结果进行验证。开发了研究高阶模态涡振响应的气弹模型试验技术和方法,确定涡激力随振幅和折减频率的变化规律,为试验验证涡激力非线性数学模型和多模态涡振三维分析方法提供了有效途径。

(2) 系统识别了 100 多个超高层建筑模型的静风荷载和气动阻尼,探索了阻塞效应和雷诺数效应的影响及其修正方法,建立了基于多模态耦合风致响应的等效静力风荷载方法。

完成了 100 多个超高层建筑模型在四类地貌条件下的测力和气动阻尼风洞试验(图 5.22)。通过试验获得风压分布和顺风向、横风向、扭转风力分布及其相关特性和气动阻尼特性,导出三维耦合风力数学模型,建立了三维多模态耦合风致响应及等效静力风荷载的方法。采用同步测压技术在 B 类和 D 类风场中对群体建筑的风压和风力干扰影响进行系统性试验研究,获得了一批有价值的数据和结果。

分析了来流湍流对阻塞效应的影响,基于动量定理提出了阻塞效应修正方法——尾流面积法,并采用均匀流场中单体高层建筑的试验结果进行验证。此外,利用群体高层建筑试验数据将尾流面积法的适用范围扩展。在均匀低湍流度流场中,对 22 种不同角部处理的二维方柱及矩形柱模型进行了刚性模型测压试验,试验雷诺数的变化范围为 $1.0 \times 10^5 \sim 4.8 \times 10^5$。通过试验获得了在这一雷诺数范围中常见建筑断面上非常细致的风压分布及雷诺数效应(试验装置见图 10.7)。

图 10.7　雷诺数效应试验装置

(3) 提出了考虑雷诺数效应的曲面屋盖设计风荷载确定方法,建立了考虑客观和主观不确定性的大跨度屋盖设计风荷载概率模型。

基于大量风洞试验研究了大跨曲面屋盖在不同雷诺数下的气动特性,分别从边界层分离和旋涡脱落两方面探讨了表征雷诺数效应的关键气动参数及其数据识别方法,通过对经典圆柱绕流试验结果的分析,验证了方法的有效性。分别从地面边界效应、屋盖几何特征(包括长宽比和矢跨比)、表面粗糙度及来流湍流度等方面,对柱面屋盖雷诺数效应的变化规律进行了系统研究(试验布置见图 10.8)。结果表明,地面边界效应使雷诺数转捩区间提前至 $6.9 \times 10^4 \sim 1.66 \times 10^5$;屋盖长宽比的减小会使转捩区间推后,而矢跨比的影响则相反。提出了考虑雷诺数效应的曲面屋盖结构设计风荷载确定方法。针对平均风荷载,建立了基于改进理想流体势流理论的风荷载模型;针对脉动风荷载,建立了基于模糊神经网络技术的风荷载预测模块(图 5.50)。

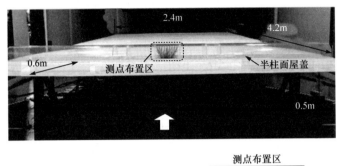

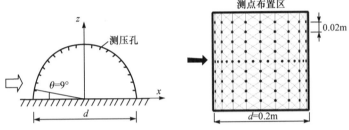

图 10.8 柱面屋盖雷诺数效应试验

基于 Hermite 矩模型理论,提出了多样本风压极值的概率密度函数表达式,风压极大值、极小值的估计新方法,以及围护结构风荷载极值的简化计算方法。从随机不确定性和认知不确定性两方面对结构风效应不确定性开展系统研究,初步建立了基于概率的大跨空间结构设计风荷载确定方法。提出了考虑认知不确定性的结构风效应概率模型,建立了风速和风效应样本数与结构风效应变异系数的关系。根据风速和气动效应样本数估计结构风效应的不确定性,给出了对应不同重现期风荷载极值的置信区间,探讨了影响总体不确定性的主要因素(图 10.9)。

图 10.9 屋盖设计风荷载不确定因素

10.1.3 三维气动力 CFD 数值识别与高雷诺数效应

(1)建立并完善了基于有限元、离散涡和 Lattice Boltzmann 的桥梁 CFD 数值分析系列方法和软件,提出了基于斜拉索风雨激振的多尺度、多相流数值模拟方法。

针对典型桥梁断面绕流特征,建立并完善了基于有限元方法、离散涡方法和

Lattice Boltzmann 方法的 CFD 数值计算软件(FEMFLOW、DVMFLOW 及 LBFLOW),提高了桥梁断面气动参数的识别精度及流场分辨率,建立了典型桥梁断面气动参数数据库,实现了非典型桥梁断面全部气动参数的数值模拟。基于三种数值模拟方法和软件,通过增加壁面网格和高性能并行计算,对有效雷诺数为 $10^5 \sim 10^6$ 的典型桥梁断面绕流流动进行数值模拟(图 6.5)。基于分区强耦合策略实现结构非线性动力模型与桥梁构件非线性气动力数值模型数据交换,建立了能再现大跨桥梁风振全过程的准三维数值模拟平台,并尝试进行了全三维数值模拟。实现了典型桥梁全桥绕流准三维数值模拟,对其风致响应、失稳形态进行时域数值模拟及可视化处理,并与其全桥气弹模型风洞试验相验证。

提出了大跨度斜拉桥斜拉索风雨激振多相多尺度模型和数值雨模型,实现了斜拉索风雨激振多相多尺度高效高精度数值模拟,揭示了斜拉索风雨激振机理。采用多相流体动力学 Navier-Stokes 方程系统进行数值模拟分析,在近索表面采用 DNS 数值模拟,同时采用 VOF 方法对多相流体气液界面进行追踪;在远索表面采用 LES 模型,同时采用 Lagrange Particle 方法对雨粒子进行追踪。研究结果表明,斜拉索表面的水线会影响流场气动特性,斜拉索水线周期振动频率锁定流场旋涡脱落的频率,当旋涡脱落频率接近斜拉索自振频率时,旋涡脱率频率锁定结构振动的频率,进而导致斜拉索风雨激振现象的发生(图 6.48 和图 6.61)。

(2) 提出了 CFD 数值模拟中湍流来流边界条件的高效自保持新方法,建立了基于 LES 和 DVM 方法的三维超高层建筑群气动效应和基于弱耦合分区求解的超高层建筑气弹效应的数值模拟方法。

湍流来流边界条件是 CFD 数值模拟的基础和难题,提出了湍流来流边界条件自保持方法,包括导出了一类近似满足 k-ε 模型自保持边界条件的湍动能表达式,并验证了此类湍动能边界条件在标准 k-ε 模型中模拟大气边界层的适用性。系统比较了 CFD 四种入口湍流生成方法在风速模拟(图 6.66)和风荷载模拟(图 6.67)方面的差别,并采用谐波合成法提出了改进的拟周期法,解决了应用拟周期边界带来的计算域上部湍流度过低的问题(图 6.68)。基于 RANS 模型开展了可移动龙卷风对高层建筑的风效应数值模拟,计算结果与风洞试验数据较为吻合。

提出了采用 RNG k-ε 紊流模型求解 RANS 方程,采用协调一致的 SIMPLE 算法,对单栋和两栋超高层建筑的平均风压和脉动风压分布进行了数值模拟和风洞试验,数值模拟结果和风洞试验结果吻合良好;提出了大涡模拟(LES)入流边界条件直接合成法,基于弱耦合分区求解法搭建了气弹效应数值模拟平台,模拟计算了三维高层建筑结构的多自由度气弹响应。在此基础上,提出了大涡模拟与离散涡(DVM)相结合的新算法,在大涡模拟亚格子尺度范围引入离散涡模型,对亚格子湍动能进行离散涡模拟,将网格尺度截断的湍流涡通过离散涡恢复出来,以得到更完全的非定常荷载,并将此新方法用于超高层建筑群的风效应数值模拟计算(图 6.64)。

(3) 研发了基于多场耦合和动边界技术的膜结构流固耦合数值模拟方法和软件,建立了流固耦合效应显著的充气膜结构静力、动力和抗风分析与试验的系列方法。

建立了基于多物理场耦合求解技术和动边界技术的膜结构流固耦合数值模拟平台,通过与气弹模型风洞试验对比,验证了方法的有效性;应用该方法模拟正弦振动单向张拉膜结构,研究了结构振幅、频率、振动模态、来流风速等参数对流固耦合效应的影响,结果表明,膜面平衡位置对流场形式起主导作用,振动对旋涡有耗散作用,振幅与频率对流场的影响较大,且在特定条件下振动频率会控制流场主频,引发涡激共振现象;此外,还通过参数分析探讨了预张力、膜面跨度、倾斜角度、膜面曲率等因素对张拉膜结构风振响应的影响规律,提出了通过设置导流板来抑制膜面振动的气动控制方法,并同步开展了风洞试验研究(试验结果见图 10.10 和图 10.11)。

图 10.10　振动结构周围流场涡量图　　图 10.11　鞍形膜结构流固耦合数值模拟

基于势流假定建立了速度势表示的充气膜内充气体的小幅波动方程,并采用 Galerkin 法离散得到内充气体的有限元动力方程;根据交界面上的运动学和动力学协调条件,建立了内充气体结点速度势与外部膜材结点位移和结点力的关系,进而得到了内充气体与外部膜材共同作用的充气膜系统动力学方程。通过 ETFE 气枕足尺模型静力测试与自振特性测试,验证了共同作用有限元模型的有效性;采用数值模拟方法研究了 ETFE 气枕的风致耦合振动特点,流固耦合引起了明显的附加质量、气动刚度和气动阻尼效应,改变了 ETFE 气枕的振动特性,定义了流固耦合效应系数并给出其变化范围为 $0.6\sim0.9$(试验装置及结果见图 10.12 和图 10.13)。

10.1.4　结构风效应全过程精细化数值模拟

(1) 建立了二维桥梁非平稳、非定常、非线性全过程气弹效应全流固耦合数值模拟方法和平台,研发了三维桥梁非定常、非线性全过程气弹效应非流固耦合数值

图 10.12　ETFE 气枕测振试验装置

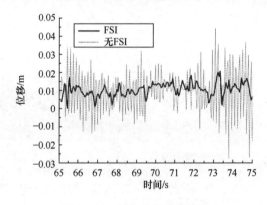

图 10.13　结构位移响应对比

模拟方法和软件。

　　开发了二维 CFD 全过程数值模拟平台,该平台基于有限体积方法,并采用全新网格划分算法即高阶势能(HOPE)法,可实现流固耦合过程中的大变形要求。该平台采用非结构化网格形式,可实现自动网格划分功能。流体方程求解过程中采用代数多重网格和非迭代时间步长算法以满足求解过程中的精度和效率要求(图 7.9)。

　　开发了三维非线性结构有限元分析平台,该平台将提供空间结构的非线性大变形分析能力,计入结构不同振幅下的自激气动力演化特性和结构在大振幅下的抖振力与结构运动本身的非线性耦合效应,并可以进行线性频域分析和非线性静、动力时域分析。这个平台将能够容纳描述非定常气动力所需的附加气动力自由度,并能将非线性气动力模型和结构有限元模型整合在一起,实现各种风速过程下的桥梁静力和动力响应分析,并模拟桥梁在极限风速下的损毁过程。此外,这个平台还将作为桥梁风振控制措施的验证平台,通过风-桥梁-控制措施耦合的非线性时域分析来检验控制效果(图 7.20 和图 7.27)。

(2)建立了超高层建筑气弹效应双向流固耦合数值模拟方法和开放式平台,研发了基于风洞试验和风荷载规范的高层建筑抗风设计软件平台。

建立了超高层建筑抗风数值模拟开放式平台,该平台以大涡模拟为核心,实现了 CFD/CSD 双向流固耦合的高效计算。开发了基于 Socket 并行计算的流固耦合接口软件与结构软件集成。基于 Socket 并行计算流固耦合接口,可开展全尺寸超高建筑风效应双向流固耦合模拟(图 7.51)。

以已有风洞试验数据为基础,结合中国风荷载规范进行在线计算,构建了同济大学高层建筑抗风软件平台(图 7.50)。该数据库软件系统包括台风实测数据及标准矩形截面、切角凹角处理截面、开洞截面及沿高度锥度化截面等数十种常见高层建筑模型的风洞试验数据,并与高级计算语言结合,可以进行复杂的后台运算操作,并展示气动阻尼和风向折减的研究成果。用户提供高层建筑所在地风环境参数、建筑物本身的几何和动力特性参数后,系统即能得到建筑物的顺风向、横风向及扭转方向上的风荷载标准值、加速度和基底剪力、弯矩等结果。

(3)研发了基于风洞试验和概率模型的大跨空间结构及围护结构的抗风设计软件平台。

开发完成了具有前、后处理功能的大跨度空间结构风致效应分析软件包(图 10.14),主要包括风洞试验数据分析模块、围护结构风荷载极值分析模块、主体结构风振响应计算模块、等效静力风荷载计算模块四个模块。软件包中集成了课题组提出的一系列高效分析方法,包括基于样本前四阶矩的 Yang-Tian 极值分布模型、结合 Ritz 振型和本征正交分解(POD)技术的 Ritz-POD 风振分析法、Yang-Chen 多目标等效静力风荷载计算方法(图 10.15)等。应用该软件包成功完

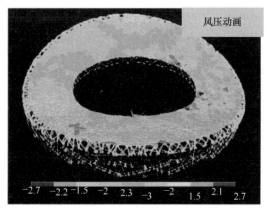

图 10.14 空间结构风致效应分析软件

成了 APEC 会议雁栖湖会展中心风洞试验及计算分析工作,为保障 APEC 会议顺利召开提供了重要技术支持,实现了与重大工程的结合(图 10.16)。

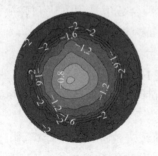　

图 10.15　屋盖极值风荷载　　　　图 10.16　雁栖湖会展中心模型

10.1.5　结构风致振动多尺度模拟与实测验证

(1) 超大跨桥梁风致振动多尺度模拟与验证。

依托某大跨度分离式双箱梁悬索桥建立了一套完整的风场、风荷载和风效应长期原型监测和验证系统。基于该监测系统获得了大量原型实测数据,并深入分析了原型桥的风场特性、箱梁下表面风压分布特性、分离式箱梁旋涡脱落频率特性、流态特征和涡激振动特性。基于原型监测结果对 1∶25 节段模型风洞试验进行了验证。结果表明,由于雷诺数效应的影响(模型试验比现场桥梁低 1~2 个数量级),节段模型风洞试验过分模拟了流体的分离,使得箱梁表面吸力增大(图 8.3)、旋涡脱落频率降低(图 8.4)。由于流场特性的不同,节段模型的涡激振动与现场原型桥梁的涡激振动存在较大差别:首先,节段模型发生了竖向和扭转涡激振动,但现场原型桥梁只发生了竖向涡激振动;其次,节段模型竖向涡激振动幅值比现场原型桥梁涡激振动幅值小得多(图 8.6)。

(2) 超高层建筑风致行为多尺度模拟与验证。

① 复杂超高层建筑的风力、风致响应及等效静力风荷载。完成了 90 个超高层建筑模型在四类地貌条件下的测力和测压风洞试验,获得了其风压分布和顺风向、横风向、扭转风力分布及其相关特性,导出了三维耦合风力数学模型,建立了三维多模态耦合风致响应及等效静力风荷载的方法,提供了超高层建筑风荷载气动控制措施的丰富案例。

② 群体超高层建筑的干扰。采用同步测压技术在 B 类和 D 类风场中对两个建筑和三个建筑(5 种宽度比和 7 种高度比)的干扰影响进行了试验研究,共计 1736 种工况,记录了约 50GB 的瞬态风压时程数据(这是国际上目前所有可见报道的最具规模的相关试验),获得了一批有价值的数据和结果。

③ 超高层建筑风压特性研究和围护结构风荷载设计方法。在浦东机场建造

了足尺低层建筑模型(屋顶角度可调)和两个测风塔,测量了一批数据,同时在风洞中进行了建筑模型的试验。将实测结果和风洞试验结果进行比较,详细研究建筑物局部表面风压特性和风洞试验方法。

④ 超高层建筑气动阻尼和建筑物内压研究。建立了有背景孔隙的两分区开孔建筑的内压响应的分析方法,并研究了背景孔隙对内压响应的影响;另外,建立了迎风面单开洞两空间建筑的风致内压响应非线性分析方法,改进了已有的基于线性模型的方法。数值计算结果表明,已有的线性模型方法忽视了 Helmholtz 共振效应,而研究给出的改进方法可弥补这一不足。

⑤ 建筑模型风洞试验雷诺数效应研究。在均匀低湍流度流场中,对 22 种不同角部处理的二维方柱及矩形柱模型进行了刚性模型测压试验,试验雷诺数的变化范围为 $1.0 \times 10^5 \sim 4.8 \times 10^5$,获得了在这一雷诺数范围中常见建筑断面上非常细致的风压分布及雷诺数效应。近期将进行更高雷诺数的模型风洞试验,同时发展高效的 CFD 方法研究雷诺数效应。

⑥ 超高层建筑动力特性的现场实测与有限元分析对比研究。分析了实测风致加速度响应与平均风速之间的关系,进行了结构阻尼比的识别。在已有的有限元分析模型基础上,将风洞试验中测量得到的风压时程作为荷载输入,利用时域分析法计算出超高层建筑的风致响应,对比分析了实测和计算得到的超高层建筑风致响应结果,两者较为接近。基于现场实测数据,在已有电梯设计水平地震力计算方法的基础上提出了电梯的水平风振力计算方法。

⑦ 超高层建筑风效应的现场实测和风洞试验结果对比研究。在温州高层建筑的实测和风洞试验数据基础上,采用 EMD 方法将实测和风洞试验获得的风压数据进行分解,提取了结构自振频率范围内的现场实测和风洞试验的风压分量并进行对比,探讨了该范围内实测与风洞试验的脉动风压谱的联系和区别。

⑧ 高层建筑风荷载优化设计。建立了以梁、柱构件的高度、宽度以及剪力墙的厚度为设计变量,建筑物自重为目标函数,风致响应(位移和加速度)为约束条件的风荷载优化数学模型。

⑨ 超高层建筑风效应多尺度综合研究。在边界层风洞中研究了 2IFC 不同工况下的荷载效应(图 10.17)。表明平均风压力系数随地面粗糙度的增加而减小,周边建筑干扰效应主要在建筑高度 $0.6H$ 以下较明显,研究了不同来流风向角、地貌特征和周边环境对高层建筑结构所受风荷载和风效应的影响;提出一种有效的 LES 数值计算方法,进行风效应的数值模拟研究(图 10.18),并与现场实测与风洞试验结果进行对比。结果显示,风洞试验可以合理地预测结构共振响应,实测背景响应与风洞高频动态天平技术(HFFB)结果总体趋势较吻合,位移的共振响应和其背景响应大小相当,因此不应低估位移的背景响应对总位移响应的影响。数值计算、风洞试验与现场实测三者结果吻合较好(图 10.19 和图 10.20)。

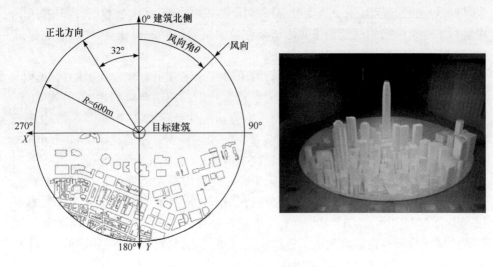

图 10.17　超高层建筑群风洞试验

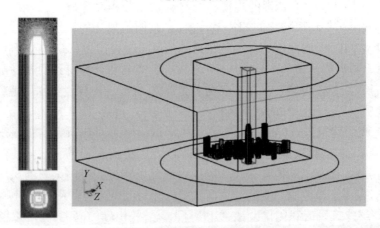

图 10.18　超高层建筑群数值模拟

（3）实测了大跨度屋盖结构和开敞式伞形膜结构的风振响应，验证和修正了结构有限元模型和风洞试验结果。

基于风洞试验和有限元分析的大跨度屋盖风振分析中的不确定性主要包括风洞试验流场与实际边界层流场、结构有限元模型、结构阻尼比等。为此，选取深圳宝安体育场进行现场风振响应实测研究，该体育场为大跨度预应力索膜结构，其建筑总高度为 55m，轮廓尺寸为 237m×230m（图 10.21）。基于随机脉动实测的加速度响应，采用小波变换和随机减量技术相结合的方法，对结构自振频率和阻尼比进行参数识别，结果表明，阻尼比随振幅的增大而增大，采用实测更新后的结构有限元模型自振频率和振型与实测结构吻合良好。基于台风"文森特"过境时的实测结

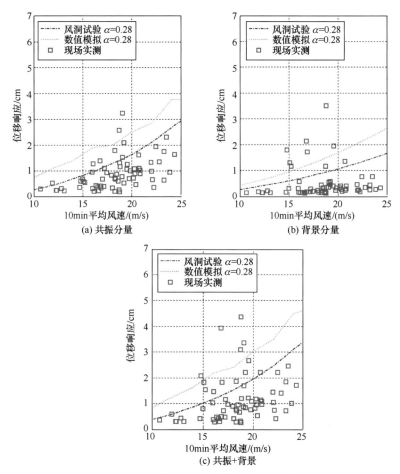

图 10.19 主体超高层建筑 X 向顶部位移

果与有限元分析对比,加速度均方根响应在部分位置吻合较好;四个位置的加速度响应谱曲线形状总体吻合较好;通过详细分析,部分差异主要来源于模型特性、风场条件以及阻尼比的不确定性。

针对某开敞式伞形膜结构进行了长达三年的结构风效应监测(图 8.73),共获得了 40000 多个 10min 时距的风速和加速度响应样本。结果表明,开敞式伞形张拉膜结构的表面风压实测结果与风洞试验结果吻合较好(图 8.88),说明通过风洞试验确定膜结构风荷载具有较高可信度;但由于实际结构的预张力值和动力特性与设计值差别较大,导致结构风振动力响应实测值与理论值存在一定差异。

10.1.6 结构风致灾变机理与控制措施

(1)揭示了超大跨桥梁颤振和涡振机理及其结构破坏原因,提出了超大跨度

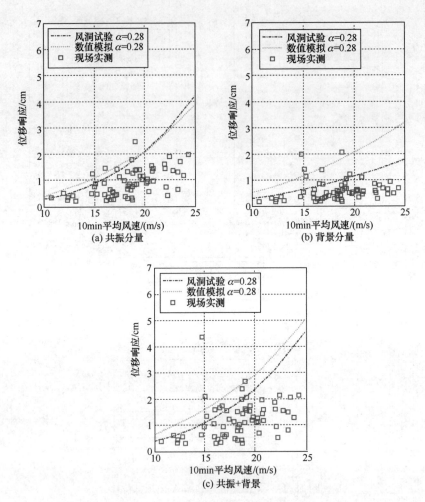

图 10.20　主体超高层建筑 Y 向顶部位移

桥梁颤振和涡振控制原理和方法。

　　针对多种超大跨桥梁主梁断面形式——H 型断面(塔科马大桥)、钢-混组合梁(东海大桥主航道桥)、整体钢箱梁(大带东桥和润扬长江大桥)和分体钢箱梁(西堠门大桥),不仅揭示了颤振和涡振的机理——主梁和周围气流之间的流固耦合作用产生气动负阻尼,克服结构阻尼后导致振动发散(颤振)或大幅共振(涡振),而且以塔科马大桥悬索桥为例,首次采用数值模拟方法揭示了由颤振或涡振引起桥梁最终破坏的原因,是主梁大扭转角振动导致吊杆内力达到承载能力极限而破断,并逐步造成多根吊杆折断、主梁垮塌和主缆破坏(图 10.22)。

　　结合多种超大跨度桥梁主梁断面形式,提出了多种超大跨度桥梁颤振和涡振的控制原理和方法。基于所提出的减弱主梁和周围气流之间的流固耦合作用减小

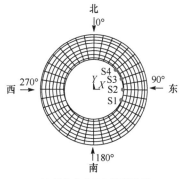

| (a) 风速仪位置 | (b) 风向定义及加速度位置 |

图 10.21　深圳宝安体育场大跨度屋盖实测系统

| (a) 简谐扭转荷载下桥梁发散 | (b) 均匀流下桥梁发散(U=22m/s) |

图 10.22　超大跨度桥梁颤振或涡振机理及结构破坏原因

气动负阻尼的颤振或涡振控制原理,建立了颤振和涡振气动控制措施库,包括两侧裙板、中央稳定板、两侧导流板、中央开槽、检修轨道移位、隔流板等;基于提高结构振动阻尼的颤振或涡振控制原理,提出了调谐质量阻尼器和磁流变阻尼器等阻尼控制方法;基于气动干扰效应的颤振或涡振控制原理,提出了自吸/吹气式控制器和主动控制振动翼板等主动控制方法(图 9.6)。

　　(2) 建立了超高层建筑基于结构风荷载的气动外形优化方法,提出了减小超高层建筑围护结构风致效应的设计方法。

　　研究了高层建筑的不同外形及厚宽比、开洞等因素对风致效应的影响;开展了考虑气动耦合和振型影响的高层建筑气弹模型风振响应研究,提出了高层建筑广义气动力谱的修正公式(图 10.23),建立了超高层模型试验及风致响应分析误差精度评价体系;提出了超高层建筑风致荷载优化方法。评估了高层建筑群的干扰效应,提出了评估城市建筑群的风环境舒适性方法;研究了风致内压对高层建筑幕墙表面风压的影响。

　　(3) 揭示了大跨柔性屋盖的分岔振荡气弹失稳机理,提出了三维多模态柔性屋盖流固耦合风致振动数值模拟方法。

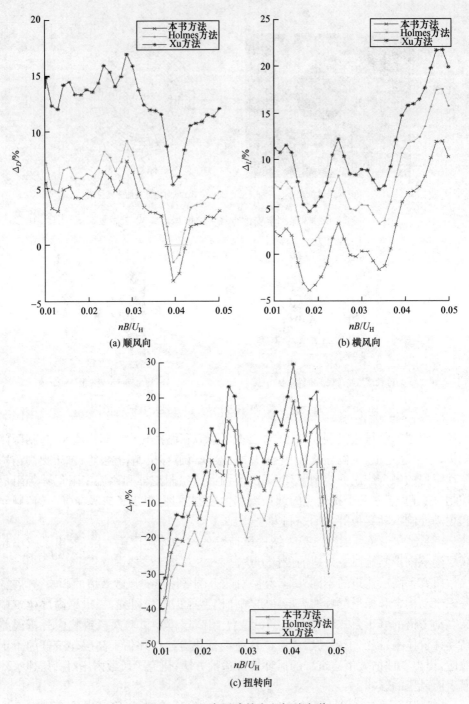

图 10.23　超高层建筑广义气动力谱

　　基于系列张拉膜结构气弹模型风洞试验,认识到膜结构的气弹失稳现象明显区别于桥梁和高层结构,需建立适用于多自由度柔性体系的气弹失稳研究方法,为此提出了基于全荷载域和多响应特征的膜结构气弹失稳综合研究方法;揭示了柔性屋盖的气弹失稳机理,指出柔性屋盖的气弹失稳是由屋盖前缘脱落旋涡引起的类似行波的分岔振荡行为,表现为结构振幅突增、模态跳跃和涡脱锁定等特征;发生气弹失稳后,结构振动呈现明显的拍击特征,导致膜面内力剧烈变化,诱发结构局部破坏(图 10.24);在此基础上,提出了考虑气弹失稳的张拉膜结构抗风设计方法,明确了临界风速、附加质量和气动阻尼的确定方法,给出了提高结构气弹稳定性的设计建议(图 10.25)。

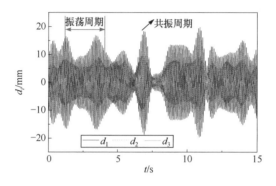

图 10.24　膜拍击现象

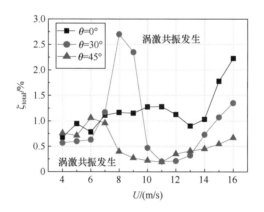

图 10.25　气动阻尼随风速变化

10.1.7　重大建筑与桥梁结构强/台风灾变模拟集成

1. 重大建筑与桥梁强/台风灾变研究数据集成平台

　　基于上述六项研究成果,集成超大跨度桥梁、超高层建筑、超大空间结构强/台风灾变研究数据的集成平台具备以下功能：

（1）对大跨度桥梁、高层建筑和大跨度空间结构在强/台风作用下风致动力灾变研究得到的成果进行遴选、集成并输入数据平台，为本领域的研究者提供进一步研究的基础和平台，为将来重大工程的动力灾变问题提供参考和依据。

（2）数据平台基于 Web 开发，由门户网站、底层数据系统库和软件库组成。用户通过门户网站在线注册、获得账号，并根据账号等级，可以进行在线数据上传、数据审批、数据查询、数据图形显示、数据下载、软件下载或链接至软件开发者等功能；数据平台还提供论坛功能，供相关研究者就重大建筑与桥梁强/台风灾变的科学问题进行讨论。

（3）数据库系统包括三个子库，即强/台风子数据库、风洞试验子数据库和原型监测子数据库。其中强/台风子数据库主要包含观测强/台风场和模拟强/台风风场两部分；风洞试验子数据库根据结构对象分为大跨度桥梁、高层建筑和大跨度空间结构三部分；原型监测子数据库同样根据结构对象分为大跨度桥梁、高层建筑和大跨度空间结构三部分。

2. 重大建筑与桥梁强/台风灾变全过程精细化数值模拟平台

基于上述六项研究成果，集成超大跨度桥梁、超高层建筑、超大空间结构风效应全过程精细化数值模拟平台具备以下功能：

（1）非线性气动力模型和桥梁结构有限元模型相结合，形成统一的非线性桥梁风振响应分析平台，该平台能同时考虑多种类型的气动力作用，并在一次分析中考虑多种风速区间。

（2）建立超高层建筑抗风数值模拟开放式平台，该平台将以大涡模拟为核心，并实现 CFD/CSD 双向流固耦合的高效计算。

（3）通过流固耦合参数分析，建立考虑流固耦合效应的薄膜结构抗风设计方法，提出气弹失稳判别准则。

3. 重大建筑与桥梁强/台风灾变机理与气动控制技术平台

基于上述六项研究成果，集成超大跨度桥梁、超高层建筑、超大空间结构风致灾变机理与气动控制技术平台具备以下功能：

（1）揭示超大跨度桥梁风致颤振灾变机理，集成颤振控制的被动气动控制技术和主动控制面技术。

（2）揭示超大跨度桥梁风致涡振灾变机理，集成涡振控制的被动气动控制技术和主动控制面技术，建立考虑涡激力自激自限特性的质量阻尼器多目标控制理论模型。

（3）揭示超大跨度桥梁风致静风失稳机理，研发静风失稳控制的被动气动控制技术。

（4）集成了典型超高层建筑总体和局部风荷载的气动控制措施。

10.2 研究进展与趋势

人类能够定量估算平均风和脉动风静力荷载的历史可以分别追溯到 1759 年和 1879 年。1940 年,美国华盛顿建成才四个月的世界第二大跨度悬索桥——塔科马大桥在 8 级大风作用下发生强烈的振动而坍塌,才彻底结束了人类单纯考虑风荷载静力作用的历史。经过 80 多年的研究,在风气候预测方面,实现了将灾害性风气候分类成几种不同的形式,并分别采用最优方法分类进行分析,风速分布的细观结构以及各种雷暴和龙卷风强度的统计预测是当前的研究热点。在近地风特性方面,现代风工程方法以及以此为基础的各国规范仍然是有效的,基于理论分析和现场实测的风速剖面模型、湍流时频模型和空间相干模型的探索是发展方向。在空气动力作用方面,主要进展在于发现了来流湍流的空气动力效应并建立了线性准定常计算方法和相关气动参数的实验识别方法,来流湍流的非线性效应、钝体尾流中的特征湍流效应以及来流湍流和特征湍流耦合效应等越来越受重视。在理论研究方法方面,基于流体控制方程的纯理论研究进展非常缓慢,计算流体动力学已经在均匀流动和钝体绕流等风工程应用方面显示出了巨大的发展潜力,人们期待着数值风洞方法能够在不久的将来在非定常流动中取得突破。在物理实验技术方面,边界层风洞一直是风工程的主要工具,风洞试验的数据采集仪器和数据处理设备的速度及精度都有了很大的提高,未来应当更加注重于飓风和雷暴风的风洞试验模拟技术以及现场实测的高技术设备的研发。

10.2.1 强/台风边界层风场时空特性、效应模拟与预测模型

Song 等(2012)从多个登陆台风的中心路径实测资料分析中发现,由于台风眼壁附近强烈的上升气流可导致台风眼壁强风区产生 $5°\sim7°$ 的正攻角,台风中心和紧邻眼壁的风速廓线显著弯曲,伴随眼壁强风同时出现阵风系数、湍流度、湍流积分尺度等增大现象,并且在更粗糙下垫面上,这种增大效应有放大趋势;Li 等(2012)利用这些台风实测资料对各国规范推荐的理论风谱的适用性进行了研究,发现尤其在台风眼壁强风区的风谱偏移较大;风廓线雷达测得的台风过程强风廓线显示,台风的梯度风高度高于良态气候。但目前获得的台风过程实测数据还十分有限,需要在继续积累台风实测的同时,对已有的实测数据进行更全面、深入的分析归纳,给出能够较客观刻画台风非线性、非定常、非稳态过程风速的数学模型或经验模型以及台风过程风况的三维时空分布特性,逐步满足工程应用需要。

近年来,发展高分辨率热带气旋数值模式已成为国际上提高热带气旋预报能

力,尤其是精细结构预报能力的主要手段和发展趋势。Tang 等(2012)采用 MM5
模式对台风 Nari 进行了水平分辨率 1.33～2km 数值模拟试验;Yuan 等(2011)建
立了适合我国登陆台风风场的模拟计算系统,对近年来在我国华南地区登陆的 6
个台风的近地面风场进行了精细化模拟,得到水平分辨率为 1km 和 500m,垂直分
辨率为 50m、500m 和 1500m,时间分辨率为 10min 的登陆台风精细化模拟。Liu
等(2013a)针对台风模式初始场与实际台风差异太大问题,发展了重定位循环同化
技术、海面风的三维变分同化技术以及湿度松弛逼近技术三种涡旋初始化技术。
Ma 和 Tan(2009)通过考虑水汽平流的作用建立环境强迫(网格尺度)与局地扰
动(对流尺度)间的显式关系,改进 Kain-Fritsch 积云对流方案,此改进可以通过影
响对流雨带入流的稳定性从而改变对流性降水的发生发展。辐射参数化方案的改
进主要是建立了四流离散坐标累加和四流球函数展开累加辐射参数化算法,并在
准确性和计算效率方面均表现出明显优势(Zhang and Li,2013)。国内学者还建
立了台风区域海-气-浪耦合模式系统,实现 GRAPES(Global and Regional Assim-
ilation and Prediction Enhanced System)台风模式和 ECOM-si[Estuarine,Coastal
and Ocean Model(semi-implicit)] 大洋环流模式、WAVEWATCH 与海浪模式之
间的相互耦合,试验结果表明,建立的海-气-浪耦合模式能够合理地模拟台风的强
度、海表温度等的变化,具有良好的业务应用前景。业务应用表明,我国台风路径
数值预报误差大幅减少,2009～2013 年减少达 50%(端义宏,2015)。

我国现行的风荷载规范没有考虑台风气候的非良态特性,所确定的设计风速
偏离实际情况,迫切需要对通过 Monte-Carlo 随机数值模拟结合极值统计阈值方
法(赵林,2003)进行修订。为显著降低随机数值模拟的计算量,必须忽略除空气动
力学效应外的其他因素、引入经验参数和公式来简化其物理模型,同时还必须利用
当地热带气旋风速的实测数据对简化模型进行优化或校正(赵林,2003)。Zhu 等
(2012)对台风 Krosa 的随机数值模拟进行了对比分析,指出了在简化模型参数校
正过程中利用高空风速观测数据的必要性。在气象预报中得到广泛应用的基于复
杂物理模型的热带气旋数值模拟(Liang et al.,2007)可以为简化模型的参数校正
提供随时间演变的高分辨率和高精度三维空间结构数值模型。

10.2.2 结构非平稳、非定常结构气动力

1. 大跨度桥梁非平稳、非定常结构气动力

1) 非定常抖振力

经典的桥梁随机抖振力模型一般只考虑来流紊流的作用,并以准定常理论为
基础,通过引入气动导纳函数来近似考虑其非定常特性,但实际上紊流场中气流流
经钝体桥梁结构所产生的特征紊流也会对结构产生随机动力作用,它主要取决于

结构形状,但同时与来流特性有一定关系。气动导纳识别及特征紊流效应是结构风工程领域具有挑战性的问题之一。气动导纳函数的识别虽有一些研究报道(项海帆等,2005),但一直没有取得实质性进展,抖振力的跨向相关性至今还没有完全成熟的数学模型。特征紊流效应问题由于难度较大,至今少有人涉足。近年来,有学者(Zhu et al.,2016,2013b;Zhou et al.,2015)对气动导纳识别和特征紊流效应进行了较为深入的研究,提出了用于识别桥梁断面六分量气动导纳的抖振力自谱和抖振力脉动风交叉谱综合最小二乘法,并考虑了节段模型抖振力跨向不完全相关性的影响;发现特征紊流效应一般仅对高折减频率段抖振力谱和抖振力跨向相干函数具有显著影响,并且随紊流度的增加,其影响频带宽度增大、幅值降低,但对低折减频率段的抖振力谱和跨向相干函数影响较小。在此基础上,提出了由来流紊流抖振力谱和特征紊流抖振力谱相叠加的非定常抖振力谱数学模型,以及能够考虑特征紊流效应的、以桥宽折减频率和相对于跨向紊流尺度的折算间距为自变量的抖振力跨向相干函数双变量分式级数模型,建立了能考虑特征紊流效应的大跨度桥梁非定常抖振响应频域分析有限元方法和软件平台,并通过全桥气动弹性模型试验进行了初步验证。紊流场中的自激力非线性行为和数学模型及其对抖振响应的影响还需要进一步研究。

　　2) 非定常非线性涡激力

　　涡激共振是一种具有强迫和自激双重特性的限幅风致振动现象,已在许多实际桥梁上发生,对桥梁的结构安全和行车舒适性造成了较大的危害,因此建立非线性涡激力模型是近年来风工程界研究的一个热点。由于涡激力的产生和演变机理十分复杂,长期以来一直没有一种完善的数学解析模型。在涡激力参数识别方面,目前常用的都是基于缓变函数假定和振动位移或加速度响应的间接识别方法(Li and He,1995),这些方法尚缺乏实际检验。Mashnad 和 Jones(2013)将线性速度项的气动力系数拓展为折减频率和振幅的函数,由此提出了可以再现自限幅特性的非线性涡激力模型,并建立了可以考虑跨向不完全相关的全桥三维涡振分析方法。Xu 等(2015b)建立了非线性涡激力的尾流振子模型(wake-oscillator model),提出了识别涡激力参数的缓变函数法,并将预测结果与风洞节段模型试验和现场实测结果进行对比,初步验证了所提出模型的可靠性。Zhu 等(2016,2014,2013a)改进了传统测量涡激力的方法,开发了基于内置天平同步测力测振的高精度涡激力测量技术,建立了多种箱梁断面竖向或扭转涡激力的精细化非线性数学模型,分析了非线性涡激力中不同成分在涡激共振过程中的能量演化规律以及对涡激共振响应的贡献,揭示了“速度一次项线性气动负阻尼是驱动桥梁竖向和扭转涡激共振发展的根本动力,速度三次项和扭转角平方与角速度一次乘积项非线性正气动阻尼力分别是桥梁竖向和扭转涡激共振得以自限幅的内在因素”这一非线性涡激共振的机理,在此基础上,对依赖于桥梁断面外形的非线性涡激力精细化模型进行了简化,提出了适用于不同桥梁断面、能保证涡振稳态振幅预测精度的非线性涡激力统一简化数学模型。

　　针对大跨度悬索桥的多阶涡激共振问题。Zhou 和 Chen(2016)在保证二维节段模型试验和气弹模型试验采用相同的截面尺寸、表面粗糙度、雷诺数和等效质量等关键参数的前提下,对比了气弹模型试验和常规二维节段模型涡激共振试验在预测高阶涡激共振振幅方面的差异,研究发现,两者的涡激共振起振风速和锁定区间基本吻合,但常规节段模型预测的涡振振幅偏小约 30%,因此传统基于二维节段模型预测高阶涡激共振的方法是偏于危险的。为此,开展大跨度桥梁全桥三维涡振分析研究对提高桥梁涡振响应的预测精度具有非常积极的意义。李明水等(2012)基于 Scanlan 经验非线性涡激力模型,利用二维力谱与三维广义力谱等效的思想,通过傅里叶变换得到二维力谱到三维广义力谱的转换关系,并定义了二维与原型桥梁涡振响应之间的折减系数,给出了将节段模型涡振试验结果应用到原型桥梁的理论方法。Zhu 等(2014)进一步基于广义涡脱力谱等效原则和所提出的非线性涡激力模型,建立了考虑涡脱力沿跨向不完全相关特性的全桥三维非线性涡激共振响应的逐模态时域分析方法,并利用西堠门大桥涡激共振现场实测数据验证了该方法的可靠性。

　　3) 非定常非线性颤振自激力

　　钝体桥梁断面的颤振和驰振自激力也往往具有显著的非线性、非定常特性,尤其是在大振幅情况下更加显著,因此也是近年来风工程界研究的一个热点。Wu 和 Kareem(2013)提出了 Volterra 卷积形式的非线性自激力模型,并结合 CFD 分析,提出从桥梁断面脉冲激励的瞬时响应中识别 Volterra 卷积核的方法,该非线性模型是对经典线性自激力的脉冲响应积分形式的推广。Náprstek 等(2007)在通过风洞试验详细考察非线性自激振动现象的基础上,提出了范德波尔-达芬类型的两自由度耦合非线性自激力模型。Diana 等(2013)提出并改进了低频和高频叠加的非线性气动力模型,可以模拟非定常抖振力和非线性自激力,重现气动力的倍频和迟滞现象。Amandolese 等(2013)针对薄平板(高宽比 1∶23.3)的非线性颤振后现象进行了风洞试验研究,发现当风速超过颤振临界风速之后,薄板出现大振幅弯扭耦合的软颤振现象,在颤振临界风速附近,风速的施加方式(逐渐增加或者降低)还会影响软颤振的稳定振幅。刘十一(2014)通过引入若干与流场有关的状态变量,建立了非线性气动力的状态空间模型,能够实现大跨度桥梁的非平稳、非线性、非定常风振响应的纯时域分析。朱乐东和高广中(2015)、高广中(2016)详细考察了 4 种典型桥梁断面的非线性软颤振现象,发现不同流线型的典型桥梁断面均出现了不同尺度的软颤振现象,软颤振发生在扭转模态,具有弯扭耦合的特征,不具有突发性;对比了断面的流线型程度、桥梁附属设施和结构阻尼对软颤振响应的影响。基于同步测力测振技术获得高精度的非线性自激力,在此基础上,提出了时频混合的非线性自激力模型。

4）非定常非线性驰振自激力

近矩形断面的钢桥塔、高桥墩、高宽比较大的大跨度钢梁桥、大长细比的 H 形和矩形钢拱桥吊杆等钝体断面都可能发生横风向驰振现象，在较低的 Scruton 数时往往具有强烈的非定常特性。虽然，越来越多的研究结果显示驰振具有强烈的非定常特性，经典的准定常驰振理论并不适用（Parkinson，1989），但至今人们还是习惯用准定常弛振理论来分析驰振问题。Mannini 等（2014）针对高宽比 2:3 的矩形断面进行了大量的风洞试验，发现 2:3 矩形断面在较低的 Scruton 数时会出现非定常的软驰振现象，随着 Scruton 数的增大，涡激共振与驰振会分开出现，增大紊流度会延缓软驰振的发生，增大紊流积分尺度会显著地抑制软驰振现象。Mannini 等（2015）尝试对软驰振的非线性自激力进行了建模，发现 Corless-Parkinson 模型和 Tamura-Shimada 模型的预测精度都不太理想。周帅（2013）通过风洞试验研究了多种高宽比矩形断面的软驰振现象，也采用 Corless-Parkinson 模型和 Tamura-Shimada 模型对软驰振响应进行拟合，通过大量的参数分析拟合了软驰振稳定振幅的经验公式。然而，Corless-Parkinson 模型和 Tamura-Shimada 模型本质上都是一种非定常涡激力和准定常自激力的混合模型，没有统一涡激力和驰振力共有的非定常自激特性，因而在物理概念上是模糊不清和不合理的，从而导致对驰振分析效果不佳，通用性不强。鉴于此，Gao 和 Zhu（2015）研究了不同Scruton 数条件下高宽比 1:2 断面的软驰振现象，采用所开发的内置天平同步测力测振技术，测量软驰振过程中高精度的自激力信号，建立了纯非定常驰振自激力非线性数学模型，并通过大量的风洞试验验证了模型的可靠性和预测精度。

5）非平稳气动力

实测分析资料表明，台风具有明显高于良态气候季风的紊流度，以及较强的风速风向的空间切变特性和时间非平稳特性（Song et al.，2012）。Zhang 等（2013）采用时变平均风和非稳态脉动风相叠加的形式模拟了台风的非稳态脉动风场，考察了台风非稳态风场和车辆荷载共同作用下桥梁细部的疲劳问题，发现台风能够在桥梁细部引起较大的应力循环幅度，很可能引起严重的疲劳问题。刘十一（2014）建立的非线性气动力的状态空间模型也能够实现大跨度桥梁的非平稳、非线性、非定常风振响应的纯时域分析。Wu（2016）考察了非稳态风场对桥梁断面气动力的影响，在非线性气动力模型中考虑时变平均风（非稳态效应）引起的断面瞬时攻角的变化，提出了能够考虑气动力非线性和来流风非稳态特性的广义混合模型，对比发现，风场的非稳态效应对桥梁抖振效应影响很大。Su 等（2016）开展了非平稳风作用下的大跨度桥梁抖振响应，但是仅考虑时变平均风速及其造成的时变折减频率所带来的脉动风速谱和气动导数的时变特性。然而，在高紊流度和非平稳条件下，尤其是对于雷暴、龙卷风等平均风速变化较为激烈的情况，准定常理论可能不再适用,桥梁气动静力、自激力和随机抖振力都会受此影响而可能具有较强的非线性、非定常和非平稳特性,值得进行深入研究。

2. 结构气动力及气弹效应的数值模拟

土木结构风荷载和效应的数值模拟及数值风洞是结构风工程研究中具有战略意义的发展方向。经过大量学者的不断努力,桥梁气动弹性问题的数值模拟取得了很大的进展,对一些实际桥梁工程问题进行了成功的预测。

1) 典型桥梁断面气动力及气弹效应数值模拟

近年来,大量学者开始尝试利用 CFD 研究桥梁断面的非线性和非定常气动力特性。曹丰产(1999)用有限单元法计算了丹麦大带东桥、南京长江二桥等流线型闭口箱梁断面和荆沙大桥钝体截面的气动导数和颤振临界风速。周志勇(2001)基于随机涡方法开发了一套软件系统,并应用于工程实际。Tamura(2008)采用大涡模拟方法研究了结构物的绕流问题。Xu 等(2015b)利用 CFD 考察了四种高宽比的桥梁断面自激阻力的非线性特性,研究发现,自激阻力的非线性对流线型断面的自激振动影响显著,为此,Xu 等提出了考虑自激阻力二次倍频项的非线性自激力模型。Liao 等(2016)通过大涡模拟研究了一个典型流线型箱梁断面气动力的非线性特性,他们发现,流线型箱梁断面在大振幅弯扭耦合振动过程中,气动力表现出显著的非线性迟滞效应,由于气动力的非线性效应,耦合振动过程中的气动力并不能由竖向和扭转单独振动的气动叠加而得,即存在非线性的气动耦合效应,气动力的非线性迟滞现象是由于前缘涡的再附滞后于结构振动引起。

2) 高层建筑非定常风荷载和气弹效应数值模拟

Hasama 等(2015)运用了大涡模拟技术对高层建筑风荷载进行估计,探讨了不同的来流风特性对风荷载的影响。Zheng 等(2015)使用大涡模拟技术提出了通过数值模拟计算高层建筑风致响应的模拟方法。van Phuc 等(2016)采用具有亚格子模型(SGS)的大涡模拟(LES)进行了超大尺度模拟,认为基于连续结构模型,SGS 得到的结果更为准确和稳定。Hasama 等(2016)运用 2016 年世界上运行速度第四的 K 计算机,采用大涡模拟对城市环境下高层建筑表面风压进行估计,除内阳台区域外,模拟结果与风洞试验结果较为一致。Tamura 等(2016)建立多维数据集的方法使得 CFD 模拟通过高并行性能获得高分辨率,通过 BCM 的 LES 应用预测建筑周围的风速和风压,模拟了真实城市环境下的方柱表面风压,检查了从日本沿海地区到东京中心区域的大气边界层的发展进程。在计算中,目前运用 K 计算机的基于 BCM-LES 的数值模型能够表现出湍流足够精细的结构且具有良好的精度。

3) 柔性大跨屋盖气弹效应数值模拟

受试验技术水平的制约,目前 CFD 数值模拟仍是柔性大跨屋盖气动弹性(流固耦合)效应的主要方法,很多学者尝试采用边界元法和涡方法等开展对膜结构的数值模拟,针对简单的结构,尚能得到与试验较为吻合的结果。

孙晓颖等(2012)基于弱耦合分区求解策略,开发了薄膜结构三维流固耦合效应的 CFD 数值模拟平台。其中流体分析模块采用经过二次开发的计算流体力学软件 FLUENT6.0,结构分析模块采用自行编制的膜结构动力分析程序 MDLFX;在数据交换模块中,编制了基于薄板样条法的插值计算程序,以实现流固交界面上不同区域网格间的数据传递问题。基于该软件平台,对单向柔性屋盖和鞍形膜结构屋盖进行了流固耦合数值模拟,验证了求解方法的有效性。

丁静鹄和叶继红(2013)基于非协调边界元方法和涡方法,模拟了二维和三维黏性不可压缩流场,在此基础上,采用改进涡方法对膜结构的流固耦合进行模拟。将非协调边界元计算势流的方法引入传统涡方法中,即为改进涡方法。该算法可以精确计算三维黏性、不可压缩流场。引入了高效的预处理循环型广义极小残余迭代算法(GMRES),使得边界元方法的优势得到了充分发挥,大幅度节省了计算时间。完成了方形平屋盖膜结构气弹模型风洞试验,该算法计算得到的膜结构流固耦合效应的位移均值大部分与风洞试验吻合。

Zhou 等(2014)利用边界元法对开敞式平面膜结构在静风环境下振动的附加质量进行了数值模拟分析。采用边界单元法数值分析了一个开敞平板膜结构的附加质量。考虑了两种附加质量模型,一种是只考虑膜结构几何形态的影响,另一种是既考虑膜结构的几何形态,又考虑膜结构的振型。通过对比风洞试验结果和数值分析结果,发现只考虑膜结构几何形态计算所得的附加质量在低阶模态时和试验结果较为吻合,随着模态阶数的增高,误差逐渐变大。考虑膜结构几何形态和振型所得的计算结果在低阶模态和高阶模态均吻合良好。对于质量分布均匀的膜结构,在真空中和在空气中的振动模态差别不大,但对于质量分布不均匀的膜结构,真空中和空气中的振动模态在低阶模态时差别不大,而在高阶模态时差别较大。

3. 结构气动力及气弹效应的物理风洞试验

1) 结构气动力物理风洞试验的雷诺数问题

常规比例模型风洞试验的雷诺数(10^5 级)与实际结构雷诺数($10^7 \sim 10^8$ 级)相差 $2 \sim 3$ 个数量级。对于流动分离点明确的钝体桥梁断面,通常认为雷诺数效应的影响可以忽略,风洞试验中雷诺数模拟能够放宽两个数量级左右(Scanlan,2002)。然而,相对于流线型,超大跨桥梁的主梁断面雷诺数效应将更加显著,尤其是对风致振动行为有很大的影响。桥梁结构所受的静风荷载、涡激共振性能等随雷诺数均有明显的变化。

国内外研究学者已经证实,忽略雷诺数效应可能带来结构设计的安全隐患。Schewe 和 Larsen(1998)采用压力风洞对大带桥东引桥进行测试,发现雷诺数对涡脱频率、涡振风速、阻力系数及尾流结构都有较大影响。Hui 等(2008)对 Stone-cutters 桥的测力试验结果表明,不同雷诺数的阻力系数差别可达到一倍之多。上述研究表明,桥梁断面的三分力系数可能存在明显的雷诺数效应,低雷诺数节段模型风洞试验可能得到偏于危险的预测结果,而且气动措施的检验试验也往往要求在高雷诺数下进行。Cheung 和 Holmes(1997)对低矮房屋进行风洞试验并与实测结果对比,发现由雷诺数效应引起的迎风屋面分离处的风压极值误差达到 20%,这说明尖角钝体也同样可能存在明显的雷诺数效应。Johnson 等(1985)对大跨度拱形屋盖的现场实测和风洞试验研究表明,大跨度屋盖结构存在雷诺数效应,风洞试验与实测结果有差异。梁枢果等(2010)研究也表明,在雷诺数为 $10^3 \sim 10^7$ 条件的风洞试验中,矩形建筑物表面风压存在明显的雷诺数效应。因此,雷诺数效应引起的结构风荷载试验结果误差及其修正方法是一个值得探索研究的问题,而适用于高雷诺数试验的大型风洞的研发和建设也是个亟待解决的问题。

2) 结构气弹效应物理风洞试验

自从 1950 年美国华盛顿州立大学的法库哈森教授进行了第一个全桥气弹模型风洞试验以来,大跨度桥梁气动弹性效应风洞试验技术已日趋成熟,国内外已完成了大量悬索桥、斜拉桥、拱桥和刚构桥等各类桥梁的全桥气动弹性模型试验。由于一般高层建筑的风致振动响应相对较小,气动弹性效应问题并不严重,因此高层建筑的全结构气动弹性模型试验相对较少。但是,随着高度超过 500m 的超高层建筑和超高耸结构的不断涌现,全结构气动弹性模型试验也不断增多。例如,朱乐东等(2017)完成了 610m 高的广州新电视塔全结构气动弹性模型试验。

相比大跨度桥梁和高层建筑,膜结构等大跨度柔性屋盖的气动弹性模型试验则非常少见,这主要是因为:一方面,这类结构跨度大,进行风洞试验需要采用 1/100 以下的较小几何比例;另一方面,薄膜覆面具有非常轻的质量,在如此小的几何比例下,目前还没有合适的材料可以用来模拟薄膜覆面,因此对膜结构气弹模型材料、结构的研发是迫切需要解决的一个问题。目前,柔性膜结构的气弹模型试验一般都是用于探索性研究,针对跨度较小的简单结构,而且模型的质量往往失真。例如,陈昭庆等(2015)和 Wu 等(2015)在均匀流中对单向开敞式、封闭式张拉膜结构及鞍形膜结构开展了气弹模型试验研究,考察了膜预张力和来流风速对结构振幅、振动模态和总阻尼比的影响,以及膜面位移与膜上方流场的频谱相关性,探讨了膜结构的气弹失稳机理,给出了气弹失稳无量纲临界风速。此外,韩志惠和顾明(2014)研究发现,对于没有对角高差的张拉膜结构,弗劳德数相似比(λ_U^2/λ_L)不宜超过 2.5,而对于具有对角高差的张拉膜结构,弗劳德数相似比不宜超过 5.0,质量系数可以控制在 0.8~1.2,弹性模量系数可以控制在 0.5~1.5。Ding 等(2014)探讨了作用在大跨度曲面屋盖上非平稳空气动力荷载的特性。通过强迫振动的风洞试验来研究风速、振幅、振动的衰减频率以及屋面的高跨比对非平稳空气动力荷载的影响,并通过 CFD 数值模拟来评估较大系数范围内作用在振动屋面上的非平稳空气动力荷载的特性,采用谱分析技术讨论了非平稳空气动力荷载对足尺大跨度曲面屋盖动力响应的影响。Chen 等(2015)基于气动声学理论和拟静态理论,推导了均匀流中开敞式单向张拉膜结构的附加质量及气动阻尼解析公式。该方法将作用在膜面的风荷载简化为气动声压和拟静态风压两部分,前者由膜面振动对空气的挤压作用引起,与来流风速无关,可采用气动声学方法确定;后者与来流作用下膜面的拟静态风压有关,反映了膜面振动过程中形状变化对风荷载的影响,可通过风荷载的 CFD 数值模拟来确定。分析表明,附加质量和气动阻尼均随着风速的增大而增大,附加质量可达结构质量的 5 倍左右,气动阻尼可达结构阻尼的 10 倍左右,将对膜结构的风振响应产生显著影响,不可忽视,因此在气动弹性模型试验中需要注意对影响附加质量和阻尼的因素(如由模型振动导致的运动空气的范围及其边界条件)进行模拟。

10.2.3　重大建筑与桥梁风致灾变控制措施与原理

1. 超大跨度桥梁风致灾变控制措施与原理

桥梁颤振和涡振等风致振动是在大跨度桥梁设计过程经常需要面对的风致灾变问题,尤其是涡振还经常在实际大跨度钢桥中发生,对行车安全和桥梁的寿命产生不利影响,因此对颤振和涡振的控制是桥梁风工程研究的重要课题之一。

被动气动控制措施通过引导和改变结构断面周围流场的空气流态分布改善作用在结构上的气动力荷载(El-Gammal et al. ,2007)。目前用于桥梁主梁的被动气动措施有流线型风嘴、开槽、稳定板、导流板、翼板、可变挡风板等。各种气动控制措施的有效性对不同的主梁形式往往不同,其适用范围存在诸多不确定性。主动气动控制措施是通过主动地改变气动措施的空间姿态来改善作用于结构上的风荷载。Ostenfeld 和 Larsen(1992)提出通过主动风嘴或主动控制面来进行桥梁颤振控制,随后很多学者就此展开研究(Omenzetter and Wilde,2002),但主动气动力控制理论模型和控制方法还很不完善,主要采用控制面与主梁流场间互不干扰及二维片条假定,需要进一步评估气动力干扰效应和三维效应的影响。

桥梁颤振中气动弹性效应导致的扭转模态频率有很大的飘移,调谐质量阻尼器(TMD)用于颤振控制时面临严重的鲁棒性不足的问题(Li,2000),主动调谐质量阻尼器(ATMD)虽然能改善系统的鲁棒性,但高风速下桥址位置处的能源供给很难得到保障,而且,增加结构阻尼对提高发散性的颤振临界风速的作用往往不明显,因此无论是主动还是被动 TMD 在桥梁颤振控制中都罕有应用。然而,TMD 的特点恰与涡振单一模态的特点相符,因而成为良好的涡振控制措施之一,日本东京湾航道桥即是使用 TMD 成功抑制涡振的典范,我国港珠澳大桥也采用了一系列 TMD 来控制其大规模钢连续梁引桥的涡振问题。Larsen 等(1995)考虑了涡激力的非线性来优化 TMD 的设计参数,结果表明考虑涡激力的非线性项后,达到控制目标所需的 TMD 的活动质量将明显减小。Andersen 等(2001)以 Ehsan 和 Scanlan 提出的非线性涡激力模型为基础,进行了涡振控制的 TMD 参数优化研究。由于已发现的特大跨悬索桥的涡振均为高阶(4 阶左右)振型,采用多个 TMD 按 MTMD 优化理论布置是一种必然的选择。

斜拉桥拉索极易发生大幅的风振、风雨振和参数振动。黏滞阻尼器对拉索减振的优化设计与理论减振效果评估是一个关注已久的研究课题,现已涌现出大量的研究成果(Fujino and Hoang,2008)。Chen 等(2004)曾率先采用 MR 阻尼器成功解决了岳阳洞庭湖大桥的拉索风雨振动,开发了无须外界供电的永磁调节式 MR 阻尼器,并应用到长沙洪山庙大桥的拉索减振。

悬索桥吊索的主要振动形式为风致涡激振动,如日本明石海峡大桥吊杆就发生过涡激共振。桥塔周围的旋涡脱落引起的尾流区中长吊杆共振是另一种形式的涡激共振,可称为"尾流涡激共振",西堠门大桥桥塔附近吊杆发生的风致振动可能就属于这种"尾流涡振"。对于超大跨度悬索桥,其最长吊索可达 200~300m,由于其基频显著降低,存在多阶模态涡激共振问题。而现有阻尼措施的附加阻尼有限,有必要开展其他类型的吊索减振措施。保障海上桥梁行车安全的风障系统在强台风条件下有可能产生过大的桥梁风荷载,有可能降低颤振临界风速,为解决这一矛盾,葛耀君(2011)提出了可动风障,并成功应用于西堠门大桥。

箱梁开槽是一种提高颤振稳定性的有效方法。Chen 等(2013)采用 PIV 技术,考察了中央开槽箱梁的非定常涡和流程机理,发现随着开槽宽度的增加,开槽区域涡脱落的强度也在增大,因此在提高颤振性能的同时也增大了涡激共振出现的可能性。Permata 等(2013b)详细研究了双开槽断面的颤振性能,并通过改变开槽宽度和开槽位置对颤振稳定性进行了优化,研究发现,双开槽措施能够显著降低颤振导数 A_1^* 的绝对值,有利于提高颤振稳定性,同时却倾向于将 A_2^* 变正,不利于颤振稳定性,若开槽位置在脉动压力较大的地方,则能够显著提高颤振稳定性。Yang 等(2015a,2015b)对中央开槽颤振控制气动措施也进行了深入研究,提出了开槽箱梁颤振临界风速与开槽宽度关系的经验公式以获得最优宽度。

针对斜拉索容易发生的干索驰振、风雨激振等大振幅振动现象,Liu 等(2013b)针对斜拉索风雨激振,详细考察了使得振幅和气动阻力同时最小的螺旋形缠绕优化方案,对实际工程具有重要的指导意义。Duy 等(2016)研究发现,斜拉索尾流中的轴线流动是激发干索驰振的关键因素,增加了凹坑和螺旋线的斜拉索尾流中仍然存在明显的轴向流动,因此对抑制干索驰振并不特别有效。Kusuhara(2016)报道了 Honshu-Shikoku 桥斜拉索振动的现场观察和抑振措施,现场观察发现该桥某些斜拉索会出现风雨激振和干索驰振,通过附加螺旋线减小了拉索振动的振幅。

目前,对桥梁风致振动的各种气动措施研究主要还是停留在通过风洞试验确定其控制效果和最优几何参数的层面,虽然一些学者已经开始研究各种气动控制措施的控制机理,但这方面的研究还有待进一步加强和深入。

2. 复杂超高层建筑气弹效应及控制研究

目前,人们对顺风向风力特性的理解已很全面,相比顺风向问题,超高层建筑的横风向、扭转及三维耦合效应问题和气动弹性效应问题要复杂得多(Gu and Quan,2011)。近年来,针对超高层建筑风荷载和效应控制的方法主要针对具体建筑开展,并没有开展系统性研究,没有获得具有普遍指导意义的理论和方法。Irwin(2008)对台北 101 大楼(高度为 508m)及迪拜哈利法塔大厦(超过 700m)的外形进行了抗风优化。

提高高层建筑的气动性能可以节省由风引起的控制负荷和振动而耗费的资源,可以通过改进建筑角部的外形或建筑高度和宽度对结构进行气动控制。Elshaer 等(2015)探讨了高层建筑通过改变隅角的形式而优化风荷载的方法,并指出通过螺旋形扭转和建筑角部修改以减小顺风向的基底弯矩。Letchford 等(2015)通过仿生学的研究探讨了仙人掌式外形高层建筑的风荷载特性,并给出了仙人掌式结构抗风的优点。Hu 等(2016)以 CAARC 标准高层建筑为对象,开展了双层多孔幕墙系统的气弹模型的风洞试验研究,认为双层幕墙系统的竖向开孔将造成旋涡脱落过程明显中断。Hou 等(2016)探讨了高层建筑面竖向分隔板的布置对高层建筑风荷载的影响,发现此类分隔板对建筑顺风向风荷载有较大影响。

结构和来流之间的相互作用也会对结构本身的风致响应产生影响,Li 等(2016)对一栋 1000m 高的超高层建筑进行了强风作用下的气动性能研究,开展了气弹风洞试验研究来流和结构的相互作用现象以及不稳定的条件。Huang 等(2015)提出了高层结构非线性阻尼的识别方法。

干扰效应对高层建筑风荷载的影响是研究者目前较为关心的话题,目前对于高层建筑的干扰效应的研究已经越来越精细和全面(Kim et al.,2015)。高层建筑表面风压的估计方法也在不断完善和改进。Quan 等(2014)提出了一种基于广义极值理论的建筑表面风压极值估计方法。Luo 等(2016)则利用 Davenport 公式和 Hermite 模型估计建筑表面的极值风压系数。Ierimontia 等(2016)通过基于概率设计的方式引入了风致高层建筑非结构性构件破坏的估计方法。

3. 柔性屋盖风致耦合振动机理与灾变控制

屋盖表面的风压分布不但与来流的脉动特性有关,还会更多地受到锥形涡、柱状涡的影响;在涡作用范围内,拟定常假设不再适用,屋盖表面风压时程表现为明显的非高斯概率分布。Grigoriu(1984)提出了非高斯时程的平均超越率估计公式,建立了非高斯时程累积概率密度与高斯时程累积概率密度之间的变换关系。Winterstein(1987)提出将非高斯时程表示为高斯时程的 Hermite 多项式的函数,建立了非高斯时程峰值因子与高斯时程峰值因子的非线性变换关系。

大跨度屋盖上部锥形涡、柱状涡范围内的极大风吸力是围护结构最先发生破坏的位置,此后,锥形涡、柱状涡的运动形式发生变化,邻近单元的内外风压均发生显著变化,导致围护结构的连续破坏。Vickery(1994)将孔口阻尼线性化,并首次实现了由外压脉动量来估算内压脉动量。余世策等(2007)根据伯努利方程导出突然开孔结构风致内压的动力微分方程,采用迭代算法得到风致内压脉动量。

在对屋盖上部锥形涡、柱状涡的形成原因和运动形式深刻认识的基础上,利用风洞测压试验、流动显示、CFD 数值模拟及涡运动理论研究大跨度屋盖结构的气动抗风措施成为保障大跨度屋盖抗风安全的重要研究内容。采用女儿墙或挑檐、屋檐形状修改、扰流器等方法均能够改变锥形涡/柱状涡的运动形式、减小屋盖表面的风吸力极大值。Blessing 等(2009)提出了气动边缘连接构件,并申请了美国专利,这种边缘连接构件稍稍修改了屋盖边缘的形状,抑制或消除了锥形涡的作用。

膜结构流固耦合振动和风致灾害机理,可以借助气弹模型风洞试验进行研究。武岳等(2008)通过气弹模型风洞试验测定了多个模型的附加质量、气动阻尼等参数及其随来流风速、风向、结构刚度和振动模态的变化规律。Glück 等(2001)基于弱耦合算法来实现对膜结构流固耦合的数值模拟,计算了张拉膜结构在高风速的湍流条件下产生稳态变形的风致流固耦合问题。武岳等(2008)基于弱耦合分区算法,建立了适用于薄膜结构流固耦合风振分析的数值风洞方法。Michalski 等(2011)以 29m 伞形膜结构为例,将现场实测的风速数据与数值模拟相结合计算膜结构的风振响应,并与实测结果进行对比。

针对大跨度屋盖这种平面延展型结构,由钝体绕流导致的屋盖风荷载分布的复杂性及屋盖自振频率的密集性,Ritz-POD 方法比较完善地解决了这一问题,能够考虑高阶模态的影响,减少了通常选择主导振型进行计算的误差。在风振响应计算的基础上,采用本征模态向量表示背景响应的等效静力风荷载,采用模态惯性力向量表示共振响应的等效静力风荷载(吴迪和武岳,2011),为工程抗风设计提供了有效方法。根据上述理论研究编制的计算程序已经应用于国家体育场等重大工程的抗风设计。由于屋盖风荷载的非定常特性,屋面风荷载不服从高斯分布,屋盖的风振响应也不再服从高斯分布,建立风振响应的概率分布,明确给出等效风荷载的发生概率是一个值得进一步研究的问题。

10.2.4　重大建筑与桥梁风效应全过程精细化数值模拟与可视化

1. 超大跨度桥梁风速全过程响应的数值模拟平台

基于 Scanlan 自激力理论,国内外学者先后提出了单模态、多模态和全模态桥梁颤振分析方法,并采用风速-频率搜索法和复特征值求解等方法对颤振临界风速进行求解。基于气动导纳的桥梁抖振分析一般在频域中进行,常用计算方法有分模态叠加法和多模态耦合法。由于频域分析的基本前提是叠加原理,传统的频域分析方法难以考虑大攻角导致的气动力和结构非线性的影响。Costa 等(2007)使用基于阶跃函数的有理函数来模拟非定常抖振力,并进行了抖振力的时域分析。时域气动力模型可以用于非线性气动响应预测,因此成为国内外抗风研究的热点。Costa 等指出,传统的有理函数形式在模拟桥梁等钝体结构时存在较大误差。此外,现有的阶跃函数或有理函数模型仍然难以解决气动力非线性问题。为了获得大攻角运动下主梁的气动力特性,Diana 等(2008)进行了大振幅和攻角下的气动力迟滞曲线风洞试验,并回归出能反映非线性迟滞气动力的数值模型。

阶跃函数或有理函数形式的时域表达式能描述某一振幅下气动力随风速的演化特性。要描述气动力的振幅依赖性,必然要求引入多组不同的阶跃函数或有理函数。然而,数值识别的阶跃函数不能正确反映气动力的瞬态特性,它们反映的仅仅是稳态过程中正确的频谱特性(Zhang et al.,2011),而且不同阶跃函数的瞬态特性也不同。这一特点决定了不同阶跃函数之间的记忆特性无法正确继承,在随振幅插值的过程中气动力不能平稳过渡。因此,如何处理时域气动力的振幅演化是关键。

近年来的研究发现,静风力引起的竖向位移可能使悬索桥扭转刚度严重退化,使其面临静力扭转发散。鉴于此,在机理研究的积累基础上,继续进行数值模型建立及静风扭转发散的抑制措施研究,对超大跨度桥梁的建设更加具有工程实际意义。

刘十一(2014)在所提出的非线性气动力模型的基础上,开发了三维气动力-结构耦合有限元分析平台,可以实现三维桥梁的非线性、非平稳风致效应的时域模拟,并通过计算再现了塔科马大桥的非线性软颤振、润扬大桥的非平稳颤抖振响应和大振幅发散过程。

2. 考虑非定常风荷载和气弹效应的超高层建筑数值模拟平台

土木结构风荷载和效应的数值模拟及数值风洞是结构风工程研究中具有战略意义的发展方向。目前常用的数值计算方法主要包括有限差分法、有限元法、有限体积法和涡方法等。除涡方法尚在发展中外,其余三种方法目前已较为成熟。湍流模型是计算风工程研究的一个重要方面。常用的 RANS 模型仅表达大尺度涡的运动,预测分离区压力分布不够准确,并且过高估计了钝体迎风面顶部的湍动能生成(Murakami,1993);大涡模拟(LES)将 N-S 方程进行空间过滤,可较好地模拟结构上脉动风压的分布,但计算量巨大;混合模型的基本思想是在流动发生分离的湍流核心区域采用大涡模拟,而在附着的边界层区域采用雷诺平均模型,计算量相对较小且精度较高(Tamura,2008)。

强风-结构动力耦合问题具有强烈的非线性特征,不可能应用叠加原理,必须探讨全场求解方案,对其进行数值模拟是数值计算科学中最具挑战性的任务之一。目前处理流固耦合计算的策略有两类:直接求解的强耦合法和分区求解的弱耦合法。前者通过单元矩阵或荷载向量把耦合作用构造到控制方程中,计算量极大。后者采用计算流体动力学(CFD)和计算结构动力学(CSD)分别求解流体控制方程和结构运动控制方程,并通过交界面的数据交换实现两个物理场的耦合,计算量相对较小,比较适合风工程气动弹性效应的数值模拟。

10.2.5　重大建筑与桥梁风致振动多尺度物理模拟与验证

1. 超大跨度桥梁风致振动多尺度模拟与验证

超过 1500m 的斜拉桥和 3000m 的悬索桥建设已被提到议事日程上来,包括颤振稳定、静风稳定及低风速下的涡激共振的空气动力稳定性问题,都是制约缆索承重桥梁跨度增大的关键因素(项海帆和葛耀君,2011)。大跨度桥梁结构风致效应安全评价研究过程中,风洞试验是主导研究手段。

快速发展的结构健康监测技术可以较准确地识别真实结构的模态参数等特性(Li et al.,2010),是桥梁结构安全服役的重要保障。近年来,一些学者利用健康监测系统采集到的数据,对真实结构的风致振动特性进行了研究,Miyata 等(2002)对于明石海峡大桥在静风和脉动风作用下的变形进行了研究,发现实际结构脉动风引起的变形远小于理论计算结果。Li 等(2014)在主跨 1650m 的西堠门悬索桥进行了长期的现场观测,记录到 37 次竖向涡激共振现象。与节段模型风洞试验对比发现,涡激共振出现在低紊流度正交来流风的情况下,振幅受桥位处风场均匀性的影响很大,由于平均风和紊流度沿实桥的跨向不均匀分布,实桥的竖向涡激共振振幅比风洞试验显著偏大,这是由于风洞试验由于雷诺数效应失真无法准确模拟流动分离现象,因此在后期研究中,需要对雷诺数效应对涡激共振的影响引起足够的重视。国内外很多桥梁结构上都已经观察到了主梁的涡激振动,减小主梁涡激振动的方法可分为附加机械阻尼装置(如 TMD)和改变气动特性(设置导流板、风障等)两类方法。Katsuchi 等(2013)在日本的一座混合梁斜拉桥(中跨

360 钢箱梁＋双边跨 120m PC 箱梁)观察到大振幅的涡激共振现象,最大振幅达到 35cm。为了抑制涡激共振现象,结合节段模型风洞试验,提出了在风嘴上缘采用翼板、下缘采用导流板的气动措施,完全抑制了实桥涡激共振现象。

斜拉索和吊索是小阻尼和大柔性结构,极易发生涡激振动、风雨激振、尾流驰振、参数自激共振等具有破坏性的振动现象。Matsumoto 等(2003)提出风雨激振的形成可以分为两个因素:尾流区的轴向流和上水线的形成,并解释拉索的风雨激振可分为低折算风速涡激振动和高折算风速发散驰振。Lee 等(2013)通过风洞试验研究了平行吊杆的下游吊杆发生气动不稳定的区域,给出了下游吊杆气动干扰稳定的准则。Zhang 和 Ge(2015)在一个特大跨度悬索桥(主跨 1650m)的现场观测中观察到悬索桥主缆抖振引起的吊杆共振现象,研究发现,对一个特定的悬索桥,一旦存在这种内共振机制,那么吊杆共振发生的风速及风向范围必定相当广泛。Flaga 等(2015)报道了波兰 Rytro 地区一座提篮拱桥的横向吊杆端部破坏,调查结果认为风致涡激振动是主要原因之一,为了避免该风致振动破坏,提出的修复方案是用阻尼绳(vibrations damping rope)替换所有的横向吊杆。

2009 年,日本 Ikitsuki 桥的钢支撑构件由于风致振动出现了断裂破坏,为了澄清该风致破坏的机理,近年来,Matsuda 等(2015)针对不同高宽比的矩形断面进行了大量的风洞试验研究,确定 Ikitsuki 桥的钢支撑构件应该是由于低 Scruton 数时发生软驰振而引起的。

综上所述,大跨度桥梁风致振动的多尺度模拟与验证对大桥风致振动或灾害的机理调查、验证以及控制、确保大桥的抗风安全是非常重要和有效的。

2. 基于现场实测的强/台风条件超高层建筑风致行为多尺度验证

现场实测是结构抗风研究中非常重要的基础性和长期性的方向。Kijewski-Correa 和 Kochly(2007)以芝加哥四栋超高层建筑为背景,开展了风致响应实测研究。Tamura 等(2005)通过在日本的高层建筑原型实测,分析了高层建筑的自振周期及阻尼的变化特性。近年来,国内不少学者在广东和香港地区的多栋超高层建筑上开展了大量的台风风特性和风效应的现场实测研究(Li et al.,2014;李正农等,2009;徐安等,2009)。顾明等(2011)对上海环球金融中心顶部风速和风向相对稳定的良态风特性进行了分析,An 等(2012)分析了台风"梅花"作用下上海环球金融中心的顶部风场特性,并与罗叠峰等(2014)的良态风结果进行了对比。Au 和 To(2012)基于香港一座高层建筑的现场振动实测数据,提出了一种用于预测高层建筑前两阶平动模态力功率谱密度的方法。Li 等(2011)对厦门沿海某高层建筑开展了台风作用下幕墙的应变特性研究。Guo 等(2012)基于多个台风下的实测数据评估了广州塔的性能,并与风洞试验结果进行了对比,且采用不同的方法进行了模态特性参数识别研究。

在风特性的相关研究中,由于台风的湍流特性,实测风场数据多是非平稳的,Xu 和 Chen(2004)提出一个非平稳风速模型,采用经验模态分解(empirical mode decomposition,EMD)法,将风速分解为确定性时变平均风和零均值平稳脉动风两部分。罗叠峰(2015)采用非平稳风模型重新计算了厦门沿海某建筑顶部的风特性,并与采用平稳风模型的计算结果进行了对比。然而,台风作用下高层建筑的风效应实测研究还远远不够。

2013 年至今,国内外专家学者在高层建筑的风场、风效应和风致响应的现场实测方面开展了进一步的研究工作。Kwok 和 Yuen(2013)在台风"文森特"的整个登陆过程中对 22 层钢筋混凝土建筑进行了全尺度现场监测,探讨钢筋混凝土建筑在严重台风下的结构性能。Bentum 和 Geurts(2015)对荷兰一栋 158m 高的建筑进行了现场实测和风洞试验,分析了立面石材的透风性对内外风压平衡的影响。Snabjornsson 和 Jónsson(2015)对冰岛一栋 14 层的办公楼开展了风特性和加速度响应的现场实测,进行了模态识别和有限元对比。Xu 等(2014)获取了 2013 年 9 月 22 日台风"天兔"影响下,广州西塔的实测风致加速度响应,并进行了阻尼比估计。有学者(陈奋,2015;罗叠峰等,2014;李星,2014)对厦门和温州的高层建筑和上海的大型煤气柜开展了台风风场、风压和风致响应的现场实测,开展了高空多点风特性的相关性分析、与风洞试验的对比研究,以及现场实测模态参数识别与有限元验证等多尺度验证工作。

相对于现场实测,基于相似性原理的风洞试验技术更有利于对试验对象开展多工况、全方位的研究工作。Li 等(2006)通过大量的风洞试验,揭示了湍流特性对结构表面风压影响的复杂现象和机理。Tse 等(2014)进行了串联建筑系统的 HFBB 风洞试验和有限元建模研究,提出了线性模态振型方法能够得到更为准确的风荷载和结构风致响应估计,并将其应用于香港的一个高层建筑项目。Ferrareto等(2015)对比了常态与下击暴流分别作用时高层建筑的响应,并探讨了结构响应对不同类型荷载的联系。Bobby 等(2015)提出了基于概率的高层结构外形概念设计的优化方法。Ding 等(2016)提出了一个基于性能设计(PBD)的框架,用于分析风环境试验中的不确定性。

3. 柔性膜结构的现场实测

朱丙虎和张其林(2012)对世博轴索膜结构屋面开展了为期 2 年的风效应监测。基于世博轴风效应监测系统采集的风速、风压监测数据,对世博轴索膜结构屋面风压分布特性进行研究,并将监测结果和风洞试验结果进行了比较。研究表明,世博轴所处风场湍流度很大,一天平均值达到 40%;世博轴所处的环境实测脉动风的风速谱与 Davenport 风谱基本一致;屋面来流风一侧以负风压为主,另一侧以正风压为主;来流风一侧边缘的脉动风压较大,另一侧的脉动风压较小;平均风压系数和脉动风压系数随屋面高度由高到低逐渐变小;随着风速的增大,平均风压系数基本保持不变;风压系数实测值略小于风洞试验值,但分布趋势基本一致。

10.3 发展态势与展望

10.3.1 自然风特性研究发展态势

1. 强/台风下工程场地风特性高精度高分辨率数值模拟及实测研究

东部和南部沿海地区是我国经济最发达、重大工程建设项目最集中的地区,但也是受台风侵袭最严重的地区,而且复杂的丘陵和山区地貌分布较广。为此,精准确定复杂地貌工程场地台风气候重现期设计风速、风速廓线、脉动风速谱、湍流度、风速空间相关性的等风特性参数对重大工程的抗风安全具有重要的意义。

近年来,发展高分辨率热带气旋数值模式已成为国际上提高热带气旋预报能力,尤其是精细结构预报能力的主要手段和发展趋势。高分辨率数值模式发展特征主要体现在动力框架、模式网格/谱分辨率、资料同化和涡旋初始化、物理过程参数化等方面。

在模式分辨率上,欧洲中期天气预报中心全球确定性预报模式水平分辨率为1～5km,日本全球模式的分辨率约为 20km,美国主要的飓风区域业务模式HWRF 采用分辨率为 27km/9km/3km 的三重嵌套区域。在资料同化和涡旋初始化方面,日本全球模式除了通过 4DVAR 同化飞机报、探空、卫星等资料外,还考虑了涡旋的构造。美国 HWRF 区域模式由 NCEP/GFS 提供背景场,并通过集合-变分混合同化系统实现涡旋初始化。在物理过程参数化方面,除了大风条件下的边界层拖曳系数和海气耦合过程外,各国的改进还包括对流参数化、边界层参数化和辐射参数化等,同时开始试验高分辨率云分辨模式和微物理参数化取代对流参数化。

通过本集成项目的研究,目前国内工程的台风数值模拟分辨率已经达到水平200m、竖向 20m 的水平,但还是远远不能满足重大工程结构抗风研究的需求。由于气象预报是以中尺度天气系统为模拟对象,模拟范围大、时间长,受当前的计算能力限制,数值模拟中必须对台风物理过程采取一定的简化,从而导致各种台风预报模式都有局限性。因此,虽然理论上通过多重网格嵌套和 Nudging 等降尺度技术可以不断提高分辨率,但所采用中尺度气象模式的局限性往往使模拟精度随分辨率的提高而降低。

另外,随着我国西部大开发的持续开展,跨越深切峡谷的道路交通建设和在复杂山地环境中的城镇化建设也对山区工程场地风环境高精度模拟提出了迫切需求,但对于复杂的山区地形往往需要通过显著扩大数值模拟区域来降低计算区域边界突变对工程场地风环境模拟精度的影响,显然常用的 CFD 数值模拟手段因其网格精细而无法胜任大区域的数值模拟计算。

鉴于此,采用气象预报模式与 CFD 计算模式相结合的方法来进行工程场地风环境高分辨率高精度的数值模拟已开始成为一种发展趋势,这种混合模式可以保持气象预报模式计算范围大和 CFD 计算模式网格精细分辨率高的优点,同时可以克服 CFD 计算模式计算范围小而造成的边界剧变效应显著及气象预报模式无法胜任对小尺度流动高精度模拟的缺点,具有显著的优越性,可以用于各种地形、各种气候条件下的工程场地风环境的高精度高分辨率数值模拟。但是如何有效和合理地把两种模式结合起来,并保持算法的高效率和稳定性等仍有待进一步探索。

2. 强对流极端天气风场结构的数值模拟和物理风洞模拟

强雷暴(强下击暴流)、龙卷风等强对流极端天气具有作用范围小、持续时间短、作用强度大的特点,是自然灾害中发生最为频繁、破坏力最为巨大的灾害之一,在国内外极端天气造成核电厂紧急停机事故,铁路、公路和输电线塔、建筑结构的破坏,以及人员伤亡时有发生。在美国著名的龙卷风走廊(Tornado Alley)地区,几乎每年都有多起龙卷风灾害发生。2014 年 2 月,龙卷风摧毁了英国 Dawlish 小镇的铁路站台及其 80 余米的铁路线。在铁路线网密集的日本,平均每年发生 8 起极端局部强风袭击列车的灾害。2005 年 12 月 25 日,一辆高速行驶的羽越本线列车在酒田(Sakata)附近遭遇龙卷风袭击,列车脱轨倾覆,造成了 5 人死亡、32 人受伤的重大灾难。受此事件影响,日本随即开展了极端局部强风作用下铁路系统的灾害风险分析,在此基础上制定相关防灾、减灾措施,以此增强铁路系统应对极端局部强风灾害的防御能力。可能是受到全球气候变暖的影响,近些年来,我国的强雷暴、龙卷风等强对流极端天气也呈现活跃的态势,造成结构破坏和生命损失的事件时有发生,例如,2015 年 6 月,我国"东方之星"客轮在湖北监利大马洲水道遭遇极端局部强风(下击暴流)的袭击,造成了 442 人死亡的特别重大灾难性事件;2015 年 10 月 4 日下午在广东湛江登陆的 15 级强台风"彩虹"在广东湛江、佛山顺德、禅城和南海、广州番禺、汕尾海丰等多地触发多个小尺度 F2～F3 级龙卷风,造成 6 人死亡、223 人受伤,并在广州导致 1 个 550kV 变电站、5 个 220kV 变电站和 14 个 110kV 变电站失压,1 个 220kV 电厂和约 40.9 万户受影响;2016 年 6 月 23 日 14 点 30 分左右,江苏省盐城市阜宁县遭遇历史罕见的强雷暴、强冰雹和龙卷风多重极端天气袭击,其中龙卷风达到 F4 级,最大风速超过 17 级,估算风速达到惊人的 73m/s,造成 99 人死亡、846 人受伤,大量房屋、路边树木和电线杆倒塌;2016 年 8 月 7 日下午,强雷暴带来的狂风暴雨加冰雹使成都地标建筑环球中心天堂洲际大饭店的幕墙遭到破坏,约有 25 块、面积为 100m² 左右的玻璃幕墙被完全摧毁。

　　为了提高工程结构抵抗强对流极端天气的能力,国内外气象科学和风工程界已经有不少学者开始研究强对流极端天气的风场特性和参数。由于强雷暴、龙卷风等强对流极端天气的影响范围小、持续时间短、风力和降雨强,易发地区虽具有一定的统计学规律,但具体发生地点却具有较强的随机性,因此对其风场结构和参数的直接观测比较困难和危险。目前,除了在美国有少量对龙卷风追踪观测的报道外,实测案例非常罕见,对强雷暴、龙卷风等强对流极端天气及其对工程结构作用的研究主要是采用数值模拟方法,模拟结果的可靠性还有待检验。为了验证数值模拟结果的合理性,在实测还存在困难的情况下,有必要开展极端天气风场物理风洞模拟及其结构风效应的物理风洞试验研究。事实上,国际上(如日本、美国、加拿大)已经建造了一些用于模拟特异气流的设备,如多风扇主动控制风洞、龙卷风模拟器、多风扇风洞等,我国同济大学也已建造了一个拥有 120 个主动控制风扇的多风扇风洞,可以模拟下击暴流、突变风等特性气流,同时还建造了一个小型龙卷风模拟器用于开展龙卷风的风场结构及其结构风效应的初步探索性研究。显然,对强雷暴和龙卷风等强对流极端天气风场的数值模拟和物理风洞模拟已成为国际风工程界的一个新的研究前沿和热点,具有极大的挑战性。

　　3. 自然风特性的现场实测

　　现场实测是了解自然风特性的最重要和最基本的途径,也是验证数值模拟结果、标定数值模拟参数的主要手段,因此一直以来都是风工程研究的重要任务。但是,受到其成本高、周期长、野外条件恶劣等因素的影响,以往这项工作一般由气象部门主导,由此也造成了获得的数据大多数仅包括用于气象服务的平均风速、风向和风廓线,很少有关于对结构风工程研究非常重要的脉动风特性参数(如湍流度、脉动风速谱、脉动风速空间相干函数等)的记录。近年来,随着健康监测系统在越来越多的重大工程中得到应用,基于高频超声风速仪的脉动风特性实测活动越来越多,尤其是对于许多山区大跨度桥梁和沿海城市超高层建筑结构,由于需要面对强风和复杂地形,更是在工程建设前开展了工程场地风特性实测研究,以确保结构设计风荷载的可靠性。对强/台风复杂地形环境工程场地风特性的实测不仅受到风工程界的重视,而且也已开始得到越来越多的工程建设单位、设计单位的理解、积极配合和财力支持,正开始呈现出良好的发展态势。然而,现阶段自然风特性实测研究在测量技术、数据处理技术、人力和财力等方面还存在不足,使得实测数据存在很大局限性(如常用的超声风速仪和声雷达抗雨水干扰能力较差、易遭雷击破坏等弱点,利用常规仪器很难实现在桥梁建成前对风特性参数沿桥跨方向分布规律的测试,如何过滤结构物对安装其上的风速仪测量结果的干扰的问题等),因此仍然任重而道远,需要国家气象部门、风工程研究单位、仪器研发和生产单位及工程建设单位等各方的通力协作和协同创新才能有所突破。

10.3.2　大跨度桥梁风效应机理和理论研究发展态势

1. 超大跨度桥梁精确非线性颤振分析理论和抗颤振灾变鲁棒性研究

大跨度桥梁颤振是由气动弹性效应造成的气动负阻尼驱动的一种发散型自激振动。目前,大跨度桥梁颤振分析理论都以线性非定常自激力模型为基础,其中最经典的是以若干依赖于无量纲折减频率的气动导数表示的 Scanlan 线性自激力模型。根据线性颤振理论,桥梁颤振具有明显的风速临界点。在某一风速下自激力向振动系统提供一个随振动速度线性变化的阻尼力,即附加一个固定的气动阻尼系数。当风速达到临界点时,自激力提供一个绝对值与桥梁结构阻尼系数相等的负气动阻尼系数,使振动系统因总阻尼系数等于零而处于一个稳态振动状态。当风速超过临界点后,系统即处于负阻尼的发散状态,振动幅度将随时间推延而按指数规律不断快速增加。

然而,对于钝体特性显著的桥梁断面,大量风洞试验结果显示其一般具有较低的初始颤振临界风速,但由于其自激力具有较强的非线性特性,在某一风速下其向系统提供的气动阻尼系数并非常数,而是随振动响应和时间发生变化。当在某一较低的风速时,其自激力中线性阻尼力项提供的气动负阻尼系数克服结构阻尼系数后,振动系统也就超越了初始临界点,振动幅度开始随时间不断增加;但同时其自激力中的非线性阻尼力项所提供的气动正阻尼系数也因振动的发展而增加,从而使得总气动负阻尼系数不断变小,直至其绝对值降至与结构阻尼系数相等时,振动趋于稳定状态,也称为极限环振动(limit cycle oscillation,LCO)状态,而这种最终稳态振幅将随着风速的增加而增加。钝体桥梁这种具有最终稳态振幅的颤振习惯上常被定性地称为软颤振(soft flutter),这里"软"字定性地表示这种非线性颤振的振幅发展比基于经典线性颤振理论的发散型颤振要缓慢得多,因此相对地,后者称为硬颤振(hard flutter)。

此外,已有风洞试验研究发现,某些桥梁断面的颤振特性介于上述软颤振和经典硬颤振之间,即当风速超过初始的颤振临界点后,由于非线性气动正阻尼的作用,其颤振振幅的发展要明显慢于经典的线性硬颤振,但可能是其线性气动负阻尼系数较大或者非线性气动正阻尼系数较小,随着振幅的增加,非线性气动正阻尼效应始终无法使总气动负阻尼系数的绝对值降到结构阻尼系数的水平,从而振动还是呈现发散性质而不会出现稳态振动状态。如果把软颤振的定义拓展到除了经典线性硬颤振以外的所有非线性颤振,那么可以把这类振幅随时间发散的非线性颤振称为发散型软颤振,而把上述具有最终稳态振幅的软颤振称为限幅型软颤振。风洞试验结果还发现,另有一些桥梁断面展现了更加特别的颤振特性,即当风速超过初始临界点后,首先发生的是限幅型软颤振,而当风速超过第二个临界点后转变为发散型软颤振。

对于流线性好的桥梁断面,如带有风嘴的扁平全封闭箱梁断面,其颤振性能较好,一般临界风速较高。由于这类断面在振动幅度较小时自激力非线性特性较弱,颤振形态一般表现为经典的线性硬颤振,并且是弯扭耦合的。然而在振动过程中,来流相对于桥梁断面的瞬时相对攻角一直在发生变化,这也可以理解为桥梁断面相对于来流的气动外形在不断变化,这样线性自激力模型中的气动导数也在振动过程中随时间和振动响应发生连续改变,即它们实际上仍是振动位移和速度的函数。如果对这些气动导数进行关于振动速度和位移的泰勒展开,原来的"表面"上的线性自激力模型将显化非线性模型。显然,振动幅值越大,这种非线性特性也越强。从另一个角度来看,即对于大振幅颤振,在振动扭转角或竖向速度较大的那些时刻,任何断面(包括流线型扁平箱梁面断,甚至是平板断面)的相对气动外形实际上已变得非常钝,其气动弹性效应的非线性自然也就非常强。因此,当硬颤振发生后,随着振幅发展到足够大,其自激力在每个振动周期内的平均非线性效应就会明显地显示出来,并随振动幅度的进一步发展而变得越来越强。这样,如果结构振动幅度可以无限制增加,那么所谓的硬颤振会也会因为自激力非线性不断增加而达到某一稳态振动状态,只是实际桥梁的振动幅值会受到结构强度的限制,而风洞试验中模型的振幅也会受到试验装置或模型强度的限制,一般很难观察到流线型断面颤振后的大幅度稳态振动。

目前国际风工程界虽然已有不少学者开展了对自激力非线性特性和理论的研究,但仍没有成熟的结果,因此对于前述的限幅型软颤振,还没有成熟的方法或标准来确定其合理的颤振临界风速,从而严重影响对这类实际桥梁颤振性能评估结果的可靠性。包括我国在内的一些国家的桥梁抗风规范目前都是简单地采用扭转响应根方差为 0.5 为标准来确定限幅型软颤振的临界风速。显然,这是非常不合理的,因为对于采用不同跨度和结构的桥梁,此扭转响应根方差对应的内力状态可能存在显著差别,尤其是对于超大跨度桥梁,这样级别的位移对应的内力可能非常小,而且可能远小于设计风速下可接受的抖振响应。因此,对限幅型软颤振的合理评判应该要根据舒适度或者结构强度或承载力的要求对软颤振和颤振加速度响应和内力响应进行,也就是需要建立一种基于桥梁服务性能和不同结构性能目标的多目标限幅型软颤振临界状态评判体系,为此就需要首先弄清楚钝体桥梁断面自激力的非线性机理,建立完善其自激力非线性数学模型,并在此基础上构建能考虑气动力非线性、结构几何和材料非线性的超大跨度桥梁精确非线性颤振分析理论,这也是近 10 年内国际风工程界越来越关注的一个研究课题。

此外,当前斜拉桥和悬索桥的跨度已经分别突破 1100m 和 1900m,更大跨度的桥梁也正在规划中,如意大利墨西拿海峡悬索桥方案主跨为 3300m,我国琼州海峡跨海工程中也有 1500m 跨度双主跨斜拉桥方案。这类跨海大桥柔性大,对风高度敏感,同时又需要经常面对强风袭击,因此一方面必须通过提高结构刚度、完善气动外形、必要时同时采取适当的控制措施来尽可能提高其抗风颤振临界风速;但另一方面,也有学者开始提出改善这种超大跨度桥梁的颤振后性能,通过充分发掘其潜力来提高其抵抗颤振灾变的鲁棒性,从而允许其发生一定幅度的限幅型颤振,以降低对超大跨度桥梁颤振性能的要求。同样,为实现提高超大跨度桥梁抗颤振灾变的鲁棒性这个目标,也必须探明大振幅下桥梁断面自激力的非线性机理,建立完善自激力非线性数学模型,构建能考虑气动力非线性、结构几何和材料非线性的超大跨度桥梁精确非线性颤振分析理论。

2. 超大跨度桥梁静、动力风致效应强耦合机理和理论研究

我国沿海地区经济持续发展,许多长大跨海工程的建设都已提到了议事日程,从而对建造超大跨度斜拉桥和悬索桥的需求也日益增加,我国正在规划的跨海工程中,斜拉桥主跨已达到 1500m 左右,悬索桥跨度也已达到 1700m 左右。随着桥梁跨度的不断增加,其风致静力效应变得越来越显著,尤其是斜拉桥,作用在大量超长斜拉索上的静力风荷载导致斜拉索自身侧向变形显著,同时对质量的牵拉作用使得本已显著的主梁风致静力位移和变形进一步明显加大,风致静力稳定性显著降低,接近甚至低于其颤振临界风速,这已被同济大学获得的某 1400m 斜拉桥方案和琼州海峡 1500m 跨度双主跨斜拉桥方案的全桥气动弹性模型试验结果所证实。由于风致静力失稳比动力颤振失稳更具有突发性,当风速达到临界值时,桥梁扭转变形随即朝一个方向快速增加,不需要来回振动就直接导致桥面倾覆破坏,因此必须更加予以重视。

此外,试验结果同时还显示,对于 1400～1500m 这类超大跨度斜拉桥风致静力响应和风致动力响应之间具有较强的结构和气动耦合效应,也就是说,不仅静力大位移和大变形会导致其颤振临界风速下降,动力响应同样会对桥梁的风致静力稳定性产生不利的影响。显然,类似的问题也存在于跨度接近或超过 2000m 的超大跨度悬索桥中。超大跨度桥梁这种静动力响应之间的耦合机理非常复杂,不仅涉及同一构件的大位移静动力响应引起的气动和气弹效应耦合,还涉及不同构件之间的静力响应、动力响应之间的耦合和静动力响应之间的交叉耦合,以及由此导致的气动和气弹效应耦合。为了对我国下一阶段超大跨度桥梁的建设提供强有力的抗风技术支撑,有必要尽快开展超大跨度桥梁静、动力风致效应强耦合效应机理和分析理论的研究,确保超大跨度桥梁的抗风稳定性。

3. 极端风环境中大跨度桥梁风效应机理和理论研究

如前所述,可能是受到全球气候变暖的影响,近些年来,我国的强台风、强雷暴、龙卷风等强对流极端天气也呈现活跃的态势,而这些极端天气的风速不仅强,

而且在时间和空间上都具有很强的切变(突变)特性,这种强风速的强时空切变性也正是这些极端天气能够严重毁坏桥梁、建筑结构的主要因素。因此,不仅迫切需要对这些极端天气的风场结构和特性进行研究,也需要同时开展极端风环境中桥梁的风效应。

近些年来,已经有一些国内外学者开始对非平稳风作用下的桥梁风效应进行探索性研究,但受制于试验条件的限制,目前对强时空切变风作用下桥梁风效应和空气动力特性的研究还十分罕见。随着国内开始尝试建造多风扇主动控制风洞、下击暴流模拟器和龙卷风模拟器等,对强时空切变风作用下大跨度桥梁风致气动静力的非定常和非线性效应及机理、非定常气弹自激力的非线性特性和机理、随机抖振力的非定常和非线性效应及机理等空气动力学基础性问题开展探索性研究将在下一个 10 年周期内逐步成为风工程领域的一个重要研究方向和热点。在获得一定的研究成果积累后,时空切变风作用下大跨度桥梁风致静力、涡振、颤振、抖振动力响应分析理论也将成为一个重要的研究方向和热点。

4. 超大跨度桥梁风效应控制技术和机理研究发展态势

目前超大跨度桥梁风效应控制主要是针对风致振动的控制,主要分为气动控制措施和附加阻尼器(TMD 和 TLD 等)机械控制措施。无论是气动控制措施还是机械控制措施,均可以分为主动和被动两种。关于这些控制措施的基本原理已在国内外研究现状和发展趋势中有所阐述,这里不再重复。目前在主动机械控制技术和气动控制技术方面,国内外学者都有一定的研究,但振动控制技术的鲁棒性以及设备的可靠性还未得到充分保证,因此在实际桥梁风振控制上还罕有应用。TMD 和 TLD 在桥梁的涡激振动控制中有所应用,但应用最广的还是被动气动控制措施,如主梁流线型风嘴、主梁开槽、稳定板、导流板、翼板、可变挡风板、桥塔柱切角和凹角等,可用于涡振、颤振和驰振等控制。

至今,被动气动控制的研究仍主要采用风洞对比试验方法,对控制措施的机理研究还很少。由于钝体气动功能对物体气动外形的敏感性,各种气动控制措施效果对不同主梁形会有较大差异,其适用范围存在诸多不确定性,因此这种试验研究方法带有一定的盲目性,工作量较大。目前,国内外已有一些学者开始通过风洞测压试验、PIV 流迹显示试验、CFD 分析等不同技术研究各种气动控制措施的机理,正在逐渐形成一个研究方向和热点。然而,目前无论是风洞测压试验、PIV 流迹显示试验还是 CFD 分析等技术,均存在这样或那样的不足,加上钝体绕流的复杂性,桥梁风振气动控制措施机理的研究主要还停留在宏观定性的层次,精细化的定量和细观层次的研究还十分罕见,所以气动控制措施机理还任重道远。

此外,如前所述,对于超千米级斜拉桥,风致静力失稳临界风速随跨度的增加而明显下降,甚至风致静力失稳会先于动力颤振失稳发生,因此对超千米级斜拉桥的气动选型和控制目标不能仅停留在风振效应上,而应对其气动静力性能予以足够的重视。

10.3.3　超高层建筑风效应机理和理论研究发展态势

1. 超高层建筑风效应预测方法研究发展态势

一般超高层建筑的风效应问题主要体现在主结构的风致静力和动力响应(或等效风荷载)以及覆面的极值风荷载,目前这些问题已经可以通过刚体模型高频测压试验、基于测压试验脉动风荷载的风致响应理论分析来解决,相应的试验方法以及非高斯分布脉动风压极值计算方法和随机风振理论都已比较成熟。对于高度超过 300m 的超高层建筑,可以通过基底弹性支撑刚体模型振动试验或者全结构气动模型试验来进一步考虑其流固耦合产生的气动弹性效应,相应的技术也比较成熟。目前,通过重大研究计划项目的实施,重大建筑与桥梁强/台风灾变的集成研究项目组通过气动弹性模型试验获得了多种典型体型超高层建筑的顺风向和横风向气动阻尼,获得高层建筑质量、广义刚度、结构阻尼比、高宽比、宽厚比、矩形建筑角凹角和削角气动措施不同参数、截面沿高度收缩率以及风场类型对建筑结构气动阻尼比的影响规律,提出了气动阻尼经验公式,从而可以实现考虑气动阻尼的超高层建筑风振响应理论分析。

目前,超高层建筑风效应研究领域所面临的问题和挑战主要有以下几个方面:

(1) 超高层建筑的高度在国外已超过 800m,在国内也已超过 600m,而超过 1000m 的超高层建筑在国内外都已开始规划或设计,并已开展前期的抗风研究。显然,这些超高层建筑的高度已经大大超过规范所规定的梯度风高度,这类建筑都可以归类为特超高层建筑,而目前国内外对超过梯度风以上的高空自然风特性(包括风速、风向、湍流度、脉动风速谱等沿高度的变化规律)都不了解,但可以肯定的是,仅地球自转的影响就可导致风向在这类特超高层建筑高度范围内有显著的变化,而一些探空观测结果显示在梯度风度高度以上,风速往往不再符合传统的幂函数律,并且高空的风速有可能会随高度的增加而降低。因此,对高空自然风特性的实测和数值模拟研究将是超高层建筑风效应研究领域的一个发展方向,对特超高层建筑抗风性能研究具有重要意义。

(2) 对于这类特超高层建筑,由于柔度增加,无论是其风致静力响应还是动力响应,都将显著增加,因此对其进行气动外形的选型研究和风致控制技术的研究将对降低风致静动力响应显得尤为重要。

(3) 同样由于风振响应增加,气动弹性效应将更加显著,在风振分析时必须考虑气动阻尼,甚至气动刚度,因此需要进一步开展对各种特超高层建筑可能采用的体型的气动阻尼和气动刚度的试验研究。

（4）建筑高度的不断突破，使模型试验的几何比例越来越小，雷诺数效应问题也会随之变得越来越严重，不久必将成为超高层建筑抗风研究领域的一个很重要研究方向和热点。

2. 复杂建筑群体的气动干扰效应研究

超高层建筑往往建造在城市中心建筑密集区域，与周边建筑距离往往较近，建筑群体的气动干扰效应可能非常严重，对作用在结构上的风荷载具有显著的影响。本书对不同宽度比和高度比的两个和三个典型现状建筑的表面风压气动干扰效应进行了总计 1736 种工况的风洞试验研究，获得了一批有参考价值的数据和结果，但是试验中所考虑的建筑组合与实际的建筑群体情况还存在巨大差别，需要继续研究下去。

此外，项目组在通过全结构气动弹性模型风洞试验研究上海环球金融中心大楼的风致振动响应时发现，附近的金茂大厦对环球金融中心的风振响应有明显影响，尤其是当金茂大厦处于环球金融中心下游时会激发后者显著的涡振响应（低阻尼工况）。由此说明群体干扰效应不仅对建筑物上的静力风荷载有干扰效应，同时也会对超高层建筑的风振响应产生面向影响，在今后的研究中需要加以重视，值得开展更细致的研究。

10.3.4　大跨度空间结构风效应和机理研究发展态势

1. 柔性大跨度屋盖的气动弹性效应机理和理论研究发展态势

普通大跨度屋盖的刚度一般比较大，风致振动响应并不明显，其抗风研究主要任务是确定用于主结构设计的分布平均风压和用于覆面设计的分布极值风压。这两个任务都可以通过刚体模型测压试验来完成，其中涉及的理论问题主要在于确定非高斯分布随机脉动风压的极值，通过本书的研究，该问题已经得到较好的解决。

大跨度柔性结构（包括膜结构、索网膜结构和索膜结构等）是目前在大跨度结构屋盖设计中比较流行的一种结构形式，然而这类结构的柔度大，导致风致振动响应大、气动弹性效应显著且非线性强。同时，由于在大位移振动过程中柔性屋盖的外形也会不断发生显著变化，这使得其非线性气动弹性效应机理更加复杂。再有，当柔性屋盖结构发生大位移振动时，其上下方周围空气也将随之发生振荡。在此过程中，屋盖上方空气因为没有边界限制而无边界效应，但是由于柔性屋盖结构离地面高度一般有限，屋盖下方的空气将受到地面限制而向侧面流动，从而进一步带动周边空气的振荡，使得柔性屋盖与周边空气之间的气动弹性效应（或流固耦合效应)变得非常复杂,并会随柔性屋盖离地高度、其下方空间是否有围墙、围墙上是否开洞及开洞方式等条件的变化而变化。上述问题都是在探索大跨度柔性屋盖结构的非线性气动弹性效应机理以及建立其非线性风致振动响应精细化分析理论时需要解决的,具有非常强的挑战性。在重大研究计划项目实施过程中,"重大建筑与桥梁强/台风灾变的集成研究"已经开展了一些初步探索,有待下一步继续研究。

2. 柔性大跨度屋盖的气动弹性模型试验技术研究发展态势

全结构气弹性模型试验是研究柔性大跨屋盖结构风致气动响应的一个直接有效的方法,但是正如前面阐述的那样,受到柔性屋盖平面尺度大、风洞尺寸有限等因素的限制,在全结构气弹模型试验中往往不得不采用小几何比例(即大几何缩尺比),这样很难找到合适的高强轻质材料用来在质量相似原则下模拟柔性屋盖的轻质薄膜等覆面,这就导致至今进行的绝大部分柔性屋盖所谓的"气动弹性"模型试验中,模型屋盖总是超重的,试验得到的振动位移偏小,试验中模型的气动弹性效应也与原型不一致。为此,对柔性大跨屋盖气弹模型的材料、结构的研发是迫切需要解决的一个问题。

3. 大跨度屋盖的风雪耦合效应机理和理论研究发展态势

我国地域辽阔,从南方热带、亚热带到北方的北温带,气候变化显著。北方冬季常风雪交加,大跨度结构的整体或者局部常会受到积雪覆盖。覆盖的积雪不仅直接对结构产生作用,而且会明显改变结构的气动外形,影响作用其上的风荷载;同时风又会使大跨度屋盖上的积雪位置和厚度随时、随机地发生改变,这种风雪之间的耦合作用可能会恶化作用在结构上的风雪荷载,从而对大跨度结构的安全产生不利影响,甚至造成结构破坏。目前国内外(包括同济大学)已有不少学者开展了这方面的研究,积累了一些成果,但受到试验设备和条件的限制,目前对其研究主要采用多相流 CFD 分析方法,对其机理和理论的研究还不是很成熟,因此在风雪耦合作用试验设备和北方野外风雪效应足尺试验设施的研发方面值得推进,为风雪耦合作用下大跨度结构风雪荷载和结构响应的机理和理论研究创造条件,也可为 CFD 计算方法提供验证手段。

4. 极端风环境中大跨度屋盖风效应机理和理论研究发展态势

国内外,由强雷暴、龙卷风等极端天气造成的大跨度结构破坏也时有发生,强雷暴产生的下击暴流中不同部位的气流(包括高速下沉的寒冷气流、在地面附近产生的高速壁面射流以及飑线前缘向上翻卷的涡旋气流)都会直接损伤或毁坏大跨度结构屋盖和墙体。强雷暴中高速下降的冰雹会加剧大跨度结构屋盖的损毁程度。龙卷风中具有强时空切变特性的强风以及极低的中心气压也是大跨度结构严重风灾事件的直接推手。因此对极端风环境中大跨度屋盖风效应机理和理论研究具有非常强的实际工程需求。但目前由于试验设备和条件不足,以及对雷暴和龙卷风内部风场结构和时空切边规律了解欠缺,这一方向的研究还处于非常初步的探索阶段,迫切需要创造相应的试验和实测研究条件。

10.3.5 结构风效应和机理的计算流体力学方法研究态势

高层建筑风洞试验是结构风效应及其机理研究的一种传统方法,但是受风洞尺寸的限制,一直存在雷诺数失真问题,使试验结果可靠性受到不同程度上的质疑,因此许多学者都期待能通过在 CFD 数值模拟中解决雷诺数效应问题。然而,由于在有网格的 CFD 计算中会引入计算误差带来的附加黏性,实际有效雷诺数无法提高,因此要实现高雷诺数计算,必须要在 CFD 算法和湍流模型上有所突破。

由于桥梁结构的细长特点,二维 CFD 方法比较实用,因而应用比较广。目前二维 CFD 分析在桥梁的静分析中的应用比较成功,计算精度较高,但颤振和涡振等桥梁风致动力问题的二维 CFD 计算结果的误差有时仍比较大。三维 CFD 在桥梁风致效应计算方面的应用还非常少见,但已有学者开始尝试。经过本书的研究,建立并完善了基于有限元、离散涡和 Lattice Boltzmann 的桥梁 CFD 数值分析系列方法和软件,提高了桥梁断面气动力参数的识别精度及流场分辨率;较好地实现了基于二维 CFD 分析的桥梁断面气动力系数和气动导数的桥梁非定常风致振动的非线性准三维数值分析。下一步将开展三维 CFD 分析研究。

相比大跨度桥梁,超高层建筑和大跨度结构的三维特征更加明显,所以对其风致效应的 CFD 分析都是三维的,两者的体型都要比桥梁断面大得多,因此名义上的雷诺数很高,数值计算的工作量较大。本书提出了 CFD 数值模拟中湍流来流边界条件的高效自保持新方法以及 LES+DVM 的高雷诺数湍流模拟方法,并在此基础上建立了三维超高层建筑群气动效应和基于弱耦合分区求解的超高层建筑气弹效应的数值模拟方法;研发了基于多场耦合和动边界技术的膜结构流固耦合数值模拟方法和软件。然而,这些 CFD 分析方法和软件平台的可靠性还有待更多的风洞试验结果和现场实测结果来验证。

10.3.6 结构风效应分析理论和风洞试验方法的现场实测验证研究态势

从国内外研究现状和发展趋势分析结果来看,无论对于大跨度桥梁、超高层建筑还是大跨度结构,开展自然风特性和结构风效应的现场实测的重要性已得到整个国际风工程界的认可,这不仅是了解和掌握自然风特性以及结构风振性能的一个重要和非常有效的途径,也是检验各种结构风效应理论分析和风洞试验方法及结果以及雷诺数效应最直接、最有效的手段,因此已成为结构风工程研究的一个重要方向和热点,也是本书的一个主要研究内容,国内外已有许多学者开展了这方面的研究。但目前重大结构工程风效应理论、试验和现场实测的系统性案例还不够,还需要不断积累,以促进结构风效应研究的发展。

10.3.7　结构风工程研究风洞试验装备发展态势

结构风致响应的雷诺数效应、极端天气下的结构气动力性能和抗风性能、强风关联多重灾害耦合作用等已成为结构风工程研究的发展方向,因此必须首先开发和建设开展这些国际前沿相关研究所需要的风洞试验装备,以模拟多尺度气动效应、气动效应的高度非线性和非定常、强风关联多重灾害的共同作用等。

1. 多尺度气动效应

风速变化常常被等效为平均风速和脉动风速的线性叠加。雷诺数是一个表征平均风速和结构尺度对风与结构之间气动效应影响的重要无量纲数,实际桥梁断面和建筑结构的雷诺数一般达到 $10^7 \sim 10^9$。同时,作为一个典型湍流现象,大气脉动风速谱含有非常宽的频率范围,小时(公里)量级以上的风速脉动可以利用准定常假定来处理,但小时(公里)量级以下的 Macro 现象至毫米量级的 Micro 现象必须在风洞中模拟出来。而目前的常规边界层风洞(无论是平均风速(雷诺数)还是脉动风速(湍流谱等))都无法或很难控制。

2. 气动效应的高度非线性

风与结构或物体相互作用的高度非线性和非定常特性是脉动风荷载产生的根源,是风荷载及抗风研究的基础理论核心。流场可控的风洞是研究大气湍流、极端天气对气动效应非线性和非定常特性影响的关键设备。湍流风场具有重复性的风洞试验还可为高精度的数值模拟平台提供验证。

3. 多重(多场)灾害耦合作用

强风关联多重灾害包括风-雨、风-雪、风-冰雹、风-火、风-扩散、风环境等多种物理场的共同作用。

4. 国内外特种风洞设备

多风扇主动控制风洞能更好地模拟强风湍流特性,方便准确地预测结构的风致响应,是国际风工程界发展的趋势。多风扇主动控制风洞的概念诞生于 20 世纪 80 年代末,由日本宫崎大学应用物理系西亮教授提出并实现。但该大学的风洞研究停留在湍流模拟阶段,在抗风设计应用上没有进展。法国建筑科学技术中心(CSTB)的气象风洞的最高风速为 80m/s、降雨能力为 200mm/h,还具有降雪功能,可用于评价全尺度低层建筑的结构性能。美国佛罗里达大学于 2012 年建成了具有 12 个风扇可以模拟飓风等级为 5 级的强风的风洞。美国商业和家庭安全研究所(Institute for Business and Home Safety)于 2012 年建造了有 105 个风扇的全尺度主动控制式风洞(试验断面为 44.2m(长)×44.2m(宽)×21.4m(高))。该风洞可以模拟飓风等级为 3 级的强风,主要试验对象是 1 层或 2 层的全尺度低矮房屋。这个风洞的建成使得风工程行业人员更加关注多风扇主动控制风洞的先进性。加拿大西安大略大学于 2014 年建造了风扇沿四面八方立体分布、可以三维控制风速大小和方向随地点和时间变化的巨大的(试验内径 25m)半球状强风发生器,主要用于模拟龙卷风对结构的作用。同时日本也于 2014 年形成了大型多风扇可控式风洞的预案,正在积极申请国家支持。我国同济大学于 2016 年建成了一个具有 120 个风扇的振动控制风洞,试验段截面为 1.8m(高)×1.5m(宽),最高风速约 17m/s。

10.4 研究不足与需求

10.4.1 研究不足

1. 自然风特性研究

(1)风速的实测早期历史数据主要是平均风速和风向,缺少脉动风特性的记录数据。

(2)随着改革开放后城市的不断扩张,许多地方的国家标准气象台虽然经过多次搬迁,但是仍跟不上城市的扩张速度,其周边风环境受到密集多层甚至高层建筑群的"污染",记录的风速面偏低而失效。

(3)对台风风场实测,尤其是高空风速的实测主要依赖于多普勒探空雷达,没有专用飞机探测设备,其精度不够,使得台风数值模拟中基于实测数据的同构和校正等技术效果下降,影响模拟精度。

(4)在西部山区复杂地形的现场实测数据积累很少,虽然近些年结合多座跨越西部山区深切峡谷大跨度桥梁建设,开展了一些桥址区的自然风实测工作,但实测周期偏短,普遍只有 1~3 年。

(5)严重缺少对高空自然风特性的观测,无法满足特超高层建筑建设的需求。

(6)现有的基于中尺度气象模式的台风风场数值模拟结果还不能符合复杂地

形环境重大工程抗风研究的要求。

（7）对极端天气的数值模拟研究不多。

（8）缺少能够精确模拟和控制强雷暴、龙卷风等极端天气特异风场特性的风洞设备，以及能够模拟风-雨-雪-冰雹等多灾害耦合作用的物理风洞。

（9）缺少能够模拟风向随高度变化的边界层风洞。

2. 大跨度桥梁抗风研究领域

（1）虽然通过重大研究计划项目的实施，在涡激共振的非线性机理、涡激力非线性数学模型和涡振的全桥三维分析方法研究方面取得了明显进展，但还缺少更多的现场实测案例验证。

（2）在超大跨度桥梁精确非线性颤振分析理论和抗颤振灾变鲁棒性方面的研究才刚刚起步。

（3）在超大跨度桥梁静、动力风致效应耦合机理和分析理论方面的研究还不成熟，还没有开展强耦合方法的研究。

（4）对桥梁风效应气动控制措施的机理研究还不够深入。

（5）对非定常抖振精细化理论的研究还停留在线性频域方法上，需要开展抖振的非定常、非线性时域分析理论方法研究，充分考虑气动力的非定常非线性特性和结构的几何甚至材料非线性特性。

（6）极端风环境中大跨度桥梁非定常非线性风效应机理和理论仅进行了一些非常初步的探索性研究，需要深入研究。

（7）对雷诺数效应对桥梁气动效应的影响研究还很少。

（8）未实现全桥气弹效应的三维 CFD 模拟。

（9）对桥梁气弹效应的理论分析方法和 CFD 数值模拟方法的验证还不够充分。

3. 超高层抗风研究领域

（1）在超高层建筑的气动弹性效应研究方面开展的工作还不够，还不能在任意超高层建筑的风致响应理论分析中合理地考虑气动弹性效应，要进一步补充完善。

（2）还没有条件开展雷诺数效应对超高层建筑风致静力和动力响应影响的研究。

（3）在建筑群体气动干扰效应研究方面，建筑组合形式还过于简单，与真实情况相差较远，同时严重缺少对气动干扰效应对超高层风致振动影响的研究。

（4）对超高层建筑风振响应的理论分析方法和 CFD 数值模拟方法的风洞试验及现场实测验证工作还不够系统，需要选择一些典型超高层建筑，系统地开展分析、试验和实测的案例研究。

4. 柔性大跨度结构抗风研究领域

(1) 对柔性大跨度屋盖结构大位移大变形引起的强非线性气动弹性(流固耦合)效应的机理研究还不足。

(2) 柔性大跨度屋盖的气动弹性模型试验技术较落后。

(3) 风雪耦合作用下大跨度结构风雪荷载和结构响应的机理和理论需要深入,还缺少合适的风洞试验设备和野外试验基地。

(4) 对极端风环境中大跨度屋盖风效应机理和理论研究还几乎是空白。

5. 风洞试验设备方面

我国的边界层风洞形式比较单一,在先进的多风扇主动控制全尺度风洞的研究和建造方面已明显落后于传统风工程强国,迫切需要研发和建设大型多风扇主动控制风致多灾害复合环境风洞。

10.4.2 战略需求

东南沿海和环渤海区域是我国经济最发达的地区,作为带动国家经济发展的发动机,近年来已进入了大规模的海岛和半岛开发时期,对跨海连岛、跨海和跨江河入海口的长大桥梁建设的需求十分旺盛,超 1500m 左右跨度的斜拉桥和 1700m 左右跨度的悬索桥方案也已在规划。在超高层或特超高层建筑建设方面,我国正规划建设超千米级特超高层建筑,而随着人们对居住环境舒适性以及防灾环保要求的日益增加,超千米级超大跨度穹顶的概念及计划越来越受到关注。

无论是对于超千米级超大跨度桥梁、超千米级特超高层建筑还是超千米级超大跨度穹顶结构,抗风设计始终是其设计中的重点和难点,随着结构尺度的增加,对风荷载的敏感程度、不同尺度极端风条件下的结构风效应、风致复合环境作用下的抗风性能、空气动力和结构的综合非线性等问题都是此大尺度柔性类结构抗风研究的关键问题,因此必须开展相应的前瞻性研究,为此类重大桥梁和建筑结构建设的安全性和经济性预先积累足够的抗风理论和技术储备。

10.4.3 未来研究

在重大研究计划研究成果的基础上,深化重大建筑与桥梁强/台风灾变的研究,未来研究的设想和建议如下:

(1) 研究融合中尺度气象预报模式与计算流体动力学(CFD)模式的方法,开展能满足重大工程需求的复杂地形环境下极端天气强风和台风三维风场结构高精度、高分辨率数值模拟。

（2）研发和建设大型多风扇主动控制风致多灾害复合环境风洞,具有模拟雷暴、台风等极端天气强时空切变复杂风场,以及风-雨、风-雪、风-冰雹、风-火等多灾害复合风环境的能力,可以开展高雷诺数试验。

（3）研究实际大气边界层紊流场中超大跨度桥梁非线性风致静动力失稳统一强耦合理论和抗颤振灾变鲁棒性方法。

（4）开展极端风环境中重大桥梁和建筑结构的非定常非线性风效应机理和理论研究。

（5）开展高雷诺数下的重大桥梁和建筑结构风效应及群体干扰效应的物理风洞试验和CFD数值模拟研究。

（6）开展大跨结构风雪耦合效应机理和理论研究及基于野外试验的验证。

（7）开展柔性大跨结构气动弹性模型试验理论和方法研究。

（8）深入开展超重大桥梁与建筑结构气弹效应的三维CFD模拟方法研究和典型工程案例的实测验证。

参 考 文 献

曹丰产. 1999. 桥梁气动弹性问题的数值计算. 上海:同济大学博士学位论文.

陈奋. 2015. 基于现场实测的高层建筑有限元模型修正研究. 长沙:湖南大学硕士学位论文.

陈昭庆,武岳,孙晓颖. 2015. 封闭式单向张拉膜结构气弹失稳机理研究. 建筑结构学报,36(3): 12-19.

丁静鸽,叶继红. 2013. 基于改进涡方法的膜结构流固耦合研究. 振动与冲击,32(24):61-69.

端义宏. 2015. 登陆台风精细结构的观测、预报与影响评估. 地球科学进展,30(8):847-854.

高广中. 2016. 大跨度桥梁风致自激振动的非线性特性和机理研究. 上海:同济大学博士学位论文.

葛耀君. 2011. 大跨度悬索桥抗风. 北京:人民交通出版社.

顾明,匡军,韦晓,等. 2011. 上海环球金融中心大楼顶部良态风风速实测. 同济大学学报(自然科学版),39(11):1592.

韩志惠,顾明. 2014. 非线性鞍型张拉膜结构气弹模型相似参数分析. 同济大学学报,42(4): 532-623.

李明水,孙延国,廖海黎. 2012. 基于涡激力偏相关的大跨度桥梁涡激振动线性分析方法. 空气动力学学报,30(5):675-679.

李星. 2014. 大型圆筒型煤气柜风致响应实测研究. 长沙:湖南大学硕士学位论文.

李正农,宋克,李秋胜,等. 2009. 广州中信广场台风特性与结构响应的相关性分析. 实验流体力学,23(4):21-27.

梁枢果,邹良浩,熊铁华. 2010. 武汉大学结构风工程研究的回顾与展望//中国结构风工程研究30周年纪念大会,上海:86-88.

刘十一. 2014. 大跨度桥梁非线性气动力模型和非平稳全过程风致响应. 上海:同济大学博士学位论文.

罗叠峰. 2015. 沿海地区高层建筑抗风现场实测研究. 长沙:湖南大学博士学位论文.

罗叠峰,李正农,回忆. 2014. 海边三栋高层建筑顶部台风风场实测与分析. 建筑结构学报,
　　35(12):133-139.

孙晓颖,武岳,陈昭庆. 2012. 薄膜结构流固耦合的 CFD 数值模拟研究. 计算力学学报,29(6):
　　873-878.

吴迪,武岳. 2011. 大跨屋盖结构多目标等效静风荷载分析方法. 建筑结构学报,32(4):17-23.

武岳,杨庆山,沈世钊. 2008. 索膜结构风振气弹效应的风洞实验研究. 工程力学,25(1):8-15.

项海帆,葛耀君. 2011. 大跨度桥梁抗风技术挑战与基础研究. 中国工程科学,13(9):9-14.

项海帆,葛耀君,朱乐东. 2005. 现代桥梁抗风理论与实践. 北京:人民交通出版社.

徐安,傅继阳,赵若红,等. 2009. 中信广场风场特性与结构响应实测研究. 建筑结构学报,30(1):
　　115-119.

余世策,楼文娟,孙炳楠,等. 2007. 开孔结构风致内压脉动的频域法分析. 工程力学,24(5):
　　35-41.

赵林. 2003. 风场模式数值模拟与大跨度桥梁抖振概率评价. 上海:同济大学博士学位论文.

周帅. 2013 柔性桥梁涡振幅值与软驰振曲线预测方法研究. 长沙:湖南大学博士学位论文.

周志勇. 2001. 离散涡方法用于桥梁截面气动弹性问题的数值计算. 上海:同济大学博士学位
　　论文.

朱丙虎,张其林. 2012. 世博轴索膜结构屋面风效应的监测分析. 华南理工大学学报(自然科学
　　版),40(2):13-18.

朱乐东,高广中. 2015. 典型桥梁断面软颤振现象及影响因素. 同济大学学报(自然科学版),
　　43(9):1289-1294.

Amandolese X,Michelin S,Choquel M. 2013. Low speed flutter and limit cycle oscillations of a
　　two-degree-of-freedom flat plate in a wind tunnel. Journal of Fluids and Structures,31:
　　244-255.

An Y,Quan Y,Gu M. 2012. Field measurement of wind characteristics of typhoon'Muifa' on the
　　shanghai world financial center. International Journal of Distributed Sensor Networks,2012:
　　1-11.

Andersen A,Brich N W,Hansen A H,et al. 2001. Response analysis of tuned mass dampers ex-
　　posed to vortex loadings of Simiu-Scanlan Type. Journal of Sound and Vibration,239(2):
　　217-231.

Au S K,To P. 2012. Full scale validation of dynamic wind load on a super tall building under
　　strong wind. Journal of Structural Engineering,138(9):1161-1172.

Bentum C V,Geurts C. 2015. Full scale measurements of pressure equalization on air permeable
　　facade element//The 14th International Conference on Wind Engineering,Porto Alegre.

Blessing C,Chowdhury A G,Lin J,et al. 2009. Full-scale validation of vortex suppression tech-
　　niques for mitigation of roof uplift. Engineering Structures,31(12):2936-2946.

Bobby S,Spence S M J,Kareem A. 2015. A probabilistic performance-based conceptual design
　　framework for tall buildings under dynamic wind loads//The 14th International Conference on

Wind Engineering, Porto Alegre.

Chen W L, Laima S J, Li H, et al. 2013. An experimental study to characterize unsteady vortex and flow structures around a twin-box-girder bridge deck model//The 12th Americas Conference on Wind Engineering, Seattle.

Chen Z Q, Wang X Y, Ko J M, et al. 2004. MR damping system for mitigating wind-rain induced vibration on Dongting Lake Cable-Stayed Bridge. Wind and Structures, 7(5):293-304.

Chen Z Q, Wu Y, Sun X Y. 2015. Research on the added mass of open-type one-way tensioned membrane structure in uniform flow. Journal of wind Engineering and Industrial Aerodynamics, 137:69-77.

Cheung J C K, Holmes J D, Melbourne W H. 1997. Pressure on a 1/10 scale model of the Texas Tech Building. Journal of Wind Engineering and Industrial Aerodynamics, 69-71:529-538.

Costa C, Borri C, Flamand O, et al. 2007. Time-domain buffeting simulations for wind-bridge interaction. Journal of Wind Engineering and Industrial Aerodynamics, 95(9-11):991-1006.

Diana G, Resta F, Rocchi D. 2008. A new numerical approach to reproduce bridge aerodynamic-non-linearities in time domain. Journal of Wind Engineering and Industrial Aerodynamics, 96:1871-1884.

Diana G, Rocchi D, Argentini T. 2013. An experimental validation of a band superposition model of the aerodynamic forces acting on multi-box deck sections. Journal of Wind Engineering and Industrial Aerodynamics, 113:40-58.

Ding F, Chuang W C, Spence S M J, et al. 2016. The role of aerodynamics in performance-based design//The 8th International Colloquium on Bluff Body Aerodynamics and Applications, Boston.

Ding W, Uematsu Y, Nakamura M, et al. 2014. Unsteady aerodynamic forces on a vibrating long-span curved roof. Wind and Structures, 19(6):649-663.

Duy H V O, Katsuchi H, Yamada H. 2016. Dry galloping of surface modification cable in low Scruton number range//The First International Symposium on Flutter and its Application(IS-FA), Japan.

El-Gammal M, Hangan H, King P. 2007. Control of vortex shedding-induced effects in a sectional bridge model by spanwise perturbation method. Journal of Wind Engineering and Industrial Aerodynamics, 95(8):663-678.

Elshaer A, Bitsuamlak G, El Damatty A. 2015. Aerodynamic shape optimization for corners of tall buildings using CFD//The 14th International Conference on Wind Engineering, Porto Alegre.

Ferrareto A J, Carvalho L M, Mazzilli E N C. 2015. Comparative dynamic analysis of windstorms and downbursts to meet strength criteria//The 14th International Conference on Wind Engineering, Porto Alegre.

Flaga A, Porowaska A, Krezel M. 2015. Analysis of vortex excitation influence on hangers damage of arched viaduct in Rytro, Poland//The 14th International Conference on Wind Engineering, Portal Alegre.

Fujino Y, Hoang N. 2008. Design formulas for damping of a stay cable with a damper. Journal of Structural Engineering, 134(2): 269-278.

Gao G Z, Zhu L D. 2015. A novel nonlinear mathematical model of the unsteady galloping force on 2:1 rectangular section//The 14th International Conference on Wind Engineering(ICWE14), Portal Alegre.

Glück M, Breuer M, Durst F, et al. 2001. Computation of fluid-structure interaction on lightweight structures. Journal of wind Engineering and Industrial Aerodynamics, 89(14-15): 1351-1368.

Grigoriu M. 1984. Crossing of non-Gaussian translation process. Journal of Engineering Mechanics, 110(4): 610-620.

Gu M, Quan Y. 2011. Across-wind loads and effects of super-tall buildings and structures. Science China Technological Sciences, 54(10): 2531-2541.

Guo Y L, Kareem A, Ni Y Q, et al. 2012. Performance evaluation of Canton Tower under winds based on full-scale data. Journal of Wind Engineering and Industrial Aerodynamics, 104-106: 116-128.

Hasama T, Itou Y, Kondo K, et al. 2015. Large-eddy simulation of wind pressure prediction for high-rise building on urban block//The 14th International Conference on Wind Engineering, Porto Alegre.

Hasama T, Itou Y, Kondo K, et al. 2016. Wind pressure prediction by large-eddy simulation for high-rise building with inner balcony and corner cut//The 8th International Colloquium on Bluff Body Aerodynamics and Applications, Boston.

Hou F, Quan Y, Gu M. 2016. Research on aerodynamic forces of a high-rise building with vertical partitions protruded from facades by high frequency force balance wind tunnel tests//The 8th International Colloquium on Bluff Body Aerodynamics and Applications, Boston.

Hu G, Kwok K C S, Tse K T. 2016. Mitigating wind-induced response of a tall building with an innovative facade system//The 8th International Colloquium on Bluff Body Aerodynamics and Applications, Boston.

Huang D M, Zhu L D, Ding Q D. 2015. A harmonic piecewise linearization method for wind-induced nonlinear aerodynamic damping identification of high-rise building//The 14th International Conference on Wind Engineering, Porto Alegre.

Hui M C H, Zhou Z Y, Chen A R, et al. 2008. The effect of Reynolds numbers on the steady state aerodynamic force coefficients of the Stonecutters Bridge deck section. Wind and Structures, 11(3): 179-192.

Ierimontia L, Venanzia I, Caracogliab L. 2016. Probability-based direct numerical estimation of wind-induced non-structural damage on tall buildings//The 8th International Colloquium on Bluff Body Aerodynamics and Applications, Boston.

Irwin P A. 2008. Bluff body aerodynamics in wind engineering. Journal of Wind Engineering and Industrial Aerodynamics, 96: 702-711.

Johnson G L, Surry D, Ng W K. 1985. Turbulent wind loads on arch-roof structures: A review of model and full-scale results and the effect of reynolds number//The 5th National Conference on Wind Engineering,Lubbock.

Katsuchi H,Yamada H,Etoh K,et al. 2013. Vortex-induced vibration and its countermeasures observed at long-span cable-stayed bridge//The 12th Americas Conference on Wind Engineering,Seattle.

Kijewski-Correa T L,Kochly M. 2007. Monitoring the wind-induced response of tall buildings: GPS performance and the issue of multipath effects. Journal of Wind Engineering and Industrial Aerodynamics,95:1176-1198.

Kim W,Yoshida A. Tamura Y. 2015. Variability of local wind forces on tall buildings due to neighboring tall building//The 14th International Conference on Wind Engineering,Porto Alegre.

Kwok S C,Yuen K V. 2013. Structural health monitoring of a reinforced concrete building during the severe typhoon Vicente in 2012. The Scientific World Journal:1-12.

Kusuhara S. 2016. Vibrations and countermeasures for cable structure of Honshu-Shikoku bridges//The First International Symposium on Flutter and its Application(ISFA),Japan.

Larsen A,Svensson E,Andersen A. 1995. Design aspects of the tuned mass dampers for the Great Belt Suspension bridge approach spans. Journal of Wind Engineering and Industrial Aerodynamics,54-55:413-426.

Lee S,Choi U,Jeong H,et al. 2013. Interference effects on bridge hangers//The Eighth Asia-Pacific Conference on Wind Engineering,Chennai.

Letchford C W,Lander D C,Case P,et al. 2015. The response of tall slender cactus-like buildings to wind action//The 14th International Conference on Wind Engineering,Porto Alegre.

Li B,Yang Q,Solari G. 2016. Aerodynamic behavior of 1000m-high super tall buildings//The 8th International Colloquium on Bluff Body Aerodynamics and Applications,Boston.

Li C. 2000. Performance of multiple tuned mass dampers for attenuating undesirable oscillations of structures under the ground acceleration. Earthquake Engineering and Structural Dynamics,29(9):1405-1421.

Li H,Laima S J,Zhang Q Q,et al. 2014. Field monitoring and validation of vortex-induced vibrations of a long-span suspension bridge. Journal of Wind Engineering and Industrial Aerodynamics,124:54-67.

Li H,Li S,Ou J P. 2010. Modal identification of bridges under varying environmental conditions: temperature and wind effects. Structural Control and Health Monitoring,17(5):495-512.

Li L X,Xiao Y Q,Kareem A,et al. 2012. Modeling typhoon wind spectra near sea surface based on measurements in the South China Sea. Journal of Wind Engineering and Industrial Aerodynamics,104-106:565-576.

Li M S,He D X. 1995. Parameter identification of vortex-induced forces on bluff bodies. Acta Aerodynamica Sinica,13(4):396-404.

Li Q S,Fu J Y,Xiao Y Q,et al. 2006. Wind tunnel and full-scale study of wind effects on China's tallest building. Engineering Structures,28:1745-1758.

Li Q S,Zhi L H,Yi J,et al. 2014. Monitoring of typhoon effects on a super-tall building in Hong Kong. Structural and Control Health Monitoring,21(6):926-949.

Li Z N,Luo D F,Shi W H,et al. 2011. Field measurement of wind-induced stress on glass facade of a coastal high-rise building. Science China Technological Sciences,54:2587-2596.

Liang X,Wang B,Chan J C L,et al. 2007. Tropical Cyclone Forecasting with a Model-Constrained 3D-Var. Description:Part II:Improved cyclone track forecasting using AMSU-A,QuikSCAT and cloud-drift wind data. Quarterly Journal of the Royal Meteorological Society,133:155-165.

Liao H L,Wan J W,Wang Q. 2016. Numerical study on nonlinear and motion coupling effects on self-excited forces of a bridge deck//The 8th International Colloquium on Bluff Body Aerodynamics and Applications,Boston.

Liu J,Yang S,Ma L,et al. 2013a. An initialization scheme for tropical cyclone numerical prediction by enhancing humidity in deep-convection region. Journal of Applied Meteorology and Climatology,52(10):2260-2277.

Liu Q K,Zheng Y F,Liu X B,et al. 2013b. Optimization of vibration control and aerodynamic force of stay-cables//The 8th Asia-Pacific Conference on Wind Engineering,Chennai.

Luo Y, Huang G, Gurley K R, Ding J. 2016. Moment-based characterization for non-Gaussian wind pressures:Revisit//The 8th International Colloquium on Bluff Body Aerodynamics and Applications,Boston.

Ma L,Tan Z M. 2009. Improving the behavior of the cumulus parameterization for tropical cyclone prediction:Convection trigger. Atmospheric Research,92(2):190-211.

Mannini C,Marra A M,Bartoli G. 2014. VIV-galloping instability of rectangular cylinders:review and new experiments. Journal of Wind Engineering and Industrial Aerodynamics. 132:109-124.

Mannini C,Massai T,Marra A M,et al. 2015. Modelling the interaction of VIV and galloping for rectangular cylinders//The 14th International Conference on Wind Engineering,Portal Alegre.

Mashnad M,Jones N P. 2013. A model for vortex-induced vibration analysis of long-span bridges//The 12th Americas Conference on Wind Engineering,Seattle.

Matsuda K,Kato K,Tmai Y,et al. 2015. Experimental study on aerodynamic vibrations of a bracing member with a rectangular cross section of the long-spanned truss bridge//The 14th International Conference on Wind Engineering,Portal Alegre.

Matsumoto M,Shirato H,Yagi T,et al. 2003. Field observation of the full-scale wind-induced cable vibration. Journal of Wind Engineering and Industrial Aerodynamics,91:13-26.

Michalski A,Kermel P D,Haug E,et al. 2011. Validation of the computational fluid-structure interaction simulation at real-scale tests of a flexible 29m umbrella in natural wind flow. Journal of Wind Engineering and Industrial Aerodynamics,99:400-413.

Miyata T,Yamada H,Katsuchi H,et al. 2002. Full-scale measurement of Akashi-Kaikyo Bridge during typhoon. Journal of Wind Engineering and Industrial Aerodynamics,90(12):1517-1527.

Murakami S. 1993. Comparison of various turbulence models applied to a bluff body. Journal of

Wind Engineering and Industrial Aerodynamics,46-47:21-36.

Náprstek J,Pospíšil S,Hračov S. 2007. Analytical and experimental modeling of non-linear aero-elastic effects on prismatic bodies. Journal of Wind Engineering and Industrial Aerodynamics, 95:1315-1328.

Omenzetter P,Wilde K. 2002. Study of passive deck-flaps flutter control system on full bridge model. I:theory. Journal of Engineering Mechanics,128(3):264-279.

Ostenfeld K,Larsen A. 1992. Bridge Engineering and Aerodynamics. Netherlands:A. A. Balkema.

Parkinson G V. 1989. Phenomena and modeling of flow-induced vibrations of bluff bodies. Progress in Aerospace Sciences,26:169-224.

Permata R,Yonamine K,Hattori H,et al. 2013. Use of double slot as countermeasure against coupled flutter instability of bridge deck//The 12th Americas Conference on Wind Engineering,Seattle.

Quan Y,Wang F,Gu M. 2014. A method for estimation of extreme values of wind pressure on buildings based on the generalized extreme-value theory. Mathematical Problems in Engineering,2014:1-12.

Scanlan R H. 2002. Observations on low-speed aeroelasticity. Journal of Engineering Mechanics, 128(12):1254-1258.

Schewe G,Larsen A. 1998. Reynolds number effects in the flow around a bluff bridge deck cross section. Journal of Wind Engineering and Industrial Aerodynamics,74-76:829-838.

Snabjornsson J T,Jónsson O. 2015. Full scale monitoring of an RC building and analysis of wind induced vibrations//The 14th International Conference on Wind Engineering,Porto Alegre.

Song L L,Li Q S,Chen W C,et al. 2012. Wind characteristics of a strong typhoon in marine surface boundary layer. Wind and Structures,15(1):1-16.

Su Y W,Huang G Q,Li M S,et al. 2016. Buffeting response analysis of a long-span bridge under non-stationary mountain winds//The 2016 World Congress on Advances in Civil,Environmental,and Materials Research,Jeju.

Tamura T. 2008. Towards practical use of LES in wind engineering. Journal of Wind Engineering and Industrial Aerodynamics,96(10):1451-1471.

Tamura T,Kawai H,Uchibori K,et al. 2016. High performance computation by BCM-LES on flow and pressure field around buildings//The 8th International Colloquium on Bluff Body Aerodynamics and Applications,Boston.

Tamura Y,Yoshida A,Zhang L. 2005. Damping in buildings and estimation techniques//Proceedings of the 6th Asia-Pacific Conference on Wind Engineering,Seoul:193-214.

Tang X D,Yang M J,Tan Z M. 2012. A modeling study of orographic convection and mountain waves in the landfalling typhoon Nari(2001). Quarterly Journal of the Royal Meteorological Society,138:419-438.

Tse K T,Yu X J,Hitchcock P A. 2014. Evaluation of mode-shape linearization for HFBB analysis of real tall buildings. Wind and Structures,18(4):423-441.

van Phuc P,Nozu T,Hirotoshi K,et al. 2016. Wind pressure distribution on a high-rise building in an urban area using LES based on a coherent structure model//The 8th International Colloquium on Bluff Body Aerodynamics and Applications,Boston.

Vickery B J. 1994. Internal Pressures and Interactions with the Building Envelope. Journal of Wind Engineering and Industrial Aerodynamics,53(1-2):125-144.

Winterstein S R. 1987. Moment-based hermite models of random vibration. Report 219,Department of Structural Engineering,Technical University of Denmark.

Wu T. 2016. Effects of non-stationarity on nonlinear bridge aerodynamics//The 8th International Colloquium on Bluff Body Aerodynamics and Applications,Boston.

Wu T,Kareem A. 2013. A nonlinear convolution scheme to simulate bridge aerodynamics. Computers and Structures,128:259-271.

Wu Y,Chen Z Q,Sun X Y. 2015. Research on the wind-induced aero-elastic response of closed-type saddle-shaped tensioned membrane models. Journal of Zhejiang University-Science A, 16(8):656-668.

Xu A,Wu J,Zhao R. 2014. Wavelet-transform-based damping identification of a super-tall building under strong wind loads. Wind and Structures,19(4):353-370.

Xu F Y,Wu T,Ying X Y,et al. 2015a. On the higher-order self-excited drag forces on bridge decks//The 14th International Conference on Wind Engineering,Portal Alegre.

Xu K,Ge Y J,Zhang D C. 2015b. Wake oscillator model for assessment of vortex-induced vibration of flexible structures under wind action. Journal of Wind Engineering and Industrial Aerodynamics,136:192-200.

Xu Y L,Chen J. 2004. Characterizing nonstationary wind speed using empirical mode decomposition. Journal of Structural Engineering,130(6):912-920.

Yang Y X,Wu T,Ge Y J,et al. 2015a. Aerodynamic stabilization mechanism of a twin box girder with various slot widths. Journal of Bridge Engineering,2015,20(3):1-15.

Yang Y X,Zhou R,Ge Y J,et al. 2015b. Aerodynamic instability performance of twin box girders for long-span bridges. Journal of Wind Engineering and Industrial Aerodynamics,145:196-208.

Yuan J N,Song L L,Huang Y Y,et al. 2011. A Method of Initial vortex relocation and numerical simulation experiments on tropical cyclone track. Journal of Tropical Meteorology,17(1): 76-82.

Zhang F,Li J. 2013. Doubling-adding method for delta-four-stream spherical harmonic expansion approximation in radiative transfer parameterization. Journal of the Atmospheric Sciences, 2013,70(10):3084-3101.

Zhang W,Cai C S,Pan F. 2013. Bridge fatigue damage assessment under vehicle and non-stationary hurricane wind//The 12th Americas Conference on Wind Engineering,Seattle.

Zhang Z T,Chen Z Q,Cai Y Y,et al. 2011. Indicial functions for bridge aeroelastic forces and time-domain flutter analysis. Journal of Bridge Engineering,16(4):546-557.

Zhang Z T, Ge Y J. 2015. Buffeting induced resonance of hangers on a suspension bridge//The 14th International Conference on Wind Engineering, Portal Alegre.

Zheng D, Gu M, Zhang A, et al. 2015. Numerical simulation of aeroelastic responses of a square section tall building//The 14th International Conference on Wind Engineering, Porto Alegre.

Zhou Q, Zhu L D, Zhao C L, et al. 2015. Span-wise coherence of buffeting forces acting on typical bluff bridge decks//The 14th International Conference on Wind Engineering, Porto Alegre.

Zhou S, Chen Z Q. 2016. Laboratory measurements on conversion factor of high-mode Vortex-Induced Vibration(VIV) amplitude between a flexible bridge and 1:1 section model//The 8th International Colloquium on Bluff Body Aerodynamics and Applications, Boston.

Zhou Y, Li Y Q, Shen Z Y, et al. 2014. Numerical analysis of added mass for open flat membrane vibrating in still air using the boundary element method. Journal of Wind Engineering and Industria Aerodynamics, 131:100-111.

Zhu L D, Ding Q S, Tan X, et al. 2007. Aeroelastic Model Test of a 610m-high TV Tower in Guangzhou City of China//The 12th International Conference on Wind Engineering, Cairns: 975-982.

Zhu L D, Du L Q, Meng X L, et al. 2015. Nonlinear mathematical models of vortex-induced vertical force and torque on a centrally-slotted box deck//Proceedings of 14th International Conference on Wind Engineering, Porto Alegre.

Zhu L D, Meng X L, Du L Q, et al. 2016. A simplified model of vortex-induced vertical force on bridge decks for predicting stable amplitudes of vortex-induced vibrations//The 2016 World Congress on Advances in Civil, Environmental, and Materials Research, Jeju.

Zhu L D, Meng X L, Guo Z S. 2013a. Nonlinear mathematical model of vortex-induced vertical force on a flat closed-box bridge deck. Journal of Wind Engineering and Industrial Aerodynamics, 122:69-82.

Zhu L D, Meng X L, Xu Y L, et al. 2014. Full bridge analysis of nonlinear vortex-induced resonance of a long-span cable-stayed bridge with a steel flat closed box deck//The 6th International Symposium on Computational Wind Engineering, Hamburg.

Zhu L D, Zhao L, Ge Y J, et al. 2012. Validation of numerical typhoon model using both near-ground and aerial elevation wind measurements. Disaster Advances, 5(1):14-23.

Zhu L D, Zhou Q, Ren P J. 2013b. Buffeting analysis of a cable-stayed bridge with two separated decks//The 12th Americas Conference on Wind Engineering, Seattle.